21世纪机械类及近机类专业规划教材
国家示范性院校核心课程特色教材
国家级精品资源共享课程建设成果

机械设计基础

(修订版)

主　编　孙学娟

天津大学出版社
TIANJIN UNIVERSITY PRESS

内 容 简 介

本书是根据人才培养的要求，结合编者多年在教学中的实际经验编写而成，在内容安排上体现高等职业教育的特色。

全书内容包括引言（教学设计）；模块一机械设计基础概述；模块二机械制图基础；模块三工程力学基础；模块四常用工程材料；模块五常用机构（包括平面机构的结构分析、平面连杆机构、凸轮机构和间歇运动机构）；模块六连接和螺旋传动（包括螺纹连接、键连接、销和铆钉连接、螺旋传动）；模块七机械传动（包括带传动、链传动、齿轮传动、蜗杆传动、齿轮系和减速器）；模块八轴系零部件（包括轴承、轴和联轴器等）；模块九机械的摩擦、磨损、润滑与密封。为了培养学生综合运用知识的能力，教材将机械制图、工程力学、工程材料、机械原理、机械零件内容优化组合，使教材具有连续性、综合性和相对完整性。

本书可作为高职和本科院校机械类、机电类和近机类专业的教材，也可供相关专业人员和工程技术人员参考使用。

图书在版编目（CIP）数据

机械设计基础/孙学娟主编. —天津：天津大学出版社，2013.8（2022.8 重印）

21 世纪机械类及近机类专业规划教材. 国家示范性院校核心课程特色教材. 国家级精品资源共享课程建设成果

ISBN 978 – 7 – 5618 – 4771 – 8

Ⅰ. ①机…　Ⅱ. ①孙…　Ⅲ. ①机械设计　Ⅳ. ①TH122

中国版本图书馆 CIP 数据核字（2013）第 199178 号

出版发行　天津大学出版社
地　　址　天津市卫津路 92 号天津大学内（邮编：300072）
电　　话　发行部：022 – 27403647
网　　址　www.tjupress.com.cn
印　　刷　北京盛通印刷股份有限公司
经　　销　全国各地新华书店
开　　本　185mm × 260mm
印　　张　22
字　　数　549 千
版　　次　2013 年 9 月第 1 版
印　　次　2022 年 8 月第10次
定　　价　41.80 元

《机械设计基础》编写委员会

主　编　孙学娟

副主编　宋全胜　王振意

参　编　赵秀玲　戴文婷

马林旭　骆　鸣

刘世雄　石玉江

前　　言

本书根据机械类和近机类人才培养要求，遵循“厚基础、强能力、重实践”的原则，在天津中德应用技术大学国家级精品课程、国家级精品资源共享课程“机械设计基础”的基础上编写而成。其整合了理论和实践知识，将机械制图、工程力学、工程材料、机械原理、机械零件等课程的主要内容优化组合，使课程内容具有连续性、综合性和相对完整性。本书的编写具有以下几个特点。

(1)以实际应用为主线设置载体，以任务导入工程实例，以观察与思考链接知识点和技能点，有利于学生自主学习；内容设计上循序渐进，由浅入深，利用任务实施和知识拓展环节，加深学生对知识点的理解和掌握。

(2)以培养应用型人才为出发点，在相应内容中穿插实战演练，突出应用型教材特色，理实结合，实现“教、学、做”一体化教学模式。

(3)突出知识的连续性，教材增加机械制图、工程力学、工程材料的基础知识，使不同程度的学习者掌握对机械知识学习的延续性。

(4)列举大量工程实例和图片，尽量使教材具有可读性、趣味性、科学性和实用性。

(5)在保证学生掌握基本概念、基本理论、基本技能的前提下，精简理论分析和公式推导，加大复习题的练习，注重培养学生灵活运用知识解决工程实际问题的能力。

(6)尽量引用最新的标准与规范，采用国家标准规定的名词术语和符号，加强学生对图表、手册等资料的应用能力。

本书由天津中德应用技术大学“机械设计基础”国家级精品课程、国家级精品资源共享课程建设负责人孙学娟任主编，团队成员宋全胜、王振意任副主编，赵秀玲、戴文婷、马林旭、骆鸣、刘世雄、石玉江参编。

全书共9个模块，其中：引言，模块一，模块五任务一，模块七任务三、五、六以及模块八任务二、三由孙学娟编写；模块二由赵秀玲编写；模块三、模块四由戴文婷编写；模块五任务二、三、四由王振意编写；模块六由骆鸣编写；模块七任务一、二、四由马林旭编写；模块九和实践演练由宋全胜编写；模块八任务一由刘世雄编写；石玉江参与了本书相关资料的搜集工作。全书由孙学娟统稿。

本书在编写过程中得到了相关领导和专家的大力支持和帮助，在此深表感谢。同时我们参考了许多文献，对这些文献的作者表示由衷的感谢！另外感谢天津大学出版社的积极协助！

由于编者水平和精力有限，本书难免有疏漏和不妥之处，恳请广大读者和各位同人批评指正。

编　者

2017年7月

目　　录

【引言】教学设计

机械是人类在长期生产和生活实践中创造出来的重要劳动工具,它能减轻人们的劳动强度、改善劳动条件、提高生产率和保证产品质量。从早年的杠杆、滑轮,近代的汽车、轮船,到现代的机器人、航天器,机械不断更新换代,不论传统产业还是新兴产业,其进步与发展都离不开机械技术的支持。机械技术已经遍及航空航天、石油化工、装备制造、电子信息、生物医药、新能源新材料、国防科技、轻工纺织等支柱产业,其发展水平实际上也已成为一个国家综合经济技术实力与水平的重要标志。

机械设计是一种创造性思维活动。按照设计目标,进行分析、计算、决策,并通过文字、数据、图形等信息形成机械产品的设计方案。机械设计包括两种设计:应用新技术、新方法开发创造新机械;在原有的机械基础上重新设计或进行局部改造,从而改变或提高原有的机械性能。为了更好地运用、研究和设计机械,学习和掌握机械方面的知识,适应现代工业发展的需要是非常必要的。

1. 课程的性质、内容和任务

(1)课程性质

机械设计基础课程是综合性、应用性很强的职业技术基础课,具有承上启下的作用。

(2)课程内容

机械设计基础课程需要综合运用机械制图、工程力学、工程材料等相关知识,来研究机械中常用机构和通用机械零部件的工作原理、结构特点、应用范围、基本设计理论和方法。

设计课程内容时,通过任务驱动展开基础知识点,通过任务实施和知识拓展掌握技能点。本课程由九个模块构成,具体内容如下。

1)机械设计基础概述:通过任务导入课程的性质、任务以及学习方法,认知机械以及与机械相关的名称、作用,机械设计的要求和步骤,机械零件设计的原则。

2)机械制图基础:通过任务导入工程制图的基础知识,零件图、装配图的识读方法,尺寸标注的原则,培养机械识图和制图能力。

3)工程力学基础:通过任务导入力学基本概念,机械零部件所受的各种载荷,为结构设计计算打下坚实基础。

4)常用工程材料:通过任务导入机械常用的金属材料和非金属材料的性能和用途,热处理的基础知识,机械零件的失效以及选材的原则,以便在设计中合理地选择零件材料。

5)常用机构:通过任务导入机器中几种常用的机构,它是认识和设计机器的基础。

6)连接和螺旋传动:通过任务导入螺纹连接、键连接、销连接、铆钉连接以及螺旋传动的结构、类型及使用特点等,以便合理应用阅件等链接。

7)机械传动:通过任务导入各种摩擦传动与啮合传动的类型、工作原理、传动特点、主要参数、适用场合、设计计算、安装维护等知识,为机械结构设计做好铺垫。

8)轴系零部件:通过任务导入轴承、轴、联轴器、离合器、弹簧等零部件的基本结构、用途、种类、应用等知识,以便更好地设计和选用相关标准。

9)机械的摩擦、磨损、润滑与密封:通过任务导入摩擦、磨损、润滑和密封的类型、特点、应用,润滑剂的选用、润滑方法、润滑装置,密封方法和装置,以便使用中合理地选用与更换。

(3)课程任务

1)掌握机械制图、工程力学和工程材料的基础知识,为机械类课程的学习做好铺垫。

2)掌握常用机构、通用零部件以及机械传动装置的工作原理、类型、结构特点及其应用,具备分析问题、解决问题的能力,具备使用、维护和保养机械设备的基本技能。

3)掌握查阅有关设计手册、图册、标准、规范等技术资料的基本方法和技能。

4)了解典型机构、通用零部件的失效形式、设计准则与设计方法,具备机械设计的基本理念及基本技能。

5)为后续课程的学习及从事机电类设备生产维护工作打下坚实的基础。

2. 学习方法

本课程是从理论性、系统性很强的基础课和专业基础课向实践性较强的专业课过渡的一个重要转折点,学习中应注意理论和实训结合,了解新知识、新工艺,要逐步培养把理论计算与结构设计、工艺知识等结合起来解决设计问题的能力,培养创新能力。

模块一　机械设计基础概述

【任务目标】

- 认知机械,了解与机械相关的概念和名称,为后续的学习做好铺垫。
- 了解课程的任务及研究内容,明确学习目的。
- 掌握本课程的学习方法,提高学习兴趣。
- 掌握机械设计的基本要求和一般程序。
- 掌握机械零件设计的要求及零件的标准化、系列化、通用化。

【任务导入】

观察图 1.1,并思考下列问题。

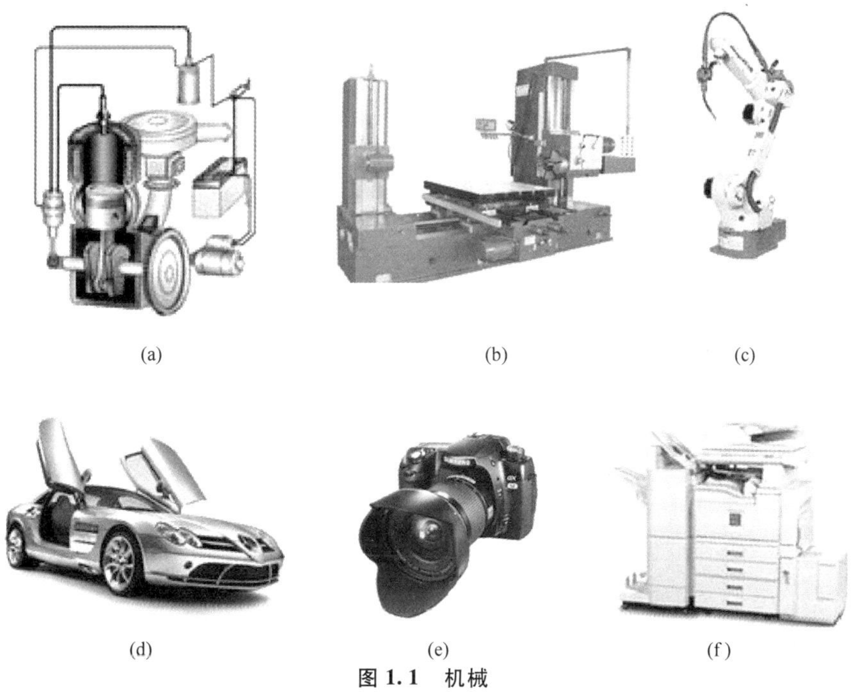

图 1.1　机械

(a)内燃机;(b)镗床;(c)机械手;(d)汽车;(e)照相机;(f)复印机

1. 机械是什么? 图 1.1 分别是哪类机械? 其用途是什么?
2. 机器有什么特征? 机器与机构的区别是什么?
3. 构件与零件有无区别? 通用零件与标准件一样吗?
4. 设计机械产品的具体过程是什么?
5. 机械零件设计的原则是什么?

【知识链接 1】机械的类型和组成

1. 机械的类型

通过观察图 1.1 可知,机械的种类繁多,根据用途可分为以下几类。

1)动力机械:主要用来实现能量的转换,如电能与动能的转换,热能与机械能的转换等。这类机械有电动机、内燃机、发电机等,如图 1.2、图 1.3 所示。

图 1.2　飞机发电机

图 1.3　电动机

2)工作机械:主要用来改变物料的结构形状、性质与状态,如金属切削机床、缝纫机、包装机、纺织机、冲压机等,如图 1.4、图 1.5、图 1.6 所示。

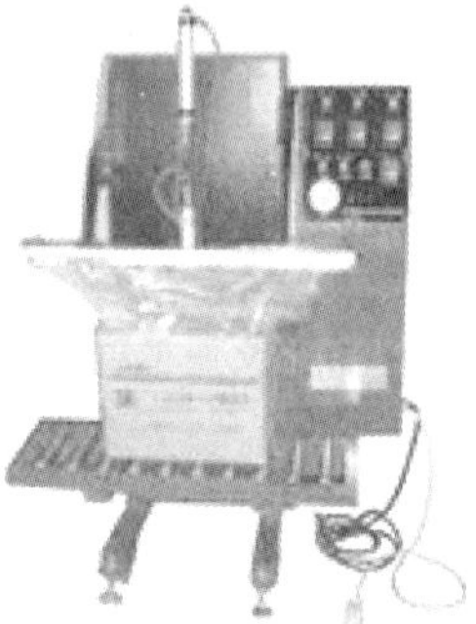

图 1.4　包装机

图 1.5　纺织机

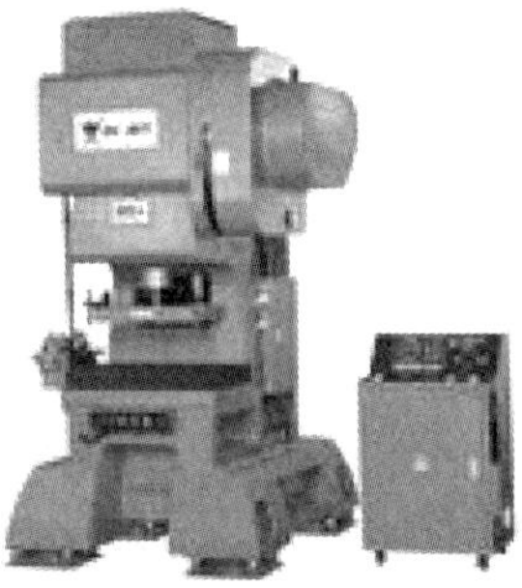

图 1.6　冲压机

3)运输机械:主要用来装载人或物料并输送到指定的位置,如汽车、飞机、轮船、输送机等,如图 1.7、图 1.8、图 1.9 所示。

图 1.7　输送机

图 1.8　动车

图 1.9　客轮

4)信息机械:主要用来传输和处理各种信息,如计算机、照相机、传真机、复印机、手机等,如图 1.10、图 1.11、图 1.12 所示。

2. 机械、机器、机构、构件和零件

(1)机器的组成

机器一般由原动机、工作机和传动装置组成,如图 1.13 所示。

1)原动机:机器中提供动力的部分。

2)工作机:完成既定工作的部分,在整个传动路线的最末端。

3)传动装置:在原动机和工作机之间,将原动机的运动传递给工作机的部分。

图 1.10　计算机

图 1.11　照相机

图 1.12　传真机

比较复杂的机器还包括控制部分和辅助部分。

(2)机器的特征

人们对机器并不陌生,日常生活和生产中人们广泛使用着机器,例如洗衣机、自行车、汽车、豆浆机、电动机、起重机、纺织机、车床、铣床等。尽管机器的种类繁多、用途各异,但它们都具有共同的特征。

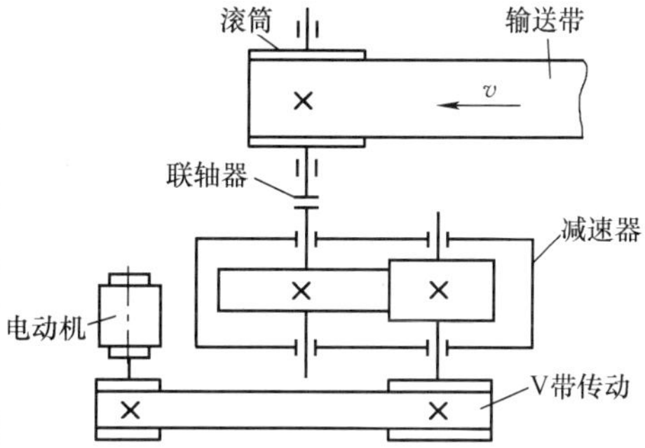

图 1.13　输送机简图

图 1.14 所示为单缸内燃机,它由气缸体 1、活塞 2、进气阀 3、排气阀 4、连杆 5、曲轴 6、凸轮 7、顶杆 8、齿轮 9 和 10 等组成。其过程是燃气从进气阀进入气缸,燃料燃烧体积膨胀推动活塞直线移动,带动连杆推动曲轴转动,其功能是将燃料燃烧产生的热能转变为曲轴转动的机械能。

图 1.15 所示为颚式破碎机,它由电动机 1、小带轮 2、V 带 3、大带轮 4、偏心轴 5、动颚板 6、轴板 7、定颚板 8 及机架等组成。电动机转动通过带传动带动偏心轴转动,进而使动颚板产生平面运动,与定颚板一起完成压碎物料的任务。

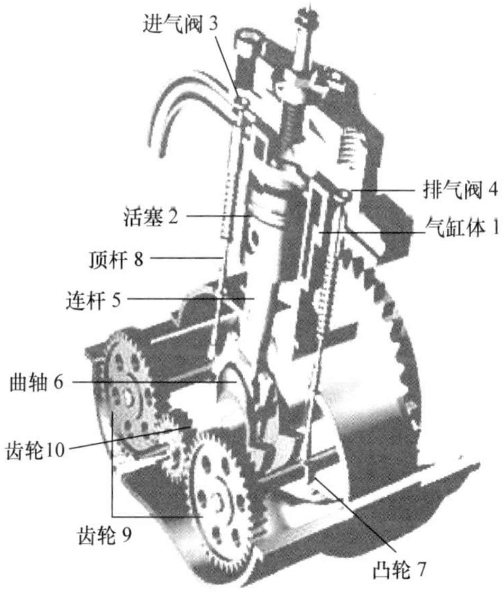

图 1.14　单缸内燃机

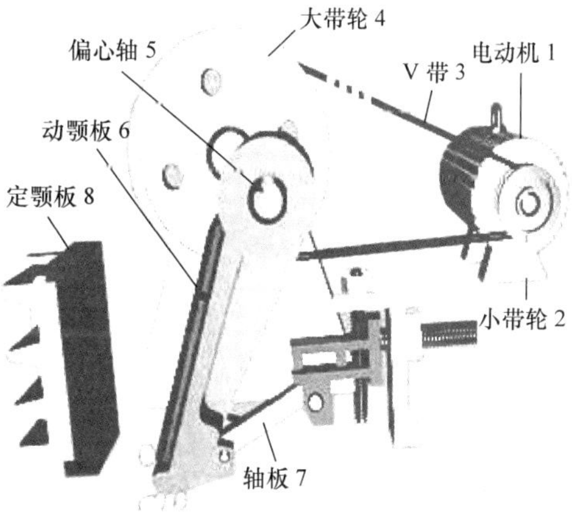

图 1.15　颚式破碎机

通过两个图例分析，可总结出机器的共同特征：

1）都是人为的各种实体的组合；

2）各实体间具有确定的相对运动；

3）能完成有用的机械功或进行能量的转换。

（3）各名词的概念

1）机器：既能实现确定的机械运动，又能做有用的机械功，或者能传递或转换能量、物料、信息等的一种装置。

2）机构：机器的组成部分，由两个或两个以上的构件通过可动连接构成的运动确定的系统，用来传递运动和力。如齿轮机构用于传递运动，凸轮机构用于将回转运动转换为直线运动。机构只具有机器的前两个特征。机械是机器和机构的统称。

3）构件：组成机械的各个相对运动的实物。它是机械中运动的单元体，可以是单一的零件，如图 1.16 所示的曲轴；也可以是多个零件构成的组合体，如图 1.17 所示的连杆。

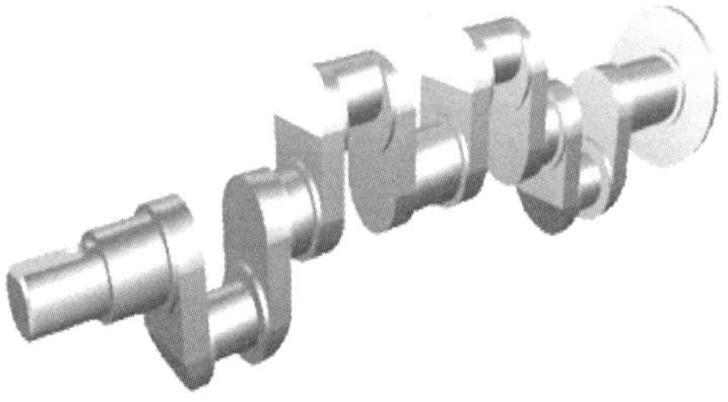

图 1.16　曲轴

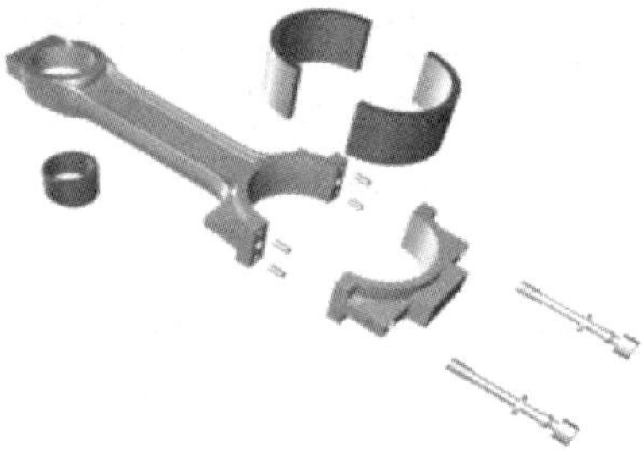

图 1.17　连杆

4）零件：机械中不可拆分的制造单元体。

① 通用零件：多数机械中普遍使用的零件，如齿轮、带轮、轴、螺钉、螺母、键、销等，如图 1.18 所示。

② 专用零件：某些专门行业中使用的零件，如汽轮机中的叶片、纺织机中的织梭、汽车转向器等。

5）部件：协同工作且完成共同任务的零件组合，如图 1.19 所示的减速器部件。

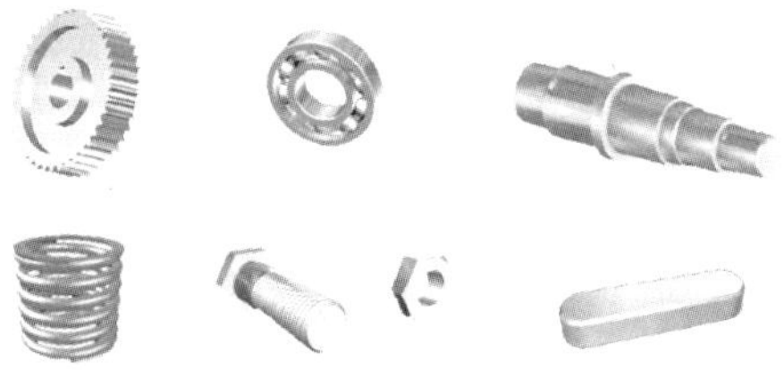

图 1.18　通用零件

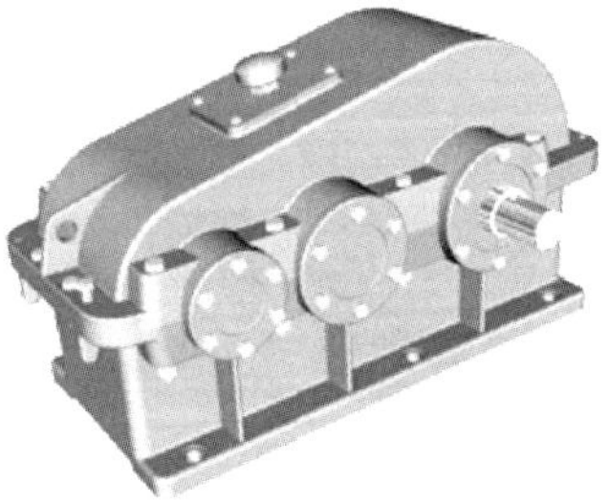

图 1.19　减速器部件

【知识链接 2】机械设计的基本要求和一般过程

1. 机械设计的基本要求

1）使用要求：质量可靠，操作、维护方便，能够实现预定的功能。

2）经济性要求：在满足质量的前提下，采用合理的材料和工艺，降低成本，减少能耗。

3）造型要求：结构紧凑，造型美观，具有时代感。

4）环保要求：防止污染，减小噪声。

2. 机械设计的一般过程

1）调研阶段：市场调查，进行可行性分析，确定设计任务书。

2）论证阶段：根据设计任务书，进行方案论证，优化设计，定出最佳方案。

3）设计阶段：装配图、零件图的设计，技术文件的整理。

4）试制阶段：根据图纸等技术文件试制样机，收集用户意见，信息反馈，修改完善。

5）投产阶段：根据市场需求确定生产数量，正式投产。

具体过程如图 1.20 所示。

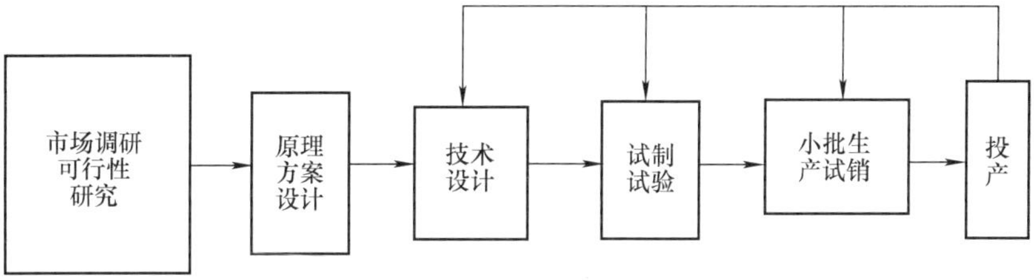

图 1.20　机械设计的过程

3. 机械零件设计的基本要求和一般过程

（1）机械零件设计的基本要求

1）在预定工作期限内正常、可靠地工作，保证机器的各种功能。

2）要尽量降低零件的生产、制造成本。

（2）机械零件设计的一般过程

1）建立零件的受力模型，确定零件的载荷。

2）选择零件的类型、结构与材料。

3）确定零件的基本尺寸，并加以标准化和圆整。

4）零件的结构设计，包括工作图、说明书。

5）审核。

4. 机械零件设计的标准化、系列化和通用化

按规定标准生产的零件称为标准件。将标准规范化称为标准化。

同一产品，为符合不同的使用条件，在同一基本结构或基本尺寸条件下，规定出若干个辅助尺寸不同的产品称为产品的系列化。

在不同规格的同类产品或不同类产品中采用同一结构和尺寸的零件、部件称为通用化。

【小结】

机械设计基础课程涉及范围广、知识面多、比较抽象，但起着承上启下的重要作用。学习中应加强与其他课程的衔接，培养综合运用知识的能力，充分利用模型、实训加深对知识点的理解，掌握技能点，以便解决工程中的实际问题，并为进一步深造奠定坚实的基础。

复　习　题

一、选择题

1. 机械设计这一门学科，主要研究________的工作原理、结构和设计计算方法。

A. 各类机械零件和部件　　C. 通用机械零件和部件

B. 专用机械零件和部件　　D. 标准化的机械零件和部件

2. 我国国家标准的代号是________。

A. GC　B. KY　C. GB　D. ZB　E. JB　F. YB

3. 国际标准化组织标准的代号是________。

A. AFNOR　B. ASME　C. BS　D. DIN　E. ISO　F. JIS

4. 齿轮是________零件。

A. 构件　B. 通用零件　C. 专用零件　D. 标准件

二、分析与思考题

1. 什么是通用零件？什么是专用零件？试各举三个实例。
2. 机械设计基础课程研究的内容是什么？
3. 设计机器时应满足哪些基本要求？设计机械零件时应满足哪些基本要求？
4. 机械、机器、机构、构件和零件有何区别和联系？
5. 设计机械零件时，在保证质量的前提下如何降低成本？
6. 标准化的重要意义是什么？
7. 指出题1.7图中哪些属于连接零件？哪些属于传动零件？哪些属于轴系零件？

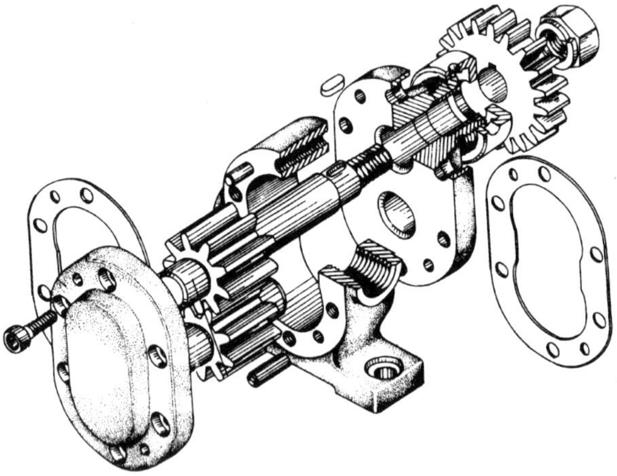

题1.7图

模块二　机械制图基础

机械制图主要包括零件图和装配图。它是工程技术界的共同语言,设计人员用图样来表达设计思想,工人依据图样进行生产,部门之间用图样来进行技术交流。所以,人们把机械制图比喻为工程技术界的共同语言。

机械制图是一门涉及诸多内容的综合性课程,以零件图为例,它不但涉及许多国家标准,例如图纸、比例、线型、尺寸标注等,还涉及许多课程内容,例如工程材料、公差配合和技术测量、机械加工工艺、机械零件设计等。所以,要学会画图和读图就必须掌握这些相应的知识和技能。

任务一　零　件　图

【任务目标】

- 了解零件图的作用和内容。
- 掌握零件图的视图表达方法。
- 了解零件图的工艺结构。
- 了解零件图的尺寸标注。
- 具备零件图的读图和绘图能力。

【任务导入】

观察图 2.1.1,并思考下列问题。

1. 工人加工零件依据的一张图叫什么图?
2. 零件图包括哪些内容?

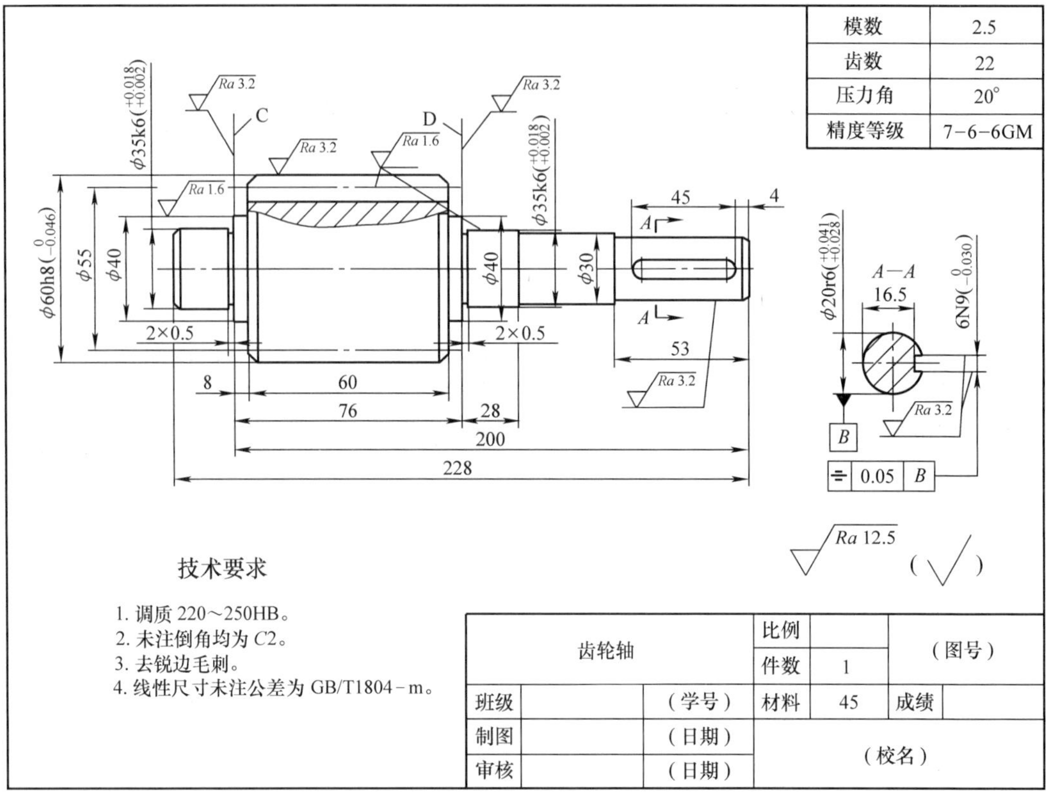

(a)

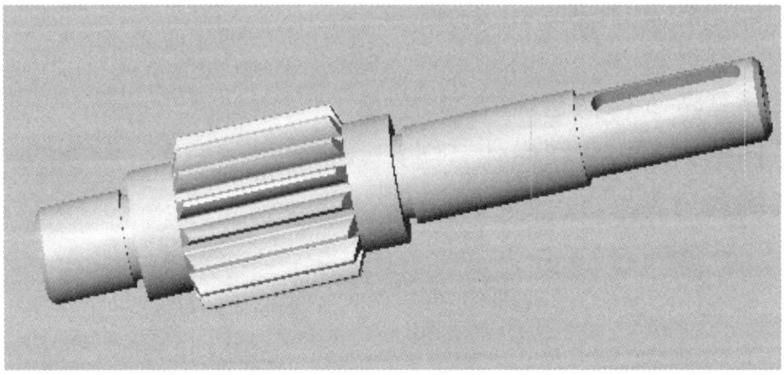

(b)

图 2.1.1　齿轮轴

(a)零件图;(b)实物图

【知识链接】零件图的作用和内容

零件图是用来表达零件的形状、大小和技术要求的图样。零件图由以下四部分内容组成。

1. 零件视图的表达方法——目的是想出零件形状

零件的视图表达主要用三视图,但这是不够的,因为图面上有虚线,使图面不清晰,所以出现了六视图、剖视图及剖面图。又因为倾斜结构的零件不能表达实形,尺寸无法标注,所以又出现了斜视、旋转、局部等表达方法。

(1)零件外部形状的表达方法

1)三视图(图 2.1.2):三视图的形成以及读图和画图都依据投影规律,即长对正、宽相等、高平齐。三面投影体系有八个分角(图 2.1.3),我国采用的是零件在第一角的投影,英、美、日等一些西方国家采用的是第三角投影。

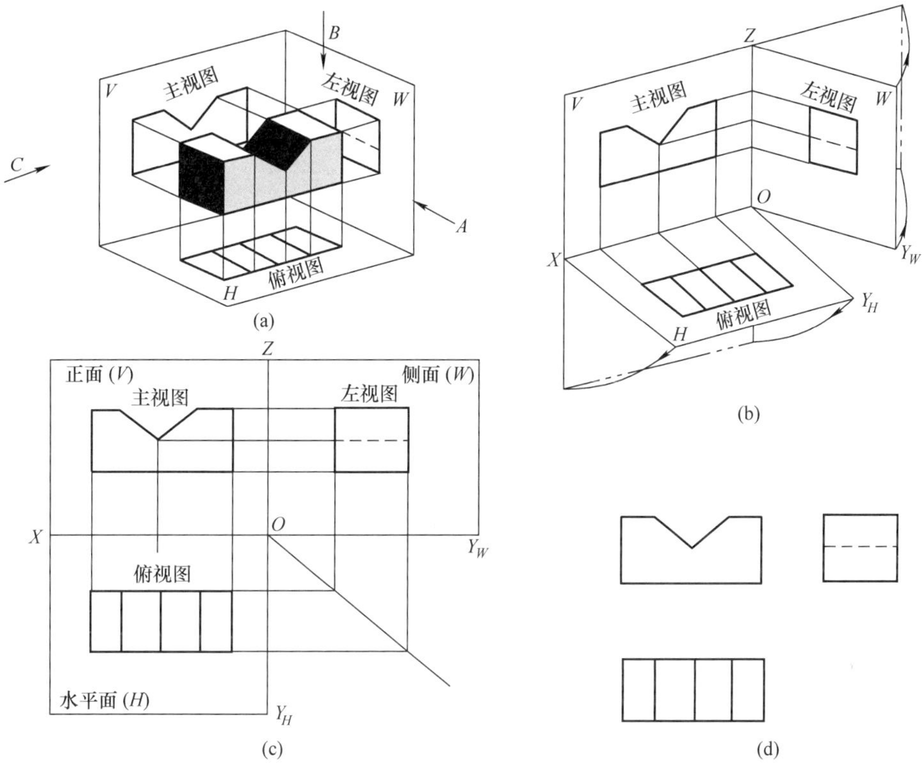

图 2.1.2　三视图的形成

(a)立体向三个相互垂直的投影面投影;(b)投影面展开;(c)展开后的三视图位置;(d)三视图

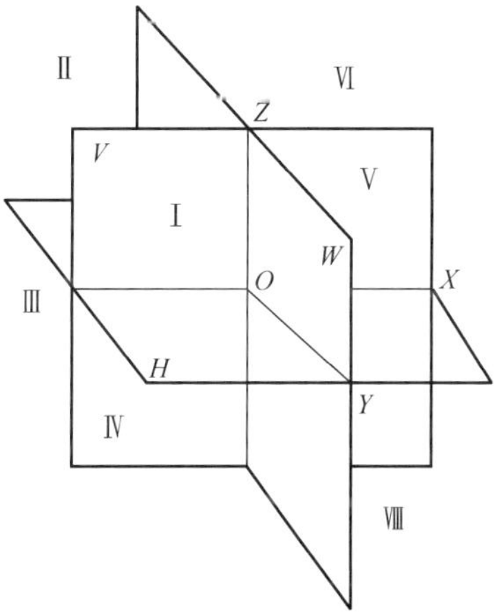

图 2.1.3　三面投影体系的八个分角

2)六视图(图 2.1.4、图 2.1.5)。

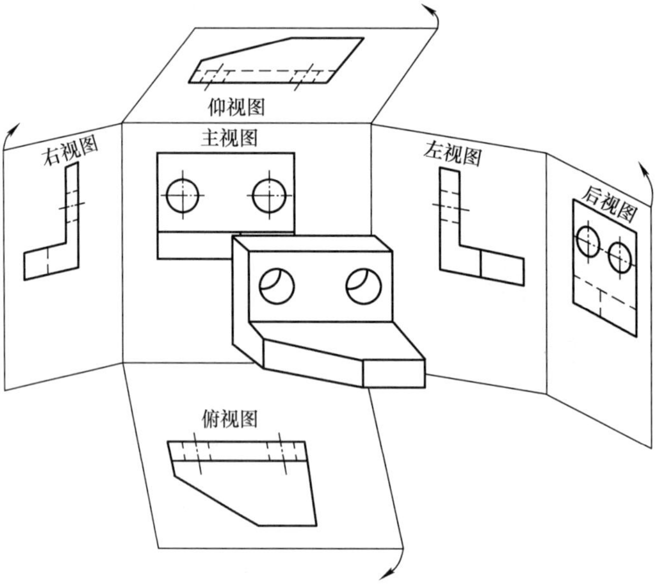

图 2.1.4　基本视图展开

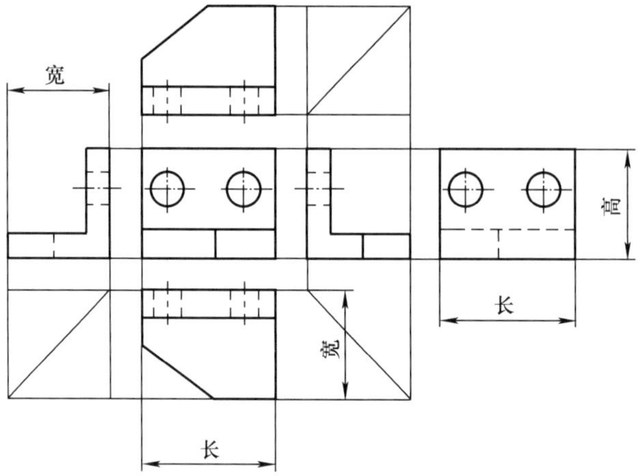

图 2.1.5　基本视图对应关系

3)斜视图(图 2.1.6)。

4)局部视图(图 2.1.7)。

(2)零件内部形状的表达方法

1)全剖视图(图 2.1.8、图 2.1.9、图 2.1.10)。

2)半剖视图(图 2.1.11)。

3)局部剖视图(图 2.1.12)。

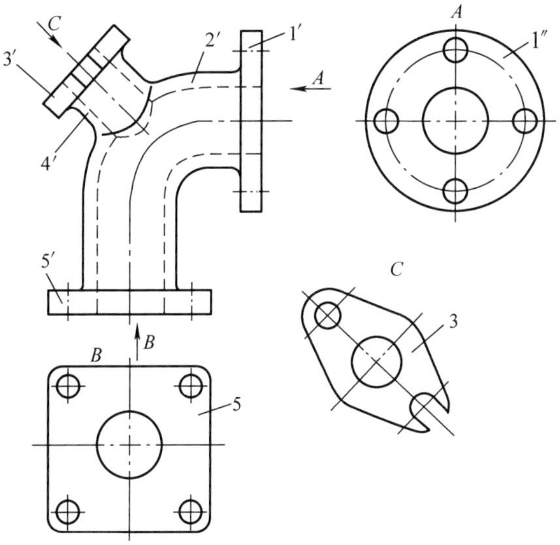

图 2.1.6　弯头斜视图和局部视图

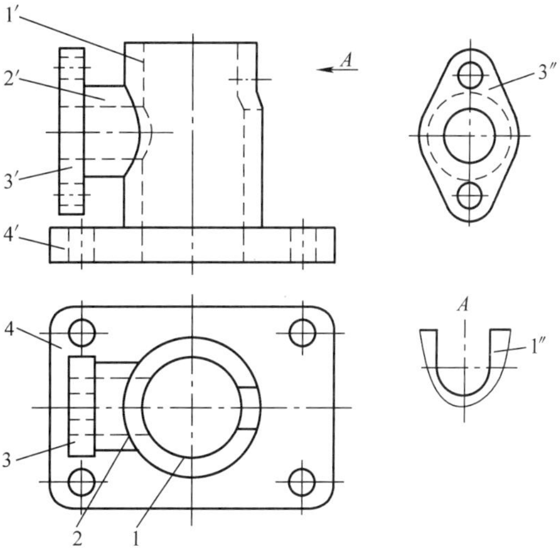

图 2.1.7　局部视图

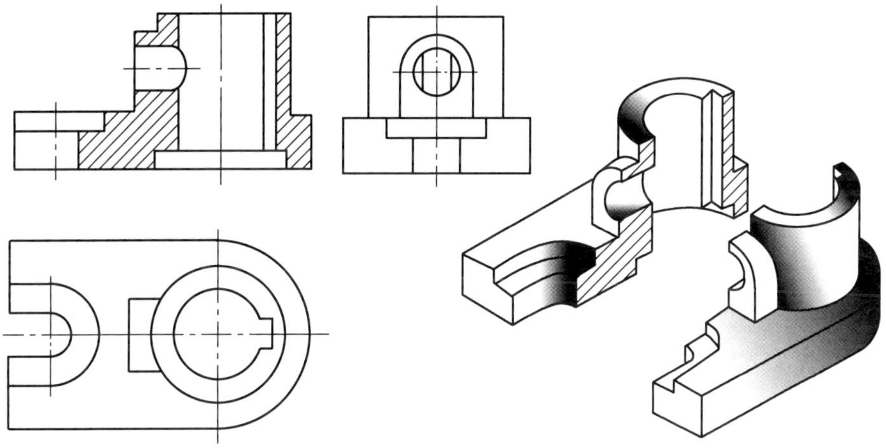

图 2.1.8　全剖视图

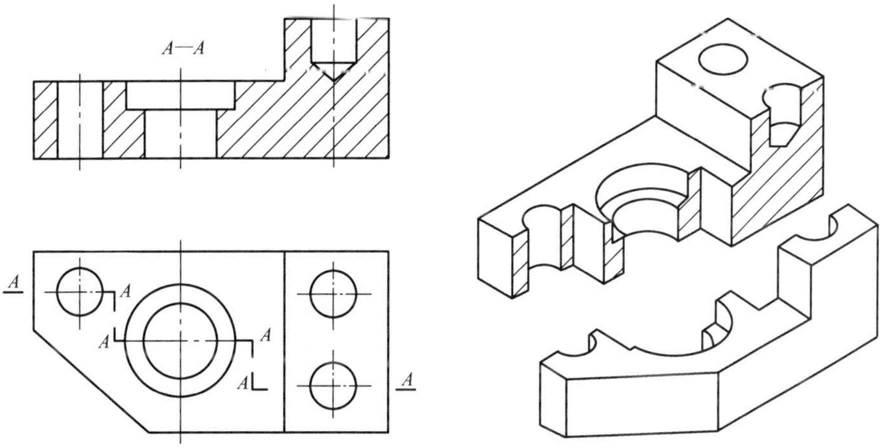

图 2.1.9　阶梯剖

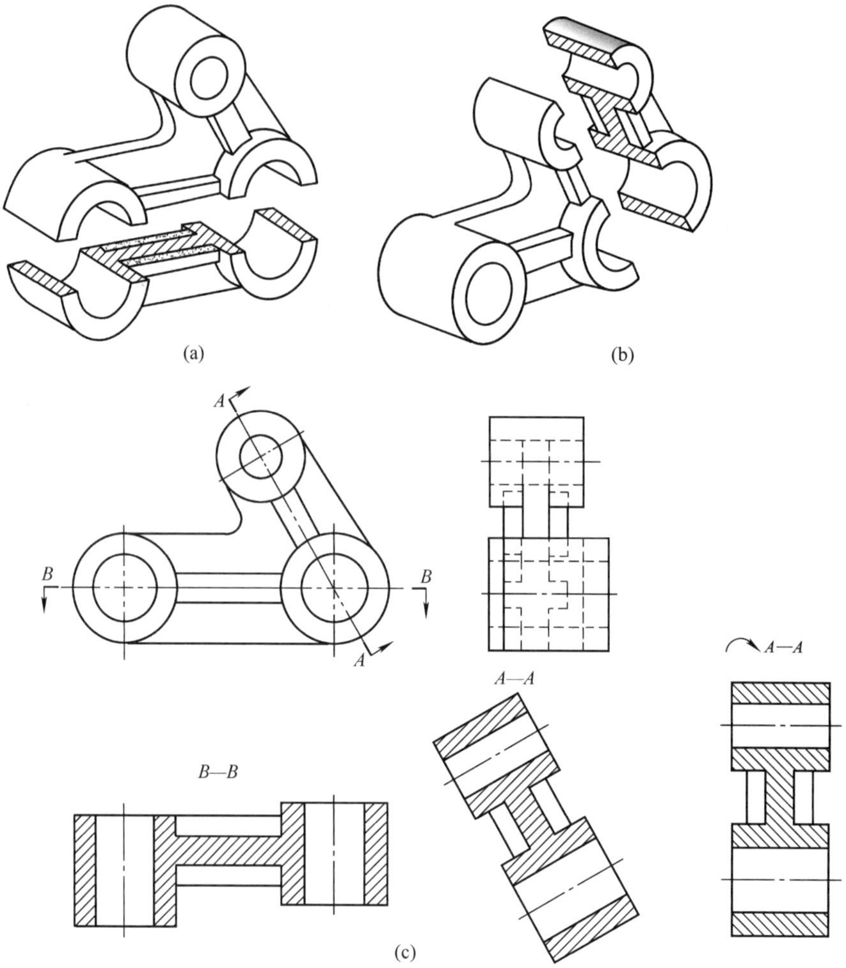

图 2.1.10　斜剖

(a)局部剖轴测图;(b)斜剖轴测图;(c)三视图、局部剖平面图、斜剖平面图、斜剖旋转平面图

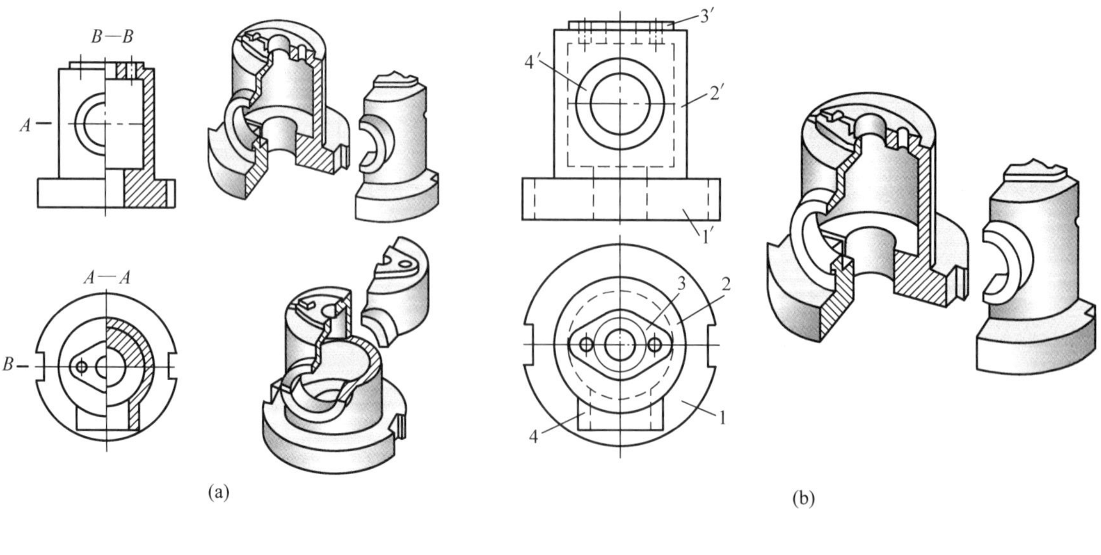

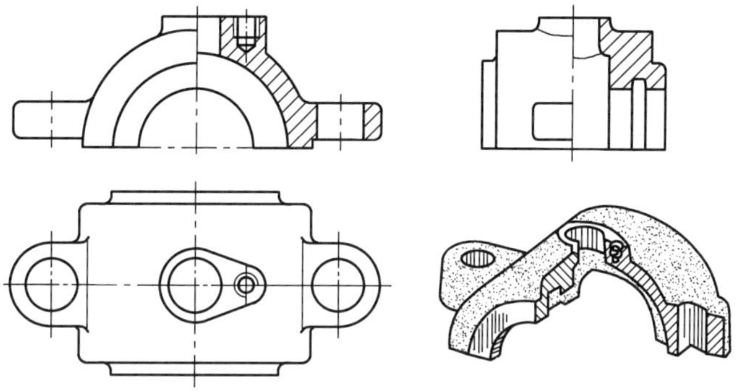

(c)

图 2.1.11　半剖视图

(a)半剖视图;(b)三视图;(c)半剖视图

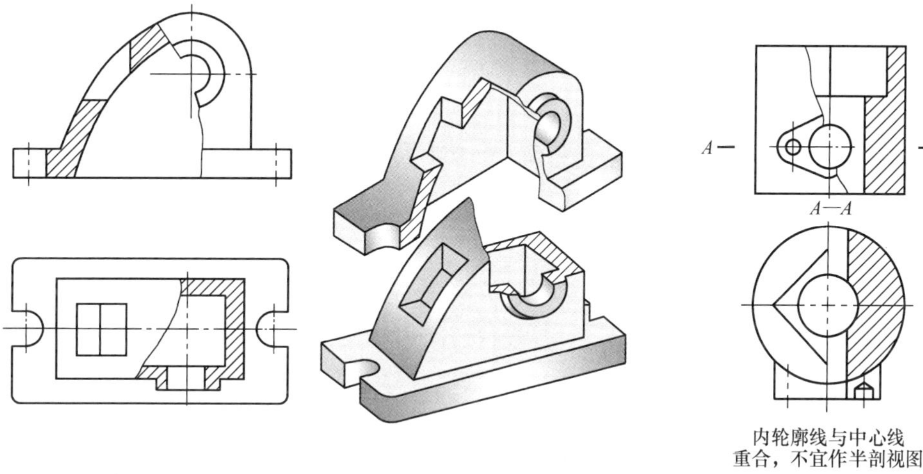

图 2.1.12　局部剖视图

(3)零件断面形状的表达方法——剖面图(图 2.1.13、图 2.1.14)

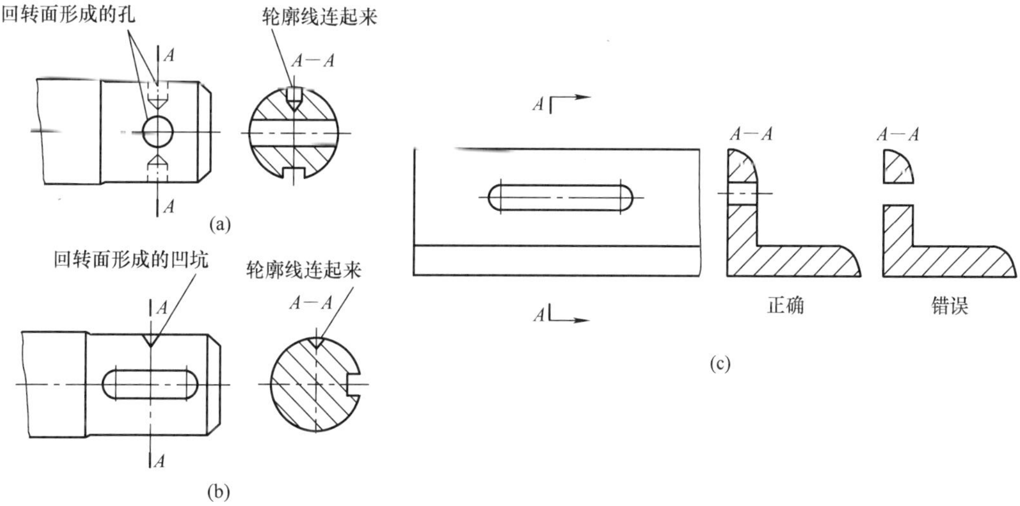

图 2.1.13　通过回转面形成的孔、凹坑,槽轴线的断面画法

(a)孔;(b)凹坑;(c)槽

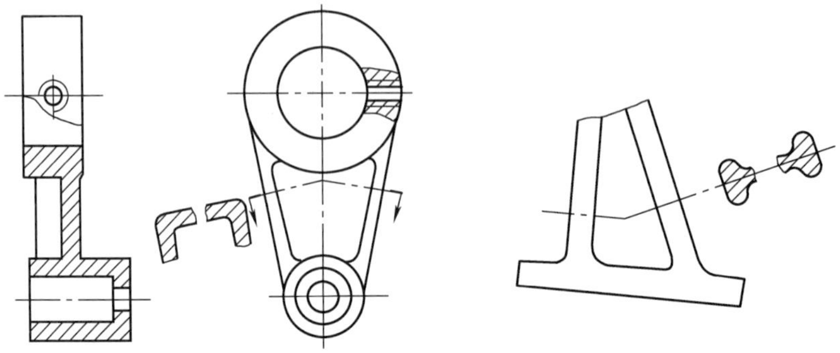

图 2.1.14　剖切平面应与零件的主要轮廓线垂直

(4)零件的其他表达方法

当剖切平面通过筋板、轴、螺钉的对称平面或轴线时,这些零件均按不剖切绘制(表示厚度除外)。

1)简化画法(图 2.1.15 至图 2.1.21 及表 2.1.1、表 2.1.2)。

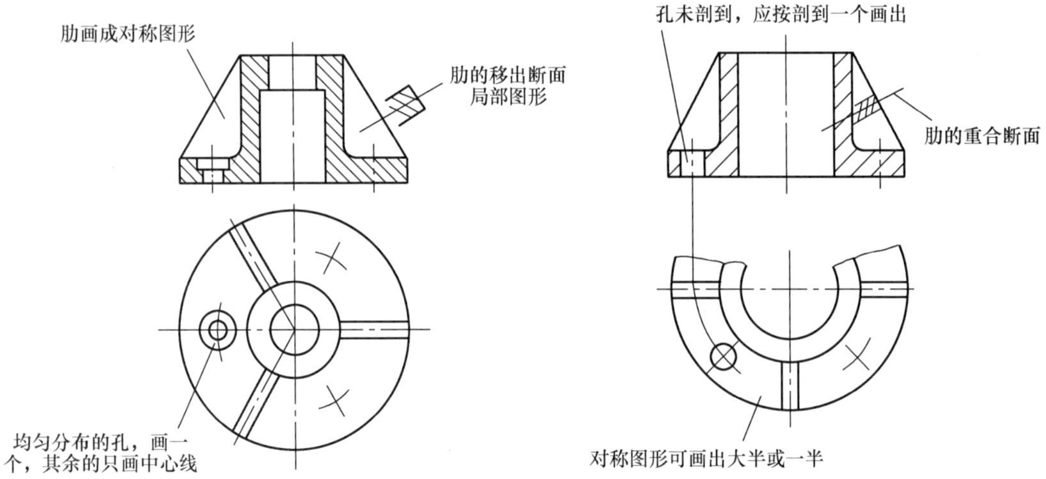

图 2.1.15　回转体上均匀分布的肋、孔简化画法

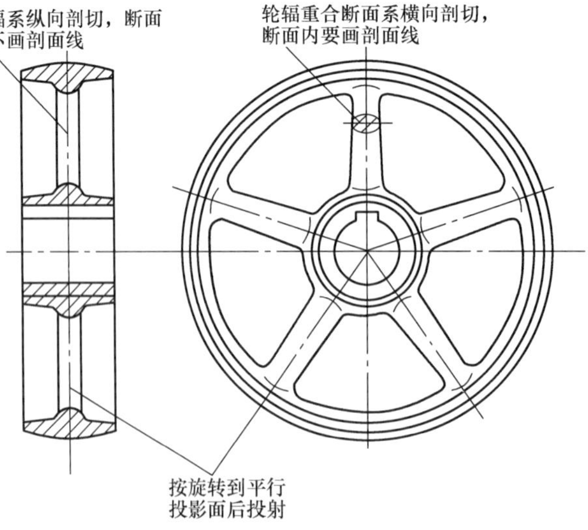

图 2.1.16　回转体上均匀分布的轮辐画法

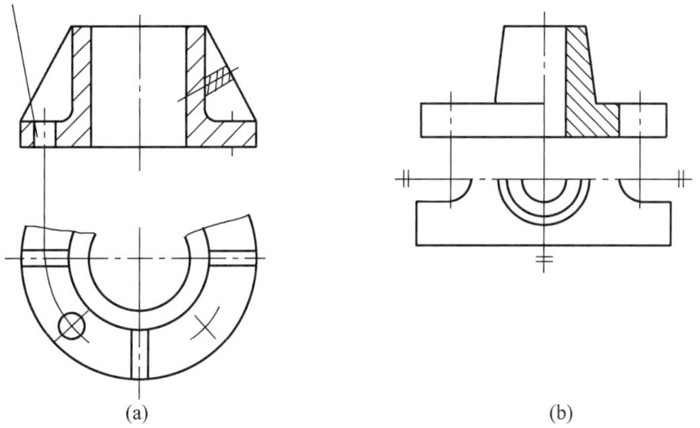

图 2. 1. 17　对称零件的简化画法

(a)均匀孔、肋可旋转的表达方法;(b)对称图形可画一半;(c)对称图形可画四分之一

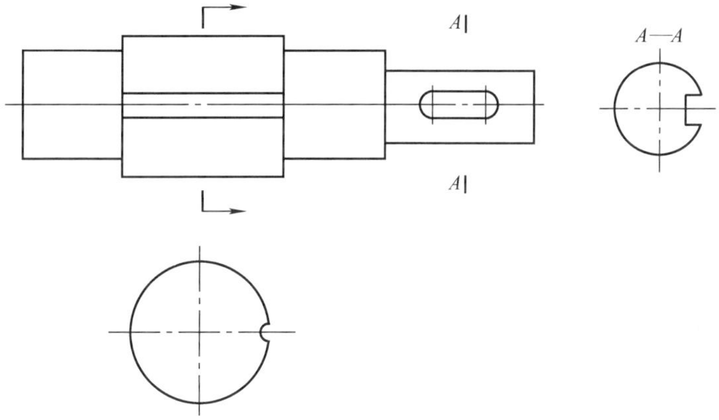

图 2. 1. 18　移出断面的简化画法

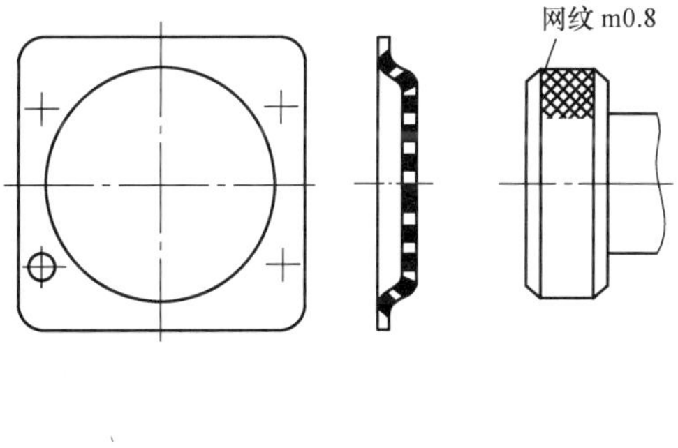

图 2. 1. 19　网状物、编织物、滚花的示意画法

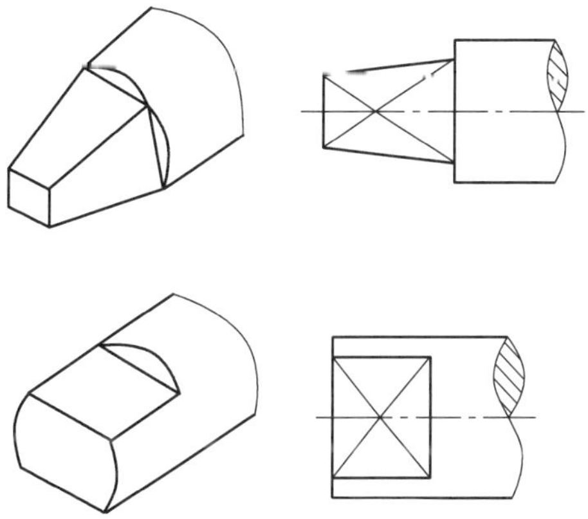

图 2. 1. 20　平面的画法

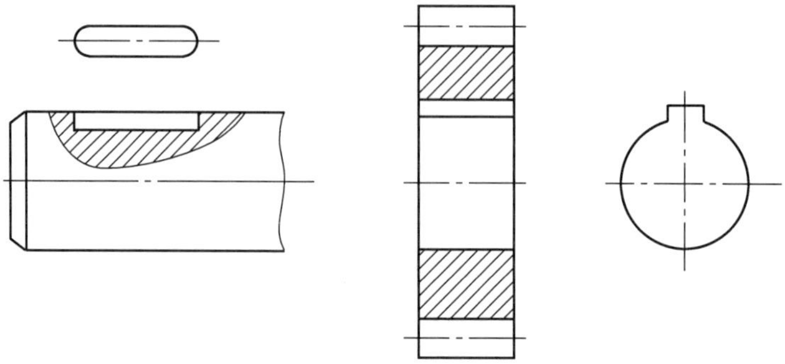

图 2.1.21　键槽表示法

表 2.1.1　较小结构的简化画法

<table>
<tr><th>简化前的图形</th><th>简化后的图形</th><th>说　明</th></tr>
<tr><td>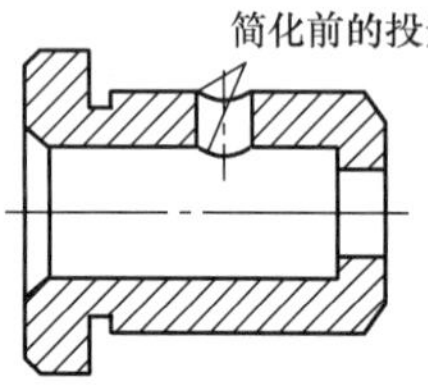
</td><td>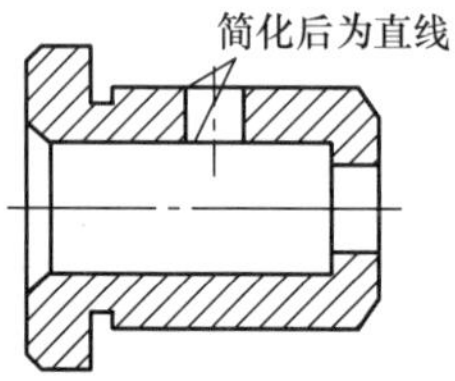
</td><td>在不会引起误解时，允许将相贯线简化为直线</td></tr>
<tr><td>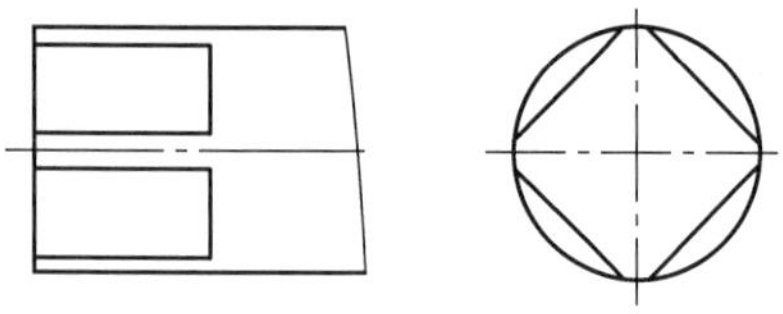</td><td>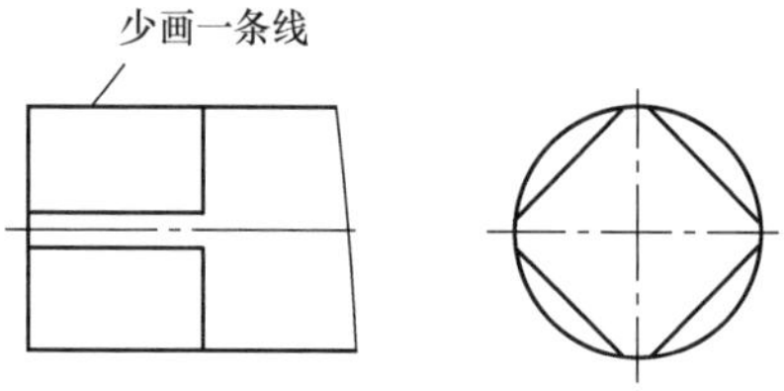
</td><td>在一个图形中（例如左视图）已表达清楚，在另外的图形中（例如主视图）允许简化</td></tr>
<tr><td>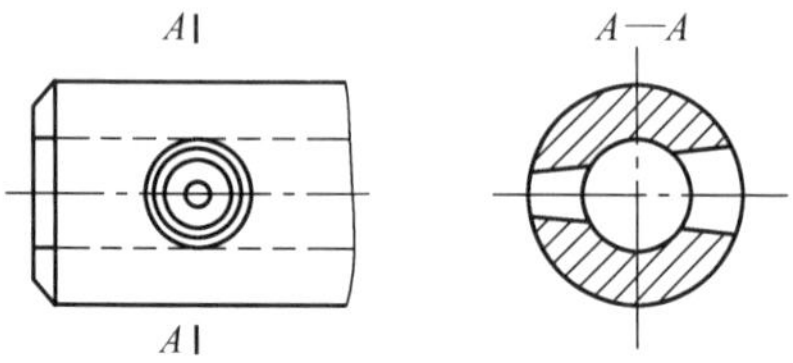
</td><td>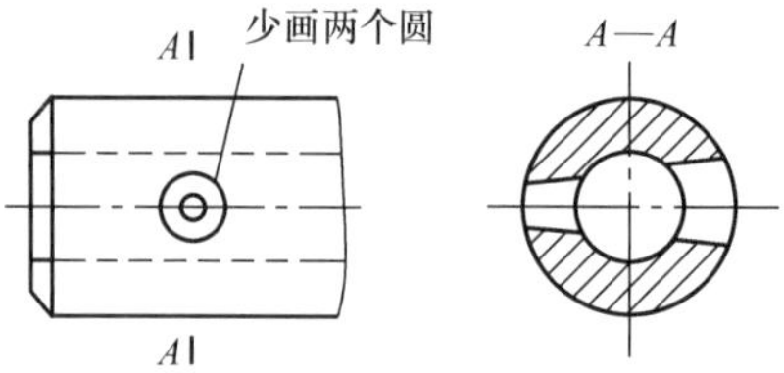
</td><td>两个锥孔，在主视图中应画同心近似圆四个，但因 A—A 剖视图中已将锥孔显示清楚，故可简化为两个圆（分别为两孔的小端圆）</td></tr>
<tr><td>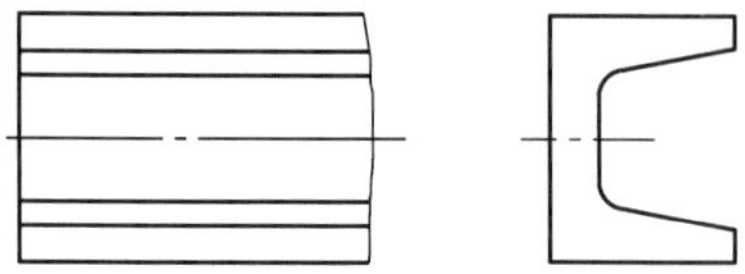</td><td>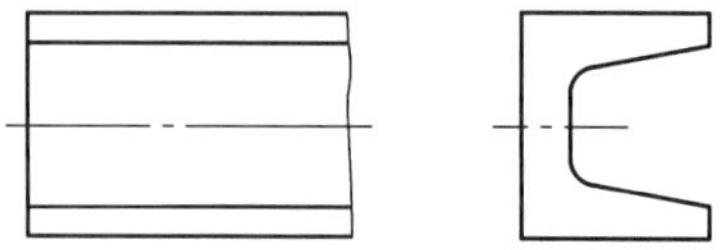</td><td>在主视图中只画带斜度结构的小端轮廓线</td></tr>
<tr><td>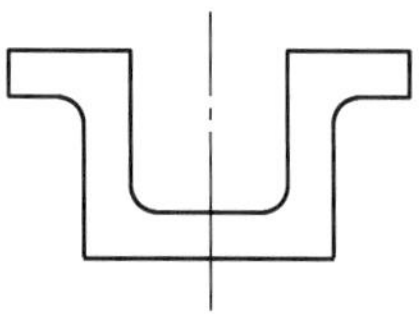</td><td>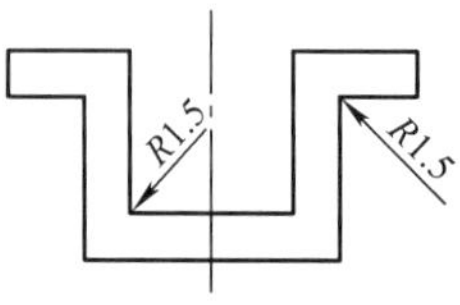
</td><td>允许将小圆角省略，但要注明圆角半径尺寸</td></tr>
</table>

续表

简化前的图形	简化后的图形	说　明
	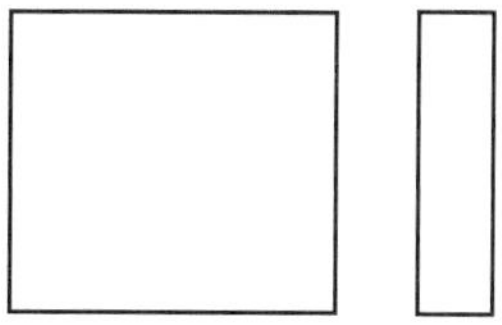 锐边倒圆 *R*0.5	允许将倒圆省略,但要加以说明
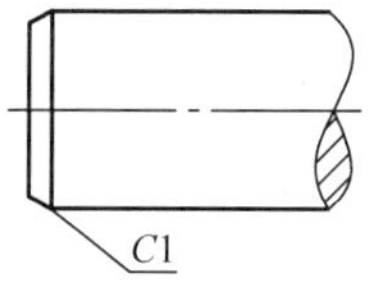	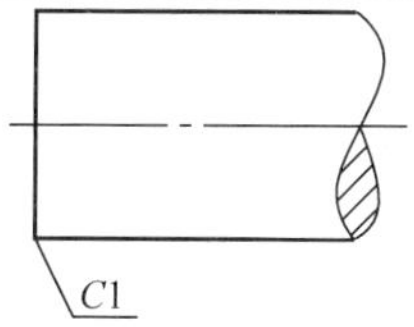	允许将小倒角省略,但要注明倒角尺寸。*C*1 即表示 1×45°:1 表示轴向尺寸为 1 mm,45°表示与轴线成 45°角

表 2.1.2　零件折断处边界线的画法

材料	边界线画法	
木材	棱柱体	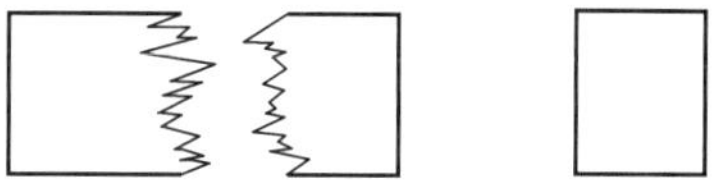
金属	棱柱体	
	实心圆柱体	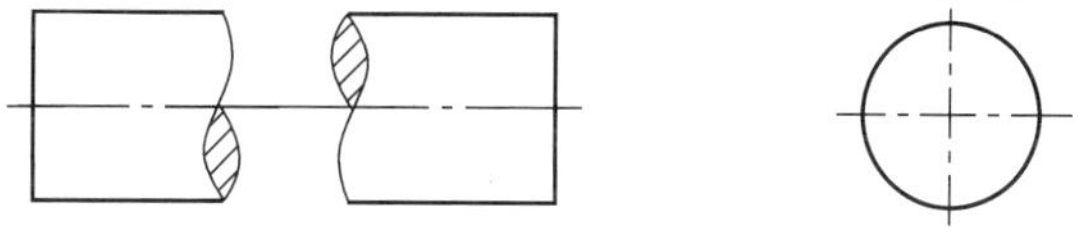
		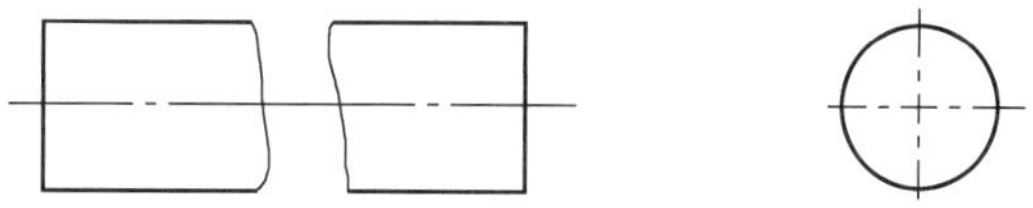
	空心圆柱体	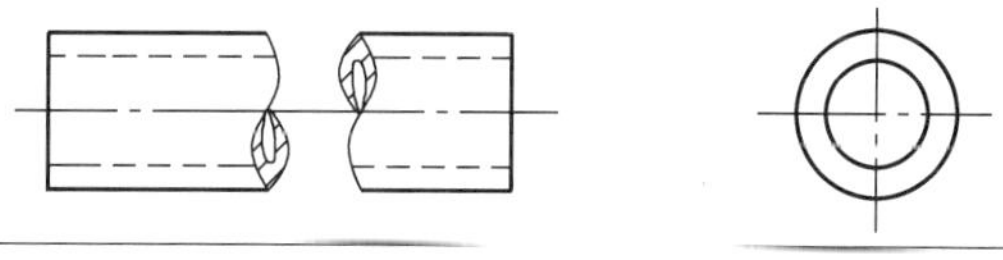
		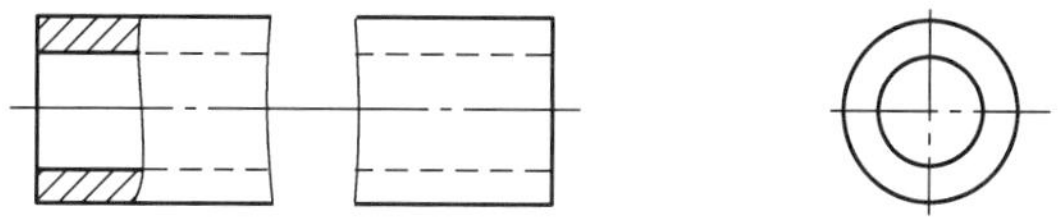
	圆锥体	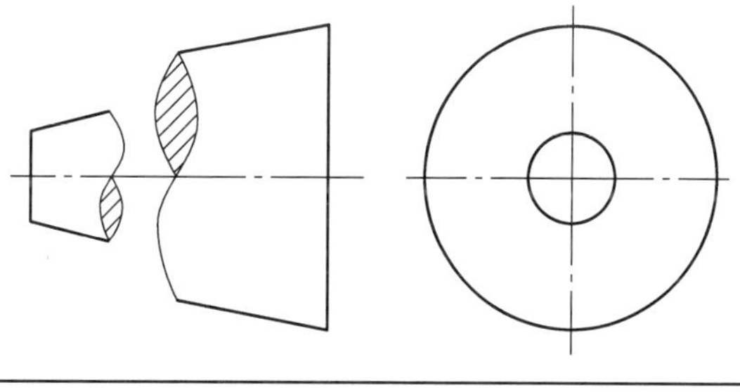

2）局部放大（图 2.1.22）。

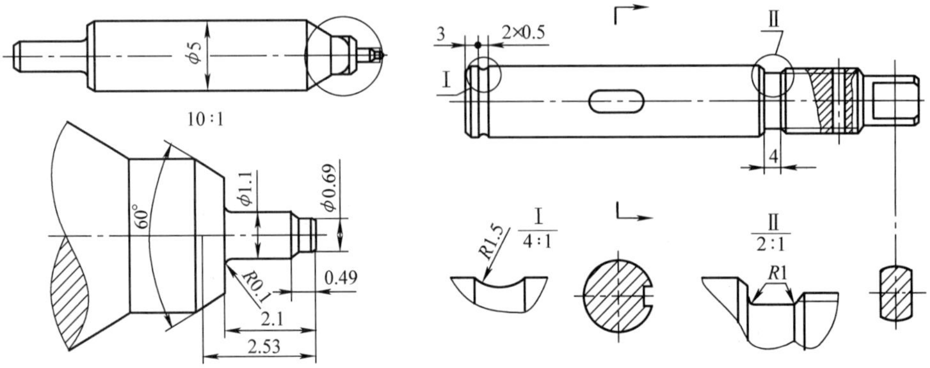

(a)　　(b)

图 2.1.22　局部放大

（a）针阀；（b）小轴

2. 尺寸的标注——目的是想出零件大小（图 2.1.23）

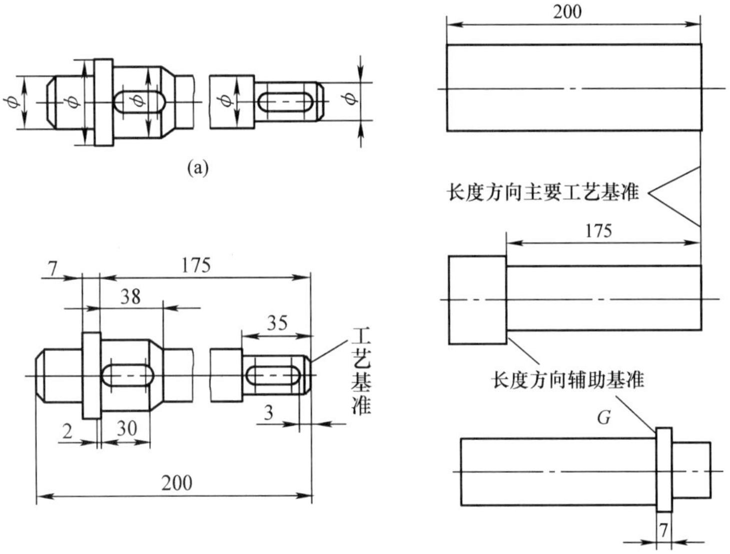

(b)　　(c)

图 2.1.23　尺寸标注

（a）按设计基准标注径向尺寸；（b）按设计基准标注轴向尺寸；（c）按加工要求选择尺寸基准

尺寸的主要内容有以下四部分。（要注意尺寸标注的合理性，既不能多，也不能少）

1）基准。

2）定形尺寸：定形状尺寸，如轴肩长 7 mm。

3）定位尺寸：定位置尺寸，如轴肩位置尺寸 175 mm。

4）总体尺寸：如轴总长 200 mm。

3. 技术要求——考虑零件加工和检测方法

（1）表面结构（图 2.1.24、图 2.1.25 及表 2.1.3）

表面结构是零件表面精度指标。轴类零件主要配合表面的表面结构一般为 $Ra0.4$ ~ $Ra3.2$ μm，非配合表面一般为 $Ra12.5$ ~ $Ra25$ μm。

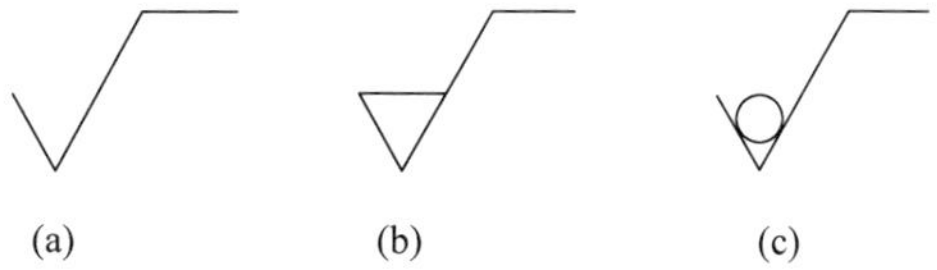

图 2.1.24　表面结构符号

(a)允许任何工艺;(b)去除材料;(c)不去除材料

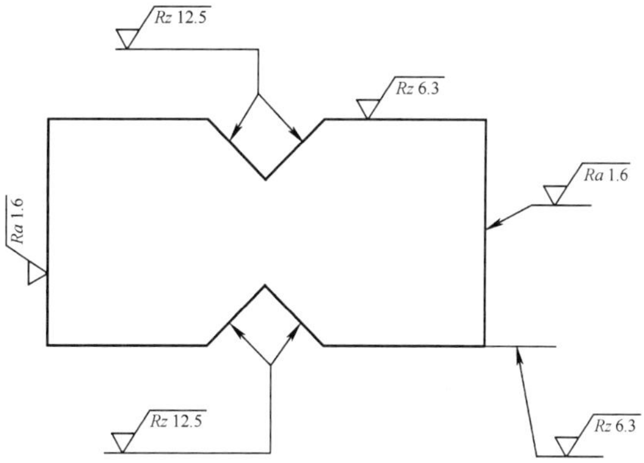

图 2.1.25　表面结构要求在轮廓线上的标注

表 2.1.3　表面结构与加工方法的应用举例

表面微观特性		Ra/μm	Rz/μm	加工方法	应用举例
粗糙表面	可见刀痕	>20 ~40	>80 ~160	粗车、粗刨、粗铣、钻、毛锉、锯断	半成品粗加工过的表面,非配合的加工表面,如轴端面、倒角、钻孔、齿轮带轮侧面、键槽底面、垫圈接触面等
	微见刀痕	>10 ~20	>40 ~80		
半光表面	微见加工痕迹	>5 ~10	>20 ~40	车、刨、铣、镗、钻、粗铰	轴上不安装轴承、齿轮处的非配合表面,紧固件的自由装配表面,轴和孔的退刀槽等
		>2.5 ~5	>10 ~20	车、刨、铣、镗、磨、拉、粗刮、滚压	半精加工表面,箱体、支架、盖面、套筒等和其他零件结合而无配合要求的表面,需要发蓝的表面等
	看不清加工痕迹	>1.25 ~2.5	>6.3 ~10	车、刨、铣、镗、磨、拉、刮、压、铣齿	接近于精加工表面,箱体上安装轴承的镗孔表面,齿轮的工作面
光表面	可辨加工痕迹方向	>0.63 ~1.25	>3.2 ~6.3	车、镗、磨、拉、刮、精铰、磨齿、滚压	圆柱销,圆锥销,与滚动轴承配合的表面,卧式车床导轨面,内、外花键定心表面等
	微辨加工痕迹方向	>0.32 ~0.63	>1.6 ~3.2	精铰、精镗、磨、刮、滚压	要求配合性质稳定的配合表面工作时受交变应力的重要零件,较高精度车床的导轨面
	不可辨加工痕迹方向	>0.16 ~0.32	>0.8 ~1.6	精磨、珩磨、研磨、超精加工	精密机床主轴锥孔、顶尖圆锥面、发动机曲轴、凸轮轴工作表面,高精度齿轮面

（2）尺寸公差与配合（图 2.1.26、图 2.1.27、表 2.1.4、表 2.1.5、表 2.1.6 及图 2.1.28）

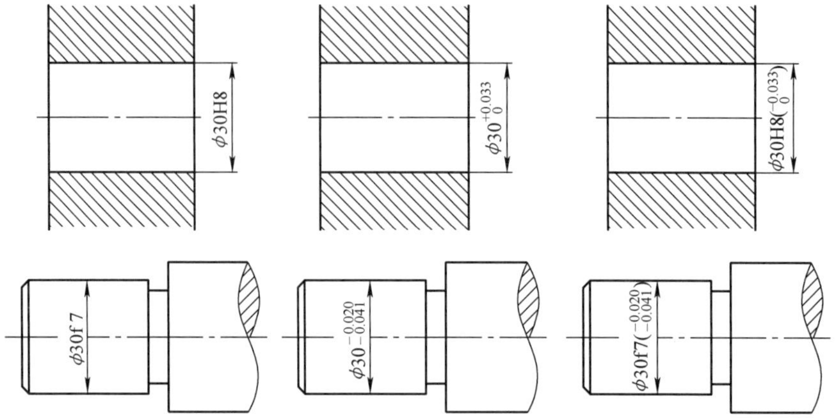

图 2.1.26　零件图中尺寸公差的标注

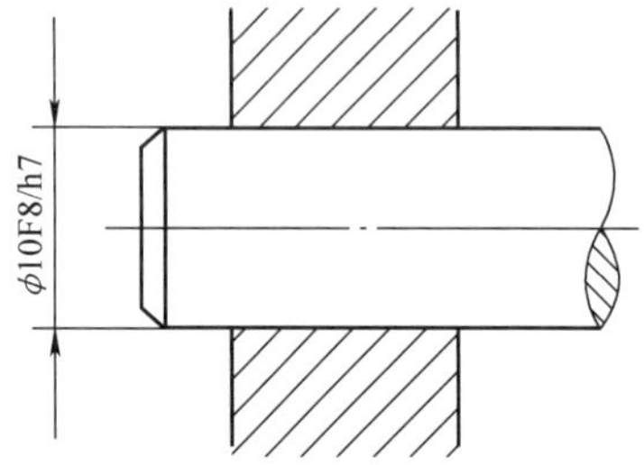

图 2.1.27　装配图中尺寸公差的标注

表 2.1.4　基孔制优先、常用配合

基准孔	轴																				
	a	b	c	d	e	f	g	h	js	k	m	n	p	r	s	t	u	v	x	y	z
	间隙配合								过渡配合			过盈配合									
H6						H6/f5	H6/g5	H6/h5	H6/js5	H6/k5	H6/m5	H6/n5	H6/p5	H6/r5	H6/s5	H6/t5					
H7						H7/f6	H7/g6▼	H7/h6▼	H7/js6	H7/k6▼	H7/m6	H7/n6▼	H7/p6▼	H7/r6	H7/s6▼	H7/t6	H7/u6▼	H7/v6	H7/x6	H7/y6	H7/z6
H8					H8/e7	H8/f7▼	H8/g7	H8/h7▼	H8/js7	H8/k7	H8/m7	H8/n7	H8/p7	H8/r7	H8/s7	H8/t7	H8/u7				
				H8/d8	H8/e8	H8/f8		H8/h8													
H9			H9/c9	H9/d9▼	H9/e9	H9/f9		H9/h9▼													
H10			H10/c10	H10/d10				H10/h10													
H11	H11/a11	H11/b11	H11/c11▼	H11/d11				H11/h11▼													
H12		H12/b12						H12/h12													

注：（1）$\frac{H6}{n5}$、$\frac{H7}{p6}$在基本尺寸小于或等于 3 mm 和$\frac{H8}{r7}$在小于或等于 100 mm 时，为过渡配合。

（2）注有符号▼的配合为优先配合。

表 2.1.5　基轴制优先、常用配合

基准轴	轴																				
	A	B	C	D	E	F	G	H	JS	K	M	N	P	R	S	T	U	V	X	Y	Z
	间隙配合								过渡配合			过盈配合									
h5						F6/h5	G6/h5	H6/h5	JS6/h5	K6/h5	M6/h5	N6/h5	P6/h5	R6/h5	S6/h5	T6/h5					
h6						F7/h6	G7/h6▼	H7/h6▼	JS7/h6	K7/h6▼	M7/h6	N7/h6▼	P7/h6▼	R7/h6	S7/h6▼	T7/h6	U7/h6▼				
h7					E8/h7	F8/h7▼		H8/h7▼	JS8/h7	K8/h7	M8/h7	N8/h7									
h8				D8/h8	E8/h8	F8/h8		H8/h8													
h9				D9/h9▼	E9/h9	F9/h9		H9/h9▼													
h10				D10/h10				H10/h10													
h11	A11/h11	B11/h11	C11/h11▼				H11/h11▼														
h12		B12/h12						H12/h12													

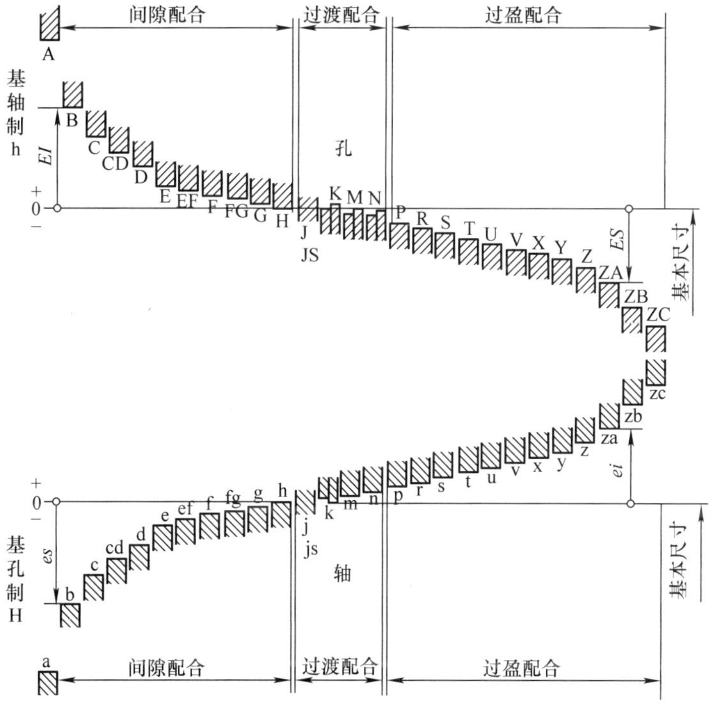

图 2.1.28　基本偏差系列

表 2.1.6　标准公差值(基本尺寸大于 6 至 500 mm)

基本尺寸/mm	公差等级							
	IT5	IT6	IT7	IT8	IT9	IT10	IT11	IT12
>6~10	6	9	15	22	36	58	90	150
>10~18	8	11	18	27	43	70	110	180
>18~30	9	13	21	33	52	84	130	210
>30~50	11	16	25	39	62	100	160	250
>50~80	13	19	30	46	74	120	190	300
>80~120	15	22	35	54	87	140	220	350
>120~180	18	25	40	63	100	160	250	400
>180~250	20	29	46	72	115	185	290	460
>250~315	23	32	52	81	130	210	320	520
>315~400	25	36	57	89	140	230	360	570
>400~500	27	40	63	97	155	250	400	630

(3)形状和位置公差(表 2.1.7)

形位公差标注的注意事项:当被测要素(给出了形状或(和)位置公差要求的要素)是表面或线时,形位公差框格指引线的箭头或基准符号应指在该要素的轮廓线或延长线上,并与尺寸线明显错开;当被测要素是中心要素(球心、轴线、中心平面)时,指引线的箭头或基准符号应与该要素的尺寸线对齐。

表 2.1.7　形位公差符号

公差		特征项目	符号	公差		特征项目	符号	类别	说明	符号
形状	形状	直线度	—	位置	定向	平行度	∥	其他有关符号	最大实体要求	Ⓜ
		平面度	⏥ (75°)			垂直度	⊥		延伸公差带	Ⓟ
		圆度	○			倾斜度	∠ (45°)		包容原则	Ⓔ
		圆柱度	⌭		定位	同轴(同心)度	◎		理解正解尺寸	[30]
形状或位置	轮廓	线轮廓度	⌒			对称度	⌯		基准目标	$\phi 20$ / A_1
		面轮廓度	⌓			位置度	⌖			
					跳动	圆跳动	↗			
						全跳动	⌰			

注:形位公差符号的线型宽度为 d,d 在 A 型字情况下为字高的 1/14、B 型字情况下为字高的 1/10。

4. 标题栏——读出比例、材料等信息(图 2.1.29、图 2.1.30)

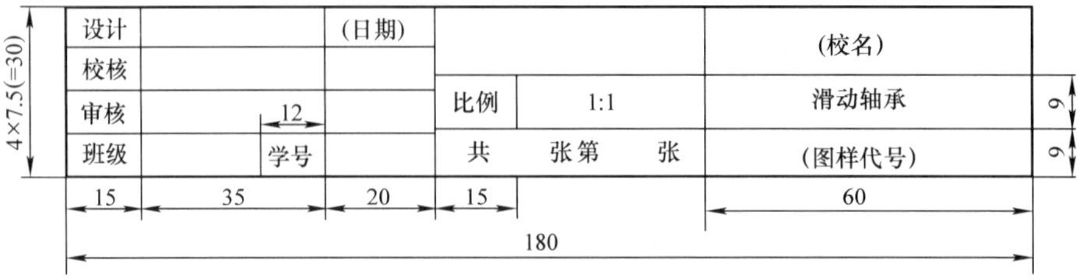

图 2.1.29　零件图标题栏(学校用)

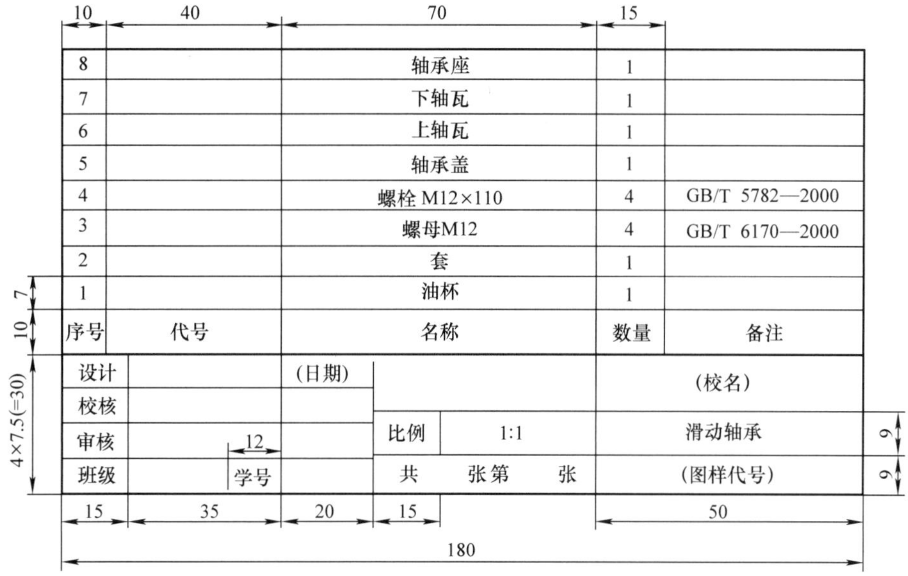

图 2.1.30　装配图标题栏和明细表(学校用)

【任务实施】零件图识读举例

【**实例**】读轴的零件图(图 2.1.31)并回答下列问题。

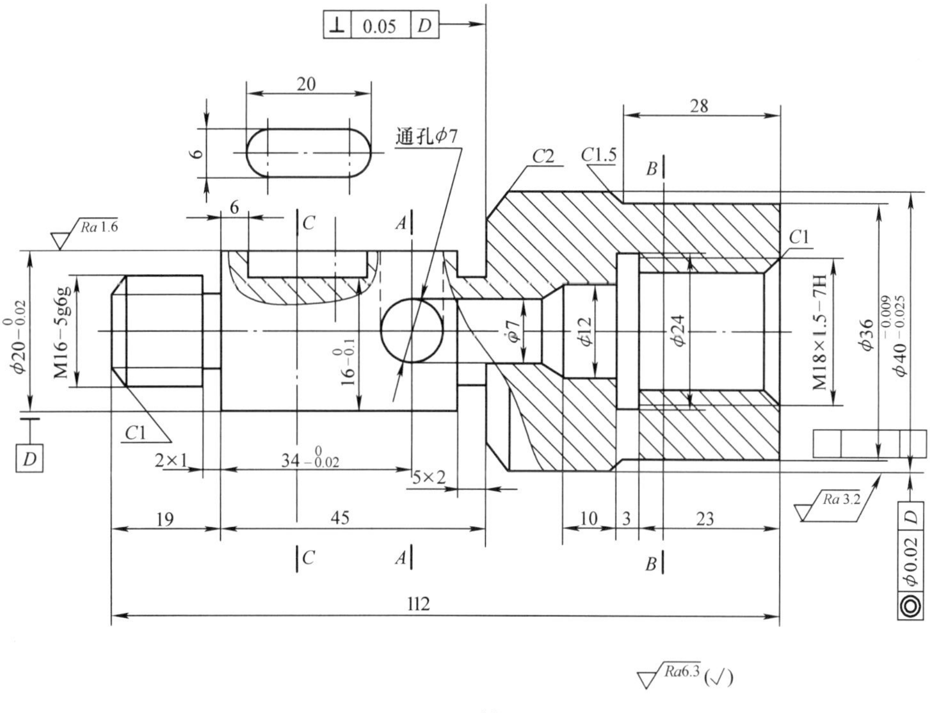

(a)

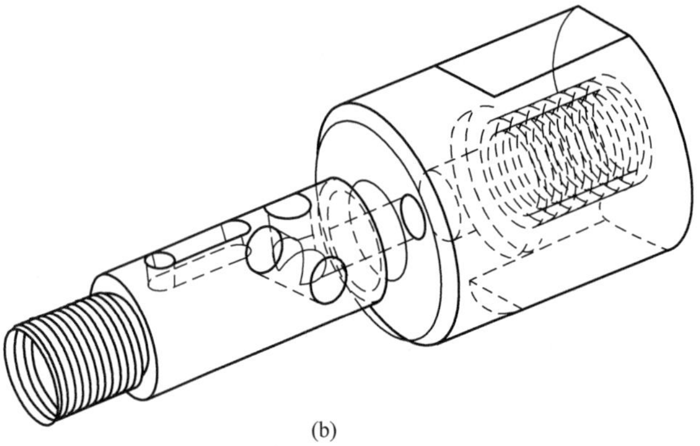
(b)

图 2.1.31 轴

(a)零件图;(b)实物图

1)画出 *A*—*A*、*B*—*B*、*C*—*C* 断面图。

2)该零件的名称是________,属于________类零件,该图采用的比例为________,属于________比例。长度主基准为________,辅助基准为________。

3)该零件共用了________图形表达,其中主视图________选择,主视图采用________表达方法。

4)主轴上键槽的长度是________,其定位尺寸是________,其表面结构要求是________。

5)轴上的基本尺寸是________,上偏差是________,下偏差是________,公差是________,最大极限尺寸是________,最小极限尺寸是________ 。

6)轴上尺寸 2×1 表示的结构是________,其宽度是________,深度是________。

7)解释 M18×1.5-7H,其中 M 表示________,18 表示________,螺距为________,7H 表示________ 。

8)解释垂直度位置公差的含义:________。

【小结】

以上主要介绍了零件图的作用和内容、零件图的视图表达方法、零件图的工艺结构以及零件图的尺寸标注,通过多看多练使学生具备零件图的读图和绘图能力。

任务二 装 配 图

【任务目标】

- 了解装配图的作用和内容。
- 掌握装配图的视图表达方法。
- 了解装配图的尺寸标注。
- 了解装配图的工艺结构。
- 具备识读装配图和绘制装配图的能力。

【任务导入】

观察图 2. 2. 1,并思考下列问题。

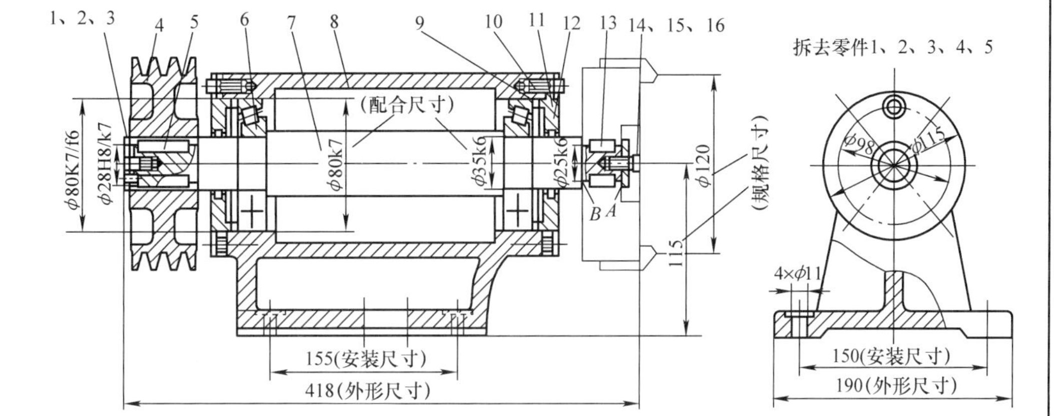

技术要求

1.主轴轴线对底座面的平行度公差为0.04/100。

2.刀盘定位轴颈*A*的径向圆跳动公差为0.02。

3.刀盘定位端面*B*对ϕ25轴线的端面圆跳动公差为0.02。

4.铣刀盘轴端的轴向窜动不大于0.01。

					6	轴承30307	2		GB/T 297—94
16	垫圈6	1	65Mn	GB 93—87	5	键8×30	1	45	GB 1096—1979
15	螺栓M6×30	1	Q235	GB 5782—86	4	带轮	1	HT150	
14	挡圈35	1	35	GB 892—86	3	销A3×12	1	35	GB 119—86
13	键8×20	2	45	GB 1096—79	2	螺钉M6×18	1	Q235	GB 68—85
12	毡圈	2	半粗羊毛毡		1	挡圈35	1	35	GB 891—86
11	端盖	2	HT200		序号	零件名称	数量	材料	备注
10	螺钉M8×22	12	Q235	GB 70—85	设计		比例		
9	调整环	2	35		校对		数量		
8	座体	1	HT200		审核		图号		
7	轴	1	45		名称				

图 2. 2. 1　装配图

1. 工人组装机器或部件依据的一张图叫什么图?
2. 装配图的内容有哪些?

【知识链接】装配图的作用和内容

装配图是用来表达机器或部件的工作原理、传动路线,零件之间的相对位置、装配、连接、配合关系,主要零件的结构形状的图样。它是反映设计思想、装配部件、进行机器或部件的维护和修理、指导生产和进行技术交流的重要技术文件和绘制零件图的依据。

在设计或改进机器、部件时,用装配图来表达设计者的设计思想,然后根据设计施工图拆画出零件图,工人按照零件图样制造零件,最后将零件装配成部件或机器。因此,装配图是重要的技术文件。部件是机器的组成部分,例如汽车的变速箱就是汽车的一个部件,发动机、变速箱、底盘等部件装配在一起就组成了汽车,汽车是机器。

装配图由四部分内容组成。

1. 一组图形

用来表达机器或部件的工作原理,零件之间的相对位置、装配关系、连接方式、传动路线和主要零件的形状、结构。

(1)装配图的视图表达方法

零件图的视图表达方法在此都适用。

(2)装配图的规定画法

1)相邻两零件的非接触面,即使间隙很小,也必须画两条线。例如图 2.2.1 中件 5(键)的上表面和件 4(带轮)键槽顶面之间因为设计尺寸不同和存在着很小的间隙,所以画两条线;而带轮右端面和件 7(轴)右数第二端面间只画一条线,因为它们是接触面。

2)装配图中同一个零件在各剖视图中的剖面线必须方向相同、间隔一致,例如图 2.2.1 中件 8(座体)在主视图和左视图中的剖面线方向是相同的、间隔是一致的。

3)装配图中,厚度≤2 mm 的零件断面,因绘制剖面符号有困难,可以用涂黑代替。

(3)装配图的简化画法

1)在装配图中,对于紧固件以及实心轴、球、键、销等实心工件,当剖切平面通过其对称平面或轴线时,这些零件均按不剖切绘制,例如图 2.2.1 中件 5(键)、件 7(轴)、件 10(螺钉)等。如需表达这些零件上的一些结构,例如键槽、销孔等,可用局部剖视图表达,例如图 2.2.1 中键 5 所在部位。

2)图 2.2.1 所示左视图是在拆卸零件 1、2、3、4、5 后画出的,因为不拆卸,就看不到螺钉 10 和其沿圆周方向的分布状况。这时要在相应视图的上方标注出拆去零件的序号。即在装配图上,为了看到因被其他零件遮挡而看不到结构时,可以选用拆卸画法。

3)装配图中,若干个相同的零件或零件组,可以详细表达出一组或几组,其余只需表示出其装配位置即可。例如图 2.2.1 中的件 10(螺钉)共有 12 件,而在装配图中仅详细画出两件。

4)装配图中,零件上的细小工艺结构,例如倒角、圆角、退刀槽、越程槽均可以不画,例如图 2.2.1 中件 8(座体)内腔处的铸造圆角,件 7(轴)上的退刀槽、越程槽、倒角均未画。

2. 必要的尺寸

装配图中要标注:总体尺寸(总长、总宽、总高),例如图 2.2.1 中的 418 mm(总长)、190 mm(总宽),总高可以计算出来 $(115+120/2)=175$ mm;规格、性能尺寸,例如图 2.2.1 中的 115 mm 和 $\phi120$ mm 是规格尺寸;安装尺寸,例如图 2.2.1 中的 155 mm、150 mm、$4\times\phi11$ mm;配合代号,例如图 2.2.1 中的 $\phi80K7/f6$、$\phi80k7$、$\phi35k6$;装配后的检验尺寸。

3. 技术要求

用文字或符号说明部件或机器在装配、试车、调整、安装时要求达到的技术要求和注意事项,例如图 2.2.1 中的四项技术要求。

4. 零件序号和明细表

为了方便读图以及组织生产和技术资料的管理,要对装配图中出现的各种零件按顺序编号,并将相关内容填写在明细表中,例如图 2.2.1 中的序号 1,2,3,…,15,16 和明细表。

标题栏的内容:填写装配图的名称、图号、比例和相关责任者的签名等。

【任务实施】装配图识读举例

【**实例**】读装配图(图 2.2.2)并回答下列问题。

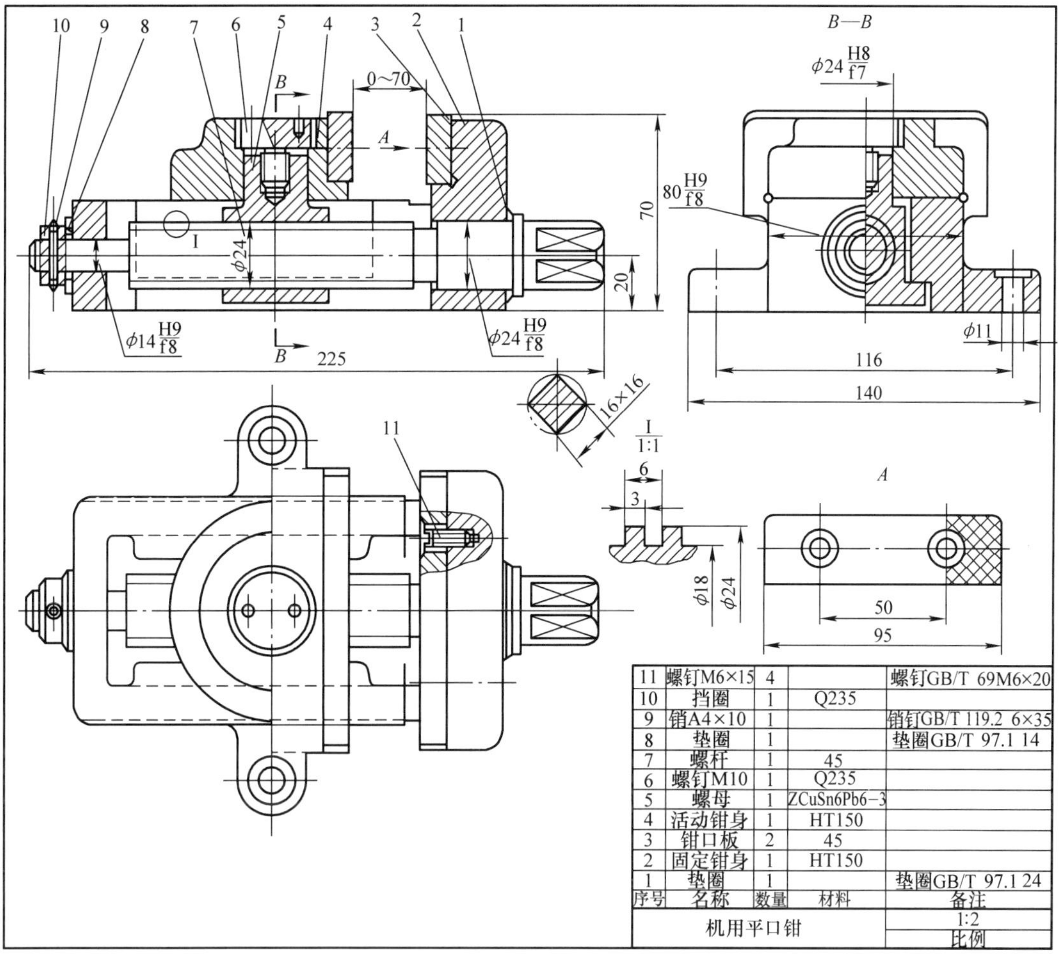

序号	名称	数量	材料	备注
11	螺钉M6×15	4		螺钉GB/T 69M6×20
10	挡圈	1	Q235	
9	销A4×10	1		销钉GB/T 119.2 6×35
8	垫圈	1		垫圈GB/T 97.1 14
7	螺杆	1	45	
6	螺钉M10	1	Q235	
5	螺母	1	ZCuSn6Pb6-3	
4	活动钳身	1	HT150	
3	钳口板	2	45	
2	固定钳身	1	HT150	
1	垫圈	1		垫圈GB/T 97.1 24
机用平口钳				1:2 比例

(a)

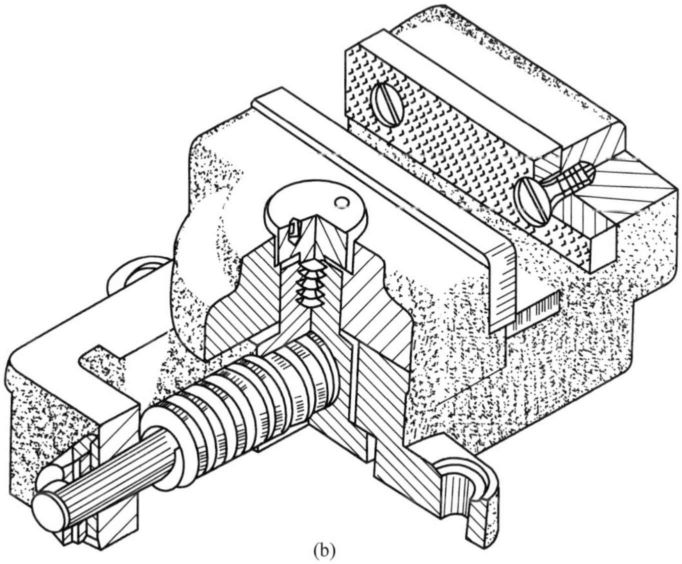

(b)

图 2.2.2　机用平口钳

(a)装配图;(b)实物图

1. 填空题

1)这个装配图的名称是________,共由________个零件组成,其中有________种零件是标准件。它由________个图形表达,主视图主要采用________剖,左视图采用________剖,俯视图采用________剖,还有________、________及________。

2)零件7与零件10通过零件________连接,零件3与零件2通过零件________连接固定。断面图上标注“16×16”表示零件________右端的端面形状是________,其边长尺寸为________。

3)零件4是依靠零件________的转动来带动序号________螺母移动,从而再带动零件运动的;零件5是用零件________来固定的。

4)主视图中尺寸$\phi24H9/f8$是零件________与零件________的配合代号,其基本尺寸为________,配合为________制,公差等级孔为________级,轴为________级,配合性质为________配合。在零件图中,孔应标注________,轴应标注________。图中的总体尺寸有________、________、________,安装尺寸有________,配合尺寸有________、________、________、________。

5)主视图中尺寸$\phi14H9/f8$是零件________与零件________的配合代号,配合为________制,配合性质为________配合。图中尺寸80H9/f8是零件________与零件________的配合代号,配合为________制,配合性质为________配合。

2. 拆绘零件图

1)拆绘零件2、4。

2)拆绘零件6、7、10。

【小结】

以上主要介绍了装配图的作用和内容、装配图的视图表达方法、装配图的工艺结构以及装配图的尺寸标注,通过多看多练使学生具备装配图的读图和绘图能力。

模块三　工程力学基础

任务一　静力分析基础

【任务目标】

- 掌握对物体的受力分析。
- 解决平面汇交力系的平衡问题。
- 解决平面一般力系的平衡问题。

【任务导入】

观察图 3.1.1 至图 3.1.3,并思考下列问题。

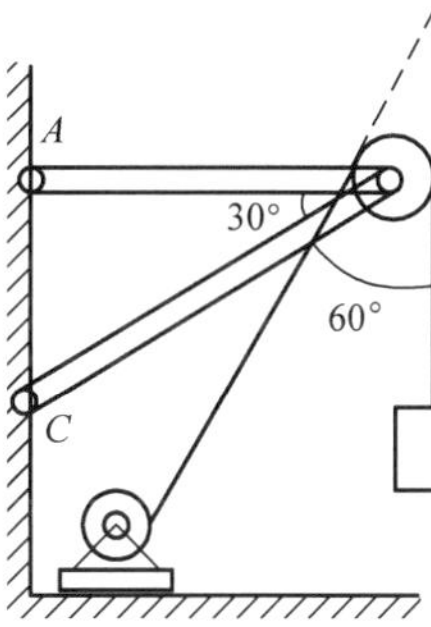

图 3.1.1　简易起重装置

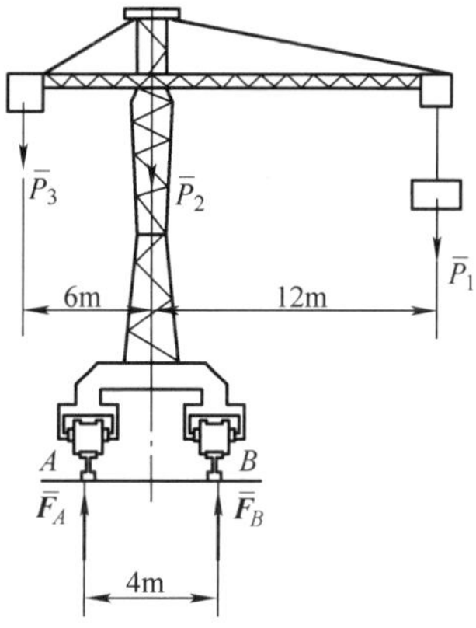

图 3.1.2　塔吊

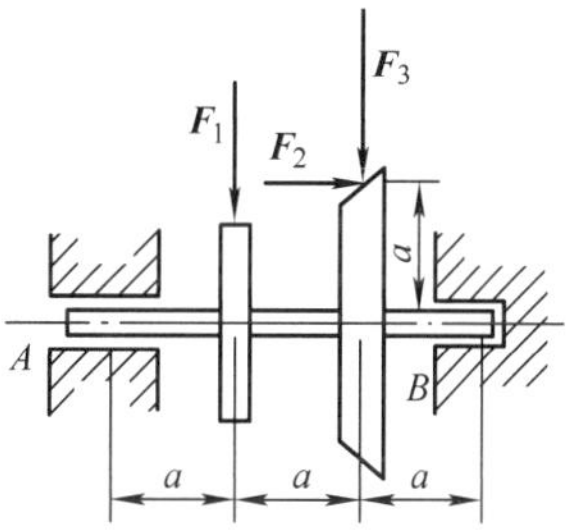

图 3.1.3　齿轮传动轴

1. 简易起重装置中各杆件受到的是拉力还是压力？大小如何计算？
2. 塔吊为何有配重？配重如何计算？
3. 齿轮传动轴两端轴承反力如何计算？

【知识链接】静力分析基本知识

1. 静力学基本概念

(1)力

力是物体间的相互机械作用。力可以改变物体的运动状态,还可以使物体发生变形,分别是力作用于物体的外效应和内效应。力对物体作用的效应,决定于力的大小、方向和作用点,即**力的三要素**。

力可以表示为一个矢量(图 3.1.4),箭头所指为力的方向,若给定力的比例尺,矢量线段长度可以用来表示力的大小。

在法定单位中,力的单位为牛顿(N)或千牛顿(kN),1 kN = 1 000 N,1 kgf = 9.8 N。

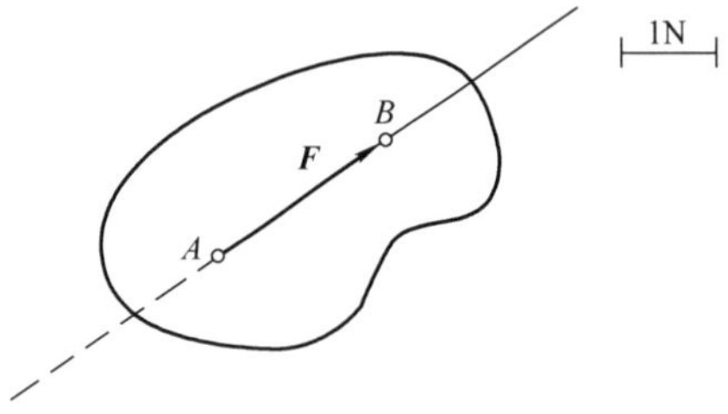

图 3.1.4 力的矢量表示

根据作用特点,力分为集中力和分布力。当力的作用长度或面积相对于构件尺寸比例很小时,可视为**集中力**(集中载荷),如图 3.1.5 所示齿轮受到的啮合力是集中力。如图 3.1.6 所示,分布于构件一定范围内的力称为**分布力**(分布载荷)。分布力用载荷集度(***q***)来表示,体分布力单位为牛/立方米(N/m^3),面分布力单位为牛/平方米(N/m^2)。工程设计中,常将体、面分布力简化为连续分布在某一段长度上的力,称为线分布力,单位为牛/米(N/m)。

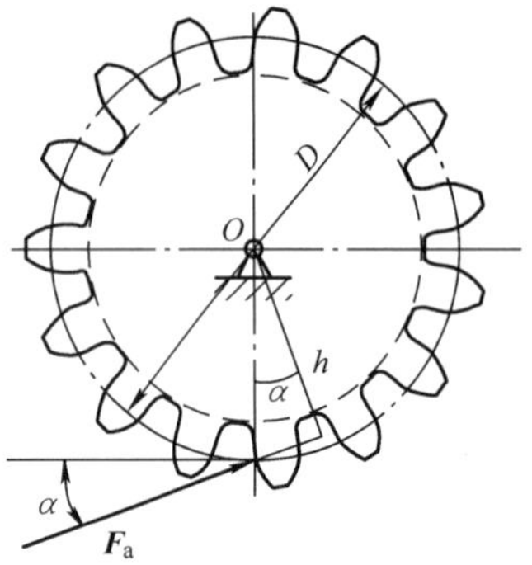

图 3.1.5 齿轮

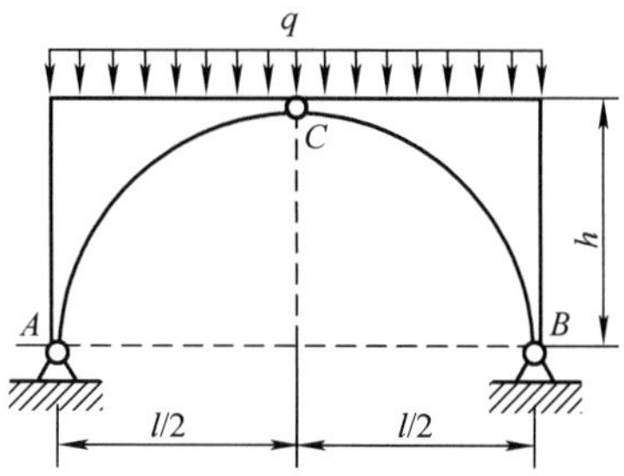

图 3.1.6 三铰拱

(2)刚体

物体受到力的作用或多或少都会发生变形,而工程实际中构件的变形通常很小,甚至多数情况下可以忽略不计,因此可以把这些构件看成是不变形的物体,即刚体。刚体是理想化的力学模型,只适用静力学。

(3)静力学公理

在生产实践中,人们得出了一些经过实践检验是正确的理论,即静力学公理。

公理一(二力平衡原理) 作用在刚体上的两个力,使刚体保持平衡的充分必要条件是:两力大小相等,方向相反,作用在同一直线上(图 3.1.7)。

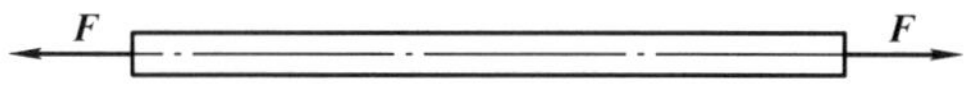

图 3.1.7 二力平衡原理

工程中经常遇到不计自重,且只在两点处各受一个集中力作用而处于平衡的刚体。这种只在两个力作用下处于平衡的刚体,称为**二力构件**(**二力杆**)。如图 3.1.8 所示,三铰拱的右半边 *BC*,即为二力杆。二力构件的形状可以是直杆,也可以是其他任何形状的。

公理二(加减平衡力系原理) 在原力系上,加上或减去任意平衡力系,不改变原力系对刚体的作用效果。

推论 1(力的可传性定理) 作用于刚体上的力可以沿其作用线移动到刚体内任意一点,不改变原力对刚体的作用效果(图 3.1.9)。

公理三(力的平行四边形法则) 作用于物体上同一点的两个力,可以合成为一个合力,合力的作用点仍在该点,大小和方向由以这两个力为边所作的平行四边形的对角线确定(图 3.1.10)。

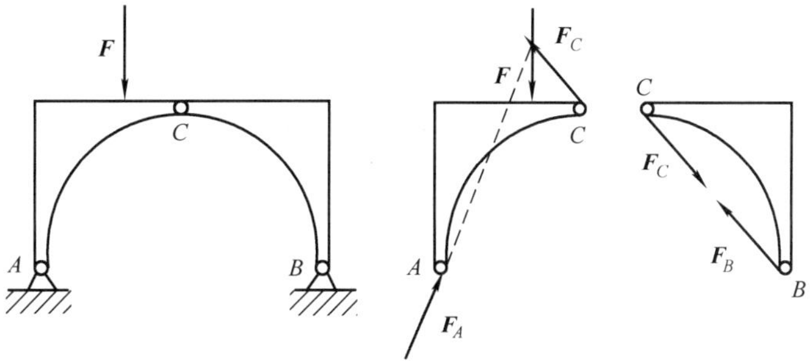

图 3.1.8 三铰拱

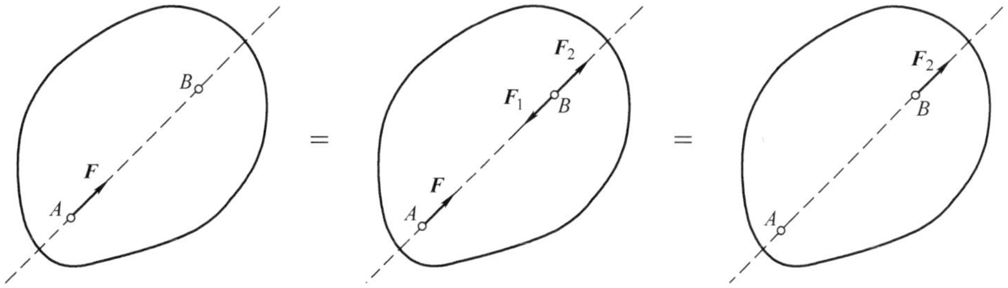

图 3.1.9 力的可传性($F_1=F_2=F$)

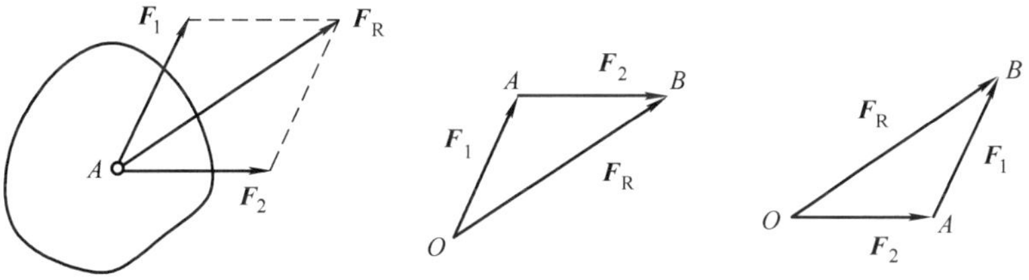

(a) (b) (c)

图 3.1.10 力的平行四边形法则

(a)力的平行四边形;(b)、(c)力的三角形

此公理可用于将两个共点力合成,也可用于将合力向两个方向分解。用矢量表达为

$$\boldsymbol{F}_{\mathrm{R}}=\boldsymbol{F}_1+\boldsymbol{F}_2 \tag{3.1.1}$$

即合力矢等于两个分力矢的矢量和。

如图 3.1.10(a)所示,此图形称为力的平行四边形;还可以只画出如图 3.1.10(b)、(c)所示力的三角形,由 O 点出发首尾相接的 $\boldsymbol{F}_1$ 和 $\boldsymbol{F}_2$ 分别表示两个分力,同样可求出 $\boldsymbol{F}_1$ 和 $\boldsymbol{F}_2$ 的合力 $\boldsymbol{F}_{\mathrm{R}}$。

推论 2(三力平衡汇交定理) 刚体受到不平行的三个力作用而平衡,则三个力的作用线必汇交于一点,且位于同一平面内(图 3.1.11)。

公理四(作用与反作用原理) 两物体之间的相互作用总是同时存在,它们大小相等、作用线相同而指向相反,分别作用在两个物体上。如图 3.1.12 中 $\boldsymbol{F}_B$ 和 $\boldsymbol{F}'_B$ 即为一对作用力与反作用力。

公理五(刚化原理) 变形体在某一力系作用下处于平衡,如果将此变形体刚化为刚体,其平衡状态不变。

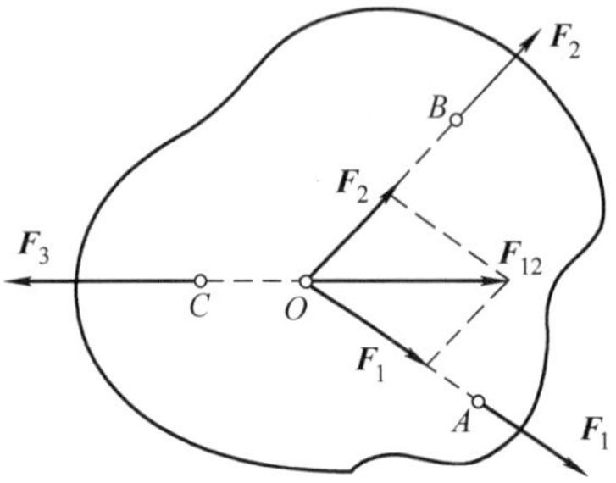

图 3.1.11　三力平衡汇交

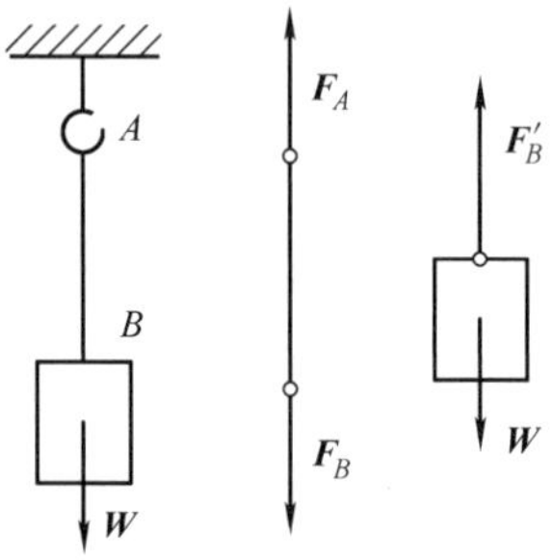

图 3.1.12　作用力与反作用力

(4)约束与约束反力

Ⅰ. 自由体与非自由体

位移不受任何限制的物体称为**自由体**,如飞行的飞机、气球、炮弹和火箭等。位移受到限制的物体称为**非自由体**。如机车受到铁轨的限制,只能沿轨道运动;电机转子受轴承的限制,只能绕轴线转动;重物被钢索吊住而不能下落等。

Ⅱ. 约束与约束反力

对非自由体的某些位移起限制作用的周围物体称为**约束**。如铁轨对于机车、轴承对于电机转子、钢索对于重物等都是约束。

约束作用在非自由体上的力称为**约束反力**,简称为**反力**。约束反力的方向与该约束所限制位移的方向相反,这是确定约束反力方向的基本原则。

Ⅲ. 主动力与被动力

主动施加在物体上,使物体产生运动或运动趋势的力称为**主动力**,如物体重力,作用于活塞表面的油压等。主动力往往是已知的。

因主动力作用而引起的约束反力称为**被动力**,它随主动力的改变而变化。

Ⅳ. 常见的约束类型

i. 柔性体约束

绳索、链条、皮带、胶带等柔性物体所形成的约束称为**柔性体约束**。这种约束只能受拉,不能受压,因此柔性体约束产生的反力总是过接触点、沿着柔性体中心线而背离物体。

如图 3.1.13 所示,绳索悬挂一个重物,物体在 $\boldsymbol{W}$ 作用下有向下运动趋势,绳索对物体的反力过接触点、沿绳索中心线背离物体向上,如图中 $\boldsymbol{F}'_A$ 所示。链条或胶带绕在轮子上时,对轮子的约束反力沿轮缘切线背离轮子方向,如图 3.1.14 所示。

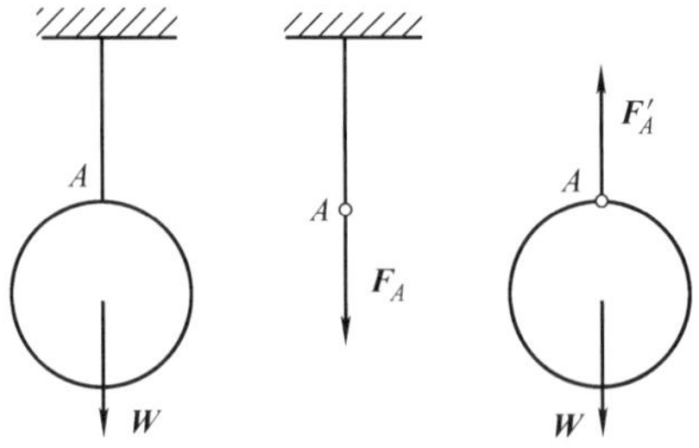

图 3.1.13　绳索约束

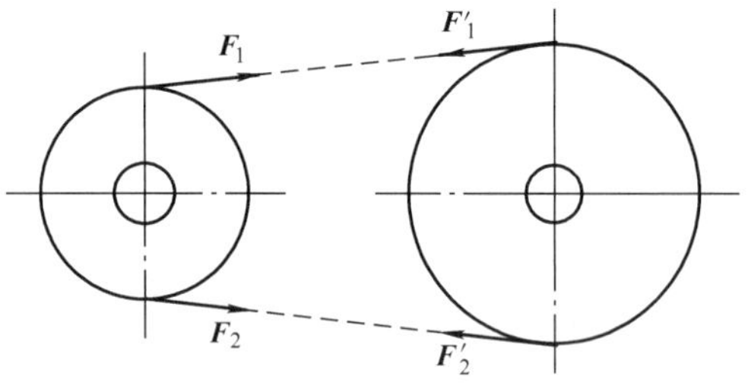

图 3.1.14　链条(或胶带)约束

ii. 光滑面约束

当物体接触面摩擦力很小,可忽略不计时,就得到了理想光滑面约束。约束限制物体沿着接触点处公法线方向的位移,所以约束反力 $\boldsymbol{F}_n$ 方向总是通过接触点、沿着接触点处公法线而指向受力物(图 3. 1. 15)。

图 3. 1. 15　光滑面约束

(a)平面;(b)圆弧面

iii. 光滑圆柱铰链约束

将两个物体各钻圆孔,中间用圆柱形销钉连接起来所形成的结构即为圆柱形铰链。销钉与圆孔的接触面一般情况下可认为是光滑的,物体可以绕销钉的轴线任意转动,如图 3. 1. 16(a)所示。如门、窗用的合叶,起重机悬臂与机座之间的连接等,都是铰链约束的实例。铰链连接简图如图 3. 1. 16(b)所示,其中销钉限制两物体相对移动,只能绕轴线相对转动,称为中间铰链。约束反力 $\boldsymbol{F}_R$ 应沿接触点处公法线,且过销钉轴线,如图 3. 1. 16(c)所示。因为 $\boldsymbol{F}_R$ 的方向未知,通常用过销钉中心,且相互正交的两个分力 $\boldsymbol{F}_{Rx}$、$\boldsymbol{F}_{Ry}$ 来表示。

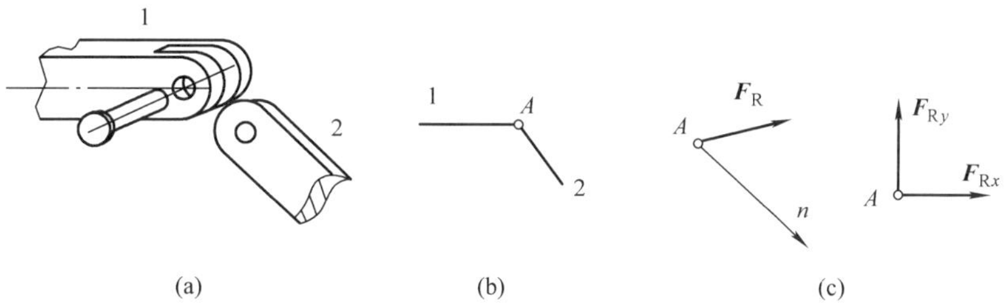

图 3. 1. 16　光滑圆柱铰链约束

(a)圆柱形铰链;(b)简图;(c)约束反力

铰链结构中有一个构件为固定支座时构成的约束称为固定铰链支座。固定铰链支座的结构简图及其约束反力如图 3. 1. 17 所示。此外,工程中的轴承也可视为固定铰链支座约束。

iv. 活动铰链支座

活动铰链支座又称辊轴约束,与固定铰链支座不同的是,它不限制被约束物体沿水平方向的位移,只限制竖直方向的运动。因此其约束反力应通过销钉轴线、沿支承面的法线方向,指向待定,其结构与受力如图 3. 1. 18 所示。

v. 固定端约束

固定端约束结构如图 3. 1. 19(a)所示,该约束既限制构件的移动,又限制构件的转动。平面内其结构简图及约束反力分别如图 3. 1. 19(b)、(c)所示。如工件被固定在车床卡盘上,卡盘可视为工件的固定端约束。

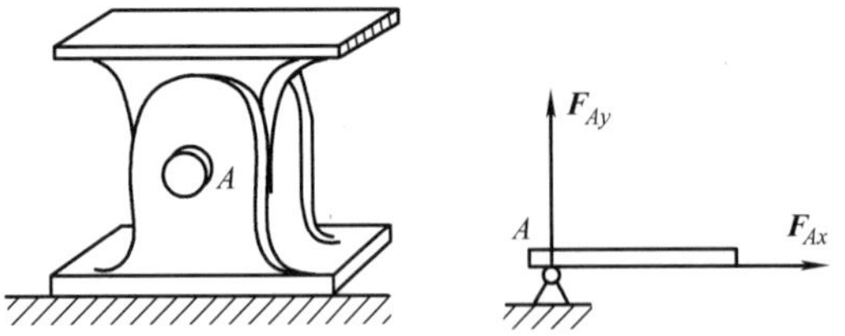

(a)　　(b)

图 3.1.17　固定铰链支座

(a)结构简图;(b)约束反力

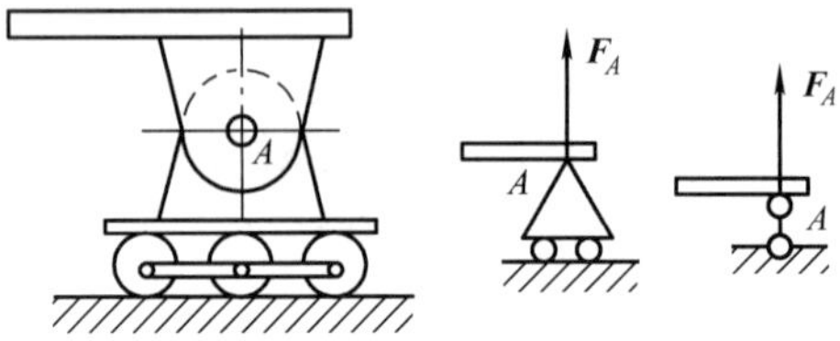

(a)　　(b)　　(c)

图 3.1.18　活动铰链支座

(a)结构简图;(b)、(c)受力

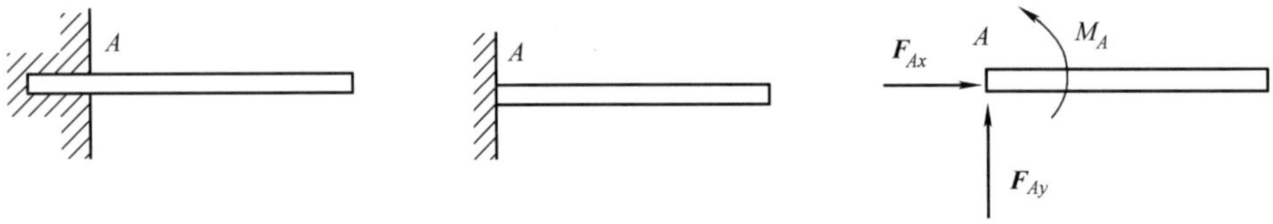

(a)　　(b)　　(c)

图 3.1.19　固定端约束

(a)结构;(b)结构简图;(c)约束反力

(5)受力分析与受力图

为了能清楚地表示物体的受力情况,需要解除研究对象的约束,从周围物体中单独拿出来,单独画在一边,这个过程称为取分离体。在分离体上画出所受到的所有主动力和约束反力,就得到了物体的受力图。

【例 3.1.1】 图 3.1.20 为一套机械夹具,自重不计,各接触点处均为光滑接触,请画出 V 形铁、被夹物体及压板的受力图。

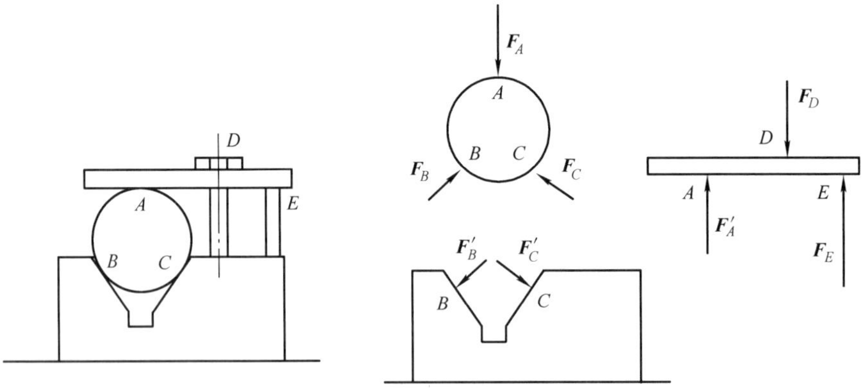

(a)　　(b)　　(c)

图 3.1.20　例 3.1.1 题

解　①取被夹物体为研究对象　被夹物体在 B、C 点受到 V 形铁的约束反力 $\boldsymbol{F}_B$、$\boldsymbol{F}_C$ 作用,在 A 点受到压板的约束反力 $\boldsymbol{F}_A$ 作用。

②取 V 形铁为研究对象　V 形铁在 B、C 点受到被夹物体的约束反力 $\boldsymbol{F}'_B$、$\boldsymbol{F}'_C$ 作用。

③取压板为研究对象　压板在 A 点受到被夹物体的约束反力 $\boldsymbol{F}'_A$ 作用,在 D 点受到螺

钉的拧紧力 $\boldsymbol{F}_D$ 作用，在 E 点受到支承钉的约束反力 $\boldsymbol{F}_E$ 作用。

【例 3.1.2】 图 3.1.21(a)所示的三铰拱，由左右两个半拱通过铰链连接而成。各构件自重不计，在拱 AC 上作用有载荷 $\boldsymbol{F}$。试分别画出拱 AC、BC 及整体的受力图。

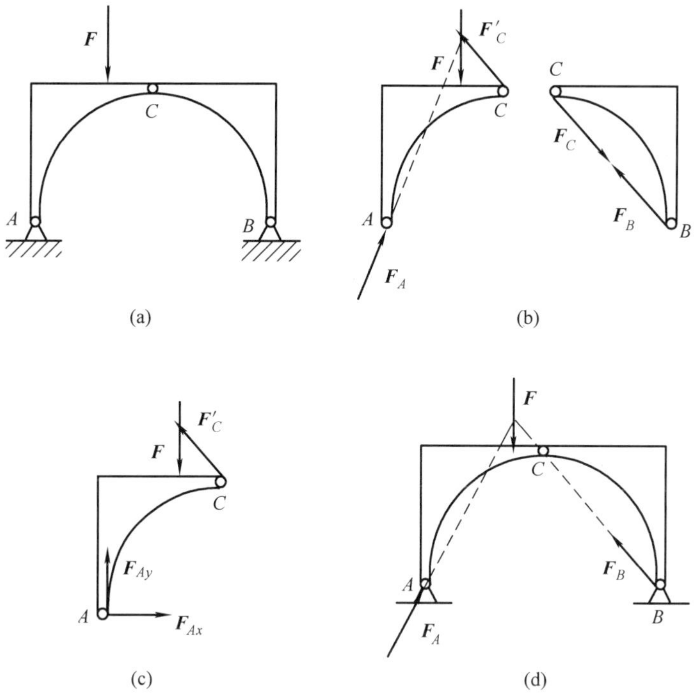

图 3.1.21　例 3.1.2 图

解　①取拱 BC 为研究对象　由于拱 BC 自重不计，且只在 B、C 两处受到铰链约束，因此拱 BC 为二力构件，在铰链中心 B、C 处分别受等大、反向、共线的 $\boldsymbol{F}_B$、$\boldsymbol{F}_C$ 两力的作用，如图 3.1.21(b)所示。

②取拱 AC 为研究对象　由于自重不计，因此主动力只有载荷 $\boldsymbol{F}$，拱在铰链 C 处受到拱 BC 对它的约束反力 $\boldsymbol{F}'_C$ 作用，$\boldsymbol{F}'_C$ 与 $\boldsymbol{F}_C$ 互为作用力与反作用力。拱在 A 处受固定铰链支座对它的约束反力 $\boldsymbol{F}_A$ 的作用，其方向可用三力平衡汇交定理来确定，如图 3.1.21(b)所示；也可以用两个正交的分力 $\boldsymbol{F}_{Ax}$、$\boldsymbol{F}_{Ay}$ 来表示 A 处的约束反力，如图 3.1.21(c)所示。

③取整体为研究对象　由于铰链 C 处所受的力 F_C、F'_C 为作用力与反作用力关系，这种力成对地出现在整个系统内，称为系统内力。内力对系统的作用相互抵消，故内力在整个系统的受力图上不画出。在受力图上只需画出系统以外的物体对系统的作用力，这种力称为外力。整个系统的受力如图 3.1.21(d)所示。

2. 力对点之矩

(1) 力矩

如图 3.1.22 所示，以扳手拧螺母为例，$\boldsymbol{F}$ 对螺母产生旋转的作用效果。这个效果不仅与力 $\boldsymbol{F}$ 的大小有关，也与 $\boldsymbol{F}$ 力作用线到螺母中心 O 的垂直距离 h 有关。将 $\boldsymbol{F}$ 与 h 的乘积定义为力 $\boldsymbol{F}$ 对 O 点之矩，简称为

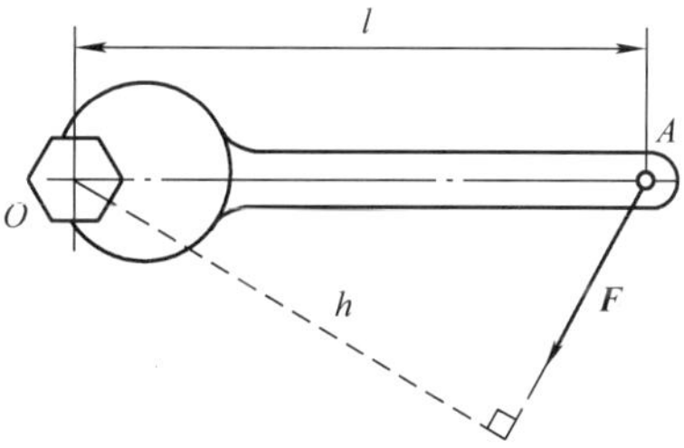

图 3.1.22　力矩示意

力矩,用 $M_O(\boldsymbol{F})$ 表示。即

$$M_O(\boldsymbol{F}) = \pm F \cdot h \tag{3.1.2}$$

式中:F 是力的大小;h 称为力臂;O 点为力矩中心,简称矩心。规定若力对力矩中心的矩为逆时针方向,力矩为"+";若力对力矩中心的矩为顺时针方向,力矩为"-"。

力矩的常用单位为牛·米(N·m)或千牛·米(kN·m)。

(2)力矩的性质

1)力矩的大小不仅与力 $\boldsymbol{F}$ 的大小有关,还与矩心的位置有关。

2)力作用点沿其作用线滑移时,力对点之矩不变。

3)当力的作用线通过矩心时力矩为零。

(3)合力矩定理

平面汇交力系的合力对于平面内任意一点之矩,等于所有分力对同一点之矩的代数和。即

$$M_O(\boldsymbol{F}_R) = M_O(\boldsymbol{F}_1) + M_O(\boldsymbol{F}_2) + \cdots + M_O(\boldsymbol{F}_n) = \sum_{i=1}^{n} M_O(\boldsymbol{F}_i) \tag{3.1.3}$$

该定理不仅适用于平面汇交力系,而且对任何有合力的力系均成立。

求力矩可以使用定义式,还可以应用合力矩定理。用定义计算力矩时,有时力臂长度的计算比较烦琐,此时可将力分解为两个相互垂直的分力,再分别求分力对矩心之矩,然后利用合力矩定理求原力对矩心之矩。

【例 3.1.3】 如图 3.1.23(a)所示,直齿圆柱齿轮的压力角 $\alpha = 20°$,法向压力 F_n = 1 400 N,齿轮节圆(啮合圆)直径 D = 60 mm,试求力 $\boldsymbol{F}_n$ 对轴心 O 之矩。

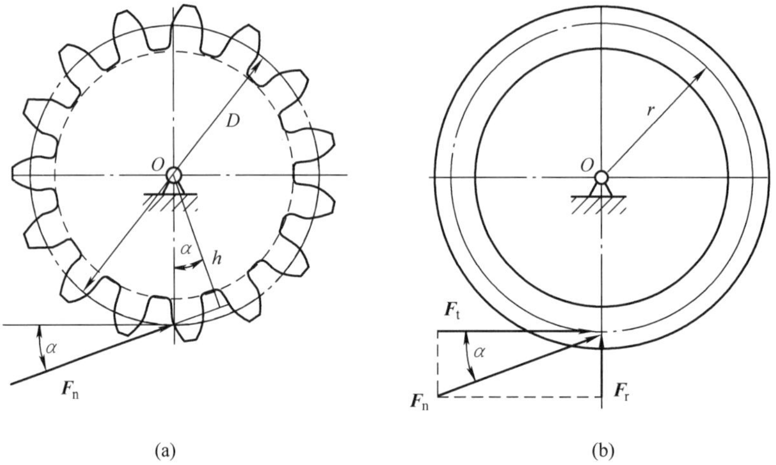

图 3.1.23 例 3.1.3 图

解法一:用力对点之矩的定义求解 由图 3.1.23(a)可得

$$h = r \cdot \cos\alpha = \frac{D}{2}\cos\alpha = \frac{60 \times 10^{-3}}{2} \times \cos 20° = 28.2 \times 10^{-3}\ \text{m}$$

所以力 $\boldsymbol{F}$ 对 O 点之矩

$$M_O(\boldsymbol{F}) = F_n \cdot h = 1\ 400 \times 28.2 \times 10^{-3} = 39.48\ \text{N} \cdot \text{m}$$

解法二:根据合力矩定理求解 先将力 $\boldsymbol{F}_n$ 分解为圆周力 $\boldsymbol{F}_t$ 和径向力 $\boldsymbol{F}_r$,如图 3.1.23

(b)所示。由于径向力 $\boldsymbol{F}_r$ 通过矩心 O,所以径向力对 O 之矩为零。则

$$M_O(\boldsymbol{F}_n)=M_O(\boldsymbol{F}_t)+M_O(\boldsymbol{F}_r)=M_O(F_t)=F\cdot\cos\alpha\cdot\frac{D}{2}=39.48\ \mathrm{N\cdot m}$$

由此可见,以上两种方法所得计算结果相同。

3. 力偶

(1)力偶与力偶矩

工程实际和日常生活中,司机用双手转动方向盘、钳工用双手转动丝锥攻螺纹时,双手所施加的力,只产生旋转的作用,如图 3.1.24 所示。这样作用在同一物体上大小相等、方向相反、作用线平行的两个力组成一个**力偶**,记作($\boldsymbol{F},\boldsymbol{F}'$)。力偶中两个力作用线之间的垂直距离 h 称为**力偶臂**。构成力偶的两个力所在的平面称为**力偶作用面**。

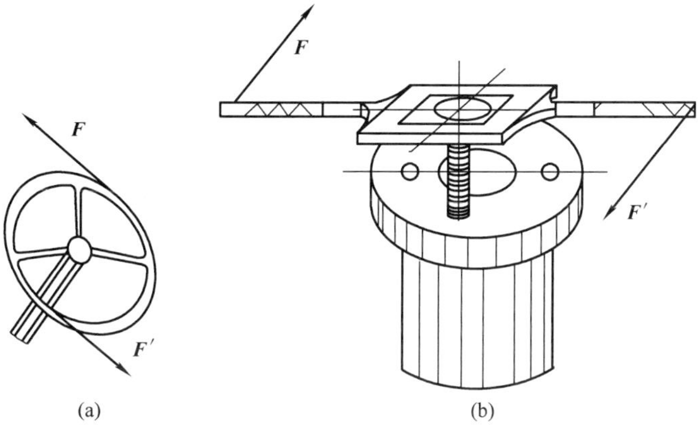

图 3.1.24　力偶

(a)转动方向盘;(b)转动丝锥

由经验可知,力偶在作用面内,使物体产生转动效应。转动效应取决于力 $\boldsymbol{F}$ 和力线间的距离 d。用力 $\boldsymbol{F}$ 与 d 的乘积来度量力偶对物体的转动效应,称为**力偶矩**,记作 $M(\boldsymbol{F},\boldsymbol{F}')$ 或 M,即

$$M(\boldsymbol{F},\boldsymbol{F}')=\pm F\cdot d \tag{3.1.4}$$

在平面力系中,力偶矩与力矩一样,也是代数量,使物体逆时针转动规定为“+”,顺时针转动规定为“-”。力偶矩单位与力矩单位相同。

综上所述,力偶对刚体的转动效应取决于力偶矩的大小、力偶的转向与作用平面的方位这三个要素。

(2)力偶的性质

性质 1(力偶无合力)　力偶在任意坐标轴上的投影的代数和恒为零(图 3.1.25),因此力偶的两个力没有合力,即力偶不能与一个力等效,更不能与力平衡。

性质 2　力偶对其作用面内任一点之矩恒等于力偶矩,而与矩心位置无关(图 3.1.24)。

$$M_O(\boldsymbol{F},\boldsymbol{F}')=M_O(\boldsymbol{F})+M_O(\boldsymbol{F}')=F'\cdot(x+d)-F\cdot x=F\cdot d$$

性质 3　力偶对刚体的效应完全取决于力偶矩的大小和转向,所以力偶在其作用面内可以任意转移,不会改变它对刚体的效应。

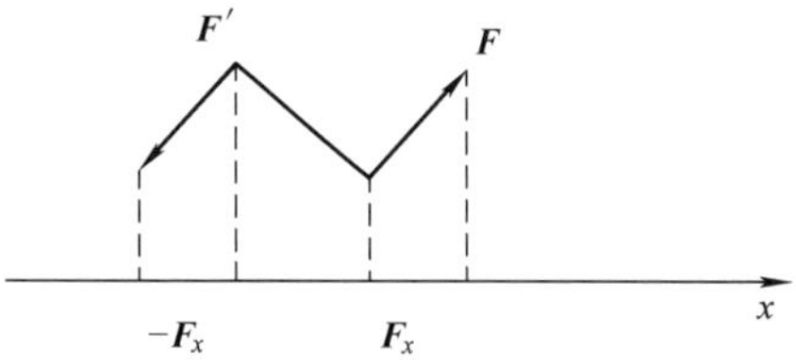

图 3.1.25 性质 1

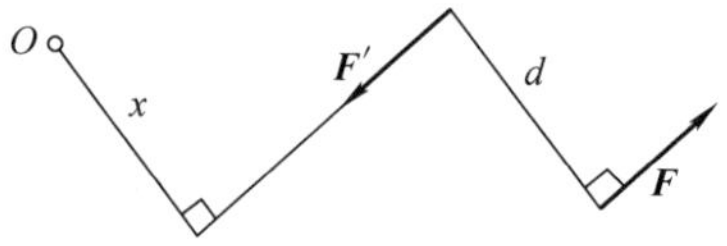

图 3.1.26 性质 2

性质 4 在保持力偶矩大小和转向不变的情况下，可同时改变力偶中力的大小和力偶臂的长短，不会改变它对刚体的效应。

以上力偶的性质仅适用于刚体，而不适用于变形体。

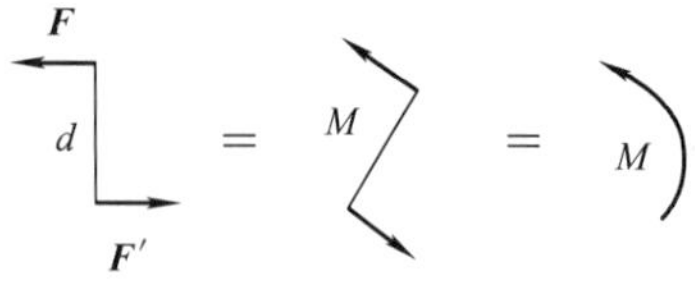

图 3.1.27 力偶的表示

所以，只有力偶矩才是力偶作用效应的唯一度量。因此，力偶可以用一个带箭头的弧线来表示转向，并标出力偶矩的数值，如图 3.1.27 所示。

（3）平面力偶系及其合成

物体上作用两个或两个以上力偶时，即构成力偶系。若各力偶的作用平面均在同一平面内，则该力偶系为平面力偶系。由力偶的性质可知，平面力偶系的合成结果为一个合力偶，合力偶矩等于各分力偶矩的代数和。即

$$M = M_1 + M_2 + \cdots + M_n = \sum_{i=1}^{n} M_i \tag{3.1.5}$$

4. 平面力系的平衡方程

（1）力在直角坐标系上的投影与分解、合力投影定理

Ⅰ. 力在直角坐标轴上的投影与分解

如图 3.1.28 所示，已知正交坐标系 xOy，力 $\boldsymbol{F}$ 的大小为 F，它与 x、y 轴的夹角分别为 α、β，则 $\boldsymbol{F}$ 在 x、y 轴上的投影分别为 ab 和 $a'b'$，即

$$\left.\begin{aligned} F_x &= F\cos\alpha \\ F_y &= F\sin\alpha \end{aligned}\right\} \tag{3.1.6}$$

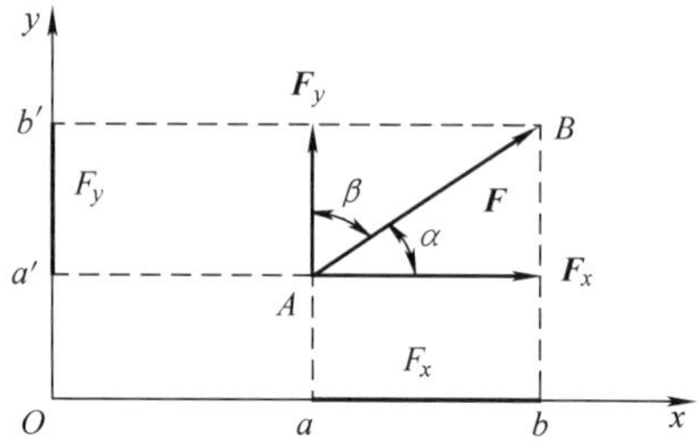

图 3.1.28 力在直角坐标轴上的投影

由式（3.1.6）可以看出，力向坐标轴上的投影是代数量。当力的投影指向与坐标轴正向一致时，投影为正，反之为负。在直角坐标系中，分力的大小与向同一坐标轴上投影的绝对值相等。

如果已知力 $\boldsymbol{F}$ 在直角坐标轴上的投影 F_x、F_y，同样可以求出力 $\boldsymbol{F}$ 的大小和方向，即

$$\left.\begin{aligned} F &= \sqrt{F_x^2 + F_y^2} \\ \tan\alpha &= \left|\frac{F_y}{F_x}\right| \end{aligned}\right\} \tag{3.1.7}$$

式中：α 为力 $\boldsymbol{F}$ 与 x 轴的夹角。

Ⅱ. 合力投影定理

设 $\boldsymbol{F}_R$ 为平面力系 $\boldsymbol{F}_1, \boldsymbol{F}_2, \cdots, \boldsymbol{F}_n$ 的合力，则有

$$\left.\begin{aligned} F_{Rx} &= F_{1x} + F_{2x} + \cdots + F_{nx} = \sum F_x \\ F_{Ry} &= F_{1y} + F_{2y} + \cdots + F_{ny} = \sum F_y \end{aligned}\right\} \tag{3.1.8}$$

即合力在任意轴上的投影等于各分力在同一轴上投影的代数和，此即合力投影定理。由下式可求得合力的大小和方向：

$$\left.\begin{aligned} F_R &= \sqrt{F_{Rx}^2 + F_{Ry}^2} \\ \tan\alpha &= \left|\frac{F_{Ry}}{F_{Rx}}\right| \end{aligned}\right\} \tag{3.1.9}$$

或

$$\left.\begin{aligned} F_R &= \sqrt{(\sum F_x)^2 + (\sum F_y)^2} \\ \tan\alpha &= \left|\frac{\sum F_y}{\sum F_x}\right| \end{aligned}\right\} \tag{3.1.10}$$

(2)平面力系的平衡条件和平衡方程

Ⅰ.力线平移定理

作用于刚体上的力 $\boldsymbol{F}$，可以平移到刚体内任意一点，但必须同时附加一个力偶，附加力偶之矩等于原力 $\boldsymbol{F}$ 对新的作用点之矩，如图 3.1.29 所示。

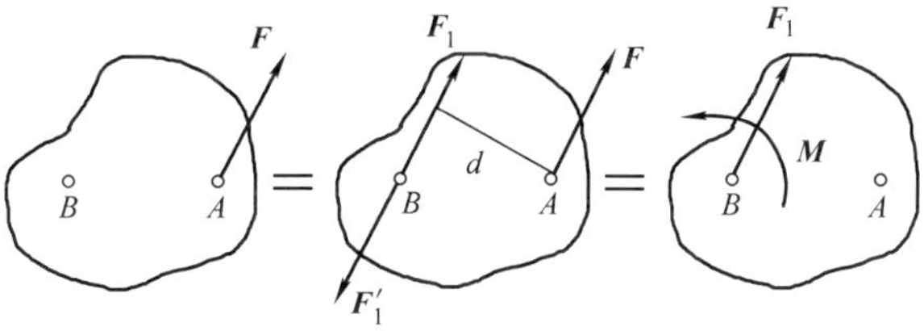

图 3.1.29　力线平移定理

反之，刚体的某平面上的一个力和一个力偶可以合成为一个合力，即力线平移定理的逆定理成立。

Ⅱ.平面任意力系的简化及平衡条件

设刚体上作用平面任意力系 $\boldsymbol{F}_1$、$\boldsymbol{F}_2$、…、$\boldsymbol{F}_n$，使刚体处于平衡状态，如图 3.1.30(a)所示。在力的作用平面内任选一点 O 作为简化中心，将各力平移到 O 点，同时附加相应的力偶。于是，原力系等效地简化为两个基本力系：作用于 O 点的一个平面汇交力系 $\boldsymbol{F}_1'$、$\boldsymbol{F}_2'$、…、$\boldsymbol{F}_n'$ 和一个平面附加力偶系 $M_1 = M_O(\boldsymbol{F}_1)$、$M_2 = M_O(\boldsymbol{F}_2)$、…、$M_n = M_O(\boldsymbol{F}_n)$，如图 3.1.30(b)所示。

平面汇交力系 $\boldsymbol{F}_1'$、$\boldsymbol{F}_2'$、…、$\boldsymbol{F}_n'$ 可合成为一个合力，这个合力称为原力系的主矢，记作 $\boldsymbol{F}_R'$，即

$$\boldsymbol{F}_R' = \boldsymbol{F}_1' + \boldsymbol{F}_2' + \cdots + \boldsymbol{F}_n' = \sum_{i=1}^{n} \boldsymbol{F}_i$$

主矢可以用式(3.1.8)和式(3.1.9)计算，与简化中心 O 的位置无关。附加力偶系可合成为一个合力偶，该力偶之矩称为原力系的主矩，记作 M_O，即

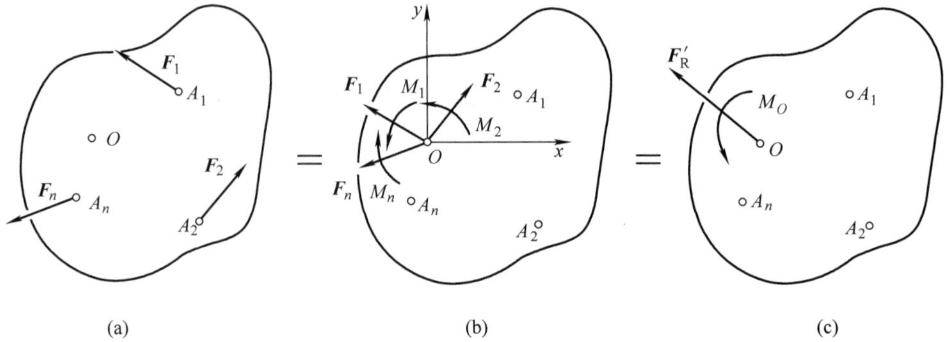

图 3.1.30　平面任意力系的简化

$$M_O = M_1 + M_2 + \cdots + M_n = M_O(\boldsymbol{F}_1) + M_O(\boldsymbol{F}_2) + \cdots + M_O(\boldsymbol{F}_n) = \sum_{i=1}^{n} M_O(\boldsymbol{F}_i) \tag{3.1.11}$$

主矩大小与转向均与简化中心 O 的位置有关。合成后所得的主矢 $\boldsymbol{F}'_R$和主矩 M_O如图 3.1.30(c)所示。

综上所述,平面任意力系向作用面内任意一点简化,可得到一个主矢和一个主矩。主矢等于原力系中各力的矢量和,作用线通过简化中心,其大小、方向与简化中心的位置无关。主矩等于原力系中各力对简化中心之矩的代数和,其取值与简化中心的位置有关。

因此平面任意力系中,刚体处于平衡状态的必要和充分条件是:力系的主矢和力系对于任意点的主矩同时为零。即

$$\left.\begin{aligned} \boldsymbol{F}'_R &= \sum \boldsymbol{F} = 0 \\ M_O &= \sum M_O(\boldsymbol{F}) = 0 \end{aligned}\right\} \tag{3.1.12}$$

也可以表示为

$$\left.\begin{aligned} \sum \boldsymbol{F}_x &= 0 \\ \sum \boldsymbol{F}_y &= 0 \\ \sum M_O(\boldsymbol{F}) &= 0 \end{aligned}\right\} \tag{3.1.13}$$

Ⅲ. 平面汇交力系的平衡条件

若平面汇交力系各力作用线汇交于 O 点,则 $\sum M_O(\boldsymbol{F}) \equiv 0$,因此平面汇交力系平衡的条件是

$$\boldsymbol{F}'_R = \sum \boldsymbol{F} = 0 \tag{3.1.14}$$

也可以表示为

$$\left.\begin{aligned} \sum \boldsymbol{F}_x &= 0 \\ \sum \boldsymbol{F}_y &= 0 \end{aligned}\right\} \tag{3.1.15}$$

【例 3.1.4】　工件放在 V 形铁内,如图 3.1.31(a)所示。若已知压板的压紧力 $F = 400$ N,不计工件自重,求工件对 V 形铁的压力。

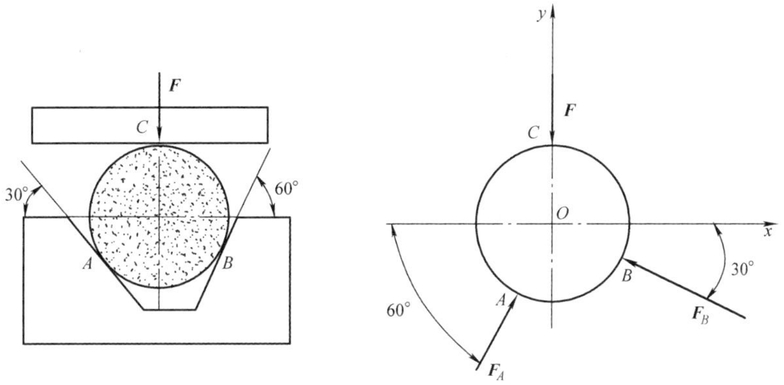

图 3.1.31　例 3.1.4 图

解　将工件取分离体，作受力分析见图 3.1.31(b)。$\boldsymbol{F}_A$ 和 $\boldsymbol{F}_B$ 是 V 形铁对工件的约束反力，过 A、B 点垂直于接触面指向工件。$\boldsymbol{F}$、$\boldsymbol{F}_A$、$\boldsymbol{F}_B$ 作用线汇交于 O 点，构成平面汇交力系。

列平衡方程：

$$F_A\cos 60° - F_B\cos 30° = 0$$

$$F_A\sin 60° + F_B\sin 30° - F = 0$$

解得

$$F_A = 346.4\ \text{N}$$

$$F_B = 200\ \text{N}$$

Ⅳ. 平面平行力系的平衡条件

若平面力系中各力的作用线相互平行，则称其为平面平行力系。如图 3.1.32 所示，设各力与 y 轴平行，有 $\sum \boldsymbol{F}_x \equiv 0$，则平面平行力系的平衡方程为

$$\left.\begin{array}{l}\sum \boldsymbol{F}_y = 0 \\ \sum M_O(\boldsymbol{F}) = 0\end{array}\right\} \qquad (3.1.16)$$

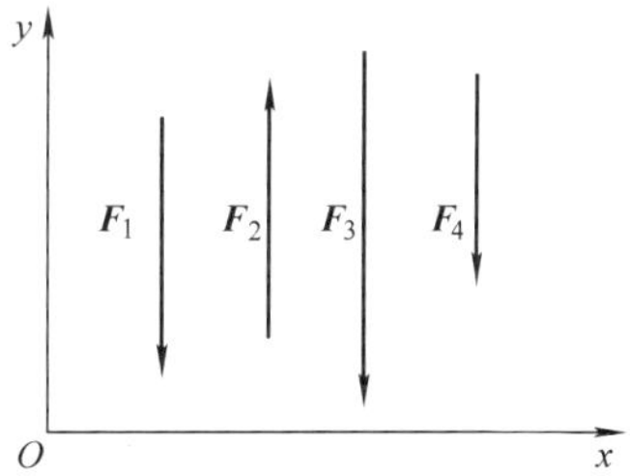

图 3.1.32　平面平行力系平衡

Ⅴ. 平面力偶系的平衡条件

由力偶的性质 1 可知：力偶在任何坐标轴上的投影的代数和恒为零，有 $\sum \boldsymbol{F}_x \equiv 0$ 和 $\sum \boldsymbol{F}_y \equiv 0$。因此平面力偶系的平衡方程为

$$\sum M_O(\boldsymbol{F}) = 0 \quad 或 \quad \sum M = 0 \qquad (3.1.17)$$

式(3.1.17)表示各力对 O 点取力矩之和为零，或者各分力偶矩代数和等于零。

【任务实施】静力分析实例

【实例 1】　如图 3.1.33 所示，用绞车绕过定滑轮点 B 的钢丝绳吊起一重量 $P = 20$ kN 的货物，定滑轮由两端铰链的水平刚杆 AB 和斜刚杆 BC 支持于点 B。不计绞车的自重，试求杆 AB 和 BC 所受的力是拉力还是压力？

解　①受力分析。

先取 AB 杆为研究对象，AB 杆是二力杆，受两个力作用平衡，则两个力等大、反向、共线，通过杆两端的铰链中心 A 点和 B 点，假设受到一对拉力作用，受力图如图 3.1.34(a)所示。同理，再取杆 BC 为研究对象，受力图如图 3.1.34(b)所示。

然后取定滑轮和销钉一体为研究对象，与钢丝绳、AB 杆、BC 杆解除约束，忽略定滑轮的外形尺寸，受力图如图 3.1.34(c)所示。$\boldsymbol{F}'_{B1}$ 与 $\boldsymbol{F}_{B1}$ 是一对作用力和反作用力，两个力等大、反向、共线。同理，$\boldsymbol{F}'_{B2}$ 与 $\boldsymbol{F}_{B2}$ 是一对作用力和反作用力。钢丝绳给定滑轮的反力 $\boldsymbol{F}_P$ 沿钢丝绳方向背离定滑轮，大小与 P 相等。

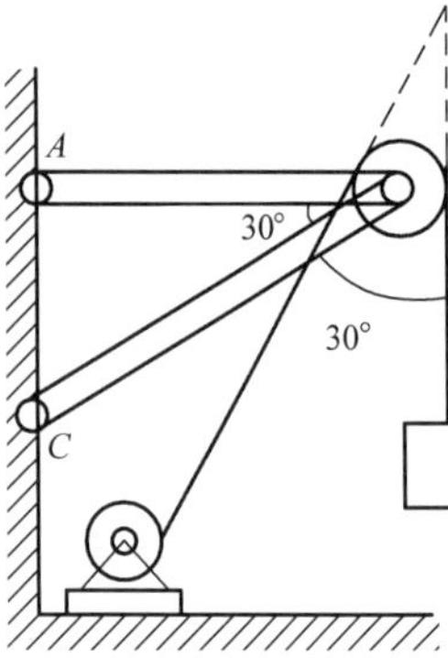

图 3.1.33　实例 1 图

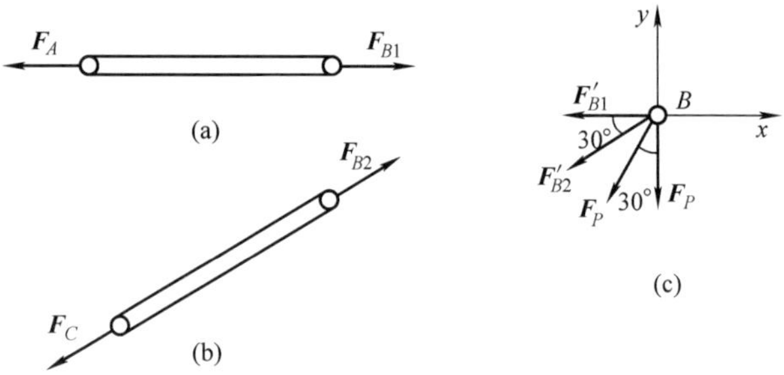

图 3.1.34　实例 1 受力图

②列平衡方程：

$$-F'_{B1}-F'_{B2}\cos 30°-F_P\sin 30°=0$$

$$-F'_{B2}\sin 30°-F_P\cos 30°-F_P=0$$

解得

$$F_{B1}=F'_{B1}=54.6\ \text{kN}$$

$$F_{B2}=F'_{B2}=-74.6\ \text{kN}$$

$\boldsymbol{F}_{B2}$ 为负值，说明力的实际指向与受力图指向相反，所以 AB 杆受拉，BC 杆受压。

【实例 2】　如图 3.1.35(a)所示，塔式起重机机架自重 $P_2=700$ kN，最大起吊重量 $P_1=200$ kN，悬臂长 12 m，轨道 AB 间的距离为 4 m，P_3 为平衡配重，其作用线到机架中心线的距离为 6 m，试求满足满载、空载情况下不翻倒的平衡配重。

解　取吊车为研究对象，画受力图如图 3.1.35(b)所示。

①满载时不翻倒。首先，配重不能太小，否则满载时吊车会绕 B 点顺时针方向翻倒。若保证不翻倒，应该使 $F_A\geqslant 0$，有

$$\sum M_B(\boldsymbol{F})=0$$

$$P_3\times 8+P_2\times 2-F_A\times 4-P_1\times 10=0$$

$$F_A=\frac{1}{4}(P_3\times 8+700\times 2-200\times 10)\geqslant 0$$

则

$$P_3\geqslant 75\ \text{kN}$$

②空载时不翻倒。其次，配重不能太小，否则空载时($P_1=0$)吊车会绕 A 点逆时针方向翻倒。若保证不翻倒，应该使 $F_B\geqslant 0$，有

$$\sum M_A(\boldsymbol{F})=0$$

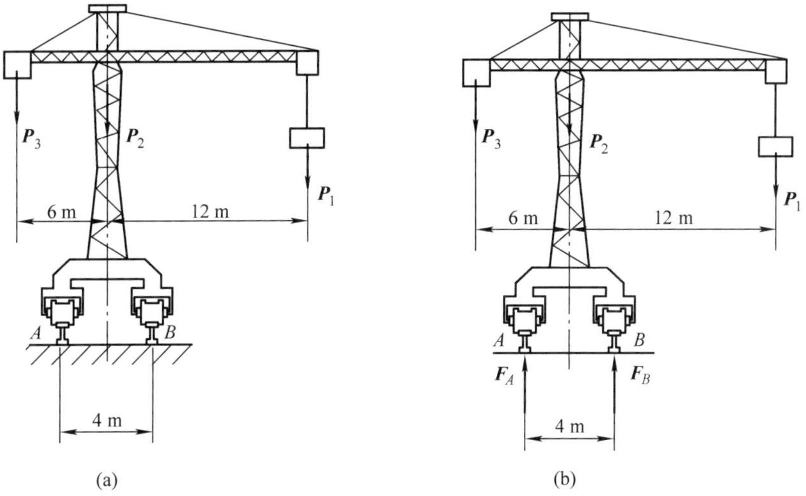

图 3.1.35　实例 2 图

$$P_3\times4-P_2\times2+F_B\times4=0$$

$$F_B=\frac{1}{4}(700\times2-P_3\times4)\geqslant0$$

则
$$P_3\leqslant350\ \text{kN}$$

平衡配重范围:75 kN$\leqslant P_3\leqslant$350 kN。

【实例 3】 一减速器齿轮轴如图 3.1.36(a)所示,A 端用径向轴承支承,B 端用止推轴承支承。作用在轮轴上的力 $F_1=F_2=F,F_3=2F$。A 端可简化为可动铰支座,B 端可简化为固定铰支座。已知 F、a,试求两支座的约束反力。

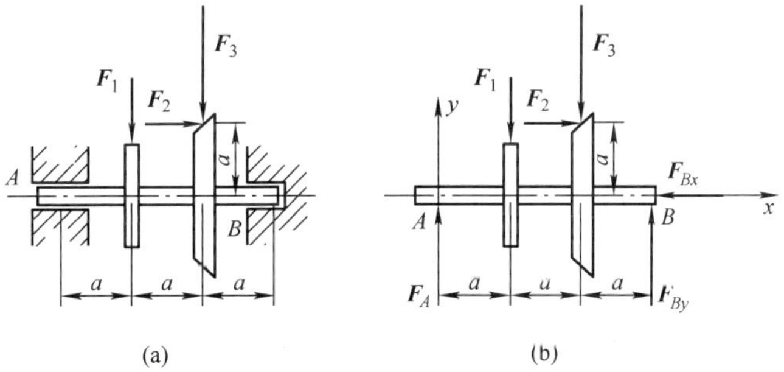

图 3.1.36　实例 3 图

解　取齿轮轴为研究对象。画受力图如图 3.1.36(b)所示,作用在齿轮轴上的主动力有圆柱齿轮上的铅垂力 $\boldsymbol{F}_1$,伞形齿轮上的水平力 $\boldsymbol{F}_2$、铅垂力 $\boldsymbol{F}_3$,作用在 A、B 两轴承处的约束反力。

建立直角坐标系,列平衡方程:

$$\sum M_B(\boldsymbol{F})=0\quad -F_A\cdot3a+F_1\cdot2a+F_3\cdot a-F_2\cdot a=0$$

$$\sum F_x=0\quad F_2-F_{Bx}=0$$

$$\sum F_y=0\quad F_A+F_{By}-F_1-F_3=0$$

解得

$$F_A = F$$
$$F_{Bx} = F$$
$$F_{By} = 2F$$

【小结】

以上主要介绍了力、力系、力矩、力偶的概念，约束类型和反力的表示，受力分析步骤和方法，平面汇交、平面力偶、平面平行、平面一般力系和物体系的平衡条件和平衡方程。

复　习　题

1. 题1图中物体的受力分析是否正确？若有错，请改正。图中各接触处均为光滑接触。

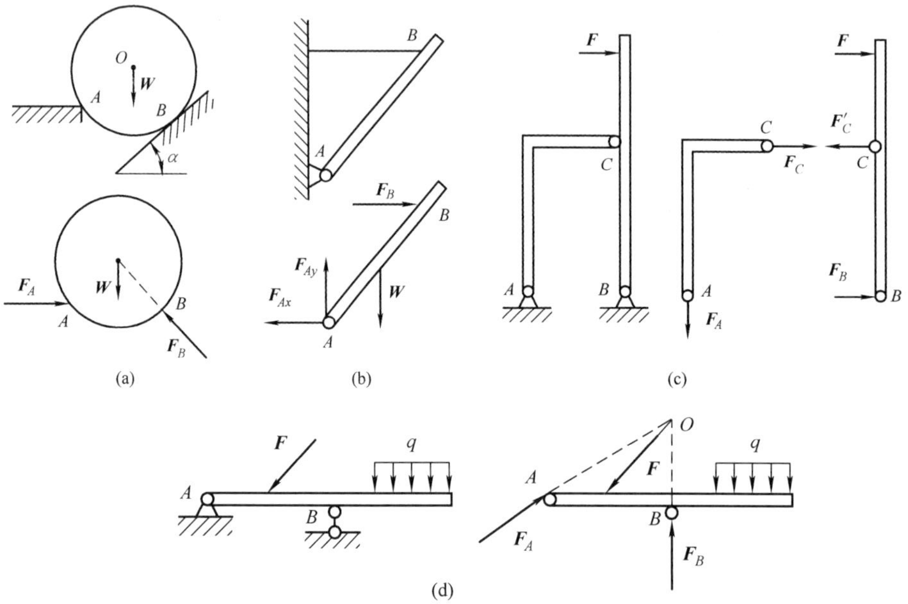

题1图

2. 画出题2图中各个物体的受力图。

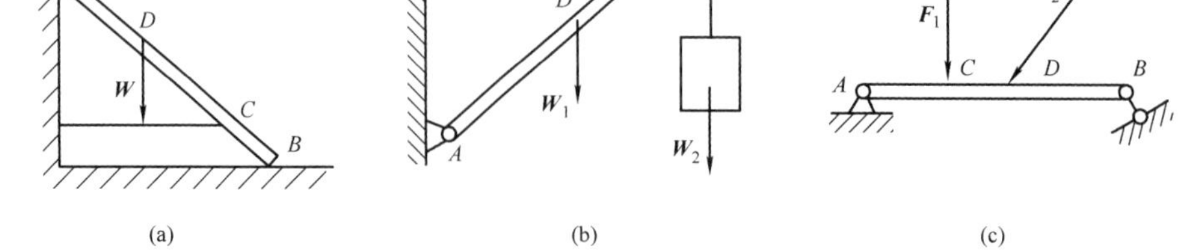

题2图

3. 画出题3图中各个物体的受力图。

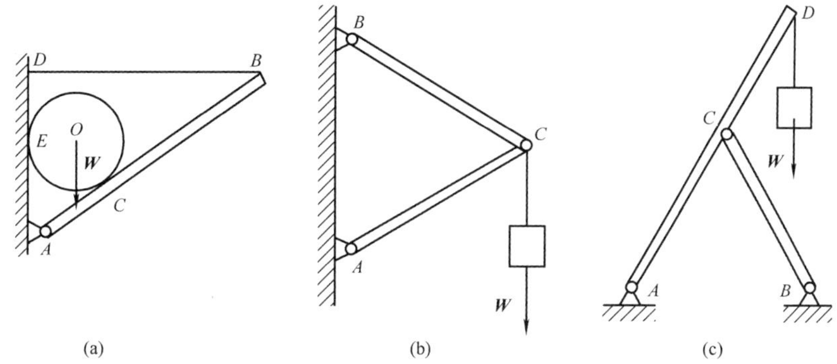

题 3 图

4. 画出题 4 图示组合梁中各段梁及整体的受力图。

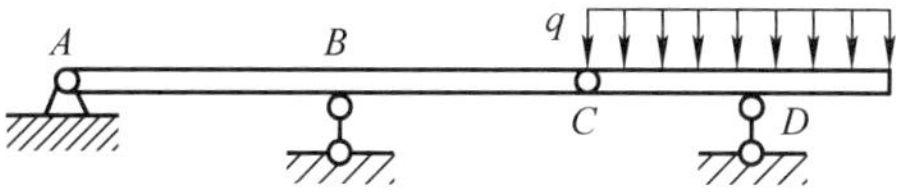

题 4 图

5. 如题 5 图所示，自重 $W=2$ kN 的球搁在光滑的斜面上，用一绳拉住。已知绳子与铅直墙壁的夹角为 30°，斜面与水平面的夹角为 15°，求绳子的拉力和斜面对球的约束反力。

6. 工件放在 V 形铁内，如题 6 图所示。若已知压板的压紧力 $F=400$ N，不计工件自重，求工件对 V 形铁的压力。

7. AC 和 BC 两杆用铰链 C 连接，两杆的另一端分别铰支在墙上，如题 7 图所示。在 C 点悬挂一重 $W=10$ kN 的物体。已知 $AB=AC=2$ m，$BC=1$ m。如杆重不计，求两杆所受的力。

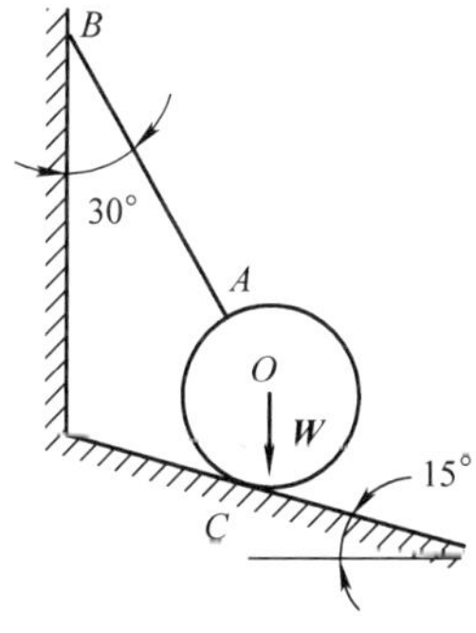

题 5 图

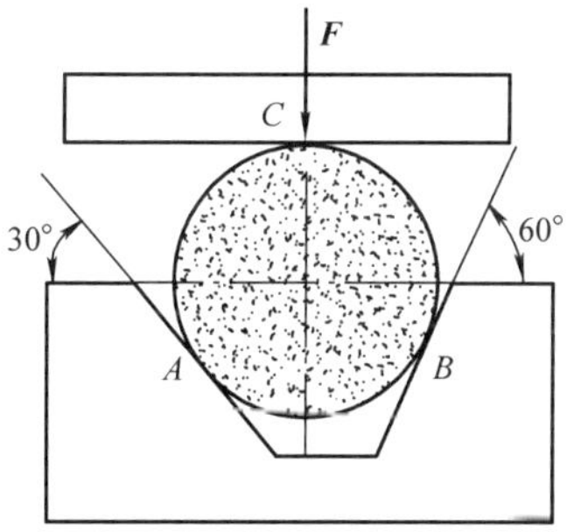

题 6 图

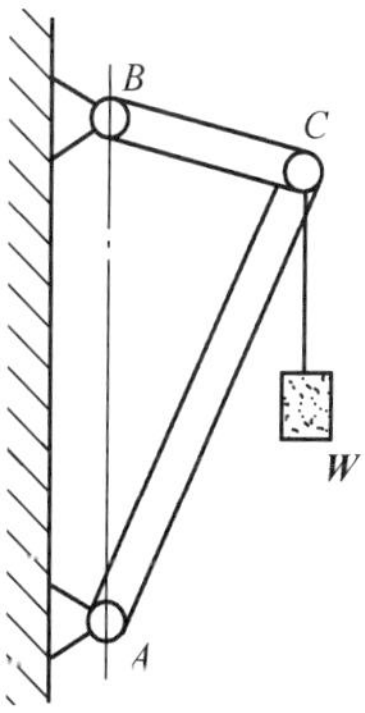

题 7 图

8. 题 8 图示简支梁受 $F=20$ kN 的集中载荷作用，求(a)、(b)两种情况下 A、B 两处的约束反力。

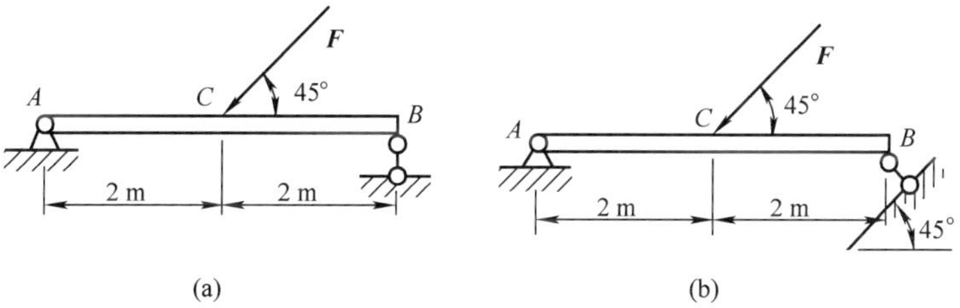

题 8 图

9. 在题 9 图示刚架的点 B 作用一水平力 F，刚架自重不计，求支座 A、D 的反力 $\boldsymbol{F}_A$ 和 $\boldsymbol{F}_D$。

10. 电动机重 $W=5\ 000$ N，放在水平梁 AC 的中央，如题 10 图所示。梁的 A 端以铰链连接，另一端以撑杆 BC 支持，撑杆与水平梁的夹角为 30°。如果忽略梁和撑杆的重量，求撑杆 BC 的内力及铰支座 A 处的约束反力。

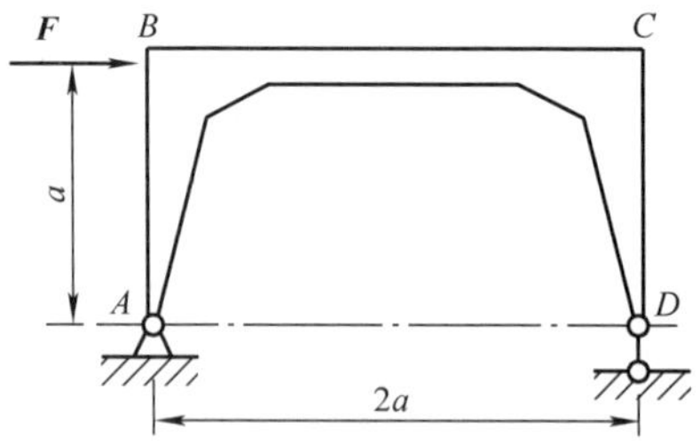

题 9 图

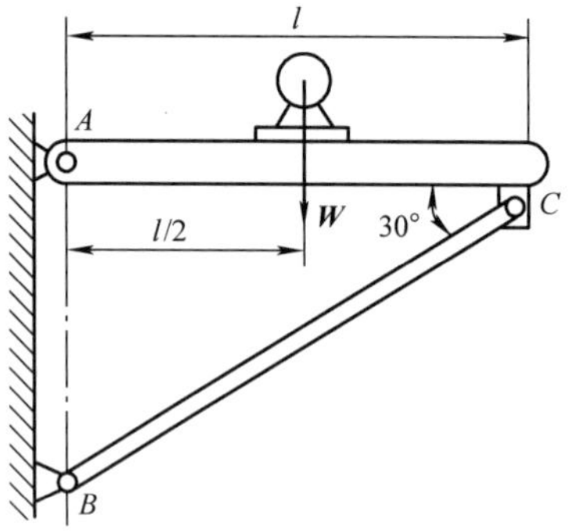

题 10 图

11. 重 W 的均质圆球放置在板 AB 与墙壁之间，D、E 两处均为光滑接触，尺寸如题 11 图所示。设板 AB 的重量不计，求 A 处的约束反力及绳 BC 的拉力。

12. 题 12 图为一夹紧机构的示意图。已知压力缸直径 $d=120$ mm，压强 $p=6$ MPa。设各杆的重量及各处的摩擦忽略不计，试求在 $\alpha=30°$位置时所能产生的压紧力 $\boldsymbol{F}$。

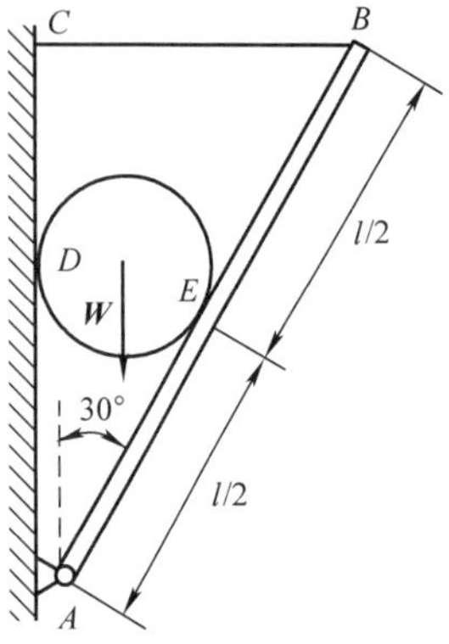

题 11 图

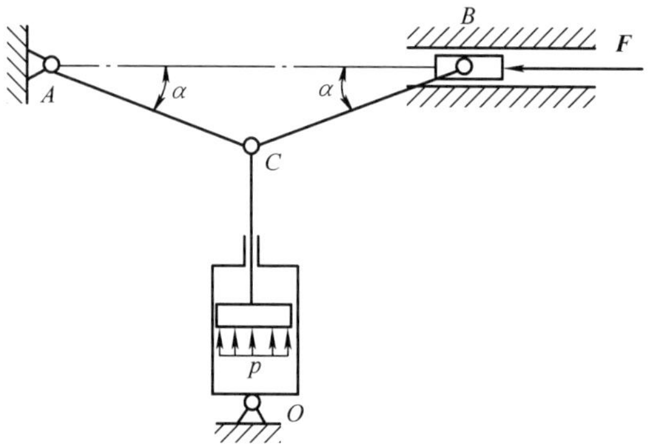

题 12 图

13. 试计算题 13 图中力 $\boldsymbol{F}$ 对 O 点的矩。

14. 已知梁 AB 上作用一力偶，力偶矩为 M，梁的跨度为 a，梁的自重不计。试求题 14 图示(a)、(b)两种情况下，支座 A 和 B 处的约束反力。

15. 如题 15 图所示，已知 $F=400$ N，$q=10$ N/cm，$M=200$ N·m，$a=50$ cm，求各梁的支座反力。

16. 题 16 图示为一旋转式起重机结构简图，已知起吊货物重 $W=60$ kN，$AB=1$ m，$CD=3$ m，不计支架自重，求 A、B 处的约束反力。

17. 如题 17 图所示均质梁 AB 上铺设有起重机轨道。起重机重 50 kN，其重心在铅直线 CD 上，货物重 $W_1=10$ kN，梁重 $W_2=30$ kN，尺寸如图所示。在图示位置时，起重机悬臂和梁 AB 位于同一铅直面内。试求支座 A 和 B 的反力。

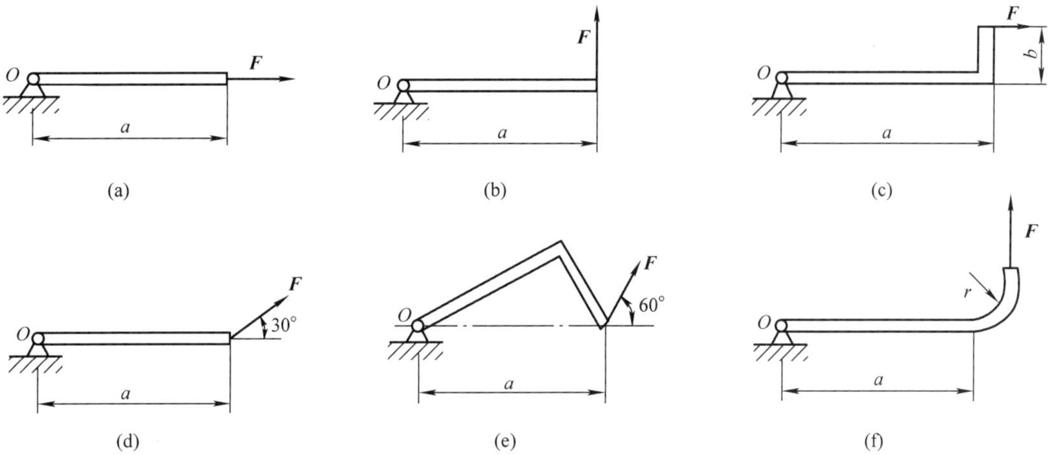

题 13 图

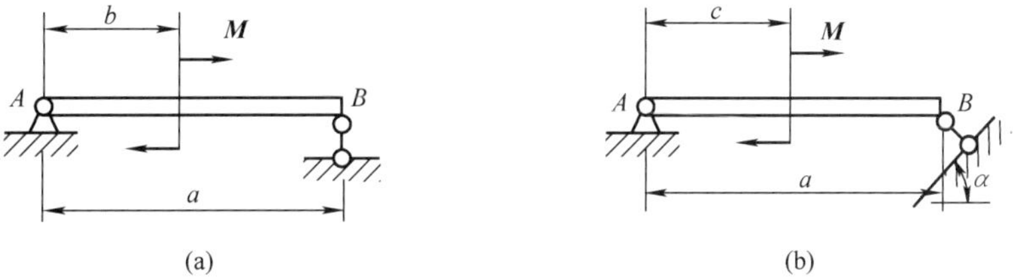

题 14 图

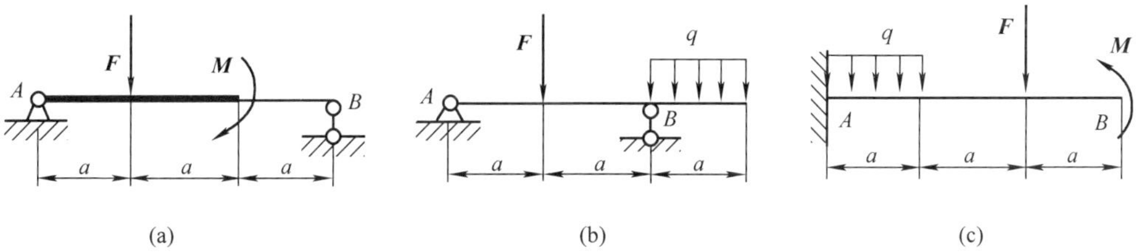

题 15 图

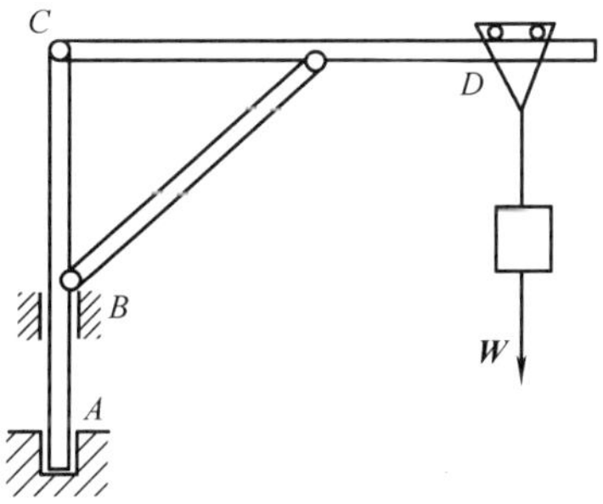

题 16 图

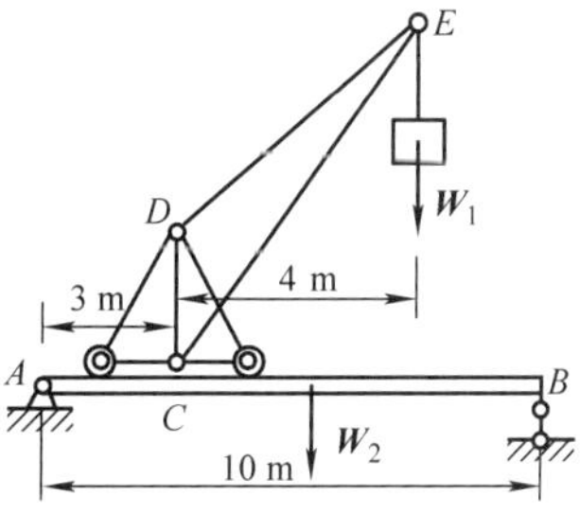

题 17 图

任务二　构件承载能力分析

【任务目标】

- 掌握拉压、剪切挤压、扭转和平面弯曲的受力及变形特点。
- 掌握截面法求内力，会作内力图。

- 掌握各种简单变形的强度计算。

【任务导入】

观察图 3.2.1 至图 3.2.4，并思考下列问题。

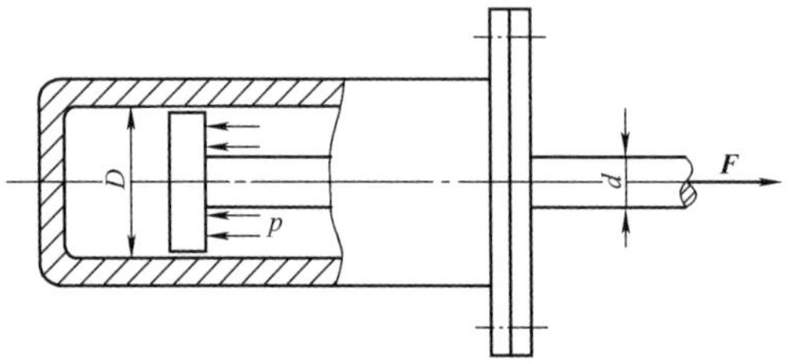

图 3.2.1　铣床工作台进给油缸

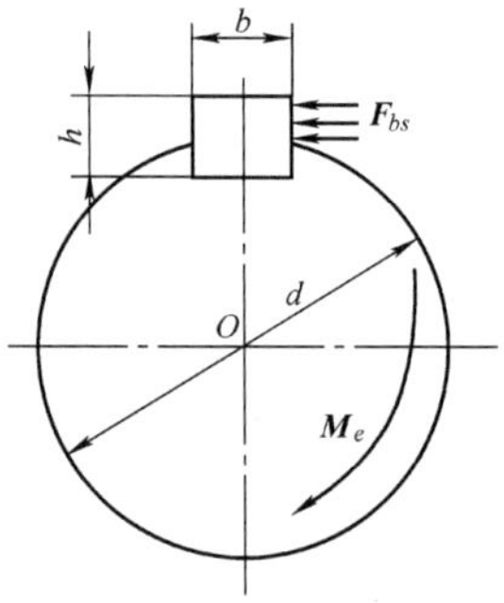

图 3.2.2　平键连接

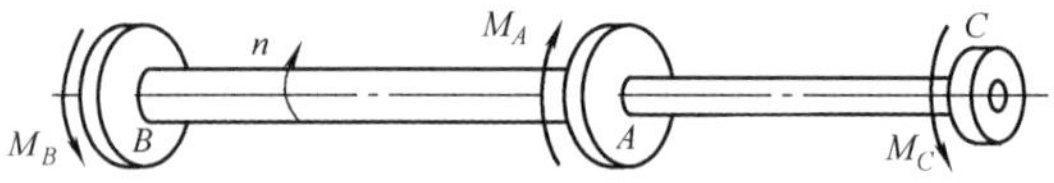

图 3.2.3　传动轴

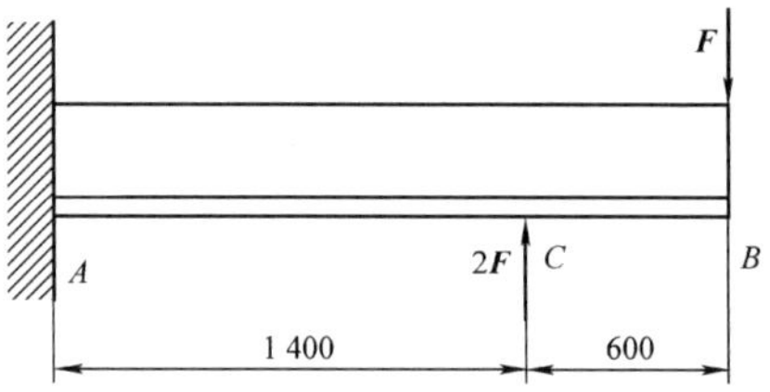

图 3.2.4　T 形截面悬臂梁

1. 若给定油缸的油压，如何进行活塞杆的强度校核？（见图 3.2.1）
2. 已知传递的扭矩，平键能否满足强度要求？（见图 3.2.2）
3. 传动轴会发生何种变形？如何进行强度校核？（见图 3.2.3）
4. T 形截面悬臂梁发生何种变形？如何进行强度校核？（见图 3.2.4）

【知识链接】构件承载能力分析基本知识

1. 轴向拉伸与压缩

（1）轴向拉伸与压缩的概念与实例

在工程实际中，许多构件承受沿轴线的拉力或压力作用。如图 3.2.5 所示的旋臂式吊车中，AB 杆受拉，AC 杆受压。如图 3.2.6 所示的紧固法兰用螺栓受拉，而桁架中的杆件等都是轴向拉压的构件。

（2）截面法、轴力与轴力图

Ⅰ. 内力

杆件在外力作用下产生变形，其内部的一部分对另一部分的作用称为内力。内力因外力的增大而增大，当内力增大到与材料性能相关的某一极限值时，会导致构件破坏。

Ⅱ. 截面法

将构件假想地切开以显示内力，并由平衡条件建立内力与外力间的关系或由外力确定内力的方法，称为截面法，它是分析内力的基本方法。

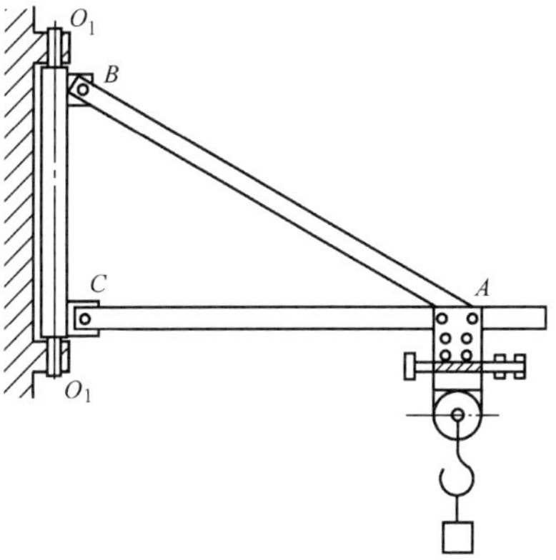

图 3.2.5　旋臂式吊车

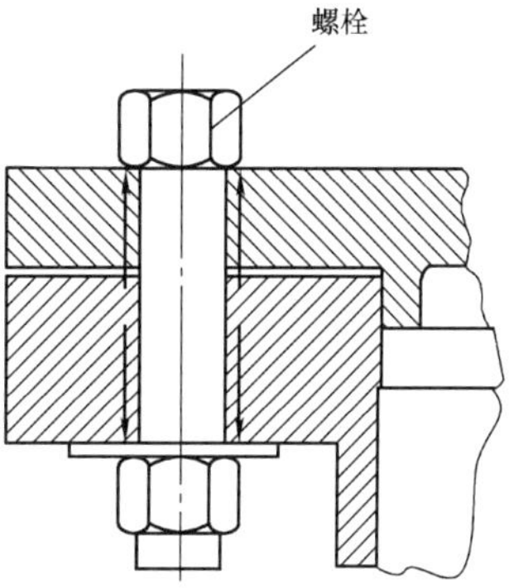

图 3.2.6　紧固法兰用螺栓

图 3.2.7(a)所示受拉的杆件,假想沿 $m—m$ 面截开,保留左边,$m—m$ 截面上作用有一组力,其合力 $\boldsymbol{F}_{\mathrm{N}}$ 一定沿轴线与外力 $\boldsymbol{F}$ 平衡,如图 3.2.7(b)所示。用方程表示为

$$F_{\mathrm{N}}-F=0$$

$$F_{\mathrm{N}}=F$$

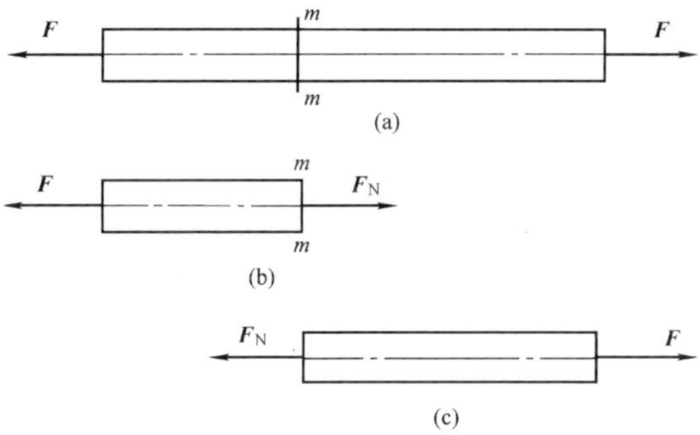

图 3.2.7　截面法

(a)受拉杆件;(b)保留左边;(c)保留右边

总结截面法求内力的步骤如下。

1)**截**:在欲求内力的截面处,用截面截开,保留一部分,弃去另一部分。

2)**代**:用截面上的内力来表示弃去部分对保留部分的作用。

3)**平**:保留部分内力与外力平衡,列方程求出内力。

Ⅲ. 轴力与轴力图

F_{N} 的方向沿轴线,称为**轴力**。规定轴力若是拉力则为正,压力则为负。若轴力方向未知,可先按拉力假设,轴力计算结果为正,表示截面上轴力方向与假设的方向一致,轴力为拉力;如果结果为负,则表示轴力方向与假设的方向相反,轴力为压力。

某些情形下,拉压杆受到多个轴向载荷的作用,这时杆件各段的轴力将是不同的,为了表示轴力随截面位置的变化,画出轴力沿杆轴线方向变化的图形,即**轴力图**。

【例 3.2.1】　图 3.2.8(a)所示为一根拉压杆,A 截面上作用 $\boldsymbol{F}$,C 截面上作用 $3\boldsymbol{F}$,试求杆截面 1—1 和截面 2—2 的轴力并绘制轴力图。

解　①求轴力:

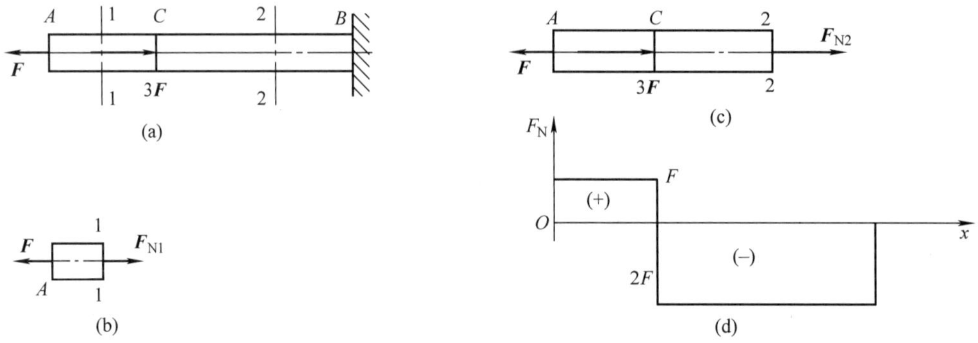

图 3.2.8　例 3.2.1 图

见图 3.2.8(b)，用截面在 1—1 位置截取保留左段，根据 $\sum F_x = 0$，得到 $F_{N1} = F$；

见图 3.2.8(c)，用截面在 2—2 位置截取保留左段，同理得到 $F_{N2} = -2F$。

②画轴力图：由 A 截面到 C 截面轴力为 F，由 C 截面到 B 截面轴力为 $-2F$，杆的轴力图如图 3.2.8(d)所示。

(3)拉(压)杆横截面上的正应力(图 3.2.9)

Ⅰ. 应力

$$P_m = \frac{\Delta F}{\Delta A} \tag{3.2.1}$$

式中：P_m 为平均应力；ΔF 为 m—m 截面 ΔA 上作用的内力；ΔA 为 m—m 截面上围绕 K 点取的微面积。

$$\rho = \lim_{\Delta A \to 0} \frac{\Delta F}{\Delta A} \tag{3.2.2}$$

如图 3.2.9(b)所示，ρ 即为 K 点处的**应力**。通常将 ρ 分解为与截面垂直的分量和与截面相切的分量。沿截面法向的应力分量称为**正应力**，用 σ 表示；沿截面切向的应力分量称为**切应力**，用 τ 表示。在法定单位中，力与面积的基本单位分别用 N 与 m^2 表示时，应力的单位为 Pa(帕斯卡)，$1\text{Pa} = 1\ \text{N/m}^2$。应力的常用单位为 MPa，其值为 $1\ \text{MPa} = 10^6\ \text{Pa} = 1\ \text{N/mm}^2$。

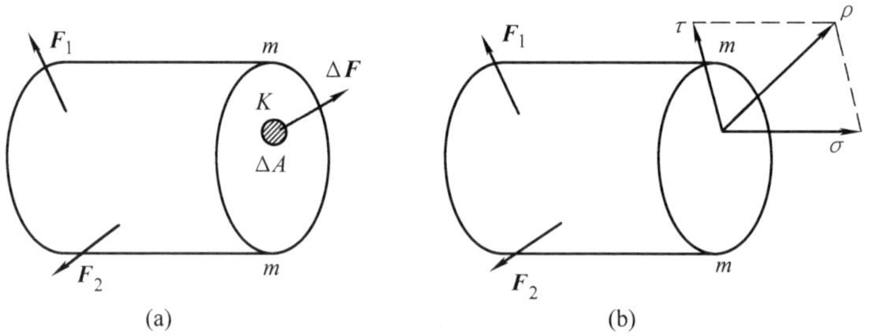

图 3.2.9　拉(压)杆横截面上的应力与正应力

(a)应力；(b)应力分解

Ⅱ. 正应力

实验证明，拉压杆的内力在横截面上是均匀分布的，横截面上各点的应力大小相等，方

向与轴力相同,因此为正应力。即

$$\sigma=\frac{F_N}{A} \tag{3.2.3}$$

式中:σ 为横截面上的正应力(MPa),F_N 为横截面的轴力(N),A 为横截面的面积(mm^2)。应力的正负号与轴力对应,即拉应力为"+",压应力为"-"。

(4)材料在轴向拉伸与压缩时的力学性能

材料的力学性能是指材料在受力过程中在强度和变形方面所表现的性能,它是强度计算和材料选用的重要依据。材料的力学性能通过试验得出。拉伸试验是研究材料力学性能最基本、最常用的试验。常用的标准拉伸试样如图 3.2.10 所示,试验段长度 l 称为标距。对于试验段直径为 d 的圆截面试样,通常规定 $l=10d$ 或 $l=5d$。

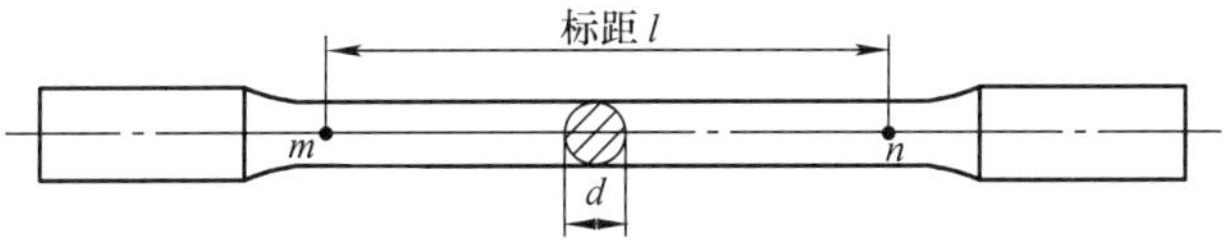

图 3.2.10　标准拉伸试样

Ⅰ. 低碳钢拉伸时的力学性能

试件在常温下缓慢施加拉力,试验一直进行到试样断裂为止。试验段的拉伸变形用 Δl 表示。拉力 F 与变形 Δl 间的关系曲线如图 3.2.11(a)所示,称为试样的拉伸曲线或 $F-\Delta l$ 曲线。为了消除原始尺寸的影响,将 F 除以试验段横截面的原面积 A,将 Δl 除以试验段的原长 l(即标距),由此可得材料的应力-应变曲线。整个试验分为四个阶段,如图 3.2.11(b)所示。试样沿轴线方向的线应变为

$$\varepsilon=\frac{\Delta l}{l} \tag{3.2.4}$$

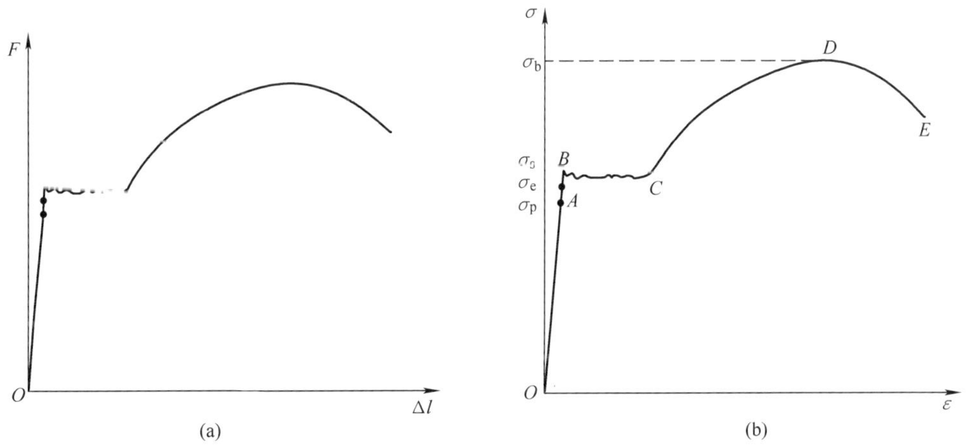

图 3.2.11　低碳钢拉伸试验

(a)拉伸曲线;(b)试验四个阶段

i. 弹性阶段

在此阶段中,试件的变形随外力的增加而增大,当拉力卸去,变形随之消除,这种可以恢复的变形称为弹性变形。发生弹性变形的最大应力 σ_e 称为弹性极限。

在拉伸的初始阶段，应力－应变曲线为一直线（图中 OA），说明在此阶段内，正应力与正应变成正比关系，可表示为 $\sigma = E\varepsilon$，此即材料拉伸时的胡克定律。比例常数 E 称为弹性模量，其数值等于直线 OA 的斜率。点 A 所对应的应力，称为材料的比例极限，用 σ_p 表示。σ_p 与 σ_e 的值接近。

ii. 屈服阶段

拉力增至某一定值时，应力－应变曲线出现水平阶段（可能有微小波动）。在此阶段内，应力几乎不变，而应变急剧增长，材料失去抵抗变形的能力，这种现象称为屈服。此时所对应的应力称为材料的屈服极限，用 σ_s 表示。

iii. 强化阶段

经过屈服阶段之后，材料又恢复了部分抵抗变形的能力。这时，要使材料继续变形需要增大应力。强化阶段的最高点 D 所对应的应力，称为材料的强度极限，用 σ_b 表示。强度极限是材料所能承受的最大应力。

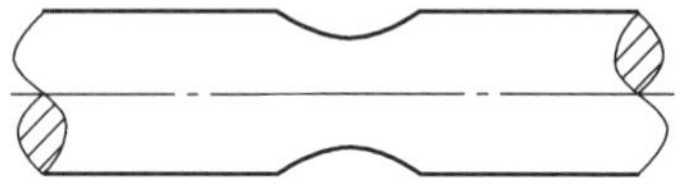

图 3.2.12 颈缩现象

iv. 颈缩阶段

当应力增大到 σ_b 之后，试样的某一局部显著收缩（图 3.2.12），称为颈缩现象。由于在颈缩部分横截面面积迅速减小，使试样继续伸长所需要的拉力也相应减小，最后导致试样在 D 点处断裂。

整个拉伸过程中材料经历了弹性、屈服、强化与颈缩四个阶段，并存在三个特征点，相应的应力依次为比例极限、屈服极限与强度极限。

Ⅱ. 材料的塑性

材料能经受较大塑性变形而不破坏的能力，称为材料塑性。材料的塑性用伸长率或断面收缩率度量。伸长率定义为

$$\delta = \frac{l_1 - l}{l} \times 100\% \tag{3.2.5}$$

式中：δ 为伸长率，l 为标距原长，l_1 为拉断后标距长。

伸长率大的材料，在轧制或冷压成型时不易断裂，并能承受较大的冲击载荷。在工程中，通常将伸长率较大（$\delta > 5\%$）的材料称为塑性材料，伸长率较小（$\delta < 5\%$）的材料称为脆性材料。结构钢与硬铝等为塑性材料，而工具钢、铸铁与陶瓷等属于脆性材料。

设试验段横截面的原面积为 A，断裂后断口的面积为 A_1，断面收缩率定义为

$$\psi = \frac{A - A_1}{A} \times 100\% \tag{3.2.6}$$

应当指出，材料的塑性和脆性并不是固定不变的，它们会因制造工艺、变形速度、应力状态和温度等条件而变化。

Ⅲ. 其他塑性材料拉伸时的力学性能

许多塑性材料拉伸时，不像低碳钢一样有明显的四个阶段（图 3.2.13），工程上通常用产生 0.2% 塑性变形时对应的应力值作为衡量材料强度的指标，称为材料的名义屈服极限，用 $\sigma_{0.2}$ 表示（图 3.2.14）。

Ⅳ. 铸铁拉伸时的力学性能

铸铁拉伸曲线如图 3.2.15 所示，从受拉到断裂，没有明显的直线部分，亦没有屈服阶

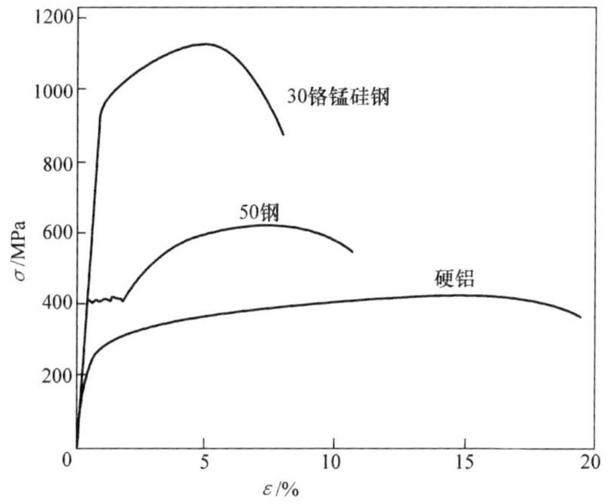

图 3.2.13　其他塑性材料拉伸时的力学性能

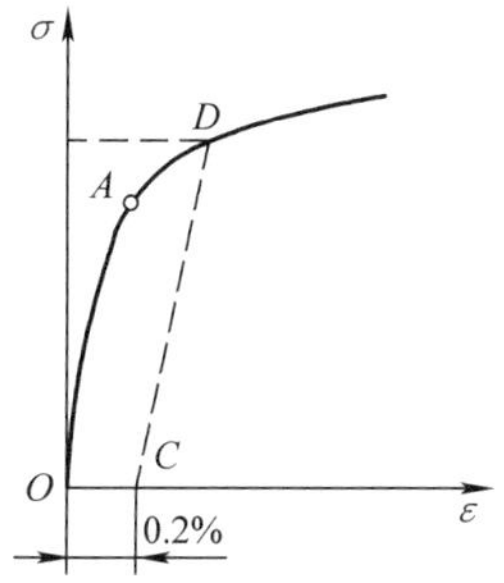

图 3.2.14　名义屈服极限

段和局部变形阶段，断裂是突然发生的，且断口齐平，伸长率为 0.4% ~0.5%，是典型的脆性材料。强度极限 σ_b 是衡量铸铁强度的唯一指标。

Ⅴ. 材料压缩时的力学性能

低碳钢拉伸和压缩时的比例极限、屈服极限及弹性模量大致相同(图 3.2.16)，在实际中就认为它是抗拉强度和抗压强度相等的材料，一般以拉伸试验确定的数据为依据。

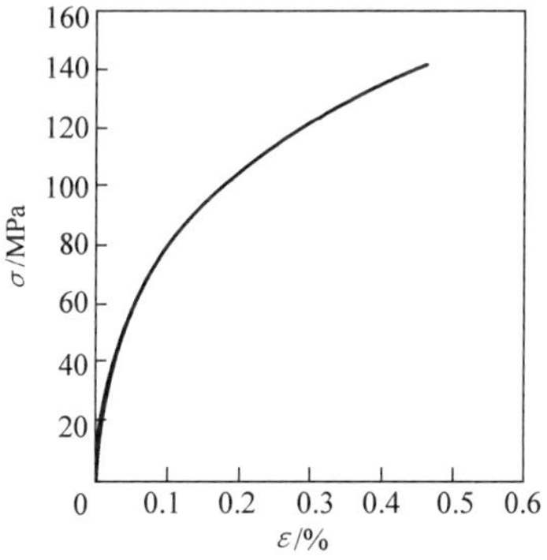

图 3.2.15　铸铁拉伸曲线

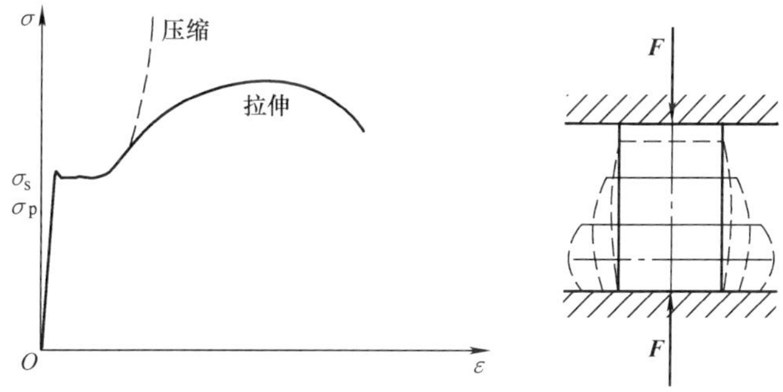

图 3.2.16　低碳钢压缩的力学性能

铸铁压缩时的应力 - 应变曲线如图 3.2.17 所示，压缩强度极限远高于拉伸强度极限(为 3 ~4 倍)。其他脆性材料如混凝土与石料等也具有上述特点，所以脆性材料宜作承压构件。铸铁压缩破坏时是由最大切应力所引起的，沿 45° ~55°斜截面破坏。

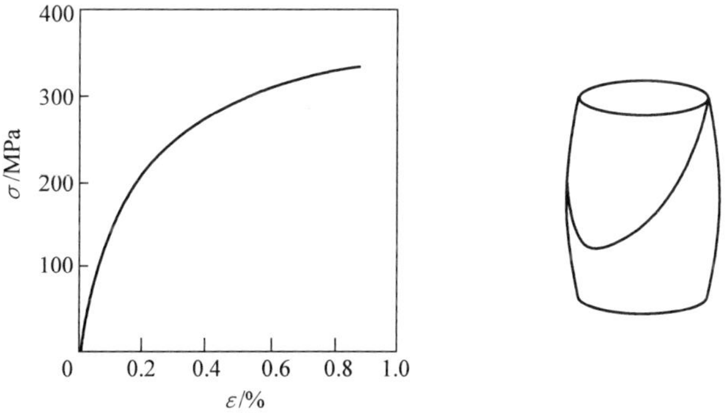

图 3.2.17　铸铁压缩的力学性能

2. 剪切和挤压实用计算

(1)剪切实用计算

如图 3.2.18 所示,钢板上施加大小为 F 的拉力,则铆钉受等大、反向、作用线平行的两力作用,沿 $m—m$ 面发生的变形为剪切变形。

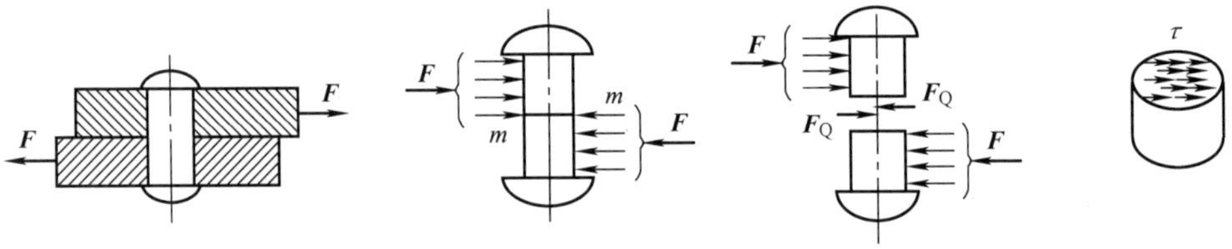

图 3.2.18　拉力产生的剪切变形和切应力

$m—m$ 面为剪切面,$m—m$ 面上内力表示为 $\boldsymbol{F}_Q$。根据平衡条件可知 $F_Q=F$,近似认为 $m—m$ 面上只有切应力,并且均匀分布,用 τ 表示。则

$$\tau=\frac{F_Q}{A}\leqslant[\tau] \tag{3.2.7}$$

式中:τ 为切应力,F_Q 为剪切力,A 为剪切面积。

如图 3.2.19 所示,轴毂与轴由键连接,平键受到两个压力 F 作用,沿 $m—m$ 面发生剪切变形;此外,挤压力作用处,有时挤压应力过大的话,也需要校核。

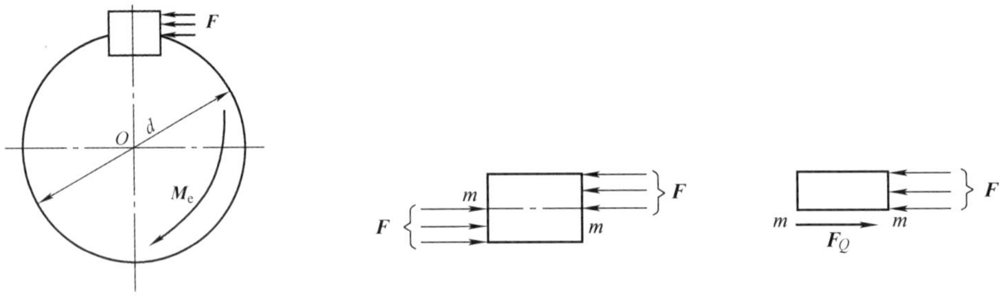

图 3.2.19　压力产生的剪切变形和切应力

(2)挤压实用计算

由挤压力引起的应力称为挤压应力,用 σ_{jy} 表示。则

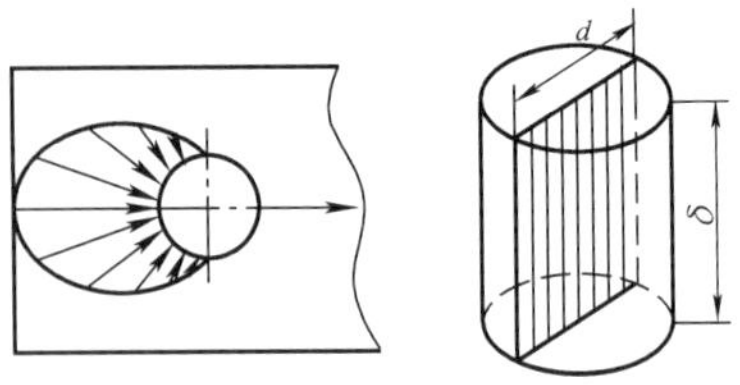

图 3.2.20　挤压面为曲面

$$\sigma_{jy}=\frac{F_{jy}}{A_{jy}}\leqslant[\sigma_{jy}] \tag{3.2.8}$$

式中:σ_{jy} 为挤压应力,F_{jy} 为挤压力,A_{jy} 为挤压计算面积。

若挤压面是平面,A_{jy} 即为挤压面的面积;若挤压面为曲面,如图 3.2.20 所示,A_{jy} 按半圆柱正投影面积计算,即 $A_{jy}=d\delta$。

3. 扭转

如图 3.2.21 所示,十字扳手和螺栓上两端分别作用主动力偶和工件的反力偶,在大小相等、方向相反的力偶作用下,十字扳手杆和螺栓杆均发生扭转变形。此外,丝锥、钻头、汽车传动轴、搅拌机轴等均可能发生扭转变形。

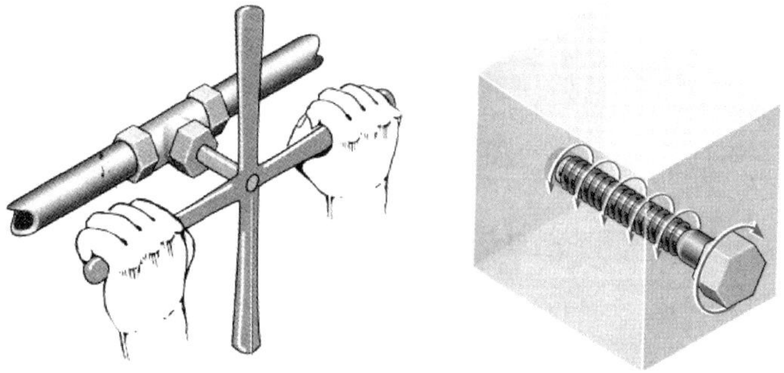

图 3.2.21　扭转实例

(1)外力偶矩的计算

如图 3.2.22 所示,轴扭转时的外力偶矩通常用 M_e 表示 。工程中许多发生扭转变形的构件(如传动轴),通常只给出其转速和传递的功率,外力偶矩可按下列公式计算:

$$M_e = 9\ 549\ \frac{P}{n} \tag{3.2.9}$$

式中:M_e 为外力偶矩(N · m),P 为轴传递的功率(kW),n 为轴的转速(r/min)。

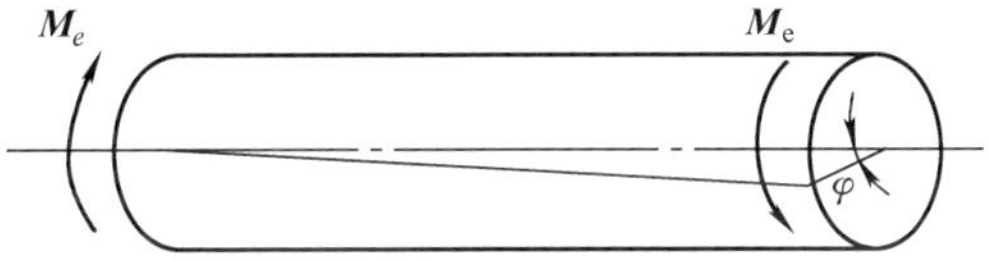

图 3.2.22　轴扭转时的外力偶矩

(2)扭矩和扭矩图

圆轴在外力偶作用下发生扭转变形时,其截面上产生的合内力偶矩称为扭矩(T),如图 3.2.23 所示。由平衡方程可知:$T = M_e$。扭矩的正负规定如下:按右手螺旋法则,四指顺着扭矩转向握住轴线,若大拇指的指向与截面的外法线方向一致时,扭矩为正;反之为负。这样如图所示,无论保留 $n—n$ 截面的左侧还是右侧,扭矩的符号都是一致的。

若圆轴上作用多个外力偶,那么各截面上的扭矩一般不同,需要用扭矩图来反映沿轴线方向不同截面上扭矩的情况。

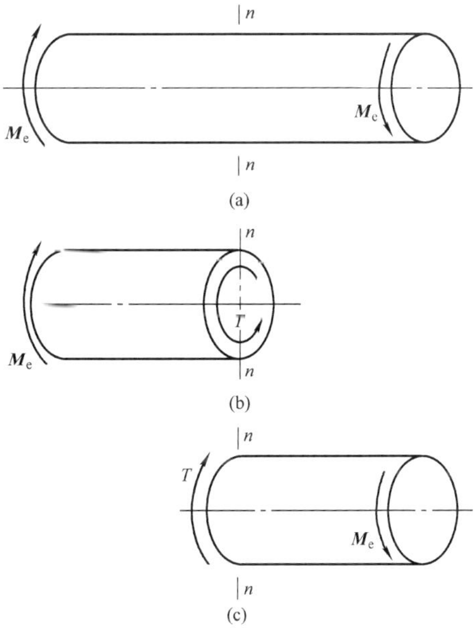

图 3.2.23　圆轴扭矩

【例 3.2.2】　圆轴上作用外力偶矩如图 3.2.24(a)所示,试求截面 1—1 和截面 2—2 的扭矩并绘制扭矩图。

解　①计算扭矩:

用 1—1 截面截取圆轴,研究左端,1—1 截面扭矩为 T_1,如图 3.2.24(b)所示,根据 $\sum M_x = 0$,即 $T_1 - M_e = 0$,得到 $T_1 = M_e$;

用 2—2 截面截取圆轴,研究左端,2—2 截面扭矩为 T_2,如图 3.2.24(d)所示,同理根据 $3M_e + T_2 - M_e = 0$,得到 $T_2 = -2M_e$。

②绘制扭矩图:如图 3.2.24(c)所示。

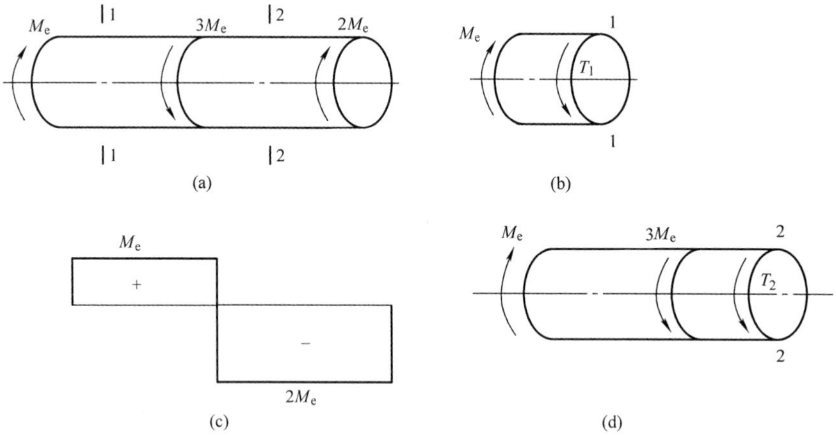

图 3.2.24　例 3.2.2 图

(3)圆轴扭转的强度条件

Ⅰ. 扭转切应力

圆轴发生扭转时,横截面上一点的切应力与到 O 点的距离成正比(图 3.2.25),与极惯性矩成反比,即

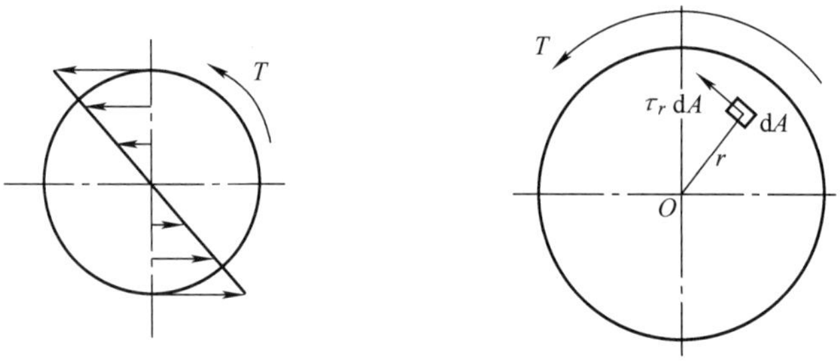

图 3.2.25　扭转切应力

$$\tau_r = \frac{T \cdot r}{I_p} \tag{3.2.10}$$

式中:τ_r 为半径为 r 点处切应力(MPa),T 为扭矩(N・m),r 为半径(m),I_p 为极惯性矩(m^4)。

Ⅱ. 扭转强度条件

$$\tau_{max} = \frac{T \cdot r}{I_p} = \frac{T}{W_t} \leqslant [\tau] \tag{3.2.11}$$

式中:τ_{max}为最大切应力(MPa),T 为扭矩(N・m),W_t 为抗扭截面系数(m^3),$[\tau]$为许用切应力(MPa)。

圆形截面(图 3.2.26):

$$I_p = \frac{\pi d^4}{32} \tag{3.2.12}$$

$$W_t=\frac{\pi d^3}{16} \tag{3.2.13}$$

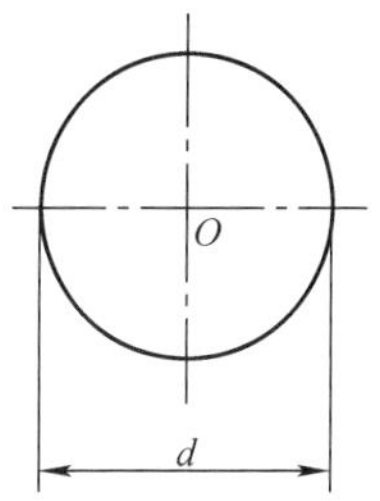

图 3.2.26　圆形截面

环形截面(图 3.2.27)：

$$I_p=\frac{\pi D^4}{32}(1-\alpha^4)\quad(\alpha=\frac{d}{D}) \tag{3.2.14}$$

$$W_t=\frac{\pi D^3}{16}(1-\alpha^4)\quad(\alpha=\frac{d}{D}) \tag{3.2.15}$$

(4)圆轴扭转的刚度条件

Ⅰ. 圆轴扭转时变形

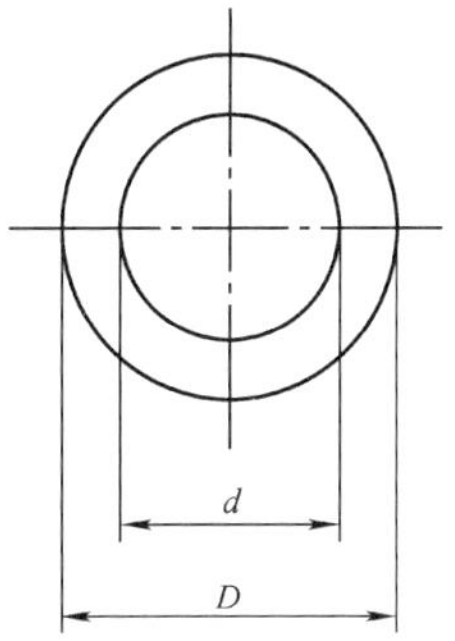

图 3.2.27　环形截面

圆轴扭转时，其变形表现为两端面相对扭转角 φ，如图 3.2.22 所示，由理论分析可知相对扭转角 φ 满足以下关系：

$$\varphi=\frac{Tl}{GI_p} \tag{3.2.16}$$

式中：φ 为相对扭转角(rad)，T 为扭矩(N · m)，l 为圆轴的长度(m)，G 为切变模量(GPa)，I_p 为极惯性矩(m^4)。

由式(3.2.16)可知，相对扭转角 φ 与 G 和 I_p 成反比，与 T 和 l 成正比。当 T 和 l 一定时，GI_p 越大则 φ 越小，GI_p 反映圆轴抵抗变形的能力，称为抗扭刚度。

Ⅱ. 圆轴扭转刚度条件

为了消除轴长 l 的影响，工程中用单位长度扭转角 φ'来度量圆轴扭转变形的程度。即

$$\varphi'=\frac{T}{GI_p}\cdot\frac{180°}{\pi}\leqslant[\varphi'] \tag{3.2.17}$$

式中：φ'为单位长度扭转角(°/m)，T 为扭矩(N · m)，G 为切变模量(GPa)，I_p 为极惯性矩(m^4)，[φ']为许用单位长度扭转角(°/m)。

4. 弯曲

(1)平面弯曲概念和实例

工程中存在受弯曲的杆件，如压辊(图 3.2.28)、火车轴(图 3.2.29)和割刀(图 3.2.30)都受到与轴线垂直的横力作用，使杆的轴线由直线变为曲线，这种变形称为弯曲变形。习惯上把以弯曲为主要变形的杆件称为梁。

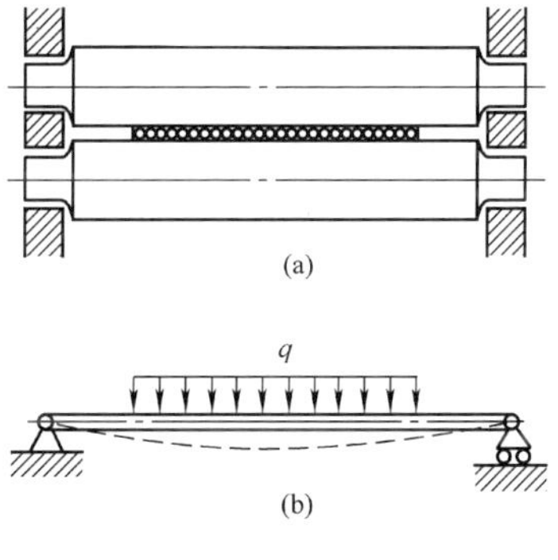

图 3.2.28　压辊

(a)结构图；(b)简图

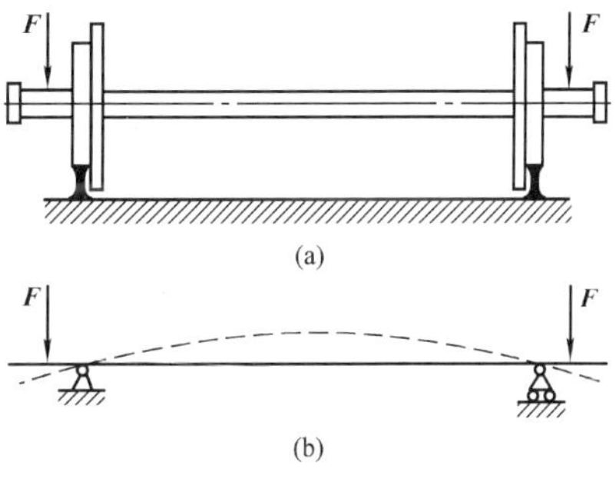

图 3.2.29　火车轴

(a)结构图；(b)简图

工程问题中,大部分梁都有对称轴(图 3.2.31),对称轴与梁的轴线组成的平面称为纵向对称平面。当作用于梁上的所有外力都位于梁的纵向对称平面内时,梁的轴线在纵向对称平面内被弯曲成为一条曲线,这种弯曲称为**平面弯曲**。

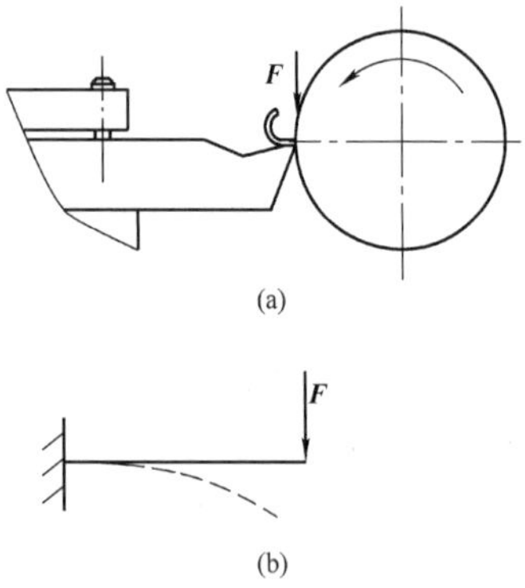

图 3.2.30　割刀

(a)结构图;(b)简图

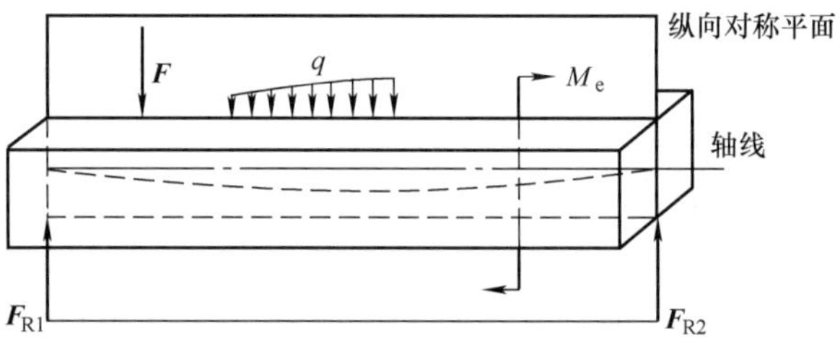

图 3.2.31　纵向对称平面

(2)支座的简化及梁的分类

工程实际中,支座和载荷是多种多样的,为了便于分析和计算,要对支座和载荷进行必要的简化。通常以梁的轴线表示梁,作用于梁上的载荷简化为集中力、集中力偶和分布载荷,梁的约束可简化为固定铰链支座、活动铰链支座和固定端。压辊、火车轴、割刀的计算简图分别为图 3.2.28(b)、图 3.2.29(b)、图 3.2.30(b)。

1)根据梁支座的布置情况,可将梁简化为以下三种。

①简支梁:梁的一端为固定铰链支座,另一端为活动铰链支座,如图 3.2.28(b)所示。

②外伸梁:具有一端或两端外伸部分的简支梁,如图 3.2.29(b)所示。

③悬臂梁:梁的一端固定,一端自由,如图 3.2.30(b)所示。

2)根据载荷分布作用长度与杆长的关系,载荷可简化为以下三种(图 3.2.31)。

①集中力:载荷作用范围相对杆长所占比例很小,可认为作用于一点。

②集中力偶:作用在纵向对称平面内的力偶,力偶矩用 M 表示。

③分布载荷:载荷连续作用在梁上,称为分布载荷。单位分布长度所受的力称为载荷集度,用 q(单位 N/m)表示。若 q 为常数,则为均布载荷。

(3)弯曲内力

Ⅰ. 剪力、弯矩

简支梁如图 3.2.32(a)所示,假想沿 $m—m$ 截面将梁截开,分成左右两段。若选取左段(图 3.2.32(b))进行研究,$m—m$ 截面上一定存在与截面相切、沿 y 轴方向的内力来与左侧外力 $\boldsymbol{F}_{Ay}$ 与 $\boldsymbol{F}_1$ 平衡;此外 $\boldsymbol{F}_{Ay}$ 和 $\boldsymbol{F}_1$ 相对截面形心 C 点有力矩作用,因此 $m—m$ 截面上一定存在一个合内力偶矩与之平衡。截面上沿切线方向的内力称为剪力(用 F_S 表示);截面上的合内力偶矩称为弯矩(用 M 表示),其作用平面包含轴线。

根据左段梁的平衡方程

$$\sum F_y = 0 \quad F_{Ay} - F_1 - F_S = 0$$

得

$$F_S = F_{Ay} - F_1$$

即剪力 F_S 等于保留一侧梁上所有外力的代数和。

根据平衡方程

$$\sum M_C = 0 \quad M + F_1(x-a) - F_{Ay}x = 0$$

得 $$M = F_{Ay}x - F_1(x-a)$$

即弯矩 M 等于保留一侧梁上所有外力对截面形心 C 点的力矩的代数和。

如果取右段梁为研究对象(图 3.2.32(c)),用相同的方法也可求得 m—m 截面上的 F_S 和 M,与保留左端数值相同,方向相反。

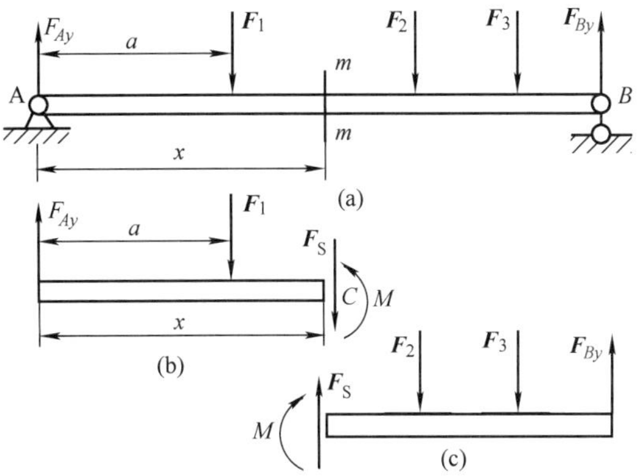

图 3.2.32　简支梁

为使无论取哪一段,得到的剪力和弯矩的符号保持一致,对剪力和弯矩的符号规定如下:使微段梁有顺时针转动趋势的剪力为正,反之为负;使微段梁产生向下凸变形的弯矩为正,反之为负,如图 3.2.33 所示。

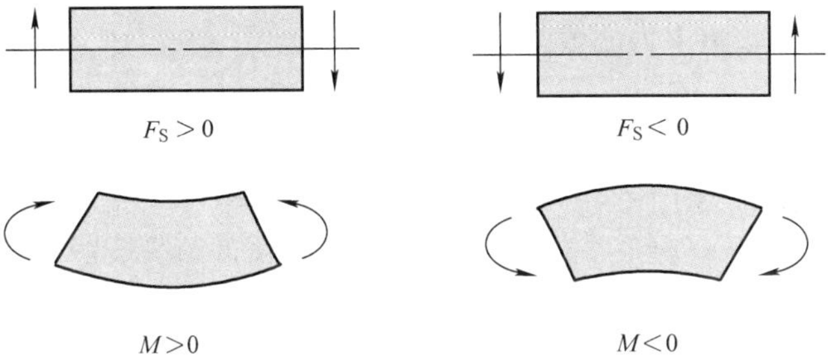

图 3.2.33　剪力和弯矩的符号规定

Ⅱ. 剪力图、弯矩图

根据剪力方程和弯矩方程绘制剪力图和弯矩图。

【例 3.2.3】　如图 3.2.34(a)所示简支梁,在梁上 C 点处承受集中载荷 $\boldsymbol{F}$ 的作用。试画出该梁的剪力图和弯矩图。

解　①计算支座反力:由平衡方程 $\sum M_B = 0$ 和 $\sum M_A = 0$ 得 A 端和 B 端的支座反力分别为

$$F_{Ay} = \frac{Fb}{l} \quad F_{By} = \frac{Fa}{l}$$

②建立剪力、弯矩方程:选 A 点为原点,沿 AB 杆轴线向右为 x 轴正向。

AC 段:

$$F_S(x) = F_{Ay} = \frac{Fb}{l} \quad (0 < x < a)$$

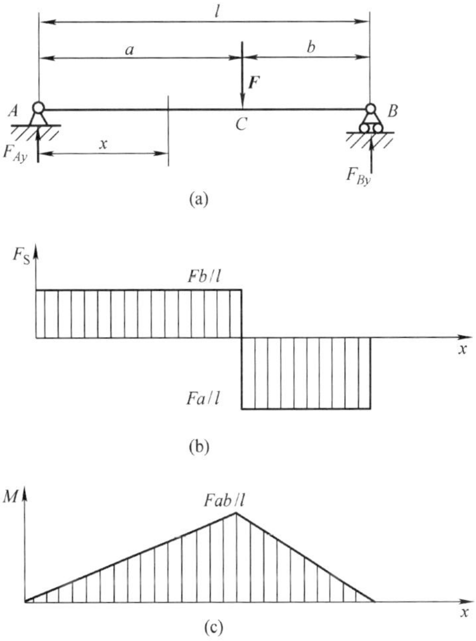

图 3.2.34　例 3.2.3 图

$$M(x)=F_{Ay}\cdot x=\frac{Fb}{l}x \quad (0\leqslant x\leqslant a)$$

CB 段：

$$F_S(x)=F_{Ay}-F=-\frac{Fa}{l} \quad (a<x<l)$$

$$M(x)=F_{Ay}\cdot x-F(x-a)=\frac{Fa}{l}(l-x) \quad (a\leqslant x\leqslant l)$$

③画剪力、弯矩图：根据剪力方程绘制剪力图如图 3.2.34(b)所示，根据弯矩方程绘制弯矩图如图 3.2.34(c)所示，横截面 C 处的剪力和弯矩最大。有

$$|F_S|_{\max}=\frac{Fa}{l} \quad M_{\max}=\frac{Fab}{l}$$

如果集中载荷作用在梁中点，即 $a=b=\frac{l}{2}$ 时，有

$$|F_S|_{\max}=\frac{F}{2} \quad M_{\max}=\frac{Fl}{4}$$

由剪力图、弯矩图可以看出，在集中力作用处，其左右两侧横截面上的弯矩相同，而剪力发生突变，突变量等于该集中力之值。

【例 3.2.4】 如图 3.2.35(a)所示悬臂梁，作用集中载荷 $\boldsymbol{F}$ 与集中力偶 $M_e=Fa$。试作梁的剪力图、弯矩图。

解 ①建立剪力方程 、弯矩方程。

对于 AC 段：

$$F_S(x)=-F \quad (0<x\leqslant a)$$

$$M(x)=-Fx \quad (0\leqslant x<a)$$

对于 CB 段：

$$F_S(x)=-F \quad (a\leqslant x<2a)$$

$$M(x)=-Fx+M_e=-Fx+Fa$$

$$=F(a-x) \quad (a<x<2a)$$

②画剪力图、弯矩图：根据剪力方程和弯矩方程画出剪力图(图 3.2.35(b))和弯矩图(图 3.2.35(c))。剪力和弯矩的最大值分别为

$$|F_S|_{\max}=F \quad |M|_{\max}=Fa$$

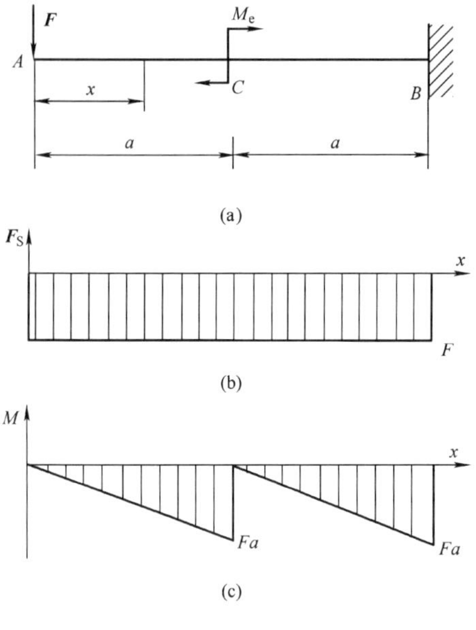

图 3.2.35 例 3.2.4 图

【例 3.2.5】 某填料塔塔盘下的支承梁，在物料重量的作用下，可以简化为一承受均布载荷 q 的简支梁，如图 3.2.36(a)所示。试作该梁的剪力图、弯矩图。

解 ①计算支反力：根据平衡条件得到

$$F_{Ay}=F_{By}=\frac{ql}{2}$$

②建立剪力、弯矩方程：

$$F_S(x)=\frac{ql}{2}-qx \quad (0<x<l)$$

$$M(x)=\frac{ql}{2}x-\frac{qx^2}{2}=\frac{qx}{2}(l-x)\quad(0\leqslant x\leqslant l)$$

③画剪力图、弯矩图：根据剪力方程和弯矩方程，画出剪力图如图 3.2.36(b)所示、弯矩图如图 3.2.36(c)所示。剪力和弯矩的最大值分别为

$$|F|_{\text{Smax}}=\frac{ql}{2}\quad |M|_{\max}=\frac{ql^2}{8}$$

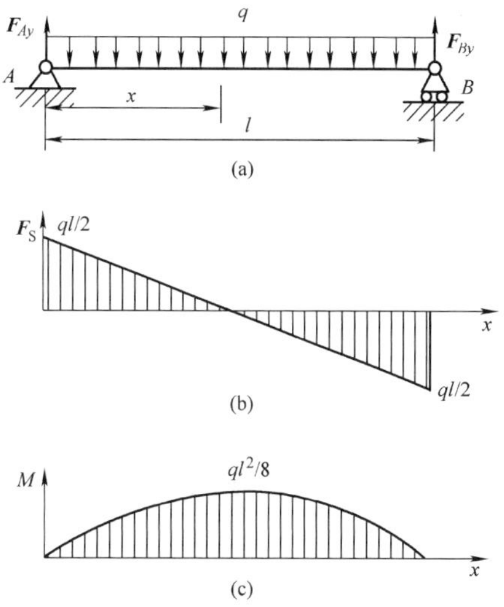

图 3.2.26　例 3.2.5 图

(4)弯曲应力

通常发生弯曲变形的梁的横截面上可能既有剪力又有弯矩。如图 3.2.37 所示，梁 AC 段和 DB 段的截面上既有剪力又有弯矩，因而既有切应力又有正应力，这种情况为横力弯曲；梁 CD 段的横截面上剪力为零，弯矩不为零，因而只有正应力而无切应力，这种情况为纯弯曲。

Ⅰ. 纯弯曲试验

取一有对称截面的梁(如矩形截面)，在梁表面先画出纵线 ab、cd 以及横线 1—1、2—2，如图 3.2.38(a)所示。加载后梁发生纯弯曲，其变形如图 3.2.38(b)所示。梁表面的横线变形后仍为直线，可以假设横截面变形后仍保持平面；部分纵向"纤维"伸长，部分纵向"纤维"缩短，其间必存在既不伸长、也不缩短的过渡层，将这层长度不变的"纤维"层称为中性层。中性层与横截面的交线称为中性轴(图 3.2.39)。因此梁纯弯曲的特征为：保持平面的横截面绕中性轴作相对转动，且正交于变形后的梁轴线。纵向"纤维"均处于单向受力状态，中性轴一侧纤维受拉、另一侧纤维受压。

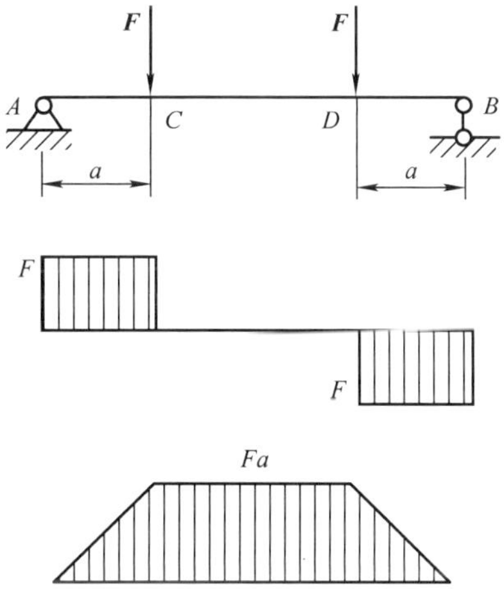

图 3.2.37　梁的弯曲应力

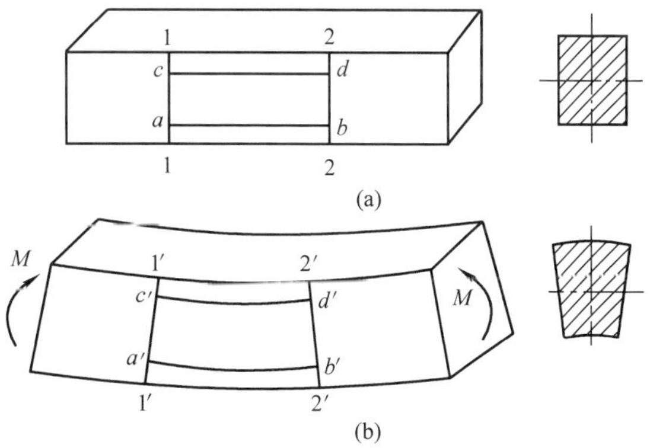

图 3.2.38　纯弯曲试验

(a)加载前；(b)加载后

Ⅱ. 纯弯曲时横截面上的正应力

$$\sigma=\frac{M\cdot y}{I_z}\tag{3.2.18}$$

式中：σ 为横截面上到中性轴距离为 y 处的正应力(Pa)，M 为横截面上的弯矩(N·m)，y 为

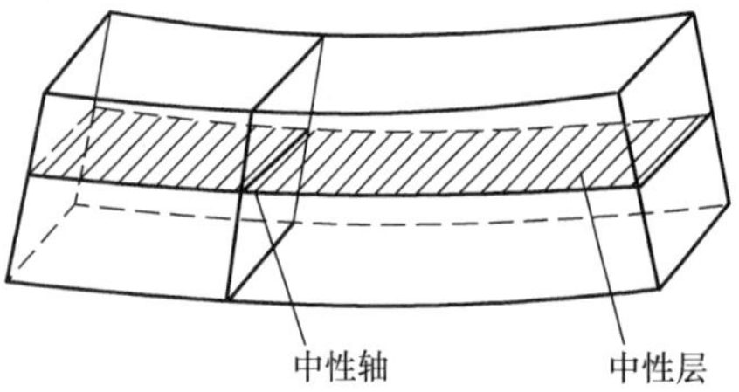

图 3.2.39 中性层和中性轴

到中性轴的距离(m)，I_z 为横截面对中性轴(z 轴)的惯性矩(mm^4)。

梁凸出的一侧纤维受拉，凹进去一侧纤维受压，规定拉应力为正，压应力为负。

当 $y=y_{max}$ 代入式(3.2.18)得到

$$\sigma_{max}=\frac{M}{I_z}y_{max} \tag{3.2.19}$$

令
$$W_z=\frac{I_z}{y_{max}}$$

则有

$$\sigma_{max}=\frac{M}{W_z} \tag{3.2.20}$$

式中：W_z 称为抗弯截面系数，此值仅与截面的形状和尺寸有关。

Ⅲ. 梁横截面的惯性矩和抗弯截面系数

梁常用截面的 I_z 和 W_z 的计算公式见表 3.2.1。

表 3.2.1 梁常用截面的 I_z 和 W_z 的计算公式

截面形状	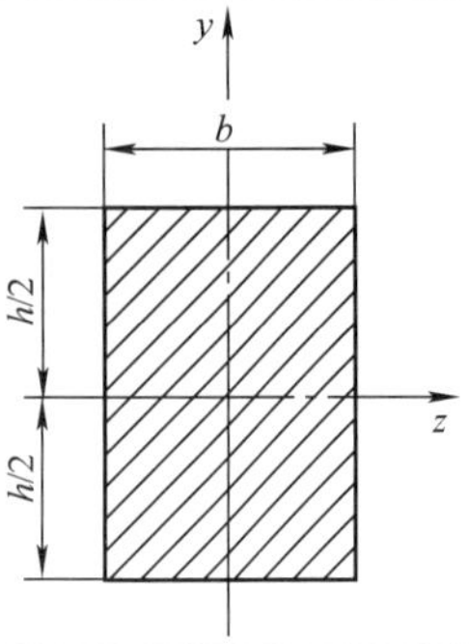	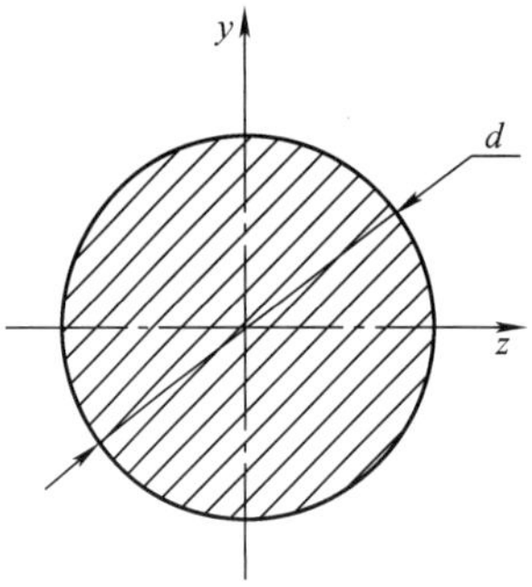	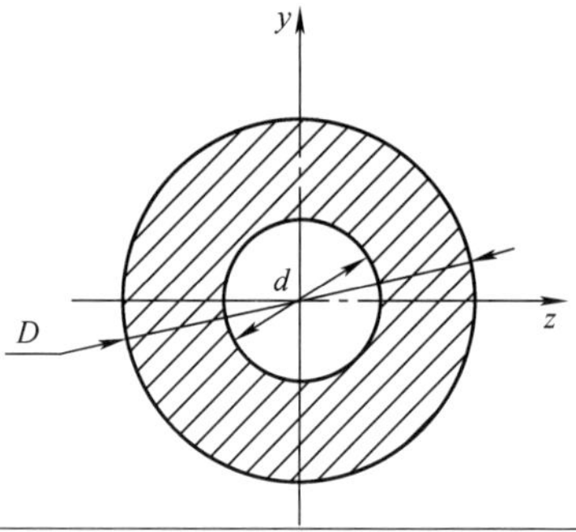
轴惯性矩	$I_z=\frac{bh^3}{12}$ $I_y=\frac{hb^3}{12}$	$I_z=I_y=\frac{\pi d^4}{64}$ $\approx 0.05d^4$	$I_z=I_y=\frac{\pi D^4}{64}(1-\alpha^4)$ $\approx 0.05D^4(1-\alpha^4)$ 式中：$\alpha=\frac{d}{D}$
抗弯截面系数	$W_z=\frac{bh^2}{6}$ $W_y=\frac{hb^2}{6}$	$W_z=W_y=\frac{\pi d^3}{32}\approx 0.1d^3$	$W_z=W_y=\frac{\pi D^3}{32}(1-\alpha^4)$ $\approx 0.1D^3(1-\alpha^4)$ 式中：$\alpha=\frac{d}{D}$

Ⅳ. 梁弯曲强度的计算

如果梁的拉伸和压缩许用应力相等，则绝对值最大的弯矩截面为危险截面，最大弯曲正应力 σ_{max} 就在危险截面的上下边缘处。为了保证梁能安全工作，最大工作应力 σ_{max} 就不得超过材料的许用正应力[σ]，于是梁弯曲正应力的强度条件为

$$\sigma_{max}=\frac{M_{max}}{W_z}\leqslant[\sigma] \tag{3.2.21}$$

如果梁的材料是铸铁、陶瓷等脆性材料，其拉伸与压缩许用应力不相等，则应分别求出

最大正弯矩、最大负弯矩所在横截面上的最大拉应力、最大压应力，可写出抗拉强度条件和抗压强度条件分别为

$$\sigma_{\mathrm{tmax}}=\frac{M_{\max}y_{\mathrm{tmax}}}{I_z}\leqslant[\sigma_{\mathrm{t}}] \tag{3.2.22}$$

$$\sigma_{\mathrm{cmax}}=\frac{M_{\max}y_{\mathrm{cmax}}}{I_z}\leqslant[\sigma_{\mathrm{c}}] \tag{3.2.23}$$

式中：$[\sigma_{\mathrm{t}}]$和$[\sigma_{\mathrm{c}}]$分别为材料的许用拉应力和许用压应力。

由于最大弯曲正应力远大于最大弯曲切应力，通常只要按弯曲正应力强度条件进行计算就可以了。根据强度条件，可以解决梁在平面弯曲时的三类强度问题，即强度校核、截面设计以及确定许可载荷。

【例 3.2.6】　一钢梁受力如图 3.2.40 所示，若选用圆形截面 $d=140$ mm，$[\sigma]=12$ MPa。试校核该梁的强度。

解　①计算支座反力 F_A 和 F_B：

$$\sum M_A=0\quad F_B\times 2-8\times 1-4\times 3=0$$

$$\sum F_y=0\quad F_A+F_B-8-4=0$$

得

$$F_A=2\ \mathrm{kN}\quad F_B=10\ \mathrm{kN}$$

②画弯矩图：如图 3.2.40(b)所示。

③强度校核：

$$\sigma_{\max}=\frac{M_{\max}}{W_z}=\frac{M_{\max}}{\dfrac{\pi d^3}{32}}=11.1\ \mathrm{MPa}\leqslant[\sigma]$$

所以该梁满足强度要求。

【例 3.2.7】　矩形截面梁受力如图 3.2.41(a)所示，已知 $l=4$ m，$b=\frac{2}{3}h$，$q=10$ kN/m，$[\sigma]=10$ MPa。试确定此梁横截面的尺寸 b、h。

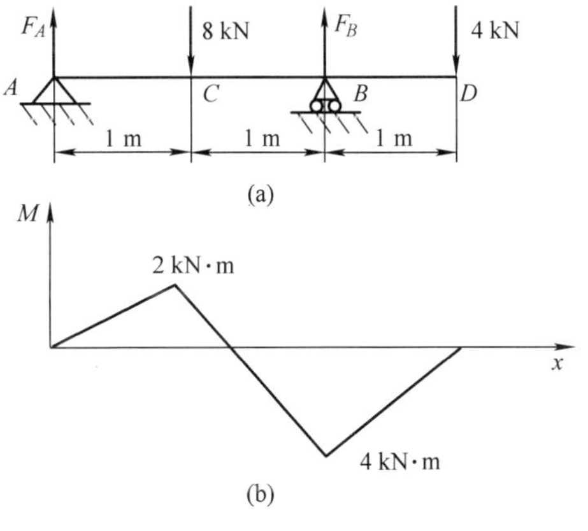

图 3.2.40　例 3.2.6 图

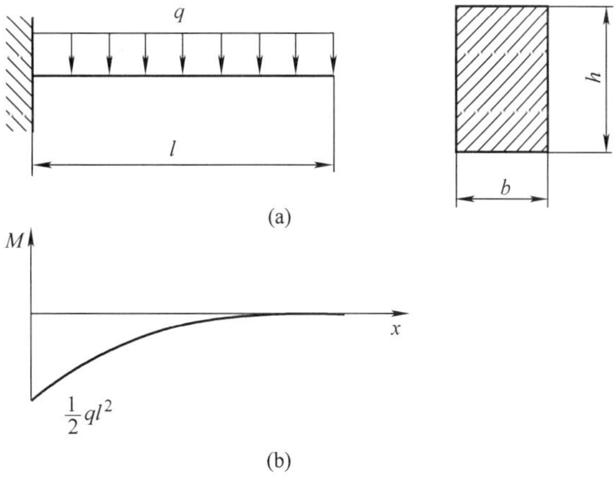

图 3.2.41　例 3.2.7 图

解 ①画弯矩图:如图 3. 2. 41(b)所示,有

$$M_{\max}=\frac{1}{2}ql^2=80\ \text{kN}\cdot\text{m}$$

②确定横截面尺寸 h 和 b:

$$\sigma_{\max}=\frac{M_{\max}}{W_z}=\frac{M_{\max}}{\frac{bh^2}{6}}=\frac{M_{\max}}{\frac{h^3}{9}}\leqslant[\sigma]\quad\left(b=\frac{2}{3}h\right)$$

$$h\geqslant\sqrt[3]{\frac{9M_{\max}}{[\sigma]}}=\sqrt[3]{\frac{9\times80\times10^3}{10\times10^6}}=416\ \text{mm}\quad b\geqslant277\ \text{mm}$$

(5)梁的弯曲刚度简介(挠度、转角)

在外力作用下,梁的轴线由直线变为曲线。在平面弯曲中,梁变形后的曲线是一条连续光滑的平面曲线,称为梁的挠曲线,如图 3. 2. 42 所示。

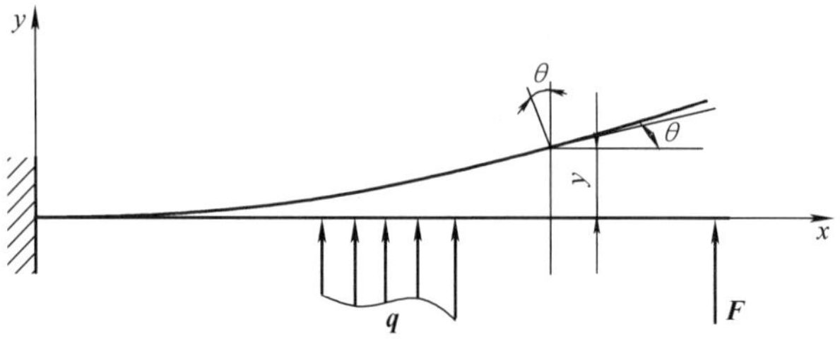

图 3. 2. 42 梁的挠曲线

梁上任一横截面的形心沿 y 轴方向的位移,称为该横截面处的**挠度**,用 y 表示。横截面绕其中性轴转过的角度 θ 称为转角。梁的挠曲线上一点的切线与 x 轴的夹角就等于横截面转角。转角的正负规定为:逆时针转向规定为正;反之为负。

梁的设计中,除要求满足强度条件外,在很多情形下,还要将其弹性变形限制在一定的范围内,即梁的刚度条件为

$$|y|_{\max}\leqslant[y]\tag{3.2.24}$$

$$|\theta|_{\max}\leqslant[\theta]\tag{3.2.25}$$

式中:$[y]$为梁的许用挠度值(mm),$[\theta]$为梁的许用转角值(rad)。

许用挠度值与许用转角值根据工作要求可从有关设计规范或手册中查得。

大多数构件的设计过程都是先进行强度设计或工艺结构设计,确定截面的形状和尺寸,然后再进行刚度校核。应该指出的是,梁的挠度和转角不仅与受力有关,而且与梁的抗弯刚度、跨度以及约束条件有关。据此在梁的设计中可采取增大梁截面的惯性矩、减小梁的跨度或长度、增加支承、改善梁的受力情况等措施提高梁的刚度。

【任务实施】构件承载能力分析实例

【实例 1】 某铣床工作台进给油缸如图 3. 2. 42 所示,缸内工作油压 $p=2$ MPa,油缸内径 $D=80$ mm,活塞杆直径 $d=18$ mm。已知活塞杆材料的许用应力$[\sigma]=50$ MPa,试校核活塞杆的强度。

解 活塞杆发生拉伸变形,使用拉伸或压缩的强度条件:

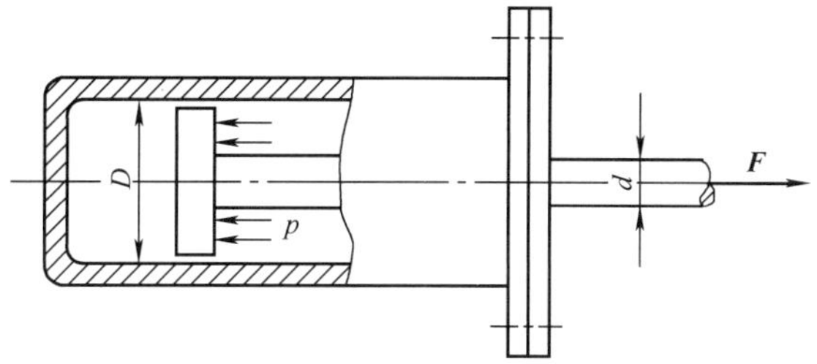

图 3.2.42　实例 1 图

$$\sigma = \frac{F_N}{\frac{\pi}{4}d^2} = \frac{p \times \frac{\pi}{4}(D^2 - d^2)}{\frac{\pi}{4}d^2} = \frac{2 \times (80^2 - 18^2)}{18^2} = 37.5\ \text{MPa} \leqslant [\sigma]$$

所以该活塞杆满足强度要求。

【实例 2】　如图 3.2.43(a)所示,齿轮用平键与轴连接(图中只画出了轴与键,没有画齿轮)。已知轴的直径 $d = 70$ mm,键的尺寸为 $b \times h \times l = 20\ \text{mm} \times 12\ \text{mm} \times 100\ \text{mm}$,传递的扭转力偶矩 $M_e = 2\ \text{kN} \cdot \text{m}$,键的许用切应力 $[\tau] = 60$ MPa,许用挤压应力 $[\sigma_{bs}] = 100$ MPa 。试校核键的强度。

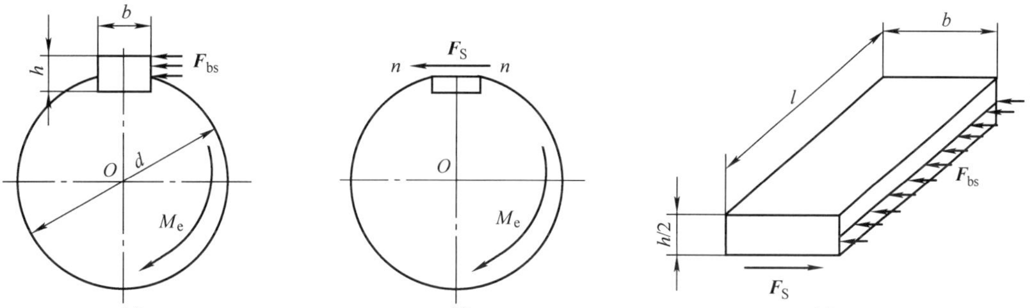

图 3.2.43　实例 2 图

解　①校核键的剪切强度(图 3.2.43(b))。

$$F_S = A\tau = bl\tau$$

对轴心 O 取矩,由平衡条件 $\sum M_O(\boldsymbol{F}) = 0$,得

$$F_S \frac{d}{2} = bl\tau \frac{d}{2} = M_e$$

可得

$$\tau = \frac{2M_e}{bld} = \frac{2 \times 2 \times 10^6}{20 \times 100 \times 70} = 28.6\ \text{MPa} < [\tau]$$

②校核键的挤压强度(图 3.2.43(c))。

根据挤压强度条件

$$\sigma_{bs} = \frac{F_{bs}}{A_{bs}} = \frac{\frac{2M_e}{d}}{\frac{h}{2}l} = \frac{4M_e}{dhl} = \frac{4 \times 2 \times 10^6}{70 \times 12 \times 100} = 95.2\ \text{MPa} < [\sigma_{bs}]$$

故平键既满足剪切强度条件,也满足挤压强度条件。

【**实例 3**】 如图 3.2.44(a)所示阶梯轴,直径分别为 $d_1=40$ mm,$d_2=70$ mm,已知 A 轮输入功率 $P_i=30$ kW,C 轮的输出功率 $P_o=13$ kW,轴作匀速转动,轴的转速 $n=200$ r/min,轴材料的许用切应力$[\tau]=60$ MPa,$G=80$ GPa,许用单位长度扭角$[\varphi']=2(°)/\text{m}$。试校核该轴的强度和刚度。

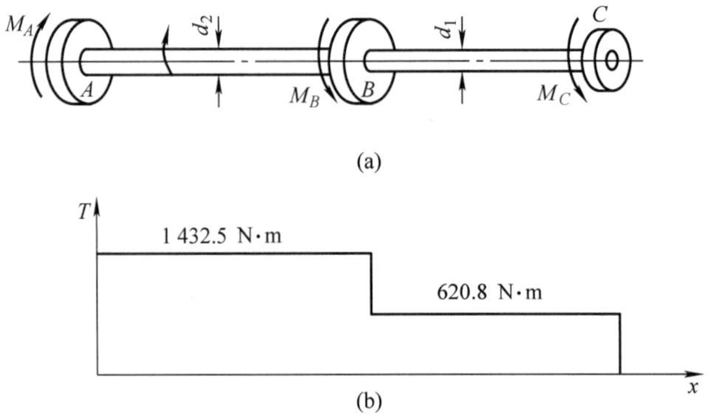

图 3.2.44 实例 3 图

解 ①计算外力偶矩:

$$M_A=9\ 550\times\frac{30}{200}=1\ 432.5\ \text{N}\cdot\text{m}$$

$$M_C=9\ 550\times\frac{13}{200}=620.8\ \text{N}\cdot\text{m}$$

由轴的平衡条件 $\sum M_x=0$,有

$$M_B+M_C-M_A=0$$

$$M_B=1\ 432.5-620.8=811.7\ \text{N}\cdot\text{m}$$

②计算扭矩,画扭矩图,如图 3.2.44(b)所示。

$$T_{AB}=1\ 432.5\ \text{N}\cdot\text{m}$$

$$T_{BC}=620.8\ \text{N}\cdot\text{m}$$

③校核强度:由于阶梯轴各段半径不同,危险截面可能发生在 AB 段,也可能发生在 BC 段。

$$\tau_{AB}=\frac{1\ 432.5\times10^3}{0.2\times70^3}=21\ \text{MPa}<[\tau]$$

$$\tau_{BC}=\frac{620.8\times10^3}{0.2\times40^3}=49\ \text{MPa}<[\tau]$$

所以该轴满足强度要求。

④校核刚度:

$$\varphi'_{AB}=\frac{1\ 432.5}{80\times10^9\times\frac{\pi}{32}\times70^4\times10^{12}}\times\frac{180°}{\pi}=0.44\ °/\text{m}<[\varphi']$$

$$\varphi'_{BC}=\frac{620.8}{80\times10^9\times\frac{\pi}{32}\times40^4\times10^{12}}\times\frac{180°}{\pi}=1.77\ °/\text{m}<[\varphi']$$

所以该轴满足刚度要求。

【实例 4】　⊥形截面铸铁悬臂梁，尺寸及载荷如图 3. 2. 45(a)所示。若 $F=45$ kN，材料的拉伸许用拉应力 $[\sigma_t]=40$ MPa，压缩许用压应力 $[\sigma_c]=160$ MPa，截面对形心轴 z_C 的惯性矩 $I_{z_C}=10\ 180\ \text{cm}^4$，且 $h_1=9.64$ cm。试校核梁的强度。

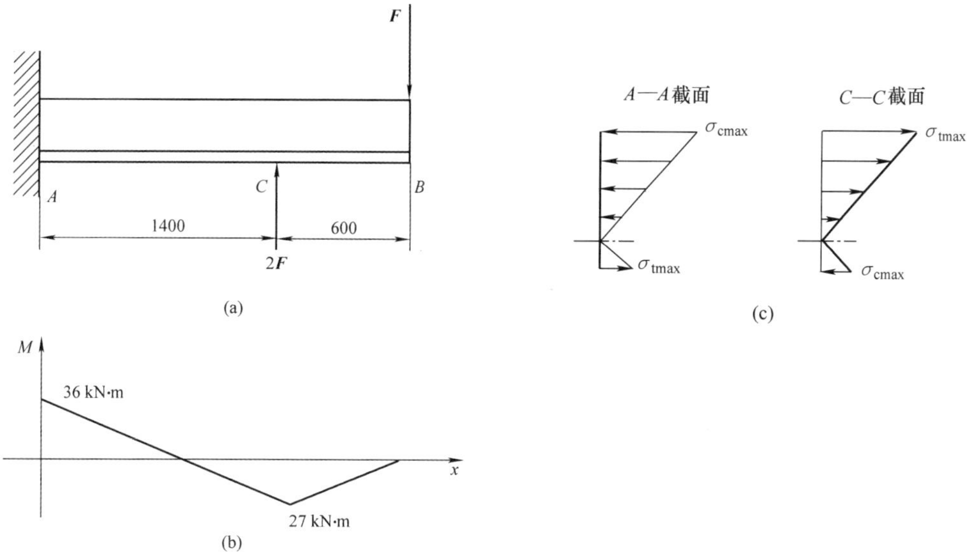

图 3. 2. 45　实例 4 图

解　①画弯矩图，如图 3. 2. 45(b)所示。

②强度校核。

A—A 截面：

$$\sigma_t=\frac{36\times10^3\times96.4\times10^{-3}}{10\ 180\times10^{-8}}=34.1\ \text{MPa}\leqslant[\sigma_t]$$

$$\sigma_c=\frac{36\times10^3\times153.6\times10^{-3}}{10\ 180\times10^{-8}}=54.3\ \text{MPa}\leqslant[\sigma_c]$$

C—C 截面：

$$\sigma_t=\frac{27\times10^3\times153.6\times10^{-3}}{10\ 180\times10^{-8}}=40.7\ \text{MPa}>[\sigma_t]\text{(不超过 5\%)}$$

所以该梁满足强度要求。

【知识拓展】压杆稳定和组合变形

1. 压杆稳定

研究发生轴向压缩变形直杆的强度问题时，是以压杆保持原有的直线平衡状态为前提，其失效主要取决于强度不足。但是实践证明，细长压杆截面上的应力往往远远低于材料的极限应力，所以可能就弯向一侧突然折断。例如：一根 $\sigma_s=235$ MPa，承受轴向压力作用，横截面尺寸为 30 mm×4 mm，长为 1 m 矩形截面杆，按强度条件其能承受的载荷 $F=\sigma_s A=28$ kN，但压力接近 80 N 时，杆便开始弯曲。若压力继续增大，杆会因弯曲变形急剧增大而折断，此时的压力远小于 28 kN。杆失效并非因为强度不足，而是因为压杆保持直线平衡状态的能力不足。压杆保持原有直线平衡状态的能力，称为压杆的稳定性。压杆丧失稳定性，简称为失稳。细长压杆的失稳失效先于其强度失效，而且压杆的失稳造成后果严重，必须充分重视。

2. 组合变形

前面介绍了轴向拉伸或压缩、剪切、扭转和弯曲四种基本变形，工程中许多构件的变形往往是产生两种以上简单变形，这种情况称为组合变形。图 3.2.46 所示杆产生的变形为拉伸和弯曲变形的组合，图 3.2.47 所示轴产生的变形为弯曲和扭转的组合变形。

在线弹性、小变形条件下，可以认为几个载荷同时作用在杆件上所产生的应力、变形，等于各个载荷单独作用时产生的应力、变形之和，此即叠加原理。当杆件在复杂载荷作用下同时发生几种基本变形时，只要将载荷分解为一系列引起基本变形的相当载荷，分别计算各个基本变形下的应力、变形，然后叠加起来就得到在原载荷作用下的应力、变形。

（1）弯曲与拉伸（压缩）组合变形

图 3.2.46(a)所示的杆件发生的是拉伸与弯曲的组合变形。横截面上的拉伸产生的应力如图 3.2.46(b)所示，横截面上的平面弯曲产生的应力如图 3.2.46(c)所示，组合变形产生的应力如图 3.2.46(d)所示。危险点处于单向应力状态，上下边缘各点有最大拉应力和最大压应力。对于塑性材料制成的梁，其强度条件为

$$\sigma_{\max}=\frac{F_{\mathrm{N}}}{A}+\frac{M_{\max}}{W_x}\leqslant[\sigma] \tag{3.2.26}$$

对于脆性材料制成的梁，其强度条件为

$$\left.\begin{aligned}\sigma_{\max}^{+}&=\frac{F_{\mathrm{N}}}{A}+\frac{M_{\max}}{W_x}\leqslant[\sigma_{\mathrm{t}}]\\ \sigma_{\max}^{-}&=\left|\frac{F_{\mathrm{N}}}{A}-\frac{M_{\max}}{W_x}\right|\leqslant[\sigma_{\mathrm{c}}]\end{aligned}\right\} \tag{3.2.27}$$

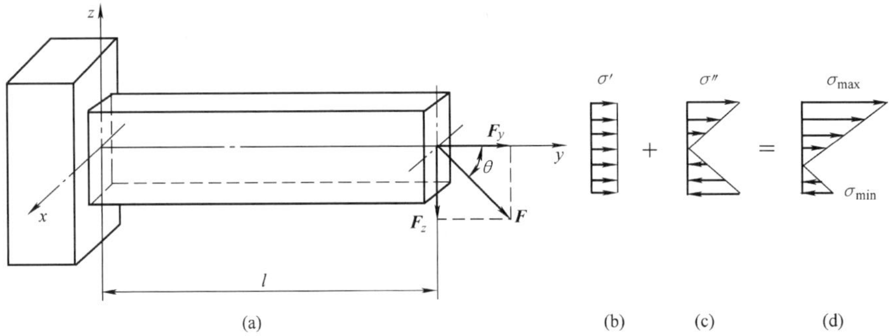

图 3.2.46　弯曲与拉伸组合变形

（2）弯曲与扭转组合变形

一般来说，轴（转轴、曲柄轴）在受到扭转作用的同时还受到弯曲作用。对这类轴就必须按弯扭组合变形进行强度计算。

图 3.2.47(a)所示圆轴，左端固定，右端自由，在自由端的横截面内作用一个矩为 M_e 的外力偶和一个通过轴心的横向力 $\boldsymbol{F}$。力偶矩 M_e 使轴发生扭转变形，而横向力 $\boldsymbol{F}$ 使轴发生弯曲变形。圆轴发生的变形就是弯扭组合变形。

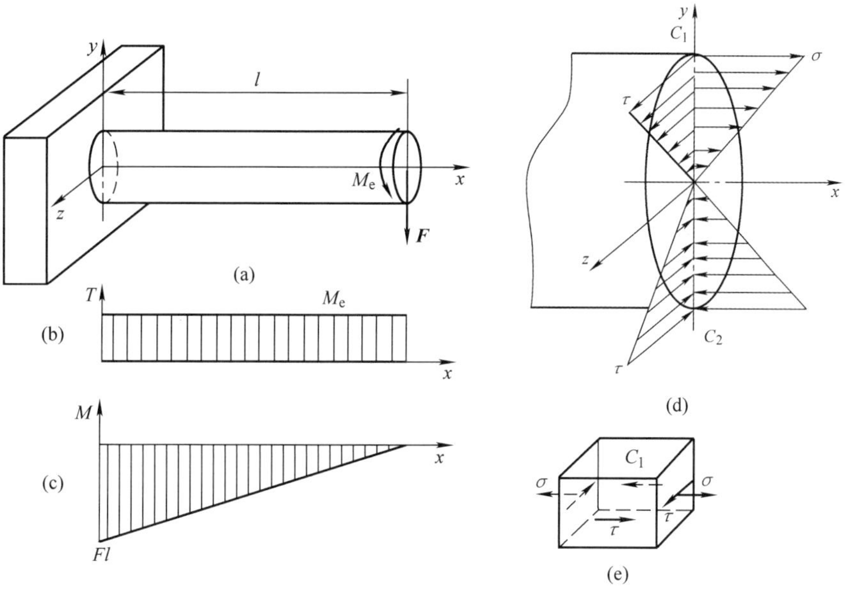

图 3.2.47　弯曲与扭转组合变形

轴各横截面上的扭矩相同,其大小均为 $T=M_e$;各横截面上弯矩不同,在固定端截面上弯矩最大,其值 $M=Fl$。分别绘出轴的扭矩图和弯矩图,如图 3.2.47(b)、(c)所示。由内力图可知固定端截面是圆轴的危险面。

在危险截面上由于扭矩所产生的切应力,沿半径按线性规律变化,如图 3.2.47(d)所示。在该截面边缘各点上扭转切应力最大,其值

$$\tau=\frac{T}{W_t}$$

在危险截面上,由于弯矩所产生的正应力沿截面高度按线性规律变化,在该截面上、下边缘 C_1 和 C_2 两点的弯曲正应力最大,其值

$$\sigma=\frac{M}{W_z}$$

取 C_1 点为研究对象,在 C_1 点附近截取一微体,如图 3.2.47(e)所示。微体的侧面上有正应力 σ 和切应力 τ,属于平面应力状态,必须利用强度理论建立强度条件。

对于由塑性材料制成的轴,需按照第三或第四强度理论建立强度条件。

$$\sigma_{r3}=\frac{M_{r3}}{W_z}=\frac{\sqrt{M^2+T^2}}{W_z}\leqslant[\sigma]$$

$$\sigma_{r4}=\frac{M_{r4}}{W_z}=\frac{\sqrt{M^2+0.75T^2}}{W_z}\leqslant[\sigma]$$

式中:M_{r3},M_{r4}分别为第三、第四强度理论设计准则对应的相当弯矩;σ_{r3},σ_{r4}分别为第三、第四强度理论设计准则对应的相当应力;$[\sigma]$为材料的许用拉应力。

【小结】

以上介绍了杆件在力的作用下的变形,包括杆的轴向拉伸(压缩)、剪切和挤压、圆轴扭

转、平面弯曲以及组合变形的受力和变形特点。上述内力、应力和变形计算，建立了相应的强度、刚度条件，为构件强度校核、选择合理的截面尺寸、确定工作许可载荷提供了理论依据。

复　习　题

1. 试计算题1图示各杆的轴力，并指出其最大值。

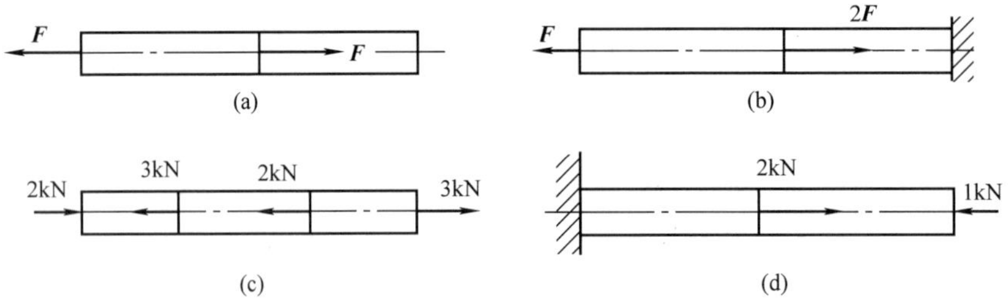

题1图

2. 题2图示阶梯形圆截面杆 AC，承受轴向载荷 $F_1=200$ kN、$F_2=100$ kN，AB 段的直径 $d_1=40$ mm。如欲使 BC 与 AB 段的正应力相同，试求 BC 段的直径。

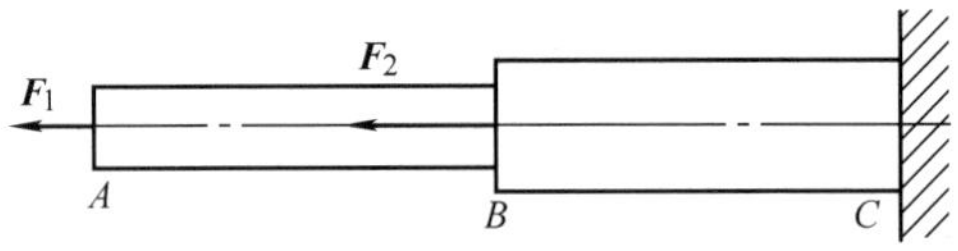

题2图

3. 题3图示桁架，由圆截面杆1、2组成，并在节点 A 承受铅垂向下的载荷 $F=80$ kN。杆1、杆2的直径分别为 $d_1=30$ mm 和 $d_2=20$ mm，两杆的材料相同，屈服极限 $\sigma_s=320$ MPa，安全系数 $n=2.0$。

(1)试校核桁架的强度。

(2)试确定载荷 $\boldsymbol{F}$ 的最大许可值$[F]$。

4. 题4图示销钉连接，已知 $F=18$ kN，板厚 $t_1=8$ mm，$t_2=5$ mm，销钉与板的材料相同，许用切应力$[\tau]=60$ MPa，许用挤压应力$[\sigma_{bs}]=200$ MPa，试设计销钉的直径 d。

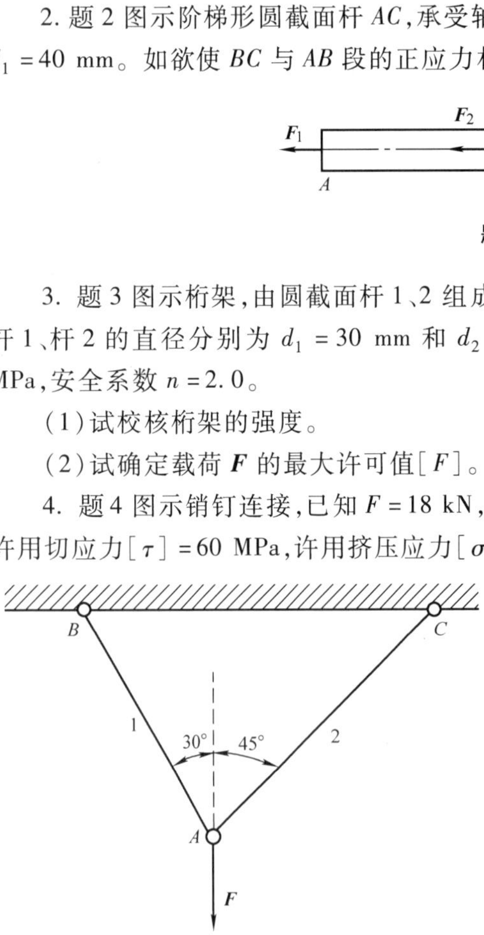

题3图

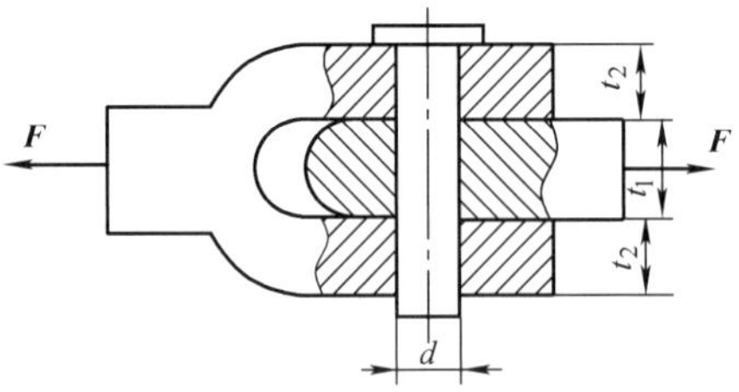

题4图

5. 两块钢板厚度 $t=6$ mm,用三个铆钉连接,如题 5 图所示。已知 $F=50$ kN,材料的许用切应力$[\tau]=100$ MPa,许用挤压应力$[\sigma_{bs}]=280$ MPa,试设计销钉的直径 d。现在若用直径为 12 mm 的铆钉,则铆钉数应该是多少?

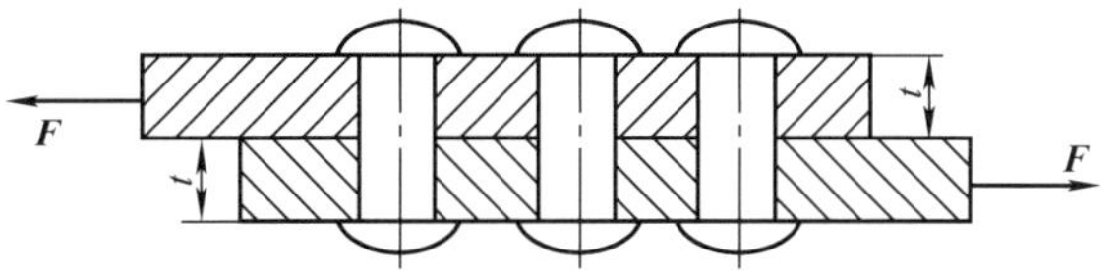

题 5 图

6. 题 6 图示切蔗机主轴由电动机经三角皮带轮带动。已知电动机功率 $P=35$ kW,主轴转速 $n=580$ r/min,主轴直径 $d=120$ mm,轴的许用切应力$[\tau]=40$ MPa,试校核该主轴强度。(不考虑传动损耗)

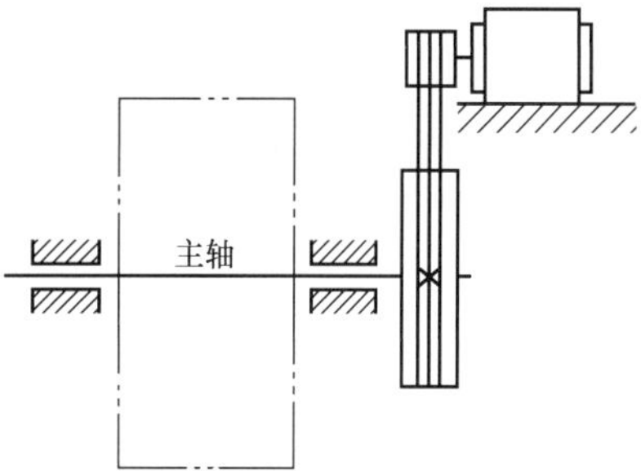

题 6 图

7. 一圆轴直径 $d=20$ mm,材料许用切应力$[\tau]=100$ MPa,求此轴所能承受的扭矩 T。若转速 $n=100$ r/min,求此轴传递功率的许用值。

8. 题 8 图示实心圆轴与空心圆轴通过牙嵌式离合器相连,已知轴的转速 $n=100$ r/min,传递功率 $P=10$ kW,许用切应力$[\tau]=80$ MPa,$d_1/d_2=0.6$。试确定实心轴直径 d,空心轴的内、外径 d_1 和 d_2。

9. 一圆轴以 $n=250$ r/min 的转速传递 $P=60$ kW 的功率。已知材料$[\tau]=40$ MPa,$[\theta]=0.8$ °/m,切变弹性模量 $G=80$ GPa,试设计该轴的直径。

10. 题 10 图示两段直径 $d=100$ mm 的圆轴由凸缘和螺栓连接而成。轴扭转时最大切应力 $\tau_{max}=70$ MPa,螺栓直径 $d_1=20$ mm,均匀排列在直径 $D=200$ mm 的圆周上,螺栓许用切应力$[\tau]=60$ MPa,试计算所需螺栓的个数。

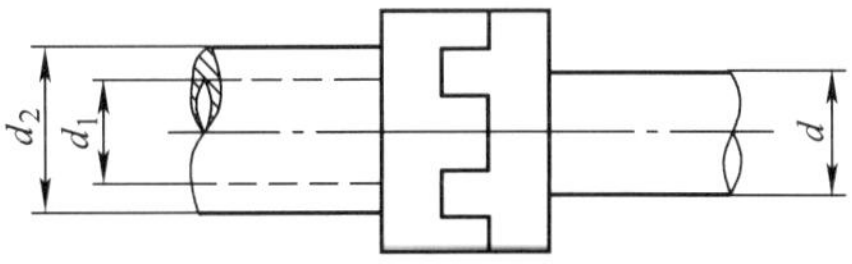

题 8 图

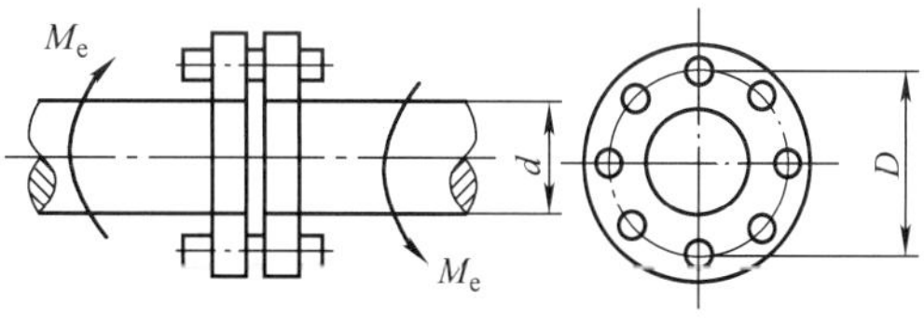

题 10 图

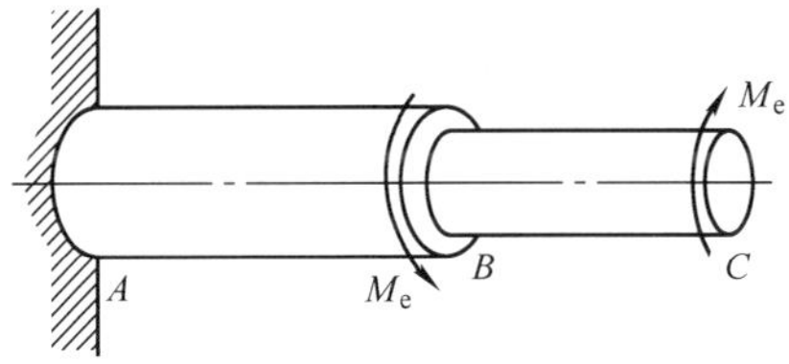

题 11 图

11. 题 11 图示圆轴,AB 和 BC 段直径比 $d_1:d_2=4:3$,外力偶矩 $M_e=1$ kN·m,许用切应力$[\tau]=80$ MPa,单位长度许用扭转角$[\theta]=0.5$ °/m,切变模量 $G=80$ GPa,试确定轴径 d_1 和 d_2。

12. 试列出题 12 图示各梁的剪力、弯矩方程,作剪力、弯矩图,并标出各特征点的值,写出$|F_S|_{max}$及$|M|_{max}$。

13. 题 13 图示简支梁,载荷可按四种方式作用于梁上,试分别画弯矩图,并从内力方面考虑,何种加载方式最好?

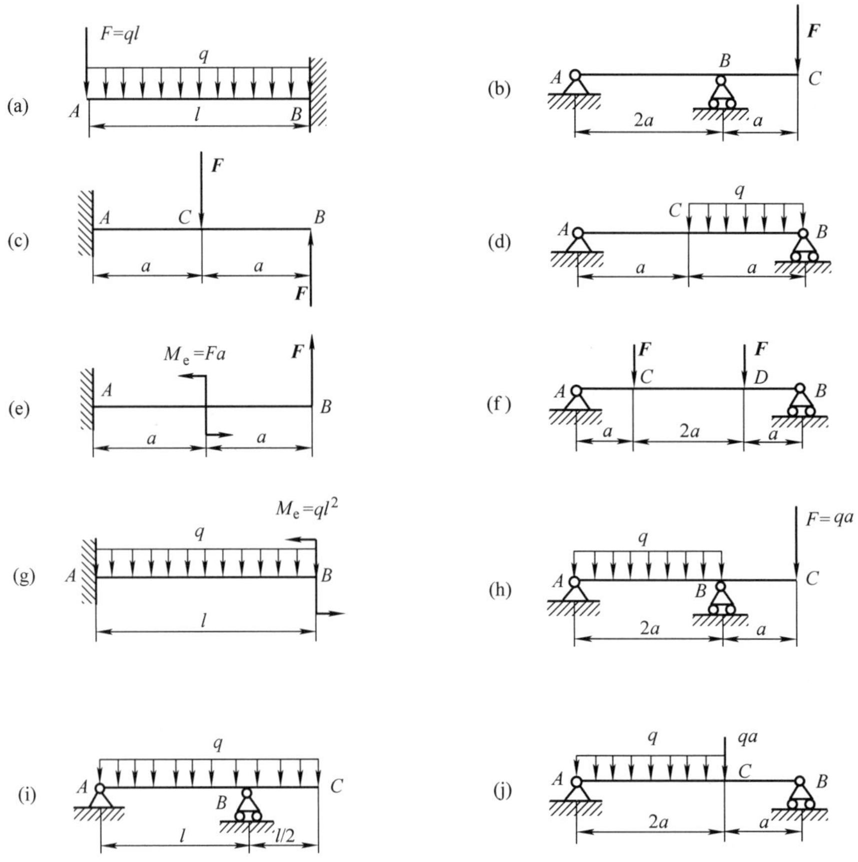

题 12 图

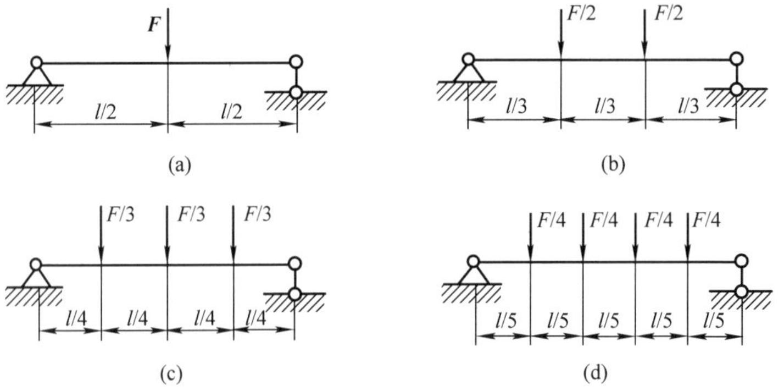

题 13 图

14. 支持转筒的托轮结构如题 14 图所示。转筒和滚圈的重量为 W,作用在每个托轮的载荷 $F=60$ kN。支持托轮的轴可简化为一简支梁。已知材料的许用应力$[\sigma]=100$ MPa,试设计轴的直径 d。

15. 矩形截面外伸梁受力如题 15 图所示,材料的许用应力$[\sigma]=160$ MPa,试确定截面尺寸 b。

16. 题 16 图示轧辊轴直径 $D=280$ mm,跨长 $L=1\ 000$ mm,$l=450$ mm,$b=100$ mm,轧辊材料的弯曲许用应力$[\sigma]=100$ MPa,求轧辊能承受的最大允许轧制力。

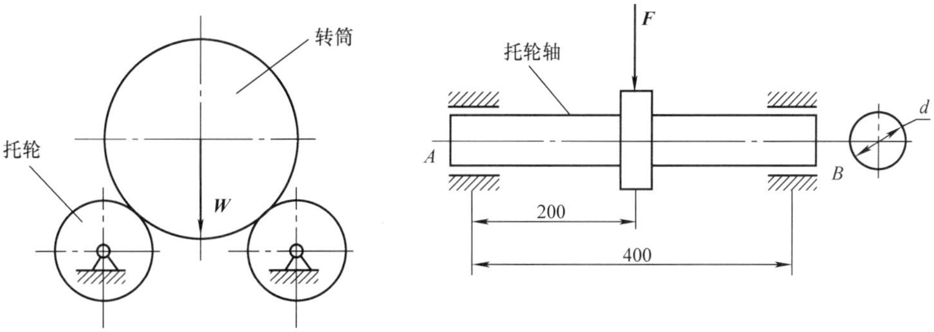

题 14 图

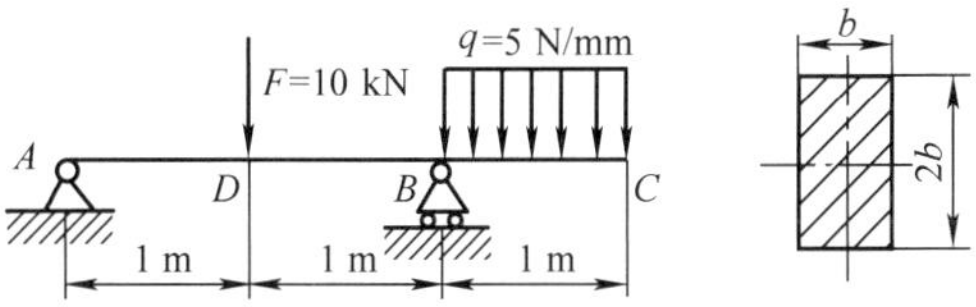

题 15 图

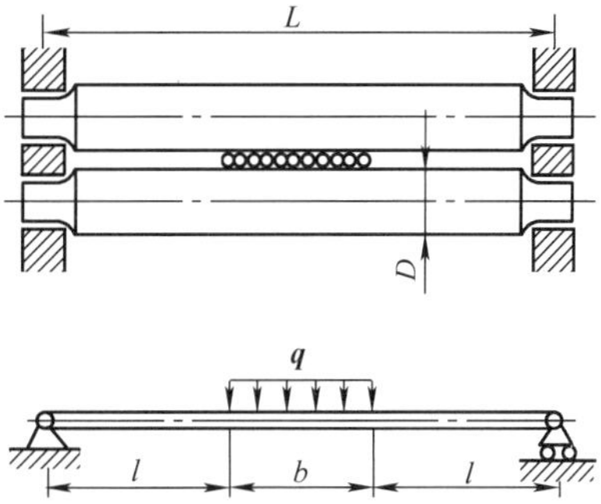

题 16 图

17. 题 17 图示梁 AD 为 No10 号工字钢，B 点用圆钢杆 BC 悬挂。已知圆杆 BC 直径 $d=20$ mm，梁和杆的许用应力均为$[\sigma]=160$ MPa。试求许可均布载荷$[q]$。

18. 为了起吊重量 $W=300$ kN 的大型设备，采用一台 150 kN 吊车，一台 200 kN 吊车，并加一根辅助梁 AB，如题 18 图所示。已知辅助梁的$[\sigma]=160$ MPa，$l=4$ m。试问：

（1）**W** 加在辅助梁的什么位置，才能保证两台吊车都不超载？

（2）辅助梁应该选择多大型号的工字钢？

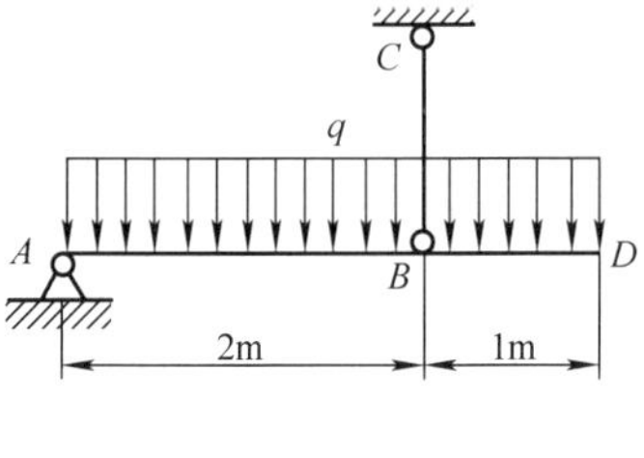

题 17 图

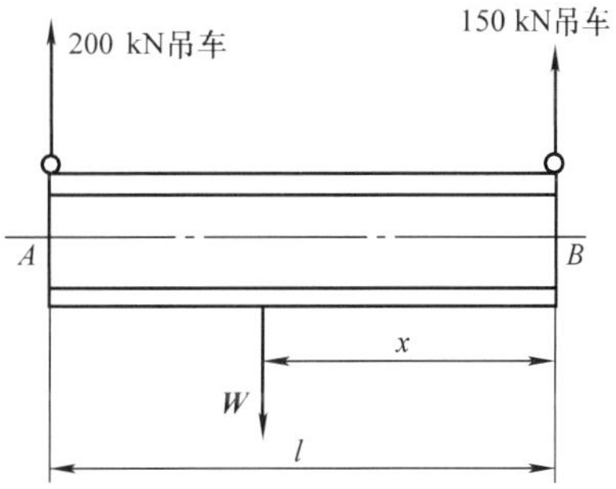

题 18 图

模块四　常用工程材料

任务一　金属材料的性能

【任务目标】

- 了解金属材料的物理和化学性能。
- 理解金属材料的工艺性能。
- 掌握金属材料的力学性能。

【任务导入】

金属材料是重要的机械工程材料,在机械制造、交通运输、国防建设等部门都大量使用。它总体包括黑色金属和有色金属两大类。为了正确、合理地使用金属必须了解其性能。优良的性能可以满足生产和加工的各种需要。金属材料的性能包括使用性能和工艺性能。使用性能是指材料在使用过程中所表现出的特性,包括力学性能、物理性能和化学性能。工艺性能是指材料在加工制造过程表现出的特性,如热处理性能、切削加工性能、铸造性能、压力加工性能和焊接性能等。

【知识链接 1】金属材料的力学性能

金属材料在载荷作用下表现出来的性能,称为金属材料的力学性能。金属材料的力学性能主要有强度、塑性、硬度和冲击韧性等。金属材料的力学性能往往通过试验方法研究,其中拉伸试验是重要的试验之一。

1. 强度和塑性

强度是指金属材料抵抗塑性变形或断裂的能力。拉伸试件如图 4.1.1 所示,金属的拉伸试验分为四个阶段:弹性变形阶段、屈服阶段、强化阶段和缩颈阶段(图 4.1.2)。

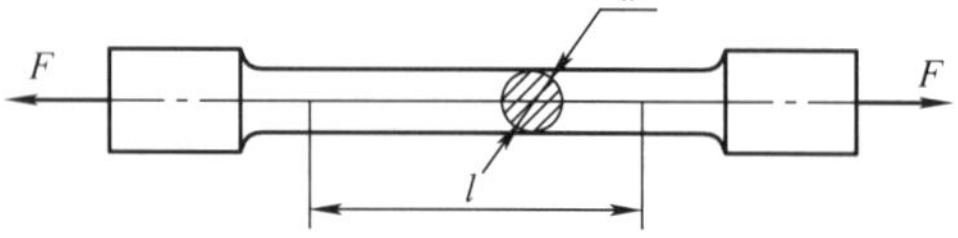

图 4.1.1　拉伸试件

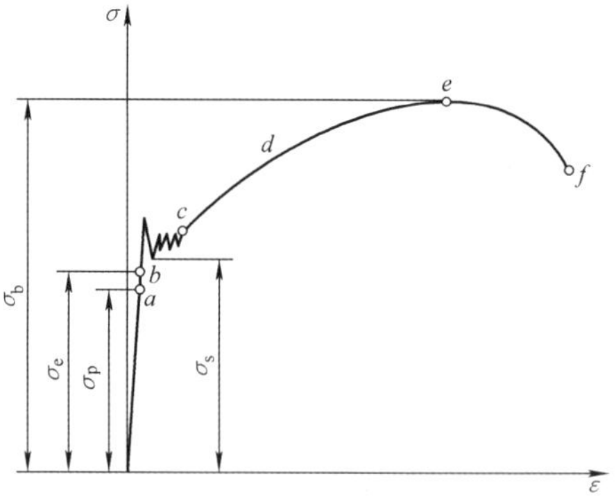

图 4.1.2　拉伸试验四个阶段

图中：σ_p——比例极限，当 $\sigma < \sigma_p$ 时，应力与应变呈正比，即 $\sigma = E\varepsilon$，E 称为弹性模量；

σ_e——弹性极限，当 $\sigma < \sigma_e$ 时，发生的变形为弹性变形，即可恢复的变形；

σ_s——屈服极限，当应力达到 σ_s 时，试件应力不发生屈服；

σ_b——强度极限，材料破坏前承受的最大应力。

反映材料强度的指标有屈服极限 σ_s 和强度极限 σ_b。σ_s 反映材料在外力作用下抵抗塑性变形的能力，σ_s 越高越不易发生塑性变形。若材料没有 σ_s，则用条件屈服强度 $\sigma_{0.2}$ 作为屈服指标。σ_b 反映材料在外力作用下抵抗发生断裂的能力，σ_b 越高越不易发生断裂。

金属的伸长率 δ 和断面收缩率 ψ 是衡量材料塑性的两个指标。金属的伸长率 δ 和断面收缩率 ψ 的值越大，表明材料的塑性越好。工程上按伸长率的大小将材料分为两大类：$\delta >$ 5% 的材料称为塑性材料，如钢、铅、铜、铝等；$\delta <$ 5% 的材料称为脆性材料，如铸铁、玻璃、陶瓷、宝石等。

2. 硬度

硬度是指材料抵抗另一硬物体压入其内的能力。机械工业普遍采用压入法来测定硬度，压入法测定的硬度又分为布氏硬度、洛氏硬度、维氏硬度等。

(1)布氏硬度——布氏硬度值 HB

如图 4.1.3 所示，用直径为 D 的淬火钢球或硬质合金球作压头，在试验力 $\boldsymbol{F}$ 的作用下压入被测金属表面，保持规定的时间后卸除试验力，则在金属表面留下一压坑(压痕)，用读数显微镜测量其压痕直径 d，求出压痕表面积 S，用试验力 F 除以压痕表面积 S 所得的商即为被测金属的布氏硬度值。

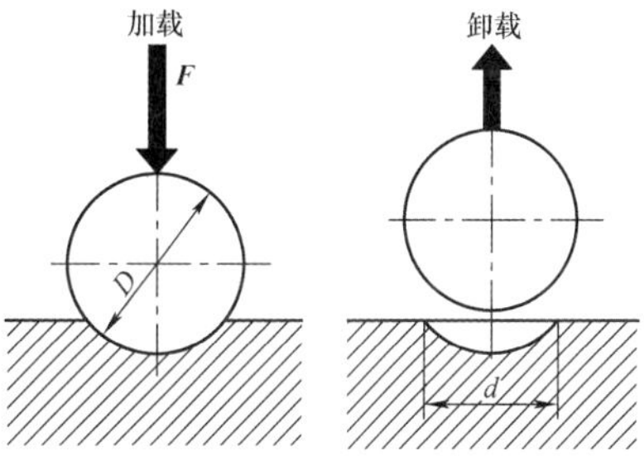

图 4.1.3　布氏硬度试验原理示意图

用淬火钢球作压头测得的硬度用符号 HBS 表示，适合于测量布氏硬度值小于 450 的材料；用硬质合金球作压头测得的硬度用符号 HBW 表示，适合于测量布氏硬度值 450 ~ 650 的材料。如 120HBS，表示用淬火钢球作压头测得材料的布氏硬度值为 120。我国目前布氏硬度机的压头主要是淬火钢球，用来测定灰铸铁、有色金属以及经退火、正火和调质处理的钢材等的硬度。

布氏硬度压痕大，试验结果比较准确。但较大压痕有损试样表面，不宜用于成品件与薄壁工件的硬度测试，而且布氏硬度整个试验过程不够简便。

(2)洛氏硬度

洛氏硬度常用标尺有 A、B、C 三种(见表 4.1.1)。

表 4.1.1　常用洛氏硬度的试验条件和应用范围

硬度符号	压头	总载荷/kgf	测量范围	应用范围
HRA	金刚石圆锥	60	70 ~ 85	碳化物、硬质合金、表面淬火钢等
HRB	1/16 或 1/8 钢球	100	25 ~ 100	有色金属、退火及正火钢等
HRC	金刚石圆锥	150	20 ~ 67	调质钢、淬火钢等

(3)维氏硬度

用一种顶角为 136°的金刚石角锥压头，在载荷 $\boldsymbol{F}$ 作用下，试样表面压出一个四方锥形压痕，测量压痕对角线长度 d，求出压痕面积 S，试验力 F 除以压痕面积 S 的数值表示试样的硬度值，用符号 HV 表示。维氏硬度试验主要用来测定金属镀层、薄片金属以及化学热处理（如氮化、渗碳等）后的表面硬度。

3. 冲击韧性

冲击韧性是指材料抵抗冲击载荷作用而不破坏的能力。其指标为冲击韧性值 a_k，通过冲击试验测得（图 4.1.4），a_k 值越大，材料的冲击韧性越强，材料抗冲击能力越好。材料的冲击韧性随温度的降低而下降。当低于某一温度时，冲击韧性将会明显下降，材料呈现脆性。对于低温工作的设备，选材时应注意韧性是否足够。

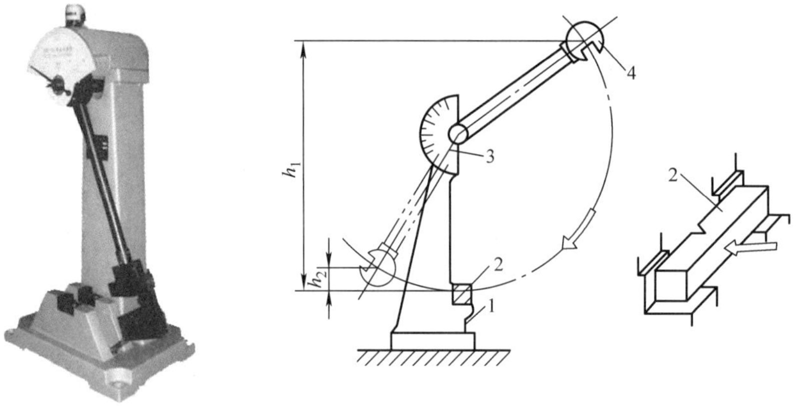

图 4.1.4　冲击试验机和冲击试验示意图

4. 疲劳

许多机械零件，如轴、齿轮、弹簧等，经常受交变载荷作用，这使得零件产生局部永久性累积损伤，经一定循环次数后产生裂纹或突然发生断裂的过程，称为疲劳。材料在规定次数应力循环后仍不发生断裂时的最大应力称为疲劳极限，用 σ^{-1} 表示。对于疲劳极限，钢铁材料的规定次数为 10^7 次，有色金属合金为 10^8 次。

【知识链接 2】金属材料的物理和化学性能

1. 物理性能

金属材料的物理性能主要有密度、熔点、导电性、导热性、热膨胀性、磁性等。由于机械零件的用途不同，其物理性能的要求也不同。例如飞机零件要选用密度小的材料来制造，电机、电器零件要考虑材料的导电性等；又如铸铁和铸钢的熔点不同，两者铸造工艺不同。

2. 化学性能

金属材料的化学性能是金属材料在常温或高温时抵抗发生各种化学作用的性能，如耐酸性、耐碱性和抗氧化性。

对于在腐蚀介质中或高温下工作的零件，由于其腐蚀作用比在空气中或室温下工作时更为强烈，因此在设计这类零件时，应特别注意金属材料的化学性能，并采用化学稳定性良好的合金，如化工设备、医疗机械需采用不锈钢。

【知识链接 3】金属材料的工艺性能

工艺性能是指材料在加工过程中所表现的性能，包括铸造、锻造、焊接、热处理和切削性能等。材料的工艺性能好坏直接影响到制造成本。

1. 铸造性

铸造性是指在浇注铸件时，液态金属能充满比较复杂的铸型并获得质量优良的铸件的能力，包括金属液态时的流动性、收缩率、吸气性、疏松、铸造应力、成分偏析、热裂和冷裂倾向等。在常用的金属材料中，灰铸铁和青铜有良好的铸造性能。

2. 锻造性

锻造性是指能否用锻压的方法将金属材料加工成质量优良工件的性能。锻压性一般与材料的塑性及其塑性变形抗力有关。与高碳钢和合金钢相比，低碳钢能承受锻造、轧制、冷拉、挤压等形变加工，表现出良好的锻造性。

3. 焊接性

焊接性是指材料在一定的焊接条件下，获得优质焊接接头的难易程度。焊接性取决于材料本身的化学性能、物理性能、力学性能、化学成分及组织。常用的材料中，低碳钢具有良好的焊接性，而高碳钢和铸铁的焊接性较差。

4. 切削加工性

切削加工性是指工件材料进行切削加工的难易程度。切削加工性能好的材料，对使用的刀具磨损量小，切削用量大，加工表面的表面结构值也比较小。通常，可以根据材料的强度和韧性对其切削加工性作大致的判断。硬度过高或过低以及韧性过大的材料，切削加工性较差。灰口铸铁具有良好的切削加工性。

【小结】

金属材料的使用性能包括力学性能、物理性能和化学性能。力学性能主要指金属材料的强度、塑性、硬度、韧性、疲劳强度等。物理性能主要包括密度、熔点、导电性、导热性、热膨胀性、磁性等。化学性能主要指耐腐蚀性和抗氧化性。金属材料的工艺性能是指材料在加工制造过程中表现出的特性，比如热处理性能、切削加工性能、铸造性能、压力加工性能和焊接性能等。

复　习　题

1. 什么是强度？如果机器零件工作时受到的应力大于 σ_s 会发生什么变化？
2. 什么是塑性？用什么指标表示？
3. 什么是硬度？常用测量硬度的方法有哪几种？
4. 什么是冲击韧性？用什么符号和单位表示？
5. 什么是金属的物理性能和化学性能？
6. 金属材料的工艺性能包括哪些？

任务二　钢的热处理

【任务目标】

- 掌握钢各种热处理工艺的种类、特点、工艺过程。
- 了解钢表面热处理工艺的种类、特点、工艺过程。

【任务导入】

金属热处理是机械制造中的重要工艺之一，其工艺质量的好坏将直接影响各种零件、模具、刀具和量具等的最终使用性能和寿命，是企业全面质量管理体系中非常重要的一环。钢铁的热处理工艺有哪些种类和工艺特点呢？

【知识链接】钢的热处理基本知识

所谓热处理，是指将钢采用适当的方法进行加热、保温和冷却，从而改变钢的内部组织和改善钢的性能的一种工艺方法。材料的性能主要取决于材料的成分以及其微观组织形态，包括组织晶粒的粗细、通过热处理可以得到需要的组织和成分、改变材料的性能，从而满足使用要求。热处理是一种重要的加工工艺，在制造业被广泛应用。在机床制造中 60% ~ 70% 的零件要经过热处理，在汽车、拖拉机制造业中需热处理的零件达 70% ~80%，模具、滚动轴承 100% 需要进行热处理。总之，重要零件都需经适当热处理后才能使用。

1. 钢加热时的组织转变

(1)钢加热时的临界温度

$Fe\text{-}Fe_3C$ 相图反映铁碳合金在接近平衡状态下相与成分和温度之间的关系，然而实际生产中不可能以无限缓慢的速度加热和冷却。这种非平衡状态下，组织转变有滞后现象。实际热处理中，加热时相变温度偏高，冷却时相变温度偏低。通常加热时的临界温度标为 A_{C1}、A_{C3}、A_{Ccm}，冷却时的临界温度标为 A_{r1}、A_{r3}、A_{rcm}，如图 4. 2. 1 所示。

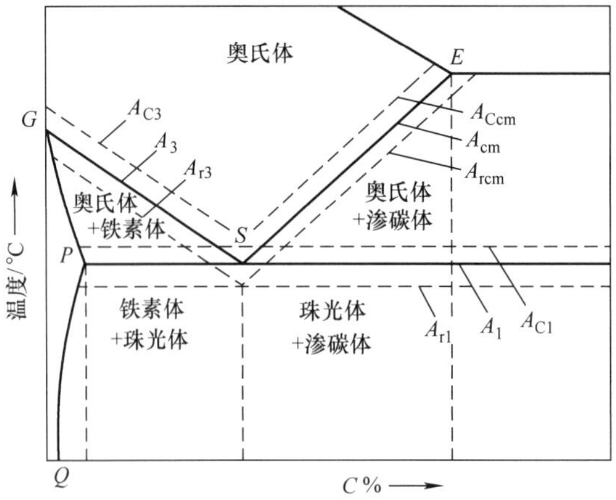

图 4. 2. 1　加热和冷却对临界转变温度的影响

(2)钢加热时的组织转变

加热是热处理的第一道工序。加热分两种:一种是在临界点 A_1 以下加热,不发生相变;另一种是在临界点 A_1 以上加热,目的是获得均匀的奥氏体组织,称奥氏体化。

(3)钢冷却时的组织转变

冷却是热处理更重要的工序。处于临界点 A_1 以下的奥氏体称过冷奥氏体。过冷奥氏体是非稳定组织,迟早要发生转变。随过冷度不同,过冷奥氏体将发生珠光体转变、贝氏体转变和马氏体转变三种类型转变。

2. 钢的热处理工艺

根据热处理的目的、要求和工艺方法不同,通常的热处理方法大致分类如下:

- 热处理
  - 普通热处理
    - 退火
    - 正火
    - 淬火
    - 回火
  - 表面热处理
    - 表面淬火
      - 感应加热表面淬火
      - 火焰加热表面淬火
    - 化学热处理
      - 渗碳
      - 渗氮
      - 碳氮共渗及其他

(1)普通热处理(图 4.2.2)

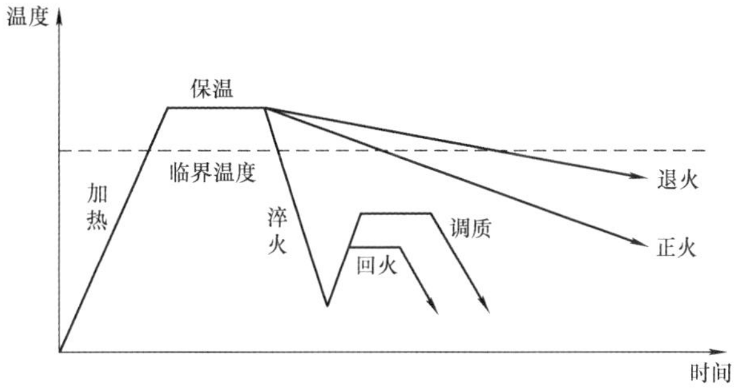

图 4.2.2　钢的普通热处理示意图

Ⅰ. 退火

退火是将钢件加热到 A_3(亚共析钢)或 A_{cm}(过共析钢)以上某一温度范围,保温一定时间,然后缓慢冷却(一般为随炉冷却)的热处理工艺。

根据处理的目的和要求不同,钢的退火可分为完全退火、等温退火、球化退火、扩散退火和去应力退火等。

i. 完全退火

完全退火又称重结晶退火,是把钢件加热至 A_{C3} 以上 20 ~ 30 ℃,保温一定时间后缓慢冷却(随炉冷却或埋入石灰和砂中冷却),获得接近平衡组织的热处理工艺。

目的:通过完全重结晶,使热加工造成的粗大、不均匀的组织均匀化和细化,以提高性能。由于冷却速度缓慢,还可能消除内应力。

应用:主要用于亚共析钢的铸、锻、焊、轧制件,过共析钢不宜采用。

ii. 等温退火

等温退火是将钢件或毛坯加热到高于 A_{C3} 的温度保温适当时间后,较快地冷却到珠光体区的某一温度，并等温保持，使奥氏体转变为珠光体组织，然后缓慢冷却的热处理工艺。

目的：与完全退火相同，但转变较易控制，能获得均匀的组织。

应用：主要用于奥氏体较稳定的合金钢，可大大缩短退火时间，如中碳合金钢、合金工具钢、高合金钢的大型铸/锻/冲压件等。

iii. 球化退火

球化退火是将钢件加热至 A_{C1} 以上 20 ~ 30 ℃，保温一段时间，然后随炉缓冷或在略低于 A_{r1} 的温度保温后空冷，以获得球状珠光体的退火工艺。

目的：使二次渗碳体及珠光体中的渗碳体球状化（退火前正火将网状渗碳体破碎），以降低硬度，改善切削加工性能，并为以后的淬火作组织准备。

应用：用于过共析钢，如碳素工具钢、合金工具钢、滚动轴承钢的锻轧件等。

iv. 扩散退火

扩散退火是将钢件加热到略低于固相线的温度，长时间保温并进行缓慢冷却的热处理工艺。扩散退火的加热温度一般选定在钢的熔点以下 100 ~200 ℃，保温时间一般为 10 ~ 15 h。加热温度提高时，扩散时间可以缩短。扩散退火后钢的晶粒很大，因此一般再进行完全退火或正火处理。

目的和应用：为减少钢锭、铸件或锻坯的化学成分和组织不均匀性。

v. 去应力退火

去应力退火是将钢件加热至低于 A_{C1} 的某一温度（一般为 500 ~ 650 ℃），长时间保温并随炉缓慢冷却的热处理工艺。

目的和应用：为消除铸造、锻造、焊接和机加工、冷变形等冷热加工在工件中造成的残留内应力而进行的低温退火，这种处理可以消除 50% ~80% 的内应力，不引起组织变化。

Ⅱ. 正火

正火是将钢件加热到 A_{C3}（亚共析钢）和 A_{Ccm}（过共析钢）以上 30 ~ 50 ℃，保温适当时间后，在空气中均匀冷却的热处理工艺。

正火与完全退火的主要差别在于冷却速度快些，目的是使钢的组织正常化，一般应用于以下方面。

i. 作为最终热处理

正火可以细化晶粒，使组织均匀化，减少亚共析钢中铁素体含量，使珠光体含量增多并细化，从而提高钢的强度、硬度和韧性。对于普通结构钢零件，力学性能要求不很高时，正火可以作为最终热处理。

ii. 作为预先热处理

截面较大的合金结构钢件，在淬火或调质处理前进行正火，以消除魏氏组织和带状组织，并获得细小而均匀的组织。对于过共析钢可消除或减少网状碳化物，为球化退火作组织准备。

iii. 改善切削加工性能

低碳钢或低碳合金钢退火后硬度太低，不便于切削加工。正火可提高其硬度，改善其切削加工性能。

Ⅲ. 淬火

淬火是将钢加热到相变温度以上，保温一定时间，然后快速冷却以获得马氏体组织或下贝氏体组织的热处理工艺。淬火是钢的最重要的强化方法。

i. 淬火温度的选定

一般情况下，亚共析钢的淬火加热温度为 A_{C3} 以上 30 ~50 ℃，共析钢和过共析钢的淬火加热温度为 A_{C1} 以上 30 ~50 ℃。

ii. 加热时间的确定

加热时间包括升温和保温两个阶段。通常以装炉后炉温达到淬火温度所需时间为升温阶段，并以此为保温时间的开始，保温阶段是指钢件温度均匀并完成奥氏体化所需的时间。

iii. 淬火冷却介质

水、盐水：适用于形状简单、截面较大的碳钢零件的淬火。

机油和柴油：一般作为合金钢的淬火介质。

盐浴、碱浴和硝盐浴：常用于处理形状复杂、尺寸较小、变形要求严格的工具等。

iv. 淬火方法（图 4.2.3）

单介质淬火法：采用一种介质冷却，操作简单，易实现机械化，应用较广。缺点是水淬变形开裂倾向大；油淬冷却速度小，淬透直径小，大件淬不硬。

双介质淬火和分级淬火：能有效地减少热应力和相变应力，降低工件变形和开裂的倾向，所以可用于形状复杂和截面不均匀的工件的淬火。

等温淬火：大大降低了钢件的内应力，减少变形，适用于处理复杂和精度要求高的小件，如弹簧、螺栓、小齿轮、轴及丝锥等，也可用于高合金钢较大截面零件的淬火。缺点是生产周期长、生产效率低。

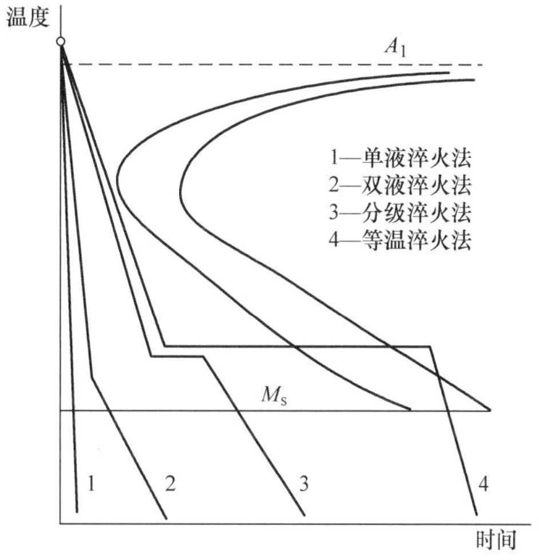

图 4.2.3 各种淬火方法示意图

Ⅳ. 回火

钢件淬火后，为了消除内应力并获得所要求的组织和性能，将其加热到 A_{C1} 以下某一温度，保温一定时间，然后冷却到室温的热处理工艺称为回火。

淬火钢一般不宜直接使用，必须进行回火，原因如下：

1）淬火后得到很脆的马氏体，并存在有内应力，容易产生变形和开裂；

2）淬火马氏体和残余奥氏体都是不稳定组织，在工作中会发生分解，导致零件尺寸的变化，而这对精密零件是不允许的；

3）为了获得要求的强度、硬度、塑性和韧性，以满足零件的使用要求。

根据回火温度的高低，一般将回火分为以下三种。

i. 低温回火（150 ~250 ℃）

低温回火后，回火组织是回火马氏体，硬度一般大于 58HRC。低温回火可以降低淬火应力，提高工件的韧性，保证淬火后的高硬度和高耐磨性。主要用于处理各种要求高硬度和耐磨性的刃具、量具、模具、滚动轴承以及渗碳和表面淬火的零件。

ii. 中温回火（350 ~500 ℃）

中温回火得到铁素体基体与大量弥散分布的细粒状的混合组织（回火屈氏体）。因为回火屈氏体具有高的弹性极限和屈服强度,同时也具有一定的韧性,硬度一般为 35HRC ~ 45HRC,所以中温回火主要用于处理各种弹簧及需要高屈服强度的零件。

iii. 高温回火(500 ~ 650 ℃)

高温回火组织为再结晶等轴 F + 粗粒状 Fe_3C,称为回火索氏体 。钢淬火后高温回火又称为调质处理,可以使零件获得良好的综合力学性能。适用于承受各种复杂载荷的重要的机械零件,如轴类件、齿轮类件等。

(2)表面热处理

仅对钢的表面加热、冷却而不改变其成分的热处理工艺称为表面热处理,也叫表面淬火。根据加热方式不同分为感应加热、火焰加热、电接触加热和电解加热等表面淬火,最常用的是前两种。

表面淬火使工件获得一定的淬硬层深度,使表面具有高硬度、高耐磨性、高疲劳强度,而芯部具有良好的强韧性,广泛应用于承受交变、冲击载荷的各种齿轮、轴、销、杆、凸轮、导轨等工件。

Ⅰ. 感应加热表面淬火

1)高频(10 ~ 50 kHz)淬火:适用于淬硬层 0.5 ~ 2 mm 的小工件,如机床齿轮、小轴、销等。

2)中频(1 ~ 10kHz)淬火:适用于淬硬层 2 ~ 15 mm 的中大型工件,如凸轮轴等。

3)工频(50 Hz)淬火:适用于淬硬层 15 mm 以上的大型工件,如轧辊等。

Ⅱ. 火焰加热表面淬火

用乙炔 - 氧或煤气 - 氧等火焰加热工件表面进行淬火,设备简单、操作灵活、成本低,但生产率低、零件表面存在不同程度的过热、质量不稳定。因此主要适用于单件、小量生产及大型零件(如大型齿轮、轴、轧辊等)的表面淬火。

(3)化学热处理

化学热处理是将钢件置于一定温度的活性介质中保温,使一种或几种元素渗入它的表面,改变其化学成分和组织,达到改进表面性能、满足技术要求的热处理过程,主要包括渗碳、氮化、碳氮共渗、渗硼、渗铝等。钢的化学热处理可提高钢件表层的耐磨性、耐蚀性、抗氧化性能以及疲劳强度等。化学热处理基本过程包括介质的分解、表面吸收和原子扩散。

Ⅰ. 渗碳

钢件在渗碳介质中加热和保温,使碳原子渗入表层的工艺称为渗碳,如图 4.2.4 所示。

目的:提高表面的硬度、耐磨性和疲劳强度,而使芯部仍保持良好的韧性和塑性。

应用:用于承受大的交变接触应力、严重磨损和较大冲击载荷的零件,如各种齿轮、活塞销、套筒等。

工艺:渗碳温度一般采用 900 ~ 950 ℃,渗碳时间则决定于渗层厚度的要求。在 900 ℃渗碳,保温 1 h,渗碳厚度为 0.5 mm;保温 4 h,渗层厚度可达 1 mm。零件的渗碳层厚度,决定于其尺寸及工件条件,一般为 0.5 ~ 2.5 mm。

Ⅱ. 氮化

氮化是向钢件表面渗入氮的工艺,渗碳炉也可用作氮化。

目的:更大地提高钢件表面的硬度和耐磨性,提高疲劳强度和抗蚀性。

原理:氨被加热分解出活性氮原子($2NH_3 \to 3H_2 + 2[N]$),氮原子被钢吸收并溶入表面,在保温过程中向内扩散，形成渗氮层。

工艺：氮化温度低，一般为 500～600 ℃；工件变形小；氮化具有很高的硬度（1 000～1 100 HV），在 600～650 ℃下保持不下降，所以具有很高的耐磨性和热强性；耐蚀性好；钢氮化后，渗层体积增大，造成表面压应力，使疲劳强度大大提高；氮化工艺复杂，时间长，成本高。

应用：用于耐磨性和精度都要求较高的零件，或要求抗热、抗蚀的耐磨件，如发动机气缸、排气阀、精密机床丝杠、镗床主轴、汽轮机阀门、阀杆等。

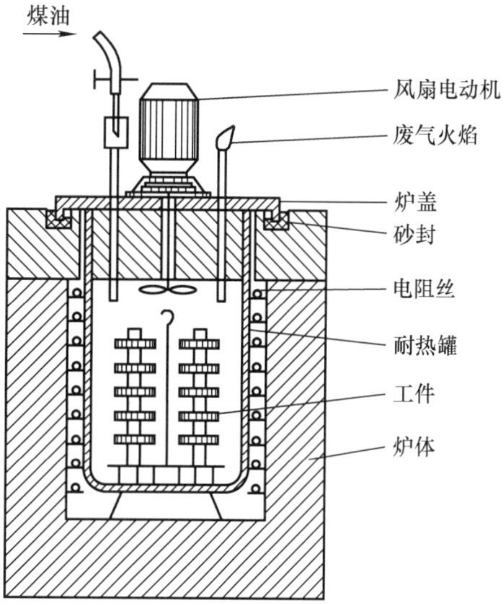

图 4.2.4　气体渗碳法示意图

【小结】

金属材料热处理包括普通热处理和表面热处理。普通热处理包括退火、正火、淬火和回火。表面热处理分为表面淬火和化学热处理（渗碳、氮化、碳氮共渗）。不同的热处理工艺通过改变金属内部组织达到改变材料性能的目的。

复　习　题

1. 什么是钢的热处理？工程上常用的热处理工艺有哪些？其目的是什么？
2. 正火和退火的主要区别是什么？生产中应如何选择正火与退火？

任务三　金属材料

【任务目标】

- 掌握碳素钢的种类及其应用。
- 掌握合金钢的种类及其应用。
- 掌握铸铁的种类及其应用。
- 了解铝及铝合金、铜及铜合金的种类及其应用。
- 掌握典型零件的选材方法和工艺路线。

【任务导入】

1. 钢的种类有哪些？如何表示牌号？
2. 工程铸铁分哪几类？它们在组织上的根本区别是什么？
3. 工程常用的有色金属及合金有哪些？
4. 零件的选材有何原则？典型零件应如何选材？

【知识链接 1】钢和铸铁

工业上常用的金属材料分为铁基（黑色金属）和非铁基（有色金属）金属两大类。铁基金属是指钢和铸铁，非铁基金属则包括钢铁以外的金属及合金。

1. 钢

钢是指以铁为主要元素，碳的质量分数小于2.11%，并含有其他元素的铁碳合金。钢是工业中应用最广泛的金属材料。

(1)钢的分类

1)按化学成分不同，钢可分为碳素钢和合金钢两大类。

①碳素钢（简称碳钢）是指碳的质量分数小于2.11%，并含有少量锰、硅、硫、磷等杂质元素的铁碳合金。按碳质量分数不同，碳素钢可分为低碳钢（$w_C<0.25\%$）、中碳钢（$0.25\% \leqslant w_C \leqslant 0.6\%$）和高碳钢（$w_C>0.6\%$）。

②合金钢是指在碳素钢的基础上，有目的地加入某些元素所得到的钢。按合金元素的含量不同，合金钢可分为低合金钢（$w_{Me}<5\%$）、中合金钢（$5\% \leqslant w_{Me} \leqslant 10\%$）和高合金钢（$w_{Me}>10\%$）。合金钢还可以根据钢中合金元素分类，如铬钢、锰钢、铬镍钢、铬锰钢等。

2)按钢的质量等级不同，钢可分为普通碳素钢（$w_S \leqslant 0.045\%$、$w_P \leqslant 0.050\%$）、优质碳素钢（$w_S \leqslant 0.035\%$、$w_P \leqslant 0.035\%$）、高级优质钢（$w_S \leqslant 0.030\%$、$w_P \leqslant 0.030\%$）、特级优质钢（$w_S \leqslant 0.020\%$、$w_P \leqslant 0.025\%$）

3)按钢的用途不同，可把钢分为结构钢、工具钢和特殊性能钢。

给钢命名时，往往将成分、质量、用途这三种分类方法结合起来，如优质碳素结构钢、碳素工具钢等。

(2)结构钢

Ⅰ. 碳素结构钢

牌号用“Q+数字”表示，其中“Q”为“屈”字的汉语拼音字头，数字表示屈服强度值。若牌号后面标注A、B、C、D，则表示钢材质量等级不同，其中A级最低，D级最高。若在牌号后标注F则为沸腾钢，未加标注的为镇静钢。例如Q235－A·F表示屈服强度为235 MPa的A级沸腾钢。

碳素结构钢通常热轧成型材，工艺性能优良，主要用于一般工程结构件和普通机械零件。Q195、Q215、Q235、Q235B钢塑性较好，有一定的强度，通常轧制成钢筋、钢板、钢管等，可用于桥梁、建筑物等构件，也可用于普通螺钉、螺帽、铆钉等。Q235、Q235D可用于重要的焊接件。Q255、Q275强度较高，可轧制成型钢、钢板作构件用。

Ⅱ. 优质碳素结构钢

牌号用平均碳质量分数的万分数的数字表示，例如钢号“20”即表示碳质量分数为0.20%的优质碳素结构钢。若钢中锰质量分数较高，则在这类钢号后附加符号“Mn”，如15Mn、45Mn等。

08F钢塑性好，可制造冷冲压零件。10、20钢冷冲压性与焊接性良好，可用作冲压件及焊接件，经过热处理（如渗碳）也可以制造轴、销等零件。35、40、45、50钢经热处理后，可获得良好的综合力学性能，用来制造齿轮、轴类、套筒等零件。60、65钢主要用来制造弹簧。

优质碳素结构钢使用前一般要经过热处理。10、20、25等做正火和渗碳淬火＋低温回火，35、40、45、50钢做调质或整体淬火或表面淬火＋回火等，60、65钢做淬火＋中温回火。

Ⅲ. 合金结构钢

i. 低合金高强度结构钢

低合金高强度结构钢含碳量低，不超过0.20%。低合金高强度结构钢有高强度、高韧性、良好焊接性和冷成型性、低冷脆转变温度、良好耐蚀性等优点，用于制造桥梁、船舶、车辆、锅炉、高压容器、输油输气管道、大型钢结构等。常用牌号有 Q295、Q345、Q390、Q420、Q460，“Q”为“屈”字的汉语拼音字头，数字表示屈服强度值。

ii. 合金渗碳钢

合金渗碳钢含碳量低，一般为 0.10% ~0.25%，加入 Cr、Ni、Mn 等元素提高淬透性，加入少量 Ti、V、W、Mo 元素可以细化晶粒、提高耐磨性。

依据淬透性可分为低、中、高淬透性合金渗碳钢。低淬透性合金渗碳钢(如 20Cr)的淬透性低，芯部强度较低，适用于受冲击载荷较小的耐磨件，如小轴、活塞销、小齿轮等；中淬透性合金渗碳钢(如 20CrMnTi)淬透性较高，渗碳后可直接淬火，变形小，适用于制造承受高速中载，要求抗冲击和耐磨损的零件，特别是汽车、拖拉机上的重要零件；高淬透性合金渗碳钢(如 18Cr2Ni4WA 和 20Cr2Ni4A)淬透性很高，有很好的韧性，特别是低温冲击韧性，主要用于制造大截面、高载荷的重要耐磨件，如飞机、坦克中的曲轴等。

合金渗碳钢热处理工艺一般都是渗碳后直接淬火 + 低温回火或重新加热淬火 + 低温回火。

iii. 合金调质钢

合金调质钢的含碳量为 0.25% ~0.5%，加入 Cr、Mn、Ni、Si、B 等元素提高淬透性。合金调质钢的综合力学性能好。

低淬透性合金调质钢(如 40Cr)，广泛用于制造一般尺寸的重要零件；中淬透性合金调质钢(如 35CrMo)，用于制造截面较大的零件，如曲轴、连杆等；高淬透性合金调质钢(如 40CrNiMo)，有良好的淬透性，还可消除第二类回火脆性，用于制造大截面、重载荷的重要零件，如汽轮机主轴、叶轮、航空发动机轴等。

合金调质钢的热处理工艺一般为调质，最终热处理可做表面淬火 + 低温回火或氮化等。

iv. 合金弹簧钢

合金弹簧钢含碳量中高，一般为 0.5% ~0.7%，加入 Mn、Si、Cr、V 等元素。合金弹簧钢的弹性极限、屈强比、疲劳强度高，具有足够塑性、韧性和淬透性。常用合金弹簧钢有 55Si2Mn、60Si2Mn、50CrVA、60Si2CrVA 等，用于制造各种弹簧和弹性元件。

合金弹簧钢的热处理工艺为淬火 + 中温回火。

v. 滚动轴承钢

滚动轴承钢的碳质量分数为 0.95% ~1.10%，加入 Cr、Si、Mn、V 等元素。滚动轴承钢的接触疲劳强度、硬度高，耐磨性、韧性和淬透性好，用于制造各种滚珠轴承元件、精密量具、冷冲模、机床丝杠。常用钢号有 GCr6、GCr9、GCr15、GCr15SiMn、GCr15SiMnMoV 等，其中最常用的是 GCr15，其使用量占轴承钢的绝大部分，除制造轴承外也常用来制造冷冲模、量具、丝锥等。

滚动轴承钢的热处理工艺为球化退火、淬火 + 低温回火。

(3)工具钢

Ⅰ. 碳素工具钢

碳素工具钢的碳质量分数为 0.65% ~1.35%，钢号用平均碳质量分数的千分数表示，数字之前冠以“T”。例如 T9 表示碳质量分数为 0.9% 的碳素工具钢。碳素工具钢均为优质钢,如标注“A”为高级优质钢。

碳素工具钢用来制造各种刃具、量具、模具等。T7、T8 硬度高、韧性较高,可制造冲头、凿子、锤子等工具。T9、T10、T11 硬度高、韧性适中,可制造钻头、刨刀、丝锥、手锯条等刃具及冷作模具等。T12、T13 硬度高、韧性较低,可制造锉刀、刮刀等刃具及量规、样套等工具。

碳素工具钢预先热处理为球化退火,最终热处理为淬火 + 低温回火。

Ⅱ. 合金工具钢

合金工具钢按用途分为刃具钢、模具钢和量具钢。

i. 量具刃具钢(低合金刃具钢)

量具刃具钢的碳质量分数为 0.9% ~1.1%,具有硬度高、耐磨性好、较好的红硬性(300 ℃)以及足够塑性、韧性和淬透性。如 9SiCr、Cr、Cr06、CrWMn 等,用于制造各种低速、形状复杂的金属切削刀具,如丝锥、板牙、铣刀、钻头等。其热处理工艺为球化退火、淬火 + 低温回火。

ii. 高速钢

高速钢的碳质量分数为 0.9% ~1.1%,具有高硬度、高耐磨性、高红硬性(500 ~600 ℃)以及足够塑性、韧性和淬透性,用于制造各种高速切削刀具,如车刀、铣刀、钻头、刨刀、拉刀等。常用钢号有 W18Cr4V、W6Mo5Cr4V2、W6Mo5Cr4V3 等。高速钢的热处理工艺为球化退火(等温退火)、高温淬火 + 三次高温回火。

iii. 合金模具钢

根据模具的工作条件不同,模具钢可分为冷作模具钢和热作模具钢。冷作模具钢用于制造使金属在冷态下产生变形的模具,如冷冲模、冷镦模、拉丝模等。冷作模具钢的性能要求与刃具钢相似,要求具有高的硬度(58 ~62HRC)和耐磨性以及足够的强度和韧性,同时要求热处理变形小。常用冷作模具钢有 CrWMn、9SiCr、9Mn2V、6CrW2Si、 Cr12、Cr12MoV 等。热作模具钢用于制造在受热状态下对金属进行变形加工的模具,如热锻模、热挤压模、压铸模等。热作模具钢要求具有高热硬性和高耐磨性,良好的综合力学性能,高的热疲劳强度和较好的抗氧化性,同时还要求具有高的淬透性、导热性。常用热作模具钢有 5CrNiMn、4Cr5MoSiV、3Cr3Mo3V 等。

(4)特殊性能钢

特殊性能钢是指具有特殊物理性能、化学性能或力学性能的合金钢。特殊性能钢在机械制造中应用较多的有不锈钢、耐热钢、耐磨钢、低温用钢等。

Ⅰ. 不锈钢

耐腐蚀性是不锈钢最主要的性能指标,铬(Cr)是不锈钢中重要的合金元素。依据化学成分的不同,不锈钢分为铬不锈钢、铬镍不锈钢和铬锰不锈钢等。常用的不锈钢牌号有 1Cr13、2Cr13、3Cr13、7Cr17、1Cr17Mo、0Cr19Ni9、1Cr18Ni9、1Cr18Ni9Ti 等。

Ⅱ. 耐热钢

在高温下具有一定的热化学稳定性和热强性的钢称为耐热钢。耐热钢中主要有铬、硅、铝、镍等合金元素,这些元素在高温下与氧作用,在其表面上形成一层致密的氧化膜,从而有效地保护钢,不致在高温下继续氧化腐蚀。耐热钢用于制造在高温条件下工作的零件,如内燃机气阀、加热炉管道等。常用的耐热钢有 0Cr13Al、1Cr11MoV、4Cr14Ni14W2Mo、1Cr18Ni9Ti 等。

Ⅲ. 耐磨钢(高锰钢)

耐磨钢是指用于制造高耐磨性零件的特殊钢种,其中重要的是高锰钢。其成分特点是高碳、高锰。高锰钢在一般机械零件的工作条件下并不耐磨,只适用于在强烈冲击载荷和严重磨损条件下工作的零件,如坦克和拖拉机履带、挖掘机铲斗、防弹板、球磨机衬板等。这类零件要求具有表面硬度高、耐磨性好、芯部强度高、韧性好的特点。高锰钢易产生加工硬化现象,切削加工困难,因而需铸造成型。其常见钢号有 ZGMn13。

2. 铸钢与铸铁

(1)铸钢

以铸造形式生产的钢称为铸钢。主要用于制造形状复杂,需要一定强度、塑性和韧性的零件,如重型机械齿轮钢轮、轧辊、机座、缸体、阀体等,其强度、塑性、韧性优于铸铁,但铸造性能较差。铸钢常见牌号表示方法举例如 ZG270 - 500 表示屈服点为 270 MPa、强度极限为 500 MPa 的铸钢。其常见钢号有 ZG200 - 400、ZG230 - 450、ZG270 - 500、ZG310 - 570、ZG340 - 640。

(2)铸铁

铸铁是碳质量分数大于 2.11% 的铁碳合金。铸铁的抗拉强度、塑性和韧性要比碳钢低。铸铁有良好的耐磨性、高的消振性、低的缺口敏感性以及优良的切削加工性,其铸造性能优于钢。铸铁的力学性能主要取决于铸铁基体组织以及石墨的数量、形状、大小及分布特点。

按铸铁中的碳在结晶过程中的析出状态以及凝固后断口颜色的不同,铸铁可分为三类。

1)白口铸铁:碳少量溶于铁素体,其余以化合物状态的渗碳体析出,断口呈白亮的颜色。白口铸铁的性质硬而脆,工业上应用较少。

2)麻口铸铁:碳以渗碳体析出,又以石墨析出,断口夹杂着白亮渗碳体和暗灰色石墨。

3)灰口铸铁:碳全部或大部分以游离状态的石墨析出,凝固后断口呈灰色。灰口铸铁按石墨的形状和大小又可分为灰铸铁、球化铸铁、可锻铸铁、蠕墨铸铁。

① 灰铸铁中石墨为片状,牌号用“灰铁”汉语拼音的首字母“HT”和一组数字来表示,如 HT100 表示抗拉强度为 100 MPa 的灰铸铁。常见牌号见表 4.3.1。

表 4.3.1　常用灰铸铁牌号、性能及应用

牌 号	石墨形态	σ_b/MPa	应 用
HT100	粗片	100	机床座
HT200	中片	200	气缸、飞轮
HT300	较细	300	重荷机床床身
HT400	细小	400	齿轮、高压泵壳

灰铸铁的热处理工艺:去应力退火以消除铸件中的残余应力,高温退火以改善铸件切削加工性能,表面淬火以提高铸件表面硬度和耐磨性。

② 可锻铸铁中石墨为团絮状,牌号冠以“KT”表示“可铁”,铁素体可锻铸铁(黑心可锻铸铁)以“KTH”表示,珠光体可锻铸铁以“KTZ”表示,随后两组数字分别表示最低抗拉强度 σ_b 和最低延伸率 δ。常见牌号见表 4.3.2。

表 4.3.2　常见可锻铸铁牌号、性能及应用

种类	牌号	σ_b/MPa	δ/%	应　用
黑心可锻铸铁	KTH300－6	300	6	弯头、三通、中低压阀门等
	KTH330－8	330	8	扳手、犁刀、车轮壳等
	KTH350－10	350	10	机车轮壳、减速器壳、万向节壳、制动器及铁道零件等
	KTH370－12	370	12	
珠光体可锻铸铁	KTZ450－5	450	5	载荷较高的耐磨损零件，如曲轴、凸轮轴、连杆、齿轮活塞环、轴套、万向接头棘轮、扳手、传动链条等
	KTZ500－4	500	4	
	KTZ600－3	600	3	
	KTZ700－2	700	2	

③ 球化铸铁中石墨为球状，牌号用"球铁"汉语拼音的首字母"QT"加两组数字表示，第一组数字代表最低抗拉强度 σ_b，第二组数字代表最低延伸率 δ。常见牌号见表 4.3.3。

表 4.3.3　常见球化铸铁牌号、性能及应用

牌号	σ_b/MPa	δ/%	应　用
QT350－22	350	22	承受冲击、振动的零件，如汽车拖拉机的驱动桥壳、离合器壳、差速器壳、拨叉、轮毂、中低压阀门的阀体、阀盖、管道、农机零部件等
QT400－18	400	18	
QT400－15	400	15	
QT450－10	450	10	
QT500－7	500	7	机座、传动轴、飞轮、电动机架、油泵齿轮、机车轴瓦等
QT550－5	550	5	
QT600－3	600	3	载荷大、受力复杂的零件，如曲轴、连杆、凸轮轴、气缸体（套）、小型水轮机和部分机床主轴、蜗杆、蜗轮、轧钢机轧辊、大齿轮、起重机滚轮等
QT700－2	700	2	
QT800－2	800	2	
QT900－2	900	2	高强度齿轮、内燃机曲轴、凸轮轴等

④ 蠕墨铸铁内石墨呈蠕虫状，牌号冠以"RuT"表示"蠕铁"，后面一组数字代表最低抗拉强度。主要牌号有 RuT420、RuT380、RuT340、RuT300、RuT260。蠕墨铸铁应用于承受循环热应力的零件，如气缸和缸盖、气缸套、钢锭模、液压阀等。

【知识链接 2】有色金属及合金

有色金属是指除钢铁以外的其他金属。有色金属具有某些优良的物理、化学和力学性能，所以它们已成为现代工业中不可缺少的材料。如铝、钛及其合金的密度小，铜、铝及其合金导电性及耐蚀性好。有色金属的种类很多，常用的有铝合金、铜合金及轴承合金等。

1. 铝及铝合金

纯铝具有银白色的金属光泽，工业用纯铝纯度为 98%～99.99%，密度小（$\rho = 2.7\ g/cm^3$），导电性、导热性优良，强度、硬度低，塑性好，具有良好的冷热加工性能、焊接及耐腐蚀性能。纯铝主要用作导电材料或耐蚀零件、器皿及生活用品。工业纯铝牌号有 L5、L4、L3、L2、L1。

纯铝不宜用来制作承受载荷的结构材料。向铝中加入适量的锰、镁、硅、铜等合金元素，可制成较高强度的铝合金。铝合金可以分为变形铝合金和铸造铝合金。

(1)变形铝合金

Ⅰ. 防锈铝

用“铝”和“防”拼音首字母加序号表示，如五号防锈铝用“LF5”表示。防锈铝有良好的塑性与焊接性，适宜压力加工和焊接，力学性能较低，可用冷变形使其强化。防锈铝适用制作焊接管道、容器、铆钉以及其他冷变形零件。

Ⅱ. 硬铝

用“铝”和“硬”拼音首字母加序号表示，如十二号硬铝用“LY12”表示。硬铝具有优良的加工工艺性能，可进行固溶时效强化，可以加工成板、棒、管、型材等，广泛应用在航空、汽车和机械中。

Ⅲ. 超硬铝

用“铝”和“超”拼音首字母加序号表示，如四号超硬铝用“LC4”(7A04)表示。超硬铝是铝－锌－铜系合金，是目前室温强度最高的一类铝合金，其强度达 500～700 MPa，超过高强度的硬铝 LY12 合金(400～430 MPa)，称为超硬铝合金。超硬铝用于飞机大梁、起落架等承受重载的零部件。

Ⅳ. 锻铝

用“铝”和“锻”拼音首字母加序号表示，如五号锻铝用“LD5”(2A50)表示。锻铝为铝－镁－硅－铜系合金，具有优良的锻造工艺性能，主要用于制作外形复杂的锻件。

(2)铸造铝合金

铸造铝合金的牌号用“铸铝”汉语拼音首字母“ZL”加三位数字表示，第一位数表示合金系别，其中 1 为铝硅系合金，2 为铝铜系合金，3 为铝镁系合金，4 为铝锌系合金；第二、三位数字表示合金的顺序号。如“ZL111”表示 11 号铝硅系铸造铝合金。

Ⅰ. 铸造铝硅合金(硅铝明)

铸造铝硅合金具有优良的铸造性、焊接性、抗蚀性以及足够的力学性能，但合金的致密度较小，适于制造致密度要求不太高的、形状复杂的铸件，是航空业应用最广的材料。常用牌号有 ZL101、ZL104、ZL105、ZL107、ZL109 等。

Ⅱ. 铸造铝铜合金

铸造铝铜合金强度较高、耐热性好，但铸造性能不好、耐腐蚀性差，用于制造形状简单、承受载荷的零件，如内燃机缸头、活塞等。常用牌号有 ZL201、ZL202、ZL203 等。

Ⅲ. 铸造铝镁合金

铸造铝镁合金强度高、密度小($2.55 \times 10^3\ kg/m^3$)、耐蚀性好、耐热性差、铸造性较差。常用牌号有 ZL301、ZL302、ZL303 等。铸造铝镁合金用于承受冲击载荷、耐蚀、形状简单的零件，如舰船零件、氨用泵体等。

Ⅳ. 铸造铝锌合金

铸造铝锌合金有较高的强度、铸造性较好，是最便宜的一种铸造铝合金，用于制造发动机零部件、形状复杂的仪器元件。常用牌号有 ZL401、ZL402 等。

2. 铜及铜合金

(1)纯铜

纯铜为玫瑰红色，表面形成氧化铜后呈紫红色，故又称紫铜。纯铜强度低，塑性好，导电性、导热性好，抗蚀能力高，抗磁，有良好的加工性能、铸造性能，减摩性、耐磨性好，高的弹性极限和疲劳极限。纯铜不宜作结构材料。

1)工业纯铜：铜含量为99.70%~99.95%，牌号为T1、T2、T3、T4。其中T1、T2用作导电材料、电线、电缆、合金配料；T3、T4用于制造电工器材、电器元件等。

2)磷脱氧铜：铜含量为99.85%~99.90%，牌号为TP1、TP2，用于制造输送管、冷凝管、蒸发器、热交换器等。

3)无氧铜：铜含量为99.95%~99.99%，牌号为TU1、TU2，用于制造电真空器件、高导电性导线。

(2)铜合金

Ⅰ. 黄铜

黄铜是以Zn为主要合金元素的铜合金。黄铜具有良好的塑性和耐腐蚀性，良好的变形加工性能和铸造性能。按化学成分不同可分为普通黄铜和复杂黄铜两种。一般可用于制造耐蚀、耐磨零件，如弹簧、阀门、管件等。

1)普通黄铜是铜和锌的二元合金。牌号如H96、H80、H70、H68、H62、H59，“H”表示黄铜，数字表示平均铜质量分数。如H68表示平均铜含量为68%，其余为锌的含量。

2)在普通黄铜基础上加入铝、铁、硅、锰、镍等，形成各种特殊黄铜。如铅黄铜、锡黄铜、锰黄铜、硅黄铜等。牌号为“H+主加元素符号+铜质量分数+主加元素质量分数”，如HSn62-1，表示含铜量62%，含锡1%，其余为锌的含量。

Ⅱ. 青铜

青铜是除黄铜和白铜以外的铜合金的总称。其中主加元素为锡的铜合金为锡青铜，不含锡元素的称为无锡青铜。常用的无锡青铜有铝青铜、铍青铜、铅青铜、硅青铜等，可作为锡青铜的代用材料。按加工方法，青铜分为压力加工青铜和铸造青铜。

锡青铜具有良好的塑性、耐蚀性、减摩性、耐磨性、抗磁性、低温韧性和铸造性能，主要用于耐摩擦零件和耐蚀零件的制造，如蜗轮、轴瓦等。

压力加工青铜的牌号表示依次由字母Q(“青”汉语拼音字首)、主加元素符号及其含量百分数、其他元素平均含量的百分数组成。如QSn4-3表示Sn的平均含量为4%，Zn的平均含量为3%，其余为Cu的锡青铜。铸造青铜的牌号依次由字母Z(“铸”汉语拼音字首)、Cu、合金元素符号及其平均含量的百分数组成，如ZCuSn10Zn2。

Ⅲ. 白铜

白铜是以镍为主加元素的铜合金。由于其抗腐蚀性很好，在造船、发电、石油化工等行业被用于高温高压下的冷凝器、热交换器、蒸发器及各种高强度耐腐蚀零件。

3. 轴承合金

轴承合金是指用来制造滑动轴承的轴瓦和轴承衬的合金。滑动轴承具有承压面积大、工作平稳、无噪声以及方便修理和更换等优点，因此应用广泛。常用的轴承合金根据主加合金元素分类，主要有锡基、铅基和铝基轴承合金。锡基和铅基轴承合金又称为巴氏合金，是应用广泛的轴承合金。中国的锡基轴承合金牌号用“Ch”符号表示，牌号前冠以“Z”，表示是铸造合金。如牌号ZChSnSb11-6表示Sb的含量为11%和Cu的含量为6%的锡基轴承合金。

4. 硬质合金

硬质合金是用高硬度、高熔点的金属碳化物(如碳化钨、碳化钛、碳化钽、碳化铌等)粉末和黏结剂(如钴、镍、钼等)混合,经高压压制成型,在高温下烧结而成的一种粉末冶金材料。硬质合金具有高硬度(69～81HRC)、高耐磨性、高的红硬性(红硬温度达 800～1 000 ℃)、高的热稳定性和抗氧化性,允许的切削速度远高于高速钢(为高速钢的 4～7 倍),适用于各种高速切削刀具、各种高温下工作的耐磨件,如热拉丝模等。常用硬质合金包括钨钴类、钨钛钴类、钨钛钽钴类硬质合金。

钨钴类硬质合金如 YG3、YG6、YG8,“YG”为“硬钴”汉语拼音字首,数字为 Co 的含量。钨钴类硬质合金适合制作切削铸铁、有色金属和非金属材料等脆性材料的刀具。如 YG8 刀具适合粗加工铸铁,YG3 适合精加工铸铁,YG6 适合半精加工铸铁。

钨钛钴类硬质合金如 YT5、YT15、YT30,“YT”为“硬钛”汉语拼音字首,数字为 TiC 的含量。这种硬质合金适用于制作切削各种钢的刀具。如 YT5 刀具适合粗加工钢,YT30 适合精加工钢,YT15 适合半精加工钢。

钨钛钽钴类硬质合金如 YW1 和 YW2,“YW”为“硬万”汉语拼音字首,兼具 YG、YT 优点,又称通用硬质合金及万能硬质合金。适用于制作切削各种耐热钢及合金等难加工材料的刀具。

【知识链接 3】零件选材原则及典型零件选材实例

1. 零件选材的一般原则

(1)满足零件的使用性能要求

使用性能是保证零件完成规定功能的必要条件,指在使用状态下应具有的力学性能、物理性能和化学性能。使用性能的分析是在分析零件工作条件和失效形式的基础上提出的。

Ⅰ. 分析零件的工作条件

零件工作条件的分析包括:对零件的受力情况的分析、零件的工作环境的分析、对零件的特殊性能要求的分析。

Ⅱ. 分析零件的失效形式

分析同类零件的失效形式,为准确地确定零件的使用性能提供可靠依据。零件失效形式有畸变失效、断裂失效、表面损伤失效三类。

1)畸变失效包括弹性变形、塑性变形和翘曲失效。弹性变形失效是因为零件刚度不足引起的,除了零件形状和尺寸对刚度有很大影响。零件采用相同结构时,材料的弹性模量 E 越大,零件刚度越大,变形越小。产生塑性变形失效是因为外力超过零件材料的屈服极限(σ_s 或 $\sigma_{0.2}$)时发生明显的塑性变形。翘曲畸变往往是由温度、外加载荷、受力截面、材料组成等因素引起的。

2)断裂失效是机械零件的主要失效形式,包括脆性断裂、塑性断裂和疲劳断裂三种形式。这种失效说明零件的强度不足。静载作用下,脆性材料是否脆性裂断,塑性材料是否塑性断裂皆取决于材料的强度极限 σ_b;在交变载荷作用下,无论是塑性材料还是脆性材料,是否产生疲劳断裂取决于零件的疲劳强度。

3)表面损伤失效包括磨损失效、接触疲劳失效、腐蚀失效。这种失效是由零件表面的硬度、耐磨性、接触疲劳强度、耐腐蚀性不足引起的。

Ⅲ. 确定主要的性能指标

在分析零件工作条件和失效形式的基础上对零件提出使用性能,包括材料的强度、塑性、韧性、硬度、淬透性、热硬性及其他性能。常用零件性能指标见表4.3.4。

表4.3.4 常用零件的工作条件、失效形式及要求的力学性能

零件	工作条件			常见失效形式	性能要求
	应力种类	载荷性质	受载状态		
螺栓	拉、剪	静载	—	过量变形、断裂	强度、塑性
传动轴	弯、扭	循环冲击	轴颈摩擦	疲劳断裂、过量变形、轴颈磨损	综合力学性能
传动齿轮	压、弯	循环冲击	摩擦振动	断齿、疲劳断裂 磨损、接触疲劳	表面高硬度及高疲劳极限
弹簧	扭、弯	交变冲击	振动	弹性失稳、疲劳破坏	弹性极限、屈强比、疲劳极限

(2)兼顾工艺性能原则

金属材料的工艺性能包括铸造性、压力加工性、焊接性、切削加工性、热处理工艺性等。材料的工艺性能应满足生产工艺的要求是选材必须考虑的问题。金属材料的典型加工工艺路线有三类。

Ⅰ.性能要求不高的一般金属零件

工艺路线:毛坯→正火或退回→切削加工→零件。

由于零件性能要求不高,可采用工艺性能较好的普通金属材料,如铸铁或碳钢。

Ⅱ.性能要求较高的金属零件

工艺路线:毛坯→预先热处理(正火、退回)→粗加工→最终热处理(淬火、回火、固溶、时效或渗碳等)→精加工→零件。

预先热处理是为了改善机加工性能,并为最终热处理做好组织准备。大部分性能要求较高的零件,如各种合金钢、高强度铝合金制造的轴、齿轮等,均可采用这种工艺路线。

Ⅲ.性能要求较高的精密金属零件

工艺路线:毛坯→预先热处理(正火、退回)→粗加工→半精加工→最终热处理(淬火、低温回火、固溶、时效、氮化或渗碳)→稳定化处理→精加工→稳定化处理→零件。

这类零件除了要求有较高的使用性能外,还要有很高的尺寸精度和表面结构。采用此工艺路线的零件有精密丝杠、镗床主轴、滚动轴承、精密齿轮、量具等。

(3)经济性原则

材料的经济性是选材的根本原则。满足使用性能的前提下采用便宜的材料、降低成本,从而取得最大的经济效益,使产品在市场上有较强的竞争力,始终是设计工作的重要任务。

2. 典型零件的选材及热处理工艺

(1)轴类零件

1)轻载、低速、不重要的轴:可选用Q235、Q255、Q275等碳素结构钢,不需进行热处理。

2)中等载荷而且强度要求一般的轴:可采用优质碳素结构钢,如35、40、45。采用正火或调质处理,轴颈等处要求耐磨时进行表面淬火和低温回火热处理工艺。

3)较大载荷或要求精度高的轴以及处于强烈摩擦或高、低温等恶劣条件下工作的轴:采用合金结构钢,如20Cr、40MnB、40Cr、38CrMoAl、GCr15。采用调质、表面淬火、渗碳、渗氮、淬火、低温回火热处理工艺。

(2)齿轮类零件

1)轻载、低速或中速、冲击力小、精度较低的一般齿轮:选用中碳钢,如Q255、Q275、40、45、50、50Mn,采用正火或调质热处理工艺。

2)中载、中速、承受一定冲击载荷、运动较为平稳的齿轮:选用中碳钢、中碳合金结构钢,如45、50Mn、40Cr、42SiMn,采用调质+表面淬火+低温回火。

3)重载、高速或中速,且受较大冲击载荷的齿轮:选用低碳合金渗碳钢或碳氮共渗钢,如20Cr、20CrMnTi等,采用渗碳+淬火+低温回火。

4)精密传动齿轮:选用氮化钢,如38CrMoAl,采用调质、氮化处理。

3. 典型零件选材及工艺举例

(1)机床主轴选材(以C6120车床主轴为例进行选材)

工作条件:主轴受交变弯曲和扭转复合应力作用,但载荷和转速不高,冲击载荷也不大。

性能要求:具有一般综合力学性能即可满足要求。轴大端的轴颈、锥孔与卡盘、顶尖之间有摩擦,这些部位要求有较高的硬度和耐磨性。

选材:可选用45钢。

热处理工艺:调质处理,硬度要求为220HB~250HB;轴颈和锥孔进行表面淬火,硬度要求为52HRC。

工艺路线:锻造→正火→粗加工→调质→精加工→表面淬火及低温回火→磨削加工。

如果这类机床主轴的载荷较大,可用40Cr钢制造。当承受较大的冲击载荷和疲劳载荷时,则可采用合金渗碳钢制造,如20Cr或20CrMnTi等。

(2)汽车齿轮

工作条件:汽车齿轮受力较大,受冲击频繁,其耐磨性、疲劳强度、芯部强度以及冲击韧性等,均要求比机床齿轮高。

选材:用低碳钢进行渗碳处理来制作重要齿轮,我国应用最多的是合金渗碳钢20CrMnTi。

工艺路线:下料→锻造→正火→切削加工→渗碳→淬火及低温回火→喷丸→磨削加工。正火可消除锻造应力、均匀组织、改善切削加工性和齿轮表面加工质量。渗碳、淬火及低温回火得到表面高硬度、高耐磨性和接触疲劳抗力。由于合金元素提高淬透性,淬火、回火后可使芯部获得较高的强度和足够的冲击韧性。喷丸可增大表层压应力,提高疲劳强度,并清除氧化皮。

(3)齿轮滚刀

工作条件:用于加工外啮合的直齿和斜齿渐开线圆柱齿轮。其形状复杂,精度要求高。

选材:可用高速钢W18Cr4V钢制造。

工艺路线:热轧棒材下料→锻造→球化退火→粗加工→淬火→回火→精加工→表面处理(表面处理包括离子氮碳共渗、离子渗硫复合处理、表面涂覆TiN、TiC涂层等)。

(4)汽车板簧

工作条件:汽车板簧用于缓冲和吸振,承受很大的交变应力和冲击载荷的作用,需要高的屈强比和疲劳强度。

选材:轻型汽车板簧一般选65Mn、60Si2Mn钢制造,中型或重型汽车板簧用50CrMn、55SiMnVB钢制造,重型载重汽车大截面板簧用55SiMnMoV、55SiMnMoVNb钢制造。

工艺路线：热轧钢带（板）冲裁下料→压力成型→淬火→中温回火→喷丸强化。

【小结】

金属材料总体可分为黑色金属和有色金属。黑色金属即指钢铁材料，钢依据是否添加合金元素可分为碳素钢和合金钢两大类。碳素钢具有性能较好、加工容易、成本低廉的特点，是工程中应用最广、使用量最大的重要金属材料。合金钢是在碳素钢的基础上加入一定量的合金元素，克服碳素钢性能的不足，可在某些重要和特殊的场合下使用。铸铁虽然综合力学性能比钢差，但却具有优良的铸造性能、切削加工性能、减振性，生产简便，价格更低廉，也是一种比较重要的金属材料。此外铝合金、铜合金在工业中也有一定应用。

通过零件的工作条件的分析、零件的失效分析，以确定零件的主要使用性能指标。零件的选材应满足零件的使用性能要求，兼顾工艺性能（包括铸造性、压力加工性、焊接性、切削加工性、热处理工艺性），综合经济性原则。

复　习　题

1. 钢按化学成分可分为哪几类？钢的质量等级是如何划分的？

2. 钢的性能随碳含量的增加如何变化？为什么？

3. 举例说明下列各种材料的应用：T7、T0A、T12、65Mn、40、08F、ZG230－450。

4. 指出下列牌号的含义：20CrMnTi、38CrMoAl、60Si2Mn、9SiCr、Cr12、W18Cr4V、1Cr18Ni9、HT200、QT900－2。

5. 试述下列牌号是什么钢，各合金元素含量为多少？

（1）20CrMnTi；（2）16Mn；（3）40CrNi；（4）55Si2Mn；（5）GCr15。

6. 特殊性能钢主要是指哪几种钢？

7. 工程铸铁一般分为哪几类？它们在组织上的根本区别是什么？

8. 铝合金是如何分类的？简述工业纯铝和铝合金的性能和应用。

9. 下列零件应采用何种铝合金来制造？

（1）建筑用铝合金门窗；（2）飞机用铆钉；（3）飞机大梁及起落架；（4）发动机缸体及活塞；（5）小电机壳体；（6）铝制饭盒。

10. 铜合金是如何分类的？简述纯铜和铜合金的性能及应用。

11. 常用青铜有哪几类？简述其性能和用途。

12. 硬质合金的主要组成是什么？常用硬质合金分为哪几类？各有何用途？

模块五　常用机构

任务一　平面机构的结构分析

【任务目标】

- 了解机构的组成。
- 理解平面机构的运动简图。
- 掌握平面机构的自由度分析。

【任务导入】

观察图 5.1.1,并思考下列问题。

(a)　(b)　(c)

图 5.1.1　简易冲床机构及运动模型

1. 简易冲床机构工作原理是什么?
2. 简易冲床机构由哪些构件组成?活动构件有哪些?原动件和机架分别是哪个构件?
3. 简易冲床机构包括哪种类型的运动副?如何绘制该机构的运动简图?
4. 简易冲床机构的自由度如何计算?原动件与自由度的关系如何?

【知识链接】平面机构的组成

1. 平面机构的组成

在模块一中讲到机构是具有确定的相对运动构件的组合。构件在机构中具有独立运动的特性,它是机械中的运动单元体。零件是机械中不可拆分的最小制造单元体。由于结构和工艺的需要,构件可以是单一的零件,也可以是若干个零件组合的一个整体。

组成机构的构件分固定构件和活动构件。固定构件作为支承,安装其他活动构件,该构件称为机架。一般取机架作为研究机构运动的静参考系。在活动构件中,由外界给予的确定独立运动或力的构件称为原动件,除机架和原动件以外的其他活动构件称为从动件。因此，机构是由原动件、从动件和机架通过运动副连接而成的具有确定相对运动的构件系统。

机构运动时，若所有构件都在相互平行的平面内运动，则该机构称为平面机构，否则称为空间机构，一般机械中的常用机构大多属于平面机构。

2. 运动副及其分类

在机构中，使两个构件直接接触并具有一定相对运动的连接，称为运动副。两构件上参与接触而构成运动副的部分——点、线、面，称为运动副元素，如图 5.1.2 所示。

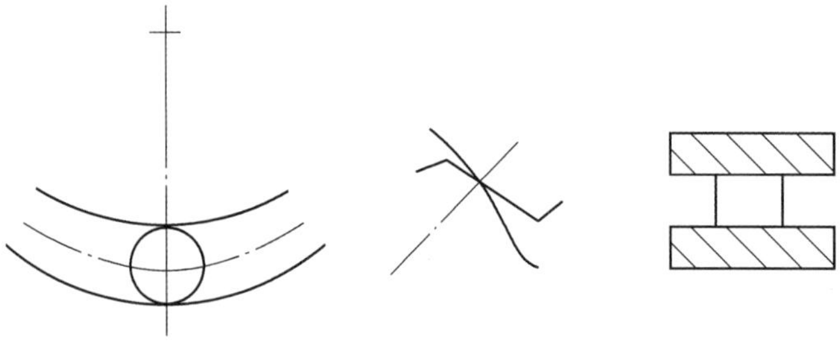

图 5.1.2　运动副元素

运动副可分为平面运动副和空间运动副。组成运动副的两构件之间作相对平面运动，称为平面运动副；组成运动副的两构件之间作相对空间运动，称为空间运动副。在此只研究常用的平面运动副。

平面运动副分为平面低副和平面高副。凡是通过面接触而构成的运动副，称为平面低副，平面低副包括转动副和移动副。凡是通过点、线接触而构成的运动副，称为平面高副。

3. 自由度及约束

(1)自由度

构件相对于参考系具有的独立运动参数的数目称为构件的自由度。

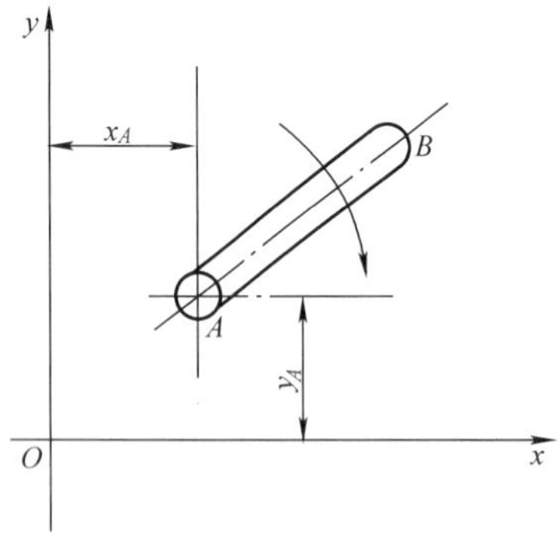

图 5.1.3　平面运动构件的自由度

在平面内作自由运动的构件相对于平面直角坐标系，具有 3 个自由度，即沿 x 轴、y 轴的移动和在 xOy 平面中的转动，图 5.1.3 所示。

(2)约束

当这些构件之间用运动副连接起来成为构件系统时，各个构件不再是自由构件。两个相互接触的构件间只能作一定的相对运动，自由度减少。运动副对构件间相对运动的限制作用，称为约束。对构件施加的约束个数等于其自由度减少的个数。

1)转动副：两构件只能作相对转动，又称作铰链。转动副引入 2 个约束，即失去沿两个坐标轴的移动，保留 1 个自由度，即只能转动，如图 5.1.4(a)所示。铰链又分为固定铰链和活动铰链。

2)移动副：两构件只能作相对移动。移动副引入 2 个约束，即失去沿一个坐标轴的移动和转动，保留 1 个自由度，即只能沿另一个坐标轴方向移动，如图 5.1.4(b)所示。

3)高副：引入 1 个约束，即失去法线方向的移动，保留 2 个自由度，即保持切线方向的移动和转动,如图 5.1.4(c)和(d)所示。

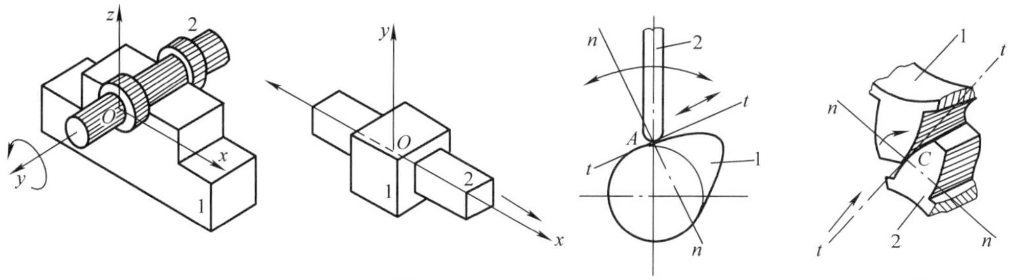

(a) (b) (c) (d)

图 5.1.4 平面运动副

(a)转动副;(b)移动副;(c)、(d)高副

【任务实施】绘制平面机构运动简图

1. 机构运动简图

用规定的符号和线条按一定的比例表示构件和运动副的相对位置,并能完全反映机构特征的简图,称为机构运动简图。绘制平面机构运动简图的具体步骤:

1)分析运动,确定构件的类型和数量;

2)确定运动副的类型和数目;

3)选择平行于构件运动的平面作为视图平面;

4)选取比例尺,根据机构运动尺寸,定出各运动副间的相对位置;

5)画出各运动副和构件,绘制机构运动简图。

2. 运动副及构件的表示方法

(1)构件

构件均用形象、简洁的直线或小方块等来表示,画有斜线的表示机架。

(2)转动副

构件组成转动副时,其画法如图 5.1.5 所示,注意图 5.1.5(c)在两条线交点处涂黑,或在其内部画有斜线,代表一个构件具有多个转动副。

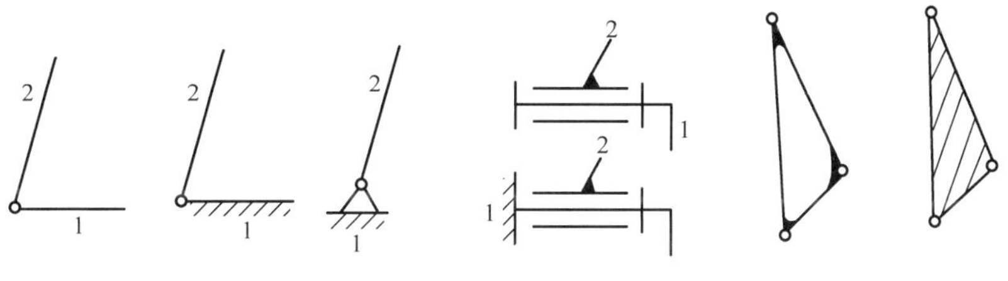

(a) (b) (c)

图 5.1.5 转动副的表示方法

(3)移动副

两构件组成移动副,其导路必须与相对移动方向一致,如图 5.1.6 所示。

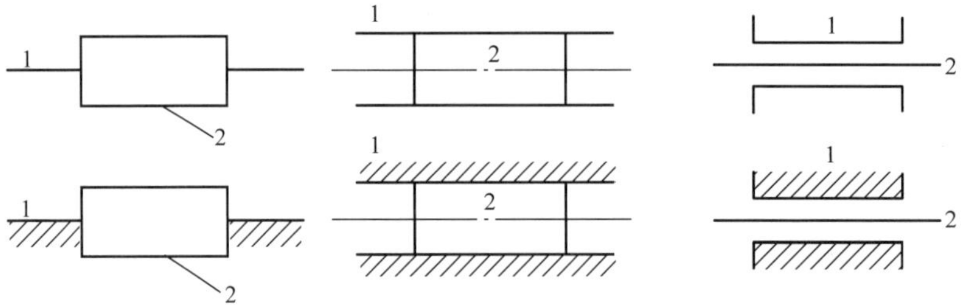

图 5.1.6　移动副的表示方法

(4)平面高副

两构件组成平面高副时,其运动简图中应画出两构件接触处的曲线轮廓。对于凸轮、滚子,习惯画出其全部轮廓;对于齿轮,常用点画线划出其节圆,如图 5.1.7 所示。

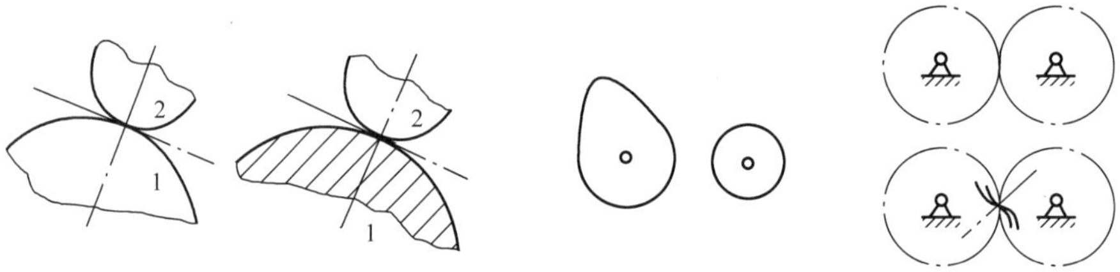

图 5.1.7　平面高副的表示方法

3. 绘制简易冲床的运动简图

通过观察图 5.1.8(a)可知,冲床床身 6 是机架,偏心轮 1 是原动件,连杆 2、摆杆 3 和推杆 4 及冲压块 5 是从动件。其中连杆 2 是一个独立构件,其上通过三个转动副分别与偏心轮 1、摆杆 3、推杆 4 相连接,推杆 4 通过一个转动副与冲压块 5 连接,冲压块 5 与床身 6 上导槽 *E* 处构成移动副。由此可绘出机构运动简图,如图 5.1.8(b)所示。

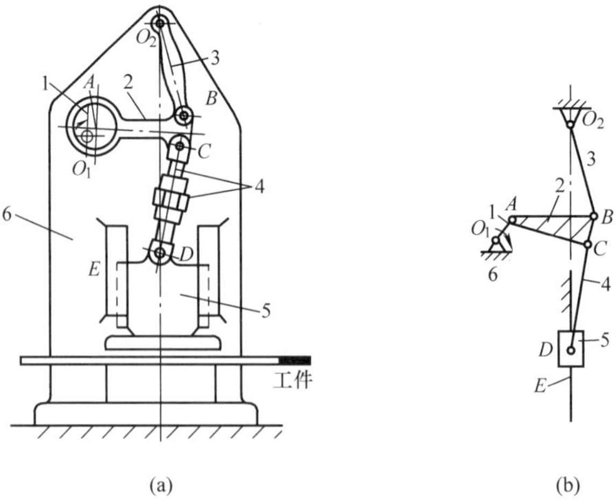

图 5.1.8　简易冲床运动简图

(a)结构图;(b)运动简图

【知识拓展】平面机构自由度的分析

1. 平面机构自由度的计算

机构自由度为机构中活动构件相对于机架所具有的独立运动的数目，与构件数目、运动副的类型和数目有关。其计算公式为

$$F=3n-2P_L-P_H \tag{5.1.1}$$

式中：F 代表机构自由度个数；n 代表机构中活动构件个数（不包含机架），一个活动构件有 3 个自由度；P_L 代表机构中低副个数，一个低副引入 2 个约束；P_H 代表机构中高副个数，一个高副引入 1 个约束。

【实例 1】 计算图 5.1.9 所示双曲线划规机构的自由度。

解 图中有 6 个构件，其中构件 6 是机架，杆 1、4、5 和滑块 2、3 是活动构件，A、B、C、D、M 处是转动副，滑块 2、3 分别与杆 1、4 构成移动副，机构中没有高副，因此 $n=5$，$P_L=7$，$P_H=0$，代入公式(5.1.1)得

$$F=3n-2P_L-P_H=3\times5-2\times7-0=1$$

【实例 2】 计算图 5.1.10 所示牛头刨床机构的自由度。

解 图中有 7 个构件，其中构件 7 是机架，齿轮 1、2 和杆 4、6 及滑块 3、5 是活动构件，A、B、C、D、E 处是转动副，滑块 3、5 分别与杆 4、机架 7 构成移动副，另外杆 6 与机架 7 的导槽也构成移动副，机构中齿轮 1、2 间构成高副，因此 $n=6$，$P_L=8$，$P_H=1$，代入公式(5.1.1)得

$$F=3n-2P_L-P_H=3\times6-2\times8-1=1$$

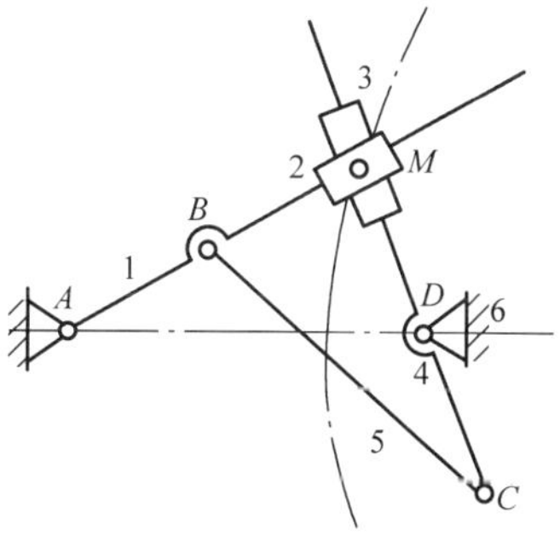

图 5.1.9 双曲线划规机构

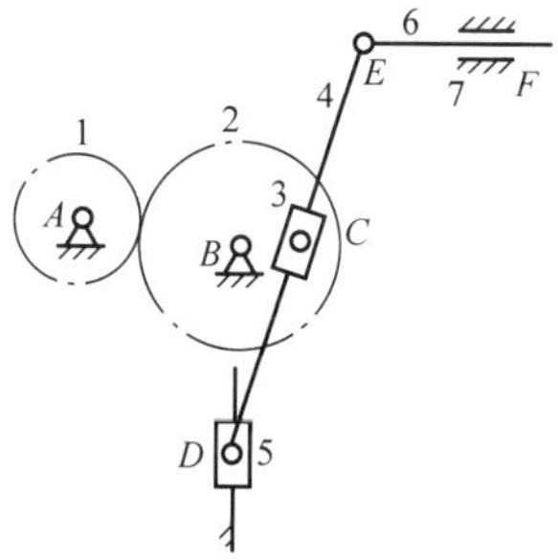

图 5.1.10 牛头刨床机构

2. 机构具有确定运动的条件

机构要能运动，它的自由度必须大于零，若 $F\leqslant0$，构件间无相对运动，不成为机构。如表 5.1.1 所示，通过分析可知原动件与机构自由度的关系。

机构具有确定运动的条件是：原动件数目应等于机构的自由度数目，即 $W=F$ 且 $F>0$。

3. 计算机构自由度时应注意的事项

(1) 复合铰链

两个以上构件在同一条轴线上形成的转动副，称为复合铰链。由 M 个构件组成的复合铰链包含的转动副数目应为 $(M-1)$ 个，如图 5.1.11 所示。

表 5.1.1　平面机构原动件与自由度的关系

机构	自由度 F	原动件 W	条件	结论
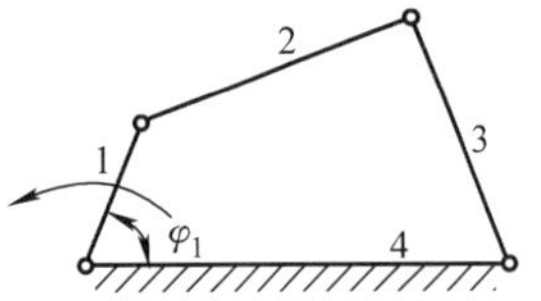	1	1	$W=F$	运动确定
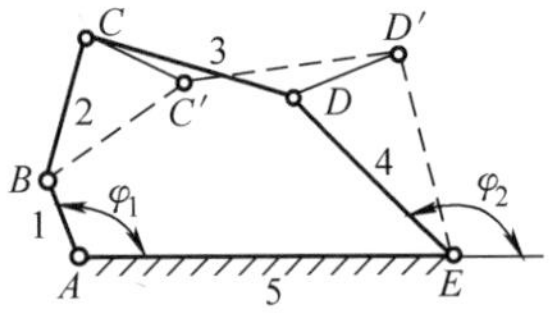	2	1 2	$W<F$ $W=F$	运动不确定 运动确定
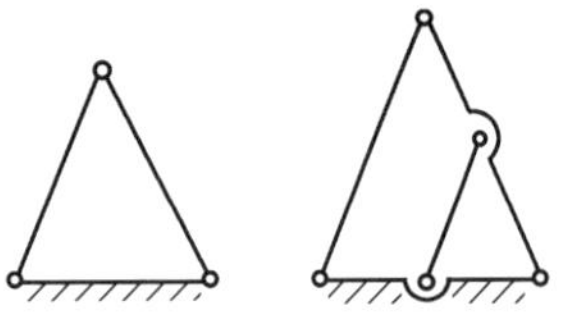	0	1	$W>F$	机构破坏

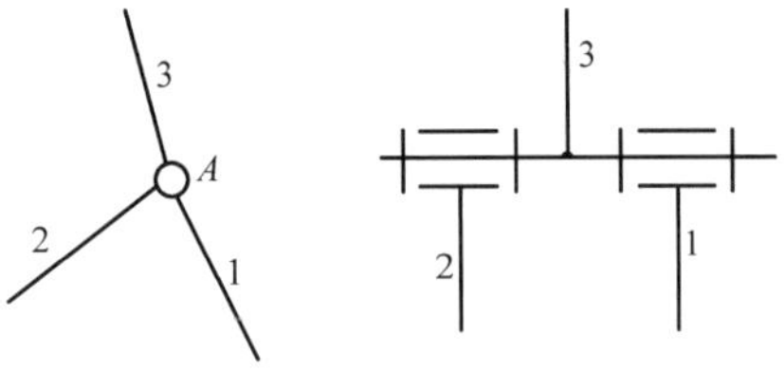

图 5.1.11　复合铰链

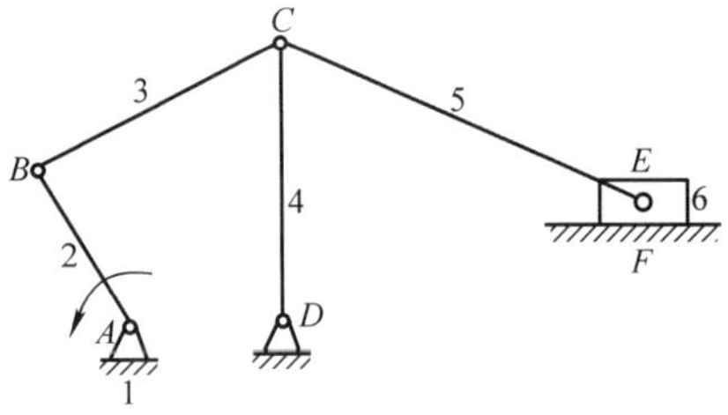

图 5.1.12　含有复合铰链的机构

【实例 3】 计算图 5.1.12 所示机构的自由度并分析该机构的运动是否确定。

解　图中有 6 个构件，其中构件 1 是机架，杆 2、3、4、5 和滑块 6 是活动构件，A、B、D、E 处是转动副，C 处为复合铰链，有 2 个转动副，滑块 6 与机架 1 构成移动副，机构中没有高副，因此 $n=5$，$P_L=7$，$P_H=0$，代入公式(5.1.1)得

$$F=3n-2P_L-P_H=3\times5-2\times7-0=1$$

由图中可知原动件 $W=1$，计算知 $F=1$。因为 $W=F$，所以该机构运动确定。

(2)局部自由度

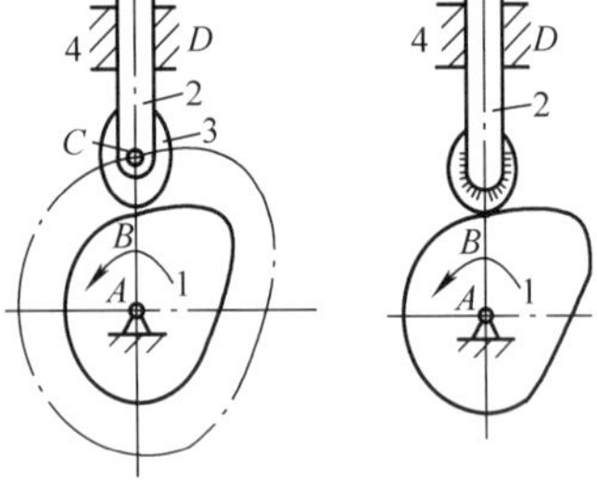

(a)　(b)

图 5.1.13　局部自由度

在某些机构中，不影响其他构件运动的自由度称为局部自由度。图 5.1.13(a)中滚子 3 的转动不影响其他构件的运动，该转动自由度为局部自由度。若计入局部自由度，$F=2$ 与实际不符，因此在计算机构的自由度时，应预先将转动副 C 除去不计，或如图 5.1.13(b)所示，设想将滚子 3 与从动件 2 固连在一起作为一个构件来考虑，这样计算结果 $F=1$，与实际相符，此凸轮机构中只有一个自由度。

(3)虚约束

重复而不起独立限制作用的约束称为虚约束。计算机构的自由度时,虚约束应除去不计。表 5.1.2 所示为虚约束的典型实例。

表 5.1.2　虚约束实例

导路重回引入虚约束	运动轨迹重回引入虚约束	对称结构引入虚约束
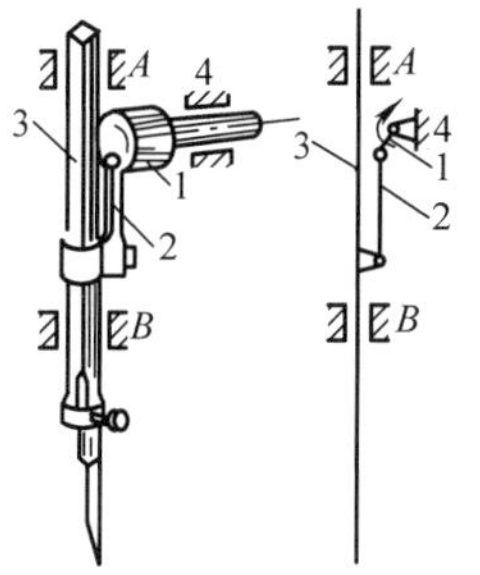	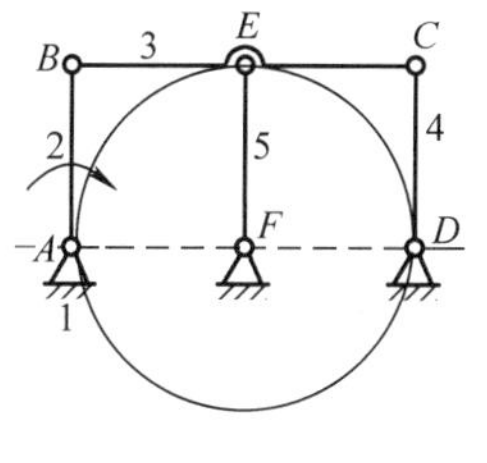	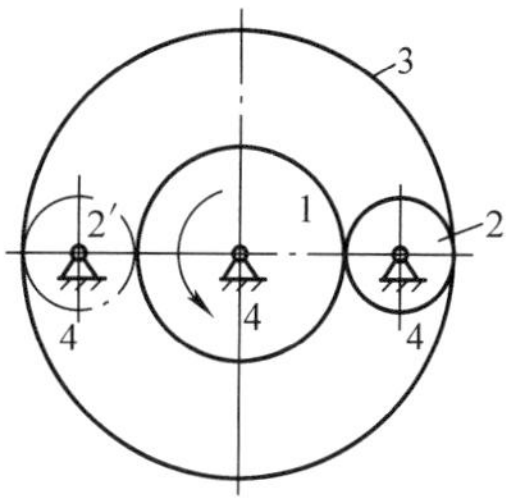

【**实例 4**】　计算图 5.1.14 所示大筛机构的自由度并分析该机构是否具有确定的运动。

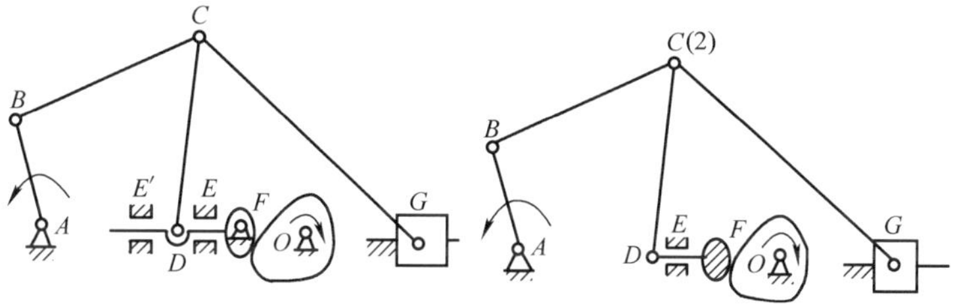

(a)　　　　(b)

图 5.1.14　大筛机构

解　图 5.1.14(a)机构中的滚子有一个局部自由度;顶杆与机架在 E 和 E'处组成两个导路平行的移动副,其中之一为虚约束;C 处是复合铰链。设想将滚子与顶杆焊成一体,去掉移动副 E',并在 C 点注明回转副的个数,如图 5.1.14(b)所示,因此 $n=7$,$P_L=9$,$P_H=1$,代入公式(5.1.1)得

$$F=3n-2P_L-P_H=3\times7-2\times9-1=2$$

由图中可知原动件 $W=2$,计算知 $F=2$。因为 $W-F$,所以该机构具有确定的运动。

【**小结**】

平面机构的结构分析是进行结构设计的基础,运动副、约束、自由度等基本概念和表示符号对阅读常用机构的运动简图非常重要。在平面机构的自由度计算时,要正确识别和处理复合铰链、局部自由度和虚约束,需要通过大量练习,并结合生产实际加以利用。

【实战演练】机构运动简图的测绘

1. 实训目的

1)掌握平面机构运动简图测绘及其运动尺寸正确标注的基本方法。

2)掌握平面机构自由度的计算和机构运动是否确定的判别方法。

3）巩固和扩展对机构的运动及其工作原理的分析能力。

4）理解绘制机构运动简图的原则、方法和步骤。

2. 实训设备和工具

1）机构实物或机构模型（如简易冲床）等。

2）盒尺、钢板尺、游标卡尺和内外卡钳等。

3）直尺、铅笔、橡皮和图纸等。

3. 实训原理

机构的运动取决于机构中的构件数目和运动副的数目、种类及相对位置等，与构件的形状和运动副的具体结构无关。用简单的线条或图形轮廓表示构件，以规定的符号代表运动副，按一定比例确定运动副的相对位置，绘制出能反映机构在某一位置时各构件间相对运动关系的简图，即机构运动简图。

4. 实训步骤

1）使测绘机构缓慢地运动，从原动件开始仔细观察机构运动关系，分析各运动单元，确定原动件、机架、传动部件和执行部件，从而确定组成机构的构件、运动副的数目。

2）在图纸上徒手按规定的符号及构件的连接次序逐步画出机构运动简图的草图，然后用数字 1、2、3……分别标出各构件，用 A、B、C…… 分别标出各运动副。

3）实际测量机构各运动副尺寸，对于高副应仔细测出高副的轮廓曲线及其位置，然后以适当的比例作出机构运动简图。

4）计算出自由度并注意计算的要点。

5. 注意事项

1）测绘出若干个机构的运动简图，计算机构自由度，判断机构运动是否确定。

2）在机构运动简图中，应正确标注出有关运动构件尺寸的符号，如杆长 l、偏心距 e 等。

3）注意一个构件在中部与其他构件用转动副连接的表示方法。

4）不要遗漏机架的相关尺寸。

5）两个运动副不在同一运动平面时，应注意其相对位置尺寸的测量方法。

6. 成绩考核表

平面机构运动分析测评表

学生班级		学号		姓名	
实训日期				指导教师	

序号	测评项目	得分
1	考勤，规范操作，试验无误	
2	能正确分析运动副之间的连接关系	
3	正确测绘出机构各运动构件尺寸，尤其是高副的轮廓曲线及位置	
4	能按适当的比例绘出机构运动简图	
5	能正确计算出机构的自由度	
6	在规定的时间内完成整个实训	
	合计：	
	成绩：	

复　习　题

一、填空题

1. 两构件通过________接触组成的运动副称为低副。

2. 两构件________并产生一定________的连接称为运动副。

3. 平面机构的运动副共有两种，它们是________副和________副。

4. 两构件用低副连接时，相对自由度为________。

5. 平面机构的自由度计算公式为 $F=$________。机构具有确定运动的条件为原动件的数目________机构的自由度。

二、选择题

1. 两构件通过________接触组成的运动副称为高副。

A. 面　　B. 面或线　　C. 点或线

2. 两构件通过________接触组成的运动副称为低副。

A. 面　　B. 面或线　　C. 点或线

3. 在平面内用低副连接的两构件共有________自由度。

A. 2　　B. 3　　C. 4　　D. 5

4. 在平面内用高副连接的两构件共有________自由度。

A. 3　　B. 4　　C. 5　　D. 6

三、判断题

1. 两构件通过面接触组成的运动副称为低副。　（　　）

2. 两构件通过点或线接触组成的运动副称为低副。　（　　）

3. 运动副是两个构件之间具有相对运动的连接。　（　　）

四、分析题

1. 计算题 1 图示机构的自由度，并分析机构若具有确定的运动需要几个原动件。

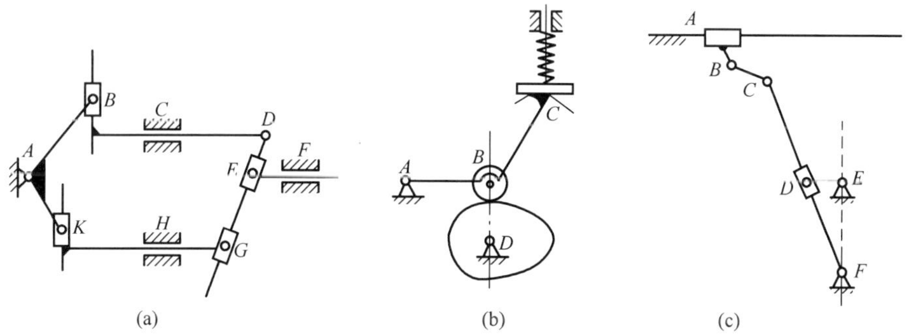

题 1 图

2. 画出题 2 图示平面机构的运动简图，并计算其自由度。

3. 计算题 3 图示平面机构的自由度，并判断机构的运动是否确定。

4. 机构具有确定运动的条件是什么？

5. 在计算机构的自由度时，应注意哪些问题？

6. 什么是机构运动简图？为何要绘制机构运动简图？如何绘制？

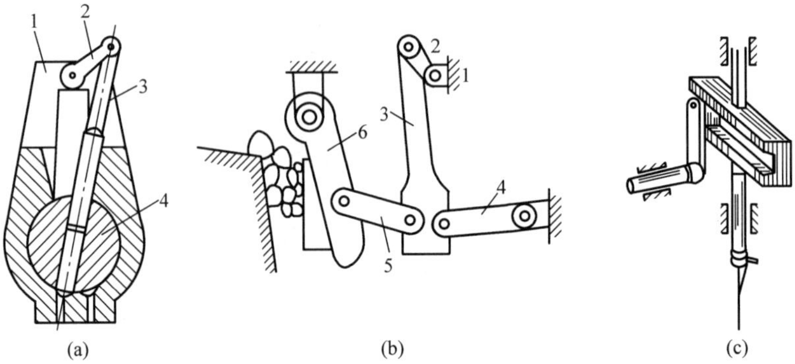

题 2 图

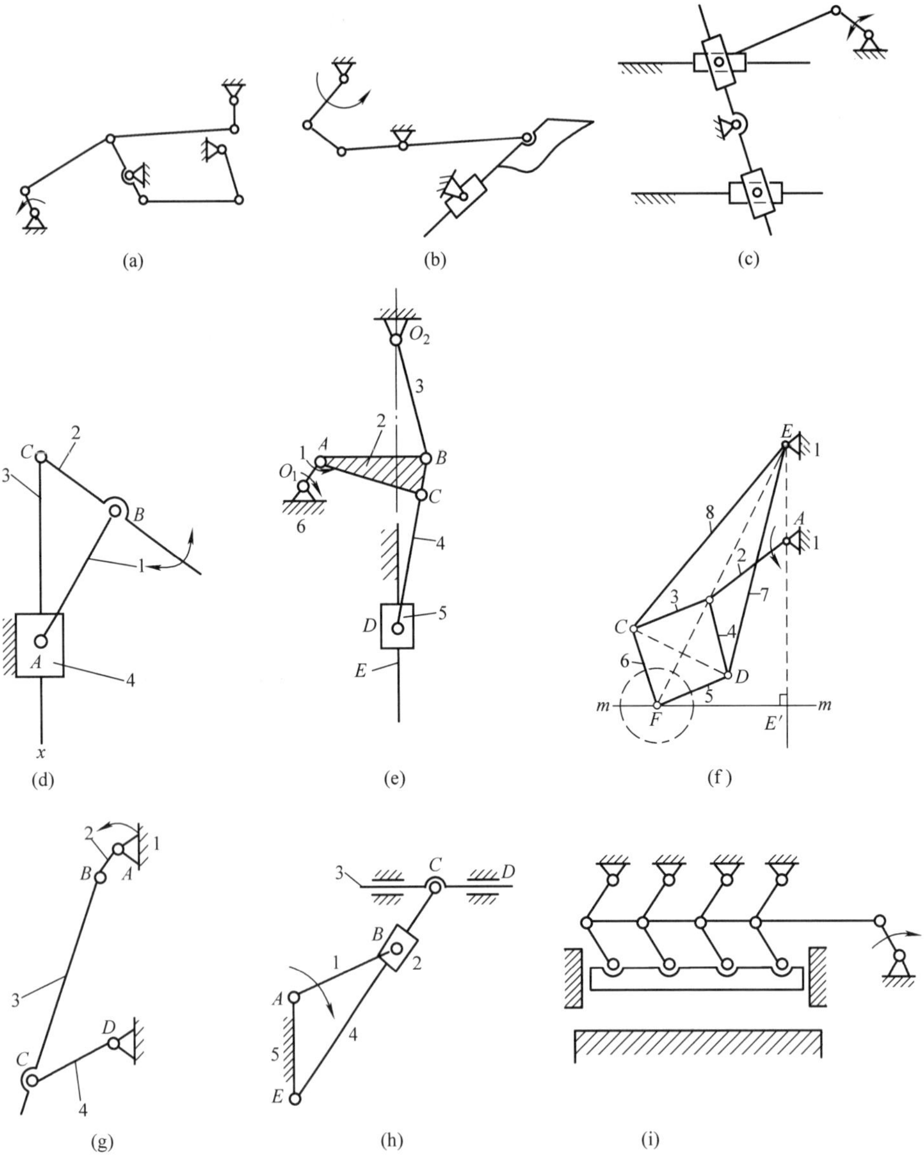

题 3 图

任务二　平面连杆机构

【任务目标】

- 掌握铰链四杆机构的基本形式和应用。
- 了解铰链四杆机构的演化。
- 掌握铰链四杆机构的基本特性。
- 了解平面四杆机构的设计。

【任务导入】

观察图 5.2.1,并思考下列问题。

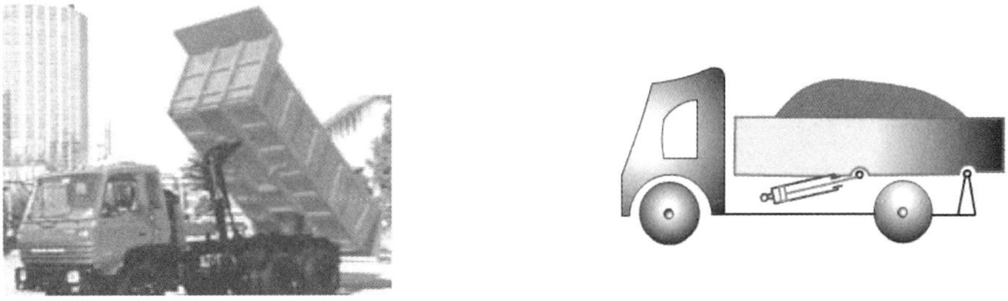

图 5.2.1　车辆翻斗卸料机构及运动模型

1. 车辆翻斗卸料机构是如何工作的?

2. 车辆翻斗卸料机构由哪些构件组成? 活动构件有哪些? 原动件和机架分别是哪个构件?

【知识链接 1】平面连杆机构

平面连杆机构是由一些刚性构件通过转动副和移动副相互连接而成的在同一平面内运动(或相互平行的平面内运动)的机构,所以平面连杆机构也叫平面低副机构。

平面连杆机构的特点是:由于两构件之间为面接触,单位面积所受的压力较小,而且便于润滑,所以磨损减少;由于接触面为圆柱面或平面,制造比较简单,能获得较高的精度;此外,两构件之间的接触是靠本身的几何封闭来实现的,它不像凸轮机构有时需利用弹簧等力封闭来保持接触,工作更为可靠。因此,它广泛地应用于各种机械和仪表中,比如活塞式原动机、牛头刨床、颚式破碎机、插齿机、起重运输机、缝纫机、自动包装机、仪表的指示机构和农业机构等。

【知识链接 2】平面四杆机构的基本形式

平面连杆机构的构件形状是多种多样的,但大多数都可以简化成杆状,所以称为杆。平面连杆机构中结构最简单、应用最广泛的是四杆机构,其他如六杆等多杆机构,都是在它的基础上扩充杆而组成,所以机械设计中主要研究平面四杆机构。在平面四杆机构中,如果所有的运动副均为转动副,则称为铰链四杆机构。这种四杆机构是最基本的形态,是其他形式四杆机构的基础,也即通过它能演化成其他形式的四杆机构。下面举例说明铰链四杆机构的组成及结构。

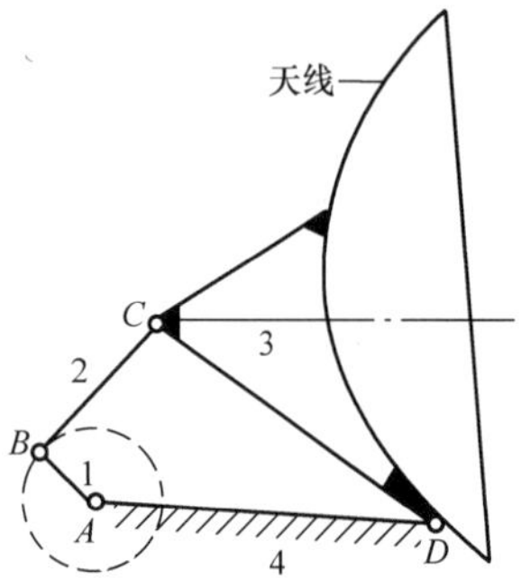

图 5.2.2　雷达天线俯仰机构

图 5.2.2 所示是一个为了调整雷达天线俯仰角大小的连杆机构，共有 1、2、3、4 四个杆件通过铰链连接，所以为铰链四杆机构。构件 1 由电机驱动获得转动，驱使构件 3 绕着点 D 在一定的角度范围内摆动，从而实现调整天线俯仰角的大小。把这个图再简化又可以得到这样的形状，其中构件 4 是相对地面固定不动的，像这种本身固定不动的构件就叫做机架，它可以支持各个作相对运动的构件；不与机架直接连接的杆 2 称为连杆，在铰链四杆机构工作的时候，连杆在平面内的运动是非常复杂的；除了机架 4 和连杆 2 之外，还有与机架以转动副相连的杆件 1 和 3，杆 1 和杆 3 就称为连架杆，其中能绕其轴线回转 360°者为曲柄，仅能绕其轴线往复摆动一个角度而不能作整周地连续旋转的杆就是摇杆。

由于四杆机构中的两个连架杆可以是曲柄，也可以是摇杆，那么铰链四杆机构应该有三种基本形式：

1）连架杆中一个为曲柄，另一个为摇杆，这种机构为曲柄摇杆机构；

2）如果两个连架杆都是曲柄，那么这种机构就是双曲柄机构；

3）如果两个连架杆都不是曲柄而是摇杆，则这种机构称为双摇杆机构。

1. 曲柄摇杆机构及其应用

如图 5.2.3 所示，曲柄摇杆机构的两个连架杆一个为曲柄，一个为摇杆。当取曲柄 AB 为主动件，并让其作等速转动时，观察摇杆 CD 所作的运动。当曲柄 AB 沿逆时针方向从 B 转到 B_1 点时，摇杆 CD 上的点 C 便移到 C_1 点，而当 B 点从 B_1 点转到 B_2 点时，C 点将从 C_1 点移到 C_2 点，当 B 继续从 B_2 点转到 B_1 点时，那么 C 点又从 C_2 点摆回到 C_1 点。这样就可以得出结论：曲柄 AB 连续地作等速整周转动，摇杆 CD 将在 C_1C_2 范围内作（变速）往复摆动。可见，曲柄摇杆机构能将主动件的整周回转运动转换成从动件的往复摆动。图 5.2.4 所示牛头刨床的横向进给运动机构就是利用这种机构的演化形式工作的。

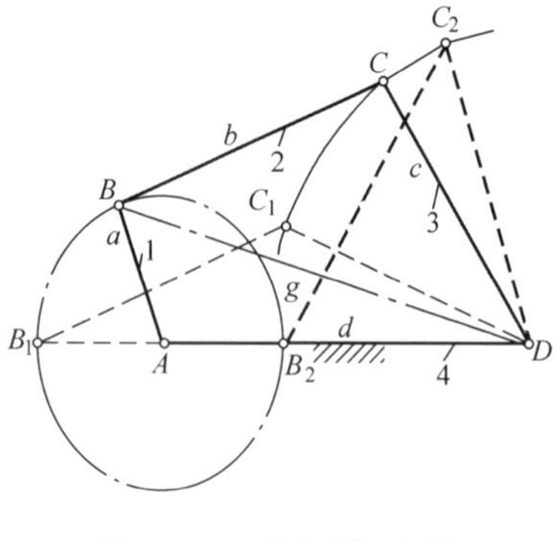

图 5.2.3　曲柄摇杆机构

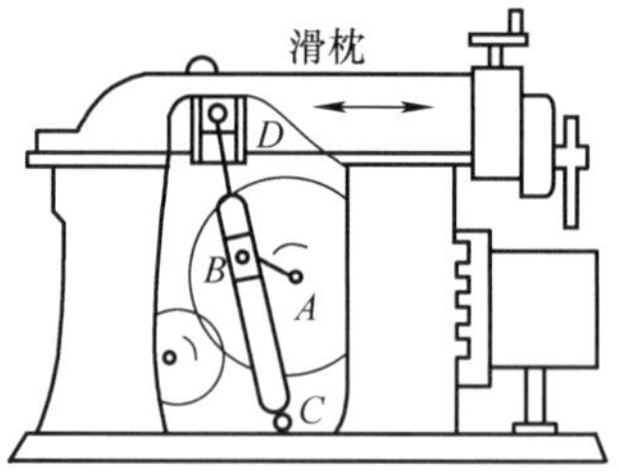

图 5.2.4　牛头刨床进给机构

同样地，在图 5.2.3 中，如果摇杆 CD 为主动件，它也可以使摇杆的摆动转换为曲柄的整周转动。图 5.2.5 所示缝纫机的脚踏板就可以看成是摇杆，通过踏脚踏板带动带轮转动，使机头达到转动的目的。

2. 双曲柄机构及其应用

如果两个连架杆都是曲柄，那么这种铰链四杆机构就称为双曲柄机构。如图 5. 2. 6 所示，当以曲柄 AB 为主动件，并让其作等速转动时，观察曲柄 CD 所作的运动。当曲柄 AB 从 B 点转到 B_1 点，也就是转过 180°时，此时从动曲柄 CD 从 C 点转到 C_1 点，转过的角度为 ϕ_1；当曲柄 AB 再继续转 180°回到 B 点时，从动曲柄 CD 也回到 C 点，此时转过的角度为 ϕ_2，很明显 $\phi_1 > \phi_2$。由此，可以得出结论：当主动曲柄作等速转动时，从动曲柄随之作(变速)转动，从动曲柄在每转一周中的角速度有时大于主动曲柄的角速度，有时又小于主动曲柄的角速度。图 5. 2. 7 所示惯性筛便是双曲柄机构的应用，此机构当主动曲柄 1 等速回转一周时，另一从动曲柄 3 以变速回转一周，因而可使筛子具有所需的加速度，结果材料块便因惯性关系而达到筛分的目的。若曲柄 CD 为主动件，曲柄 AB 为从动件，也能得出同样的结论。

图 5. 2. 5　缝纫机驱动机构

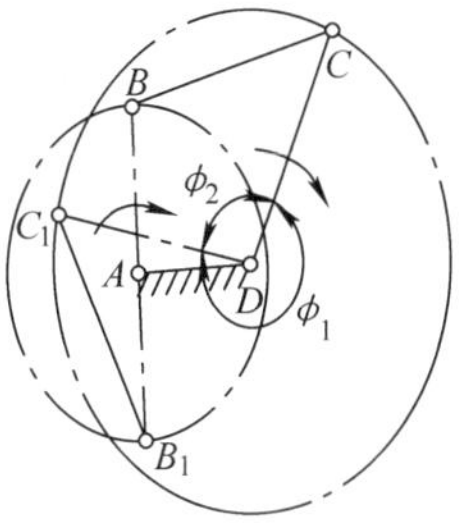

图 5. 2. 6　双曲柄机构

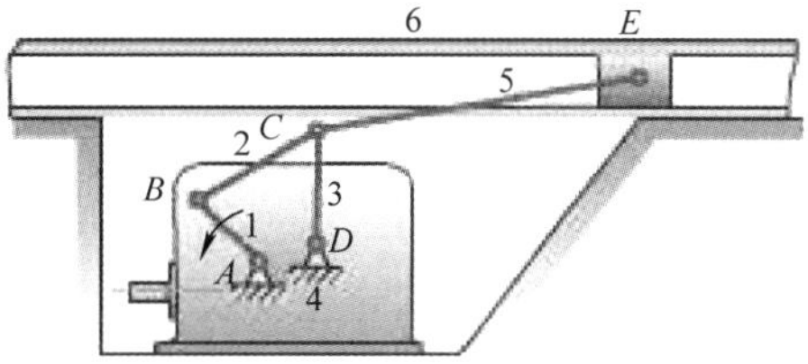

图 5. 2. 7　惯性筛机构

在双曲柄机构中，若连杆与机架的长度相等，两个曲柄的长度也相等，且作同向转动，则该机构称为平行双曲柄机构或平行四边形机构。图 5. 2. 8 所示的机车车辆机构，其运动特点是两个曲柄在任何位置总是保持平行，所以两曲柄的角速度始终相等，连杆在运动过程中始终作平移运动。另外，如图 5. 2. 9 所示为反向双曲柄机构或反平行四边形机构，具有两曲柄反向不等速的特点，如公交车门启闭机构。

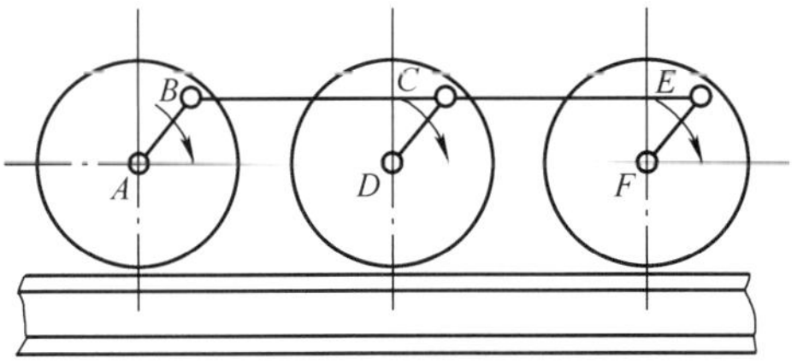

图 5. 2. 8　机车车辆机构

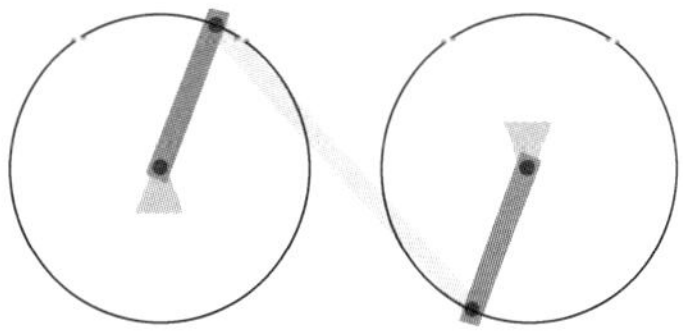

图 5. 2. 9　反向双曲柄机构

3. 双摇杆机构及其应用

铰链四杆机构中，若两个连架杆都是摇杆时，就是双摇杆机构。图 5. 2. 10 中当以摇杆 AB 为主动件，并让其作等速往复摆动时，观察摇杆 CD 的运动状况。当摇杆 AB 从 B_1 点转到 B_2 点时，此时从动摇杆 CD 从 C_1 点转到 C_2 点，而当摇杆 AB 从 B_2 又转到 B_3 时，从动杆 CD 也从 C_2 点转到 C_3 点，如此反复。可以得出结论：当双摇杆机构中，主动摇杆作等速往返摆动时,从动摇杆随之作(变速)往复摆动。图 5.2.11 所示鹤式起重机便是双摇杆机构的应用。

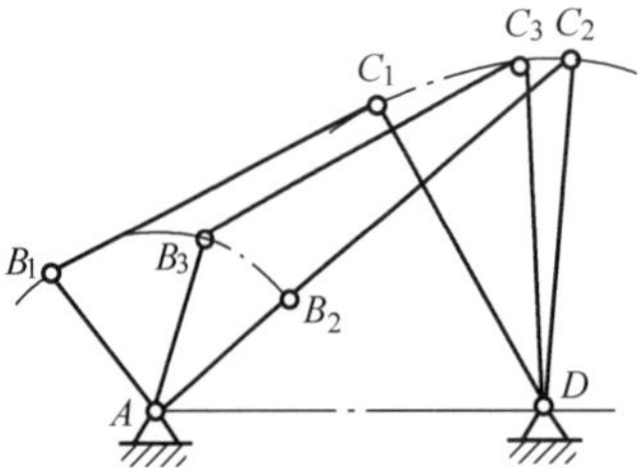

图 5.2.10　双摇杆机构

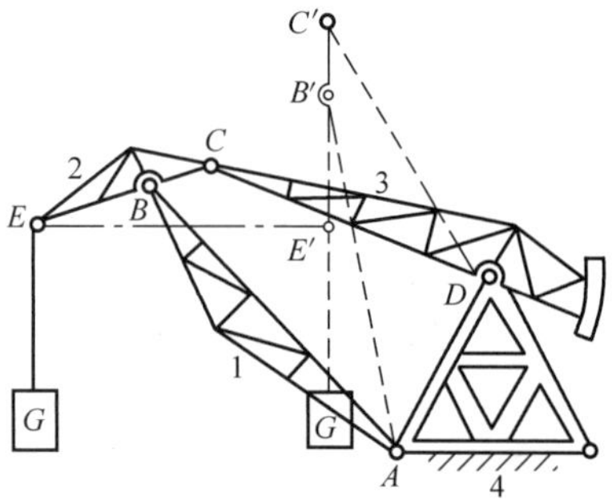

图 5.2.11　鹤式起重机

铰链四杆机构的这三种基本形式,可以看成是以曲柄摇杆机构取不同构件作为机架而得到的。如果取 4 为机架,那么构件 1 为曲柄,构件 3 为摇杆,它便是曲柄摇杆机构,如图 5.2.12(a)所示;同理,如果取 2 为机架,也是曲柄摇杆机构,如图 5.2.12(b)所示;如果取 1 为机架,则 2 和 4 都可绕其各自轴线相对于构件 1 作整周转动,所以 2 和 4 都是曲柄,它便是双曲柄机构,如图 5.2.12(c)所示;如果取 3 为机架,那么构件 2 和 4 均可以相对于 3 作小于 360°的摆动,所以 2 和 4 都是摇杆,那么此时便是双摇杆机构,如图 5.2.12(d)所示。在机械原理中,后三种机构称为前一种机构的倒置机构。

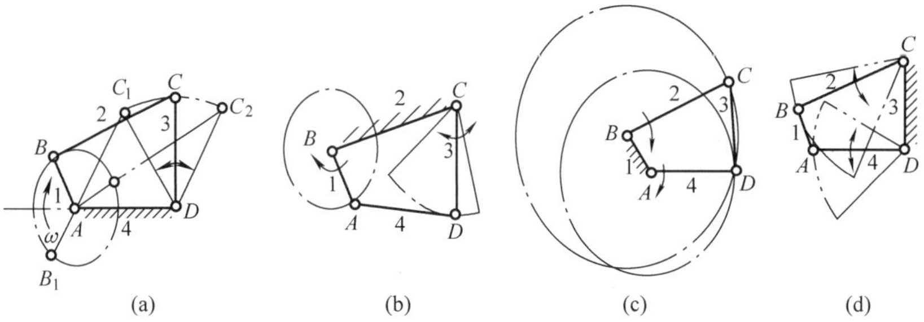

图 5.2.12　取不同构件作为机架的铰链四杆机构

(a)、(b)曲柄摇杆机构;(c)双曲柄机构;(d)双摇杆机构

通过上面的分析,可以得出结论,铰链四杆机构的三种形式,可以看成是以曲柄摇杆机构取不同的构件为机架而得到。

【知识链接 3】平面四杆机构的基本特性

1. 曲柄存在的条件

由上面讲述的内容可以知道,铰链四杆机构的三个基本形式的区别在于机构中是否存在曲柄和有几个曲柄,而这一条件又与机构中各构件的相对尺寸大小有关。也就是说,要使连架杆能作整周转动而成为曲柄,各杆长度必须满足一定的条件,这就是所谓的曲柄存在的条件,如图 5.2.13 所示。

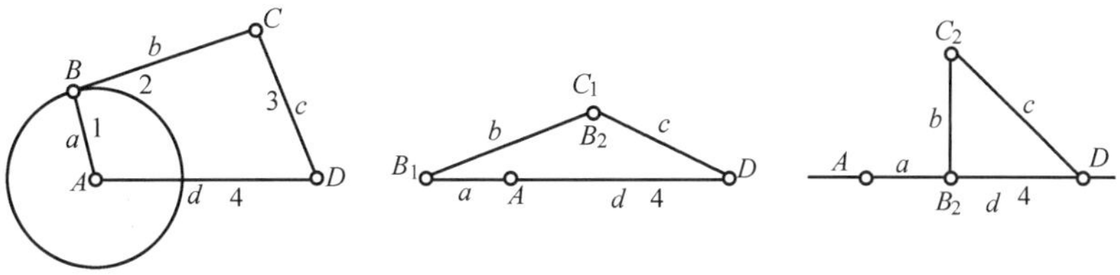

图 5.2.13 曲柄存在条件分析

设构件 1、2、3、4 的长度分别为 a、b、c、d，来分析四个构件用 A、B、C、D 四个转动副组成的一个运动链。如果构件 1 和 4 绕转动副能作 360°整周转动，那么 1 和 4 两构件一定要能够实现拉直和重叠共线两个特殊位置，因此可以借助这两个特殊位置来找出它们的关系。

当 AB 和 DA 拉直共线时形成$\triangle B_1C_1D$，当杆 AB 和 DA 重叠共线，形成$\triangle B_2C_2D$，根据三角形的任一边长度均小于其他两个边长度之和，可得

$$a + d < b + c \tag{5.2.1}$$

$$b < c + d - a \tag{5.2.2}$$

$$c < b + d - a \tag{5.2.3}$$

将上述不等式(5.2.1)～(5.2.3)任意两式相加，化简后可以得到 $a < c$，$a < d$，$a < b$。如果构件 1 和 4 共线时构件 2 和 3 也共线，上述不等式变为等式，也可以得到相应各式，即 $a \leqslant b$，$a \leqslant c$，$a \leqslant d$。

根据以上分析可以得出结论：在曲柄摇杆机构中，要使连架杆 AB 为曲柄，它必须是四杆机构中的最短杆，且最短杆与最长杆长度之和应小于其余两杆长度之和。考虑到更一般的情形（取不同构件为机架），可将铰链四杆机构曲柄存在条件概括为：

1）最短杆与最长杆长度之和必小于或等于其余两杆长度之和；

2）连架杆与机架中必有一个是最短杆。

上述两条件必须同时满足，否则机构中无曲柄存在。

根据曲柄条件，还可以做如下推论：铰链四杆机构可以分为两大类。一类是最短构件和最长构件的长度之和大于其余两构件长度之和。这种运动机构的所有转动副都不能作整周转动，所以取任何构件为机架，所组成的机构均为双摇杆机构。另一类是最短构件和最长构件的长度之和小于其他两构件长度之和。这种运动关系的最短构件相对于它相邻的两构件一定能作整周转动，所以若取最短构件为机架，则得双曲柄机构；而取最短构件的任一相邻构件为机架，最短杆为连架杆，则均得曲柄摇杆机构；若取最短构件对面的构件为机架，最短杆为连杆，则得双摇杆机构。

2. 急回特性和行程速比系数

如图 5.2.14 所示的曲柄摇杆机构中，当曲柄 AB 为原动件并作等速回转时，摇杆 CD 为从动件作往复变速摆动。讨论如下：曲柄 AB 在回转一周的过程中，有两次与连杆 BC 共线，这时摇杆 CD 分别位于极限位置 C_1D 和 C_2D。当曲柄自 AB_1 顺时针转过角 φ_1 时，摇杆自 C_1D 摆至 C_2D，即自左极限位置摆至右极限位置，设所需时间为 t_1，C 点的平均速度为 v_1，（从左到右常作为从动件的工作行程，即载行程）；当曲柄继续再转过角 φ_2 时，摇杆自 C_2D 摆回至 C_1D，其所需时间为 t_2，点 C 的平均速度为 v_2，（从右到左称为从动件的空回行程或空载行程）。由图不难看出，$\varphi_1 = 180° + \theta$，而 $\varphi_2 = 180° - \theta$。所以 $\varphi_1 > \varphi_2$，$t_1 > t_2$。又因为

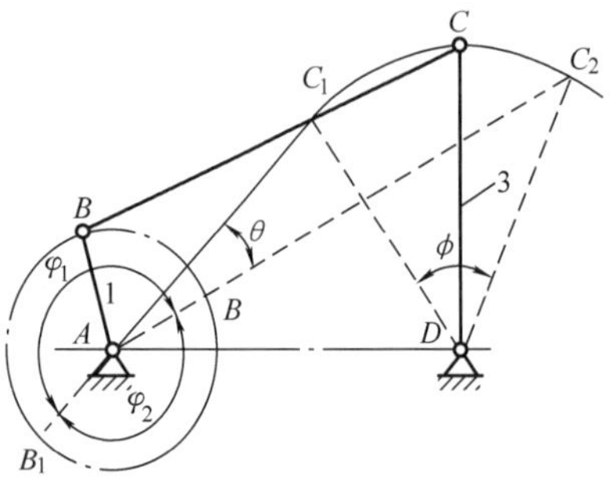

图 5.2.14　曲柄摇杆机构的急回特性

摇杆 CD 上 C 点从 C_1 到 C_2 和从 C_2 到 C_1 之间摆角 φ 相同，而所用的时间不同，所以往返的平均速度也不同，即 $v_1 = C_1C_2/t_1 < v_2 = C_2C_1/t_2$。由此可知，当曲柄等速回转时，摇杆来回摆动的速度并不相同，空回行程的平均速度 v_2 大于工作行程的平均速度 v_1，这种性质称为机构的急回特性。

在某些机械中（如牛头刨床、插床或惯性筛等），常利用机构的急回特性来缩短空回行程的时间，以提高生产率。

为了表达这个急回特性的相对程度，用一个行程速度变化系数来表示。从动件空回行程平均速度与从动件工作行程平均速度的比值

$$k = \frac{v_2}{v_1} = \frac{C_1C_2/t_2}{C_2C_1/t_1} = \frac{t_1}{t_2} = \frac{\varphi_1}{\varphi_2} = \frac{180° + \theta}{180° - \theta} \text{或} \ \theta = 180°\frac{k-1}{k+1} \tag{5.2.4}$$

式中：k 为行程速比系数，θ 为极位夹角（主动件曲柄与连杆在两共线位置时的夹角）。

由式(5.2.4)可知，k 和 θ 有关。当 $\theta = 0$ 时，$k = 1$，说明该机构无急回特性；当 $\theta > 0$ 时，则机构具有急回特性，k 值越大，回程越快。

3. 压力角和传动角

在曲柄摇杆机构中，若不考虑构件的惯性力和运动副中的摩擦力等的影响，则当原动件为曲柄时，通过连杆作用于从动件摇杆上的力 $\boldsymbol{F}$ 沿 BC 方向。此力的作用线与作用点 C 的绝对速度 v_c 之间所夹的锐角 α 称为压力角，如图 5.2.15 所示。在机构设计中，要求所设计的平面连杆机构不但应能实现预定的运动，而且希望运转轻便和效率较高。力 $\boldsymbol{F}$ 在 v_c 方向能做功的有效分力 $F_t = F\cos\alpha$。显然，这个分力愈大愈好。而 $\boldsymbol{F}$ 沿摇杆杆长方向的分力 $F_n = F\sin\alpha$ 不做功，故愈小愈好。由此可知，压力角 α 愈小对机构工作愈有利。

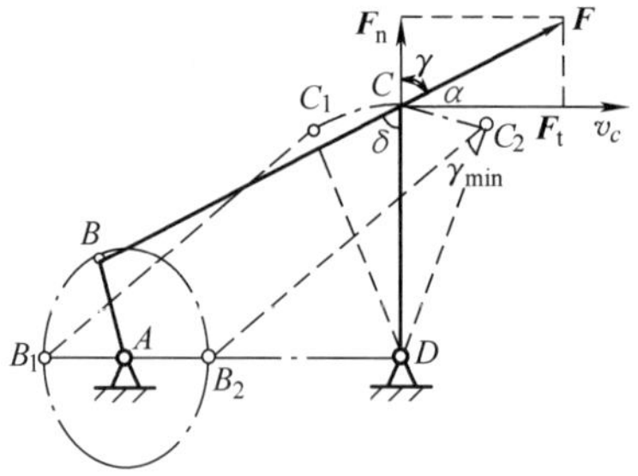

图 5.2.15　曲柄摇杆机构的压力角和传动角

力 $\boldsymbol{F}$ 与 $\boldsymbol{F}_n$ 所夹的锐角 γ 称为传动角。由图 5.2.15 可见，当连杆与摇杆的夹角 δ 为锐角时，则$\gamma = \delta$，因 $\alpha + \gamma = 90°$，故 α 愈小则 γ 愈大，对机构工作也愈有利。由于传动角 γ 有时可以从平面连杆机构的运动简图上直接视察其大小，故在平面连杆机构设计中常采用 γ 来衡量机构的传动质量。当机构运转时，其传动角的大小是变化的。为了保证机构传动良好，设计时通常应使 $\gamma_{min} \geq 40°$。对于高速和大功率的传动机械，应使 $\gamma_{min} \geq 50°$。为此，需确定 $\gamma = \gamma_{min}$时机构的位置，并检验 γ_{min}的值是否不小于上述的许用值。

4. 死点位置

在曲柄摇杆机构中，若取摇杆作为原动件，摇杆在两极限位置时，通过连杆加于曲柄的力 $\boldsymbol{F}$ 将经过铰链 A 的中心。此时传动角 $\gamma = 0°$，即 $\alpha = 90°$，故 $F_t = 0$。摇杆不能推动曲柄转动，而使整个机构处于静止状态，这种位置称为死点位置，如图 5.2.16 所示。

对传动而言，机构有死点位置是一个缺点，且该点的运动方向不定，需设法克服。例如

可利用构件的惯性通过死点位置。缝纫机在运动中就是靠皮带轮的惯性来通过死点位置的。

但工程上,有时也需要利用机构的死点位置来进行工作。如图 5.2.17 所示的快速夹具机构中,就是应用死点位置的性质来夹紧工件的一个例子。当夹具通过手柄施加外力 $\boldsymbol{F}$ 使铰链的中心 B、C、D 处于同一条直线上时,工件即被夹紧。此时,如将外力 $\boldsymbol{F}$ 去掉,工件仍能保持被夹紧。当要松开工件时,则必须向上扳动手柄,克服死点位置,才能松开夹紧的工件。

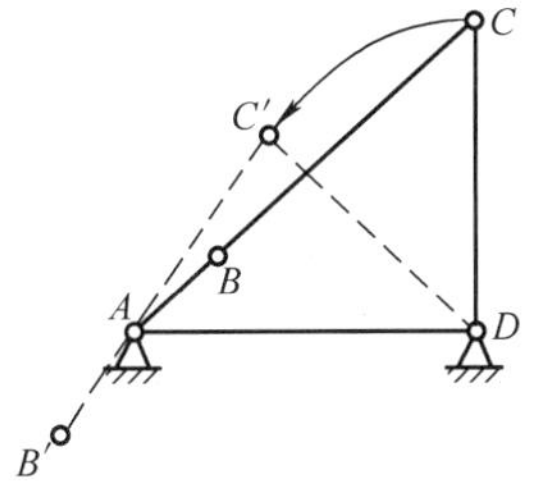

图 5.2.16 曲柄摇杆机构的死点

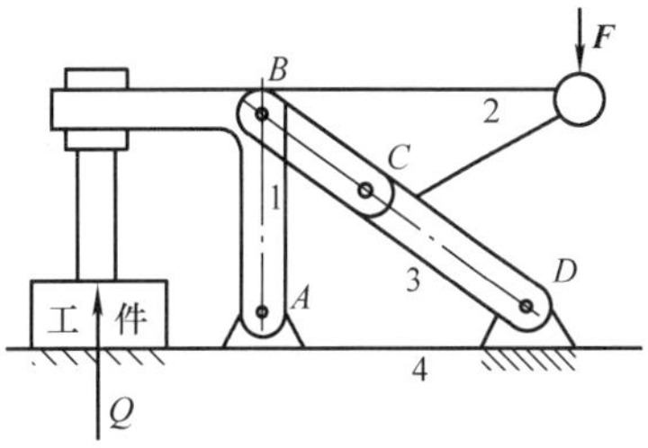

图 5.2.17 快速夹具机构

当摇杆为主动件时,会出现死点位置。而当曲柄为主动件时,由于不存在连杆和从动件共线,亦即不存在死点位置。因此判断四杆机构有无死点位置,可以用判断从动件与连杆是否存在共线位置的方法来确定。

【任务实施】铰链四杆机构的演化

除上述曲柄摇杆机构、双曲柄结构和双摇杆机构三种形式的铰链四杆机构外,在生产实际的应用中,还广泛地采用其他形式的四杆机构,但是这些都可以认为是通过改变某些构件的形状、相对长度,或选择不同的构件作为机架等方法来得到的。以下介绍常用的一些演化形式。

1. 曲柄滑块机构

曲柄滑块机构是曲柄摇杆机构的一种演化形式,当摇杆 CD 的长度趋向无穷大,而连杆 BC 的长度又有限度时,C 点就不会再沿圆弧往复运动,而是沿直线往复移动。也就是说,摇杆变成了沿导轨往复运动的滑块,成为曲柄滑块机构,如图 5.2.18 所示。

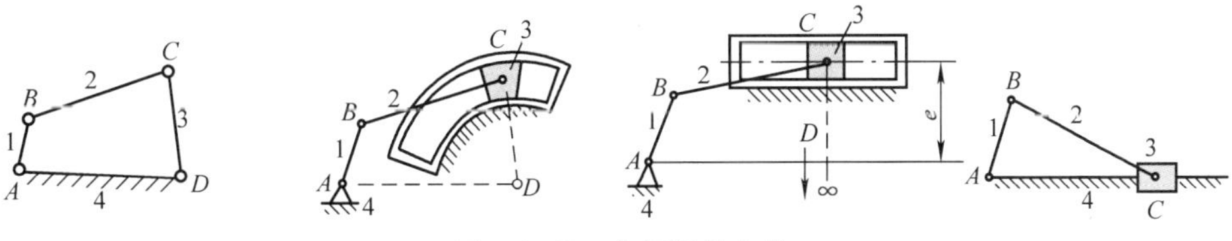

图 5.2.18 曲柄滑块机构

在曲柄滑块机构中,若曲柄 AB 为主动件,并作连续整周旋转时,通过连杆 BC 可以带动滑块 C 作往复直线运动;反之,若滑块 C 为主动件,则当滑块作往复直线运动时,也可以通过连杆 BC 带动曲柄 AB 作整周连续旋转。

图 5.2.19 中,滑块移动的距离为曲柄长度的两倍,即 $H=2r$。如果需要滑块行程 H 很短,则曲柄长度相应地也要很短。此时,常使用偏心轮的偏心距 e 来代替曲柄的长度,这种机构就称为偏心轮机构。其作用原理与曲柄滑块机构相同,因此滑块的行程是偏心距的两倍,即 $H=2e$。

曲柄滑块机构在各种机械中的应用是很广泛的，如图 5.2.20 所示内燃机中，应用曲柄滑块机构将活塞（滑块）往复的直线移动转换为曲柄（曲轴）的旋转运动。

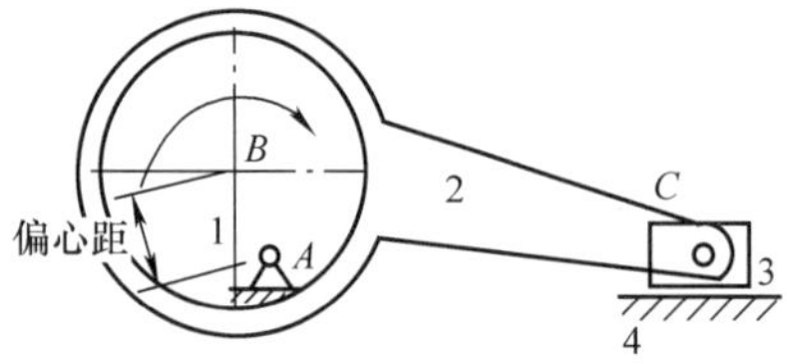

图 5.2.19　偏心轮机构

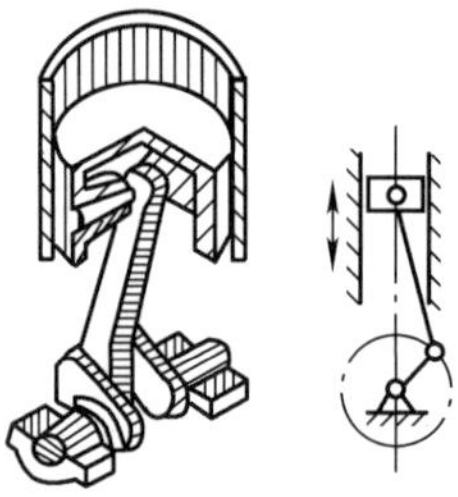

图 5.2.20　内燃机的曲柄滑块机构

2. 导杆机构

对于曲柄滑块机构，选取不同的构件为机架，同样也能得到不同形式的机构（图 5.2.21），导杆机构就是这样演化来的。

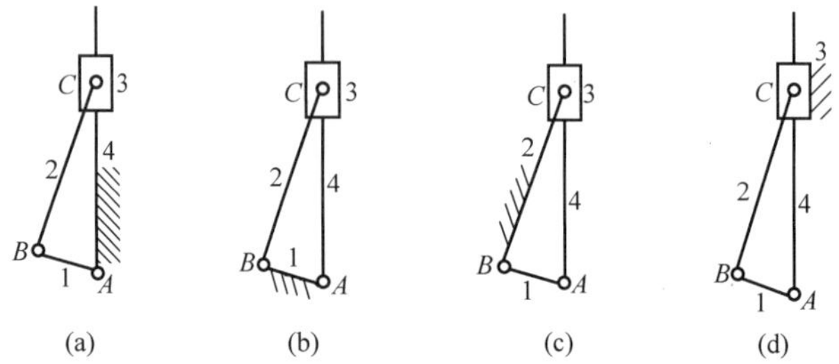

图 5.2.21　取不同构件为机架的滑块四杆结构

（a）曲柄滑块机构；（b）导杆机构；（c）曲柄摇块机构；（d）移动导杆机构

若取构件 4 为机架，即为曲柄滑块机构，如图 5.2.21（a）所示。若取构件 1 为机架，则得导杆机构，如图 5.2.21（b）所示，此时滑块（构件 3）在构件 4 上移动，构件 4 称为导杆，当 $l_1 < l_2$ 时（l_1、l_2 为杆 1、杆 2 的长度），杆 2 与杆 4 均可作整周转动，称为转动导杆机构；当 $l_1 > l_2$ 时，杆 4 只能作往复摆动，称为摆动导杆机构。若取构件 2 为机架，则得到曲柄摇块机构，如图 5.2.21（c）所示，这种机构一般以杆 1 或杆 4 为主动件，当杆 1 作转动或摆动时，杆 4 相对滑块 3 滑动并一起绕 C 点摆动，C 即是摆动滑块或称摆块；当杆 4 作主动件在摆动滑块 3 中移动时，杆 1 即绕 B 点转动或摆动。如取构件 3 为机架，则得移动导杆机构，如图 5.2.21（d）所示，一般取杆 1 为主动件，使杆 2 绕 C 点摆动，而杆 4 仅相对滑块 3 作往复移动，滑块 3 为定块。

举例说明几种演化形式的应用：

1）导杆机构常用于牛头刨床（图 5.2.22（a））、插床和旋转油泵中；

2）摇块机构可用于自翻卸料装置（图 5.2.22（b））和插齿机中；

3）移动导杆机构常用于抽水机（图 5.2.22（c））和油泵中。

通过以上平面连杆机构各种形式的分析可知，虽然它们具有各种不同的运动特点，但都可以由铰链四杆机构演化而来。演化形式和生产场合的应用是多种多样的，只要掌握了基本形式的运动特点，运用所学到的基本分析方法，就会比较容易理解其他形式的工作原理。

(a) (b) (c)

图 5. 2. 22 滑块四杆机构的应用

(a)牛头刨床;(b)自翻卸料装置;(c)抽水机

【知识拓展】平面四杆机构的图解法设计

连杆机构设计通常包括选型、运动设计、承载能力计算、结构设计和绘制机构装配图与零件工作图等内容,可归纳为以下三类基本问题。

1)实现构件给定位置,即要求连杆机构能引导某构件按规定顺序精确或近似地经过给定的若干位置。

2)实现已知运动规律,即要求主、从动件满足已知的若干组对应位置关系,包括满足一定的急回特性要求,或者在主动件运动规律一定时,从动件能精确或近似地按给定规律运动。

3)实现已知运动轨迹,即要求连杆机构中作平面运动的构件上某一点精确或近似地沿着给定的轨迹运动。

在进行平面连杆机构运动设计时,往往是以上述运动要求为主要设计目标,同时还要兼顾一些运动特性和传力特性等方面的要求,还应满足运动连续性要求,即当主动件连续运动时,从动件也能连续地占据预定的各个位置,而不能出现错位或错序等现象。

平面连杆机构运动设计的方法主要是图解法、解析法和试验法。图解法是利用机构运动过程中各运动副位置之间的几何关系,通过作图获得有关运动尺寸,所以图解法直观形象,几何关系清晰,对于一些简单设计问题的处理是有效而快捷的。设计时采用哪种方法,取决于所给定的条件和机构的实际工作要求。

1. 图解法设计步骤

1)将已知的几何条件能画出的尽可能画出。

2)将给定的运动条件转化为几何条件。

3)根据其他辅助条件求出所需机构。

2. 按给定连杆位置设计四杆机构

已知:如图 5. 2. 23 所示,连杆 BC 长度及三个位置(B_1C_1、B_2C_2、B_3C_3)。

要求:设计铰链四杆机构。

设计步骤:

1) 连接 B_1B_2、B_2B_3,作线 B_1B_2、B_2B_3 的垂直平分线 b_{12}、b_{23},交于 A 点;

2) 连接 C_1C_2、C_2C_3,作线 C_1C_2、C_2C_3 的垂直平分线 c_{12}、c_{23},交于 D 点;

3) 连接 AB_1、C_1D,即得所求。

3. 按给定两连架杆的对应位置设计四杆机构

解决此类问题常用刚化反转法。所谓刚化反转法，即将四杆机构在某一位置刚化后反转一个角度。刚化反转的演示如下：若已知机架 AD、连架杆 AB 的长度及连架杆 AB、CD 的两组对应位置 α_1、φ_1 和 α_2、φ_2，试设计该铰链四杆机构。

此问题的关键是求铰链 C 的位置。如图 5.2.24 所示，将 AB_2C_2D 刚化后绕 D 点反转 $(\varphi_1-\varphi_2)$ 角，C_2D 与 C_1D 重合，AB_2 转到 $A'B_2'$ 的位置。注意：经过转换，可以认为此机构已成为以 C_1D 为机架，以 AB 为连杆的四杆机构，这样按两连架杆预定位置设计四杆机构的问题就转化为按连杆的位置设计四杆机构的问题。

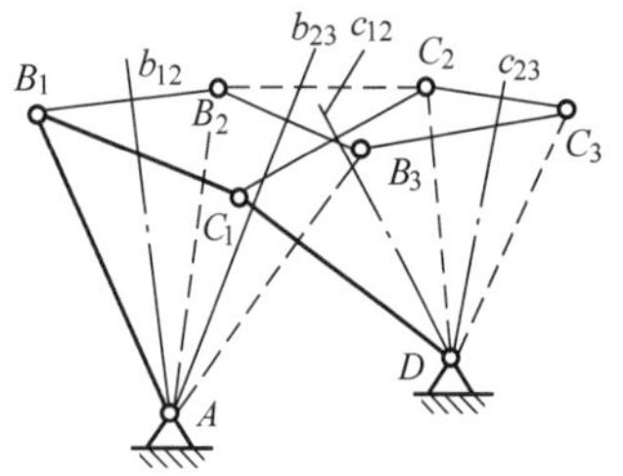

图 5.2.23　按给定连杆位置设计四杆机构

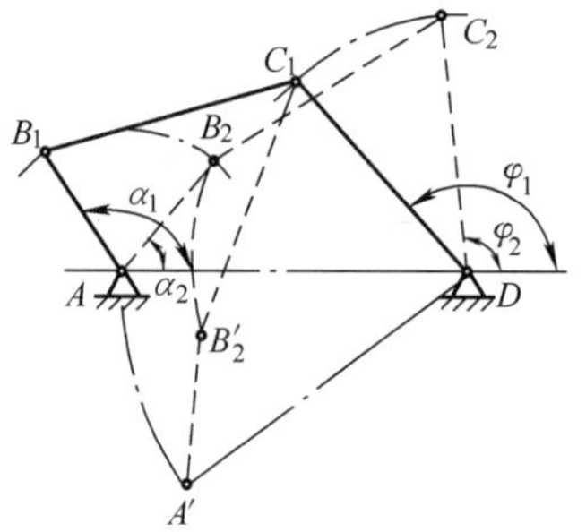

图 5.2.24　反转法原理

【小结】

平面连杆机构广泛应用于各种机器和仪器中，例如金属加工机床、起重运输机械、采矿机械、农业机械、交通运输机械和仪表等。通过学习，应该能了解铰链四杆机构及其演化，对平面四杆机构的一些基本知识（包括曲柄存在的条件、急回运动及行程速比系数、传动角及死点）有明确的概念，了解图解法的设计方法。

复　习　题

一、判断题

1. 铰链四杆机构中的运动副是高副。（　）
2. 四杆机构中，能绕机架作整周连续旋转的杆称为连杆。（　）
3. 平行双曲柄机构中，主动曲柄匀速回转，从动曲柄的运动也为匀速转动。（　）
4. 曲柄摇杆机构中，当主动曲柄等速转动时，从动摇杆往复摆动速度不等，这种现象称为摇杆的运动不确定性。（　）
5. 四杆机构中的最短杆就是曲柄。（　）
6. 具有急回运动特性速比系数 k 大于 1。（　）
7. 曲柄摇杆机构中，当摇杆为主动件时，机构有死点位置出现。（　）
8. 惯性筛机构为曲柄摇杆机构的应用实例。
9. 内燃机的曲轴连杆机构是应用曲柄滑块机构原理。（　）
10. 将曲柄滑块机构中的滑块改为固定件，则原机构演化成摆动滑块机构。（　）

二、分析题

1. 试举例说明铰链四杆机构三种基本形式的运动特点。

2. 什么是机构的死点位置？通常用什么方法通过机构的死点位置？

3. 什么是机构的传动角和压力角？其大小对四杆机构的工作有何影响？

4. 已知一个曲柄摇杆机构，主动曲柄与连杆在两共线位置时的夹角为30°，试讨论从动件摇杆空回行程平均速度与工作行程平均速度的关系。

5. 在双曲柄机构中，已知连杆长度 $BC=130$ mm，两曲柄长度 $AB=100$ mm，$CD=110$ mm。试确定机架长度 AD 的取值范围。

6. 已知一个铰链四杆机构各杆的尺寸为 $AB=450$ mm，$BC=400$ mm，$CD=300$ mm，$DA=200$ mm。试问以哪个杆作为机架，可以得到曲柄摇杆机构？如果以 BC 杆作为机架，则会得到什么机构？如果以 DA 杆作为机架，则会得到什么机构？

任务三 凸轮机构

【任务目标】

- 理解凸轮机构的工作原理。
- 掌握凸轮机构的组成及分类。
- 了解从动件常用运动规律。
- 了解凸轮机构的设计。

【任务导入】

观察图 5.3.1，并思考下列问题。

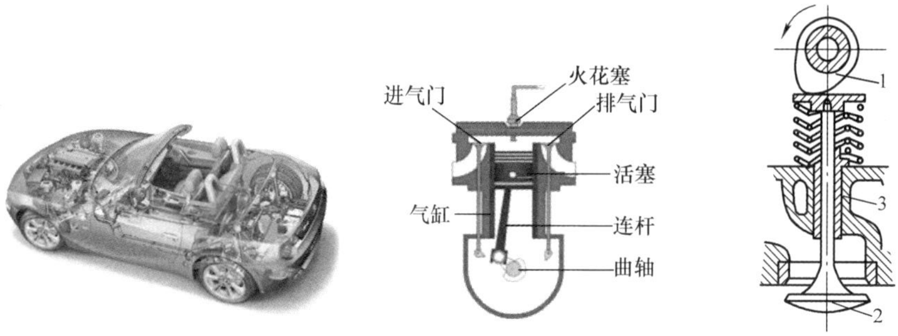

图 5.3.1 单缸内燃机配气机构及运动模型

1. 单缸内燃机工作原理是什么？

2. 单缸内燃机配气机构的组成，原动件和从动件分别是哪个构件？

【知识链接 1】凸轮机构的应用

如前所述，低副机构一般只能近似地实现给定运动规律，而且在设计时也比较复杂。当从动件的位移、速度和加速度必须严格地按照预定规律变化时，则采用凸轮机构最为方便。凸轮机构在机械工业中，尤其是自动化机械中作为一种重要的控制装置应用很广泛。

凸轮机构一般由凸轮、从动件、机架三个构件组成，如图 5.3.2 所示。其中凸轮 1 的外廓上各个点的曲率半径不同，当凸轮沿着顺时针方向转动时，从动件 2 被凸轮的外廓线推动，因而在导轨 3 中往复移动。它的运动规律是由凸轮外廓形状所决定的，外廓形状按照哪种规律变化，那么从动件的直线往复运动也按照这个规律变化。通常凸轮是一个具有曲线轮廓或凹槽的构件。它运动时，通过高副接触可以使从动件获得连续或不连续的任意预期运动。

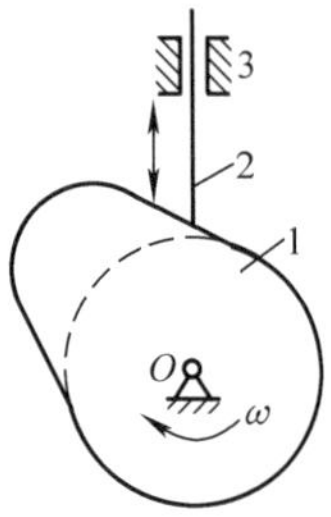

图 5.3.2　凸轮机构

凸轮机构最大的优点就是只要选择适当的凸轮轮廓便可以使从动件获得任意的预期运动规律，而且机构比较简单紧凑。其缺点是凸轮轮廓与从动件为点或线接触，易于磨损，因此常用于传递动力比较小的控制机构中。另外，凸轮轮廓加工比较困难。

【知识链接 2】凸轮机构的分类

为了实现各种运动变换的要求和适应不同的工作条件，凸轮机构的类型很多。若根据组成凸轮机构的两个活动构件来分类，大致有如下几种分类方法。

1. 按照凸轮的形状不同分类（见表 5.3.1）

表 5.3.1　凸轮的不同形状及特点

序号	名称及简图	结构特点	机构类型
1	盘形凸轮 	这是凸轮的最基本形式，这种凸轮是一个绕固定轴线转动并具有变化向径的盘形零件。有盘形凸轮和盘形槽凸轮	凸轮与从动件之间的相对运动为平面运动，属于平面凸轮机构
2	移动凸轮 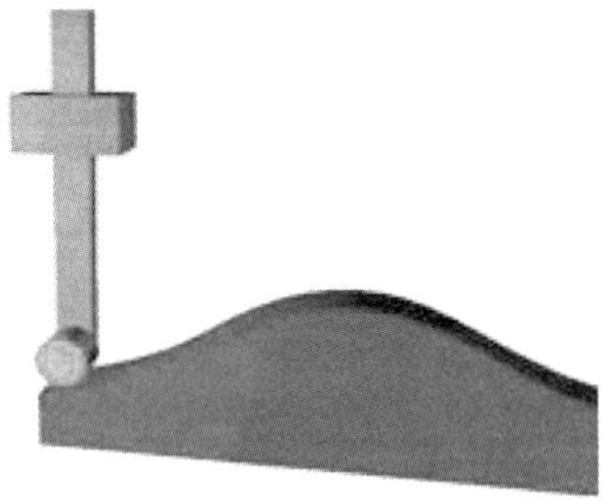	当盘形凸轮的回转中心趋于无穷远处时，凸轮相对于机架作直线运动，这种凸轮称为移动凸轮	凸轮与从动件之间的相对运动为平面运动，属于平面凸轮机构
3	圆柱凸轮 	将移动凸轮卷成圆柱体可演化为圆柱凸轮	凸轮与从动件之间的相对运动为空间运动，属于空间凸轮机构

2. 按照从动件的形状不同分类(见表 5.3.2)

表 5.3.2 从动件的不同形状及特点

序号	接触形式	运动形式		运动特点
		移动	摆动	
1	尖底从动件	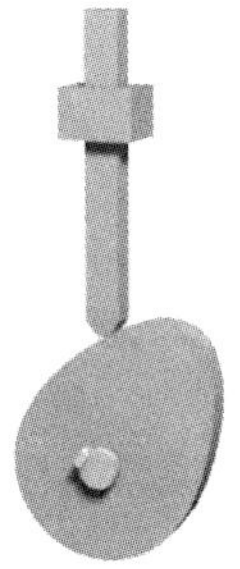	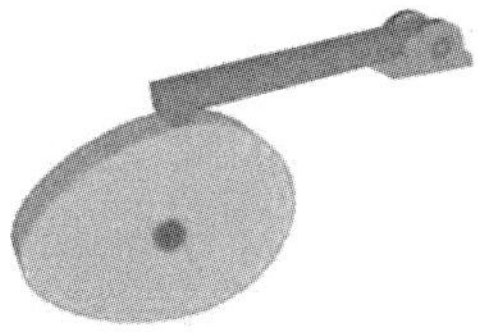	结构简单,不论凸轮为何种曲线,都能与凸轮轮廓上所有的点接触,从而保证所需要的运动,但易磨损。多用于低速、轻载的场合,例如仪表、记录仪等机构中
2	滚子从动件		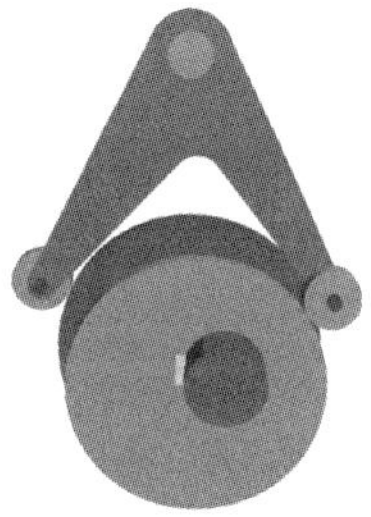	滚子与凸轮轮廓表面之间为线接触的滚动,摩擦阻力小,不易磨损,承载能力较大,但运动规律有局限性,滚子轴有间隙,不宜用于高速
3	平底从动件	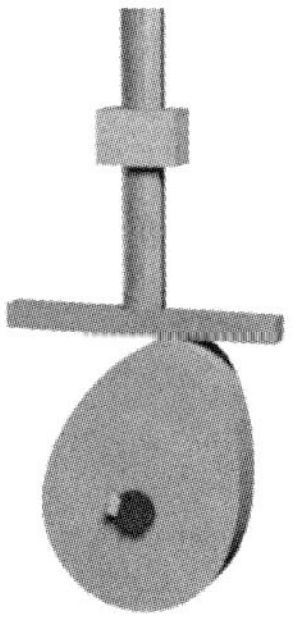	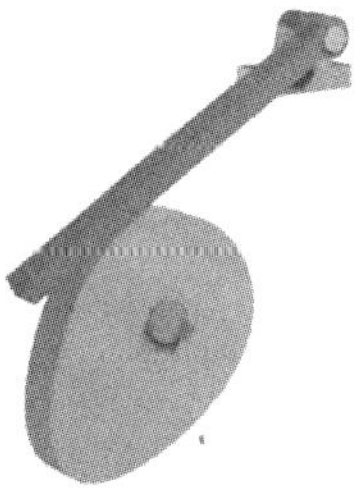	以平面与凸轮轮廓表面相接触,当不计摩擦时,凸轮与从动件间的作用力始终与从动件的平底垂直,受力情况较好。常用于高速凸轮机构中,但凸轮轮廓不允许成凹形,因此运动规律受到限制,且该凸轮机构在运动时形成楔形油膜区,有利于工作表面的润滑

3. 按照机构锁合方式不同分类(见表 5.3.3)

综上所述,凸轮机构是用来把凸轮的简单运动转换成从动件的某种复杂规律的运动。由于凸轮和从动件是通过其轮廓的直接接触来变换运动的,因此必须在结构上保证双方轮廓在运动过程中始终保持接触。

表 5.3.3　凸轮机构不同的锁合方式及特点

序号	名称	特点(原理)	简图
1	力锁合 (或力封闭)	利用从动件的重力或弹簧的弹力来使从动件与凸轮轮廓时时保持接触。其中利用从动件的重力这一方法最简单,但不可靠。应用较多的是弹簧的弹力	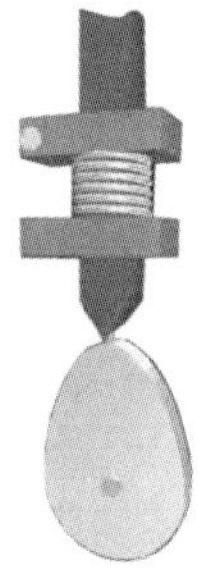
2	几何锁合 (或几何封闭)	利用凸轮和从动件的特殊的几何形状来保持从动件与凸轮始终接触,最常见的为滚子从动件与槽凸轮的配合,但滚子与槽间会有间隙,事实上并不能保证从动件精确地按照预期的规律运动,在高速下,会引起冲击和噪声	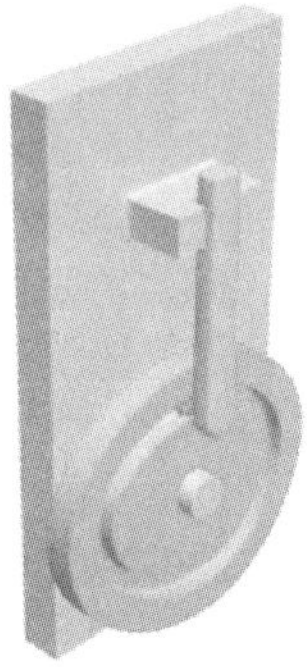

【任务实施】盘形凸轮的加工方法

凸轮轮廓的加工方法通常有以下两种。

1. 铣、锉削加工

对用于低速、轻载场合的凸轮,可以应用反转法原理在未淬火凸轮轮坯上通过作图法绘制轮廓曲线,采用铣床或用手工锉削办法加工而成。必要时可进行淬火处理,但用这种方法凸轮的变形难以得到修正。

2. 数控加工

采用数控线切割机床对淬火凸轮进行加工,这是目前最常用的一种凸轮加工方法。加工时应用解析法,求出凸轮轮廓曲线的 x、y 坐标,并将 xOy 坐标系的原点换算成切割时的起点,而滚子半径相当于钼丝半径再加上放电间隙。

【知识拓展】盘形凸轮的设计方法

1. 从动件的常用运动规律

设计凸轮机构时,首先应根据工作要求确定从动件的运动规律,然后按照这一运动规律设计凸轮轮廓线。

(1)从动件的位移线图

如图 5.3.3 所示为对心尖顶直动从动件盘形凸轮机构。凸轮轮廓是由 $ABCD$ 所围成的凸形曲线和圆弧组成,其上的最小向径 r_0 称为凸轮的基圆半径,以 r_0 为半径所作的圆称作基圆。

当从动件的尖顶与凸轮轮廓上的 A 点(基圆与凸轮轮廓曲线的交点)相接触时,从动件处于上升的起始位置。当凸轮以等角速度顺时针转动时,向径渐增的凸轮轮廓 AB 与尖顶接触,从动件以一定运动规律被凸轮推向上方,待由 A 点转到 B 点时,从动件上升到距凸轮回转中心最远的位置,从动件的这段运动过程称为推程,相对应的凸轮转角 δ_r 称为推程运动角。当凸轮继续回转,尖顶与以 O 为中心的圆弧 BC 接触时,从动件在最远位置停留,此间转过的角度 δ_s 称为远休止角。当向径渐减的凸轮轮廓 CD 与尖顶接触时,从动件以一定运动规律降回到初始位置,这一运动过程称为回程,所对应的凸轮转角 δ_f 称为回程运动角。随后当基圆 DA 弧与尖顶接触时,从动件在距凸轮回转中心最近的位置停留不动,此间转过的角度 δ'_s称为近休止角。凸轮连续回转,从动件将重复前面所述的升→停→降→停的运动循环,推杆在推程或回程中移动的距离 h 称为推杆的行程。

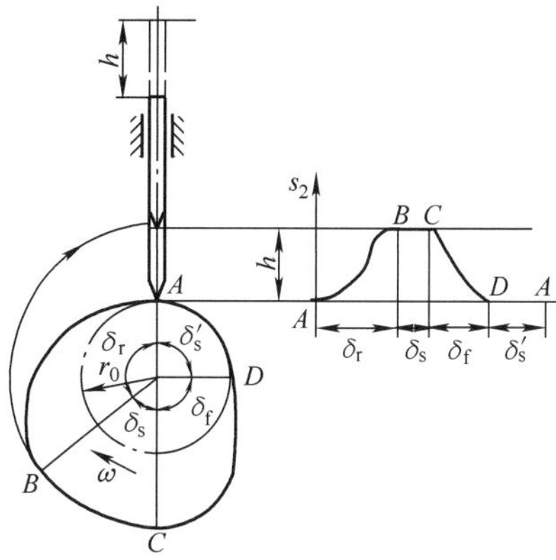

图 5.3.3　从动件的位移线图

为了直观地表示出从动件的位移变化规律,将上述运动规律画成曲线图,这一曲线图称为从动件的位移线图。直角坐标系的横坐标代表凸轮的转角(或时间 t),纵坐标代表从动件的位移 s_2。这样可画出从动件位移 s_2 与凸轮转角之间的关系曲线,即从动件的位移线图。位移线图 s_2-t 对时间 t 连续求导,可分别得到速度线图 $v-t$ 和加速度线图 $a-t$。

在设计凸轮机构时,首先应按其在机械中所要完成的工作任务,选用从动件合适的运动规律,绘制出位移线图,并以此作为设计凸轮轮廓的依据。

(2)从动件的常用运动规律

Ⅰ. 等速运动规律

当凸轮等速回转时,从动件上升或下降的速度为一常数,这种运动规律称为等速运动规律。

图 5.3.4(a)所示为从动件作等速运动时的位移、速度和加速度线图。由图可知,从动件在运动时,由于速度为常数,故其加速度为零。但在运动开始和终止的瞬时,速度有突变,理论上将产生无穷大的加速度和无穷大的惯性力,致使凸轮机构产生强烈的冲击,这种冲击称为刚性冲击。因此,等速运动规律只适用于低速轻载的场合,且不宜单独使用,在运动开始和终止段应当用其他运动规律过渡,以减轻刚性冲击。

Ⅱ. 等加速等减速运动规律

等加速等减速运动规律是指从动件在一个行程中,前半行程作等加速运动,后半行程作等减速运动,通常前后半行程的加速度的绝对值相等。采用此运动规律,可使凸轮机构的动力特性有一定的改善。

如图 5.3.4(b)所示为从动件按等加速等减速运动规律运动的位移、速度和加速度线图。从运动线图可以看出,其速度曲线是连续的,但是在运动开始、终止和等加速等减速变换的瞬间,即图中 A、B、C 三点处,加速度有突变,不过这一突变为有限值,因而引起的冲击较小,称这种冲击为柔性冲击。等加速等减速运动规律适用于中、低速凸轮机构。

上述运动规律是多项运动规律中常用的两种,工程上还常采用三角函数运动规律,如余弦加速度运动规律（又称简谐运动规律）和正弦加速度运动规律（又称摆线运动规律）。为适应现代机械对重载、高速的要求，还可选择其他类型的运动规律，或者将几种运动规律组合使用，以改善从动件的运动和动力特性。

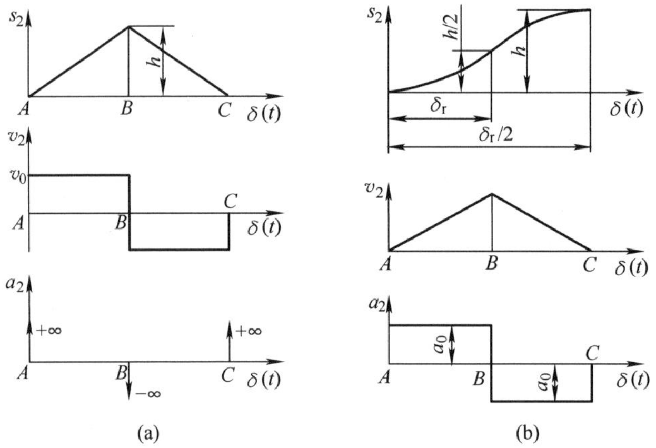

图 5.3.4　等速运动与等加速等减速运动

（a）等速运动；（b）等加速等减速运动

2. 凸轮轮廓设计的反转法原理

用图解法绘制凸轮轮廓时，首先需要根据工作要求合理地选择从动件的运动规律，画出其位移线图，初步确定凸轮的基圆半径 r_0，然后绘制凸轮的轮廓。

由于凸轮工作时是转动的，而在绘制凸轮轮廓时，需要使凸轮与图纸相对静止，因此凸轮轮廓设计采用了“反转法”原理。

根据相对运动关系，若给整个机构加上绕凸轮回转中心 O 的公共角速度 $-\omega$，机构各构件间的相对运动不变。而此时凸轮相对静止不动，原来固定不动的导路和从动件以角速度 $-\omega$ 绕 O 点转动，同时从动件按照给定的运动规律在导路中往复移动，如图 5.3.5 所示。由于尖顶始终与凸轮轮廓相接触，所以反转后尖顶的运动轨迹就是凸轮轮廓。

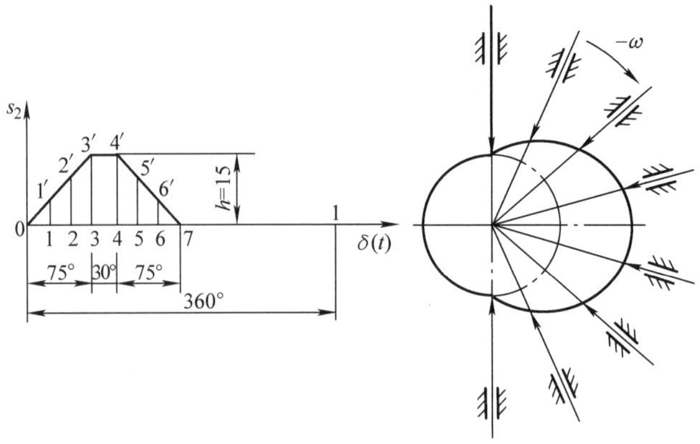

图 5.3.5　反转法原理图

3. 直动从动件盘形凸轮轮廓的绘制

(1)对心直动尖顶从动件盘形凸轮轮廓的绘制

图5.3.6(a)所示为一对心直动尖顶从动件盘形凸轮机构。已知凸轮的基圆半径 r_b,设凸轮以等角速度 ω 逆时针转动。要求按照给定的从动件位移线图,绘出凸轮轮廓。

作图步骤:

1) 选定合适的比例尺,以 r_b 为半径作基圆,此基圆与导路的交点 A_0 即是从动件尖顶的起始位置,另外以同一长度比例尺和适当的角度比例尺作出从动件的位移线图 s_2-t,如图5.3.6(b)所示;

2)将位移线图的推程运动角和回程运动角等分;

3)自 OA_0 沿 $-\omega$(顺时针)方向依次取角度45°、45°、45°、45°、60°、30°、30°、30°、30°与图5.3.6(b)所示的各分点相对应,这些角度在基圆上得到 A_1、A_2、A_3、…、A_8 点;

4)过 A_1、A_2、A_3、…、A_8 点作射线,这些射线 OA_1、OA_2、OA_3、…、OA_8 便是反转后从动件导路的各个位置;

5)量出图5.3.6(b)所示相应的各个位移量 s_2,截取 $A_1B_1=11'$、$A_2B_2=22'$、$A_3B_3=33'$、…、$A_8B_8=88'$,得反转后尖顶的一系列位置 B_1、B_2、B_3、…、B_8;

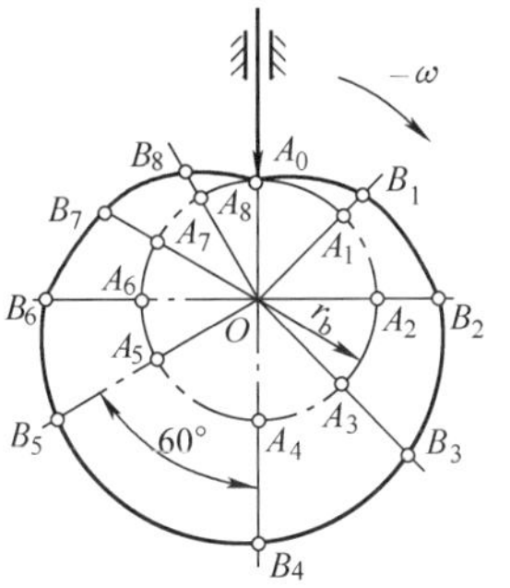

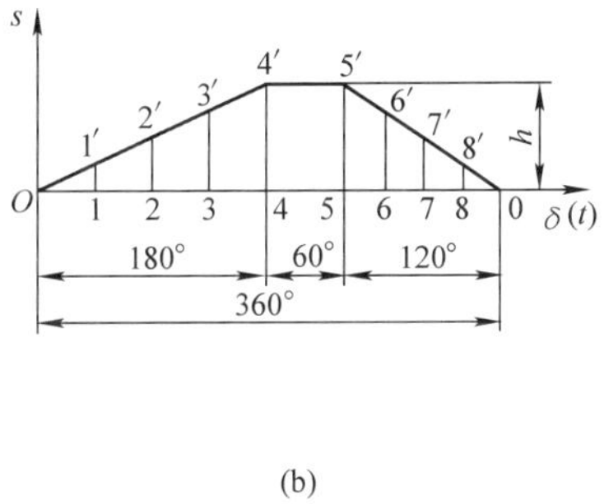

图5.3.6　对心直动尖顶从动件盘形凸轮机构

(a)凸轮机构;(b)从动件位移线图

6)将 A_0、B_1、B_2、B_3、…、B_8 点连成光滑的曲线,便得到所要求的凸轮轮廓。

画图时,推程运动角和回程运动角的等分数要根据运动规律的复杂程度和精度要求来决定。运动规律复杂时,等分数往往要多一些。

(2)对心直动滚子从动件盘形凸轮轮廓的绘制

如果用滚子从动件凸轮机构来实现如图5.3.7所示的从动件位移线图,则应按下述方法来设计盘形凸轮轮廓。

1)把滚子中心视为尖顶从动件的顶点,按上述方法先求得尖顶从动件盘形凸轮轮廓线,求出的凸轮轮廓线称为滚子从动件盘形凸轮的理论轮廓线。

2)以理论轮廓线上各点为圆心,以滚子半径为

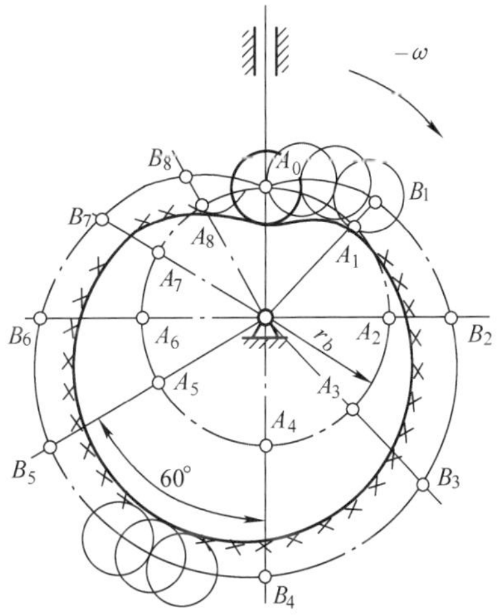

图5.3.7　对心直动滚子从动件盘形凸轮机构

半径，画一系列圆，这些圆的内包络线便是滚子从动件盘形凸轮的实际轮廓线。

由作图过程可知，滚子从动件盘形凸轮的基圆半径 r_b 应当在理论轮廓上度量。同一理论轮廓线的凸轮，当滚子半径不同时就有不同的实际轮廓线，它们与相应的滚子配合均可实现相同的从动件运动规律。因此，凸轮制成后，不可随意改变滚子半径，否则从动件的运动规律会改变。

(3) 对心直动平底从动件盘形凸轮轮廓的绘制

平底从动件的凸轮轮廓绘制方法如图 5.3.8 所示。首先将从动件的平底与导路中心的交点 A_0 看作尖顶从动件的尖顶，按照尖顶从动件凸轮绘制的方法，求出导路与基圆的交点 A_1、A_2、A_3、…、A_8 各点，过这些点根据从动件位移线图的对应行程画出一系列位置 B_1、B_2、B_3、…、B_8 各点，并由这一系列点画出代表平底的直线，得一直线族。这族直线即代表反转过程中从动件平底依次占据的位置。然后作这些平底的内包络线，即可得凸轮的实际轮廓线。由图可以看出平底上与凸轮实际轮廓线相切的点是随机构位置而变化的。因此，为了保证在所有位置从动件平底都能与凸轮轮廓曲线相切，凸轮的所有轮廓线必须都是外凸的，并且平底左、右两侧的宽度应分别大于导路中心线至左、右最远切点的距离 L_{min} 和 L_{max}。

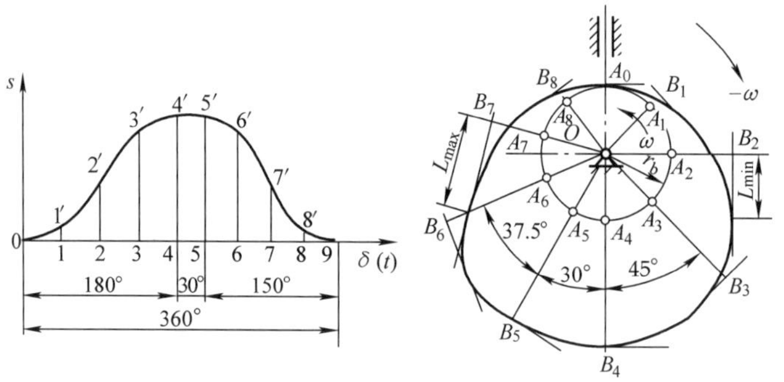

图 5.3.8　对心直动平底从动件盘形凸轮机构

【小结】

凸轮机构结构简单，容易实现较复杂的运动规律，广泛应用在各种机械、仪器和控制装置中。通过本章的学习，可以掌握常用凸轮传动的类型、特点，了解其工作原理和设计制造方法。

复　习　题

一、填空题

1. 凸轮机构主要是由________、________和固定机架三个基本构件所组成。

2. 按凸轮的外形，凸轮机构主要分为________凸轮和________凸轮两种基本类型。

3. 从动杆与凸轮轮廓的接触形式有________、________和平底三种。

4. 以凸轮的理论轮廓曲线的最小半径所作的圆称为凸轮的________。

5. 凸轮理论轮廓曲线上某点的法线方向（即从动杆的受力方向）与从动杆速度方向之间的夹角称为凸轮在该点的________。

6. 从动杆的端部形状有________、________和平底三种。

二、选择题

1. 凸轮与从动件接触处的运动副属于________。

A. 高副　　B. 转动副　　C 移动副

2. 要使常用凸轮机构正常工作，必须以凸轮________。

A. 作从动件并匀速转动　　B. 作主动件并变速转动　　C. 作主动件并匀速转动

3. 在要求________的凸轮机构中，宜使用滚子式从动件。

A. 传力较大　　B. 传动准确、灵敏　　C. 转速较高

4. 下列凸轮机构中，图________所画的压力角是正确的。

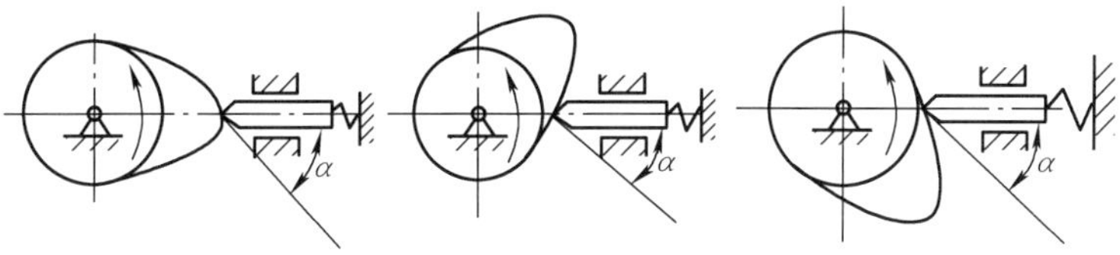

A　　B　　C

三、判断题

1. 凸轮机构广泛用于自动化机械中。（　）
2. 圆柱凸轮机构中，凸轮与从动杆在同一平面或相互平行的平面内运动。（　）
3. 平底从动杆不能用于具有内凹槽曲线的凸轮。（　）
4. 凸轮压力角指凸轮轮廓上某点的受力方向和其运动速度方向之间的夹角。（　）
5. 凸轮机构从动件的运动规律是可按要求任意拟订的。（　）

四、分析题

试比较尖顶、滚子和平底从动件的优缺点，并说明它们的使用场合。

任务四　间歇运动机构

【任务目标】

- 了解间歇运动机构的运动要求。
- 理解棘轮机构和槽轮机构的工作原理。
- 掌握棘轮机构和槽轮机构的种类及工作特点。
- 了解不完全齿轮机构等其他间歇运动机构。

【任务导入】

观察图 5.4.1，并思考下列问题。

1. 图示为何种间歇运动机构？原动件和从动件分别是哪个构件？
2. 间歇运动机构是如何工作的？应用在什么地方？

【知识链接 1】棘轮机构

1. 棘轮机构的工作原理

图 5.4.2 所示为一棘轮机构，由机架、棘轮、棘爪三部分组成。具有锯齿形的轮称为棘

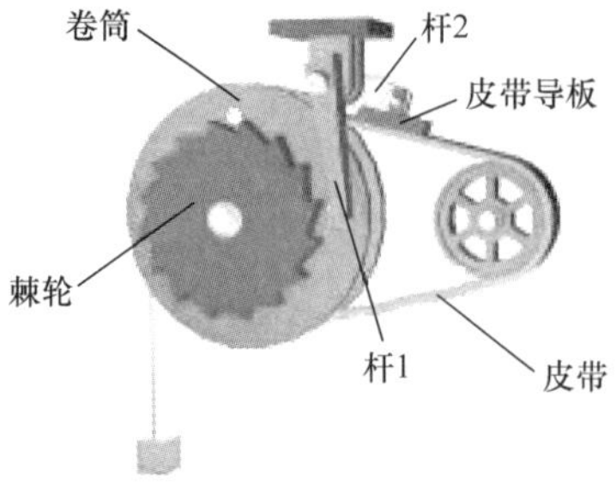

(a)

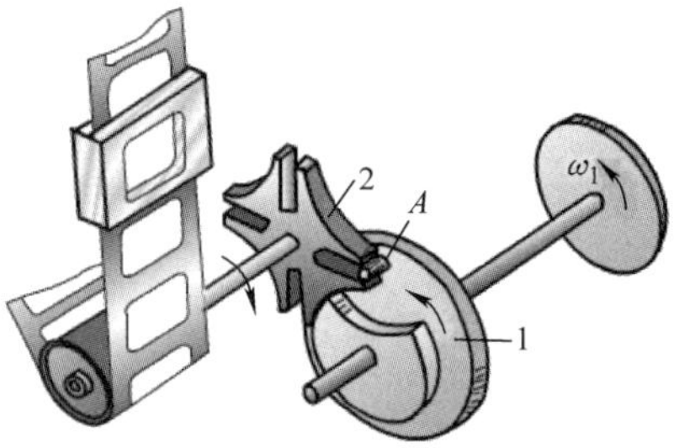

(b)

图 5.4.1　间歇运动机构

轮;用铰链与摇杆相连的棘爪称为驱动(原动)棘爪,用铰链与机架相连的棘爪称为止动棘爪。当主动件曲柄连续转动时,摇杆在某一角度范围内左右往复摆动。在摇杆往左摆动时,驱动棘爪插入棘轮的齿槽中,推动棘轮转过某一角度,这时止回棘爪在棘轮的齿背上滑过;当摇杆向右摆时,驱动棘爪则在棘轮的齿背上滑过,不能推动棘轮转动,同时止回棘爪插在齿槽中阻止棘轮顺时针转动,因此棘轮此时静止不动。这样,当摇杆作连续左右往复摆动时,棘轮便作单方向的间歇运动。输入连续运动,输出单方向间歇运动的机构,称为步进运动机构。

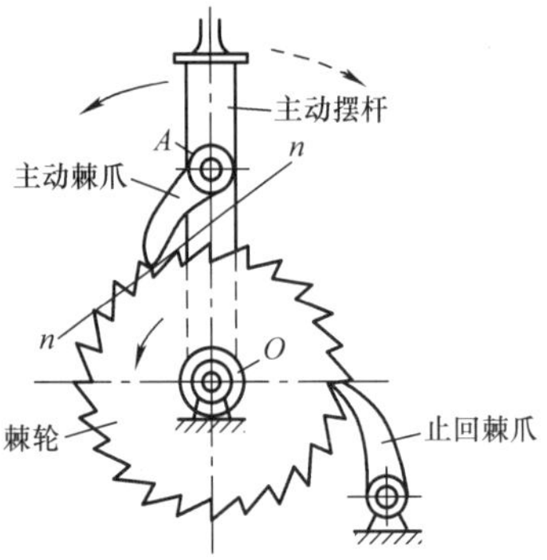

(a)

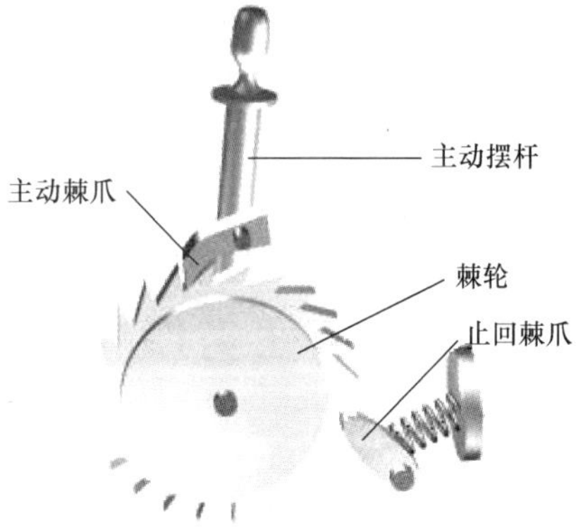

(b)

图 5.4.2　棘轮机构

(a)结构图;(b)实物图

2. 常见的棘轮机构形式

(1)单动单向式棘轮机构

如图 5.4.3 所示,当摇杆向一个方向摆动时,棘轮沿同方向转过某一角度;而摇杆反方向摆动时,棘轮静止不动。即当曲柄连续回转时,棘轮只作单方向的间歇运动。

(2)双动单向式棘轮机构

当摇杆往复摆动时,都能使棘轮沿同一方向转动。

图 5.4.4 所示为两种形式的棘轮机构,其棘轮外缘上都有锯齿形齿。

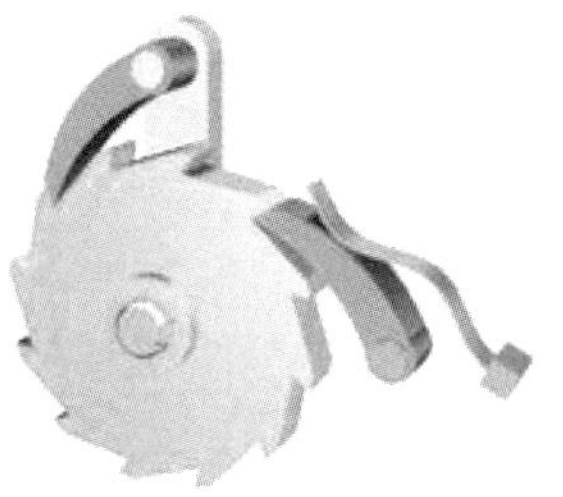

图 5.4.3　单动单向式棘轮机构

图 5.4.4　双动单向式棘轮机构

(3)可变向棘轮机构(双向式棘轮机构)

棘轮轮齿为矩形齿,如图 5.4.5(a)所示,当棘爪在图中实线位置时,可推动棘轮沿逆时针方向作间歇运动;当棘爪转到虚线位置时,则使棘轮沿顺时针方向作间歇运动。当棘爪在图 5.4.5(b)所示位置时,可推动棘轮沿逆时针方向作间歇运动;将销子拔出将棘爪提起,并绕本身轴线转 180°后放下,将销子插入,则使棘轮沿顺时针方向作间歇运动。

以上轮齿式棘轮机构运动可靠,从动棘轮的转角的大小是以棘轮的轮齿为单位,容易实现有级调节。但在工作过程中有噪声和冲击,棘轮齿容易磨损,在高速时尤其严重,所以常用在低速、轻载下实现间歇运动。

(4)摩擦棘轮机构

如图 5.4.6 所示,棘轮是一个没有齿的摩擦轮。当沿着箭头方向推动棘轮时,利用它们之间的摩擦力可以使棘轮作逆时针运动;而反向摆动主动件时,棘轮停止转动,棘爪是止回棘爪。所以这种结构可以使棘轮获得任意大小的转角,实现无级调节,并且传递运动较平稳、无噪声,但运动准确性差,不宜用于运动精度要求高的场合。

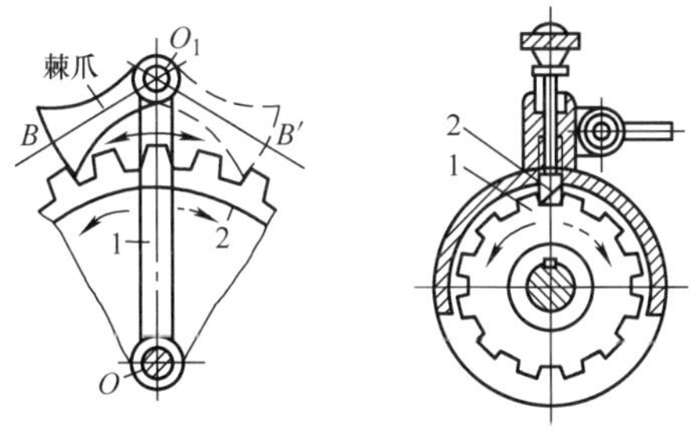

(a)　　(b)

图 5.4.5　可变向棘轮机构

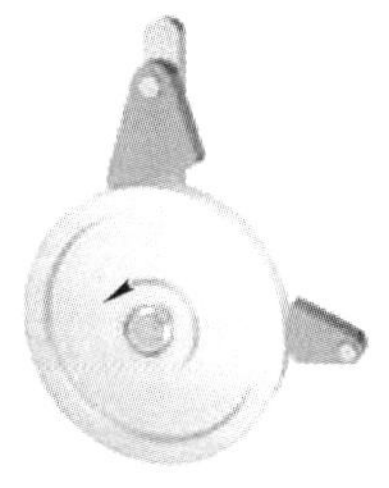

图 5.4.6　摩擦棘轮机构

3. 改变棘轮转角大小的方法

改变棘轮转角的大小,可以通过调整摇杆摆角大小的方法来实现。棘轮机构通常是利用曲柄摇杆机构来带动棘爪作往复摆动的,而调整摇杆摆角的大小,可以通过调整曲柄的长度来实现。当曲柄长度减小时,摇杆和棘爪的摆角也就相应地减小,棘轮转角减小;反之,当曲柄长度增加时,棘轮的转角相应增大,如图 5.4.7(a)所示。

改变棘轮转角的大小,还可以用另外的方法来实现。将棘轮罩在一个周边有缺口的圆形壳体(遮板)内,这种圆形遮板是不随棘轮一起转动的,它的内径比棘轮的外径大一些。改变被壳体遮住的轮齿的部位,使棘爪行程的一部分只在壳体上滑过去而不能与棘轮相接触。只有当棘爪滑过壳体遮住的部分插入棘轮齿槽后，才能推动棘轮转动，因而可以改变棘轮转角的大小，如图 5.4.7(b)所示。这种方法的特点是不需要改变曲柄摇杆的长度，就能改变棘轮的转角。

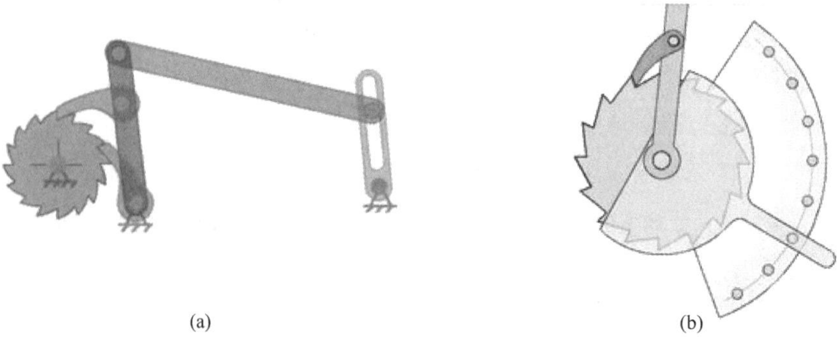

(a)　　　　(b)

图 5.4.7　棘轮转角的调整

(a)改变曲柄长度调节棘轮转角；(b)借助圆形壳体调节棘轮转角

4. 棘轮机构的应用

在任务导入中图 5.4.1(a)所示为卷扬机制动机构，其中卷筒、棘轮和大带轮为一体，杆 1 和杆 2 固连在一起，且杆 2 端部与皮带导板铰接，当皮带突然断裂时，杆 1 端齿与棘轮啮合，阻止卷筒逆转，起到制动作用。即在卷扬机中，棘轮机构作为防止逆转的停止器来使用。

【知识链接 2】槽轮机构

1. 槽轮机构的工作原理

槽轮机构也称为马氏间歇传动机构，如图 5.4.8 所示。槽轮机构是由具有径向槽的槽轮和具有圆柱销的构件以及机架所组成。当构件(缺口圆盘)的圆柱销没进入槽轮的径向槽时，由于槽轮的内凹弧被构件的外凸圆弧卡住，所以槽轮静止不动，这段圆弧称为锁止弧(槽轮锁止弧、曲柄锁止弧)；当圆柱销开始进入槽轮径向槽的位置，这时锁止弧松开，因而圆柱销能驱使槽轮沿与构件相反的方向转动；当圆柱销开始脱出槽轮的径向槽时，槽轮的另一内凹弧又被构件的外凸圆弧卡住，致使槽轮又静止不动，直至构件的圆柱销再次进入槽轮的另一径向槽时，两者重复上述的运动循环。这样，当主动构件作连续转动时，槽轮便得到单向的间歇运动。当构件旋转一周时，槽轮转过一个槽口，槽轮的转向和构件的转向相反。

图 5.4.8　槽轮机构

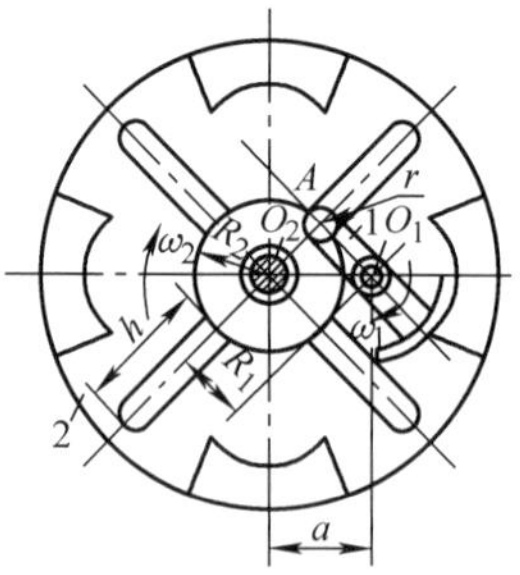

图 5.4.9　内槽轮机构

2. 槽轮机构的基本形式

平面槽轮机构有两种形式:一种是外槽轮机构,其槽轮上径向槽的开口是自圆心向外,主动件与槽轮转向相反,如图 5.4.8 所示;另一种是内槽轮机构,其槽轮上径向槽的开口是向着圆心的,主动构件与槽轮的转向相同,如图 5.4.9 所示。这两种槽轮机构都用于传递两平行轴的运动。

3. 槽轮机构的特点及应用

槽轮机构结构简单、工作可靠,在进入和脱离啮合时运动较平稳,能准确地控制转动的角度。但槽轮的转角大小不能调节,而且在槽轮转动的始末位置加速度变化较大,所以有冲击。槽轮机构一般应用在转速不高和要求间歇的转动装置中。例如,在电影放映机(图 5.4.1(b))中,用以间歇地移动影片;在自动机械中,用以间歇地转动工作台或刀架等。

【知识链接 3】其他间歇运动机构

能实现间歇运动的机构很多,除了棘轮机构和槽轮机构外,四杆机构和凸轮机构也可以组成间歇运动机构。这里再介绍几种在生产中应用的一些其他间歇运动机构。

1. 间歇齿轮机构(不完全齿轮机构)

(1)间歇齿轮机构的工作原理

间歇齿轮机构是由齿轮演变而成的。即在主动齿轮上只作出一个或几个轮齿,在从动齿轮上作出与主动齿轮相应的齿间,形成不完全的齿轮传动,从而达到从动齿轮作间歇运动的要求。例如图 5.4.10 所示的主动轮有 3 个齿,从动轮的圆周上具有 3 个轮齿的运动段和 6 个锁止弧的停歇段。当主动轮旋转一周时从动轮只转过 1/6 转,其余 5/6 为停歇段不转动。由上述可知,间歇齿轮机构的主动齿轮连续旋转,可使从动轮产生间歇运动。

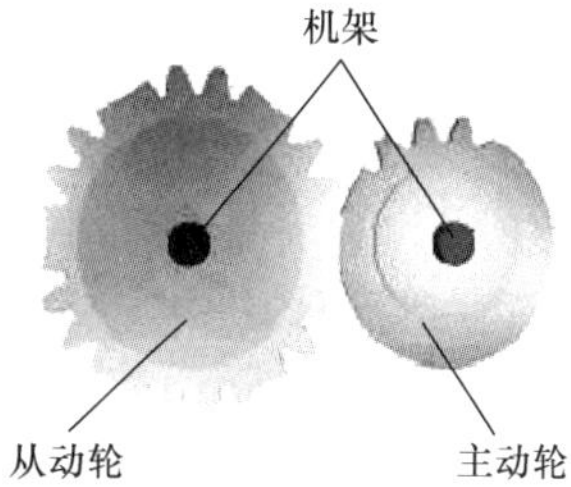

图 5.4.10 间歇齿轮机构

(2)间歇齿轮机构的特点和应用

间歇齿轮机构的类型有外啮合和内啮合,与普通渐开线齿轮一样,外啮合的间歇齿轮机构两轮转向相反,内啮合的间歇齿轮机构两轮转向相同。当轮的直径无穷大时,变为间歇齿轮齿条。这时,齿轮的转动将变为齿条的移动。

间歇齿轮机构与槽轮机构相比,其从动轮每转一周的停歇时间、运动时间及每次转动的角度变化范围较大,设计较灵活。但其加工工艺较复杂,而且从动轮在运动的开始与终止时冲击较大,所以一般用于低速、轻载的场合。如在自动机和半自动机中用于工作台的间歇转位以及要求具有间歇运动的进给机构、计数机构等。

2. 凸轮式间歇运动机构

凸轮式间歇运动机构一般有两种形式:一种是图 5.4.11(a)所示的圆柱凸轮间歇运动机构,凸轮成圆柱形状,滚子均匀分布在转盘的端面上;另一种是图 5.4.11(b)所示的蜗杆凸轮间歇运动机构,其工作原理是利用凸轮的轮廓曲线,通过对转盘上滚子的推动,将凸轮的连续转动变换为从动转盘的间歇转动,它主要用于传递轴线互相垂直交错的两部件间的间歇运动,属于空间机构。

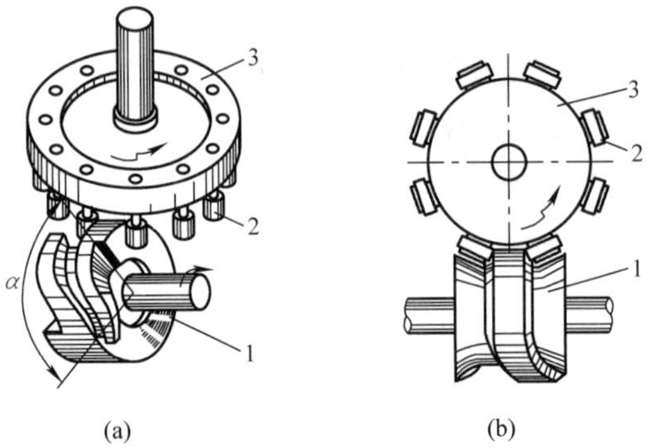

图 5.4.11　凸轮式间歇运动机构

(a)圆柱凸轮；(b)蜗杆凸轮

【小结】

棘轮机构、槽轮机构和间歇齿轮机构是常用的间歇运动机构。由于它们结构、运动和动力条件的限制，所以一般只能用于低速的场合。而凸轮式间歇运动机构则可以合理地选择转盘的运动规律，使得机构传动平稳、动力特性较好、冲击振动较小，而且转盘转位精确，不需要专门的定位装置，因而主要用于高速转位(分度)机构中。但凸轮加工较复杂，精度要求较高，装配调整也比较困难。

复　习　题

一、填空题

1. 典型的________机构是以棘爪所在杆为主动件作________而使从动________作单向________转动的机构。

2. 典型的________机构是一个圆柱销的销轮单向连续运动，带动一个至少有________均布径向直槽的________作单向________转动的机构。

二、选择题

1. 自行车后轮轴上的小链轮结构中使用的是(　　)。

A. 槽轮机构　　B. 棘轮机构　　C. 间歇齿轮机构　　D. 凸轮间歇运动机构

2. 在间歇运动机构中将摆动运动变成间歇运动的机构是(　　)。

A. 槽轮机构　　B. 棘轮机构　　C. 间歇齿轮机构　　D. 凸轮间歇运动机构

三、判断题

1. 棘轮机构、槽轮机构和凸轮机构一样都能实现从动件的往复运动。　(　　)

2. 棘轮机构工作时，只能朝着一个方向间歇地转动。　(　　)

3. 槽轮机构因运转中有较大动载荷，特别是槽数少时更为严重，所以不宜用于高速转位的场合。　(　　)

四、分析题

试比较几种间歇运动机构的优缺点。

模块六　连接和螺旋传动

为了便于机器的制造、安装、维修和运输，各种连接被广泛地应用于机器和设备中。连接有可拆连接和不可拆连接两种。不损坏连接中的任一零件就可以将被连接件拆开的方式称为可拆连接，这类连接一般经过多次拆装后仍然不会影响其使用性能，如螺纹连接、键连接和销连接等。不可拆连接则是指至少必须损坏连接中的某一部分才能拆开，如焊接、铆钉连接和粘接等。本模块着重对可拆连接的几种形式进行介绍。

任务一　螺纹连接

【任务目标】

- 了解螺纹的类型及主要参数。
- 掌握常用螺纹的特点、应用及螺纹连接的基本类型。
- 理解螺纹的预紧和防松原理。
- 了解单个螺栓连接的强度计算和螺纹组连接的简单受力分析。
- 了解提高螺栓连接强度的措施。

【任务导入】

观察图 6.1.1，并思考下列问题。

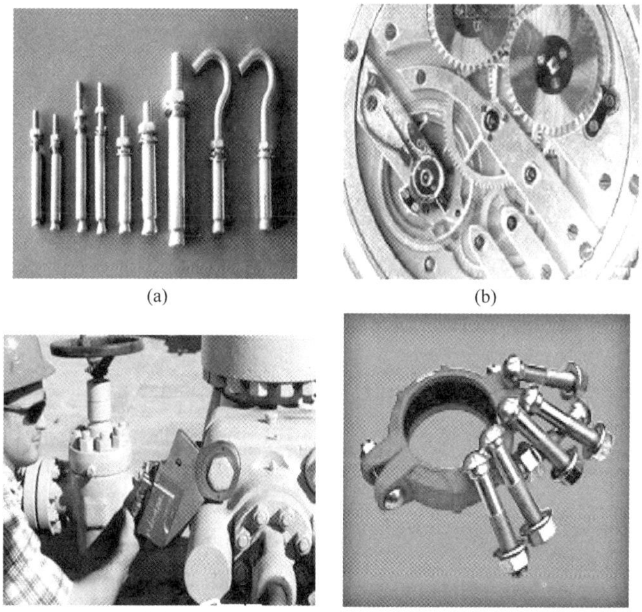

(a)　(b)　(c)　(d)

图 6.1.1　螺纹连接的应用

1. 螺纹连接常用在哪些地方？

2. 螺纹连接都有哪些方式？如何防止连接松动？

3. 螺纹连接结构中应注意什么问题？

【知识链接 1】螺纹连接基本知识

零件利用螺纹构成的可拆连接称为螺纹连接，其应用十分广泛。主要形式包括螺纹连接和螺旋传动两种，前者用于紧固连接件，后者则用于实现传动目的。

1. 螺纹的形成原理

螺纹如图 6.1.2 所示，将倾斜角为 λ 的一条直线绕在圆柱体上便形成一条螺旋线。如果用一个平面图形（如三角形）沿着螺旋线运动，并保持此平面图形通过圆柱轴线的平面内，则该平面图形在空间形成的螺旋线称为螺纹。在外圆柱表面上形成的螺纹称为外螺纹，在内圆孔表面上形成的螺纹称为内螺纹。

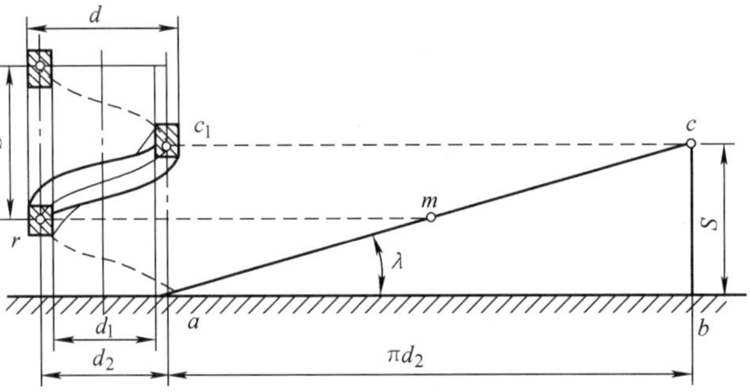

图 6.1.2　螺纹线的形成

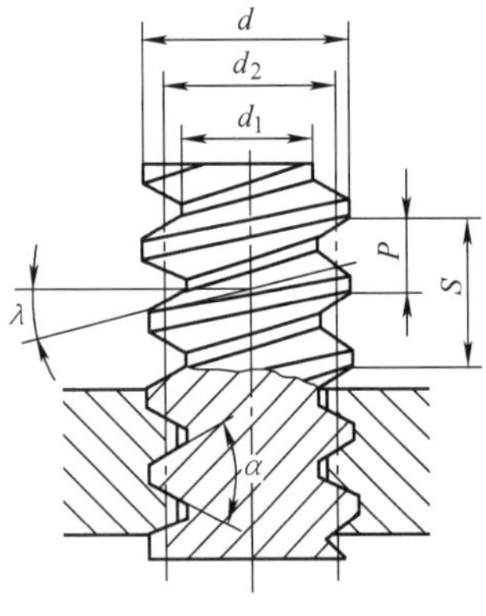

图 6.1.3　螺纹副

2. 螺纹的类型

外螺纹和内螺纹共同组成螺纹副，用于连接和传动，如图 6.1.3 所示。螺纹有米制和英制两种，我国目前仅在管螺纹上采用英制，其余均采用米制螺纹制式。

1）螺纹轴向剖面的形状称为牙型，根据牙型形状的不同，常用的螺纹牙型可分为三角形、矩形、梯形和锯齿形等，如图 6.1.4 所示，其中三角形主要用于连接，其余的则多用于传动。

2）根据螺纹绕行方向的不同，螺纹可分为右旋螺纹和左旋螺纹两种，如图 6.1.5 所示，机械制造中多采用右旋螺纹。

3）根据螺旋线数目的不同，还可将螺纹分为单线（单头）螺纹、双线螺纹和多线螺纹，如图 6.1.6 所示。

3. 螺纹的主要参数

图 6.1.3 所示为圆柱螺纹的主要几何参数，下面进行简单说明。

1）大径 $d(D)$：与外螺纹牙顶或内螺纹牙底相重合的假想圆柱体的直径，是螺纹的最大直径，在有关螺纹的标准中称为公称直径。

2）小径 $d_1(D_1)$：与外螺纹牙底或内螺纹牙顶相重合的假想圆柱体的直径，是螺纹的最

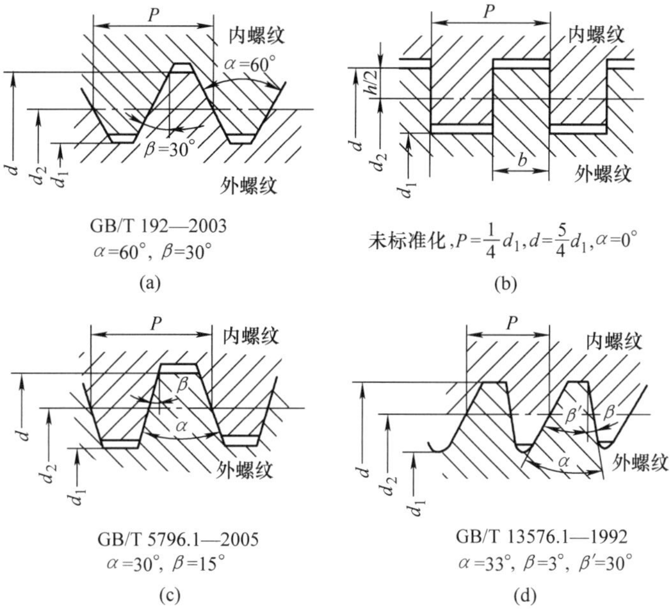

图 6.1.4　螺纹的牙型

(a)三角形；(b)矩形；(c)梯形；(d)锯齿形

小直径，常作为强度计算的直径。

3)中径 $d_2(D_2)$：在螺纹的轴向剖面内，牙厚和牙槽宽相等处的假想圆柱体的直径。

4)螺距 P：螺纹相邻两牙之间在中径线上对应两点间的轴向距离。

5)导程 S：同一条螺旋线上相邻两牙在中径线上对应两点间的轴向距离。设螺纹线数为 n，则对于单线螺纹有 $S=P$，对于多线螺纹则有 $S=nP$，如图 6.1.6 所示。

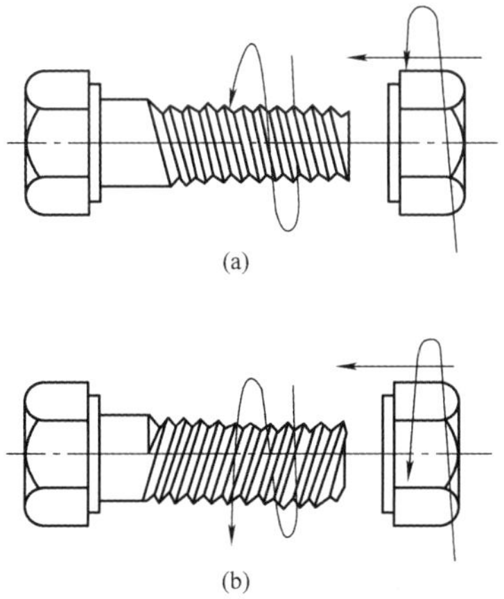

图 6.1.5　螺纹的旋向

(a)右旋；(b)左旋

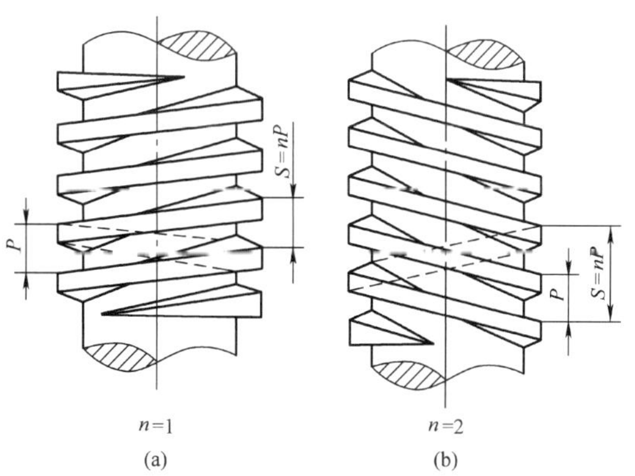

图 6.1.6　螺纹的线数、螺距和导程

(a)单线右旋；(b)双线左旋

6)升角 λ：在中径 d_2 的圆柱面上，螺旋线的切线与垂直于螺纹轴线的平面间的夹角。由图 6.1.7 可知：

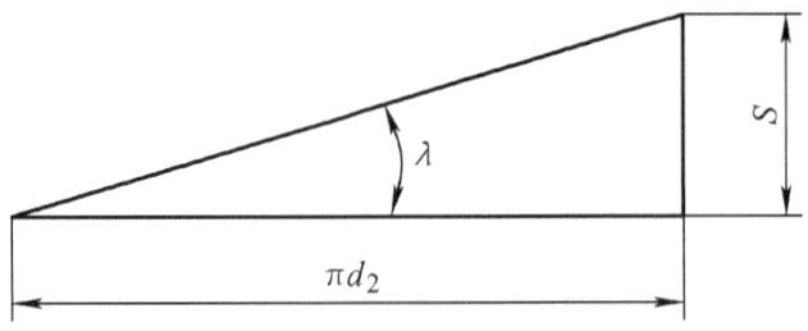

图 6.1.7　螺纹升角

$$\tan\lambda = \frac{S}{\pi d_2} = \frac{nP}{\pi d_2}$$

7）牙型角 α、牙型斜角 β：在螺纹的轴向剖面内，螺纹牙型相邻两侧边的夹角称为牙型角 α；牙型侧边与螺纹轴线的垂线间的夹角称为牙型斜角 β，对称牙型的 $\beta = \alpha/2$，如图 6.1.4 所示。

4. 常用螺纹的特点及应用

如前所述，螺纹有内螺纹和外螺纹之分，它们在一起组成螺纹副，实现传动和连接等功能。其中用于连接的螺纹主要包括普通螺纹、管螺纹；传动螺纹则主要有矩形螺纹、梯形螺纹和锯齿形螺纹等，它们的特点如表 6.1.1 所示。

表 6.1.1　常用螺纹的类型和特点

螺纹类型	牙　型	特点及应用
普通螺纹	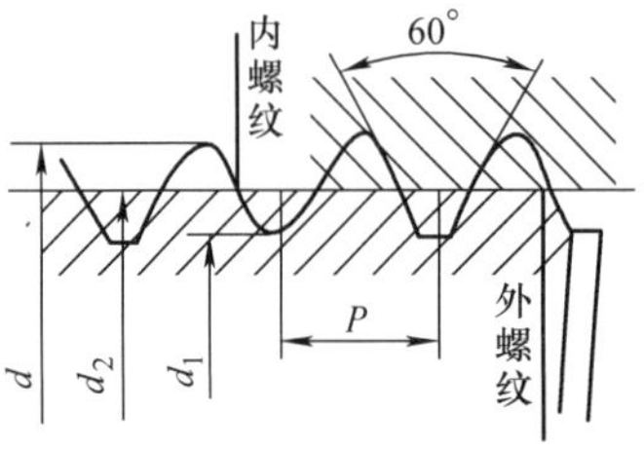	即米制三角形螺纹，牙型为等边三角形，牙型角为60°，外螺纹牙根可以有较大圆角，以减少应力集中，同一公称直径下有多种螺距，其中螺距最大的为粗牙螺纹，其余的为细牙螺纹。普通螺纹广泛用于各种紧固连接。一般的静连接多用粗牙螺纹；细牙螺纹的自锁性能较好，但不耐磨，常用于薄壁件或者受冲击、振动和变载荷的连接中，也可用于微调机构的调整螺纹
非螺纹密封的管螺纹	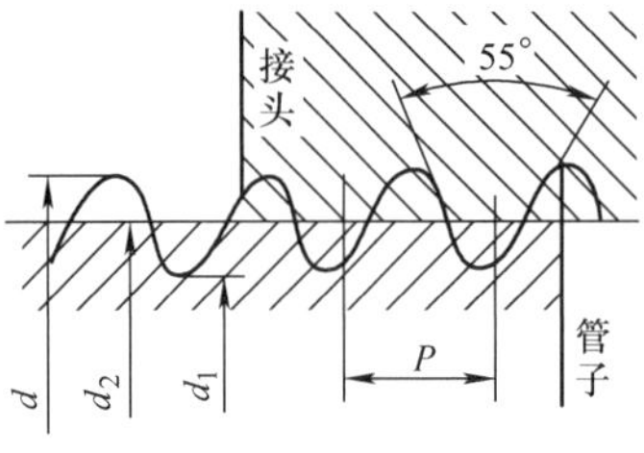	牙型为等腰三角形，牙型角为 55°，牙顶有较大圆角，非螺纹密封管螺纹为英制细牙螺纹，螺纹制作在圆柱面上，公称直径为管子内径，适用于管接头、旋塞、阀门及附件等
螺纹密封的管螺纹	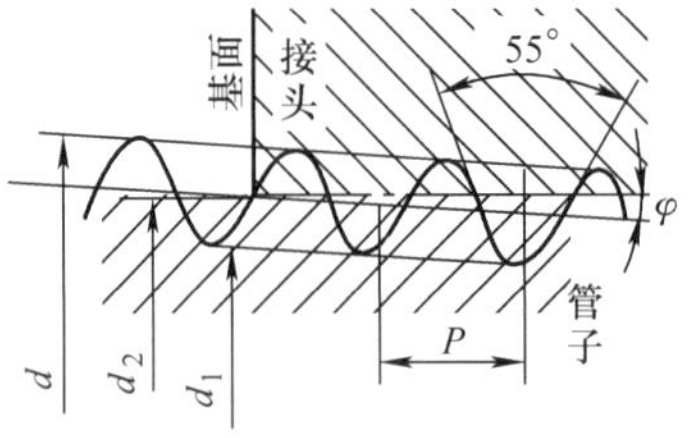	牙型为等腰三角形，牙型角为 55°，牙顶有较大圆角，螺纹密封管螺纹也为英制细牙螺纹，螺纹制作在锥度为 1∶16 的圆锥管壁上，有圆锥外螺纹与圆锥内螺纹和圆柱外螺纹与圆柱内螺纹两种连接形式，螺纹旋合后，利用本身的变形来保证连接的紧密性，适用于管接头、旋塞、阀门及附件等
矩形螺纹	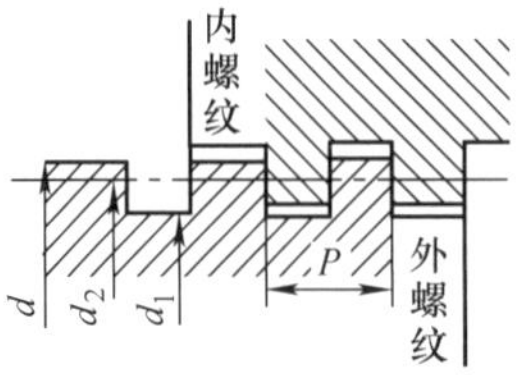	牙型为正方形，牙型角为 0°，传动效率高，但牙根强度低，精加工较困难，且螺旋副磨损后的间隙难以修复和补偿，使传动精度下降，常用于传递力和传导螺旋。该型螺纹无国家标准，应用较少，目前已逐渐被梯形螺纹所取代

续表

螺纹类型	牙　型	特点及应用
梯形螺纹	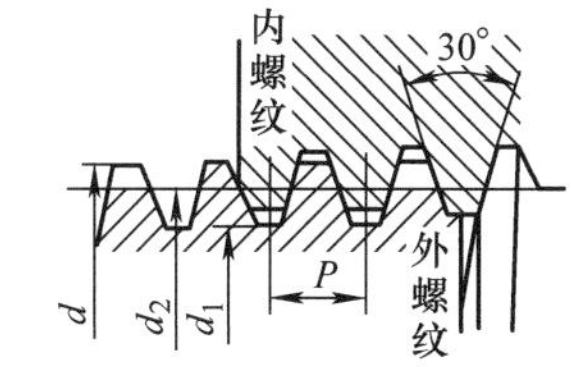	牙型为等腰梯形，牙型角为 30°，其传动效率略低于矩形螺纹，但工艺性较好，牙根强度也较高，螺旋副对中性较好，采用剖分螺母时，还可以调整间隙。广泛用于传递力和传导螺旋，如机床的丝杠、螺旋举重器等
锯齿形螺纹	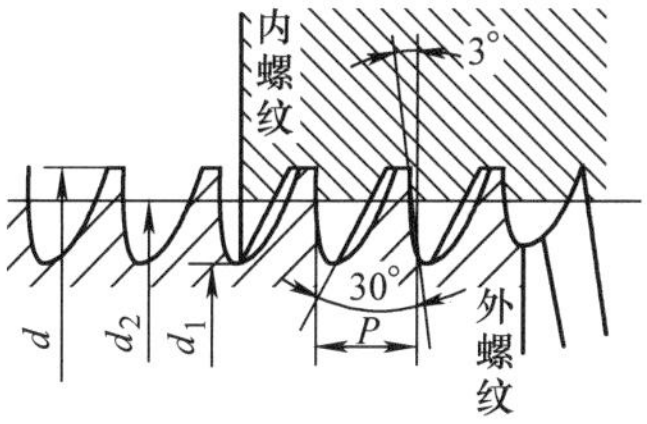	牙型为不等腰梯形，工作面的牙型角为 3°，非工作面的牙型角为 30°，外螺纹的牙根有较大的圆角，以减少应力集中。它综合了矩形螺纹和梯形螺纹的一些优点，内、外螺纹旋合后大径处无间隙，便于对中，传动效率高，而且牙根强度高。一般可用于承受单向载荷的螺旋传动

5. 常用螺纹连接的特点及应用

根据被连接件的特点或连接的用途，螺纹连接可分为螺栓连接、螺钉连接、双头螺柱连接、紧定螺钉连接四种基本类型，如表 6.1.2 所示。

表 6.1.2　螺纹连接的基本类型、特点及应用

类型	结构图	尺寸关系	特点应用
普通螺栓连接	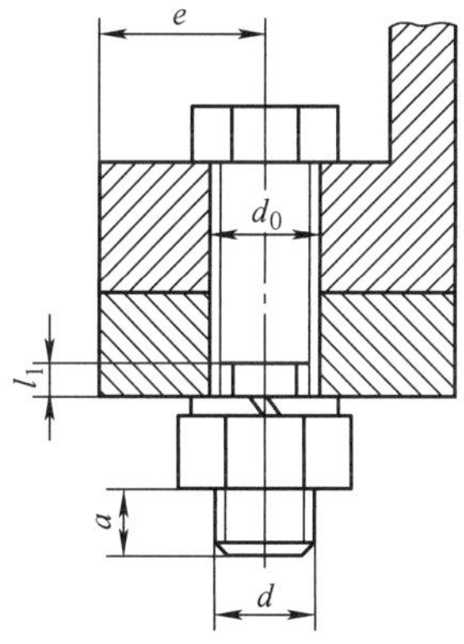	普通螺栓连接螺纹余量长度 l_1： 静载荷　$l_1 \geqslant (0.3 \sim 0.5)d$ 变载荷　$l_1 \geqslant 0.75d$ 螺纹伸出长度 $a=(0.2 \sim 0.3)d$ 螺纹轴线到边缘的距离 $e=d+(3 \sim 6)$ mm 螺栓孔直径：d_0 普通螺栓：$d_0=1.1d$ 铰制孔螺栓：d_0 按 d 查有关标准 $l_1 \approx d$	该种连接是将螺栓穿过被连接件上的光孔并用螺母锁紧 这种连接结构简单、装拆方便，螺栓杆与被连接件之间有间隙，工作载荷只能使螺栓受拉伸，对通孔加工精度要求低，应用极为广泛
铰制孔用螺栓连接	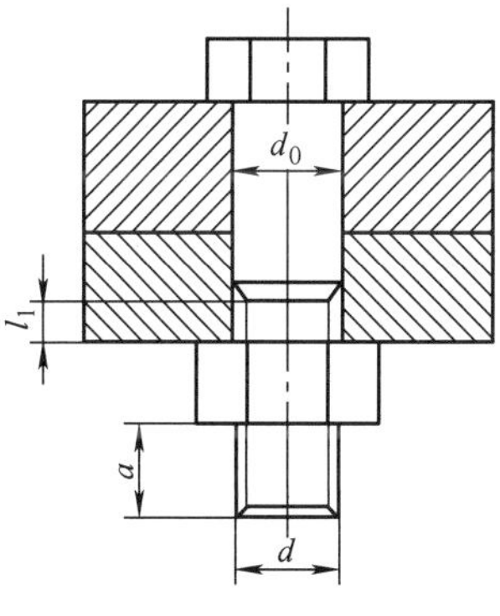		该种连接也是将螺栓穿过被连接件上的光孔并用螺母锁紧 这种连接孔与螺栓之间多采用基孔制过渡配合。螺栓杆受挤压和剪切载荷，固定被连接件的相对位置

续表

类型	结构图	尺寸关系	特点应用
螺钉连接	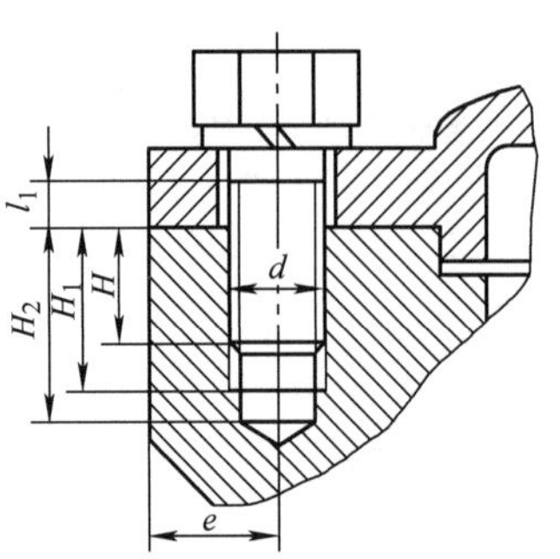	螺纹拧入深度 H: 钢或青铜 $H \approx d$ 铸铁 $H=(1.25 \sim 1.5)d$ 铝合金 $H=(1.5 \sim 2.5)d$ 螺纹孔深度: $H_1=H+(2 \sim 2.5)P$ 钻孔深度: $H_2=H_1+(0.5 \sim 1)d$ l_1、a、e 值与普通螺栓连接相同	该种连接不用螺母,直接将螺钉的螺纹部分拧入被连接件之一的螺纹孔中构成连接 这种连接结构简单,用于被连接件之一较厚不便加工通孔且受力不大,不需经常拆卸(如果经常拆装,易使螺纹孔产生过度磨损而导致连接失效)的场合
双头螺柱连接	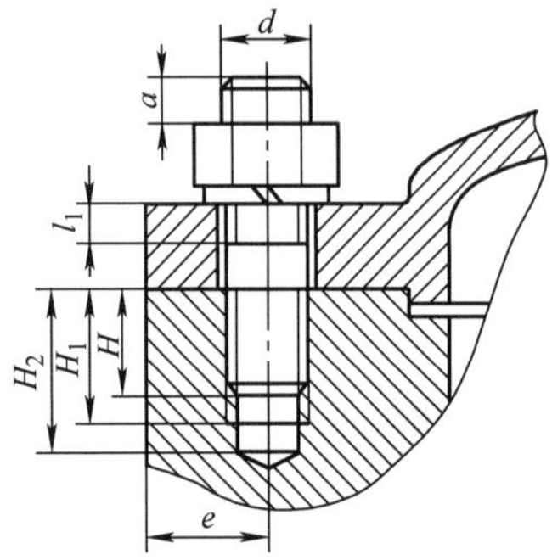		该种连接的被连接件之一较厚不宜制成通孔,而将其制成螺纹盲孔,另一薄件制通孔。螺栓的一端旋紧在一被连接件的螺纹孔中,另一端穿过被连接件的孔。 这种连接通常用于被连接件之一太厚不便穿孔,结构要求紧凑或经常拆装(拆卸时,只需拧下螺母而不必从螺纹孔中拧出螺柱即可)的场合
紧定螺钉连接	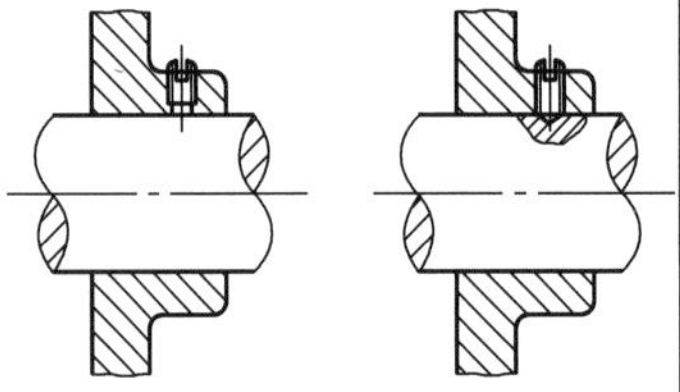 (a) (b)	$d=(0.2 \sim 0.3)d_h$,当力和扭矩较大时取较大值	将紧定螺钉旋入一零件的螺纹孔中,螺钉端部顶住或顶入另一零件,以固定两个零件的相对位置

6. 标准螺纹连接件

螺纹连接件的类型很多,在机械制造中常见的螺纹连接件有螺栓、双头螺柱、螺母和垫圈等。上述的零件绝大多数已经标准化,设计应用时可以从设计手册中查相关标准即可选用。表 6.1.3 列出了常用标准螺纹连接件的类型、结构特点及应用范围。

表 6.1.3 常用标准螺纹连接件的类型、结构特点及应用

名称	图　　例	结构特点及应用
六角头螺栓	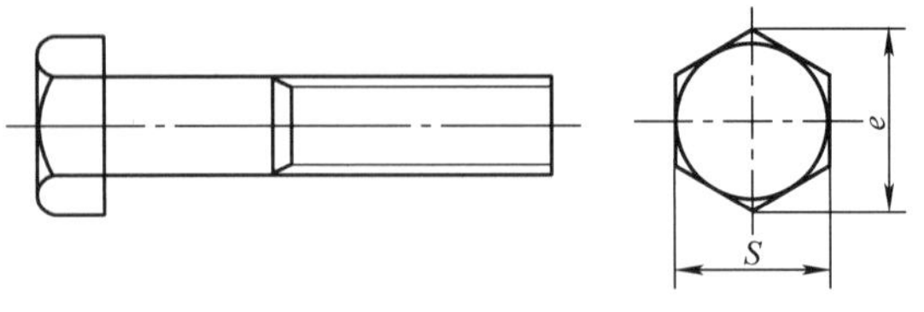	应用最广,螺纹精度分为 A、B、C 三级,通常多用 C 级。螺杆可制成全螺纹或者部分螺纹,螺距有粗牙和细牙。螺柱头部有六角头和小六角头两种。其中小六角头螺栓利用率高、力学性能好,但由于头部尺寸较小,不宜用于装拆频繁、被连接件强度低的场合

续表

名称	图　例	结构特点及应用
双头螺柱	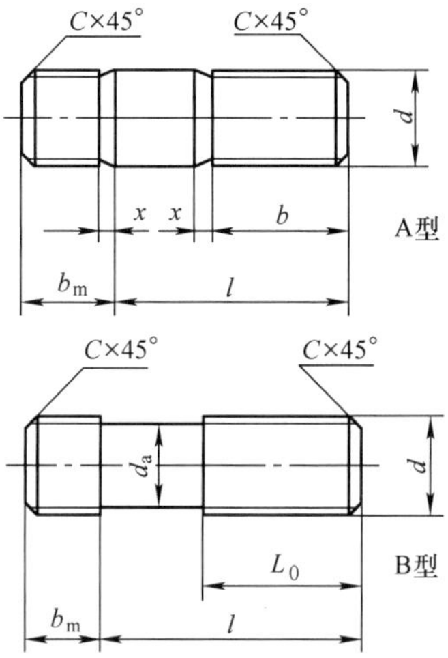	螺柱两端均有螺纹，螺纹可相同也可不同，有A型、B型两种结构。螺柱可带退刀槽或者制成腰杆，也可制成全螺纹的螺柱，螺柱的一端常用于与用铸铁或者有色金属制成的螺纹孔配合，旋入后不拆卸，另一端则用于安装螺母以固定其他零件
螺钉	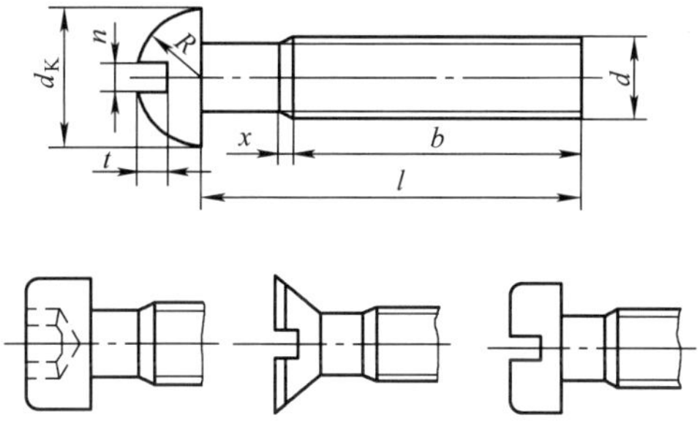	螺钉头部形状有圆头、扁圆头、六角头、圆柱头和沉头等，头部的起子槽有一字槽、十字槽和内六角孔等形式。十字槽螺钉头部强度高、对中性好，便于自动装配。内六角孔螺钉可承受较大的扳手扭矩，连接强度高，可替代六角头螺栓，用于要求结构紧凑的场合
紧定螺钉	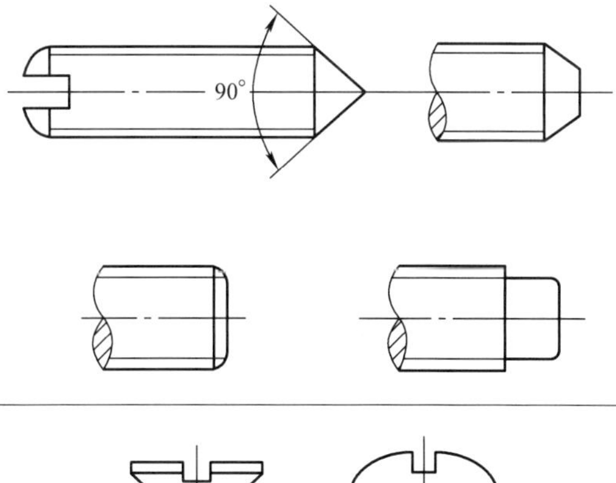	紧定螺钉常用的末端形式有锥端、平端和圆柱端。锥端适用于被紧定零件的表面硬度较低或者不经常拆卸的场合；平端接触面积较大，不会损伤零件表面，常用于顶紧硬度较大的平面或者经常装拆的场合，圆柱端压入轴上的凹槽中，适用于紧定空心轴上的零件位置
自攻螺钉	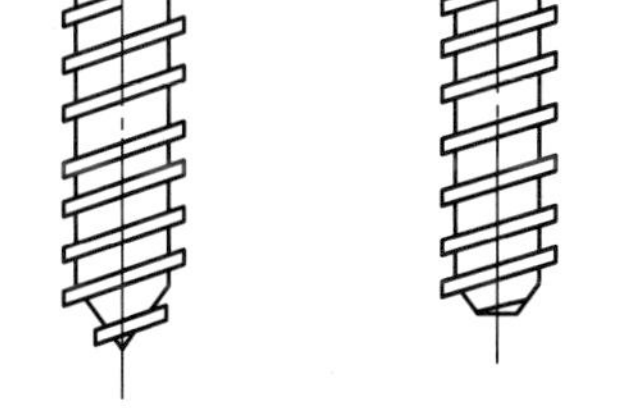	螺钉头部形状有圆头、六角头、圆柱头、沉头等。头部的起子槽有一字槽、十字槽等形式。末端形状有锥端和平端两种。多用于连接金属薄板、轻合金或者塑料零件，螺钉在连接时可以直接攻出螺纹

续表

名称	图　　例	结构特点及应用
六角螺母	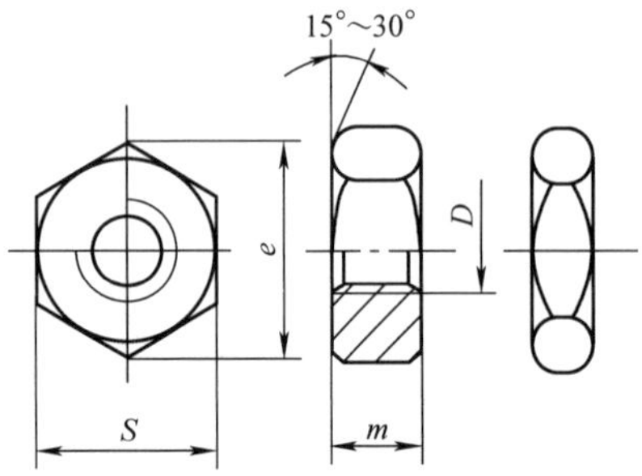	按照螺母厚度不同可分为标准型和薄型两种。螺母的制造精度与螺栓的制造精度对应，分 A、B、C 三级，分别与同级别的螺栓配用。其中薄螺母常用于受剪力的螺栓上或者空间尺寸受限制的场合
圆螺母	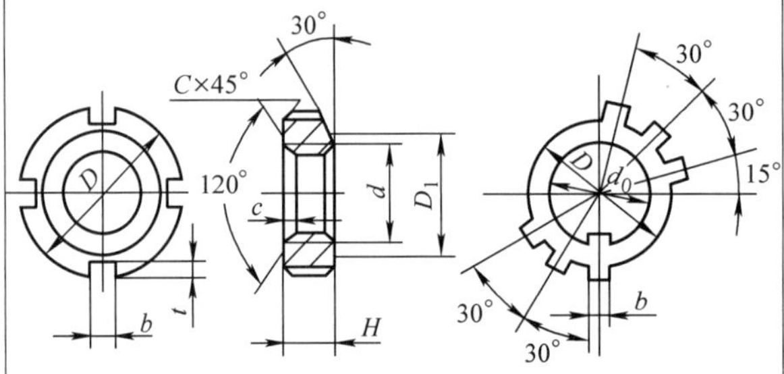	圆螺母常与止退垫圈配用，装配时垫圈内舌嵌入轴槽中，外舌嵌入螺母槽中，就可防止螺母松脱，起到防松作用。常用于滚动轴承的防松固定中
垫圈	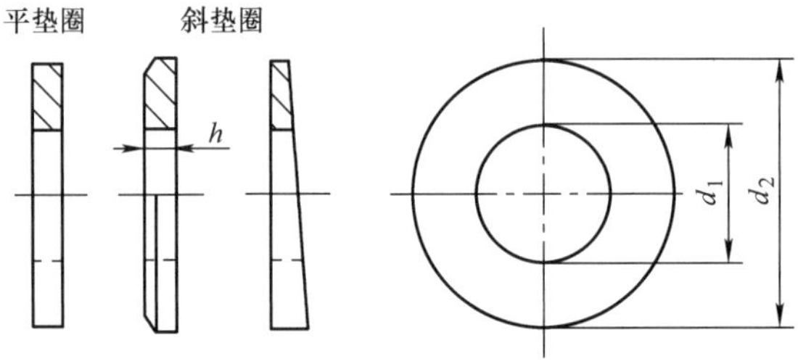	垫圈置于螺母与被连接件之间用于保护支承面不被擦伤，增大螺母与被连接件之间的接触面积。平垫圈加工精度分为 A、C 两级。用于同一螺纹直径的垫圈又有四种大小，特大的用于铁木结构，斜垫圈用于倾斜的支承面

【知识链接 2】螺纹连接的预紧和防松

1. 螺纹连接的预紧

螺纹连接根据在受载之前是否需要拧紧可分为紧连接和松连接两种。连接件在承受工作载荷之前就预加上的作用力称为预紧力，通常用 F_0 表示。预紧的目的是为了增加连接的可靠性、紧密性和防松能力。在连接时，若预紧力过小，在工作载荷作用下螺栓容易松动，使连接不可靠；若预紧力过大，又容易导致连接过载甚至连接件被拉断等不良后果。故为了保证螺纹连接的稳定可靠工作，在装配时要设法控制预紧力。对于一般连接，F_0 可凭经验来控制，对于重要连接则是通过拧紧力矩来控制的。如图 6.1.8 所示，拧紧时，扳手的拧紧力矩 T 用于克服螺纹副的摩擦力矩 T_1 和螺母与被连接件支承面间的摩擦力矩 T_2 之和，即

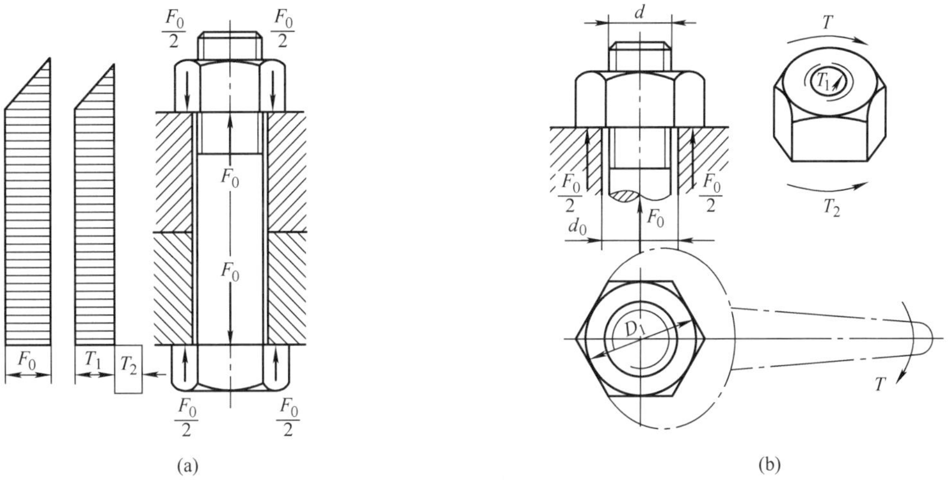

图 6.1.8　拧紧力矩

$$T = T_1 + T_2 = F_0 \tan(\lambda + \varphi_v)\frac{d_2}{2} + \frac{1}{3}f_c F_0 \frac{D_1^3 - d_0^3}{D_1^2 - d_0^2} = KF_0 d \qquad (6.1.1)$$

式中：F_0 为预紧力（N）；d 为螺纹的公称直径（mm）；K 为拧紧力矩系数，见表 6.1.4；λ 为螺纹升角；φ_v 为当量摩擦角；f_c 为螺母与被连接件之间支承面的摩擦系数。

分析上面的式子可得，预紧力 F_0 的大小取决于拧紧力矩 T。

表 6.1.4　拧紧力矩系数 K

摩擦表面状态		精加工表面	一般加工表面	表面氧化	镀锌	干燥粗加工表面
K 值	有润滑	0.10	0.13～0.15	0.20	0.18	—
	无润滑	0.12	0.18～0.21	0.24	0.22	0.26～0.30

预紧力的大小可根据螺栓的受力情况和连接的工作要求决定，对于一般的普通螺栓连接，预紧力可凭装配经验控制，一般规定拧紧后预紧力不超过螺纹连接件材料屈服极限 σ_s 的 80%。

对于比较重要的普通螺栓连接，可用图 6.1.9 所示的测力矩扳手或定力矩扳手，控制力矩的大小 T 可在刻度上直接读出。为保证连接的安全可靠性，应尽可能不采用小于 M12 的螺栓。

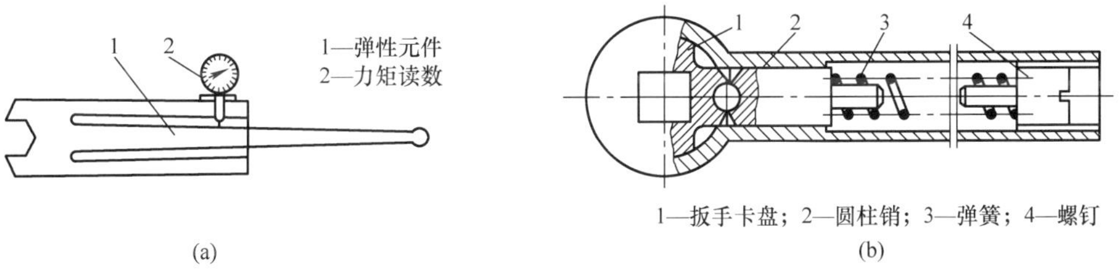

图 6.1.9　测力矩与定力矩扳手

（a）测力矩扳手；（b）定力矩扳手

2. 螺纹连接的防松

松动是螺纹最常见的失效形式之一。连接中常用的单线普通螺纹和管螺纹都具有自锁性能，当工作环境中存在冲击、振动或变载荷作用或者温度变化较大时，螺纹副之间的摩擦力可能减少甚至瞬间消失，使螺纹连接产生自动松脱现象。

防松的目的是防止因外载荷的变化、材料的蠕变等因素引起的螺纹连接松脱，其实质在于防止螺纹副的相对转动。按照工作原理，防松方法可分为利用摩擦、直接锁住和破坏螺纹副关系三种，如表 6.1.5 所示。

表 6.1.5　防松装置原理和方法举例

防松原理	防松装置及方法
利用摩擦：使螺纹副中有不随连接载荷而变的压力，因而始终有摩擦力矩防止相对转动，压力可由螺纹副纵向或横向压紧而产生	对顶螺母 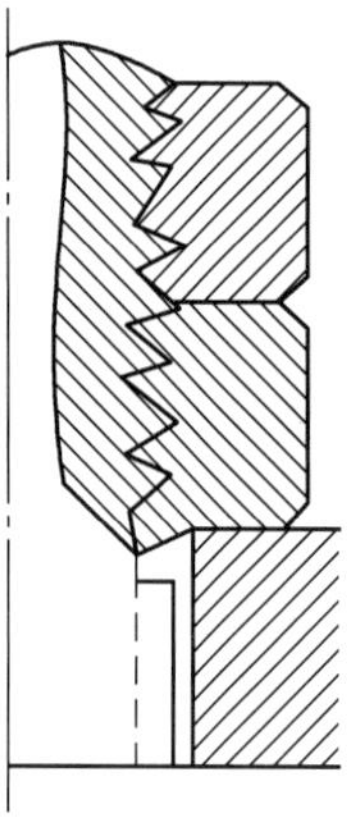 两螺母对顶拧紧，螺栓旋合段受拉，而螺母受压，从而使螺纹副纵向压紧 弹簧垫圈 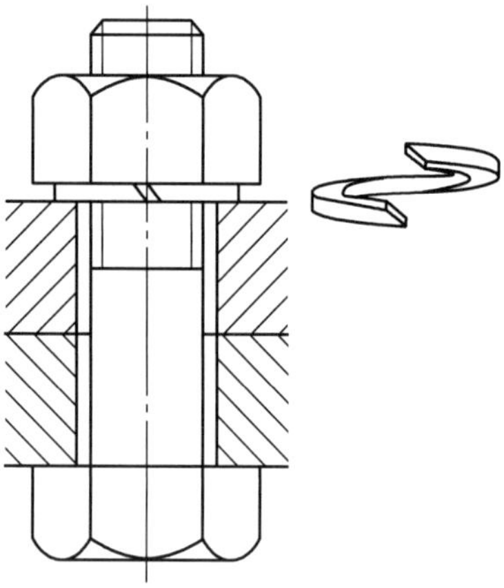 利用拧紧螺母时，垫圈被压平后的弹性力使螺纹副纵向压紧 金属锁紧螺母 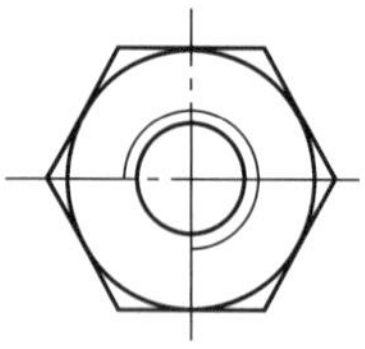 利用螺母末端椭圆口的弹性变形箍紧螺栓，横向压紧螺纹 尼龙圈锁紧螺母 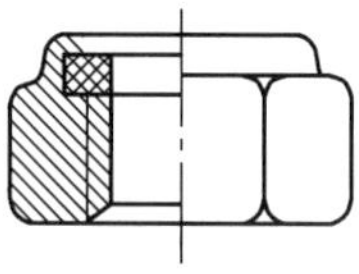 利用螺母末端的尼龙圈箍紧螺栓，横向压紧螺纹 楔紧螺纹锁紧螺母 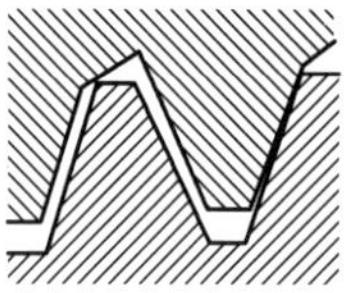 利用楔紧螺纹，使螺纹副纵横压紧

续表

防松原理	防松装置及方法
直接锁住：利用便于更换的金属元件约束螺纹副	开口销与开槽螺母 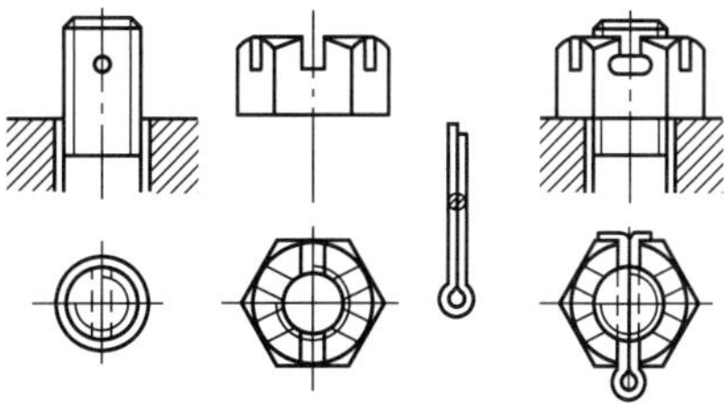 螺栓　开槽螺母　开口销　装配图 利用开口销使螺栓、螺母相互约束 止动垫片 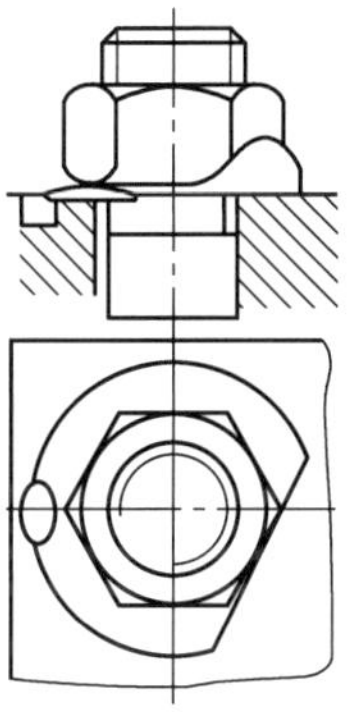 垫片约束螺母而自身又约束在被连接件上（此时螺栓应另有约束） 串联金属丝 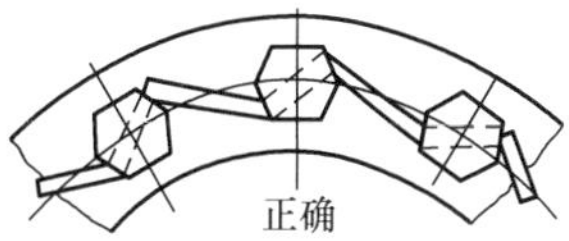 正确 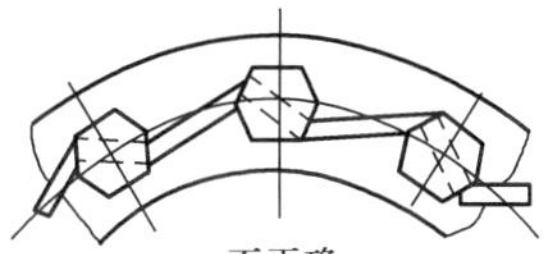 不正确 利用金属丝使一组螺钉头部相互约束，当有松动趋势时，金属丝更加拉紧
破坏螺纹副关系：把螺纹副转变为非运动副，从而排除相对转动的可能	焊住 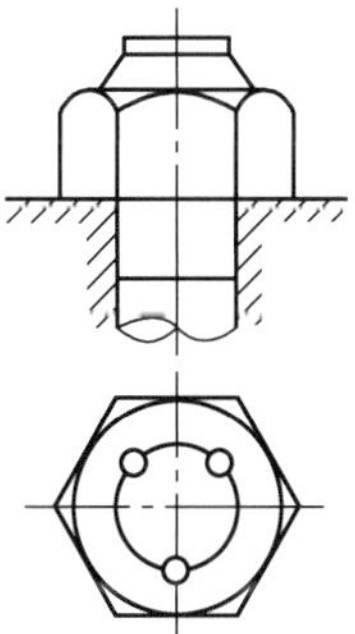 冲点 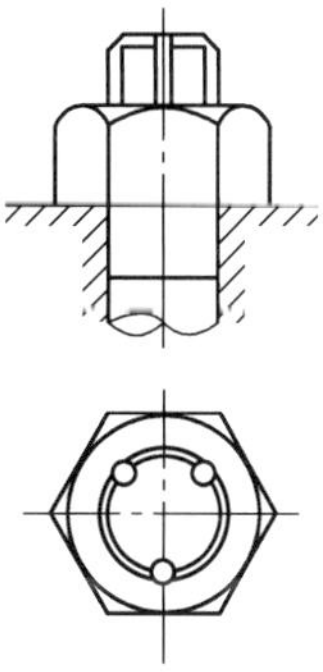 粘接 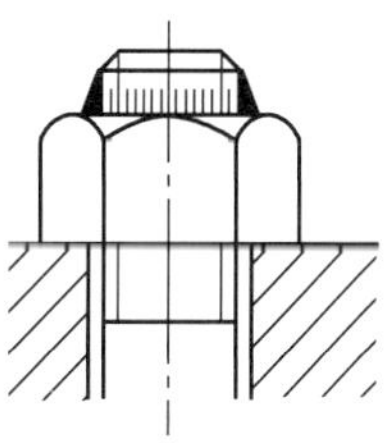 在螺纹副间涂金属粘接剂

【任务实施】螺纹连接的结构设计

螺栓组在设计时应注意以下问题。

1）连接接合面的几何形状通常设计成轴对称的简单几何形状，如图 6.1.10 所示。这样便于对称布置螺栓，使螺栓组的对称中心和连接接合面的形心重合，保证接合面的受力比较均匀,同时也便于加工制造。

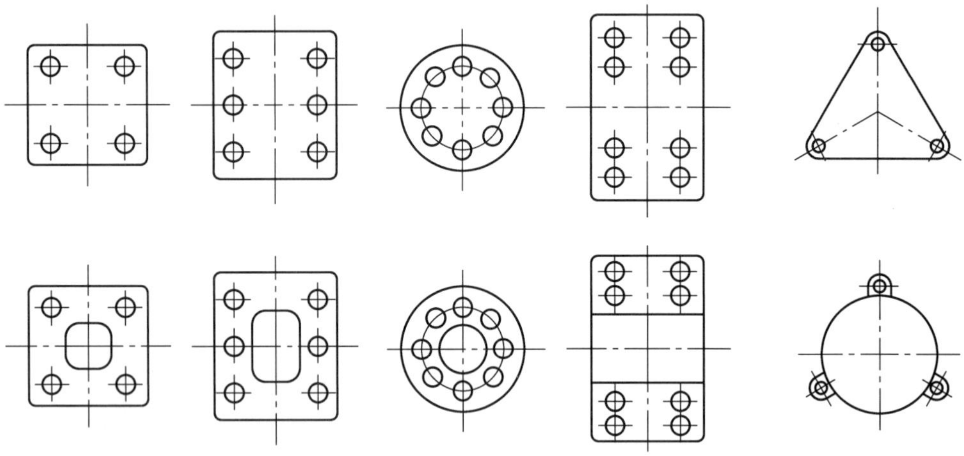

图 6.1.10 螺栓组连接接合面的形状

2)螺栓的布置应使螺栓的受力合理。当螺栓组连接承受弯矩或扭矩的时候,应使螺栓的位置适当靠近接合面的边缘,以减小螺栓的受力,如图 6.1.11 所示。不要在平行于工作载荷的方向上成排地布置 8 个以上的螺栓,以避免螺栓受力不均匀。若螺栓组同时承受较大的横向、轴向载荷,则应采用销、套筒、键等零件来承受横向载荷,以减小螺栓的结构尺寸,如图 6.1.12 所示。

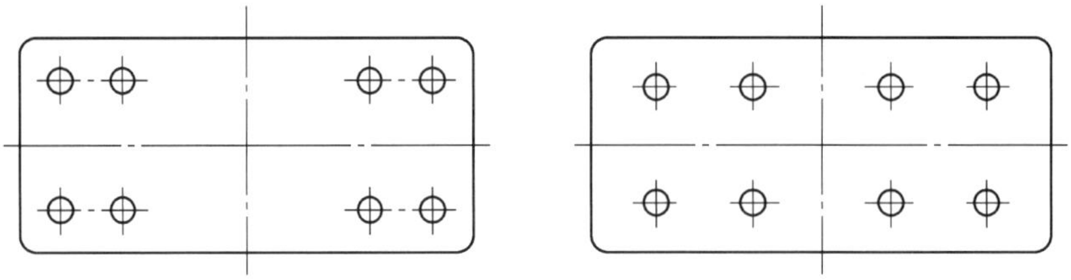

(a)　　(b)

图 6.1.11 接合面受弯矩或扭矩时螺栓的布置

(a)合理;(b)不合理

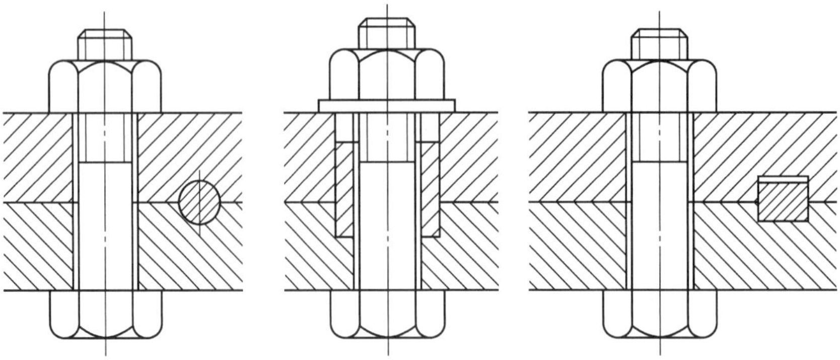

图 6.1.12 承受横向载荷的减载装置

3)螺栓的排列应有合理的间距和边距。应根据扳手空间尺寸来确定各螺栓中心的间距及螺栓轴线到机体壁间的最小距离。图 6.1.13 所示的扳手空间尺寸可查阅有关标准。对于压力容器等紧密性要求较高的连接,螺栓间距 t 不得大于表 6.1.6 所推荐的数值。

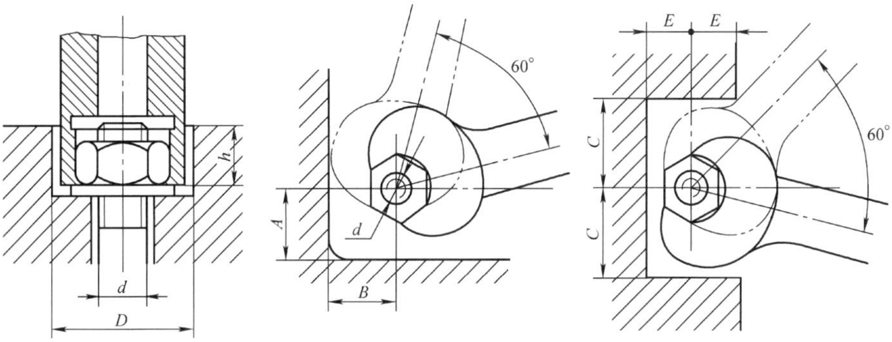

图 6.1.13　扳手空间尺寸

表 6.1.6　紧密连接的螺栓间距 t

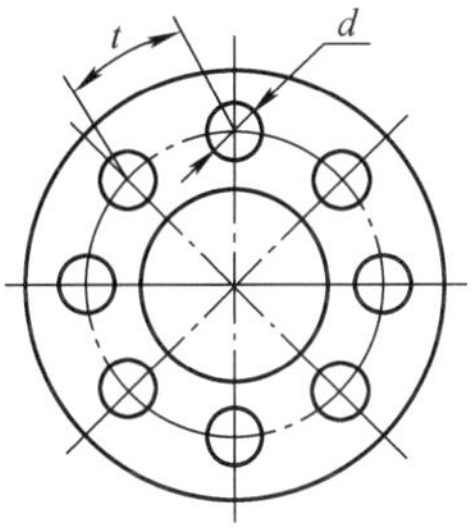	容器工作压力 p/MPa					
	≤1.6	1.6~4	4~10	10~16	16~20	20~30
	t/mm					
d—螺纹公称直径	$7d$	$4.5d$	$4.5d$	$4d$	$3.5d$	$3d$

4)同一螺栓组连接中各螺栓的直径和材料均应相同。分布在同一圆周上的螺栓数目应取 4、6、8 等偶数,以便于分度或画线。

5)要避免螺栓承受偏心载荷(图 6.1.14)。应减小载荷相对于螺栓轴心线的偏距,保证螺母或螺栓头部支承面平整并与螺栓轴线相垂直,被连接件上应设置凸台、沉头座或采用斜面垫圈,如图 6.1.15 和图 6.1.16 所示。

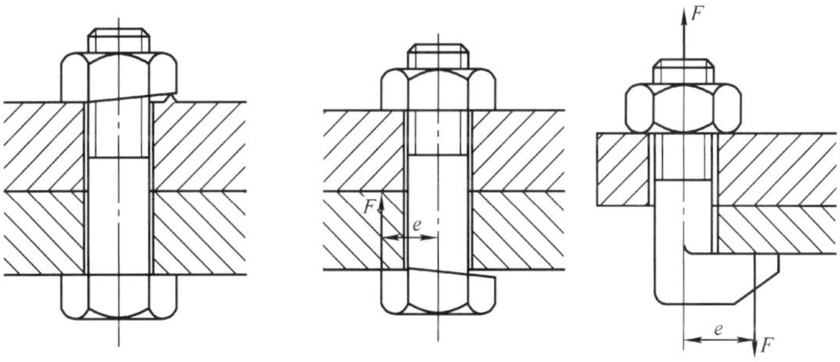

图 6.1.14　螺栓承受偏心载荷

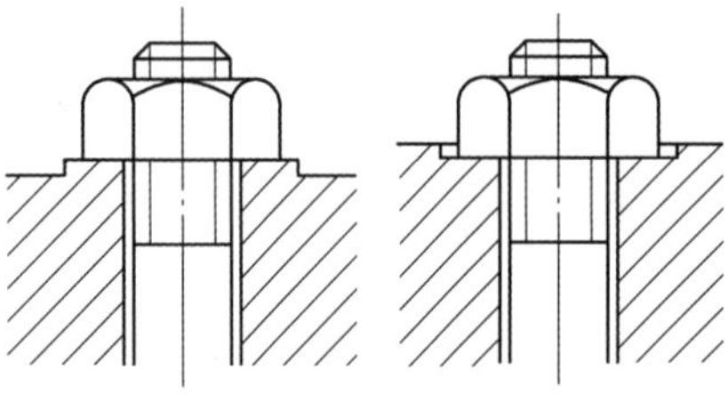

(a)　(b)

图 6.1.15　凸台与沉头座的应用

(a)凸台;(b)沉头座

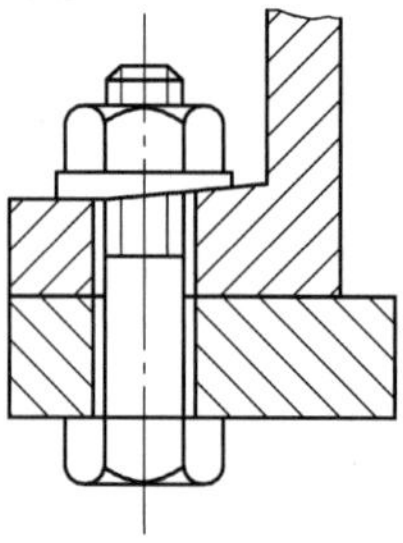

图 6.1.16　斜面垫圈的应用

进行螺栓组的结构设计时,在综合考虑上述各项的同时,还要根据螺栓连接的工作条件合理地选择防松装置。

【知识拓展】提高螺栓连接强度的措施

1. 改善螺纹牙间的载荷分配

即使是制造和装配精确的螺栓和螺母,传递力的时候,其旋合各圈螺纹牙的受力也是不均匀的。图 6.1.17 所示的受拉螺栓与受压螺母组合,螺栓杆拉力自下而上由力 $\boldsymbol{F}$ 递减为零,并通过螺纹牙传给螺母;螺母体压力自下而上由零递增为 $\boldsymbol{F}$。螺栓受拉,螺距增大;螺母受压,螺距减小。

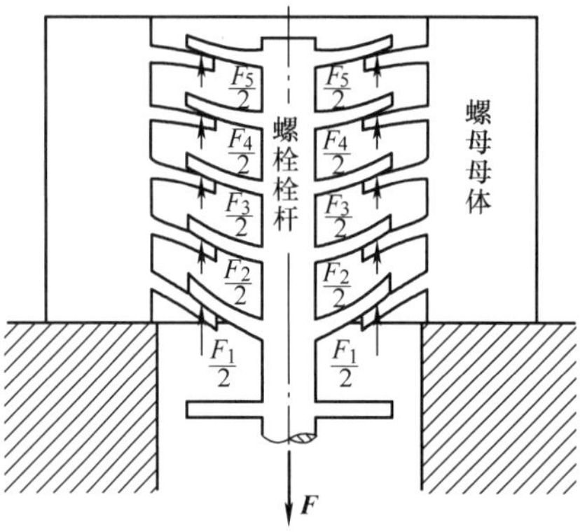

(a)

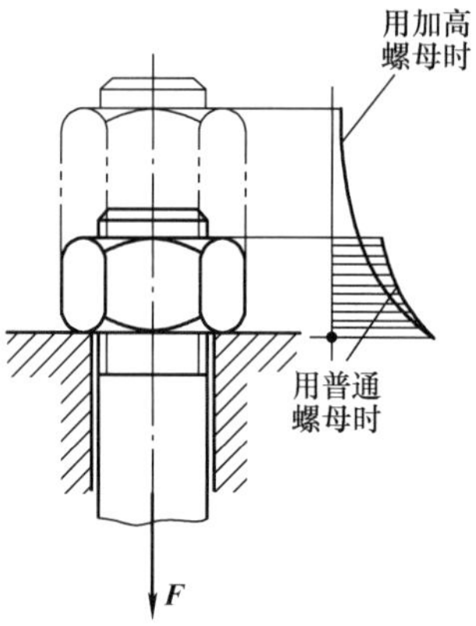

(b)

图 6.1.17　螺纹牙的受力

(a)螺纹牙受力和变形;(b)螺纹牙受力分配

由图 6.1.17(a)可知,从传力算起的第一圈螺纹变形最大,因而受力也最大,以后各圈逐圈递减。旋合圈数越多,受力不均匀程度也越显著,如图 6.1.17(b)所示,当到第 8 ~ 10 圈时,螺纹牙几乎就已经不受力了。因此,采用加高螺母以增加旋合圈数的方法,对提高螺栓强度并没有太大的作用。

为改善各螺纹牙受力不均匀的情况,可采用下列方法(图 6.1.18)来改进螺母结构。

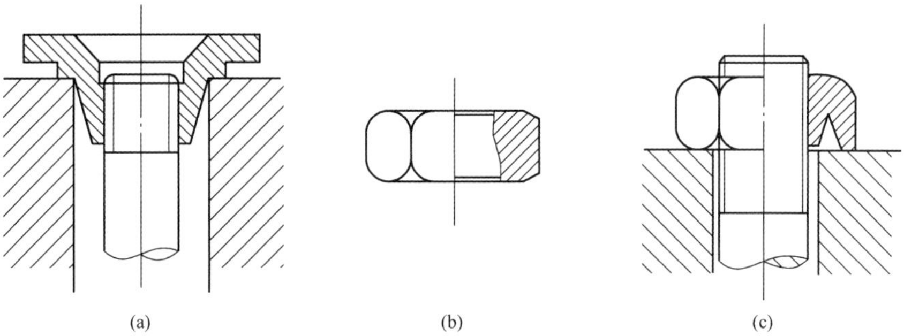

图 6.1.18　改善螺纹牙间载荷分布

(a)悬置螺母;(b)内斜螺母;(c)环槽螺母

1)悬置螺母:如图 6.1.18(a)所示,使螺母与螺栓杆均受拉从而变形一致,以减小刚度差达到减小螺距变化差的目的,这样可以提高螺栓疲劳强度达 40% 左右。

2)内斜螺母:如图 6.1.18(b)所示,螺母有 10°~15°的内斜角,可减小原受力大的螺纹牙的刚度从而把力分流到原来受力小的螺纹牙上,从而使螺纹牙间的载荷分配趋于合理,可提高螺栓疲劳强度 20%。

3)环槽螺母:如图 6.1.18(c)所示,利用螺母下部受拉且富于弹性,可将螺栓疲劳强度提高 30%。

2. 减小螺栓的应力变化幅度

对于受轴向变载荷的紧螺栓连接,应力变化幅度是影响其疲劳强度的重要因素,应力变化幅度越小,疲劳强度越高。减小螺栓的刚度或者是增大被连接件的刚度,都能够使应力变化幅度减小。

减小螺栓刚度的办法如图 6.1.19 所示,可采用适当增大螺栓的长度、减小螺栓光杆直径等方法;也可如图 6.1.20 所示,在螺母下装弹性元件以降低螺栓刚度。

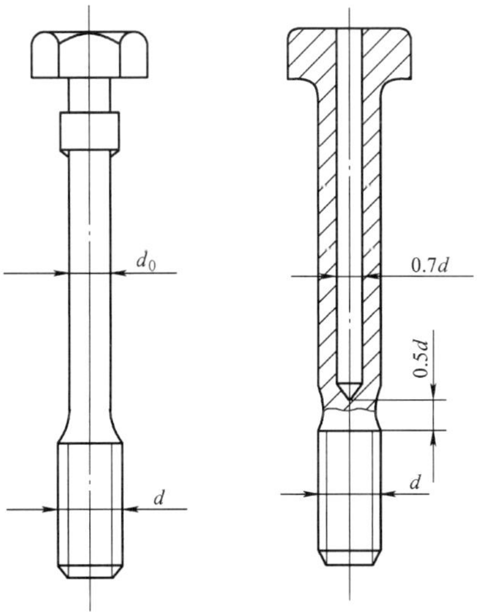

图 6.1.19　柔性螺栓

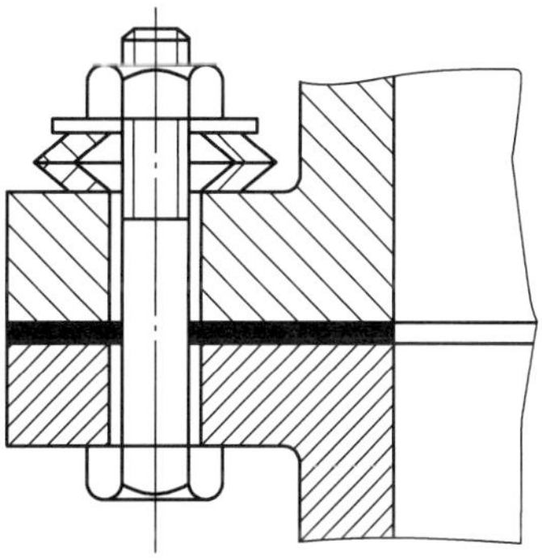

图 6.1.20　螺母下装弹性元件

要增大被连接件的刚度,除了可以从被连接件的结构和尺寸入手外,还可以采用刚度较大的金属垫片或不设置垫片。对于有紧密性要求的气缸螺栓连接,如仅从密封角度考虑采用软垫片密封(图 6.1.21(a))并不合适,这时采用密封环是较好的选择(图 6.1.21(b));同时,采用上述两种方法,减小应力变化幅度的效果会更好。

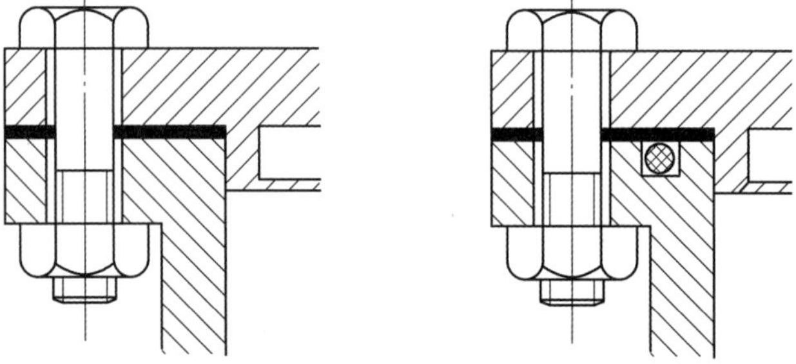

(a) (b)

图 6.1.21 金属垫片和密封环密封

(a)金属垫片密封;(b)密封环密封

3. 减小附加应力

这里的附加应力主要是指弯曲应力。如图 6.1.22 所示,被连接件、螺母或螺栓头部的支承面粗糙(图 6.1.22(a)),被连接件因刚度不够而弯曲(图 6.1.22(b))以及装配不良等都会使螺栓产生附加弯曲应力。对此,应从结构或工艺上采取措施,如规定螺纹紧固件与连接件支承面的加工精度要求;采用球面垫圈(图 6.1.23(a))、斜垫圈(图 6.1.23(b))、在粗糙表面上采用切削加工的凸台(图 6.1.23(c))或沉头座(图 6.1.23(d))。

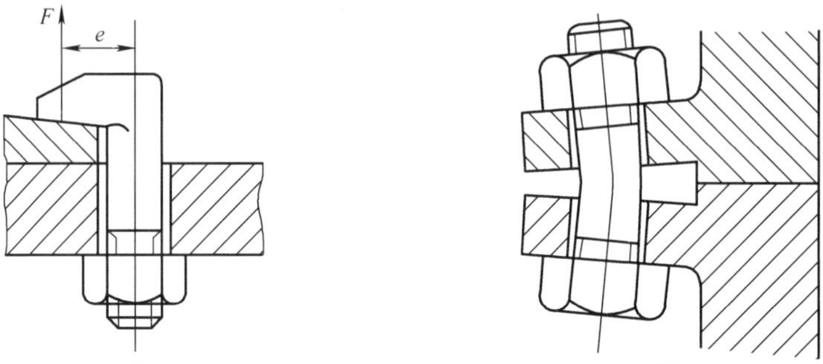

(a) (b)

图 6.1.22 螺栓受弯曲应力的原因

(a)支撑面粗糙;(b)产生弯曲

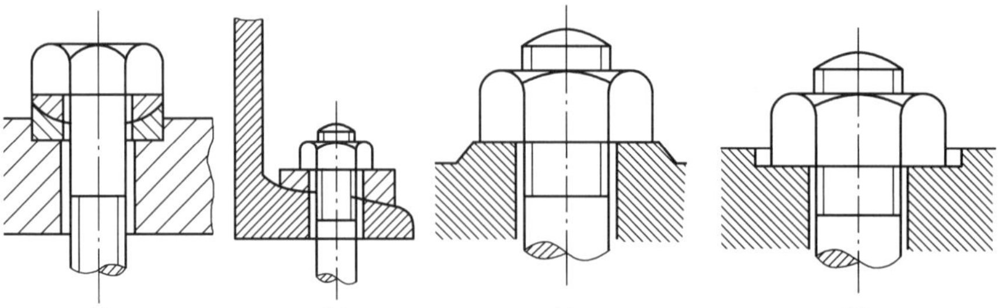

(a) (b) (c) (d)

图 6.1.23 避免产生附加应力的措施

(a)球面垫圈;(b)斜垫圈;(c)凸台;(d)沉头座

4. 减小应力集中

螺纹的牙根与收尾、螺栓头部与栓杆交接处，都有应力集中，是容易产生断裂的危险部位；特别是在旋合螺纹的牙根处，由于栓杆拉伸，牙受弯剪，而且受力不均匀，情况较为严重。这时，适当加大牙根圆角半径以减小应力集中，可提高螺栓疲劳强度 20% ~40%；在螺纹收尾处用退刀槽、在螺母承压面以内的栓杆有余留螺纹等，都有较好的效果。

5. 螺栓组的布置应尽可能对称

连接接合面的几何形状通常都被设计成轴对称的简单几何形状，如圆形、环形、矩形、框形、三角形等，这样不但便于加工制造，而且便于对称布置螺栓，使螺栓组的对称中心和连接接合面的形心重合，从而保证接合面的受力比较均匀，如图 6.1.10 所示。

6. 螺栓的布置应使各螺栓的受力合理

当螺栓组连接布置时，应使螺栓的位置适当靠近接合面的边缘，以减小螺栓的受力，如图 6.1.11 所示。

7. 螺栓的分布和排列应合理

为了便于在圆周上钻孔时的分度和画线，通常分布在同一圆周上的螺栓数目取成 4、6、8 等偶数；螺栓的排列应有合理的间距和边距。最小距离由扳手所需的活动空间来确定（图 6.1.13），具体空间的大小可查相关手册得到。

【小结】

螺纹连接作为一种最基本的连接形式，在机械结构中很常见，多数情况下作为静连接来使用。螺纹的主要参数、类型及特点，标准螺纹连接件等是了解并掌握螺纹知识的基础，在此基础上，进一步学习螺纹的预紧和防松、螺纹的结构设计、提高螺栓强度的措施等实际应用，即可达到会初步使用螺纹结构的目的。

复　习　题

1. 螺纹主要有哪几种类型？它们分别用于什么场合？

2. 螺纹的主要参数有哪些？

3. 什么是螺纹的螺距和导程？它们的区别是什么？螺纹的螺距、导程、线数三者之间是什么关系？

4. 螺纹根据牙型的不同可分为哪几种？它们的特点是什么？常用的连接和传动螺纹有哪些牙型？

5. 螺纹连接的基本形式有哪些？它们的特点和适用场合是什么？

6. 螺纹连接采用防松装置的原因是什么？常用的防松方法和装置有哪些？

7. 常见的螺栓失效形式有哪些？通常发生在螺栓的哪个部位？

8. 松螺栓连接和紧螺栓连接有什么区别？在计算强度的时候使用的计算公式有什么区别？

9. 被连接件受横向外载荷时，是否一定受到剪切力作用？

10. 螺栓连接结构设计时要求螺栓组对称布置于连接接合面的形心，这样做的原因是什么？

11. 铰制孔用螺栓连接有何特点？用于承受哪种载荷？

12. 影响螺栓连接强度的因素有哪些？哪些措施可以提高螺栓的连接强度？

13. 指出题 13 图示结构中的错误，并尝试画出正确的结构。

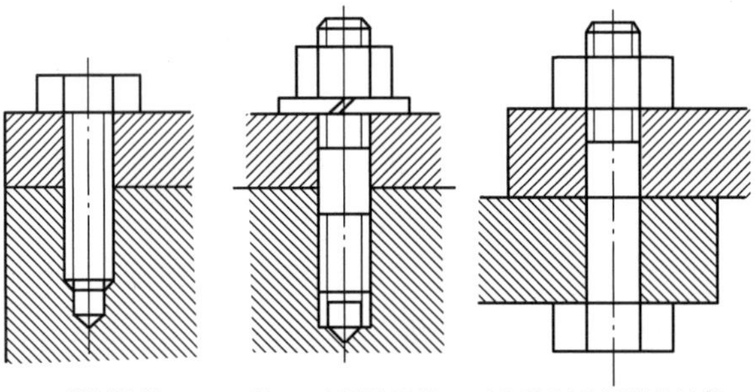

(a) 螺钉连接　(b) 双头螺柱连接　(c) 铰制孔用螺栓连接

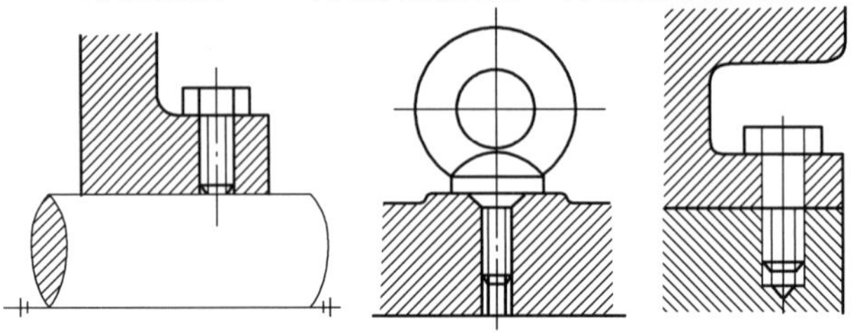

(d) 紧定螺钉连接　(e) 吊环螺钉连接　(f) 螺钉连接

题 13 图

任务二　键　连　接

【任务目标】

- 了解键连接有哪些分类和构造。
- 掌握键连接的作用及其选择，了解简单的强度校核方法。
- 了解花键连接的类型。

【任务导入】

观察图 6.2.1，并思考下列问题。

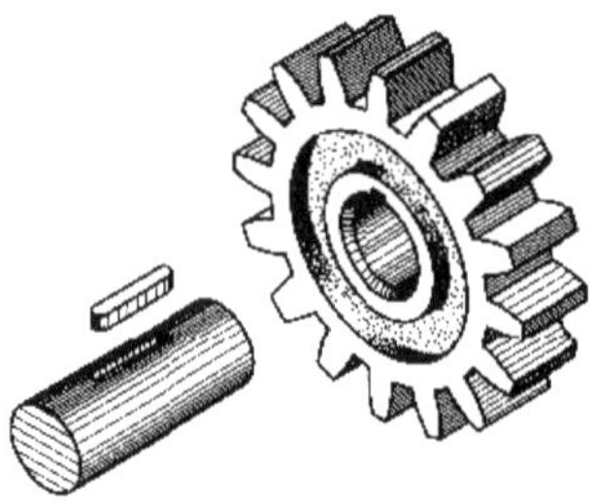

(a)

(b)

图 6.2.1　键连接的应用

1. 图 6.2.1 所示是哪种类型的键？分别用在什么地方？起什么作用？
2. 实际工作中如何选择键的结构尺寸？

【知识链接】键连接的类型和构造

键连接主要用于轴和轴上零件(如齿轮、皮带轮、蜗轮等)的连接，以实现周向固定并传递转矩。有些类型的键还能轴向固定零件从而传递轴向力，有些则能构成轴向动连接。

1. 键连接的分类和构造

键是标准件，其连接可分为以下几种基本类型。

(1)平键连接

平键在工作时，上表面与轮毂槽顶面留有间隙，键的侧面与键槽间的两侧面挤压产生力，从而传递力矩，因此键的两侧面是工作平面。其制造容易、装拆比较方便、定心良好，一般用于传动精度较高的场合。根据键的用途，一般可将平键分为普通平键(GB 1096—2003)、导向平键(GB 1097—2003)和滑键三种。导向平键也简称为导键，此外还有一种键高较小的普通平键称为薄型平键(GB 1566—2003)，可用于薄壁零件。

Ⅰ. 普通平键连接

普通平键用于轴毂间无相对轴向移动的静连接，是应用最为广泛的一种连接。如图 6.2.2 所示，按其结构可分为 A 型(圆头，如图 6.2.2(a)所示)、B 型(方头，如图 6.2.2(b)所示)和 C 型(一端圆头一端方头，如图 6.2.2(c)所示)三种。圆头平键的键槽用立铣刀加工，键可在键槽中实现较好的固定，但键槽对轴的应力集中有一定的影响。方头平键的键槽用盘铣刀加工，键槽对轴的应力集中影响较小。一端圆头一端方头的平键常用于轴的端部连接，轴上的键槽常用立铣刀铣通。

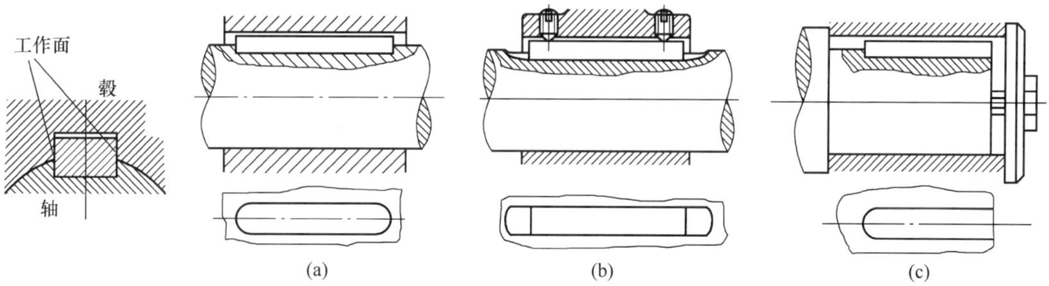

图 6.2.2　普通平键连接

(a)圆头；(b)方头；(c)一端圆头一端方头

Ⅱ. 导向平键连接

导向平键用于动连接，一般用在轴上零件轴向移动量不大的情况(如变速箱中的滑移齿轮)，如图 6.2.3 所示。导向平键比普通平键长，为防止键体在轴上松动，一般固定在轴上，而毂可以沿着键移动(键与其相对滑动的键槽之间的配合为间隙配合)，键与键槽的滑动面应具有较低的表面结构值，以减少移动时的摩擦力。读者在阅读图 6.2.3 时可以思考一下键中部的孔起什么作用。

Ⅲ. 滑键连接

滑键用于轴上零件轴向移动量较大的动连接，如图 6.2.4 所示。滑键与轴上的零件固定为一体,工作时二者一起沿轴槽滑动,适用于轴上零件移动距离较大的场合,如车床溜板箱与光轴之间的连接。

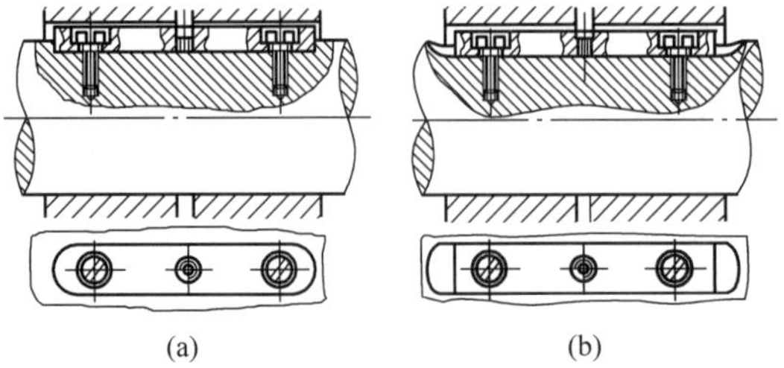

图 6.2.3　导向平键连接

(a)圆头;(b)方头

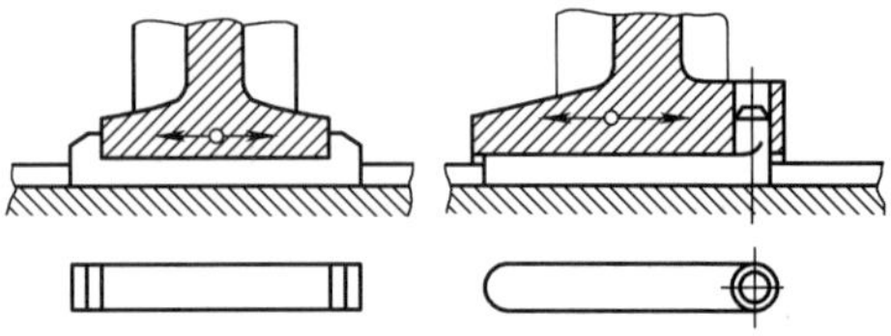

图 6.2.4　滑键连接

(2)半圆键连接

半圆键制造时一般用圆钢切制或冲压后磨制。轴上键槽用半径与键相同的盘状铣刀铣出,因而键在键槽中能绕其几何中心摆动以适应毂上键槽的斜度。半圆键连接结构如图 6.2.5 所示。半圆键用于静连接,键的两侧面是工作面,工作时靠侧面受挤压传递转矩。因为键在轴槽内可绕其几何中心摆动,以适应轮毂槽底部的斜度,所以其优点是工艺性好、装拆较方便;缺点是轴上键槽较深,对轴的强度削弱较大,主要用于受载不大或锥形轴端的辅助装置,如图 6.2.6 所示。

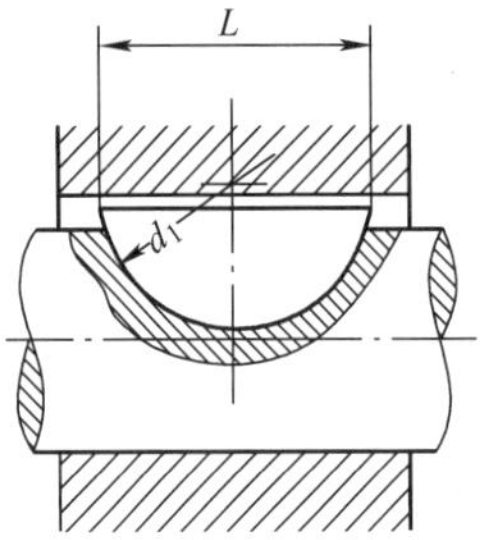

图 6.2.5　半圆键连接

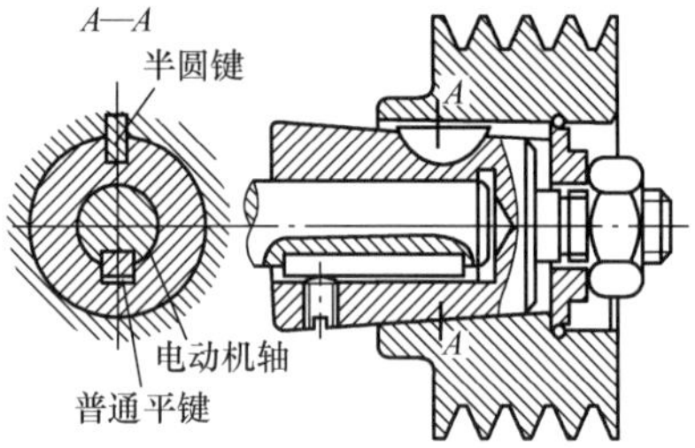

图 6.2.6　普通平键和半圆键连接的应用

平键和半圆键连接制造简易,装拆方便,在一般情况下不影响被连接件的定心,因而应用比较广泛。平键和半圆键不能实现轴上零件的轴向固定,所以也不能传递轴向力。

(3)斜键连接

斜键只能用于静连接。根据连接的构造和工作原理的不同有很多种结构,本书介绍常用的两种,分别是楔键和切向键。

Ⅰ. 楔键连接

如图 6.2.7 所示,键的上表面和轮毂、槽底面均制成 1∶100 的斜度。装配后键的上下表面与轮毂和键槽的底面贴合压紧,因此键的上下表面是工作面。工作时,依靠键、轮毂和轴之间的摩擦力和由于轴与毂有相对转动的趋势而使键受到的偏压来传递转矩;同时也能承受单向的轴向力。在冲击、振动或变载荷作用下容易松动。故适用于不要求准确定心、低速转动的场合。

Ⅱ. 切向键连接

切向键由两个斜度为 1∶100 的单边斜楔键组成。装配时,两键从轮毂两端打入,装配后

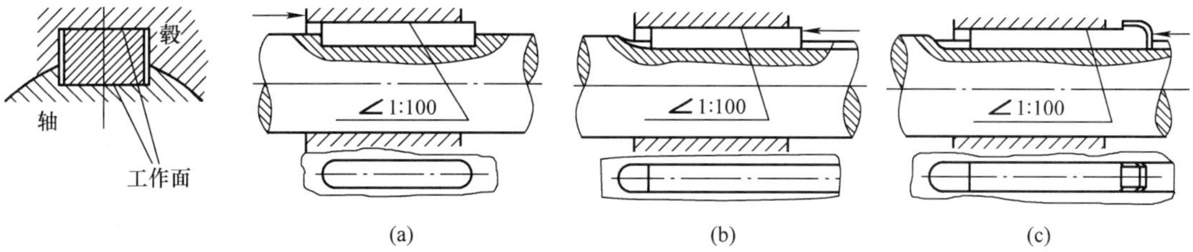

图 6.2.7　楔键连接

(a)圆头;(b)方头;(c)钩头

两楔键以其斜面相互贴合,共同楔紧在轴与轮毂之间(图 6.2.8),切向键的上下两面相互平行,为工作面,键在连接中必须有一个工作面处于包含轴心线的平面之内。这样当连接工作时,工作面上的挤压力沿轴的切向作用,而靠挤压力传递转矩。轴、轮毂之间虽有摩擦力,但主要不用于传递转矩。当需要传递双向转矩时,需要两组切向键,并错开 120° ~ 130°布置。切向键也能传递单向轴向力,主要用于轴颈 $d>100$ mm,定心精度不高而载荷很大的重型机械,如矿山用大型绞车的卷筒、齿轮与轴的连接等。

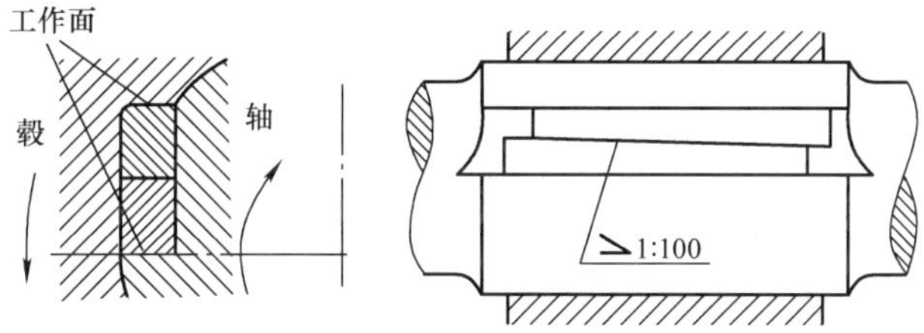

图 6.2.8　切向键连接

斜键的主要缺点是会引起轴上零件与轴的配合偏心,在冲击、振动或变载下较容易松动,因此不宜用于要求准确定心、高速和承受冲击、振动或变载荷的场合。近年来其应用范围在逐渐缩小。

【任务实施】键的选择及强度计算

1. 类型与尺寸的选择

键是标准件,设计键连接时,通常被连接件的材料、构造和尺寸已经初步确定,连接的载荷也已经求得。因此,可根据连接的结构特点、使用要求和工作条件来选择键的类型,再根据轴颈从标准中选出键的截面尺寸,并参考轮毂长选出键的长度,然后再用适当的校核计算公式作强度验算。

类型选择时主要考虑以下因素:传递转矩的大小,轴上零件是否需要滑动及滑动距离的长短,连接的对中性要求,是否要求有轴向的固定作用以及键在轴上的位置(轴的中部还是端部)。

设计时,普通平键的宽度 b 及高度 h 可以根据轴颈查手册查得(表 6.2.1),键的长度 L 可根据轴毂宽度 B 选定,通常 $L=B-(5\sim10)$ mm,并按标准长度圆整。

表 6.2.1　键的主要尺寸

轴径 d	>10~12	>12~17	>17~22	>22~30	>30~38	>38~44	>44~50
键宽 b	4	5	6	8	10	12	14
键高 h	4	5	6	7	8	8	9
键长 L	8~45	10~56	14~70	18~90	22~110	28~140	36~160
轴径 d	>50~58	>58~65	>65~75	>75~85	>85~95	>95~110	>110~130
键宽 b	16	18	20	22	25	28	32
键高 h	10	11	12	14	14	16	18
键长 L	45~180	50~200	56~220	63~250	70~280	80~320	90~360

注：键的长度系列 8,10,12,14,16,18,20,22,25,28,32,36,40,45,50,60,70,80,90,100,110,125,140,160,180,200,220,250,280,320,360。

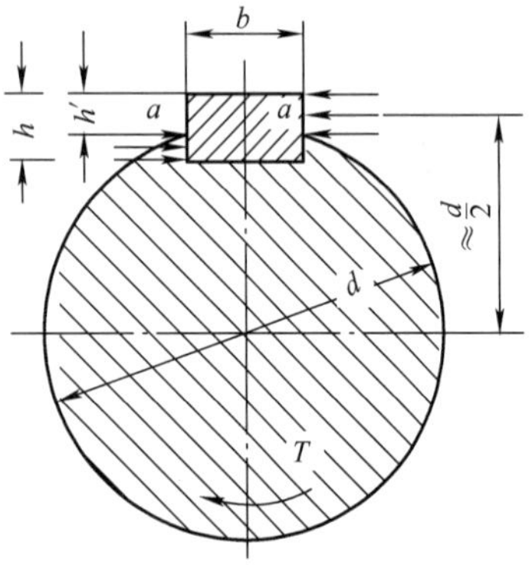

图 6.2.9　平键连接传递转矩时，键与轴的受力情况

2. 强度校核

对于平键连接，如果忽略摩擦，则当连接传递转矩时，键与轴的受力如图 6.2.9 所示。可能的失效形式有：较弱零件（一般为轴毂）的工作面被压溃（静连接）或磨损（动连接，特别是在载荷作用下移动时）和键的剪断等。对于实际采用的材料组合和标准尺寸来说，压溃或磨损常是主要的失效形式，因此通常只做连接的挤压强度或耐磨性计算，但在重要的场合，也要验算键的强度。

键标准考虑了连接中各零件的强度，按照等长度设计观点，视轴毂材料的不同，规定键在轴和毂中的高度也不同。但一般来说，因为轴毂是较弱的零件，所以按毂计算。

假设压力在键的接触长度内均匀分布，则根据挤压强度或耐磨性的条件性计算，求得连接所能传递的转矩 T。

静连接

$$T=\frac{1}{2}h'l'd[\sigma_p]\approx\frac{1}{4}hl'd[\sigma_p] \tag{6.2.1}$$

动连接

$$T\approx\frac{1}{4}hl'd[p] \tag{6.2.2}$$

式中：d 为轴的直径；h' 为键与毂的接触高度，$h'\approx h/2$；h 为键的高度；l' 为键的接触长度；$[\sigma_p]$ 为许用挤压应力；$[p]$ 为许用压强，$[\sigma_p]$ 和 $[p]$ 的取值见表 6.2.2。

表 6.2.2　键连接的许用挤压应力 $[\sigma_p]$ 和压强 $[p]$

连接的工作方式	连接中较弱零件的材料	$[\sigma_p]$ 或 $[p]$		
		静载荷	轻微冲击载荷	冲击载荷
静连接，用 $[\sigma_p]$	锻钢、铸钢	125~150	100~120	60~90
	铸铁	70~80	50~60	30~45
动连接，用 $[p]$	锻钢、铸钢	50	40	30

实际校核时,需使实际 σ_p 或 p 小于 $[\sigma_p]$ 或 $[p]$。

因为压溃和磨损常是键连接的主要失效形式,所以键的材料要有足够的硬度。根据标准规定,键用强度极限不低于 600 MPa 的钢制造,比如 45 中碳钢。

半圆键连接应满足的键的剪切强度条件为

$$T=\frac{1}{2}dbl[\tau] \tag{6.2.3}$$

式中: b、l 为键的宽度和长度; $[\tau]$ 为键的许用切应力,静载荷时可取 120 MPa,冲击载荷时可取 60 MPa。若强度不足时,可适当增加键长 l。如果使用一个平键不能满足要求时,可采用两个平键按 180°布置,考虑到载荷分布的不均匀性,双键连接的强度只按 1.5 个键计算。

【知识拓展】花键连接

花键连接是靠轴和毂上多个键齿所组成的连接,可用于静连接或动连接。如图 6.2.10 所示,齿的侧面是工作面,它是依靠花键轴与花键齿孔侧面的挤压来传递转矩的。

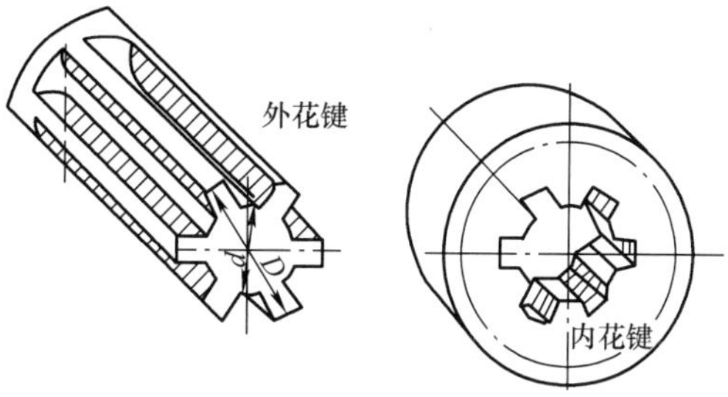

图 6.2.10 花键连接

花键已经标准化,根据齿形的不同,花键连接可分为矩形花键连接(GB 1144—87)和渐开线花键连接(GB 3478.1—83),如图 6.2.11 和图 6.2.12 所示。

1. 矩形花键连接

新国标中规定矩形花键连接以内径定心,有轻、中两个系列,分别适用于载荷较轻或中等的场合。制造时,轴和毂上的接合面都要进行磨削,以消除热处理变形,键热处理后的表面硬度应高于 40HRC。矩形花键连接的齿侧面为工作平面,具有定心精度高、应力集中小、承载能力较大等优点,因此应用比较广泛。在目前生产中,有外径定心和侧面定心两种,如图 6.2.13(a)、(b)所示。外径定心适用于毂孔表面硬度低于 40HRC 的、键槽可用拉刀加工的情况。侧面定心因压力易于沿键长方向得到均匀分布,故较适用于载荷较重的场合,但不能保证轴毂的精确定心。

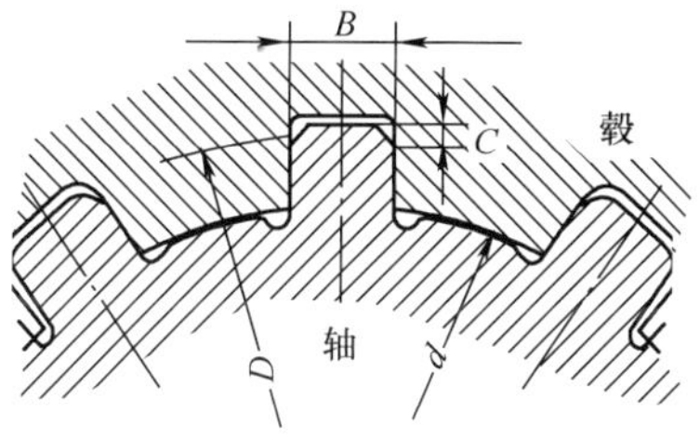

图 6.2.11 矩形花键连接

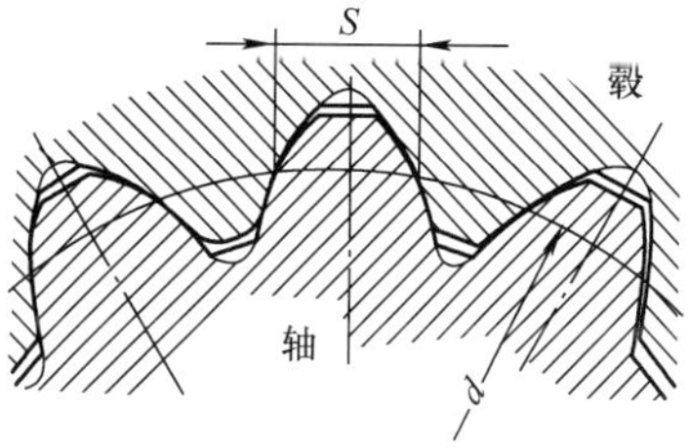

图 6.2.12 渐开线花键连接

2. 渐开线花键连接

新国标中规定渐开线花键是由作用于齿面上的压力自动平衡来定心的。渐开线花键的齿形为渐开线,其制造加工工艺和齿轮完全相同,但压力角有 30°和 45°两种,齿根有平齿根和圆齿根两种。为便于加工,一般选用平齿根,但圆齿根有利于降低应力集中和减少产生淬

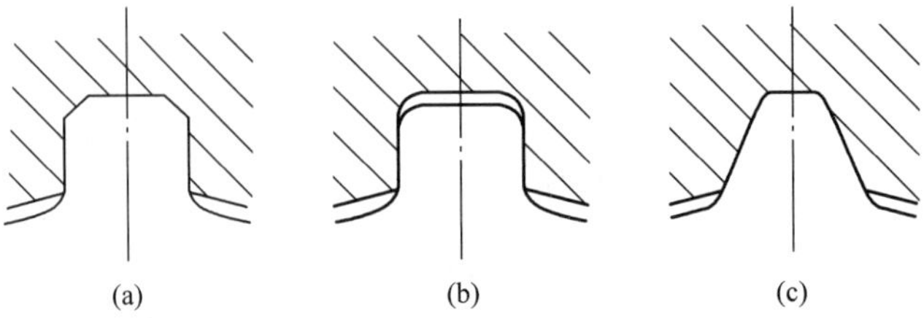

图 6.2.13　花键定心方式

(a)外径定心;(b)侧面定心;(c)外径定心

火裂纹的可能性。渐开线花键连接具有承载能力大、使用寿命长、定心精度高等特点,宜用于载荷较大、尺寸也较大的连接。在目前生产中,也有以外径定心的情况(图 6.2.13(c)),这时需要专用的滚道和插齿刀切齿加工,常用于径向载荷较大的连接。

渐开线花键连接还有一种细齿形的类型,其齿较细,有时也可做成三角形。这种连接适用于载荷很轻或薄壁零件的轴毂连接,也可用作锥形轴上的辅助连接。

与平键连接相比,花键连接具有以下优点:齿对称布置,使轴毂受力均匀;齿轴一体而且齿槽较浅,齿根应力集中较小,被连接件的强度削弱较少;齿数多,总接触面积大,压力分布均匀;具有较高的承载能力。此外,齿可利用较完善的制造工艺,因而被连接件能得到较好的定心和轴上零件沿轴移动时能得到较好的导引,而且零件的互换性也较容易保证。因此,花键连接的应用越来越广泛。不过,键齿的制造需要专门的设备和工具。

【小结】

键在轴毂连接中应用十分广泛,通过本任务的学习,希望使读者能够简单了解键连接的类型及其特点,并能够根据使用要求选用键的类型,进行平键的简单强度校核。

复　习　题

1. 平键与楔键的工作原理有什么差别?
2. 花键连接和普通平键连接相比有哪些优缺点?

任务三　销和铆钉连接

【任务目标】

- 了解销连接的分类及应用。
- 了解铆钉连接的分类及应用。

【任务导入】

观察图 6.3.1,并思考下列问题。

1. 图 6.3.1 中的连接分别是哪种连接?用在什么地方?起什么作用?
2. 以上连接具有什么样的结构特点?

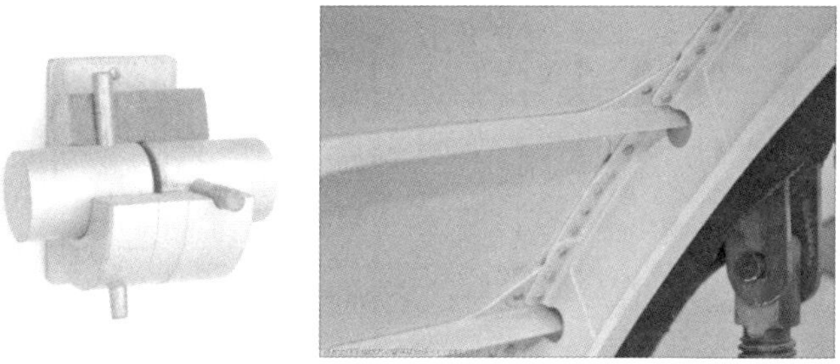

(a)　　(b)

图 6.3.1　销钉及铆钉连接的应用

【知识链接】销连接

销连接主要用于固定零件之间的相对位置，起定位作用，是组合加工和装配时的重要辅助零件；也可实现轴与轮毂或其他零件的连接，并传递不大的载荷；还可作为安全元件中的过载保护元件。

销的材料一般用强度极限不低于 500 MPa 的碳素结构钢（如 35 钢、45 钢等）和易切钢（Y12）等。

销的基本类型有以下几种。

1）圆柱销（GB 119—86）（图 6.3.2）利用微量过盈固定在铰光的销孔中，多次装拆连接的紧固和定位的精度会下降。

2）圆锥销（GB 117—86）（图 6.3.3）有 1∶50 的锥度，可自锁，靠锥挤作用固定在铰光的销孔中，多次拆装对定位精度的影响较小，应用比较广泛。内螺纹圆锥销（GB 120—86）和螺尾圆锥销（GB 881—86）可用于销孔没有开通或拆卸困难的场合；开尾圆锥销（GB 887—86）可保证销在冲击、振动或变载荷下不致松脱，如图 6.3.4 所示。

3）开口销（图 6.3.5）是一种防松零件，用于锁紧其他紧固件。

4）槽销（图 6.3.6）用弹簧钢滚压或模锻而成，有纵向凹槽。由于材料的弹性，销挤压在销孔中，销孔无须铰光。槽销的制造比较简单，可多次装拆，多用于传递载荷。

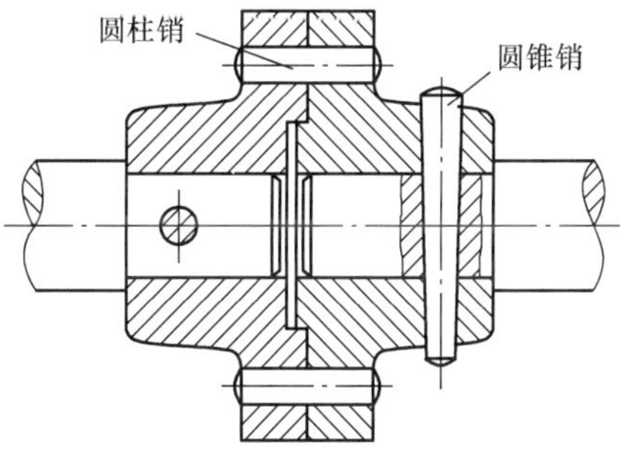

图 6.3.2　传递转矩的圆柱销和圆锥销

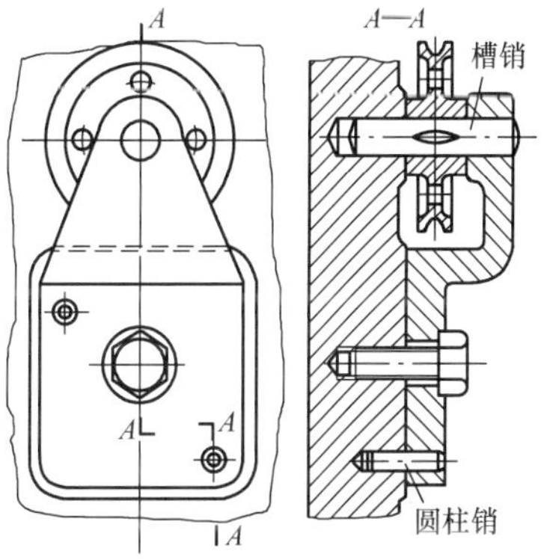

图 6.3.3　定位圆柱销和用作心轴的槽销

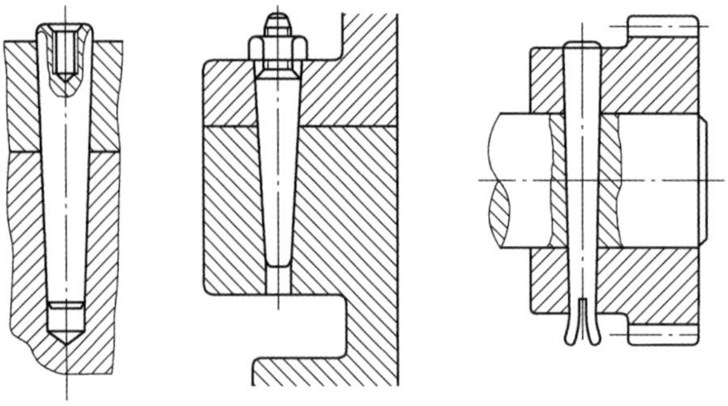

(a)　　　　(b)　　　　(c)

图 6.3.4　几种特殊结构的圆锥销

(a)内螺纹圆锥销;(b)螺尾圆锥销;(c)开尾圆锥销

5)弹性圆柱销(GB 879—86)(图 6.3.7)是由弹簧钢带制成的纵向开缝的圆管,经弹性变形均匀挤压在销孔中,销孔无须铰光。这种销比实心销轻,可多次拆装。

图 6.3.5　开口销

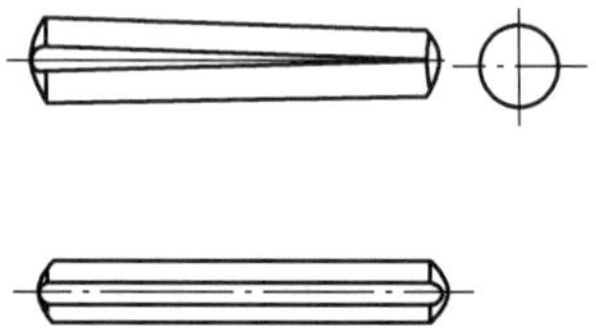

图 6.3.6　槽销

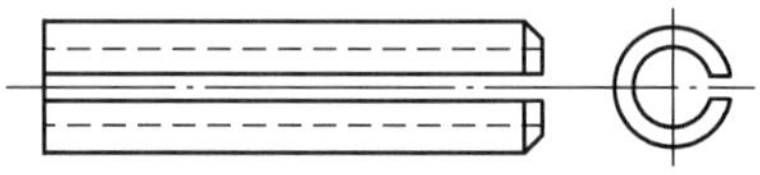

图 6.3.7　弹性圆柱销

【知识拓展】铆钉连接

利用铆钉把两个以上的被铆件连接在一起的不可拆连接,称为铆钉连接,简称为铆接。

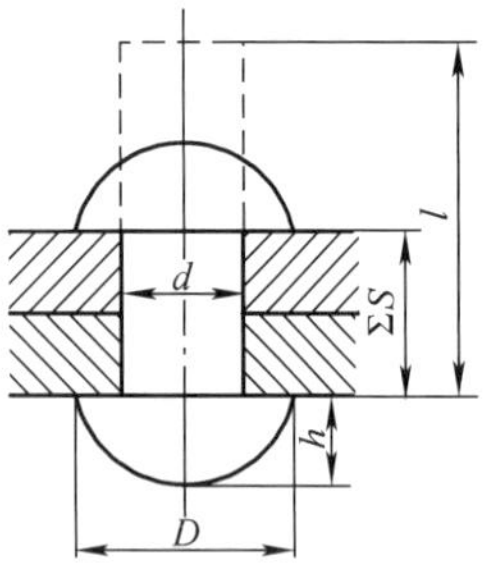

$D \approx 1.75d; h \approx 0.65d; l = 1.1\Sigma S + 1.4d$

图 6.3.8　半圆头钢铆钉及连接尺寸的尺寸关系

铆钉是在锻压机上通过锻压成型的,其一端有预制头。把铆钉插入被铆接件的重叠孔内,利用端模再制造出另一端的铆成头(图 6.3.8),这个过程称为铆合。铆合过程可由人力、气动力或液压力(气铆枪或铆钉机)来实现。钢铆钉直径如果小于 12 mm,铆合时可以不加热,这种工艺称为冷铆;直径如果大于 12 mm,铆合时通常要把铆钉全部或局部加热,这种工艺称为热铆。铝合金的铆钉均采用冷铆接连接。

在建筑结构和锅炉制造中广泛应用铆接结构,最近几年来,由于焊接和高强度螺栓摩擦连接的发展,铆接的应用已经逐渐减少。但在受严重冲击或振动载荷的金属结构中,由于焊接技术的限制,仍大量采用铆接的连接结构,例如某些起重机的构架。在轻金属结构(如飞机结构)中,铆接至今还是连接的主要形式。此外,非金属元件的连接(如制动闸中的摩擦片或与闸靴或闸带的连接)有时也需要采用铆接。图 6.3.9 和图 6.3.10 是机器零件和金属结构中铆接的应用例子。

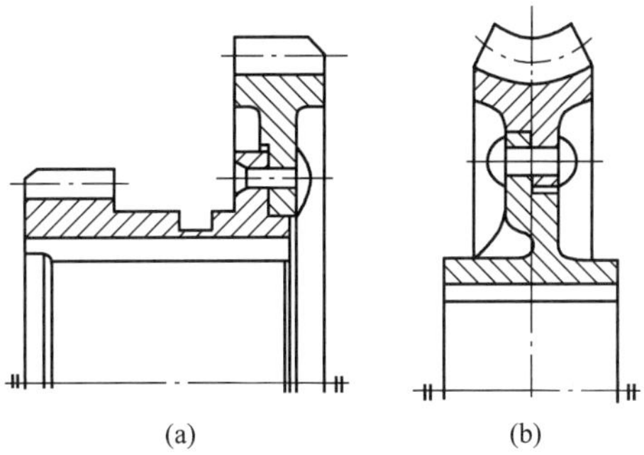

图 6.3.9　机器零件中铆接的应用实例

(a)两个齿轮的铆接;(b)蜗轮齿圈和轮心的铆接

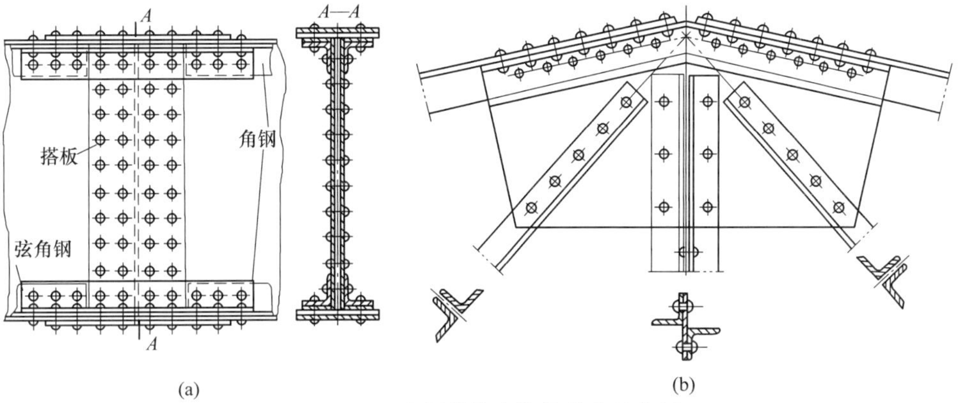

图 6.3.10　金属结构中铆接的应用实例

(a)组成梁的接头;(b)屋架的节点

【小结】

销连接、铆接也是机械连接中常见的连接形式,它们各有不同的应用场合和特点。销连接可用于传递不大的载荷或作为安全装置,还可以固定零件的相对位置,是一种重要的辅助零件;铆接则经常用于有严重冲击或振动载荷的金属结构件中,如飞机结构中等。通过这些连接结构的学习,应该对连接的类型结构和种类有一个更广泛的认识,同时也便于在今后的应用中认识并明确这些连接的应用领域。

【实战演练】固定连接的装配

1. 实训目的

1)掌握在钢件上进行孔加工的方法。

2)按划线钻孔能达到一定的位置精度要求。

3)掌握螺纹连接预紧和防松的方法。

4)熟悉螺纹连接的装配技术要求。

5)掌握常用连接的装拆方法。

6)会正确使用常用连接的装拆工具。

2. 实训设备和工具

1)台式钻床、立式钻床、砂轮机、台虎钳、钳工案子等。

2)游标卡尺、游标高度尺、直角尺和塞规等。

3)划规、样冲、手锤、锉刀、麻花钻头、锪钻、铰刀、铰杠、开口扳手、偏口钳、油石等。

4)螺栓、螺母、垫圈、圆柱销、开口销、机油等。

3. 实训步骤

1)在工件上按要求划出各孔加工位置线。

2)钻各孔,并对孔口进行 0.5 ×45°倒角。

3)螺纹连接的装配。

4)同时钻铰圆柱销孔,并用相应的塞规检验。

5)圆柱销连接的装配。

6)钻开口销孔并去除毛刺。

7)安装开口销。

8)全部精度的检验,打钢字,交件。

4. 注意事项

1)操作钻床时戴好工作帽,不可戴手套,袖口必须扎紧。

2)工件必须夹紧,孔将钻穿时,要尽量减小进给力。

3)开动钻床前,应检查是否有钻夹头钥匙或斜铁插在钻轴上。

4)钻孔时不可用手、棉纱或用嘴吹来清除切屑,必须用毛刷清除。

5)严禁在开车状态下装拆工件。

6)用小钻头钻孔,进给压力不能太大,以免造成钻头弯曲或折断。

7)锪孔时的切削速度比钻孔低,一般为钻孔切削速度的 1/3 ~ 1/2。

8)铰刀是精加工工具,要保护好刃口,避免碰撞,刀刃上如有毛刺或切屑黏附,可用油石小心地磨去。

9)圆柱销装配工作中,保证两销孔的中心重合很重要,一般将两销孔同时进行钻、铰孔,安装时要涂机油。

5. 成绩考核表

<table>
<tr><td colspan="6">固定连接的装配测评表</td></tr>
<tr><td>学生班级</td><td></td><td>学号</td><td></td><td>姓名</td><td></td></tr>
<tr><td>实训日期</td><td colspan="3"></td><td>指导教师</td><td></td></tr>
<tr><td>序号</td><td colspan="4">测评项目</td><td>得分</td></tr>
<tr><td>1</td><td colspan="4">考勤,遵守操作规程,安全文明生产</td><td></td></tr>
<tr><td>2</td><td colspan="4">工作台上工、量具摆放整齐有序、清洁卫生</td><td></td></tr>
<tr><td>3</td><td colspan="4">熟练正确使用专用工具、量具和设备</td><td></td></tr>
<tr><td>4</td><td colspan="4">螺纹连接力矩是否满足装配要求</td><td></td></tr>
<tr><td>5</td><td colspan="4">两圆柱销孔是否同时钻铰</td><td></td></tr>
<tr><td>6</td><td colspan="4">两连接件外边缘是否对齐</td><td></td></tr>
<tr><td>7</td><td colspan="4">开口销锁紧方向是否正确</td><td></td></tr>
<tr><td>8</td><td colspan="4">孔口倒角是否正确</td><td></td></tr>
<tr><td>9</td><td colspan="4">是否按要求正确安装零件</td><td></td></tr>
<tr><td>10</td><td colspan="4">去毛刺、整理干净</td><td></td></tr>
<tr><td colspan="6">合计:</td></tr>
<tr><td colspan="6">成绩:</td></tr>
</table>

复　习　题

1. 销连接的主要特点是什么？如何应用？
2. 试指出题 2 图示的键连接与销连接结构中的错误，并画出正确的结构。

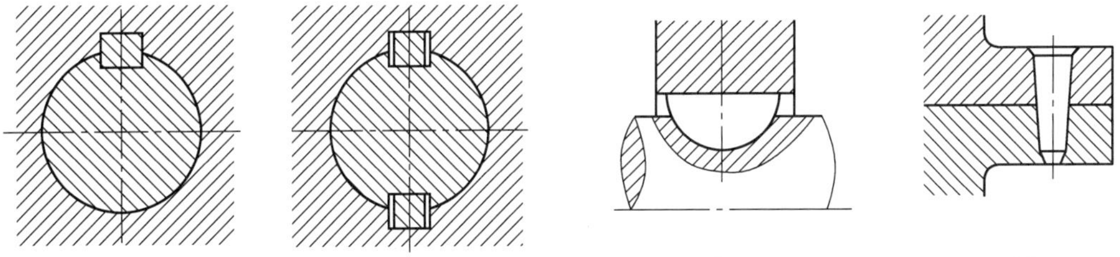

(a)　(b)　(c)　(d)

题 2 图

任务四　螺旋传动

【任务目标】

- 了解螺旋传动的特点、类型、材料和基本应用。
- 了解滑动螺旋传动和滚动螺旋传动的结构和基本特点。

【任务导入】

观察图 6.4.1，并思考下列问题。

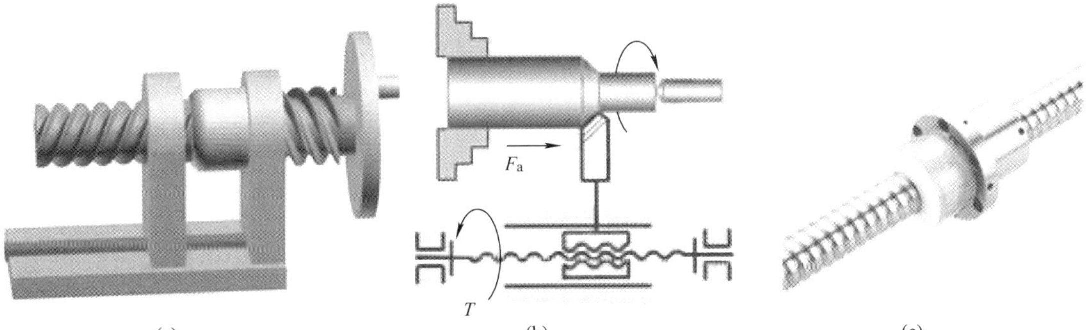

(a)　(b)　(c)

图 6.4.1　螺旋传动的应用

1. 螺旋传动的工作原理是什么？有什么结构特征？
2. 图 6.4.1 所示为哪类螺旋传动？应用在什么地方？

【知识链接 1】螺旋传动的基本知识

在机械结构中，有的时候需要将转动变为直线运动，螺旋传动是实现这种转变经常采用的一种结构形式。它是利用螺杆和螺母组成的螺旋副来实现传动要求的，在变转动为直线运动的同时，还可以传递动力。根据螺杆和螺母的相对运动关系，可将螺旋传动的运动形式分为两种：图 6.4.2(a)所示的螺旋传动为螺杆转动、螺母移动，这种结构在机床进给机构中经常被采用，来实现刀具和工作台的直线进给；图 6.4.2(b)所示的螺旋传动为螺母固定、螺杆转动并移动，这种结构在如图 6.4.3 所示的螺旋千斤顶和螺旋压力机的工作部分实现直线运动中经常采用。

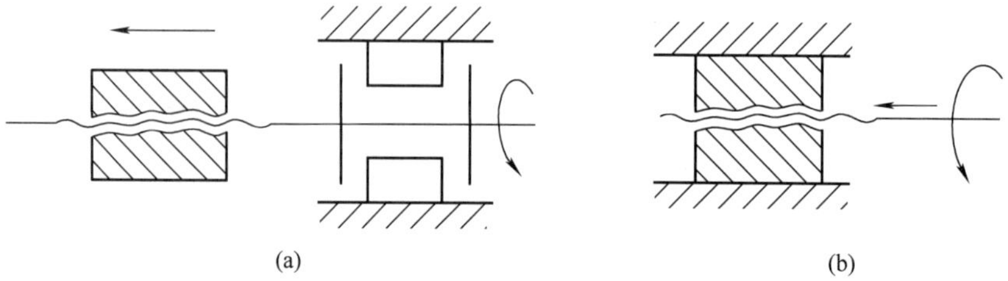

图 6.4.2　螺旋传动的运动形式

(a)螺杆转动、螺母移动；(b)螺母固定、螺杆转动并移动

1. 螺旋传动的特点和应用

螺旋传动的特点是工作平稳、传动精度高、易于自锁，具有良好的减速性能；螺杆和螺母间相对滑动大、磨损大、传动效率低。

螺旋传动一般应用于将回转运动转变为直线运动或将直线运动转变为回转运动的场合，同时也实现了运动和力的传递。

2. 螺旋传动的类型

螺旋传动一般由螺母和螺杆组成，可按照用途和摩擦性质进行分类。

(1)螺旋传动按其用途分类

Ⅰ. 传力螺旋

这种结构以传递动力为主，一般要求用较小的转矩(转动螺杆或螺母)来实现较大的轴向运动和较大的轴向推力。这种螺旋传动一般为间歇性工作，每次工作时间不长，工作速度不高，而且要求能够实现自锁，广泛应用于各种起重和加压装置中，如图 6.4.3(a)中的千斤顶和压力机。

Ⅱ. 传导螺旋

这种结构以传递运动为主，要求具有较高的传动精度，有时也会承受较大的轴向力。一般需要在较长的时间内连续工作，且工作速度较高，如机床刀架进给机构中的螺旋传动，如图 6.4.3(b)和图 6.4.4 所示。

Ⅲ. 调整螺旋

这种结构用于调整并固定零件或部件间的相对位置。这种螺旋结构不经常转动，一般在空载下进行调整，要求具有可靠的自锁性能和精度。一般应用在机床、仪器或测试装置中的微调机构的螺旋，如图 6.4.3(c)所示。

(2)螺旋传动按摩擦性质分类

Ⅰ. 滑动螺旋

螺旋副作相对运动时产生滑动摩擦的螺旋称为滑动螺旋。滑动螺旋结构比较简单，螺母和螺杆的啮合是连续的，工作平稳，易于自锁，这对起重设备、调节装置等有较大意义。但螺纹之间摩擦大、磨损大、效率低(一般在 0.25～0.75 之间，自锁时效率小于 50%)；滑动螺旋不适宜于高速和大功率传动。

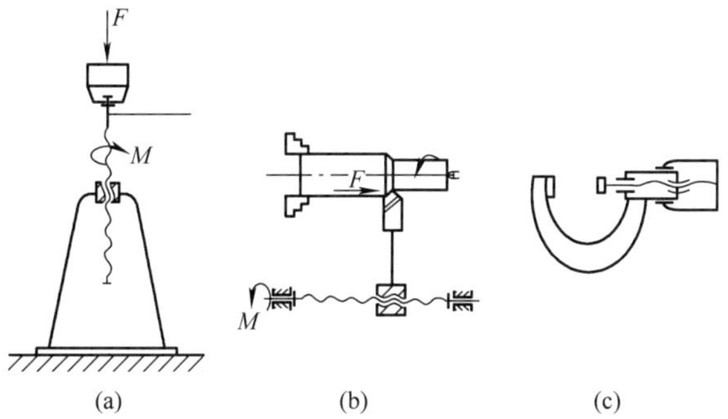

图 6.4.3　螺旋传动机构

(a)螺旋千斤顶;(b)机床刀架进给机构;(c)量具的测量螺旋

图 6.4.4　机床进给机构中的螺旋传动

Ⅱ. 滚动螺旋

螺旋副作相对运动时产生滚动摩擦的螺旋称为滚动螺旋。滚动螺旋的摩擦阻力小、传动效率高(90%以上)、磨损小、精度易保持,但结构复杂、成本高、不能自锁。这种结构主要用于传动精度要求较高的场合。

Ⅲ. 静压螺旋

将静压原理应用于螺旋传动中的结构称为静压螺旋。静压螺旋传动的摩擦阻力小、传动效率高(可达90%以上),但结构复杂,需要供油系统。这种结构适用于要求高精度、高效率的重要传动中,如数控、精密机床、测试装置或自动控制系统中。

3. 螺旋传动的结构及材料

(1)螺母结构

1)整体螺母:如图 6.4.5 所示,这种螺母不能够调整间隙,只能用在轻载且精度要求较低的场合。

2)组合螺母:如图 6.4.6 所示,这种螺母结构通过拧紧螺钉 2 驱动楔块 3 将其两侧螺母拧紧,以便减少间隙,提高传动精度。

3)对开螺母:如图 6.4.7 所示,这种螺母便于操作,一般用于车床溜板箱的螺旋传动。

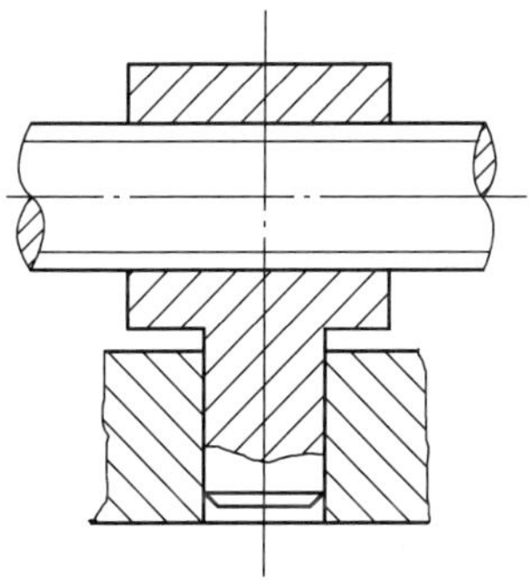

图 6.4.5　整体螺母

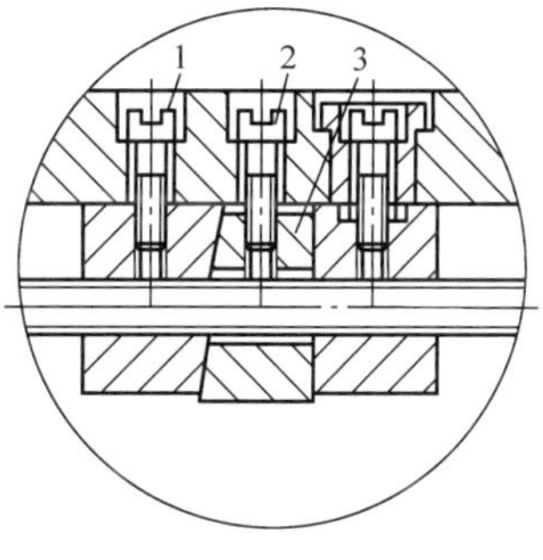

图 6.4.6　组合螺母

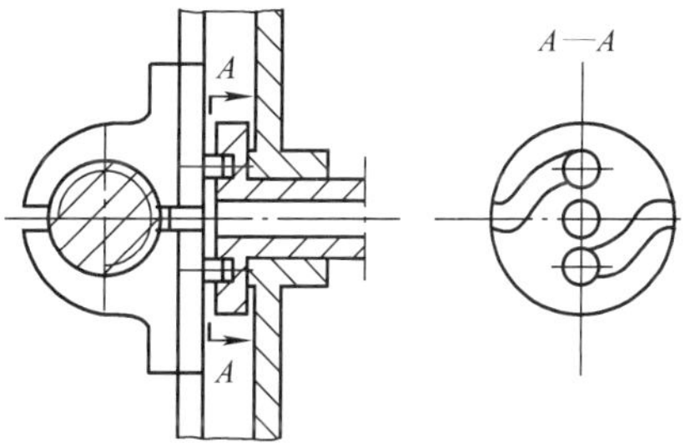

图 6.4.7　对开螺母

(2)螺杆结构

传动螺杆通常采用牙型为矩形、梯形或锯齿形的右旋螺纹,特殊情况下也采用左旋螺纹,例如为了符合操作习惯,车床横向进给丝杠螺纹即采用左旋螺纹。

(3)材料

由于滑动螺旋传动中的摩擦较严重,故要求螺旋传动材料具有较好的耐磨性能和抗弯性能。一般螺杆材料在选择时遵循如下原则。

1)高精度传动时多选择碳素工具钢。

2)在硬度要求较高,如达到 50 ~ 56HRC 时,可采用铬锰合金钢;当需要硬度为 35 ~ 45HRC 时,可采用 65Mn 钢;一般情况(如普通机床丝杠)可用 45、50 钢。

螺母材料可用铸造锡青铜,重载低速的场合可选用强度较高的铸造铝铁青铜,而轻载低速时也可选用耐磨铸铁。

【知识链接 2】滑动螺旋传动

滑动螺旋传动就是普通螺旋传动,它是由螺杆和螺母组成的简单螺旋副。其构造简单、传动比大、承载能力高、加工方便、传动平稳、工作可靠、易于自锁;缺点是磨损较快、寿命短,低速时会产生爬行现象(滑移),磨损较大,传动效率一般在 30% ~40% ,精度较低。

螺旋传动一般应用于将回转运动转变为直线运动或将直线运动转变为回转运动的场合,同时也实现了运动和力的传递。

1. 导程与螺杆(或螺母)的移动距离的关系

螺杆(或螺母)的移动距离,由导程决定。螺杆(或螺母)每转一圈,螺杆(或螺母)移动一个导程,转 n 圈时移动 n 个导程,即

$$L = nS$$

式中:L 为螺杆(或螺母)的移动距离(mm/min);n 为转速(r/min);S 为导程(mm)。

2. 传动形式

传动形式如图 6.4.8 所示。

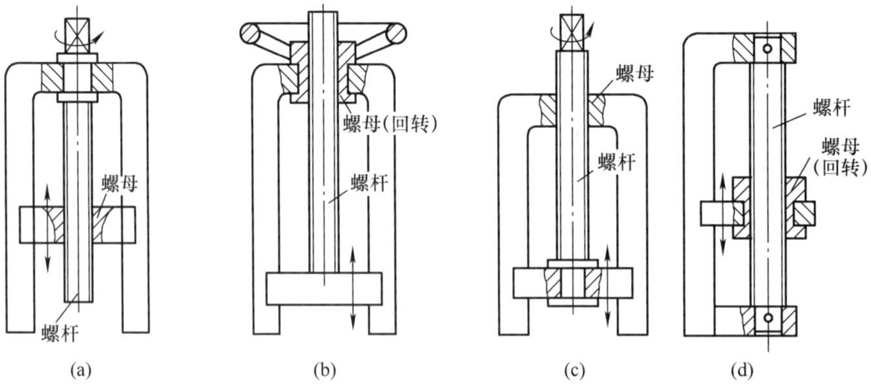

图 6.4.8 滑动螺旋传动的运动转变方式

(a)螺杆转动,螺母移动;(b)螺母转动,螺杆移动;(c)螺母固定,螺杆转、移;(d)螺杆固定,螺母转、移

1)螺杆原位回转,螺母作直线运动,如图 6.4.8(a)所示。

2)螺母原位回转,螺杆作直线运动(某些仪器上的观察镜螺旋调整装置),如图 6.4.8

(b)所示。

3)螺母不动,螺杆回转并作直线运动,如图 6.4.8(c)所示。

4)螺杆不动,螺母回转并作直线运动(螺杆固定式的螺旋千斤顶),如图 6.4.8(d)所示。

【知识拓展】滚动螺旋传动

在螺杆和螺母之间设置封闭循环的滚道,在滚道间填充钢珠,当螺杆或螺母回转时,滚珠依次沿螺纹滚动,经导路出而复入,使螺旋副的滑动摩擦变为滚动摩擦,从而减小摩擦,提高传动效率,这种螺旋传动称为滚动螺旋传动,又称为滚珠丝杠副。

1. 滚珠丝杠分类

(1)按用途分类

1)定位滚珠丝杠:通过旋转角度和导程控制轴向位移量,称为 P 类滚珠丝杠。

2)传动滚珠丝杠:用于传递动力的滚珠丝杠,称为 T 类滚珠丝杠。

(2)按滚珠的循环方式分类

Ⅰ. 内循环滚珠丝杠

如图 6.4.9 所示,滚珠在循环回路中始终和螺杆接触,螺母上开有侧孔,孔内装有反向器将相邻两螺纹滚道连通,滚珠越过螺纹顶部进入相邻滚道,从而形成一个循环回路。一个螺母通常装配有 2 ~4 个反向器。当螺母上有两个封闭循环滚道时,两个反向器在圆周上两两相隔 120°。内循环的每一封闭循环滚道只有一圈滚珠,滚珠的数量较少,因此流动性好、摩擦损失少、传动效率高、径向尺寸也较小。但反向器及螺母上定位孔的加工要求较高。

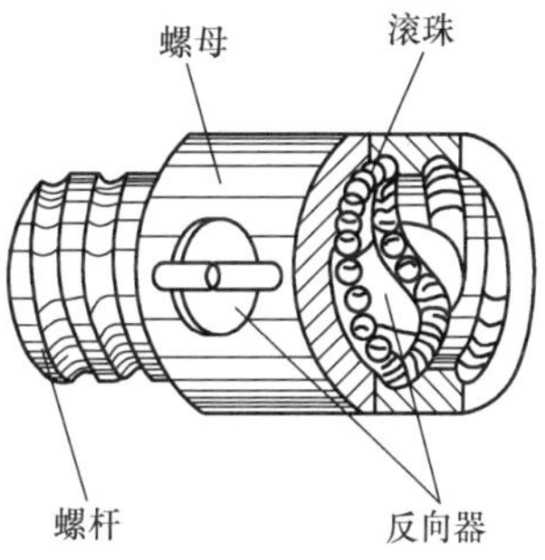

图 6.4.9　内循环式滚动螺旋传动

Ⅱ. 外循环滚珠丝杠

滚珠在循环回路中脱离螺杆的滚道,在螺旋滚道外进行循环。常见的外循环形式有螺旋槽式和插管式两种。

图 6.4.10 所示为螺旋槽式外循环滚动螺旋。它是在螺母的外表面上铣出一个供滚珠返回的螺旋槽,在其两端钻有圆孔,与螺母上的内滚道相通。在螺母的滚道上装有挡珠器,引导滚珠从螺母外表面上的螺旋槽返回滚道,从而循环到工作滚道的另一端。这种结构的加工工艺性比内循环滚珠丝杠好,故应用较广,缺点是挡珠器的形状复杂且容易磨损。

图 6.4.11 所示为插管式外循环滚动螺旋。它是用导管作为返回滚道,导管的端部插入螺母的孔中,与工作滚道的始末端相通。当滚珠工作滚道运行到一定位置时,遇到挡珠器迫使其进入返回滚道(即导管内),循环到工作滚道的另一端。这种结构的工艺性较好,但返回滚道凸出于螺母外侧,不便于在设备内安装。

2. 滚珠丝杠的特点和应用

滚珠丝杠的主要优点有:

1)滚动摩擦系数小($f=0.002\sim0.005$),传动效率较高,可达 90% 以上;

2)摩擦系数与速度的关系不大,故启动按钮接近运转按钮,工作平稳;

3)磨损较小且寿命长,可用调整装置调整间隙,传动精度与刚度均能得到提高;

4)不具有自锁性,可将直线运动转变为回转运动。

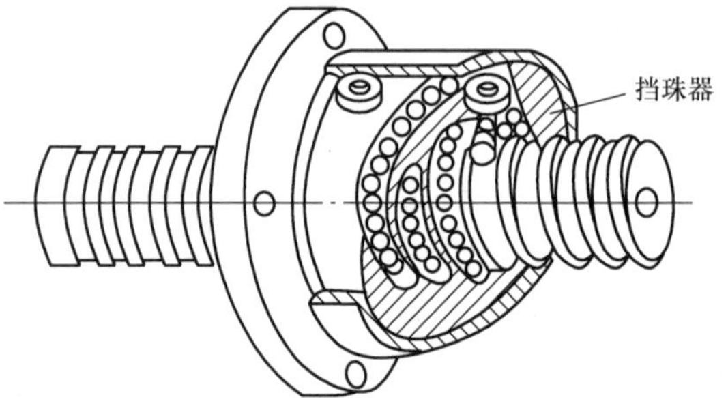

图 6.4.10　螺旋槽式外循环滚动螺旋

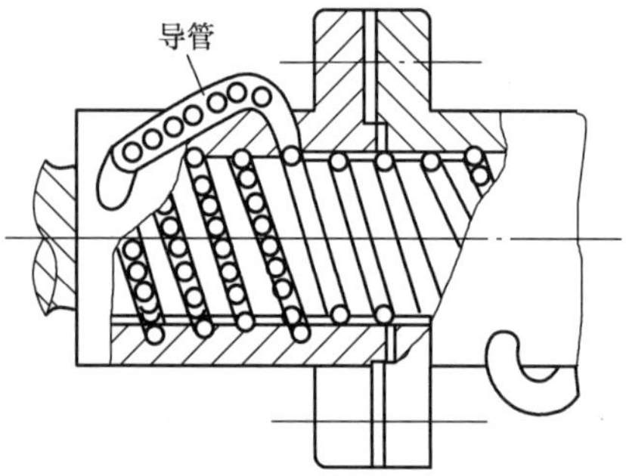

图 6.4.11　插管式外循环滚动螺旋

滚珠丝杠的缺点有:

1)结构比较复杂,制造比较困难;

2)在需要防止逆向转动的机构中,应添加自锁机构;

3)承载能力不如滑动螺旋传动大。

滚珠丝杠多用于车辆转向机构及对传动精度要求较高的场合,如飞机机翼和起落架的控制驱动、大型水闸闸门的升降驱动及数控机床的进给机构等。

【小结】

螺旋传动是机械结构中实现转动和直线运动相互转换的一种重要形式,在实际结构中应用广泛,通过本任务的学习,应对螺旋传动的工作原理、分类情况及各种螺旋传动的应用有一个简单的了解,并在实际工作中灵活运用。

模块七 机械传动

任务一 带 传 动

【任务目标】

- 了解皮带的型号、结构及带传动的工作原理。
- 理解带传动的受力和应力分析。
- 掌握带传动的传动特点和传动比计算。

【任务导入】

观察图 7.1.1,并思考下列问题。

图 7.1.1 带传动及其应用

1. 什么是带传动?它有哪些类型和特点?带传动的应用范围有哪些?
2. 带传动由哪些构件组成?V 带和 V 带轮的结构如何?V 带轮的形式如何选择?
3. 带传动的工作情况是什么样的?受力和应力如何分析?

【知识链接 1】带传动的类型、特点及应用

1. 什么是带传动

带传动是一种常见的机械传动形式,它的主要作用是传递转矩和改变转速。如图 7.1.2 所示,带传动一般是由主动轮 1、从动轮 2、紧套在两轮的传动带 3 及机架 4 组成。当原动机驱动带轮 1(即主动轮)转动时,带与带轮间的摩擦力使从动轮 2 一起转动,从而实现运动和动力的传递。

2. 带传动的类型和特点

(1)按工作原理分

1)摩擦带传动(图 7.1.3(a)):靠带与带轮之间产生的摩擦力传递运动和动力,如 V 带传动、平带传动等。

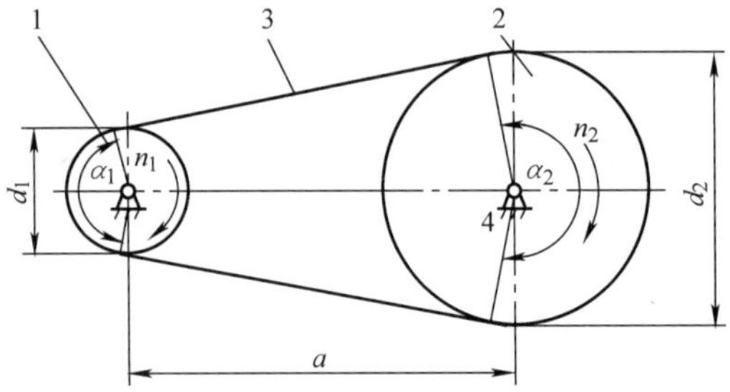

图 7.1.2　带传动

2)啮合带传动(图 7.1.3(b)):靠带上的齿与带轮轮齿的啮合传递运动和动力,如同步带传动。

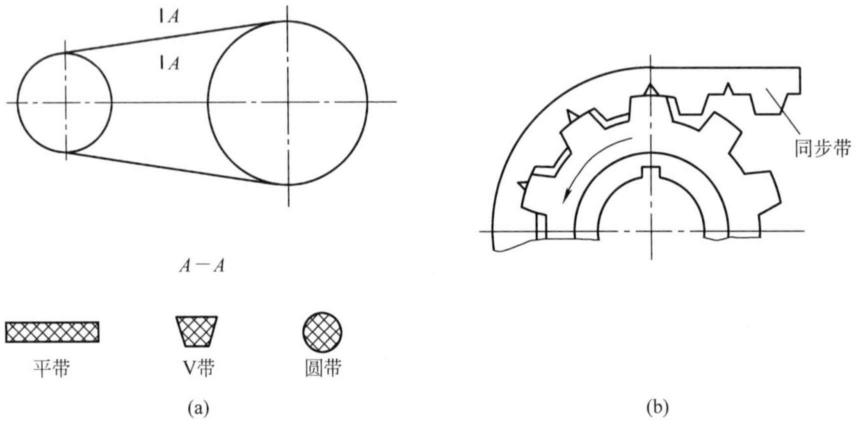

图 7.1.3　带传动的类型

(a)摩擦型带传动;(b)啮合型带传动

(2)按传动带的截面形状分

1)平带:如图 7.1.4(a)所示,平带的截面形状为矩形,内表面为工作面。常用的平带有胶带、编织带和强力锦纶带等。

2)V 带:如图 7.1.4(b)所示,V 带的截面形状为梯形,两侧面为工作表面。传动时,V 带与轮槽两侧面接触,在同样压紧力 F_Q 的作用下,V 带的摩擦力比平带大,传递功率也较大,且结构紧凑。

3)多楔带:如图 7.1.5 所示,它是在平带基体上由多根 V 带组成的传动带。多楔带结构紧凑,可传递很大的功率。

4)圆形带:如图 7.1.6 所示,圆形带横截面为圆形,只适用于小功率传动。

5)同步带:如图 7.1.7 所示,同步带的截面为齿形。同步带传动是靠传动带与带轮上的齿互相啮合来传递运动和动力的,除保持了摩擦带传动的优点外,还具有传递功率大、传动比准确等优点,多用于要求传动平稳、传动精度较高的场合。

(3)带传动的特点

带传动的主要优点是能缓冲、吸振、运行平稳、噪声小,并可通过增减带长适应不同的中心距要求。对于摩擦型带传动,过载时带在带轮上打滑,可防止其他零件破坏,故对系统具有保护作用。其缺点是带与带轮接触面间有滑动,不能保证准确的传动比,带的寿命短,传递相同圆周力时,外廓尺寸和作用在轴上的载荷均比啮合传动大。啮合型带传动虽可消除上述缺点,但对制造、安装要求较高。需要注意,带传动由于摩擦会产生火花,故不能用于有爆炸危险的场合。

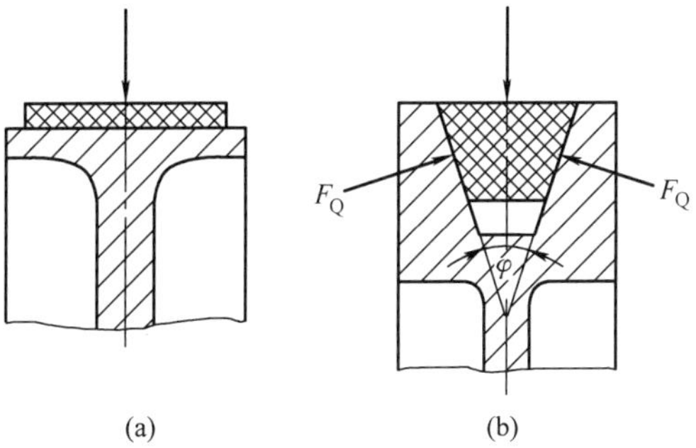

图 7.1.4　平带和 V 带

(a)平带;(b)V 带

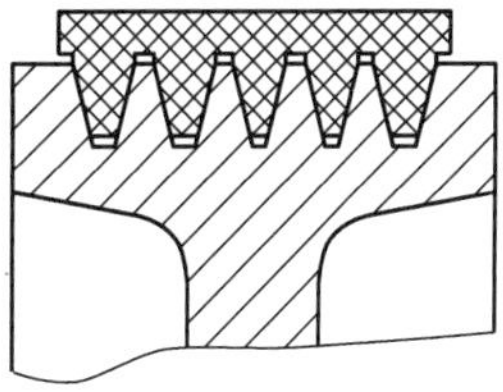

图 7.1.5　多楔带

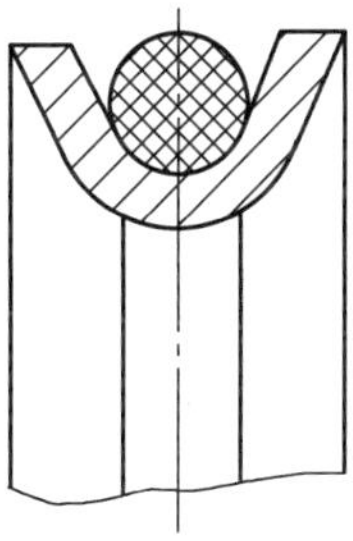

图 7.1.6　圆形带

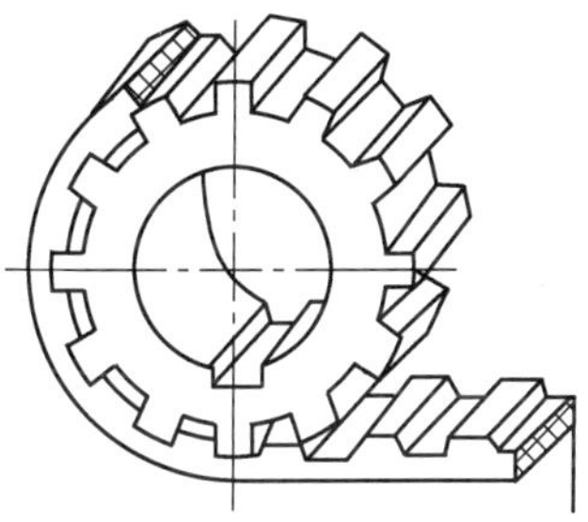

图 7.1.7　同步带

一般情况下,带传动传递的功率 $P\leqslant 100$ kW,带速 $v=5\sim25$ m/s,平均传动比 $i\leqslant5$,传动效率为 94% ~97%。高速带传动的带速可达 60 ~ 100 m/s,传动比 $i\leqslant7$。同步齿形带的带速为 40 ~ 50 m/s,传动比 $i\leqslant10$,传递功率可达 200 kW,传动效率高达 98% ~99%。

【知识链接 2】V 带和带轮的结构

V 带有普通 V 带、窄 V 带、宽 V 带、汽车 V 带、大楔角 V 带等。普通 V 带和窄 V 带应用较广,这里主要讨论普通 V 带传动。

1. 普通 V 带的结构和尺寸标准

标准 V 带都制成无接头的环形带,其横截面结构如图 7.1.8 所示。V 带由包布层、伸张层、强力层、压缩层组成。强力层的结构形式有图 7.1.8(a)所示的帘布结构和图 7.1.8(b)所示的线绳结构两种。

帘布结构抗拉强度高,但柔韧性及抗弯强度不如线绳结构好。线绳结构 V 带适用于转速高、带轮直径较小的场合。

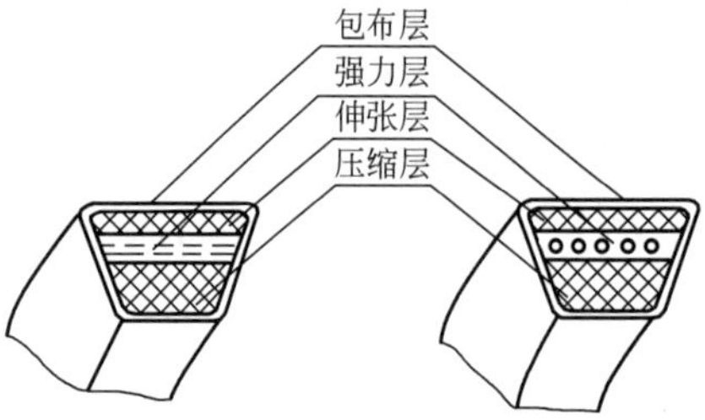

(a)　　(b)

图 7.1.8　V 带的结构

(a)帘布结构;(b)线绳结构

普通 V 带的尺寸已标准化,按截面尺寸由小至大的顺序分为 Y、Z、A、B、C、D、E 等 7 种型号(表 7.1.1)。在同样条件下,截面尺寸大,则传递的功率就大。

V 带绕在带轮上产生弯曲,外层受拉伸变长,内层受压缩变短,两层之间存在一个长度不变的中性层,称为节面。节面的宽度称为节宽 b_p(表 7.1.1 中插图)。普通 V 带的截面高度 h 与其节宽 b_p 的比值已标准化(为 0.7)。V 带装在带轮上,与节宽 b_p 相对应的带轮直径称为基准直径,用 d_d 表示。V 带在规定的张紧力下,位于带轮基准直径上的周线长度称为基准长度 L_d,它用于带传动的几何计算。

表 7.1.1　V 带(基准宽度制)的截面尺寸(GB/T 11544—1997)　　mm

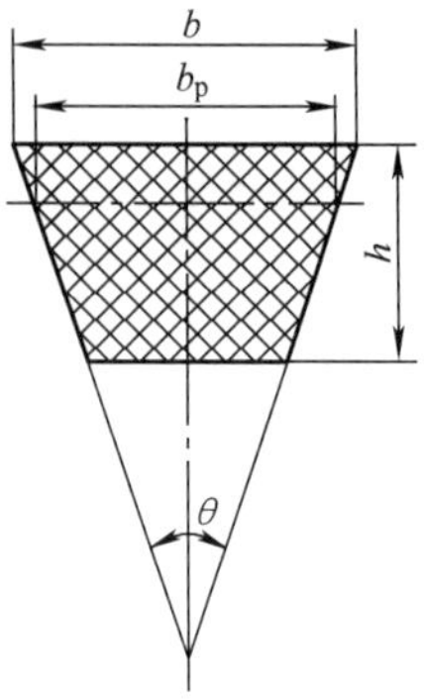

带型		节宽	基本尺寸		
普通 V 带	窄 V 带	b_p	顶宽 b	带高 h	楔角 θ
Y		5.3	6	4	40°
Z (旧国标 O 形)	SPZ	8.5	10	6 8	
A	SPA	11.0	13	8 10	
B	SPB	14.0	17	11 14	
C	SPC	19.0	22	14 18	
D		27.0	32	19	
E		32.0	38	25	

窄 V 带的截面高度与其节宽之比为 0.9,强力层采用高强度绳芯制成。按国家标准,窄 V 带截面尺寸分为 SPZ、SPA、SPB、SPC 四个型号(表 7.1.1),适用于传递大功率且传动装置要求紧凑的场合。

普通 V 带和窄 V 带的标记由带型、基准长度和标准号组成。例如,A 型普通 V 带,基准长度为 1 400 mm,其标记为

A—1400　GB/T 11544—1997

又如,SPA 型窄 V 带,基准长度为 1 250 mm,其标记为

SPA—1250　GB/T 12730—2002

2. 普通 V 带轮的结构

(1)V 带轮的设计要求

带轮应具有足够的强度和刚度,无过大的铸造内应力;质量小且分布均匀,结构工艺性

好，便于制造；带轮工作表面应光滑，以减少带的磨损。当 5 m/s $< v <$ 25 m/s 时，带轮要进行静平衡；当 $v >$ 25 m/s 时，带轮则应进行动平衡。

（2）带轮的材料

带轮材料常采用铸铁、钢、铝合金或工程塑料等，灰铸铁应用最广。当带速 $v \leqslant$ 25 m/s 时采用 HT150；当 $v =$ 25 ~ 30 m/s 时采用 HT200；当 $v \geqslant$ 25 ~ 45 m/s 时则应采用球墨铸铁、铸钢或锻钢，也可以采用钢板冲压后焊接带轮。小功率传动时带轮可采用铸铝或塑料等材料。

（3）带轮的结构

带轮由轮缘、腹板（轮辐）和轮毂三部分组成，轮槽尺寸见表 7.1.2。

表 7.1.2　基准宽度制 V 带轮的轮槽尺寸（摘自 GB/T 13575.1—1992）　　mm

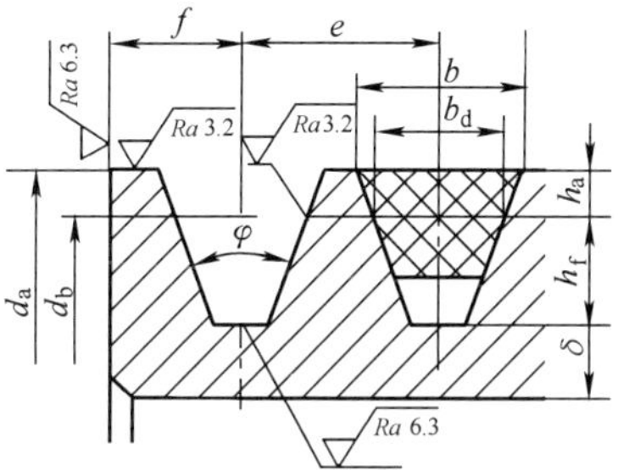

项目		槽型	符号						
			Y	Z SPZ	A SPA	B SPB	C SPC	D	E
基准宽度		b_d	5.3	8.5	11.0	14.0	19.0	27.0	32.0
基准线上槽深		h_{amin}	1.6	2.0	2.75	3.5	4.8	8.1	9.6
基准线下槽深		h_{fmin}	4.7	7.0 9.0	8.7 11.0	10.8 14.0	14.3 19.0	19.9	23.4
槽间距		e	8 ±0.3	12 ±0.3	15 ±0.3	19 ±0.4	25.5 ±0.5	37 ±0.6	45.5 ±0.7
槽边距		f_{min}	6	7	9	11.5	16	23	28
最小轮缘厚		δ_{min}	5	5.5	6	7.5	10	12	15
圆角半径		r_1	0.2 ~ 0.5						
带轮宽		B	$B = (z-1)e + 2f$　z—轮槽数						
外径		d_a	$d_a = d_d + 2h_a$						
轮槽角	32°	相应的基准直径	≤60	—	—	—	—	—	—
	34°		—	≤80	≤118	≤190	≤315	—	—
	36°		>60	—	—	—	—	≤475	≤600
	38°		—	>80	>118	>190	>315	>475	>600
			±30′						

注：槽间距的极限偏差适用于任何两个轮槽对称中心面的距离，不论相邻还是不相邻。

V 带轮按腹板（轮辐）结构的不同分为以下几种形式：

1）S 型——实心带轮，如图 7.1.9（a）所示；

2)P 型——腹板带轮,如图 7.1.9(b)所示;

3)H 型——孔板带轮,如图 7.1.9(c)所示;

4)E 型——椭圆轮辐带轮,如图 7.1.9(d)所示。

每种形式还根据轮毂相对于腹板(轮辐)位置的不同分为 Ⅰ、Ⅱ、Ⅲ、Ⅳ 等几种,如图 7.1.9 所示。

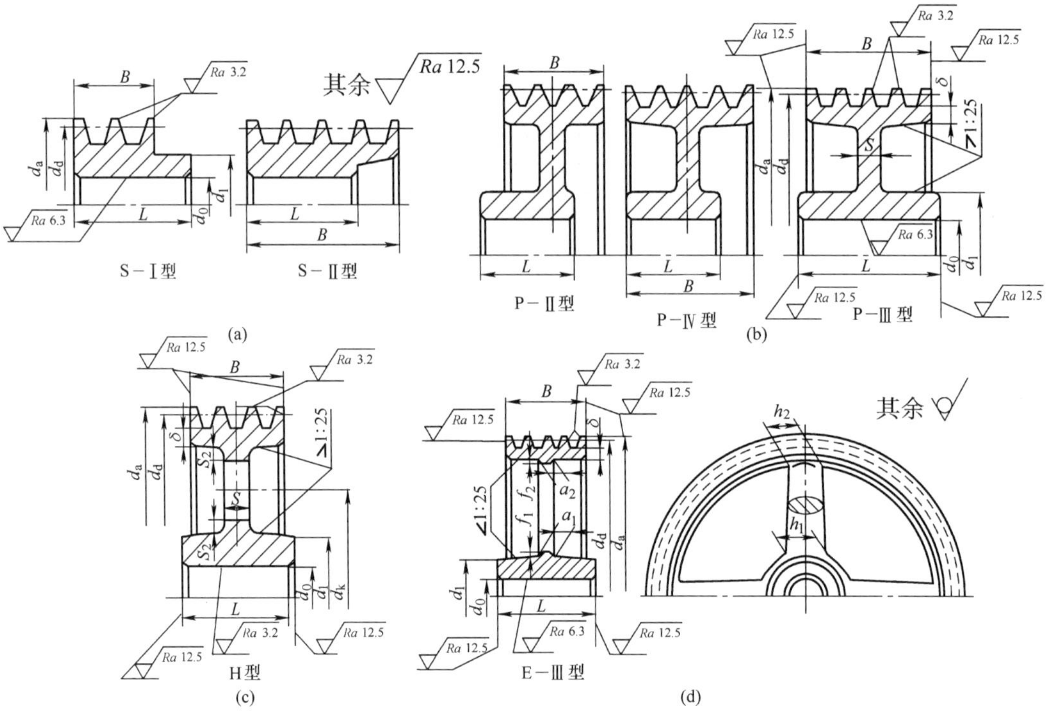

图 7.1.9　V 带轮的结构

(a)S 型;(b)P 型;(c)H 型;(d)E 型

【知识链接 3】带传动工作情况分析

1. 带传动的受力分析

为保证带传动正常工作,传动带必须以一定的张紧力紧套在带轮上。当传动带静止时,带两边承受相等的拉力,称为初拉力 F_0,如图 7.1.10(a)所示。当传动带传动时,由于带和带轮接触面间摩擦力的作用,带两边的拉力不再相等,如图 7.1.10(b)所示。绕入主动轮的一边被拉紧,拉力由 F_0 增大到 F_1,称为紧边;绕入从动轮的一边被放松,拉力由 F_0 减少为 F_2,称为松边。设环形带的总长度不变,则紧边拉力的增加量 $F_1 - F_0$ 应等于松边拉力的减少量 $F_0 - F_2$,即

$$F_0 = \frac{1}{2}(F_1 + F_2) \tag{7.1.1}$$

带两边的拉力之差 F 称为带传动的有效拉力。实际上 F 是带与带轮之间摩擦力的总和,在最大静摩擦力范围内,带传动的有效拉力 F 与总摩擦力相等,F 同时也是带传动所传

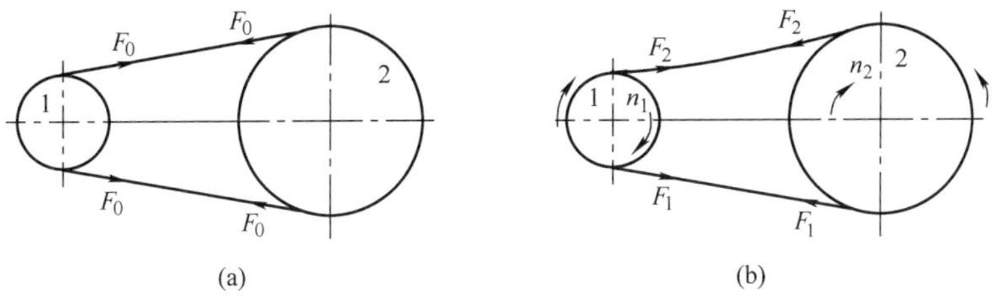

图 7.1.10　带传动的工作原理图

(a)不工作时;(b)工作时

递的圆周力,即

$$F = F_1 - F_2 \tag{7.1.2}$$

带传动所传递的功率

$$P = \frac{Fv}{1\ 000} \tag{7.1.3}$$

式中:P 为传递的功率,单位为 kW;F 为有效圆周力,单位为 N;v 为带的速度,单位为 m/s。

在一定的初拉力 F_0 作用下,带与带轮接触面间摩擦力的总和有一极限值。当带所传递的圆周力超过这一极限值时,带与带轮将发生明显的相对滑动,这种现象称为打滑。带打滑时从动轮转速急剧下降,使传动失效,同时也加剧了带的磨损,因此应避免出现带打滑现象。

当传动带和带轮间有全面滑动趋势时,摩擦力达到最大值,即有效圆周力达到最大值。此时,忽略离心力的影响,紧边拉力 F_1 和松边拉力 F_2 之间的关系可用欧拉公式表示,即

$$\frac{F_1}{F_2} = e^{f\alpha} \tag{7.1.4}$$

式中:F_1、F_2 分别为带的紧边拉力和松边拉力,单位为 N;e 为自然对数的底,e≈2.718;f 为带与带轮接触面间的摩擦系数(V 带用当量摩擦系数 f_v 代替 f, $f_v = \frac{f}{\sin \varphi/2}$);$\alpha$ 为包角,即带与小带轮接触弧所对的中心角,单位为 rad。

由式(7.1.1)、式(7.1.2)和式(7.1.4)可得

$$F = 2F_0 \frac{e^{f\alpha -1}}{e^{f\alpha +1}} \tag{7.1.5}$$

式(7.1.5)表明,带所传递的圆周力 F 与下列因素有关。

(1)初拉力 F_0

F 与 F_0 成正比,增大初拉力 F_0,带与带轮间正压力增大,则传动时产生的摩擦力就大,故 F 也大。但 F_0 过大会加剧带的磨损,致使带过快松弛,缩短其工作寿命。

(2)摩擦系数 f

f 越大,摩擦力也越大,F 就越大。f 与带和带轮的材料、表面状况、工作环境、条件等有关。

(3)包角 α

F 随 α 的增大而增大。因为增加 α 会使整个接触弧上摩擦力的总和增加,从而提高传动能力。因此水平装置的带传动,通常将松边放置在上边,以增大包角。由于大带轮的包角

α_2 大于小带轮的包角 α_1，打滑首先在小带轮上发生，所以只需考虑小带轮的包角 α_1。

联立式(7.1.2)和式(7.1.4)，可得带传动在不打滑条件下所能传递的最大圆周力

$$F_{\max} = F_1\left(1 - \frac{1}{e^{f\alpha_1}}\right) \tag{7.1.6}$$

2. 带传动的应力分析

带传动工作时，带中的应力由以下三部分组成。

(1)由拉力产生的拉应力

紧边拉应力

$$\sigma_1 = \frac{F_1}{A}$$

松边拉应力

$$\sigma_2 = \frac{F_2}{A}$$

式中：A 为带的横截面面积。

(2)由离心力产生的离心拉应力 σ_c

工作时，绕在带轮上的传动带随带轮作圆周运动，产生离心拉力 F_c，F_c 的计算公式为

$$F_c = qv^2$$

式中：q 为传动带单位长度的质量，单位为 kg/m，各种型号 V 带的 q 值见表 7.1.3；v 为传动带的速度，单位为 m/s。

F_c 作用于带的全长上，产生的离心拉应力

$$\sigma_c = \frac{F_c}{A} = \frac{qv^2}{A}$$

表 7.1.3 基准宽度制 V 带每米长的质量 q 及带轮最小基准直径 d_{dmin}

带型	Y	Z	A	B	C	D	E	SPZ	SPA	SPB	SPC
q/(kg/m)	0.02	0.06	0.10	0.17	0.30	0.62	0.90	0.07	0.12	0.20	0.37
d_{dmin}/mm	20	50	75	125	200	355	500	63	90	140	224

(3)弯曲应力 σ_b

传动带绕过带轮时发生弯曲，从而产生弯曲应力。由材料力学得带的弯曲应力

$$\sigma_b \approx E\frac{h}{d}$$

式中：E 为带的弹性模量，单位为 MPa；h 为带的高度，单位为 mm；d 为带轮直径，单位为 mm，对于 V 带轮，则为其基准直径。

弯曲应力 σ_b 只发生在带上包角所对的圆弧部分。h 越大、d 越小，则带的弯曲应力就越大，故一般 $\sigma_{b1} > \sigma_{b2}$（$\sigma_{b1}$ 为带在小带轮上的部分的弯曲应力，σ_{b2} 为带在大带轮上的部分的弯曲应力）。因此为避免弯曲应力过大，小带轮的直径不能过小。

带在工作时的应力分布情况如图 7.1.11 所示。由此可知带是在变应力情况下工作的，故易产生疲劳破坏。带的最大应力发生在带的紧边与小带轮的接触处，为保证带具有足够的疲劳寿命，应满足

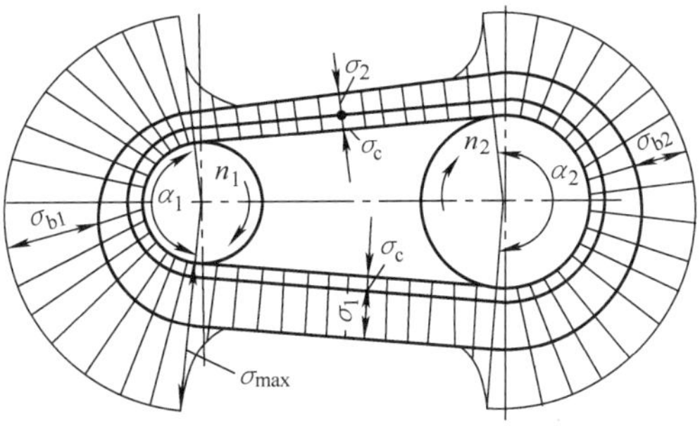

图 7.1.11　带的应力分布

$$\sigma_{max} = \sigma_1 + \sigma_c + \sigma_{b1} \leqslant [\sigma] \tag{7.1.7}$$

式中：$[\sigma]$为带的许用应力。$[\sigma]$是在 $\alpha_1 = \alpha_2 = 180°$、规定的带长和应力循环次数、载荷平稳等条件下通过试验确定的。

3. 带传动的弹性滑动和传动比

传动带是弹性体，受到拉力后会产生弹性伸长，伸长量随拉力大小的变化而改变。带由紧边绕过主动轮进入松边时，带内拉力由 F_1 减小为 F_2，其弹性伸长量也由 δ_1 减小为 δ_2。这说明带在绕经带轮的过程中，相对于轮面向后收缩了 $\Delta\delta(\Delta\delta = \delta_1 - \delta_2)$，带与带轮轮面间出现局部相对滑动，导致带的速度逐渐小于主动轮的圆周速度，如图 7.1.12 所示。同样，当带由松边绕过从动轮进入紧边时，拉力增加，带逐渐被拉长，轮面产生向前的弹性滑动，使带的速度逐渐大于从动轮的圆周速度。这种由于带的弹性变形而产生的带与带轮间的滑动称为弹性滑动。

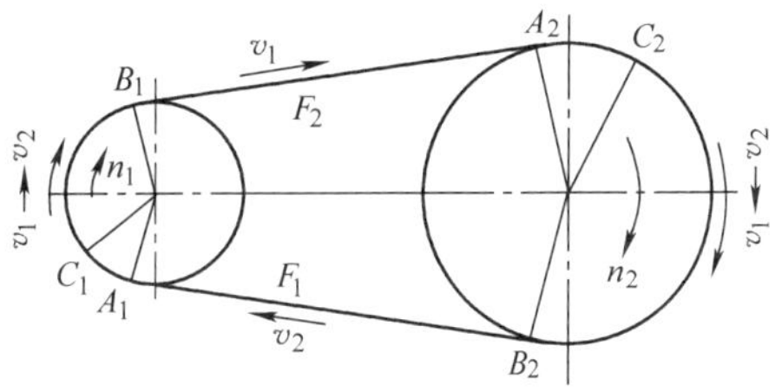

图 7.1.12　带传动的弹性滑动

弹性滑动和打滑是两个截然不同的概念。打滑是指由过载引起的全面滑动，是可以避免的。而弹性滑动是由拉力差引起的，只要传递圆周力，就必然会发生弹性滑动，所以弹性滑动是不可避免的。

带的弹性滑动使从动轮的圆周速度 v_2 低于主动轮的圆周速度 v_1，其速度的降低率用滑动率 ε 表示，即

$$\varepsilon = \frac{v_1 - v_2}{v_1} = \frac{\pi d_1 n_1 - \pi d_2 n_2}{\pi d_1 n_1} \times 100\%$$

式中：n_1、n_2 分别为主动轮、从动轮的转速，单位为 r/min；d_1、d_2 分别为主动轮、从动轮的直径，单位为 mm，对 V 带传动则为带轮的基准直径。由上式得带传动的传动比

$$i = \frac{n_1}{n_2} = \frac{d_2}{d_1(1 - \varepsilon)} \tag{7.1.8}$$

从动轮的转速

$$n_2 = \frac{n_1 d_1 (1 - \varepsilon)}{d_2} \tag{7.1.9}$$

因带传动的滑动率 $\varepsilon = 0.01 \sim 0.02$，其值很小，所以在一般传动计算中可不予考虑。

【任务实施 1】普通 V 带传动的设计计算

1. 带传动的失效形式和设计准则

由带传动的工作情况分析可知，带传动的主要失效形式有带与带轮之间的磨损、打滑和带的疲劳破坏（如脱层、撕裂或拉断）等。因此，带传动的设计准则是：在传递规定功率时不打滑，同时具有足够的疲劳强度和一定的使用寿命，即满足式（7.1.6）和式（7.1.7）。

2. 带传动的设计步骤和方法

设计 V 带传动时，一般已知条件是：传动的工作情况，传递的功率 P，两轮转速 n_1、n_2（或传动比 i）以及空间尺寸要求等。具体的设计内容有：确定 V 带的型号、长度和根数，传动中心距及带轮直径，画出带轮零件图等。

（1）确定计算功率

计算功率是根据传递的额定功率（如电动机的额定功率）P，并考虑载荷性质以及每天运转时间的长短等因素的影响而确定的，即

$$P_c = K_A P \tag{7.1.10}$$

式中：K_A 为工作情况系数，查表 7.1.4 可得。

表 7.1.4　工作情况系数

工况		K_A					
		空、轻载启动			重载启动		
		每天工作小时数/h					
		<10	10～16	>16	<10	10～16	>16
载荷变动微小	液体搅拌机、通风机和鼓风机（≤7.5 kW）、离心式水泵和压缩机、轻型输送机	1.0	1.1	1.2	1.1	1.2	1.3
载荷变动小	带式输送机（不均匀载荷）、通风机（>7.5 kW）、旋转式水泵和压缩机（非离心式）、发电机、金属切削机床、印刷机、旋转筛、锯木机和木工机械	1.1	1.2	1.3	1.2	1.3	1.4
载荷变动较大	制砖机、斗式提升机、往复式水泵和压缩机、起重机、磨粉机、冲剪机床、橡胶机械、振动筛、纺织机械、重载输送机	1.2	1.3	1.4	1.4	1.5	1.6
载荷变动很大	破碎机（旋转式、颚式等）、磨碎机（球磨、棒磨、管磨）	1.3	1.4	1.5	1.5	1.6	1.8

注：（1）空、轻载启动：电动机（交流启动、△启动、直流并励），4 缸以上的内燃机，装有离心式离合器、液力联轴器的动力机。

（2）重载启动：电动机（联机交流启动、直流复励或串励），4 缸以下的内燃机。

（3）反复启动、正反转频繁、工作条件恶劣等场合，K_A 应乘 1.2。

（2）选择 V 带的型号

根据计算得出功率 P_c 和主动轮转速 n_1，由图 7.1.13 和图 7.1.14 选择 V 带型号。当所选的坐标点在图中两种型号分界线附近时，可先选择两种型号分别进行计算，然后择优选用。

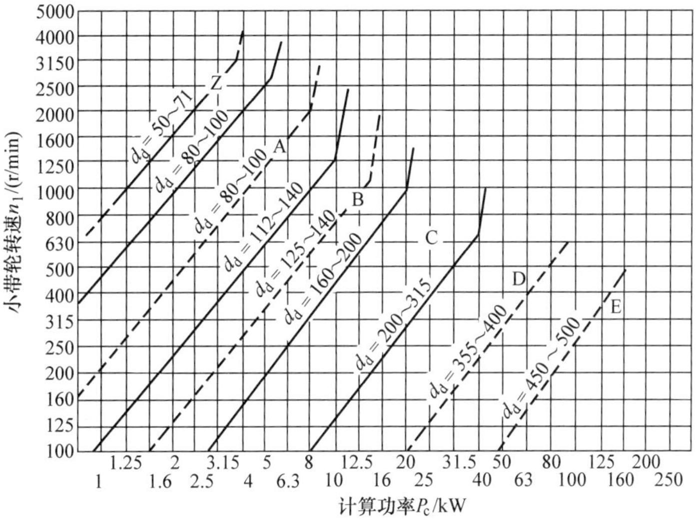

图 7.1.13　普通 V 带选型图

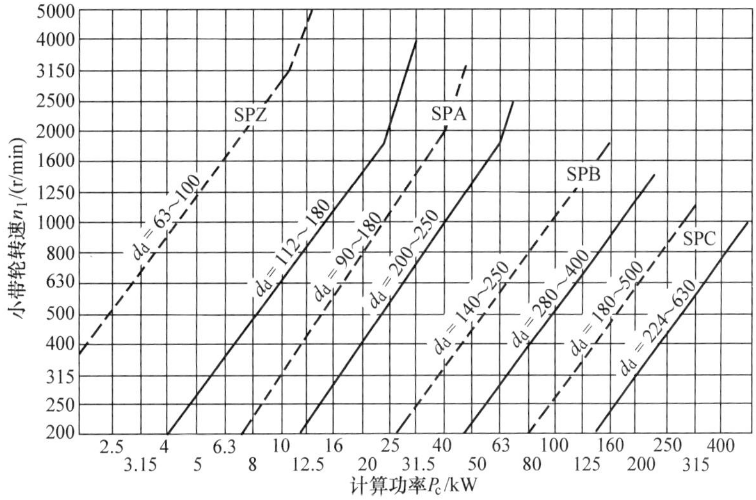

图 7.1.14　窄 V 带(基准宽度制)选型图

(3)确定带轮基准直径 d_{d1}、d_{d2}

带轮直径小可使传动结构紧凑,但弯曲应力大,使带的寿命降低。设计时应取小带轮的基准直径值 $d_{d1} \geqslant d_{min}$,d_{min}查表 7.1.3。忽略弹性滑动的影响,$d_{d2} = d_{d1}$应取标准值。

(4)验算带速 v

$$v = \frac{\pi d_{d1} n_1}{60 \times 1\,000} \tag{7.1.11}$$

带速太高会使离心力增大,使带与带轮间的摩擦力减小,传动中容易打滑。另外,单位时间内带绕过带轮的次数也增多,降低传动带的工作寿命。若带速太低,则当传递功率一定时,使传递的圆周力增大,带的根数增多。一般应使 $v > 5$ m/s,对于普通 V 带应使 $v_{max} = 25 \sim 30$ m/s,对于窄 V 带应使 $v_{max} = 35 \sim 40$ m/s。如带速超过上述范围,应重选小带轮直

径 d_{d1}。

(5)初定中心距 a 和基准带长 L_d

传动中心距小则结构紧凑,但传动带较短,包角减小,且带的绕转次数增多,会降低带的寿命,致使传动能力降低。如果中心距过大则结构尺寸增大,当带速较高时带会产生颤动。设计时应根据具体的结构要求或按下式初步确定中心距 a_0:

$$0.7(d_{d1}+d_{d2}) \leqslant a_0 \leqslant 2(d_{d1}+d_{d2}) \tag{7.1.12}$$

由带传动的几何关系可得带的基准长度计算公式:

$$L_0 = 2a_0 + \frac{\pi}{2}(d_{d1}+d_{d2}) + \frac{(d_{d2}-d_{d1})^2}{4a_0} \tag{7.1.13}$$

L_0为带的基准长度计算值,查表即可选定带的基准长度 L_d。而实际中心距 a 可由下式近似确定:

$$a \approx a_0 + \frac{L_d - L_0}{2} \tag{7.1.14}$$

考虑到安装调整和补偿初拉力的需要,应将中心距设计成可调式,即有一定的调整范围,一般取

$$a_{min} = a - 0.015L_d$$
$$a_{max} = a + 0.03L_d$$

(6)校验小带轮包角 α_1

$$\alpha_1 = 180° - \frac{d_{d2}-d_{d1}}{a} \times 57.3° \tag{7.1.15}$$

一般应使 $\alpha_1 > 120°$(特殊情况下允许 90°),若不满足此条件,可适当增大中心距或减小两带轮的直径差,也可以在带的外侧加压带轮,但这样做会降低带的使用寿命。

(7)确定 V 带根数 z

$$z \geqslant \frac{P_c}{[P_0]} = \frac{P_c}{(P_0+\Delta P_0)K_\alpha K_L} \tag{7.1.16}$$

带的根数应取整数。为使各带受力均匀,带的根数不宜过多,一般应满足 $z<10$。如计算结果超出范围,应改选 V 带型号或加大带轮直径后重新设计。

(8)单根 V 带的初拉力 F_0

$$F_0 = \frac{500P_c}{zv}\left(\frac{2.5}{K_\alpha} - 1\right) + qv^2 \tag{7.1.17}$$

由于新带易松弛,对不能调整中心距的普通 V 带传动,安装新带时的初拉力应为计算值的 1.5 倍。

(9)带传动作用在带轮轴上的压力 F_Q

V 带的张紧对轴、轴承产生的压力 F_Q 会影响轴、轴承的强度和寿命。为简化其运算,一般按静止状态下带轮两边均作用初拉力 F_0 进行计算(图 7.1.15),得

$$F_Q = 2F_0 z\sin\frac{\alpha_1}{2} \tag{7.1.18}$$

(10)带轮结构设计

参见本任务知识链接 2,设计出带轮结构后还要绘制带轮零件工作图。

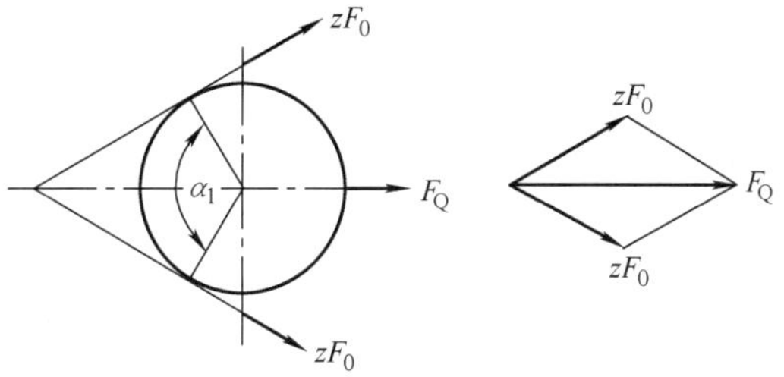

图 7.1.15　带传动作用在轴上的压力

(11)设计结果

列出带型号、带的基准长度 L_d、带的根数 z、带轮直径 d_{d1} 和 d_{d2}、中心距 a、轴上压力 F_Q 等。

V 带传动设计计算流程图如图 7.1.16 所示。

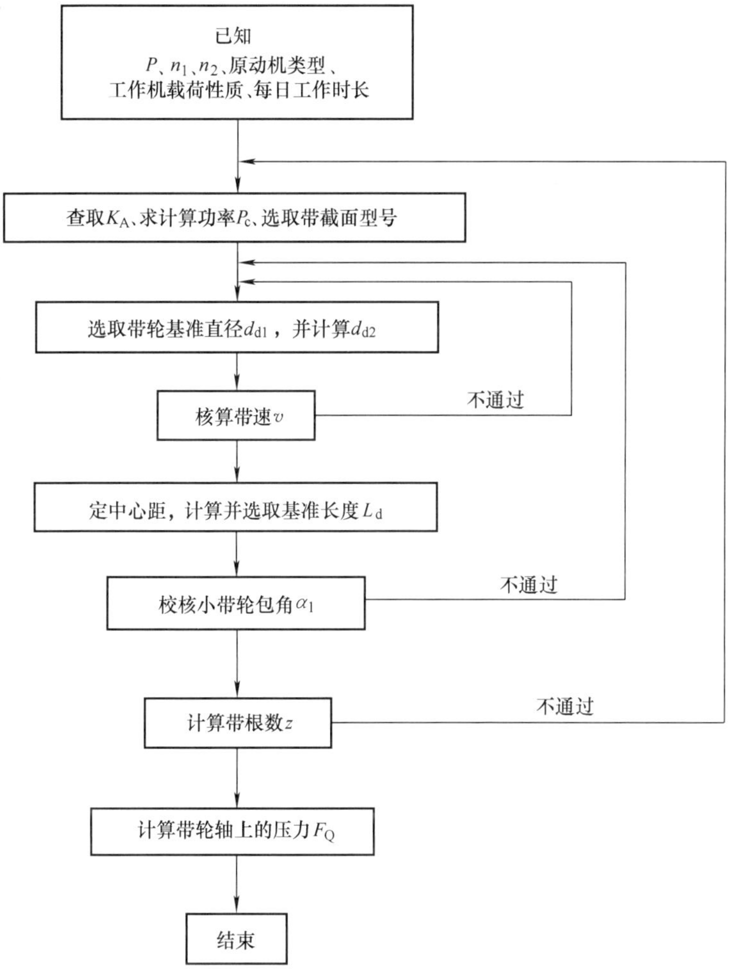

图 7.1.16　V 带传动设计计算流程图

【例 7.1.1】　设计带式输送机中普通 V 带传动。采用 Y 系列三相异步电动机驱动。已知 V 带传递的功率 $P=7.5\ \text{kW}$，小带轮转速 $n_1=960\ \text{r/min}$，大带轮转速 $n_2=320\ \text{r/min}$，

每日工作 16 h。

解

计算与说明	主要结果
1. 普通 V 带型号	
查表 7.1.4，得 $K_A=1.2$	
按式(7.1.10)	B 型 V 带
$P_c=K_AP=1.2\times7.5\ \text{kW}=9\ \text{kW}$	
根据 P_c 和 n_1，由图 7.1.13 选取 B 型 V 带	
2. 带轮基准直径	
由图 7.1.13 并参照表 7.1.3 选取	$d_{d1}=125\ \text{mm}$
$d_{d1}=125\ \text{mm}$	$d_{d2}=375\ \text{mm}$
$d_{d2}=d_{d1}\dfrac{n_1}{n_2}=125\times\dfrac{960}{320}\text{mm}=375\ \text{mm}$	
3. 带速	
$v=\dfrac{\pi d_{d1}n_1}{60\times1\ 000}=\dfrac{\pi\times125\times960}{60\times1\ 000}\text{m/s}=6.28\ \text{m/s}$	$v=6.28\ \text{m/s}$
4. 中心距、带长及包角	
根据式(7.1.12)	
$0.7(d_{d1}+d_{d2})\leqslant a_0\leqslant2(d_{d1}+d_{d2})$	
$0.7(125+375)\leqslant a_0\leqslant2(125+375)$	
$350<a_0<1\ 000$	
初步确定中心距 $a_0=800\ \text{mm}$	
根据式(7.1.13)初步计算带的基准长度	
$L_0=2a_0+\dfrac{\pi}{2}(d_{d1}+d_{d2})+\dfrac{(d_{d2}-d_{d1})^2}{4a_0}$	$L_d=2\ 500\ \text{mm}$
$=\left[2\times800+\dfrac{\pi}{2}(125+375)+\dfrac{(375-125)^2}{4\times800}\right]\text{mm}=2\ 404.5\ \text{mm}$	取 $a=848\ \text{mm}$ $\alpha_1=163.11^\circ$
选带的基准长度 $L_d=2\ 500\ \text{mm}$	
按式(7.1.14)计算实际中心距	
$a=a_0+\dfrac{L_d-L_0}{2}=\left(800+\dfrac{2\ 500-2\ 404.5}{2}\right)\text{mm}=847.75\ \text{mm}$	
根据式(7.1.15)验算小带轮包角	
$\alpha_1=180^\circ-\dfrac{d_{d2}-d_{d1}}{a}\times57.3^\circ=180^\circ-\dfrac{375-125}{848}\times57.3^\circ=163.11^\circ$	
5. 带的根数	
按式(7.1.16)	
$z\geqslant\dfrac{P_c}{(P_0+\Delta P_0)K_\alpha K_L}$	
根据 $d_{d1}=125\ \text{mm}$、$n_1=960\ \text{r/min}$，使用内插法可得	
$P_0=\left[1.44+\dfrac{1.67-1.44}{980-800}(960-800)\right]\text{kW}=1.64\ \text{kW}$	
$\Delta P_0=K_bn_1\left(1-\dfrac{1}{K_i}\right)$	取 $z=5$ 根
且 $K_b=2.649\ 4\times10^{-3}$	
根据传动比 $i=d_{d2}/d_{d1}=375/125=3$，查表得 $K_i=1.137\ 3$，则	
$\Delta P_0=\left[2.649\ 4\times10^{-3}\times960\times\left(1-\dfrac{1}{1.137\ 3}\right)\right]\text{kW}=0.307\ \text{kW}$	
查表得带长度修整系数 $K_L=1.03$，查图得包角系数 $K_\alpha=0.96$，得普通 V 带根数	
$z\geqslant\dfrac{9}{(1.64+0.307)\times1.03\times0.96}$根$=4.67$ 根	

（续）

计算与说明	主要结果
6. 初拉力 按式(7.1.17) $F_0=\frac{500P_c}{zv}\left(\frac{2.5}{K_\alpha}-1\right)+qv^2$ 由表7.1.3，查得 $q=0.17$ kg/m $F_0=\left[\frac{500\times9}{5\times6.28}\left(\frac{2.5}{0.96}-1\right)+0.17\times6.28^2\right]\text{N}=236.6\ \text{N}$	取 $F_0=237$ N
7. 带轮轴上的压力 按式(7.1.18) $F_Q=2F_0z\sin\frac{\alpha_1}{2}=2\times237\times5\times\sin\frac{163.12°}{2}\text{N}=2.34\times10^3\ \text{N}$	$F_Q=2.34\times10^3$ N
8. 带轮结构和尺寸 参见本任务知识链接2（设计过程及带轮零件图略）。	

【任务实施2】带传动的张紧、安装与维护

1. 带传动的张紧

带传动工作一段时间后就会由于塑性变形而松弛，使初拉力减小，传动能力下降，这时必须重新张紧。常用的张紧方式可分为调整中心距方式与安装张紧轮方式两类。

（1）调整中心距方式

Ⅰ. 定期张紧

定期调整中心距以恢复张紧力，常见的有滑道式（图7.1.17(a)）和摆架式（图7.1.17(b)）两种，一般通过调节螺钉来调节中心距。滑道式适用于水平传动或倾斜不大的传动场合。

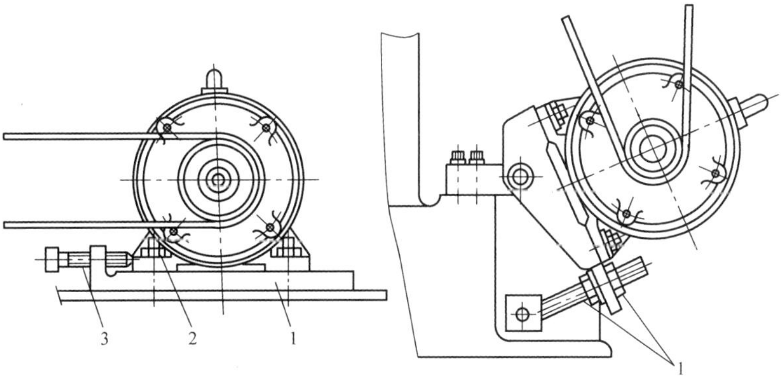

1—机架；2—螺母；3—调整螺钉　　1—调整螺钉

(a)　　(b)

图7.1.17　带的定期张紧装置

（a）滑道式；（b）摆架式

Ⅱ. 自动张紧

自动张紧是将装有带轮的电动机装在浮动的摆架上，利用电动机的自重张紧传动带，通过载荷的大小自动调节张紧力，如图7.1.18所示。

(2)安装张紧轮方式

当带传动的轴间距不可调整时,可采用张紧轮装置。常见的有调位式内张紧轮装置(图 7.1.19(a))和摆锤式内张紧轮装置(图 7.1.19(b))。

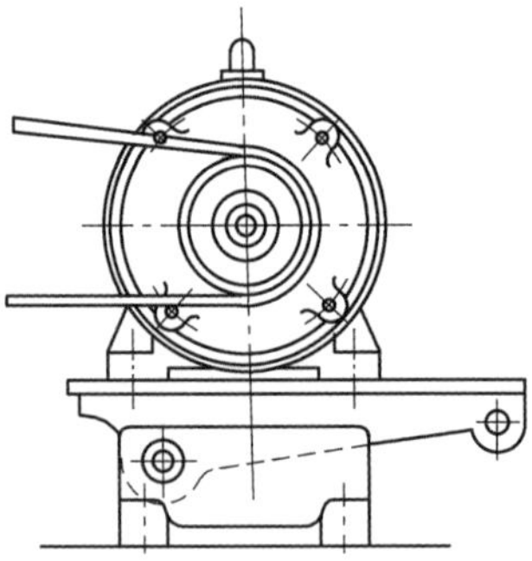

图 7.1.18　带的自动张紧装置

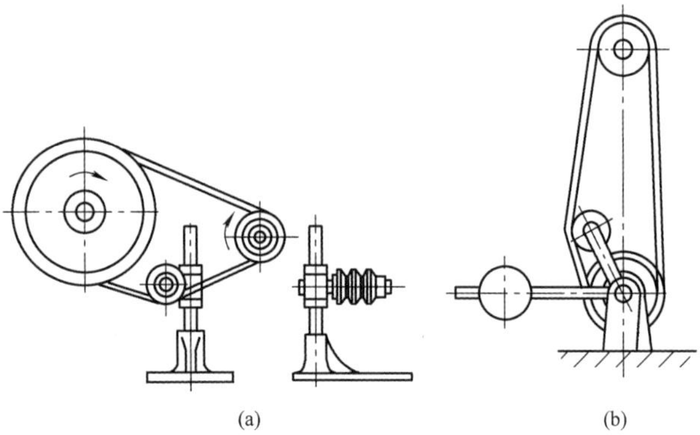

图 7.1.19　张紧轮装置

(a)调位式;(b)摆锤式

张紧轮一般设置在松边的内侧且靠近大轮处。若设置在外侧,则应使其靠近小轮,这样可以增加小带轮的包角,提高带的疲劳强度。

2. 带传动的安装与维护

1)平行轴传动时,必须使两带轮的轴线保持平行,否则带侧面磨损严重。

2)通过调整各轮中心距的方法来安装带和张紧,严禁用撬棍等工具将带强行撬入或撬出带轮。

3)同组使用的 V 带应型号相同、长度相等,不同厂家生产的 V 带、新与旧 V 带不能同组使用。

4)带传动装置外面应加防护罩,以保证安全,防止带与酸、碱或油接触而腐蚀传动带。

5)带传动不需润滑,禁止往带上加润滑油或润滑脂,应及时清理带轮槽内及传动带上的油污。

6)如果带传动装置需闲置一段时间后再用,应将传动带放松。

【知识拓展】其他带传动简介

1. 同步带传动

同步带传动综合了带传动和链传动的特点。同步带的强力层为多股绕制的钢丝绳或玻璃纤维绳,基体为氯丁橡胶或聚氨酯橡胶,带内环表面成齿形,如图 7.1.20 所示。工作时,带内环表面上的凸齿与带轮外缘上的齿槽相啮合而进行传动。带的强力层承载后变形小,其周节保持不变,故带与带轮间没有相对滑动,保证了同步传动。

同步带传动的优点是:无相对滑动,带长不变,传动比稳定;带薄而轻,强力层强度高,适用于高速传动,速度可达 40 m/s;带的柔性好,可用直径较小的带轮,传动结构紧凑,能获得较大的传动比;传动效率高,可达 0.98 ~ 0.99,因而应用日益广泛;初拉力较小,故轴和轴承上所受的载荷小。其主要缺点是制造、安装精度要求高,且成本高。

同步带主要用于要求传动比准确的中、小功率传动中，如计算机、录音机、磨床和纺织机械等。

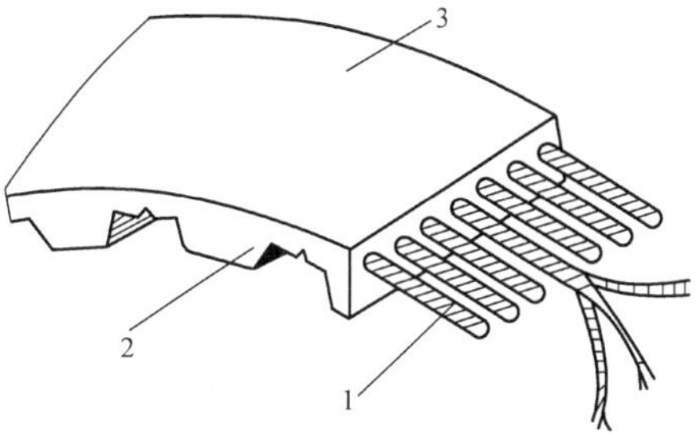

图 7.1.20　同步齿形带的结构

1—强力层；2—带齿；3—带背

2. 高速带传动

一般认为，高速带传动是指带速 $v > 30$ m/s，或高速轴转速 $n_1 = 10\ 000 \sim 50\ 000$ r/min的带传动。

高速带传动要求运转平稳、传动可靠、有一定的寿命。传动带采用的是薄而轻、质量均匀的环形平带，过去多用丝织带和麻织带，近年来常用锦纶编织带、薄型锦纶片复合平带和高速环形胶带。

带轮材料通常采用钢或铝合金制造。对带轮的要求是：质量小、均匀对称、运转时空气阻力小。带轮各面均应进行精加工，带轮应进行动平衡。

3. 联组 V 带

当使用多根普通 V 带传递动力时，各带长应接近相等，否则各带的受力将不均匀。由于联组 V 带是几条相同的 V 带在顶面连成一体的 V 带，它既具有单根 V 带的优点，又克服了多根 V 带使用中的弊端。由于连接层的相互控制作用，联组 V 带还可以减少或克服各单根带传动时的横向振动，从而增加横向稳定性。由于联组 V 带受载均匀，因而带的寿命较高。其缺点是制造精度要求较高。

【小结】

带传动具有结构简单、传动平稳、能缓冲吸振、可以在大的轴间距和多轴间传递动力等特点，且其造价低廉、不需润滑、维护容易，在近代机械传动中应用十分广泛。掌握普通 V 带的标准、设计方法，学会运用手册和公式进行设计，需要通过大量练习并结合生产实际熟悉和掌握。

【实战演练】带传动的装配与调整

1. 实训目的

1）了解带传动的类型、工作原理、特点和应用场合。

2）正确使用百分表。

3）掌握带传动机构的装配方法及调整方法。

2. 实训设备和工具

1）普通车床 C6136A、清洗设备等。

2）百分表、1 m 钢尺、开口扳手、钩扳手、拉拔器、尼龙锤、改锥、锉刀等。

3）油石、机油、汽油、棉纱等。

3. 实训步骤

1）拆下皮带轮的防护罩。

2）拆下电动机视口板。

3）调整皮带轮的中心距。

4)按顺序拆下皮带。

5)拆下皮带轮。

6)清洗后重新安装皮带轮。

7)重新安装皮带。

8)检测、调整带传动机构符合装配技术要求。

4. 注意事项

1)切勿盲目拆装,拆卸前要仔细观察零、部件的结构及位置,考虑好拆装顺序。

2)拆下的零、部件要统一放在盘中,以免丢失和损坏。

3)爱护工具、仪器及设备,小心仔细拆装避免损坏。

4)清洗零件时,防止沙尘进入,组装零件时手要干净。

5)拆装带轮时用尼龙锤敲打,切勿使用铁锤。

6)工作场地要求清洁整齐,切实做好文明生产。

7)二人合作工作应密切配合,做到安全第一。

5. 成绩考核表

带传动的装配与调整测评表

学生班级		学号		姓名	
实训日期				指导教师	
序号	测评项目				得分
1	考勤,安全文明生产				
2	熟练正确使用专用工具、量具,爱护公共设施				
3	带轮安装后检测径向跳动量是否合理				
4	带轮安装后检测端面跳动量是否合理				
5	两带轮的中间平面是否重合				
6	带的张紧力的调整是否合理				
7	带传动机构传动是否顺畅、无阻滞现象				
8	拆装过程中零、部件摆放整齐有序				
9	清洁环境卫生				
合计:					
成绩:					

复　习　题

一、选择题

1. 平带、V 带传动主要依靠________传递运动和动力。

A. 带的紧边拉力　　B. 带和带轮接触面间的摩擦力

C. 带的预紧力

2. 在一般传递动力的机械中,主要采用________传动。

A. 平带　　B. 同步带　　C. V 带　　D. 多楔带

3. 带传动中，在预紧力相同的条件下，V 带比平带能传递较大的功率，是因为 V 带________。

A. 强度高　　B. 尺寸小　　C. 有楔形增压作用　　D. 没有接头

4. V 带传动中，带截面楔角为 40°，带轮的轮槽角应________40°。

A. 大于　　B. 等于　　C. 小于

5. 带传动中，v_1 为主动轮圆周速度，v_2 为从动轮圆周速度，v 为带速，这些速度之间存在的关系是________。

A. $v_1 = v_2 = v$　　B. $v_1 > v > v_2$　　C. $v_1 < v < v_2$　　D. $v_1 = v > v_2$

6. 带传动正常工作时不能保证准确的传动比是因为________。

A. 带的材料不符合虎克定律　　B. 带容易变形和磨损

C. 带在轮上打滑　　D. 带的弹性滑动

7. 带传动工作时产生弹性滑动是因为________。

A. 带的预紧力不够　　B. 带的紧边和松动拉力不等

C. 带绕过带轮时有离心力　　D. 带和带轮间摩擦力不够

8. 带传动打滑总是________。

A. 在小轮上先开始　　B. 在大轮上先开始

C. 在两轮上同时开始

9. 带传动中，带每转一周，拉应力是________。

A. 有规律变化　　B. 不变的　　C. 无规律变化的

10. 带传动中，若小带轮为主动轮，则带的最大应力发生在带________处。

A. 进入主动轮　　B. 进入从动轮　　C. 退出主动轮　　D. 退出从动轮

11. V 带传动设计中，限制小带轮的最小直径主要是为了________。

A. 使结构紧凑　　B. 限制弯曲应力

C. 保证带和带轮接触面间有足够摩擦力　　D. 限制小带轮上的包角

12. 用________提高带传动功率是不合适的。

A. 适当增大预紧力 F_0　　B. 增大轴间距 a

C. 增加带轮表面粗糙度　　D. 增大小带轮基准直径 d_d

13. V 带传动设计中，选取小带轮基准直径的依据是________。

A. 带的型号　　B. 带的速度　　C. 主动轮转速　　D. 传动比

14. 带传动采用张紧装置的目的是________。

A. 减轻带的弹性滑动　　B. 提高带的寿命

C. 改变带的运动方向　　D. 调节带的预紧力

二、分析与思考

1. 在推导单根 V 带传递的额定功率和核算包角时，为什么按小带轮进行？
2. 带传动中，弹性滑动是怎样产生的？造成什么后果？
3. 带传动中，打滑是怎样产生的？打滑的有利有害方面各是什么？
4. 弹性滑动的物理意义是什么？如何计算弹性滑动率？
5. 带传动工作时，带上所受应力有哪几种？如何分布？最大应力在何处？
6. 带传动的主要失效形式是什么？带传动设计的主要依据是什么？

7. 说明带传动设计中,如何确定下列参数:(1)带轮直径;(2)带速 v;(3)小带轮包角 α_1;(4)张紧力 F_0;(5)带的根数 z。

8. 在多根 V 带传动中,当一根带失效时,为什么全部带都要更换?

9. 为什么带传动的轴间距一般都设计成可调的?

10. 试分析带传动中心距 a、预紧力 F_0 及带根数 z 的大小对带传动的工作能力的影响。

11. 带与带轮间的摩擦系数对带传动有什么影响? 为了增加传动能力,将带轮工作面加工得粗糙些以增大摩擦系数,这样做是否合理? 为什么?

12. 某 V 带传动传递的功率 $P=7.5$ kW,带速 $v=10$ m/s,测得紧边拉力是松边拉力的两倍,即 $F_1=2F_2$,试求紧边拉力 F_1、有效拉力 F 和预紧力 F_0。

13. 带的楔角 θ 与带轮的轮槽角 φ 是否一样? 为什么?

14. 带传动为什么必须张紧? 常用的张紧装置有哪些? 张紧轮应安放在松边还是紧边上? 内张紧轮或外张紧轮应靠近大带轮还是小带轮? 试分析说明两种张紧方式的利弊。

任务二　链　传　动

【任务目标】

- 了解滚子链的结构及标准。
- 了解链传动的运动特性。
- 了解链传动的布置、张紧及润滑。

【任务导入】

观察图 7.2.1,并思考下列问题。

图 7.2.1　链传动及其应用

1. 什么是链传动? 它有哪些类型和特点? 你所了解的链传动应用在什么地方?
2. 链传动由哪些构件组成? 链传动运动时具有什么运动特性?
3. 链传动与带传动相比有哪些不同?

【知识链接 1】链传动的类型、特点及应用

1. 什么是链传动

链传动是一种具有中间挠性件(链条)的啮合传动,它同时具有刚、柔特点,是一种应用

十分广泛的机械传动形式。如图 7.2.2 所示，链传动由主动链轮 1、从动链轮 2 和中间挠性件（链条）3 组成，通过链条的链节与链轮上的轮齿相啮合传递运动和动力。

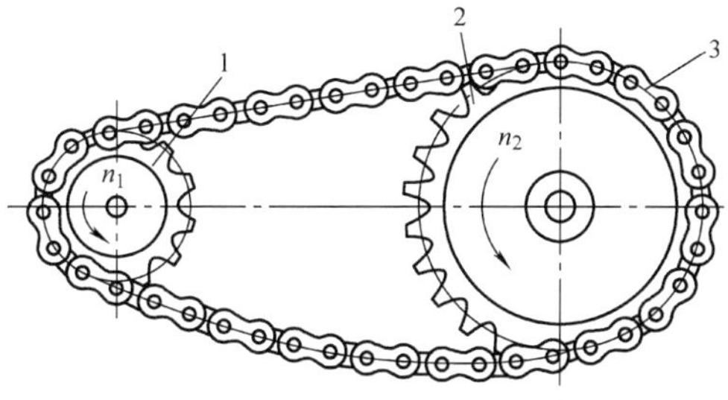

图 7.2.2　链传动

2. 链传动的特点及应用

链传动具有下列特点：

1）可以得到准确的平均传动比，并可用于较大中心距的传动；

2）传动效率较高，最高可达 98%；

3）不需张紧力，作用在轴上的载荷较小；

4）链的瞬时速度是变化的，瞬时传动比不等于常数，传动平稳性较差，有噪声；

5）容易实现多轴传动。

链传动主要用于要求工作可靠，两轴相距较远，不宜采用齿轮传动，要求平均传动比和瞬时传动比准确的场合。它可以用于环境条件较恶劣的场合，广泛用于农业、矿山、冶金、运输机械以及机床和轻工机械中。

链传动适用的一般范围为：传递功率 $P \leqslant 100$ kW，中心距 $a \leqslant 5 \sim 6$ m，传动比 $i \leqslant 8$，链速 $v \leqslant 15$ m/s，传动效率为 0.95～0.98。

3. 链传动的分类

按用途的不同链条可分为传动链、起重链和曳引链。用于传递动力的传动链又有齿形链（图 7.2.3）和滚子链（图 7.2.4）两种。齿形链运转较平稳、噪声小，又称为无声链，适用于高速（40 m/s）、运动精度较高的传动中，但缺点是制造成本高、质量大。

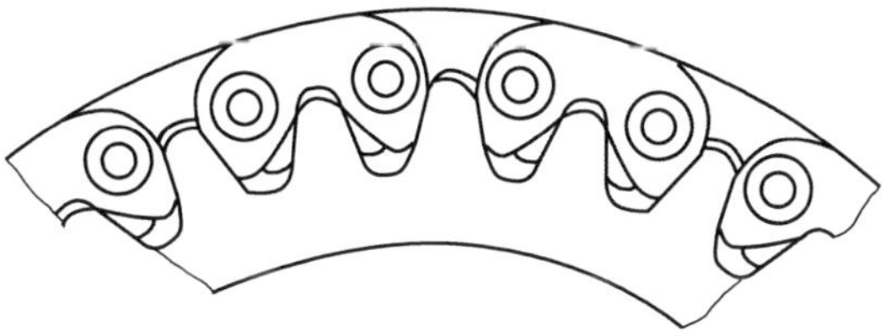

图 7.2.3　齿形链

4. 滚子链和链轮

（1）滚子链的结构

如图 7.2.4 所示，滚子链由内链板 1、外链板 2、套筒 3、销轴 4 和滚子 5 组成。内链板与套筒、外链板与销轴间均为过盈配合;套筒与销轴、滚子与套筒间均为间隙配合。内、外链板交错连接而构成铰链。相邻两滚子轴线间的距离称为链节距,用 p 表示,链节距 p 是传动链的重要参数。

当传递功率较大时,可采用双排链(图 7.2.5)或多排链。当多排链的排数较多时,各排受载不易均匀,因此实际运用中排数一般不超过 4。

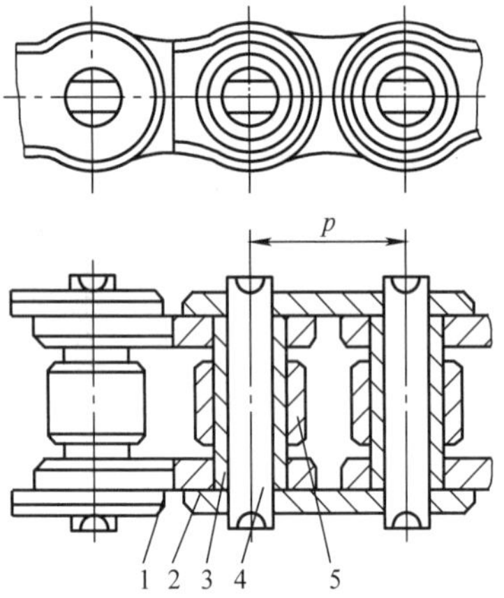

图 7.2.4　滚子链

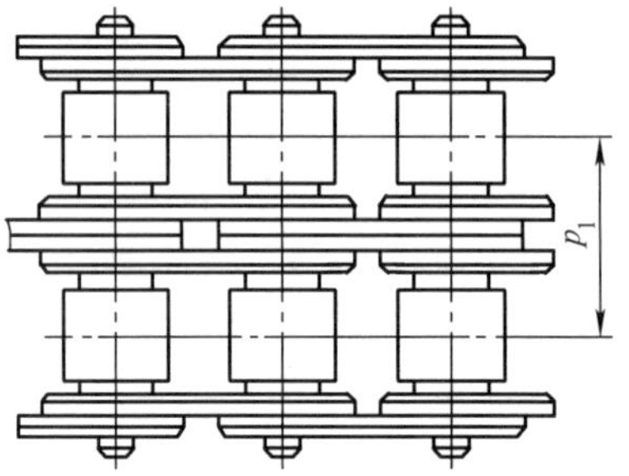

图 7.2.5　双排滚子链

链条在使用时封闭为环形,当链节数为偶数时,正好是外链板与内链板相接,可用开口销或弹簧卡固定销轴,如图 7.2.6(a)、(b)所示;若链节数为奇数,则需采用过渡链节,如图 7.2.6(c)所示。由于过渡链节的链板要受附加的弯矩作用,一般应避免使用,最好采用偶数链节。

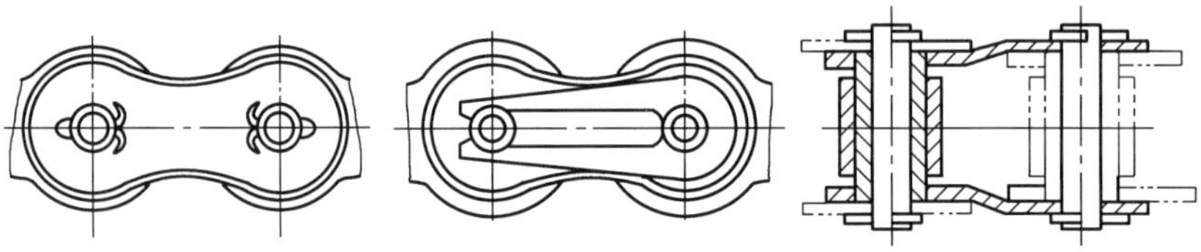

(a)　(b)　(c)

图 7.2.6　滚子链接头形式

(a)开口销固定销轴;(b)弹簧卡固定销轴;(c)过渡链节

(2)滚子链的标准

我国目前使用的滚子链的标准为 GB/T 1243—2006,分为 A、B 两个系列,常用的是 A 系列,其主要参数见表 7.2.1。国际上链节距均采用英制单位,我国标准中规定链节距采用米制单位(按转换关系从英制折算成米制)。对应于链节距有不同的链号,用链号乘以 25.4/16 mm 所得的数值即为链节距 p(mm)。

滚子链的标记方法为“链号—排数 × 链节数国家标准代号”。例如:A 系列滚子链,节距为 19.05 mm,双排,链节数为 100,其标记方法为

12A—2 × 100　GB/T 1243—2006

表 7.2.1　A 系列滚子链的基本参数和尺寸(摘自 GB/T 1243—2006)

链号	节距 p/mm	排距 p_t/mm	滚子外径 d'_r/mm	内链节内宽 b_1/mm	销轴直径 d_2/mm	内链板高度 h_2/mm	极限拉伸载荷(单排) F_Q/N	每米质量(单排) q/(kg/m)
08A	12.70	14.38	7.95	7.85	3.96	12.07	13 800	0.60
10A	15.875	18.11	10.16	9.40	5.08	15.09	21 800	1.00
12A	19.05	22.78	11.91	12.57	5.94	18.08	31 100	1.50
16A	25.40	29.29	15.88	15.75	7.92	24.13	55 600	2.60
20A	31.75	35.76	19.05	18.90	9.53	30.18	86 700	3.80
24A	38.10	45.44	22.23	25.22	11.10	36.20	124 600	5.60
28A	44.45	48.87	25.40	25.22	12.70	42.24	169 000	7.50
32A	50.80	58.55	28.58	31.55	14.27	48.26	222 400	10.10
40A	63.50	71.55	39.68	37.85	19.84	60.33	347 000	16.10
48A	76.20	87.83	47.63	47.35	23.80	72.39	500 400	22.60

注:(1)多排链极限拉伸载荷按表列 q 值乘以排数计算。

(2)使用过渡链节时,其极限拉伸载荷按表列数值的 80% 计算。

(3)链轮

链轮轮齿的齿形应便于链条顺利地进入和退出啮合,使其不易脱链,且应该形状简单、便于加工。国家标准 GB/T 1243—2006 规定了滚子链链轮端面齿形有两种形式:二圆弧齿形(图 7.2.7(a))、三圆弧 - 直线齿形(图 7.2.7(b))。常用的为三圆弧 - 直线齿形,它由 $\overset{\frown}{aa}$、$\overset{\frown}{ab}$、$\overset{\frown}{cd}$ 和直线 bc 组成,$abcd$ 为齿廓工作段。各种链轮的实际端面齿形只要在最大、最小范围内都可用,如图 7.2.7(c)所示。

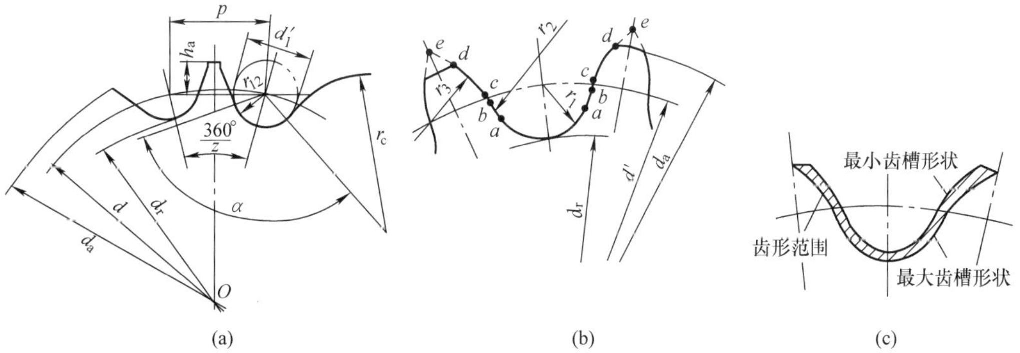

图 7.2.7　链轮端面齿形

(a)二圆弧齿形;(b)三圆弧 - 直线齿形;(c)最大、最小范围

链轮的主要参数为齿数 z、节距 p(与链节距相同)和分度圆直径 d。分度圆是指链轮上销轴中心所处的被链条节距等分的圆,其直径

$$d=\frac{p}{\sin\dfrac{180°}{z}}$$

链轮的齿形用标准刀具加工，在其工作图上一般不绘制端面齿形，只需注明按 GB/T 1243—1997 齿形制造和检验即可。但为了车削毛坯，需将轴向齿形画出，轴向齿形的具体尺寸参见机械设计手册。

链轮的结构如图 7.2.8 所示。链轮的直径小时通常制成实心式(图 7.2.8(a))；直径较大时制成孔板式(图 7.2.8(b))；直径很大时(≥200 mm)制成组合式，可将齿圈焊接到轮毂上(图 7.2.8(c))，或采用螺栓连接(图 7.2.8(d))。

链轮轮齿应有足够的接触强度和耐磨性，常用材料为中碳钢(35、45 钢)，不重要场合则用 Q235A、Q275A 钢，高速重载时采用合金钢，低速时大链轮可采用铸铁。由于小链轮的啮合次数多，小链轮的材料应优于大链轮，并应进行热处理。

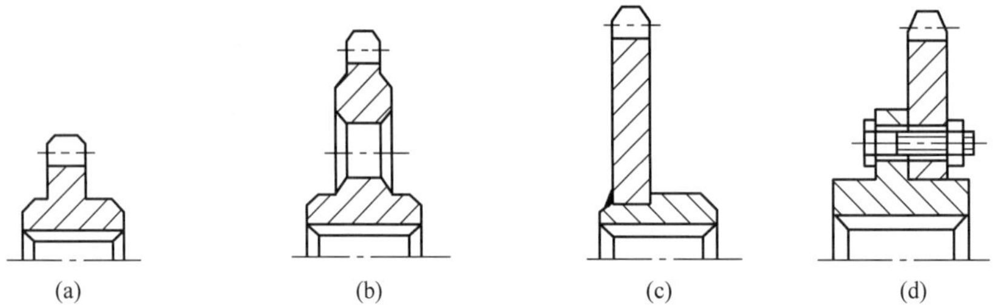

图 7.2.8　链轮结构

(a)实心式；(b)孔板式；(c)组合式焊接；(d)组合式螺栓连接

【知识链接 2】链传动的运动不均匀性

链由许多刚性链节连接而成，当链与链轮啮合时，链呈折线包在链轮上，形成一个局部正多边形。该正多边形的边长为链节距 p。链轮回转一周，链移动的距离为 zp，故链的平均速度 v(m/s)为

$$v = \frac{n_1 z_1 p}{60 \times 1\ 000} = \frac{n_2 z_2 p}{60 \times 1\ 000} \tag{7.2.1}$$

式中：p 为链节距(mm)；z_1、z_2 分别为主、从动链轮的齿数；n_1、n_2 分别为主、从动链轮的转速(r/min)。

由式(7.2.1)可得链传动的平均传动比

$$i = \frac{n_1}{n_2} = \frac{z_2}{z_1} = 常数 \tag{7.2.2}$$

实际上，链传动的瞬时链速和瞬时传动比都是变化的。

设链的紧边在工作中处于水平位置，如图 7.2.9 所示。并设主动链轮以等角速度 ω_1 转动，其分度圆圆周速度 $v_1 = \frac{d_1 \omega_1}{2}$。链水平运动的瞬时速度 v 等于链轮圆周速度 v_1 的水平分量，链垂直运动的瞬时速度 v_1' 等于链轮圆周速度 v_1 的垂直分量。

$$v_1{}' = v_1 \sin\beta = \frac{d_1}{2}\omega_1 \sin\beta \tag{7.2.3}$$

$$v = v_1 \cos\beta = \frac{d_1}{2}\omega_1 \cos\beta \tag{7.2.4}$$

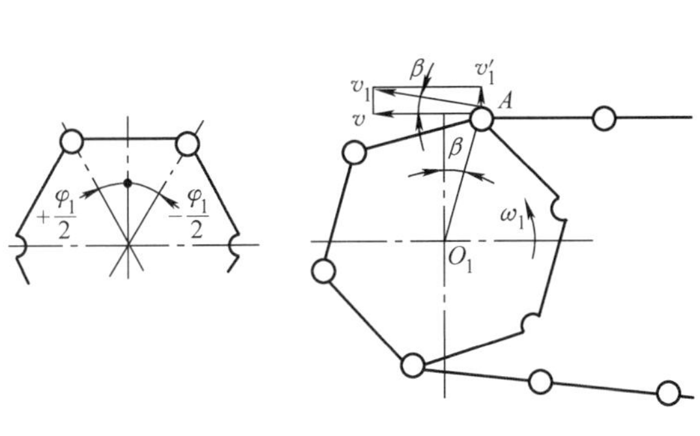

图 7.2.9　链传动的运动分析

式中：β 为 A 点圆周速度与水平线的夹角。β 的变化范围在 $\pm\varphi_1/2$ 之间，$\varphi_1=360°/z_1$。显然，当匀速转动时，链速 v 是变化的。

尽管 ω_1 为常数，但 ω_2 随链速 v 的变化而变化，瞬时传动比 $i_t=w_1/w_2$ 也随时间变化，所以链传动工作不平稳。由于瞬时链速 v 及传动比的变化，引起链传动的不平衡性及附加动载荷。同时，垂直分量 v_1' 变化使链产生上下抖动，也产生动载荷。

链轮齿数越少，链节距越大，转速越高，动载荷影响越大。由于链传动的动载荷效应，链传动不宜用于高速。

【任务实施】链传动的布置、张紧与润滑

1. 链传动的合理布置

链传动的合理布置应从以下几方面考虑。

1）两链轮的回转平面应在同一平面内，否则易使链条脱落，或产生不正常磨损。

2）两链轮中心连线最好在水平面内，若需要倾斜布置时，倾角也应小于 45°，如图 7.2.10(a)所示。应避免垂直布置（图 7.2.10(b)），因为过大的下垂量会影响链轮与链条的正确啮合，降低传动能力。

3）链传动最好紧边在上、松边在下，以防松边下垂量过大使链条与链轮轮齿发生干涉（图 7.2.10(c)）或松边与紧边相碰。

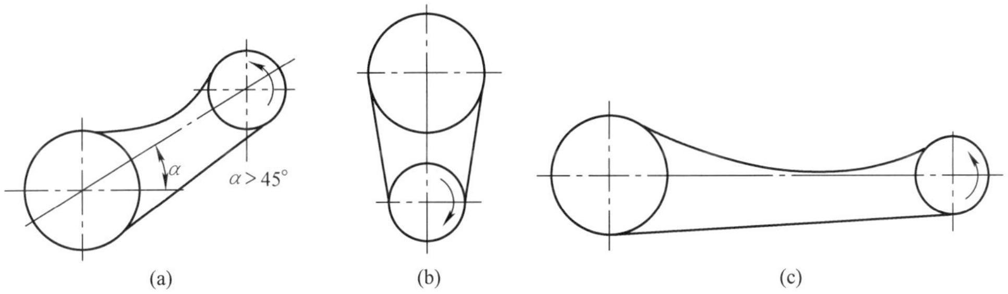

图 7.2.10　应避免的链传动布置

(a)倾角 >45°；(b)垂直布置；(c)紧边在下、松边在上

2. 链传动的张紧装置

张紧的主要目的是保证链条有稳定的从动边拉力(控制松边的垂度)。常用移动链轮增大中心距的方法张紧。当中心距不可调时,可用张紧轮定期或自动张紧(图 7.2.11(a)、(b))。张紧轮应装在靠近小链轮的松边上。张紧轮可为有齿或无齿两种,其分度圆直径要与小链轮分度圆直径相近。无齿的张紧轮可以用酚醛层压布板制成,宽度应比链宽约宽 5 mm。还可用压板、托板张紧(图 7.2.11(c)),特别是中心距大的链传动,用托板控制垂度更为合理。

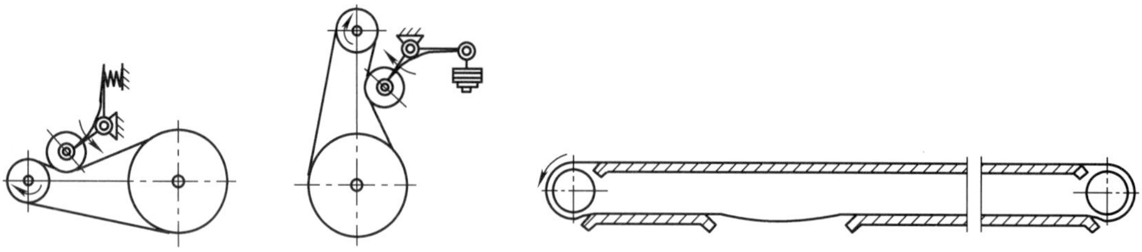

(a) (b) (c)

图 7.2.11 链的张紧装置

(a)、(b)张紧轮定期或自动张紧;(c)压板、托板张紧

3. 链传动的润滑

链传动的良好润滑能缓和冲击、减少摩擦、减轻磨损,不良的润滑就会降低链传动的寿命。链传动的润滑方法可根据图 7.2.12 选取。润滑是应设法在链活动关节的缝隙中注入润滑油,并应均匀分布在链宽上。为使润滑油容易进入润滑部位,润滑油应加在松边上,因这时链节处于松弛状态润滑油容易进入各摩擦面之间。

链传动润滑油的运动黏度在运转温度下为 20 ~ 40 mm^2/s。当转速很慢无法供油时可用润滑脂代替。

【知识拓展】链传动的失效形式

由于链条强度不如链轮高,所以一般链传动的失效主要是链条的失效。常见的失效形式有以下几种。

1. 链板疲劳破坏

由于链条松边和紧边的拉力不等,在其反复作用下经过一定的循环次数,链板发生疲劳断裂。在正常的润滑条件下,一般是链板首先发生疲劳断裂,其疲劳强度成为限定链传动承载能力的主要因素。

2. 滚子和套筒的冲击疲劳破坏

链传动在反复启动、制动或反转时产生巨大的惯性冲击,会使滚子和套筒发生冲击疲劳破坏。

3. 链条铰链磨损

链的各元件在工作过程中都会有不同程度的磨损,但主要磨损发生在铰链的销轴与套

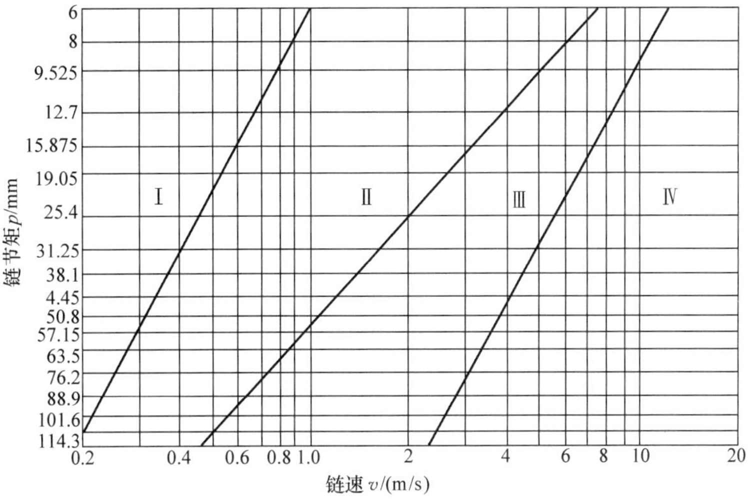

图 7.2.12　荐用的润滑方式

Ⅰ—人工定期润滑；Ⅱ—滴油润滑；Ⅲ—油浴或飞溅润滑；Ⅳ—压力喷油润滑

筒的承压面上。磨损使链条的节距增加，容易产生跳齿和脱链。一般开式传动时极易产生磨损，降低链条寿命。

4. 链条铰链的胶合

当链轮转速达到一定值时，链节啮入时受到的冲击能量增大，工作表面的温度过高，销轴和套筒间的润滑油膜将会被破坏而产生胶合。胶合限制了链传动的极限转速。

5. 静力拉断

在低速（$v<0.6$ m/s）、重载或严重过载的场合，当载荷超过链条的静力强度时，会导致链条被拉断。

【小结】

链传动是通过链条将主动链轮的运动和动力传递到从动链轮。它与带传动相比，具有平均传动比准确，传递功率大，承载能力强等特点，且能在恶劣环境中工作。因此了解滚子链的结构和标准、链传动的多边形效应以及布置、张紧，对于正确使用和维护链传动设备是非常重要的。

【实战演练】链传动的装配与调整

1. 实训目的

1）了解链传动的类型、工作原理、特点和应用场合。

2）正确使用百分表。

3）掌握链传动机构的装配方法及调整方法。

2. 实训设备和工具

1）链传动机构、清洗设备等。

2）百分表、1 m 钢尺、开口扳手、尖嘴钳、拉拔器、尼龙锤等。

3）油石、机油、汽油、棉纱等。

3. 实训步骤

1)拆下弹簧卡片,卸下链条。

2)按顺序拆下链轮。

3)清洗链条和链轮。

4)清洗后重新安装链轮。

5)重新安装链条。

6)重新安装弹簧卡片。

7)检测、调整链传动机构符合装配技术要求。

4. 注意事项

1)切勿盲目拆装,拆卸前要仔细观察零、部件的结构及位置,考虑好拆装顺序。

2)拆下的零、部件要统一放在盘中,以免丢失和损坏。

3)爱护工具、仪器及设备,小心仔细拆装避免损坏。

4)清洗零件时,防止沙尘进入,组装零件时手要干净。

5)工作场地要求清洁整齐,切实做好文明生产。

5. 成绩考核表

链传动的装配与调整测评表

学生班级		学号		姓名	
实训日期				指导教师	
序号	测 评 项 目				得分
1	考勤,安全文明生产				
2	熟练正确使用专用工具、量具,爱护公共设施				
3	链轮两轴线是否平行				
4	链轮之间轴向偏移量是否合理				
5	链轮安装后检测径向跳动量是否合理				
6	链轮安装后检测端面跳动量是否合理				
7	链条弹簧卡片开口方向安装是否正确				
8	链条的张紧力调整是否合理				
9	链传动机构传动是否顺畅、无阻滞现象				
10	拆装过程中零部件摆放整齐有序				
11	清洁环境卫生				
合计:					
成绩:					

复 习 题

一、填空题

1. 链传动中,当链节距 p 增大时,优点是________________________________,缺点是________________。

2. 链传动的________速比是不变的,________速比是变化的。

3. 链传动中,链节数常取________,而链齿数常采用____________________。

4. 链轮的转速________，节距________，齿数________，则链传动的动载荷就越大。

5. 链传动设计时，链条节数应优先选择为________，这主要是为了避免采用过渡链节，防止受到附加弯矩的作用降低其承载能力。

6. 链传动设计时，为了防止容易发生跳链和掉链现象，大链轮的齿数 z_2 应小于或等于________。

7. p 表示链条节距，z 表示链轮齿数，当转速一定时，要减少链传动的运动不均匀性和动载荷，采取的措施是________。

8. 链传动中大链轮的齿数________，越容易发生________________。

9. 链传动中，即使主动链轮的角速度 ω_1 为常数，也只有当________________时，从动链轮的角速度 ω_2 和传动比 i 才能得到恒定值。

10. 链传动在工作时，链板所受的拉应力是________循环变应力。

11. 低速链传动（$v<0.6$ m/s）的主要失效形式是________，为此应进行________强度计算。

12. 链传动是具有________的啮合传动，其失效形式主要有________，________，________，________。

13. 链传动一般应布置在________平面内，尽可能避免布置在________平面或________平面内。

14. 链传动通常放在传动系统的________。

二、判断题

1. 链传动中，当一根链的链节数为偶数时需采用过渡链节。（　　）

2. 链传动的运动不均匀性是造成瞬时传动比不恒定的原因。（　　）

3. 链传动的平均传动比恒定不变。（　　）

4. 链传动设计时，链条的型号是通过抗拉强度计算公式而确定的。（　　）

5. 旧自行车上链条容易脱落的主要原因是链条磨损后链节增大以及大链轮齿数过多。（　　）

6. 在套筒滚子链中，当链节距 p 一定时，小链轮齿数 z_1 越大其多边形效应越严重。（　　）

7. 由于链传动是啮合传动，所以它对轴产生的压力比带传动大得多。（　　）

8. 旧自行车的后链轮（小链轮）比前链轮（大链轮）容易脱链。（　　）

9. 链传动设计要解决的一个主要问题是消除其运动的不均匀性。（　　）

10. 链传动的链节数最好取为偶数。（　　）

11. 在一定转速下，要减轻链传动的运动不均匀性的动载荷，应减小链条节距、增加链轮齿数。（　　）

12. 一般情况下，链传动的多边形效应只能减小，不能消除。（　　）

13. 链传动张紧的目的是避免打滑。（　　）

14. 与齿轮传动相比较，链传动的优点是承载能力大。（　　）

三、分析计算题

1. 题1图所示为链传动与带传动组成的减速传动装置简图。试指出其存在的问题，分析其原因，并提出改进的措施。

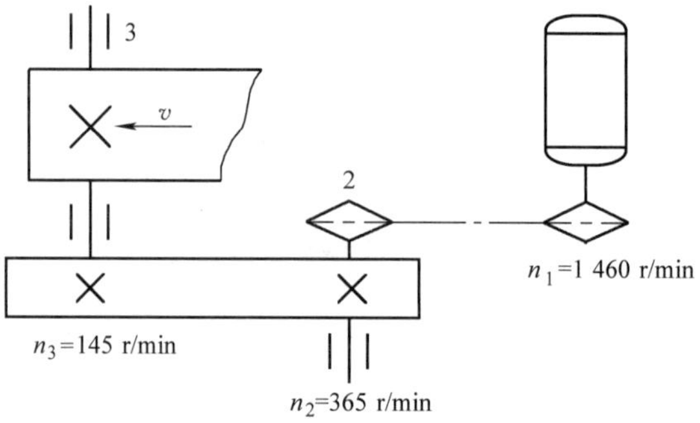

题 1 图

2. 单列滚子链水平传动，已知主动链轮转速 $n_1 = 970$ r/min，从动链轮转速 $n_2 = 323$ r/min，平均链速 $v = 5.85$ m/s，链节距 $p = 19.05$ mm，求链轮齿数 z_1、z_2 和两链轮分度圆直径。

四、简答题

1. 影响链传动不平稳的因素有哪些？
2. 链传动有哪几种主要的失效形式？
3. 为什么链条节数选偶数？链轮齿数选奇数？
4. 链节距的大小对链传动有何影响？设计时应如何选择？
5. 要合理布置链传动，应注意哪些问题？

任务三　齿轮传动

【任务目标】

- 全面、系统了解齿轮传动的工作原理、类型、特点、应用。
- 理解渐开线齿廓的形成、啮合基本定律以及啮合特点。
- 掌握渐开线标准直齿圆柱齿轮的主要参数和几何尺寸。
- 掌握直齿圆柱齿轮、斜齿圆柱齿轮、圆锥齿轮传动的正确啮合条件。
- 了解齿轮常用的材料和齿轮结构，掌握齿轮失效的形式及产生的原因。
- 了解渐开线齿轮的加工方法和根切现象。
- 锻炼分析问题、解决问题的能力，提高计算能力。
- 培养机械设计理念，掌握设计的基本技能。

【任务导入】

观察图 7.3.1，并思考下列问题。

1. 齿轮传动的工作原理是什么？传动的特点是什么？
2. 你了解的齿轮传动有哪些类型？分别用在什么地方？
3. 设计齿轮传动应满足什么要求？一对齿轮应具有什么条件才能正常传动？
4. 你知道齿轮上都有哪些名称吗？齿轮三要素是指什么？
5. 齿轮常采用何种材料？在工作中会发生什么形式的失效？产生的原因是什么？

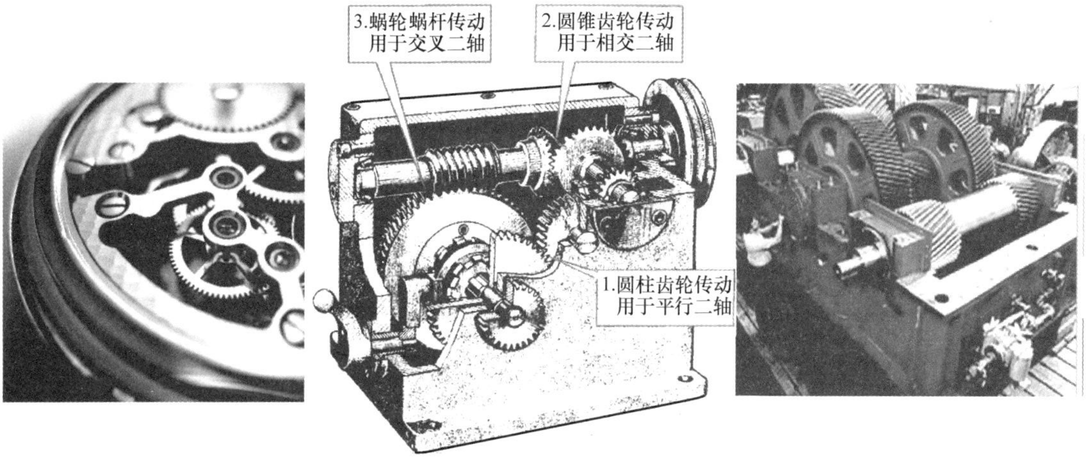

图 7.3.1 齿轮传动及其应用

6. 渐开线齿轮通常采用什么方法加工？加工时会发生什么现象？如何避免？

7. 实际工作中你会通过测量现有齿轮的基本几何尺寸来确定齿轮模数吗？使用什么测量工具？

【知识链接 1】齿轮传动的类型、特点和基本要求

齿轮传动是现代机械传动中最重要、应用最广泛的一种传动形式，在工程机械、矿山机械、冶金机械、化工机械、精密机械及各类机床中大量应用各种类型的齿轮传动。如图 7.3.1 所示。其基本原理是依靠一对齿轮的啮合传动，即主动齿轮与从动齿轮轮齿的直接啮合而将主动轴的运动和动力传递给从动轴。

1. 齿轮传动的类型

1）按两齿轮轴线的相对位置分，有平面齿轮传动（轴线平行）、空间齿轮传动（轴线相交或交错），如图 7.3.2 所示。

- 齿轮传动
  - 平面齿轮传动
    - 直齿圆柱齿轮传动
      - 内啮合（图 7.3.2(a)）
      - 外啮合（图 7.3.2(b)
      - 齿轮齿条（图 7.3.2(c)）
    - 斜齿圆柱齿轮传动
      - 内啮合
      - 外啮合（图 7.3.2(d)）
      - 齿轮齿条
    - 人字齿轮传动（图 7.3.2(e)）
  - 空间齿轮传动
    - 传递相交轴运动
      - 直齿圆锥齿轮传动（图 7.3.2(f)）
      - 斜齿圆锥齿轮传动（图 7.3.2(g)）
      - 曲线齿轮传动（图 7.3.2(h)）
    - 传递交错轴运动
      - 交错轴斜齿轮传动（图 7.3.2(i)）
      - 蜗杆蜗轮传动（图 7.3.2(j)）
      - 准双曲面齿轮传动（图 7.3.2(k)）

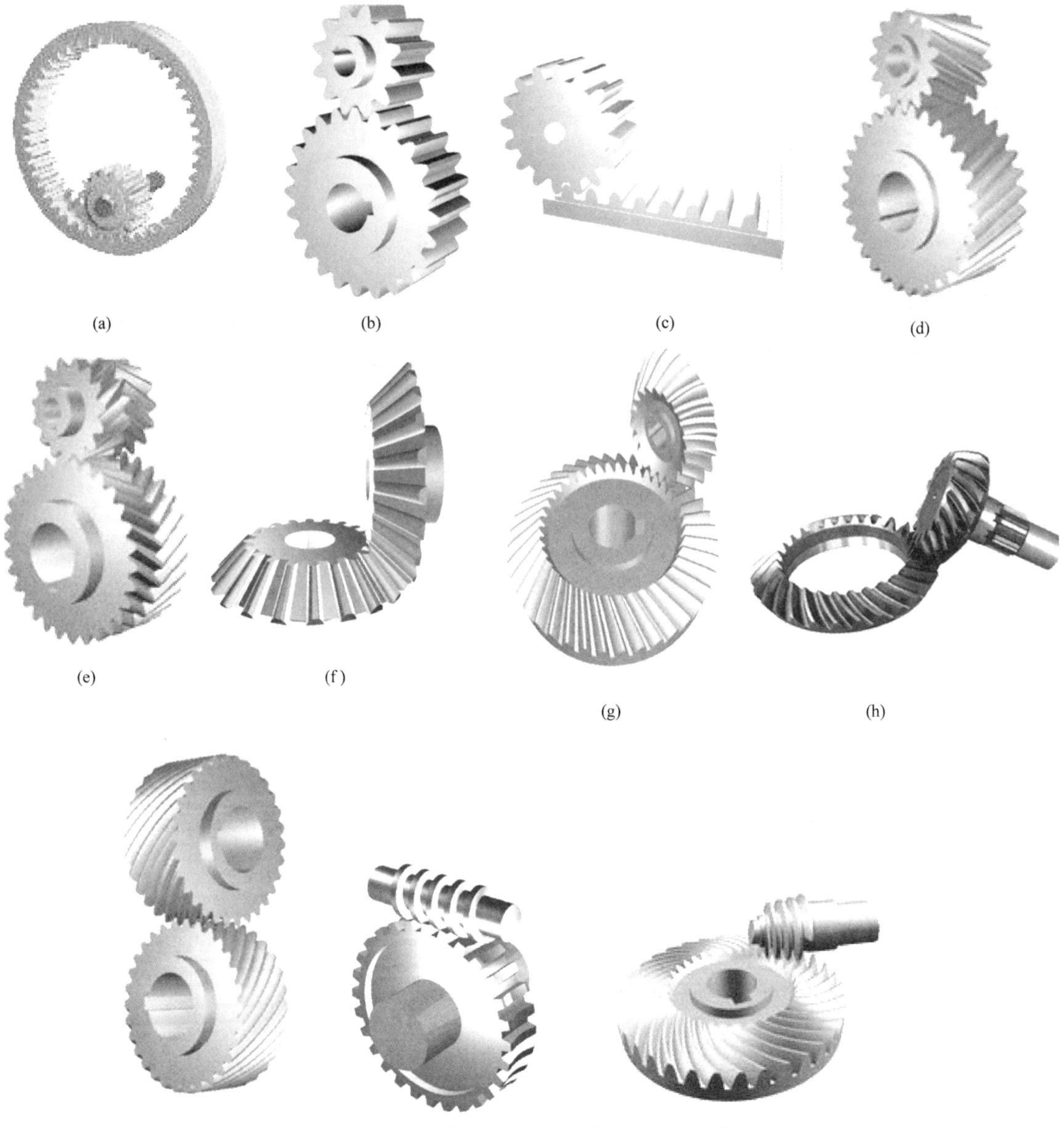

(a) (b) (c) (d) (e) (f) (g) (h) (i) (j) (k)

图 7.3.2 齿轮传动的类型

2)按轮齿齿廓曲线的形状分,有渐开线齿轮传动、圆弧齿轮传动、摆线齿轮传动等,渐开线齿轮应用最广泛,而且制造、安装方便。

3)按齿轮传动是否封闭分,有开式齿轮传动和闭式齿轮传动。开式齿轮传动是指齿轮外露的或装有简单的防护罩,不能保证良好的润滑,且容易落入灰尘、杂质,所以齿面易磨损,不适合于高速传动。闭式齿轮传动是齿轮封闭在刚性很好的箱体内,能保证良好的润滑和工作条件,实际工作中多数情况采用闭式齿轮传动。

4）按齿廓表面硬度分，有硬度≤350HBS 的为软齿面齿轮传动，硬度＞350HBS 的为硬齿面齿轮传动。

2. 齿轮传动的特点

1）齿轮传动传递的功率范围大（可达 10^5 kW），速度范围广（0.1～300 m/s），传动效率高，可达99%。

2）能保证传动比恒定。

3）结构紧凑，使用寿命长，工作平稳，安全可靠。

4）可传递任意两轴间的运动和动力。

5）制造、安装精度较高，维护费用高，因而成本较高。

6）不宜作两轴间距离较远的传动。

3. 对齿轮传动的基本要求

齿轮用于传递运动和动力，必须满足以下两个要求。

（1）传动准确、平稳

齿轮传动的最基本要求之一是瞬时传动比恒定不变，以避免产生动载荷、冲击、振动和噪声。这与齿轮的齿廓形状、制造和安装精度有关。

（2）承载能力强

齿轮传动在具体的工作条件下，必须有足够的工作能力，以保证齿轮在整个工作过程中不致产生各种失效。这与齿轮的尺寸、材料、热处理工艺因素有关。

【知识链接2】渐开线齿轮

1. 渐开线的形成及其性质

如图7.3.3所示，当一条动直线（称发生线 $n-n$）沿一个固定圆（称基圆，半径用 r_b 表示）的圆周作纯滚动时，直线上任一点 K 的轨迹 AK 称为该圆的渐开线。渐开线的性质如下。

1）发生线在基圆滚过的线段长度 NK 等于基圆上被滚过的相应弧长 NA，即直线段 NK 与弧线段 NA 相等。

2）渐开线上任意一点的法线必然与基圆相切，也就是说基圆的切线必为渐开线上某点的法线。图7.3.3中 NK 是基圆的切线，也是渐开线在 K 点的法线。N 是发生线上各点在这一瞬时的速度瞬心。

3）切点 N 是渐开线上 K 点的曲率中心，NK 是渐开线上 K 点的曲率半径。离基圆越近，曲率半径越小，如图7.3.3所示，$N_1K_1 < N_2K_2$。

4）渐开线的形状只取决于基圆大小。如图7.3.3所示，基圆越大，渐开线越平直，当基圆半径无穷大时，渐开线为直线。

5）基圆内无渐开线。

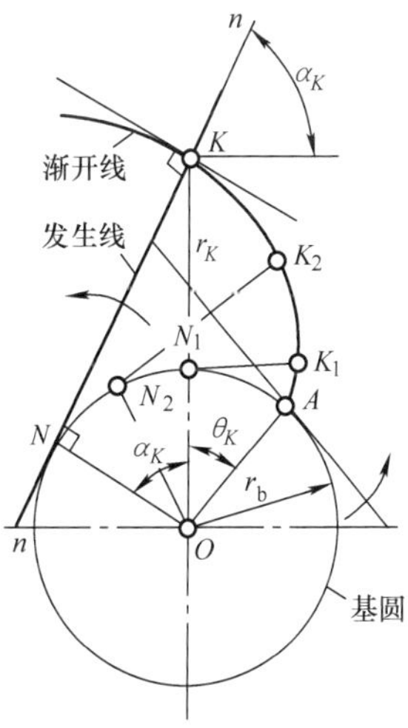

图7.3.3　渐开线的形成

2. 渐开线齿廓的压力角

如图 7.3.3 所示,渐开线上任一点 K 的位置可用向径 r_K 和展角 θ_K 来表示。若以此渐开线作为齿轮的齿廓,当两齿轮在 K 点啮合时,其正压力方向沿着 K 点的法线(NK)方向,而齿廓上 K 点的速度垂直于 OK 线。K 点的受力方向与速度方向之间所夹的锐角称为压力角 α_K,由图 7.3.3 可知 $\angle NOK = \alpha_K$。由此可见,渐开线齿廓上各点的压力角数值不同。在 $\triangle NOK$ 中可得出

$$\cos\alpha_K = ON/OK = r_b/r_K \tag{7.3.1}$$

由此可见渐开线上各点的压力角是不同的,渐开线起点处的压力角为零,渐开线上的点离基圆越远,其压力角越大。

压力角的大小将直接影响一对齿轮的传力性能,所以压力角是齿轮传动中的一个重要参数。

3. 齿廓啮合基本定律

啮合指一对轮齿相互接触并进行相对运动的状态。传动比指两轮瞬时角速度之比,即 $i_{12} = \omega_1/\omega_2$。共轭齿廓指满足预定传动比要求的一对齿廓。

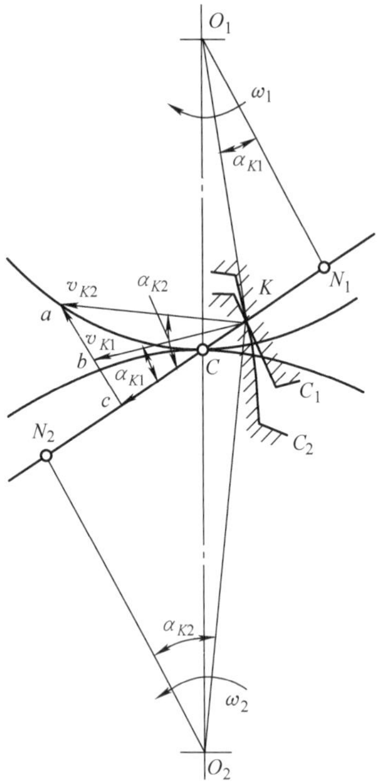

图 7.3.4　齿廓啮合基本定律速度分析

如图 7.3.4 所示,主动齿轮 1 的齿廓 C_1 与从动齿轮 2 的齿廓 C_2 在 K 点啮合,要保证两齿轮齿廓高副接触,它们在 K 点的速度沿公法线 N_1N_2 方向的分量应相等。即

$$v_{K1}\cos\alpha_{K1} = v_{K2}\cos\alpha_{K2}$$

由于 $v_{K1} = \omega_1\,\overline{O_1K}$,$v_{K2} = \omega_2\,\overline{O_2K}$,则

$$\frac{\omega_1}{\omega_2} = \frac{\overline{O_2K}\cos\alpha_{K2}}{\overline{O_1K}\cos\alpha_{K1}}$$

故两轮的瞬时传动比

$$i_{12} = \frac{\omega_1}{\omega_2} = \frac{\overline{O_2K}\cos\alpha_{K2}}{\overline{O_1K}\cos\alpha_{K1}} = \frac{\overline{O_2N_2}}{\overline{O_1N_1}} = \frac{\overline{O_2C}}{\overline{O_1C}} \tag{7.3.2}$$

C 为两轮连心线 O_1O_2 与公法线 N_1N_2 的交点,称为啮合节点,简称节点。

分别以 O_1 和 O_2 为圆心、以 O_1C 和 O_2C 为半径作圆,这两个圆分别称为两轮的啮合节圆,简称节圆。

齿廓啮合基本定律:两齿廓在任一位置啮合接触时,过接触点所作的两齿廓的公法线必通过节点 C,它们的传动比等于连心线 O_1O_2 被节点 C 所分成的两条线段的反比。如果要求两齿轮的瞬时传动比 i_{12} 为一常数,节点 C 必为定点。两轮齿廓在节点啮合时,相对速度为零,即一对齿轮的啮合传动相当于它们的节圆作纯滚动。

4. 渐开线齿廓的啮合特性

(1)四线合一

如图 7.3.5 所示，一对渐开线齿廓在任意点 K 啮合时，由渐开线的性质可知，N_1N_2 是两轮齿廓在 K 点的公法线，也是两轮基圆的内公切线，由于齿轮的基圆大小和位置均固定，公法线 N_1N_2 是唯一的，而且两轮不论在哪一点啮合，啮合点总在这条公法线上，该公法线也称啮合线。由于两轮啮合传动时，其正压力是沿着公法线方向的。因此，过啮合点的公法线、基圆的内公切线、啮合线、正压力的作用线四线合一。

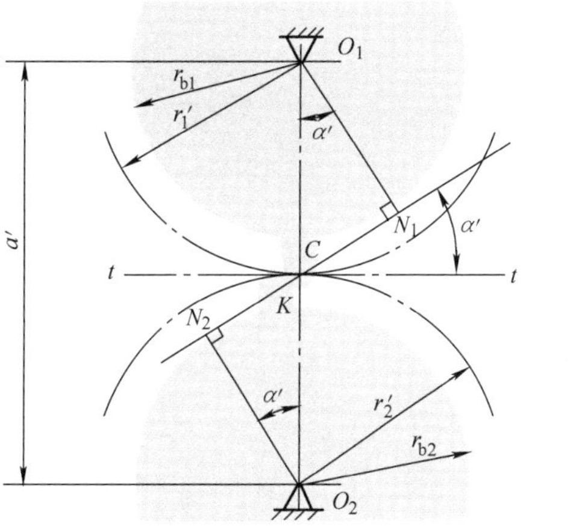

图 7.3.5　渐开线齿廓的啮合

(2)渐开线齿轮具有可分性

由齿廓啮合基本定律可知，一对渐开线齿轮的啮合传动可以看作两个节圆的纯滚动，C 是节点，则 $v_{C1}=v_{C2}$，而 $v_{C1}=\omega_1\cdot O_1C=v_{C2}=\omega_2\cdot O_2C$。

又因为 $\triangle O_1CN_1\backsim\triangle O_2CN_2$，所以两轮的传动比

$$i_{12}=\omega_1/\omega_2=O_2C/O_1C=r_2'/r_1'=r_{b2}/r_{b1}\tag{7.3.3}$$

由此可见，当齿轮制成以后，基圆大小便已确定。因此，即使中心距 a 有点偏差，也不会改变其传动比的大小。事实上，由于制造、安装误差、轴承磨损等，都会导致中心距 a 的微小变化，而渐开线齿轮的可分性使传动比不受影响。

(3)正压力方向的不变性

如图 7.3.5 所示，啮合线 N_1N_2 与两节圆公切线之间的夹角称为啮合角，用 α'表示，它就是渐开线在节点 C 处啮合的压力角 α，在齿轮传动时，啮合角不变，力作用线方向不变。齿廓不论在什么点啮合，若传递的转矩不变，齿轮之间的压力大小和方向均不变，因此齿轮传动平稳可靠。

(4)齿面的滑动

如图 7.3.4 所示，一对齿廓如在节点 C 以外的其他点啮合时，由于两齿廓在接触点的线速度不等，即齿廓接触点沿齿面方向的速度分量不等($ac>bc$)，则齿廓间将产生相对滑动，这种相对滑动会引起传动时的摩擦损失和齿面磨损等。

【知识链接 3】渐开线齿轮各部分名称及几何尺寸

1. 齿轮各部分的名称及符号

齿轮各部分的名称及符号如图 7.3.6 和表 7.3.1 所示。

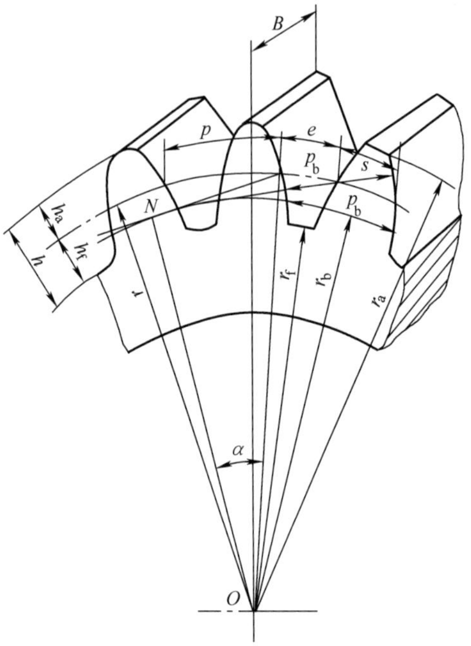

图 7.3.6　齿轮各部分符号

表 7.3.1　齿轮各部分名称和符号

名称	定　义	符号及说明
齿数	圆周上均匀分布的轮齿总数	齿数以 z 表示
齿顶圆	过所有轮齿顶部的圆	齿顶圆直径以 d_a 表示
齿根圆	过所有齿槽底部的圆	齿根圆直径以 d_f 表示
基圆	发生线作纯滚动而生成渐开线的圆	基圆的直径以 d_b 表示
分度圆	为使设计制造方便，人为取定的一个圆。该圆上的模数、压力角均为标准值	分度圆的直径以 d 表示
压力角	分度圆上啮合点的受力方向与该点速度方向所夹的锐角，我国规定 $\alpha=20°$	压力角以 α 表示
模数	因为 $zp=d\pi$，则 $d=zp/\pi=zm$，式中 $m=p/\pi$ 称为该圆上的模数（单位：mm）	模数以 m 表示
齿槽宽	在分度圆上，相邻两齿齿间的弧长	齿槽宽以 e 表示
齿厚	在分度圆上，同一轮齿两侧齿廓间的弧长	齿厚以 s 表示
齿距	在分度圆上，相邻两齿同侧齿廓间的弧长	齿距以 p 表示
齿顶高	分度圆与齿顶圆之间的径向距离 $h_a=h_a^* m$	齿顶高以 h_a 表示
齿根高	分度圆与齿根圆之间的径向距离 $h_f=(h_a^*+c^*)m$	齿根高以 h_f 表示
全齿高	齿顶高与齿根高之和 $h=h_a+h_f$	全齿高以 h 表示
齿顶高系数	齿顶高与模数之比值 $h_a^*=h_a/m$	齿顶高系数以 h_a^* 表示
顶隙系数	顶隙与模数之比值 $c^*=c/m$	顶隙系数以 c^* 表示

2. 渐开线标准直齿圆柱齿轮的基本参数及几何尺寸计算

(1)渐开线标准直齿圆柱齿轮的基本参数

1)齿形参数包括模数 m、齿数 z、压力角 α,又称齿轮三要素。模数是齿轮几何计算的基础,m 越大,则 p 越大,即轮齿越大。不同模数轮齿的大小如图 7.3.7 所示。齿数是齿轮轮齿的个数,齿数不同轮齿形状不同,模数相同时,齿数越多则轮齿形状越平直,当齿数为无限大时就成为齿条,如图 7.3.8 所示。

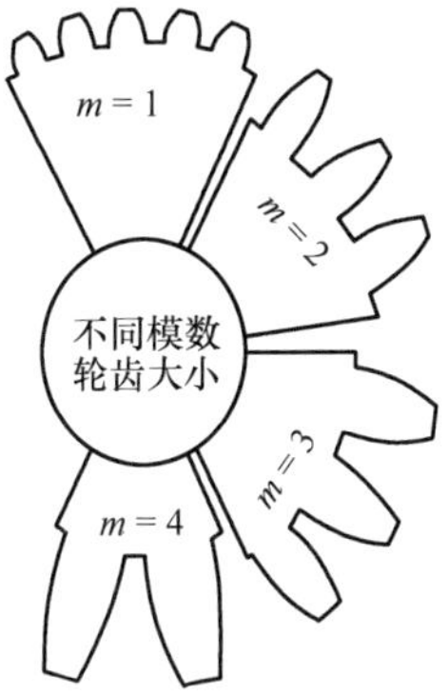

图 7.3.7　不同模数轮齿大小

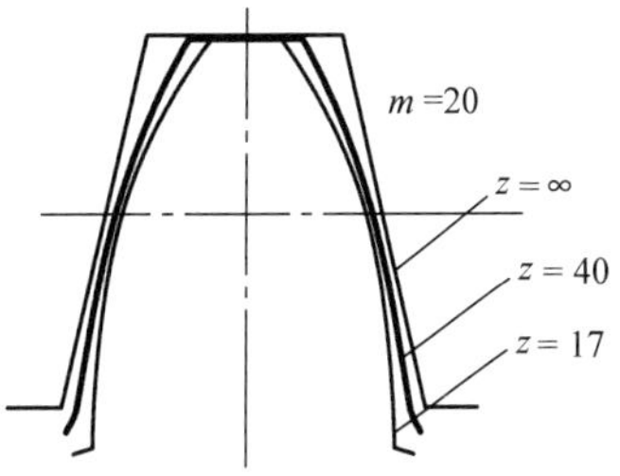

图 7.3.8　不同齿数的轮齿形状

注意:齿轮不同圆周上的模数是不同的,分度圆上的模数才是标准值。标准模数系列见表 7.3.2。齿轮不同圆周上的压力角不同,分度圆上的压力角才是标准值。我国规定的标准压力角为 20°。此外,在某些场合也采用 14.5°、15°、22.5°和 25°压力角。不同压力角时轮齿的形状如图 7.3.9 所示。

表 7.3.2　标准模数系列(GB 1357—87)

第一系列	1　1.25　1.5　2　2.5　3　4　5　6　8　10　12　16　20　25　32　40　50
第二系列	1.75　2.25　2.75　(3.25)　3.5　(3.75)　4.5　5.5　(6.5)　7　9　(11)　14　18　22　28　36　45

注:(1)本表适用于渐开线圆柱齿轮,对斜齿轮是指法面模数。

(2)优先采用第一系列,括号内的模数尽可能不用。

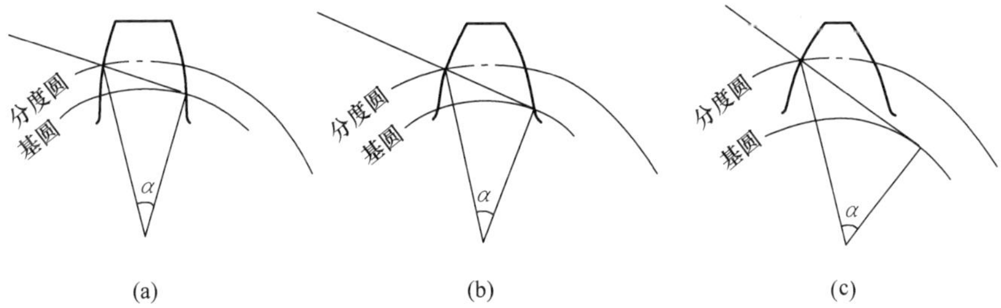

图 7.3.9　不同压力角时轮齿的形状

(a) $\alpha < 20°$;(b) $\alpha = 20°$;(c) $\alpha > 20°$

2)齿制参数包括齿顶高系数 h_a^* 和顶隙系数 c^*。标准参数见表 7.3.3 所示。

当一对齿轮啮合时,为使一个齿轮的齿顶面不致与另一个齿轮的齿槽底面相抵触,轮齿的齿根高应大于齿顶高,以保证齿轮传动时,一齿轮的齿顶与另一齿轮的齿槽底有一定的径向间隙,这一间隙称为顶隙,用 c 表示。顶隙还可以储存润滑油,有利于齿面的润滑,如图 7.3.10 所示。

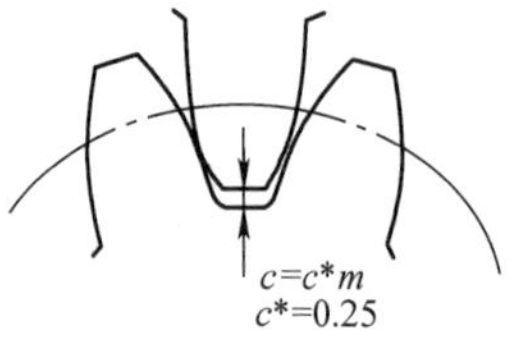

图 7.3.10　顶隙

表 7.3.3　齿制参数

	正常齿制	短齿制
h_a^*	1.0	0.8
c^*	0.25	0.3

3)标准齿轮是指 m、α、h_a^*、c^* 均取标准值,具有标准的齿顶高和齿根高,且分度圆齿厚等于齿槽宽的齿轮。

(2)渐开线标准直齿圆柱齿轮几何尺寸的计算

计算公式见表 7.3.4。齿条各圆均转化为直线,其分度圆转化为分度线,也称齿条中线,齿条各高度上齿距相等,直线齿廓上各点的压力角均为 20°,如图 7.3.11 所示。齿条的几何尺寸包括 h_a、h_f、h、p、s 和 e,计算公式与外啮合齿轮相同。

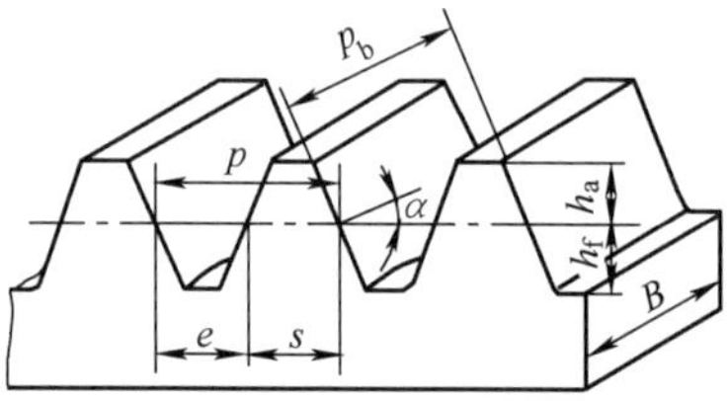

图 7.3.11　齿条

表 7.3.4　渐开线标准直齿圆柱齿轮(外啮合)几何尺寸的计算公式

名　称	符　号	计算公式
齿顶高	h_a	$h_a = h_a^* m = m$
齿根高	h_f	$h_f = (h_a^* + c^*)m = 1.25m$
齿全高	h	$h = h_a + h_f = (2h_a^* + c^*)m = 2.25m$
顶隙	c	$c = c^* m = 0.25m$
分度圆直径	d	$d = mz$
基圆直径	d_b	$d_b = d\cos\alpha$
齿顶高直径	d_a	$d_a = d + 2h_a = m(z + 2h_a^*)$　①
齿根高直径	d_f	$d_f = d - 2h_f = m(z - 2h_a^* - 2c^*)$　②
齿距	p	$p = \pi m$
齿厚	s	$s = p/2 = \pi m/2$
齿槽宽	e	$e = s$
标准中心距	a	$a = (d_2 + d_1)/2 = m(z_2 + z_1)/2$　③
基圆齿距	p_b	$p_b = \pi m\cos\alpha$

注意:内啮合时①②③处加(减)号变减(加)号。

【知识链接4】渐开线齿轮的啮合传动

1. 渐开线直齿圆柱齿轮的正确啮合条件

如图7.3.12所示，两齿轮要想正确啮合，它们的法向齿距必须相等。$p_{n1}=p_{n2}=KK'$。由渐开线的性质可知，法向齿距和基圆齿距相等，即 $p_n=p_b$。

由于$p_{b1}=p_{b2}$，而且 $p_b=p\cos\alpha$，故

$$p_{b1}=p\cos\alpha_1=\pi m_1\cos\alpha_1$$

$$p_{b2}=p\cos\alpha_2=\pi m_2\cos\alpha_2$$

渐开线直齿圆柱齿轮的正确啮合条件为

$$m_1=m_2=m \qquad (7.3.4)$$

$$\alpha_1=\alpha_2=\alpha \qquad (7.3.5)$$

即两齿轮的模数和压力角分别相等，而且等于标准值。

这样齿轮的传动比

$$i=\frac{\omega_1}{\omega_2}=\frac{d'_2}{d'_1}=\frac{d_{b2}}{d_{b1}}=\frac{d_2}{d_1}=\frac{z_2}{z_1} \qquad (7.3.6)$$

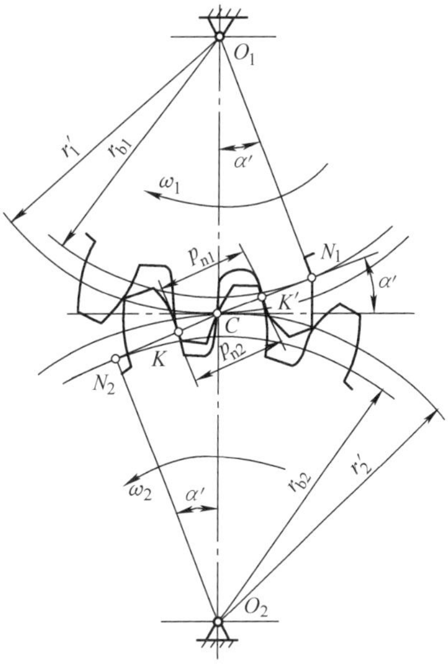

图7.3.12　正确啮合条件

2. 渐开线直齿圆柱齿轮连续传动的条件

一对齿轮满足正确啮合条件就能正确地进行啮合传动，但一对齿轮的传动还必须是连续的。图7.3.13所示为一对渐开线齿轮的啮合情况，设轮1为主动轮，以角速度 ω_1 顺时针方向回转；轮2为从动轮，以角速度 ω_2 逆时针方向回转。两轮轮齿在啮合起始点 B_2开始啮合，这时是主动轮的齿根与从动轮的齿顶先接触。随着传动的进行，两齿廓的啮合点将沿着啮合线 N_1N_2 移动。而同时啮合点将分别沿着主动轮的齿廓，由齿根逐渐走向齿顶；沿着从动轮的齿廓，由齿顶逐渐移向齿根。当啮合进行到主动轮的齿顶圆与啮合线的交点 B_1 时，两轮齿即将脱离接触，故点 B_1 为啮合终止点。从一对轮齿的啮合过程来看，啮合点实际所走过的轨迹只是啮合线 N_1N_2 上的一段 B_1B_2，故把 B_1B_2称为实际啮合线长度。若将两齿轮的齿顶圆加大，则点 B_1、B_2将分别趋近于啮合线与两基圆的切点 N_1、N_2，因而实际啮合线段将加长。但因基圆以内没有渐开线，所以两轮的齿顶圆与啮合线 N_1N_2的交点不得超过点 N_1及 N_2。因此，啮合线 N_1N_2是理论上的最长啮合线段，称为理论啮合线长度，而点 N_1、N_2则称为啮合极限点。

根据上面的分析可知，在两轮轮齿啮合的过程中，轮齿的齿廓只从齿顶到齿根的一段齿廓参加接触，这一段齿廓称为齿廓的实际工作段，所以为了两轮能够连续地传动，必须保证在前一对轮齿尚未脱离啮合时，后一对轮齿能及时地进入啮合。为此要求两齿轮的实际啮合线 B_1B_2 应大于或等于齿轮的基圆齿距 p_b。通常把 B_1B_2 与 p_b 的比值，称为齿轮传动的重合度，即

$$\varepsilon=B_1B_2/p_b\geq 1 \qquad (7.3.7)$$

ε 越大，表明同时参与啮合轮齿的对数越多，每对齿的负荷越小，传动越平稳。图7.3.14

所示为 $\varepsilon=1.3$ 的情况。表 7.3.5 中所列为重合度 $[\varepsilon]$ 的推荐值，实际设计时应满足 $\varepsilon>[\varepsilon]$。

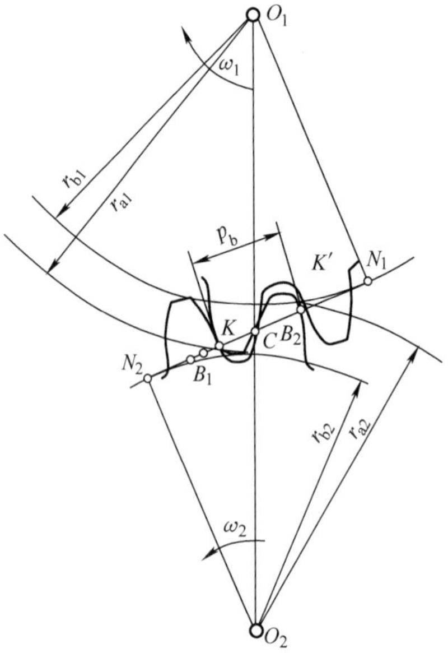

图 7.3.13 齿轮连续传动条件

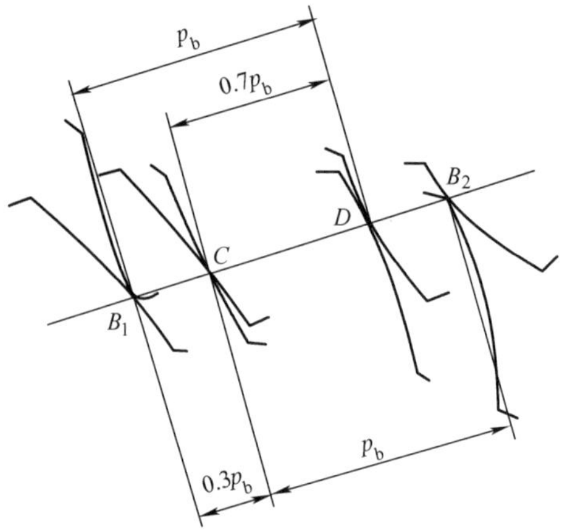

图 7.3.14 $\varepsilon=1.3$ 的情况

表 7.3.5 $[\varepsilon]$ 的推荐值

使用场合	一般机械制造业	汽车、拖拉机	金属切削机床
$[\varepsilon]$	1.4	1.1～1.2	1.3

3. 标准齿轮的标准安装

标准齿轮分度圆与节圆重合的安装叫作标准安装，此时的中心距称为标准中心距。一对标准渐开线齿轮正确啮合时，为避免齿轮反转时出现空程而产生冲击和振动，理论上要求无齿侧间隙，称为无侧隙啮合。

对于外啮合传动标准齿轮的安装（图 7.3.15），其分度圆上的齿厚等于齿槽宽，能实现无侧隙啮合。即

$$s_1=e_1=\pi m/2=s_2=e_2 \tag{7.3.8}$$

此时分度圆与节圆重合，即

$$d=d' \tag{7.3.9}$$

同样，啮合角与分度圆上的压力角也重合，即

$$\alpha'=\alpha \tag{7.3.10}$$

标准安装的标准中心距

$$a=r_1'+r_2'=r_1+r_2=\frac{m(z_1+z_2)}{2} \tag{7.3.11}$$

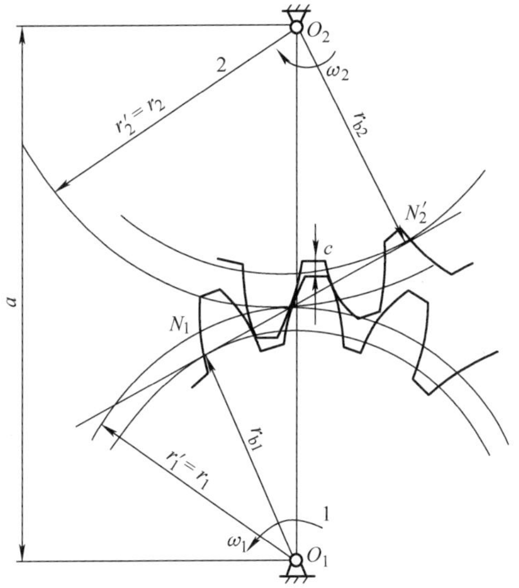

图 7.3.15　齿轮传动的标准安装

【知识链接 5】斜齿圆柱齿轮传动

1. 齿廓曲面的形成

如图 7.3.16(a)所示,当发生面沿基圆柱作纯滚动时,发生面上与基圆柱母线平行直线 KK' 在空间所形成的渐开线曲面,即为直齿圆柱齿轮的齿廓曲面。

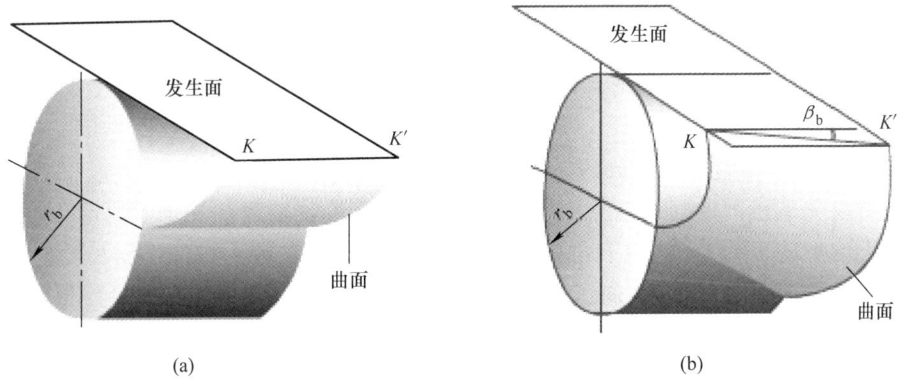

图 7.3.16　齿廓曲面的形成

(a)直齿圆柱齿轮;(b)斜齿圆柱齿轮

斜齿圆柱齿轮齿廓曲面的形成与直齿轮类似,不同的是,当发生面 S 沿基圆柱作纯滚动时,发生面上直线 KK' 与母线成一倾斜角 β_b,如图 7.3.16(b)所示,β_b 称为基圆柱上的螺旋角。斜直线 KK' 在空间所走过的轨迹为一个渐开线螺旋面,该螺旋面即为斜齿圆柱齿轮的齿廓曲面。

如图 7.3.17(a)所示,直齿圆柱齿轮啮合时,齿面的接触线均平行于齿轮轴线,轮齿是沿整个齿宽同时进入啮合,同时脱离啮合的,载荷沿齿宽突然加上或卸下。因此直齿轮传动的平稳性较差,容易产生冲击、振动和噪声,不适用于高速和重载的传动。

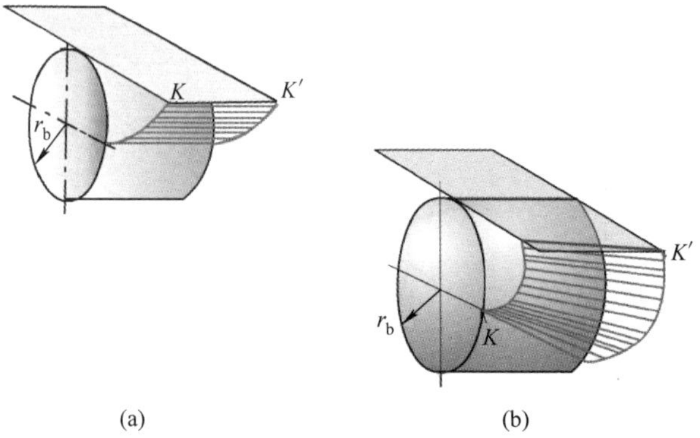

图 7.3.17　齿廓接触线

(a)直齿圆柱齿轮轮齿的接触线;(b)斜齿圆柱齿轮轮齿的接触线

如图 7.3.17(b)所示,一对平行轴斜齿圆柱齿轮啮合时,斜齿轮的轮廓是逐渐进入,逐渐脱离啮合的。斜齿轮齿廓接触线的长度由零逐渐增加,又逐渐缩短,直至脱离接触,载荷也是逐渐加上或卸下,因此斜齿轮传动更加平稳可靠,减少了冲击、振动和噪声,在高速和大功率传动中应用广泛。

2. 斜齿圆柱齿轮传动特点

1)承载能力大,因而能实现大功率传动。

2)传动平稳,振动、冲击、噪声较小,因而能实现高速传动。

3)使用寿命长。

4)不能作变速滑移齿轮应用。

5)传动产生轴向力。

3. 斜齿圆柱齿轮的基本参数

由于斜齿轮的齿廓曲面为渐开线螺旋面,在垂直于齿轮轴线的端面(用下角标 t 表示)和垂直于齿廓螺旋面的法面(用下角标 n 表示)上有不同的参数。在加工斜齿轮时,刀具通常是沿着螺旋线方向进行切削,斜齿轮齿廓曲面的法向参数与刀具的标准参数相同,因此规定斜齿轮的法面参数为标准值。斜齿轮端面齿廓曲线是渐开线,计算斜齿轮的几何尺寸一般按照端面参数进行,计算时需将法面参数换算为相应的端面参数。

(1)螺旋角

如图 7.3.18 所示,将斜齿轮分度圆柱面展开,螺旋线展开成许多平行的斜直线,该直线与轴线的夹角为 β,称为斜齿轮在分度圆柱面上的螺旋角,简称斜齿轮的螺旋角。一般斜齿轮的螺旋角 $\beta=8°\sim20°$。斜齿轮按螺旋线的旋向分左旋和右旋两种。将齿轮轴线垂直放置,螺旋线向左升高为左旋,向右升高为右旋。

$$\tan\beta_b=\pi d_b/p_z \qquad \tan\beta=\pi d/p_z$$

$$\tan\beta_b=\tan\beta(d_b/d)=\tan\beta\cos\alpha_t \tag{7.3.12}$$

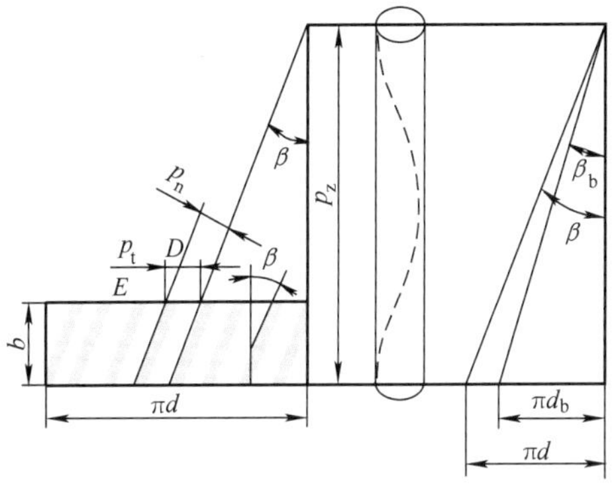

图 7.3.18　斜齿轮的展开

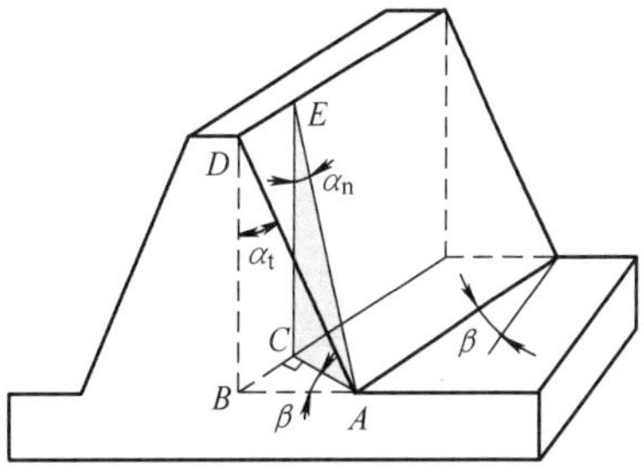

图 7.3.19　端面压力角和法面压力角

(2)模数

如图 7.3.18 所示,p_t 为端面齿距,而 p_n 为法面齿距,两者的几何关系为

$$p_n = p_t \cdot \cos\beta \tag{7.3.13}$$

因为 $p=\pi m$,$\pi m_n=\pi m_t \cdot \cos\beta$,故斜齿轮法面模数与端面模数的关系为

$$m_n = m_t \cdot \cos\beta \tag{7.3.14}$$

(3)压力角

如图 7.3.19 所示,α_t 为端面压力角,而 α_n 为法面压力角,在直角△ABD、△ACE 及△ABC 中,$\tan\alpha_t = AB/BD$,$\tan\alpha_n = AC/CE$,且 $AC = AB\cos\beta$,$BD = CE$,即

$$\tan\alpha_n = AC/CE = AB\cos\beta/BD = \tan\alpha_t\cos\beta \tag{7.3.15}$$

(4)齿顶高系数及顶隙系数

无论从法向或从端面来看,轮齿的齿顶高都是相同的,顶隙也是相同的。即

$$h_{at}^* = h_{an}^* \cdot \cos\beta \tag{7.3.16}$$

$$c_t^* = c_n^* \cdot \cos\beta \tag{7.3.17}$$

4. 标准斜齿圆柱齿轮的几何尺寸计算

斜齿轮的几何尺寸计算公式见表 7.3.6。

表 7.3.6　标准斜齿圆柱齿轮(外啮合)的几何尺寸计算公式

名 称	符 号	计 算 公 式
螺旋角	β	一般取 8°～20°
法向模数	m_n	取标准值 $m_n = m_t \cdot \cos\beta$
端面模数	m_t	$m_t = m_n/\cos\beta$
法面压力角	α_n	$\alpha_n = 20°$
端面压力角	α_t	$\tan\alpha_t = \tan\alpha_n/\cos\beta$
顶隙	c	$c = c_n^* m_n$
齿顶高	h_a	$h_a = h_{an}^* m_n$
齿根高	h_f	$h_f = (h_{an}^* + c_n^*)m_n$
全齿高	h	$h = h_a + h_f$
法向齿距	p_n	$p_n = \pi m_n$

续表

名 称	符 号	计 算 公 式
端面齿距	p_t	$p_t=\pi m_t=\pi m_n/\cos\beta$
分度圆直径	d	$d=m_t z=m_n z/\cos\beta$
齿顶圆直径	d_a	$d_a=d+2h_a$
齿根圆直径	d_f	$d_f=d-2h_f$
基圆直径	d_b	$d_b=d\cos\alpha_t$
中心距	a	$a=(d_1+d_2)/2$

5. 斜齿轮正确啮合的条件和重合度

(1)正确啮合条件

一对外啮合平行轴斜齿轮传动的正确啮合条件:两斜齿轮的法面模数和法面压力角分别相等,螺旋角大小相等、方向相反,即

$$m_{n1}=m_{n2}=m_n \tag{7.3.18}$$

$$\alpha_{n1}=\alpha_{n2}=\alpha_n \tag{7.3.19}$$

$$\beta_1=-\beta_2(\text{内啮合:}\ \beta_1=\beta_2) \tag{7.3.20}$$

(2)斜齿轮传动的重合度

斜齿轮传动的重合度要比直齿轮大(图 7.3.20),斜齿轮传动啮合时,由从动轮前端面齿顶与主动轮前端面齿根接触点 D 开始啮合,直至主动轮后端面齿顶与从动轮后端面齿根接触点 C_1 退出啮合,实际啮合线长度为 DC_1,它比直齿轮的啮合线增大了 CC_1。因此,斜齿轮传动的总重合度

$$\varepsilon=DC_1/p_t=(DC+CC_1)/p_t=\varepsilon_t+b\tan\beta/p_t=\varepsilon_t+\varepsilon_\beta \tag{7.3.21}$$

式中:ε_t 为端面重合度,即与斜齿轮端面齿廓相同的直齿轮传动的重合度。ε_β 为轮齿倾斜而产生的附加重合度,由此可见,斜齿轮传动的重合度随齿宽 b 和螺旋角 β 的增大而增大,这是斜齿轮传动平稳,承载能力大的主要原因之一。

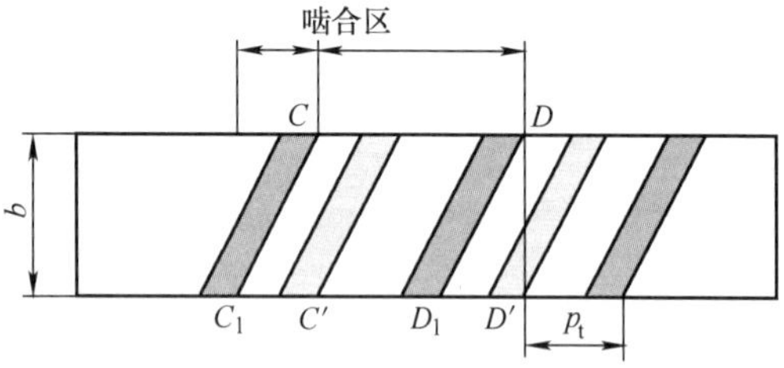

图 7.3.20 斜齿轮的重合度

6. 斜齿圆柱齿轮的当量齿数

斜齿轮在进行强度计算及用仿形法加工选择铣刀时,必须知道斜齿轮的法面齿形,即要确定斜齿的当量齿轮和当量齿数。因此,用前面学习的直齿圆柱齿轮来代替斜齿轮,这个直齿轮是一个虚拟的齿轮,它与斜齿轮的法向齿形相同,这个虚拟的齿轮称为该斜齿轮的当量齿轮,其齿数称为斜齿圆柱齿轮的当量齿数,用 z_v 表示。即

$$z_v = z/\cos^3\beta \tag{7.3.22}$$

z 为斜齿轮的实际齿数，由于 $\cos^3\beta<1$，所以 $z_v>z$，即斜齿轮的当量齿数应大于实际齿数。当量齿数是仿形法加工斜齿轮选择铣刀号的依据，同时用展成法加工斜齿轮时，不产生根切的条件应为 $z_v \geqslant 17$，即斜齿轮不发生根切的最少齿数 $z_{min}=17\cos^3\beta<17$。由此可见，一对斜齿轮传动中，小齿轮可以取更少的齿数而不发生根切，因而结构更加紧凑。

【知识链接 6】圆锥齿轮传动

1. 圆锥齿轮传动概述

圆锥齿轮（简称锥齿轮）传动用来传递相交两轴的运动和动力。锥齿轮的轮齿分布在圆锥体的锥面上，从大端到小端逐渐减小，一对锥齿轮的运动可以看成是两个锥顶共点的圆锥体相互作纯滚动，这两个锥顶共点的圆锥体就是节圆锥。圆锥齿轮传动与圆柱齿轮传动相似，只是把相关的名称“圆柱”变成“圆锥”，如基圆锥、分度圆锥、齿顶圆锥、齿根圆锥。对于正确安装的标准锥齿轮传动，其节圆锥与分度圆锥应该重合。

锥齿轮的轮齿按照形状分直齿、斜齿和曲齿三种类型。直齿锥齿轮设计比较简单，制造、安装也较方便，因而应用较广泛，适用于低速、轻载传动的场合。而曲齿锥齿轮传动平稳，承载能力强，常用于高速、重载传动的场合，例如汽车、飞机等，但其设计和制造较为复杂。

2. 圆锥齿轮传动的传动比

如图 7.3.21 所示，一对正确安装的标准锥齿轮，其分度圆锥与节圆锥重合，两齿轮的分度圆锥角分别为 δ_1 和 δ_2，大端分度圆直径分别为 d_1 和 d_2，齿数分别为 z_1 和 z_2。两轴间的交角为轴角 ε，多数情况 $\varepsilon=90°$。两齿轮的传动比

$$i=\frac{\omega_1}{\omega_2}=\frac{n_1}{n_2}=\frac{z_2}{z_1}=\frac{r_2}{r_1}=\frac{OP\sin\delta_2}{OP\sin\delta_1} \tag{7.3.23}$$

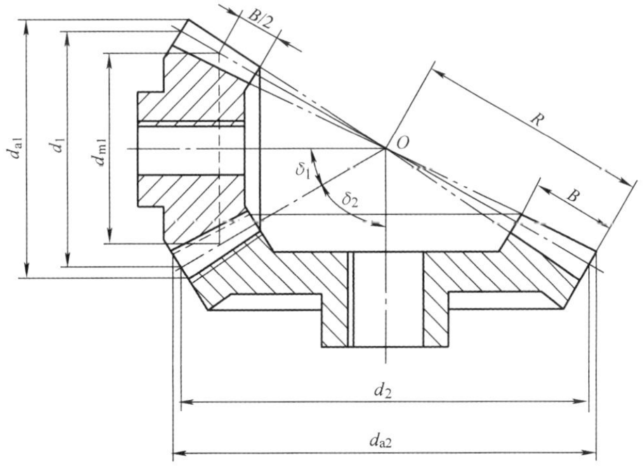

图 7.3.21　$\varepsilon=90°$ 的直齿圆锥齿轮传动

3. 圆锥齿轮的基本参数

为便于尺寸计算和测量，标准规定以大端参数为标准值，圆锥齿轮的基本参数包括模数、压力角、齿顶高系数、顶隙系数。另外，圆锥齿轮的几何尺寸，如分度圆、齿顶圆、齿根圆

直径和齿高等，也均指大端的端面尺寸。标准直齿圆锥齿轮的各部分名称及几何尺寸计算公式见表 7.3.7。

表 7.3.7　标准直齿圆锥齿轮的几何尺寸计算公式($c^* = 0.2$)

名　称	符号	计算公式
传动比	i_{12}	$i_{12} = \tan \delta_2 = \text{ctan}\ \delta_1$
分度圆锥角	δ_1、δ_2	$\delta_1 = 90° - \delta_2$，$\delta_2 = \arctan z_2/z_1$
齿顶高	h_a	$h_a = m$
齿根高	h_f	$h_f = 1.2m$
全齿高	h	$h = 2.2m$
齿顶圆直径	d_a	$d_a = d + 2m\cos \delta$
齿根圆直径	d_f	$d_f = d - 2.4m\cos \delta$
锥距	R	$R = \dfrac{m}{2}\sqrt{z_1^2 + z_2^2}$
齿顶角	θ_a	$\theta_a = \arctan\left(\dfrac{h_a}{R}\right)$
齿根角	θ_f	$\theta_f = \arctan\left(\dfrac{h_f}{R}\right)$
顶锥角	δ_a	$\delta_a = \delta + \theta_a$
根锥角	δ_f	$\delta_f = \delta - \theta_f$

4. 圆锥齿轮传动的正确啮合条件

直齿锥齿轮的正确啮合条件为两锥齿轮的大端模数和压力角分别相等且等于标准值，此外两轮的锥距必须相等，即满足以下条件：

$$m_1 = m_2 = m \tag{7.3.24}$$

$$\alpha_1 = \alpha_2 = \alpha \tag{7.3.25}$$

$$\delta_1 + \delta_2 = 90° \tag{7.3.26}$$

【知识链接 7】齿轮的失效形式和设计准则

1. 齿轮的失效形式

齿轮传动是靠轮齿的啮合来传递运动和动力的，轮齿失效是齿轮常见的主要失效方式，其他部分(齿圈、轮毂、轮辐等)失效较少。

(1)轮齿折断

Ⅰ. 疲劳折断

由于受载后齿根部产生的弯曲应力最大，而且是交变应力，齿轮受交变弯曲应力的反复作用，齿根过渡部分存在应力集中，当应力值超过材料的弯曲疲劳极限时，齿根处产生疲劳裂纹，裂纹渐渐扩大致使齿轮轮齿折断，这种折断称为疲劳折断，如图 7.3.22(a)所示。

Ⅱ. 过载折断

当齿轮工作时突然过载，或严重磨损后齿厚过薄时，也会发生轮齿折断，称为过载折断。

Ⅲ. 局部折断

齿轮宽度过大时，制造安装的误差会使其局部受载过大，造成局部折断，如图 7.3.22

(b)所示。在斜齿圆柱齿轮传动中,齿轮工作面上的接触线为一斜线,齿轮受载后如有载荷集中,就会发生局部折断。若轴的弯曲变形过大而引起齿轮局部受载过大,也会发生局部折断。

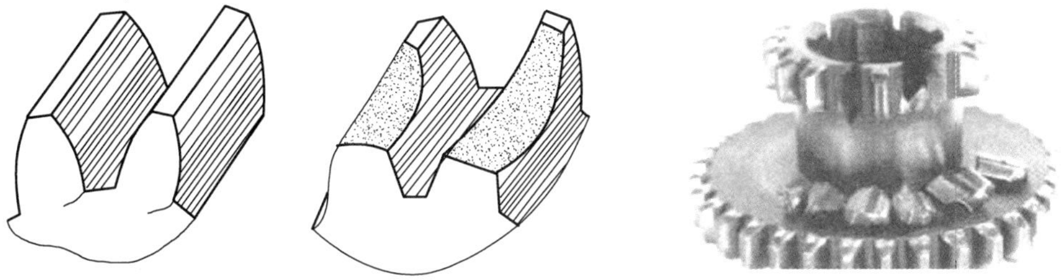

(a)　(b)　(c)

图 7.3.22　轮齿折断

(a)疲劳折断;(b)、(c)局部折断

Ⅳ.避免措施

增大齿根圆角半径,降低齿根的应力集中;降低齿面的表面结构值;增大轴及支承物的刚度;对轮齿进行喷丸、碾压等强化处理,提高齿面硬度,保持芯部的韧性等。

(2)齿面点蚀

Ⅰ.原因

齿轮工作时,齿面接触处产生很大接触力,脱离接触后啮合应力即消失。当这种交变的接触应力作用的次数超过一定限度,即接触应力超过齿轮材料的接触疲劳极限时,齿面上产生裂纹,裂纹扩展使表层金属微粒脱落,形成一系列小麻点,这种现象称为齿面点蚀。

Ⅱ.现象

如图 7.3.23 所示,齿轮在节线附近啮合对数减少,且轮齿间相对滑动速度较小,润滑油膜不易形成,所以在靠近节线的齿根附近容易发生点蚀。一般闭式传动中的软齿轮齿面发生点蚀失效,失效达到一定程度时,会产生很大的振动和噪声。设计时应保证齿面有足够的接触强度。

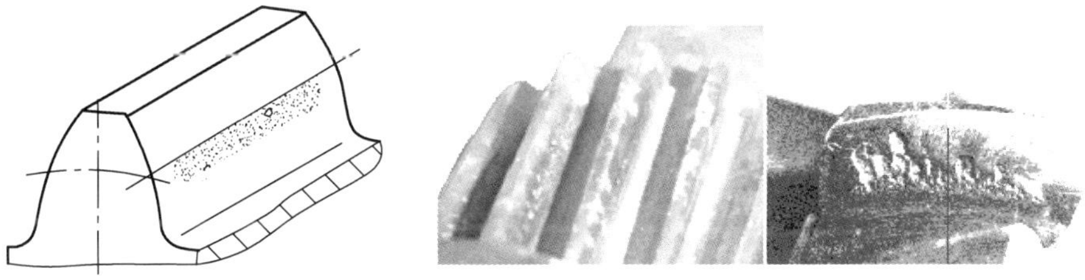

图 7.3.23　齿面点蚀

Ⅲ.避免措施

通过提高齿面硬度、降低表面结构值、增加润滑油黏度等可减少齿面点蚀的发生。而对于开式齿轮传动,由于磨损严重,一般不出现点蚀。

(3)齿面磨损

Ⅰ. 原因

磨损是开式齿轮传动的主要失效形式。齿轮在啮合过程中存在相对滑动,使齿面产生摩擦磨损。如果有金属微粒、沙粒、灰尘等进入齿轮齿面,将引起磨粒磨损。如图 7.3.24(a)所示,磨损将破坏渐开线齿形,并使侧隙增大而引起冲击和振动。

Ⅱ. 现象

齿厚减薄,轮齿因强度不足而折断,如图 7.3.24(b)所示。对于新的齿轮传动装置来说,在开始运动一段时间内,会发生跑合磨损。这对于传动是有利的,使齿面表面结构值降低,提高了传动的承载力。但跑合结束后,应更换润滑油,以免发生磨粒磨损。

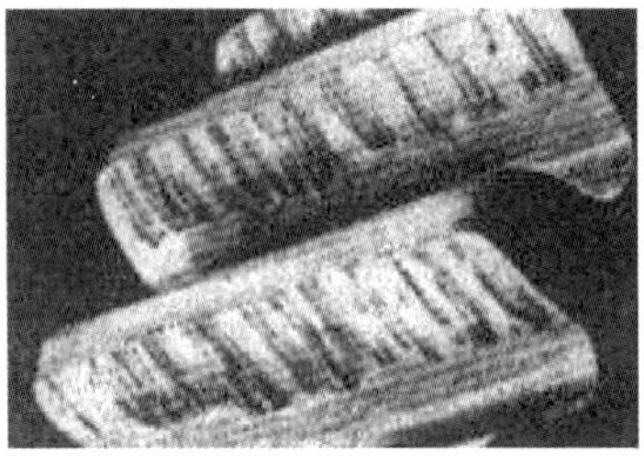

(a)

(b)

图 7.3.24 齿面磨损

Ⅲ. 避免措施

采用闭式传动、提高齿面硬度、降低齿面表面结构值、采用清洁的润滑油等,均可以减轻齿面磨损。

(4)齿面胶合

Ⅰ. 原因

在高速重载的齿轮传动中,齿面间的高压、高温使油膜破裂,局部金属互相粘连继而又相对滑动,称为热胶合。在低速重载的齿轮传动中,易出现冷焊粘着,称为冷胶合。

Ⅱ. 现象

金属从表面被撕落下来,沿轮齿滑动方向出现条状伤痕,如图 7.3.25 所示。低速重载的传动因不易形成油膜,发生胶合后,齿廓形状改变,以致不能正常工作。

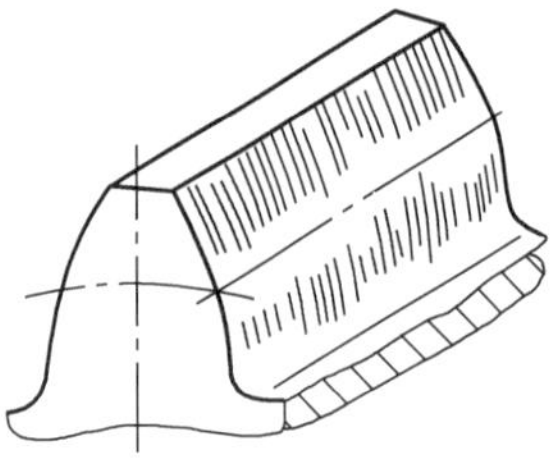

图 7.3.25 齿面胶合

Ⅲ. 避免措施

提高齿面硬度、降低齿面表面结构值、限制油温、增加油的黏度、选用加有抗胶合添加剂的合成润滑油的方法，均可以防止胶合的产生。

(5)齿面塑性变形

Ⅰ. 原因

齿轮材料较软而载荷较大时，轮齿表层材料将沿着摩擦力方向发生塑性变形。

Ⅱ. 现象

主动轮齿面节线处出现凹坑，从动轮齿面节线处出现凸脊，如图 7. 3. 26 所示，齿形被破坏，影响齿轮的正常啮合。

Ⅲ. 避免措施

提高齿面硬度、选用黏度较高的润滑油等，均可减少齿面塑性变形。

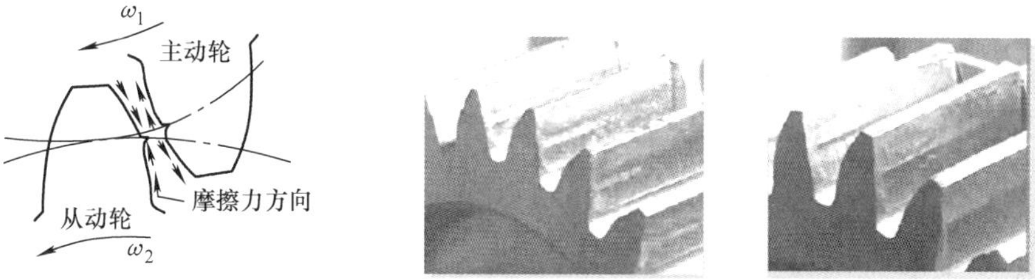

图 7. 3. 26 齿面塑性变形

2. 设计准则

(1)闭式齿轮传动

1)软齿面(≤350HBS)齿轮主要失效形式是齿面点蚀，故可按齿面接触疲劳强度进行设计计算，按齿根弯曲疲劳强度校核。

2)硬齿面(>350HBS)或铸铁齿轮，由于抗点蚀能力较强，轮齿折断的可能性较大，故可按齿根弯曲疲劳强度进行设计计算，按齿面接触疲劳强度校核。

(2)开式齿轮传动

齿面磨损为其主要失效形式，故通常按照齿根弯曲疲劳强度进行设计计算，确定齿轮的模数，考虑磨损因素，再将模数增大 10% ~20%，而无须校核接触强度。

3. 齿轮的受力分析

(1)直齿圆柱齿轮受力分析

图 7. 3. 27 所示为一对标准直齿圆柱齿轮传动的主动齿轮在分度圆柱上的受力情况，忽略接触处的摩擦力，轮齿间的相互作用力沿齿廓公法线方向(即啮合线方向)，称为法向力，用 F_n 表示。将法向力 F_n 分解为相互垂直的两个分力，即圆周力 F_t 和径向力 F_r。

各分力方向：主动齿轮上圆周力 F_{t1} 方向与力作用点的圆周速度方向相反，从动齿轮上圆周力 F_{t2} 方向与力作用点的圆周速度方向相同；主、从动齿轮上径向力 F_{r1}、F_{r2} 的方向分别指向各自的回转轴线。作用于从动齿轮上的圆周力 F_{t2} 和径向力 F_{r2} 分别与主动齿轮上的圆周力 F_{t1} 和径向力 F_{r1} 大小相等、方向相反，互为作用力和反作用力。

根据力平衡条件可得出作用在主动齿轮上的力为

$$F_{t1} = \frac{2T_1}{d_1} \tag{7.3.27}$$

$$F_{r1} = F_{t1}\tan\alpha = \frac{2T_1}{d_1}\tan\alpha \tag{7.3.28}$$

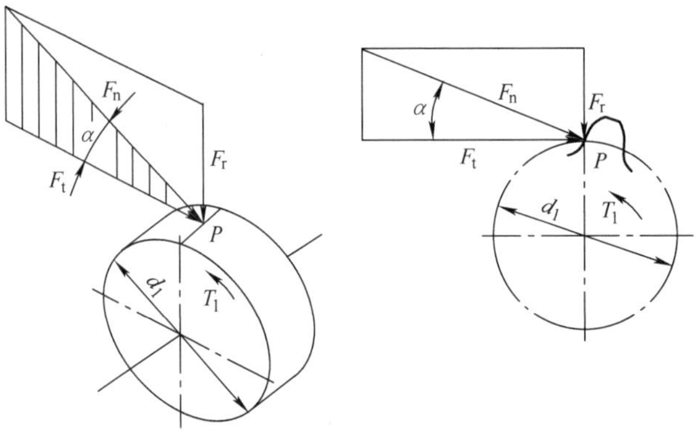

图 7.3.27　直齿圆柱齿轮受力分析

$$F_{n1}=\frac{F_{t1}}{\cos\alpha'} \tag{7.3.29}$$

式中：T_1 为主动齿轮的转矩，单位为 N · mm；d_1 为主动齿轮节圆直径，单位为 mm；α'为节圆上的压力角，对标准齿轮，标准安装条件下 $\alpha'=\alpha=20°$。

一般，主动齿轮传递的功率 P_1（单位为 kW）、转速 n_1（单位为 r/min）为已知，可求得主动齿轮的转矩

$$T_1=9.55\times10^6P_1/n_1 \tag{7.3.30}$$

（2）斜齿圆柱齿轮受力分析

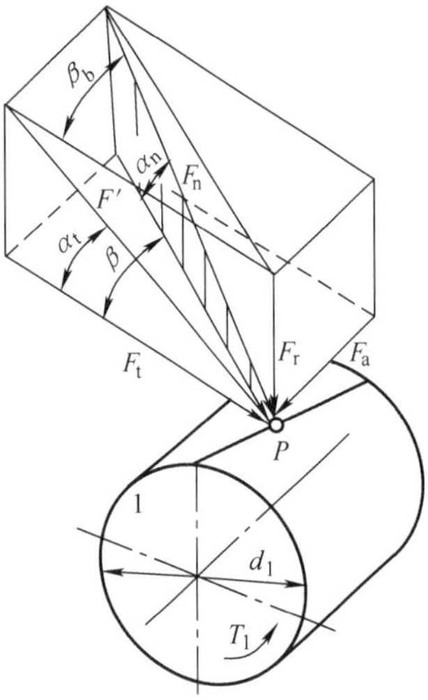

图 7.3.28　斜齿圆柱齿轮受力分析

图 7.3.28 所示为斜齿圆柱齿轮传动中主动齿轮受力情况，图中 F_n 作用在齿面的法面内，忽略摩擦力的影响，将法向力 F_n 分解为三个相互垂直的分力，即圆周力 F_t、径向力 F_r 和轴向力 F_a。

各分力方向：主动轮上圆周力 F_{t1} 和径向力 F_{r1} 的判定方法与直齿圆柱齿轮相同，轴向力的方向可根据左右手法则判定，即右旋齿轮用右手、左旋齿轮用左手，其方法为四指弯曲表示齿轮的转向，拇指的指向即为齿轮轴向力的方向。作用于从动齿轮上的力可根据作用力与反作用力的原理来判定。

作用在主动轮上的力为

$$F_{t1}=\frac{2T_1}{d_1} \tag{7.3.31}$$

$$F_{r1}=F_{t1}\frac{\tan\alpha_n}{\cos\beta} \tag{7.3.32}$$

$$F_{a1}=F_{t1}\tan\beta \tag{7.3.33}$$

式中：T_1 为主动齿轮的转矩，单位为 N · mm；d_1 为主动轮节圆直径，单位为 mm；α_n 为法面上的压力角；β 为斜齿轮的螺旋角。

由于 F_a 与 $\tan\beta$ 成正比，β 过大则轴向力过大，为了不使轴承承受的轴向力过大，螺旋角 β 不宜选得过大，常在 8°～20°之间选择。

4. 强度计算

(1)直齿圆柱齿轮传动的强度计算

直齿圆柱齿轮传动的强度计算是根据轮齿可能出现的失效形式来进行的。在一般的闭式齿轮传动中,轮齿的主要失效形式是齿面疲劳点蚀和轮齿疲劳折断,因此只讨论齿面接触疲劳强度和齿根弯曲疲劳强度。

Ⅰ. 齿面接触疲劳强度计算

齿面点蚀是因接触应力过大而引起的,因此为防止齿面过早产生疲劳点蚀,在强度计算时,应使齿面节线附近产生的最大接触应力小于或等于齿轮材料的接触疲劳许用应力。即

$$\sigma_H \leqslant [\sigma_H] \tag{7.3.34}$$

经推导整理可得标准直齿圆柱齿轮传动的齿面接触疲劳强度的校核式为

$$\sigma_H = 3.52Z_E\sqrt{\frac{KT_1(u \pm 1)}{bd_1^2u}} \leqslant [\sigma_H] \tag{7.3.35}$$

式中:σ_H为齿面工作时产生的接触应力(MPa);$[\sigma_H]$为齿轮材料的接触疲劳许用应力(MPa);T_1为小齿轮传递的转矩(N·mm);b为工作齿宽(mm);u为齿数比,即大齿轮齿数与小齿轮齿数之比,$u=z_2/z_1$;K为载荷系数,$K=1\sim2.4$,当载荷平稳,轴承对称布置,轴的刚度较大时取较小值,反之取较大值;Z_E为齿轮材料的弹性系数,其值见表7.3.8;"±"是啮合类型,"+"用于外啮合,"-"用于内啮合。

表7.3.8　材料弹性系数 Z_E　　$\sqrt{\text{MPa}}$

两轮材料组合	钢对钢	钢对铸铁	铸铁对铸铁
Z_E	189.8	165.4	144

为了便于设计计算,引入齿宽系数 $\Psi_d=b/d_1$,在一般精度的圆柱齿轮减速器中,为补偿加工和装配的误差,应使小齿轮比大齿轮宽一些,小齿轮的齿宽取 $b_1=b_2+(5\sim10)$ mm。齿宽 b_1、b_2 都应圆整为整数,最好个位数为0或5。将 Ψ_d 代入式(7.3.35),根据齿面接触疲劳强度估算齿轮传动的计算公式

$$d_1 \geqslant \sqrt[3]{\frac{KT_1(u \pm 1)}{\Psi_d u}\left(\frac{3.52Z_E}{[\sigma_H]}\right)^2} \tag{7.3.36}$$

Ⅱ. 齿根弯曲疲劳强度

轮齿齿根的弯曲疲劳强度计算是为了防止轮齿根部的疲劳折断,轮齿的疲劳折断主要与齿根弯曲应力的大小有关。为简化计算,根据力学模型可将轮齿看作宽度为 b 的悬臂梁。

轮齿的折断位置一般发生在齿根部的危险截面处,根据强度条件,经过推导和整理,可得到轮齿齿根弯曲疲劳强度的校核公式为

$$\sigma_F = \frac{2KT_1}{bm^2z_1}Y_FY_S \leqslant [\sigma_F] \tag{7.3.37}$$

令 $\Psi_d=b/d$,代入可得直齿圆柱齿轮传动时齿根弯曲疲劳强度的设计公式为

$$m \geqslant \sqrt[3]{\frac{2KT_1Y_FY_S}{\Psi_d z_1^2[\sigma_F]}} \tag{7.3.38}$$

式中:σ_F 为齿根的弯曲应力(MPa);$[\sigma_F]$为齿轮材料的许用弯曲应力(MPa);Y_F为齿形系

数；Y_S为应力修正系数。

齿形系数 Y_F 是考虑齿形对齿根弯曲应力影响的系数，它的值只与齿形有关，而与模数无关。应力修正系数 Y_S 是考虑齿根圆角处的应力集中以及齿根部危险截面上压应力等影响的系数，对于标准齿轮来说，仅取决于齿数。Y_F 和 Y_S 可按表 7.3.9 查取。

表 7.3.9 标准外齿轮的齿形系数 Y_F 和应力修正系数 Y_S

z	12	14	16	17	18	19	20	22	25	28
Y_F	3.47	3.22	3.03	2.97	2.91	2.85	2.81	2.75	2.65	2.58
Y_S	1.44	1.47	1.51	1.53	1.54	1.55	1.56	1.58	1.59	1.61
z	30	35	40	45	50	60	80	100	≥200	—
Y_F	2.54	2.47	2.41	2.37	2.35	2.30	2.25	2.18	2.14	
Y_S	1.63	1.65	1.67	1.69	1.71	1.73	1.77	1.80	1.88	

在一对直齿圆柱齿轮的传动中，当传动比 $i \neq 1$ 时，相啮合的两个齿轮的齿数是不相等的，故它们的齿形系数 Y_F 和应力修正系数 Y_S 也都不相等，所以齿根的弯曲应力 σ_F 也不相等。两个齿轮的材料和热处理一般不相同，它们的许用应力$[\sigma_{F1}]$和$[\sigma_{F2}]$也不一样，因此必须分别校核两齿轮的齿根弯曲强度。在进行设计计算时，应将两齿轮的 $Y_{F1}Y_{S1}/[\sigma_{F1}]$和$Y_{F2}Y_{S2}/[\sigma_{F2}]$两个比值进行比较，比值大的齿轮齿根的弯曲疲劳强度较弱。因此，应针对两个比值中较大的齿轮进行计算，并且计算所得模数应圆整成标准值。

（2）斜齿圆柱齿轮传动的强度计算

斜齿圆柱齿轮传动的强度计算是利用斜齿轮的当量齿轮直接套用直齿圆柱齿轮的强度计算公式进行的。一对钢制标准斜齿轮传动的齿根弯曲强度条件为

$$\sigma_F = \frac{1.6KT_1Y_FY_S}{bm_nd_1} = \frac{1.6KT_1Y_FY_S\cos\beta}{bm_n^2z_1} \leqslant [\sigma_F] \quad (\text{MPa}) \qquad (7.3.39)$$

引入齿宽系数 $\Psi_b = b/d$，可得轮齿弯曲强度的设计公式为

$$m_n \geqslant \sqrt[3]{\frac{3.2KT_1Y_FY_S\cos^2\beta}{\Psi_d(u \pm 1)z_1^2[\sigma_F]}} \quad (\text{mm}) \qquad (7.3.40)$$

式中：K 为载荷系数；m_n 为法向模数，应圆整为标准值；Y_F 为齿形系数；β 为螺旋角，通常$\beta = 8° \sim 20°$，人字齿轮可取 $\beta = 27° \sim 45°$。

斜齿轮的齿面接触强度的验算公式为

$$\sigma_H = 305\sqrt{\frac{(\mu \pm 1)^3KT_1}{\mu bd^2}} \leqslant [\sigma_H] \quad (\text{MPa}) \qquad (7.3.41)$$

引入齿宽系数 $\Psi_b = b/d$，可得齿面接触强度的设计公式为

$$d \geqslant (u \pm 1)\sqrt[3]{\left(\frac{305}{[\sigma_H]}\right)^2\frac{KT_2}{\Psi_d u}} \quad (\text{mm}) \qquad (7.3.42)$$

【知识链接 8】齿轮的材料和热处理

1. 对齿轮材料的基本要求

1）应有足够的硬度，以抵抗齿面磨损、点蚀、胶合以及塑性变形等。

2）齿芯应有足够的强度和较好的韧性，以抵抗齿根折断和冲击载荷。

3）应有良好的加工工艺性能及热处理性能。

2. 齿轮的常用材料及热处理

(1)锻钢

软齿面齿轮的齿面硬度≤350HBS,常用中碳钢和中碳合金钢,如45、40Cr、35SiMn、40MnB、30CrMnSi等材料,进行调质或正火处理。这种齿轮适用于强度、精度要求不高的场合,轮坯经过热处理后进行插齿或滚齿加工,生产便利、成本较低。在一对软齿面齿轮传动中,小齿轮的齿面硬度往往比大齿轮的齿面硬度高30~50HBS。

硬齿面齿轮的齿面硬度>350HBS,常用的材料为中碳钢或中碳合金钢经表面淬火处理。

(2)铸钢

当齿轮的尺寸较大(400~600mm)而不便于锻造时,可用铸造方法制成铸钢齿坯,再进行正火处理以细化晶粒。常用的铸钢有ZG310-570、ZG346-640等。

(3)铸铁

低速、轻载场合的齿轮可以制成铸铁齿坯。当尺寸大于500 mm时可制成大齿圈,或制成轮辐式齿轮。铸铁齿轮的加工性能、抗点蚀、抗胶合性能均较好,但强度低,耐磨性能、抗冲击性能差。常用的灰铸铁有HT200、HT250、HT300等。为避免局部折断,其齿宽应取小些。球墨铸铁由于力学性能及抗冲击性远比灰铸铁高,可以代替灰铸铁、铸钢等制造大齿轮,故获得了越来越多的应用,常用的球墨铸铁有QT450-10、QT500-7、QT600-3。

(4)有色金属和非金属材料

仪器、仪表中的齿轮以及某些在腐蚀介质中滚子的轻载齿轮,常选用耐蚀、耐磨的有色金属制造,如黄铜、铝青铜、锡青铜、硅青铜等。在高速轻载、精度要求不高的场合,常用非金属材料,如夹布胶木、尼龙、工程塑料等,传动时齿轮的变形可减轻动载荷和噪声。

(5)粉末冶金

用金属粉末压缩变形后烧结而成的齿轮,质量稳定,可自润滑,噪声小,但耐冲击较差。常用于轻载、耐磨性要求较高的场合。

齿轮常用材料的力学性能及应用范围见表7.3.10。

表7.3.10　齿轮常用材料的力学性能及应用范围

类别	材料牌号	热处理方式	强度极限	硬度	
			σ_b/MPa	HBS	HRC(齿面)
中碳钢	45	正火	588	169~217	
		调质	647	229~286	
		表面淬火			40~50
中碳合金钢	35SiMn 42SiMn	调质	785	229~286	
		表面淬火			45~55
	38SiMnMo	调质	735	229~286	
		表面淬火			45~55
	40Cr	调质	735	241~286	
		表面淬火			48~55
	38SiMnAlA	调质	890	229	
		氮化			HV>850

续表

类别	材料牌号	热处理方式	强度极限	硬度	
			σ_b/MPa	HBS	HRC(齿面)
低碳合金钢	20Cr	渗碳淬火	637		56~62
	20CrMnTi	渗碳淬火	1079		56~62
铸钢	ZG310~570	正火	570	162~197	
	ZG340~640	正火	640	179~207	
		调质	700	241~269	
灰铸铁	HT300	250	182~273		
	HT350	290	157~236		
球墨铸铁	QT500-7	正火	500	170~230	
	QT600-3	正火	600	190~270	
非金属材料	夹布胶木		100	25~35	

【任务实施1】齿轮的结构设计及齿轮的润滑

1. 齿轮的结构设计

齿轮的结构设计主要包括:选择合理适用的结构形式,依据经验公式确定齿轮的轮毂、轮辐、轮缘等各部分的尺寸,绘制齿轮的零件加工图等。

(1)齿轮轴

当圆柱齿轮的齿根圆至键槽底部的距离 $e \leqslant (2\sim2.5)$ mm,或当锥齿轮小端的齿根圆至键槽底部的距离 $e \leqslant (1.6\sim2)$ mm 时,应将齿轮与轴制成一体,称为齿轮轴,如图 7.3.29 所示。齿轮轴便于装配,可增加轴系的刚度,但加工不方便,如果齿轮失效,轴也会同时报废。

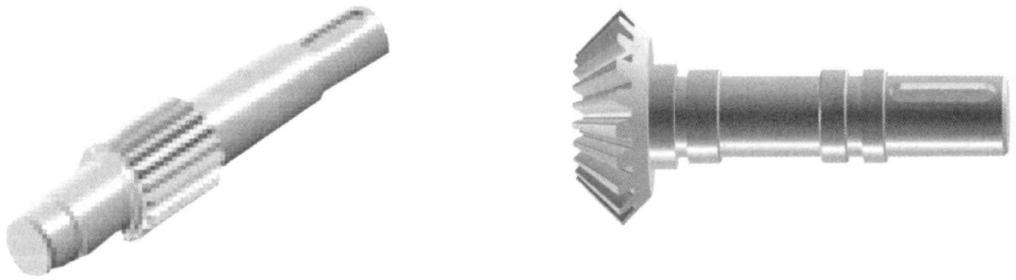

图 7.3.29　齿轮轴

(2)实体式齿轮

当齿轮的齿顶圆直径 $d_a \leqslant 200$ mm,可采用实体式结构,如图 7.3.30 所示。这种结构形式的齿轮常用锻钢制造。当齿轮的齿顶圆直径 $d_a < 100$ mm 时,可直接用轧制圆钢做成齿轮毛坯,其结构简单,制造方便。

(3)腹板式齿轮

当齿轮的齿顶圆直径 $d_a = 200\sim500$ mm 时,可采用腹板式结构,如图 7.3.31 所示。这种结构的齿轮一般多用锻钢制造,有些不重要的铸造齿轮也可以做成腹板式结构。

(4)轮辐式齿轮

当齿轮的齿顶圆直径 $d_a > 500$ mm 时,可采用轮辐式结构,如图 7.3.32 所示。这种结构的齿轮常采用铸钢或铸铁制造。

图 7.3.30　实体式齿轮

图 7.3.31　腹板式齿轮

图 7.3.32　轮辐式齿轮

2. 齿轮润滑方式

齿轮传动的润滑方式主要由齿轮圆周速度和工作条件决定。

闭式齿轮传动通常采用油润滑,有浸油润滑和喷油润滑。

(1)浸油润滑

圆周速度 $v < 12$ m/s,通常将大齿轮浸入油池中润滑,如图 7.3.33(a)所示。齿轮浸入油中的深度至少为 10 mm,转速低时可浸深一些,但浸入过深则会增大运动阻力并使油温升高。在多级齿轮传动中,对于未浸入油池内的齿轮,可采用带油轮将油带到未润滑的齿轮面上,如图 7.3.33(b)所示。

(2)喷油润滑

圆周速度 $v > 12$ m/s,由于圆周速度大,齿轮搅油剧烈,且黏附在齿廓面上的油易被甩掉,因此不宜采用浸油润滑,而应采用喷油润滑。用油泵以一定的压力,借喷嘴将润滑油喷到齿面上,如图 7.3.34 所示。

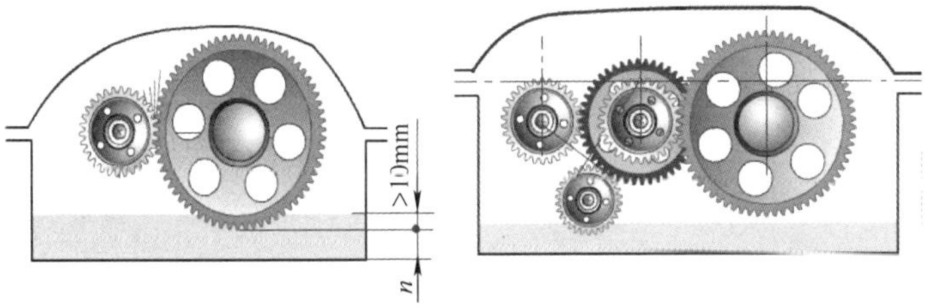

(a)　(b)

图 7.3.33　浸油润滑

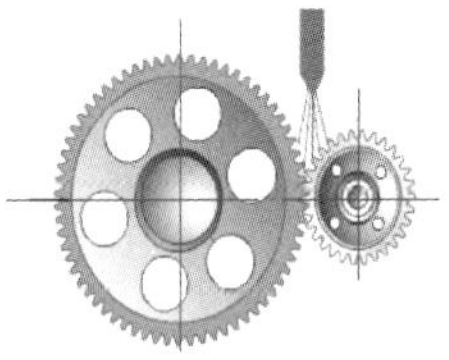

图 7.3.34　喷油润滑

开式齿轮传动采用人工定期加油润滑。

润滑油的黏度应根据齿轮传动的工作条件、齿轮材料及圆周速度来选择。(参见模块九)

3. 标准齿轮传动的参数选择

(1)传动比 i

$i < 8$ 时采用一级齿轮传动;$i = 8 \sim 40$ 可分为二级传动,因为传动比过大采用一级传动,将导致结构庞大;如果总传动比 $i > 40$,可分为三级或三级以上传动。一般取每对直齿圆柱

齿轮的传动比 $i<3$,最大可达 5;斜齿圆柱齿轮的传动比 $i\leqslant5$,最大可达 8;直齿圆锥齿轮的传动比 $i\leqslant3$,最大可达 7.5。

(2)齿数 z

一般设计中取 $z>z_{\min}$。齿数多则重合度大、传动平稳。若分度圆直径不变,增加齿数使模数减少,能减少切齿的加工工时。但模数减少会导致轮齿的弯曲强度降低,具体设计时,在保证弯曲强度的前提下,应取较多的齿数。

在闭式软齿面齿轮传动中,推荐 $z_1=24\sim40$。

在闭式硬齿面齿轮传动中,齿根折断为主要失效形式,可适当减少齿数,保证模数。

在开式齿轮传动中,z 不宜取太多,一般取 $z=17\sim20$。

(3)模数 m

模数的大小影响齿轮的弯曲强度。设计时应在保证弯曲强度的条件下取较小的模数,但对传动动力的齿轮应保证 $m\geqslant1.5\sim2$ mm。

(4)齿宽系数 $\Psi_d(=b/d_1)$

当 d_1 一定时,增大齿宽,可提高齿轮的承载能力。但齿宽越大,载荷沿齿宽的分布越不均匀,造成偏载而降低传动能力,一般 $\Psi_d=0.2\sim1.4$。在圆柱齿轮减速器中,为补偿加工和装配的误差,应使小齿轮比大齿轮宽 5~10 mm。

(5)螺旋角 β

若 β 太小则会失去斜齿轮传动的优点,太大则轴向力也大,增大轴系的结构尺寸。一般高速、大功率传动的场合,β 宜取大些;低速、小功率传动的场合,β 取小些。一般在设计时常取 $\beta=8°\sim15°$。

4. 齿轮精度等级的选择

渐开线圆柱齿轮精度按 GB/T 10095.1—2001 和 GB/T 10095.2—2001 标准执行,新标准规定了 13 个精度等级,其中 0~2 级齿轮属于未来发展级;3~5 级称为高精度等级;6~8 级为最常用的中精度等级;9 级为较低精度等级;10~12 级为低精度等级。一般机械中的齿轮,当圆周速度小于 5 m/s 时可采用 8 级精度。低速($v\leqslant3$ m/s)、轻载、不重要的齿轮可采用 9 级精度。范成法粗滚、成型铣等都属于低精度齿轮的加工方法,而较高精度(7 级以上)的齿轮需在精密机床上用精插或精滚方法加工,对淬火齿轮需进行磨齿或研齿加工。

选择精度等级的主要依据是齿轮的用途、使用要求和工作条件,一般有计算和类比法。类比法是参考同类产品的齿轮精度,结合所设计齿轮的具体要求确定精度等级,参见表 7.3.11。

表 7.3.11 常用齿轮传动精度等级的选择和应用

精度等级	圆周速度 v/(m/s)			应用
	直齿圆柱齿轮	斜齿圆柱齿轮	直齿圆锥齿轮	
6 级	≤15	≤25	≤9	高速重载的齿轮传动,如飞机、汽车和机床中的重要齿轮,分度机构的齿轮传动,精密机械的齿轮等
7 级	≤10	≤17	≤6	高速中载或中速重载的齿轮传动,如标准系列减速器中的齿轮,汽车和机床中的齿轮

续表

精度等级	圆周速度 $v/(m/s)$			应　　用
	直齿圆柱齿轮	斜齿圆柱齿轮	直齿圆锥齿轮	
8 级	≤5	≤10	≤3	机械制造中对精度无特殊要求的齿轮
9 级	≤3	≤3.5	≤2.5	低速及对精度要求低的齿轮传动

5. 齿轮传动设计计算的步骤

1)根据题目所给的工况等条件,确定传动的形式,选定合适的齿轮材料和热处理方法,查表确定相应的许用应力。

2)选择齿轮的精度等级及主要参数。

3)根据设计准则,设计计算 m 和 d。

4)计算主要的几何尺寸。

5)根据设计准则校核接触强度或弯曲强度。

6)齿轮结构设计及绘制齿轮零件工作图。

6. 齿轮传动设计应用实例

【例 7.3.1】 设计某减速器中的一对齿轮传动。已知功率 $P=5$ kW,小齿轮转速 $n_1=960$ r/min,齿数比 $u=4.8$,电机驱动,单向运转,载荷平稳。

解 (1)选择齿轮材料、热处理方式及精度等级

该齿轮传动无特殊要求,查表 7.3.10,大、小齿轮均选用 45 钢,小齿轮调质处理,硬度为 229~286HBS;大齿轮正火处理,硬度为 169~217HBS。齿轮选用 8 级精度。

(2)按齿面接触疲劳强度设计

由式(7.3.36)进行计算,即

$$d_1 \geqslant \sqrt[3]{\frac{KT_1(u \pm 1)}{\Psi_d u}\left(\frac{3.52Z_E}{[\sigma_H]}\right)^2}$$

①计算公式中的各项数值。

小齿轮传递的转矩为

$$T_1 = 9.55 \times 10^6 \frac{P}{n_1} = 9.55 \times 10^6 \times \frac{5}{960} = 49\ 740\ \text{N} \cdot \text{mm}$$

载荷平稳取 $K=1.2$,取宽度系数 $\Psi_d=0.8$;查表 7.3.8 得 $Z_E=189.8$;查机械手册得 $[\sigma_{H1}]=520$ MPa,$[\sigma_{H2}]=470$ MPa。

②计算小齿轮分度圆直径。

将查得的数值代入计算 d_1 的式子中,得 $d_1=56.7$ mm。选择小齿轮齿数 $z_1=24$。

则大齿轮齿数
$$z_2 = uz_1 = 4.8 \times 24 \approx 115$$

计算模数
$$m = \frac{d_1}{z_1} = \frac{56.7}{24} = 2.36$$

取模数为标准值
$$m = 2.5\ \text{mm}$$

③计算主要尺寸。

分度圆直径
$$d_1 = mz_1 = 2.5 \times 24 = 60\ \text{mm}$$
$$d_2 = mz_2 = 2.5 \times 115 = 287.5\ \text{mm}$$

中心距 $a=\frac{d_1+d_2}{2}=173.75\ \mathrm{mm}$

齿轮宽度 $b=\Psi_d d_1=0.8\times 60=48\ \mathrm{mm}$

圆整该数值,取 $b_2=50\ \mathrm{mm}$,$b_1=55\ \mathrm{mm}$。

(3)校核齿根弯曲疲劳强度

由式(7.3.37)进行校核:

$$\sigma_F=\frac{2KT_1}{bm^2z_1}Y_F Y_S\leqslant[\sigma_F]$$

查表7.3.9得 $Y_{F1}=2.68$,$Y_{F2}=2.18$;$Y_{S1}=1.59$,$Y_{S2}=1.80$。

根据齿轮材料和齿面硬度,查机械手册得$[\sigma_{F1}]=301\ \mathrm{MPa}$,$[\sigma_{F2}]=280\ \mathrm{MPa}$。

经计算齿根弯曲疲劳强度合格。

(4)齿轮结构设计及绘制齿轮零件工作图(略)

【任务实施2】渐开线齿轮的加工方法和根切现象

1. 渐开线齿轮的加工方法

(1)仿形法

仿形法是在普通铣床上用轴向剖面形状与被切齿轮齿槽形状完全相同的铣刀切制齿轮的方法。铣完一个齿槽后,分度头将齿坯转过360°/z,再铣下一个齿槽,直到铣出所有的齿槽。常用的铣刀有盘状铣刀和指状铣刀。图7.3.35(a)所示为圆盘铣刀切削加工齿轮示意图,刀刃的形状与齿轮的齿槽相同;图7.3.35(b)所示为指状铣刀切削加工齿轮示意图,加工方法与圆盘铣刀相似。指状铣刀常用于加工大模数齿轮和整体的人字齿轮。

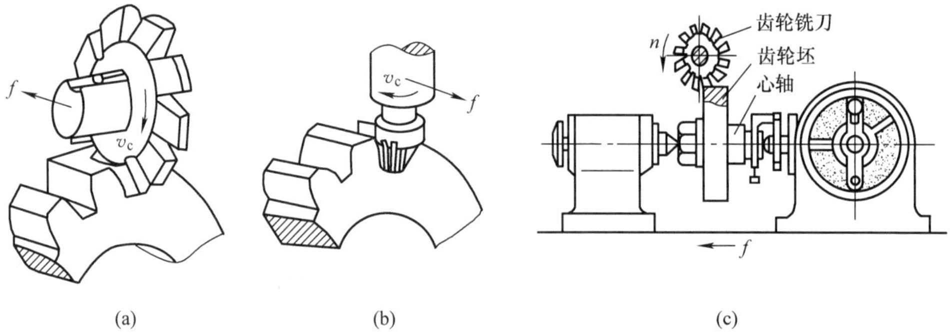

图7.3.35 仿形法加工齿轮

(a)盘形齿轮铣刀铣齿;(b)指状齿轮铣刀铣齿;(c)铣削时工件的安装

仿形法的优点是在普通铣床上即可加工齿轮,加工费用低。其缺点是由于受到铣刀号数的限制,加工的齿轮渐开线齿廓形状不准确,且采用分度头转位引入分度误差,因而加工出的齿轮的精度低。另外,由于只能逐个加工齿槽,生产效率低。这种加工方法适用于修配或小量生产。

铣刀的选择见表7.3.12。其中,斜齿轮按当量齿数 z_v 选择,$z_v=z/\cos^3\beta$。

表 7.3.12　齿轮铣刀刀号

铣刀刀号	1	2	3	4	5	6	7	8
加工齿数范围	12 ~ 13	14 ~ 16	17 ~ 20	21 ~ 25	26 ~ 34	35 ~ 54	55 ~ 134	135 以上

(2)展成法

展成法是目前齿轮加工中最常用的一种方法。它是运用一对相互啮合齿轮的共轭齿廓互为包络的原理来加工齿廓的(图 7.3.36)。加工时,只要刀具与被加工齿轮的模数和压力角相同,不管被加工齿轮的齿数是多少,都可以用同一把刀具来加工。常用的刀具有齿轮型刀具(如齿轮插刀)和齿条型刀具(如齿条插刀、滚刀)两大类。

1)滚齿是用齿轮滚刀滚切圆柱齿轮,实质上是按一对螺旋齿轮啮合的原理来加工工件的,如图 7.3.36 所示。滚齿时,必须将滚刀搬动一个角度,使刀齿运动方向与被切齿轮的轮齿方向一致。

2)插齿是利用一对齿轮啮合的原理来实现齿形加工的。

(3)齿轮精加工方法

齿轮的精加工方法有剃齿、珩齿、磨齿和研齿。

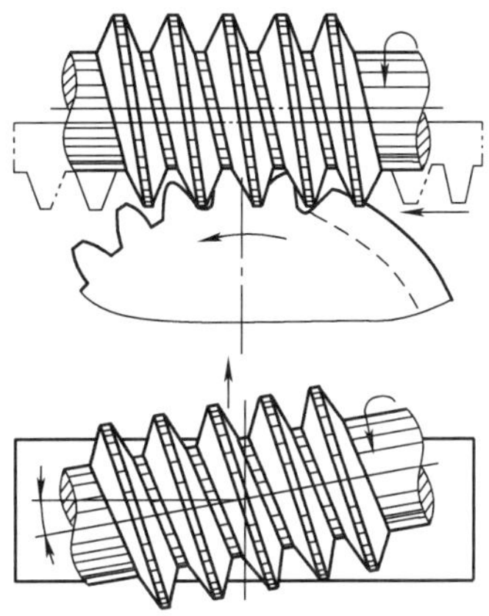

图 7.3.36　滚齿原理

2. 齿轮的根切现象

用展成法加工齿轮时,有时会出现刀具的顶部切入齿根,将齿根部分渐开线齿廓切去的现象,称为根切,如图 7.3.37 所示。产生严重根切的齿轮削弱了轮齿的抗弯强度,导致传动的不平稳,对传动十分不利,因此应尽力避免根切现象的产生。要避免根切就必须使刀具的顶线不超过 N 点,即 $NM \geqslant h_a^* m$,如图 7.3.38 所示,通过数学推导可得出不产生根切的最少的齿数

$$z_{min} = \frac{2h_a^*}{\sin^2 \alpha} \tag{7.3.43}$$

当 $\alpha = 20°$、$h_a^* = 1$ 时,$z_{min} = 17$,齿轮不根切的条件为 $z \geqslant 17$;当 $h_a^* = 0.8$ 时,$z_{min} = 14$。

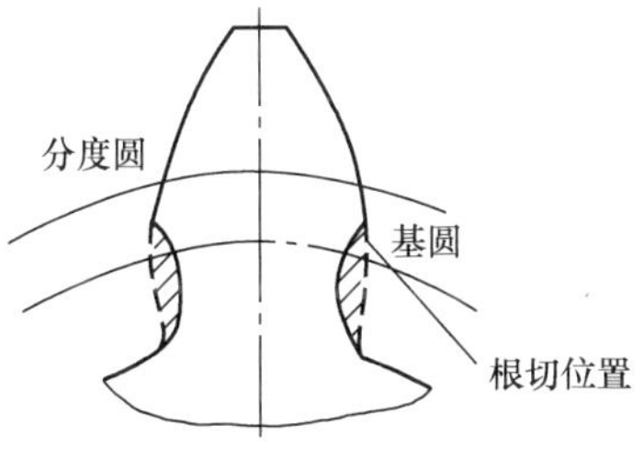

图 7.3.37　轮齿根切现象

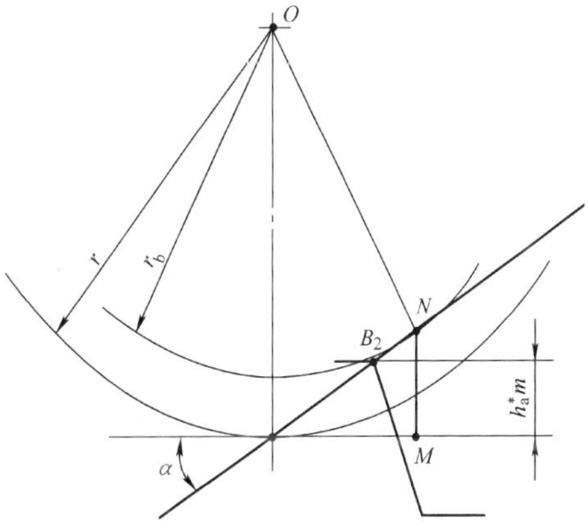

图 7.3.38　避免根切的条件

【知识拓展】变位齿轮简介

1. 标准齿轮的局限性

1)标准齿轮的齿数必须大于或等于最少齿数 z_{min},否则会产生根切。

2)标准齿轮不适用于实际中心距不等于标准中心距的场合。

3)一对互相啮合的标准齿轮,小齿轮齿根厚度小于大齿轮齿根厚度,故大、小齿轮的抗弯能力存在着差别。

为了弥补上述渐开线标准齿轮的不足,可以采用变位齿轮,如图 7.3.39 所示。

2. 变位齿轮的切制和齿形特点

(1)切制变位齿轮时刀具的变位

要避免根切,就必须使刀具的齿顶线不超过 N_1 点。改变刀具与轮坯的相对位置,可以切出不根切的齿轮,此时齿条的分度线与齿轮的分度圆不再相切,这种齿轮称为变位齿轮,如图 7.3.40 所示。

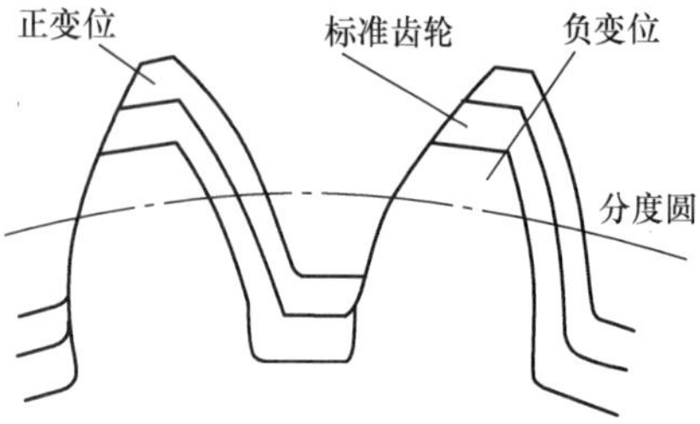

图 7.3.39 变位齿轮的齿廓

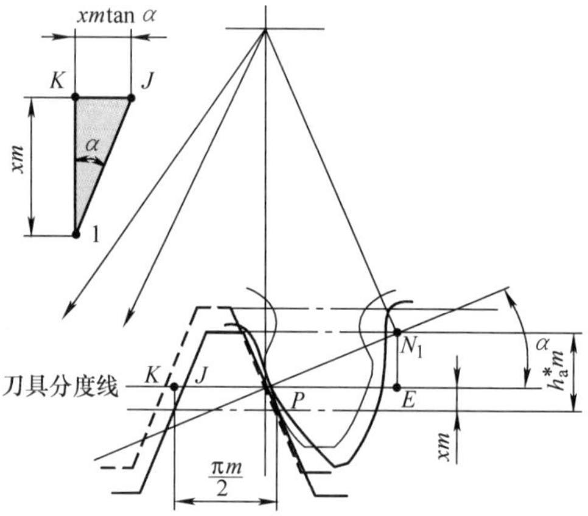

图 7.3.40 切削变位齿轮

以切制标准齿轮的位置为基准,刀具的移动距离 xm 称为变位量,x 称为变位系数,并规定刀具离开轮坯中心的变位系数为正,即正变位;反之,当刀具相对接近轮坯中心的变位系数为负,即负变位。

(2)变位齿轮和标准齿轮相比

1)不变的参数:齿数 z、模数 m、压力角 α。

2)不变的几何尺寸:分度圆直径 d、齿距 $p=\pi m$、基圆齿距 p_b 等。

3)齿厚、齿顶高、齿根高变化。

变位齿轮传动的类型及特点见表 7.3.13。

表 7.3.13 变位齿轮传动的类型及特点

传动类型	高变位传动又称零传动	角变位传动	
		正传动	负传动
齿数条件	$z_1+z_2\geqslant 2z_{min}$	$z_1+z_2<2x_{min}$	$z_1+z_2>2x_{min}$

续表

传动类型	高变位传动又称零传动	角变位传动	
		正传动	负传动
变位系数要求	$x_1 = -x_2 \neq 0, x_1 + x_2 = 0$	$x_1 + x_2 > 0$	$x_1 + x_2 < 0$
传动特点	$\alpha' = \alpha, a' = a$ $y = 0, \delta = 0$	$\alpha' > \alpha, a' > a$ $y > 0, \delta > 0$	$\alpha' < \alpha, a' < a$ $y < 0, \delta < 0$
主要优点	小齿轮取正变位，允许 $z_1 < z_{min}$，减小传动尺寸。提高了小齿轮齿根强度，减小了小齿轮齿面磨损，可成对替换标准齿轮	传动机构更加紧凑，提高了抗弯强度和接触强度，提高了耐磨性能，可满足 $a' > a$ 的中心距要求	重合度略有提高，满足 $a' < a$ 的中心距要求。
主要缺点	互换性差，小齿轮齿顶易变尖，重合度略有下降	互换性差，齿顶变尖，重合度下降较多	互换性差，抗弯强度和接触强度下降，轮齿磨损加剧

【小结】

齿轮传动是机械传动中应用最广的一种传动，理解渐开线性质、齿廓啮合定律、啮合特性、啮合传动等知识，是学习齿轮传动的基础。掌握渐开线直齿圆柱齿轮、斜齿圆柱齿轮等基本参数，齿轮的失效、材料选择与结构分析、齿轮的受力分析，对齿轮的设计计算是非常重要的。了解齿轮的加工方法、变位齿轮的相关知识，对拓宽知识面，进一步研究齿轮传动，增加一定的感性认识。另外，要想完善齿轮的设计，需要不断深化学习齿轮知识，结合力学知识进行强度计算，结合工艺知识进行精度分析，并结合生产经验对齿轮知识加以巩固和提高。

复　习　题

一、填空题

1. 在机械传动中，能保持瞬时传动比为常数的传动是________。
2. 传动效率高、结构紧凑、功率和速度适用范围广的传动是________。
3. 成本较高，不宜用于轴间距离较大的单级传动的是________。
4. 渐开线直齿圆柱齿轮的基本参数是________。
5. ________的大小决定了渐开线的形状。
6. 要实现两距离较近的平行轴间的传动，可采用________传动。
7. 基圆越大，渐开线越________。
8. 齿轮连续传动条件是________。
9. 渐开线标准齿轮的正确啮合条件________。
10. 斜齿轮端面模数和法面模数的关系________。
11. 传递两轴线垂直相交运动的传动为________。
12. 设计一对材料相同的软齿面齿轮传动，一般小齿轮齿面硬度 HBS_1 和大齿轮齿面硬度 HBS_2 的关系________。
13. 材料为 45 钢的硬齿面齿轮常用的热处理方法是________。

14. 灰铸铁齿轮常用于________场合。

15. 家用电器(如录像机)中使用的齿轮,传递功率很小,但要求传动平稳,低噪声和无润滑,比较适宜的齿轮材料是________。

16. 一般参数的闭式软齿面齿轮传动的主要失效形式是________。

17. 用展成法加工齿轮,当刀具齿顶线超过啮合线的极限点时发生________现象。

18. 渐开线标准齿轮不根切的最少齿数是________。

19. 按照工作条件不同,齿轮传动可分为________和________两种传动。

20. 硬齿面齿轮的齿面硬度________,软齿面齿轮的齿面硬度________。

二、选择题

1. 一对齿轮传动相当于________作纯滚动。

A. 基圆　B. 节圆　C. 分度圆

2. 一对齿轮要正确啮合,它们的________必须相等。

A. 直径　B. 宽度　C. 齿数　D. 模数

3. 当齿轮中心距稍有改变时,________保持原值不变的性质称为可分性。

A. 压力角　B. 啮合角　C. 传动比

4. 标准齿轮以标准中心距安装时,分度圆压力角________啮合角。

A. 小于　B. 等于　C. 大于

5. 对齿轮轮齿材料性能的基本要求是________。

A. 齿面要硬,齿芯要韧　B. 齿面要硬,齿芯要脆

C. 齿面要软,齿芯要脆　D. 齿面要软,齿芯要韧

6. 设计一对材料相同的软齿面齿轮传动时,一般使小齿轮齿面硬度 HBS_1 和大齿轮齿面硬度 HBS_2 的关系为________。

A. $HBS_1 < HBS_2$　B. $HBS_1 = BS_2$　C. $HBS_1 > HBS_2$

7. 选择齿轮毛坯的成型方法时(锻造、铸造、轧制圆钢等),除了考虑材料等因素外,主要依据________。

A. 齿轮的几何尺寸　B. 齿轮的精度

C. 齿轮的齿面表面结构　D. 齿轮在轴承上的位置

8. 设计斜齿圆柱齿轮传动时,螺旋角 β 一般在 $8° \sim 15°$ 范围内选取,β 太小斜齿轮传动的优点不明显,太大则会引起________。

A. 啮合不良　B. 制造困难　C. 轴向力太大　D. 传动平稳性下降

三、判断题

1. 一般参数的闭式硬齿面齿轮传动的主要失效形式是齿面胶合。　(　　)

2. 高速重载且散热不良的闭式齿轮传动,最有可能出现的失效形式是齿面塑性变形。　(　　)

3. 开式齿轮传动的主要失效形式为齿面磨粒磨损。　(　　)

4. 发生全齿折断而失效的齿轮一般是齿宽较小的直齿圆柱齿轮。　(　　)

5. 机床主传动齿轮应用最广泛的材料是铸钢。　(　　)

6. 硬齿面齿轮的齿面硬度大于 350HBS。　(　　)

7. 在满足强度的条件下,齿数多、模数小、传动平稳,又易加工。　(　　)

8. 齿宽系数越大,载荷分布均匀性越强,不易发生轮齿折断。（　　）

9. 设计开式齿轮传动时,在保证不根切的情况下,宜取较少齿数,其目的是增大模数,提高轮齿的抗弯能力。（　　）

10. 在设计圆柱齿轮传动时,通常使小齿轮的宽度比大齿轮宽一些,其目的是使大小齿轮的强度接近相等。（　　）

11. 圆锥齿轮的标准参数在法面上。（　　）

12. 渐开线齿轮具有可分性是指两个齿轮可以分别制造和设计。（　　）

13. 斜齿轮的标准模数和压力角在端面上。（　　）

14. 标准齿轮以标准中心距安装时,分度圆与节圆重合。（　　）

15. 齿轮齿面的疲劳点蚀首先发生在节点附近的齿顶表面。（　　）

四、分析计算题

1. 斜齿圆柱齿轮传动与直齿圆柱齿轮传动相比有哪些优点？主要缺点是什么？

2. 渐开线直齿圆柱齿轮中标准齿轮的含义是什么？

3. 什么是齿廓啮合基本定律？要使一对齿轮传动的传动比保持不变,其齿廓应满足什么条件？

4. 齿轮齿廓上哪一点的压力角是标准值？哪一点的压力角最大？哪一点最小？

5. 为什么一般渐开线齿轮分度圆上的压力角取20°左右？若取45°有什么问题？

6. 一对渐开线标准直齿圆柱齿轮传动的重合度为什么必须大于1？若其为1.25表示什么？

7. 与带传动相比,齿轮传动的主要优点是什么？

8. 什么是渐开线标准齿轮的基本参数？它的齿廓形状取决于哪些基本参数？如果两个标准齿轮的有关参数是:$m_1=5$ mm、$z_1=20$、$\alpha_1=20°$和$m_2=4$ mm、$z_2=25$、$\alpha_2=20°$,它们的齿廓形状是否相同？它们能否配对啮合？

9. 什么是分度圆？什么是节圆？它们有什么不同？

10. 什么是压力角？什么是啮合角？它们有什么不同？

11. 什么是中心距可分性？有何好处？

12. 什么是斜齿圆柱齿轮的当量齿数？它有何用处？

13. 在技术改造中有两个标准直齿圆柱齿轮,已测得齿数$z_1=22$、$z_2=98$,小齿轮齿顶圆直径$d_{a1}=240$ mm,大齿轮的全齿高$h=22.5$ mm,试判断这两个齿轮能否正确啮合？

14. 现有四个标准齿轮:$m_1=4$ mm,$z_1=25$;$m_2=4$ mm,$z_2=50$;$m_3=3$ mm,$z_3=60$;$m_4=2.5$ mm,$z_4=40$。试问:哪两个齿轮的渐开线形状相同？哪两个齿轮能正确啮合？哪两个齿轮能用同一把滚刀制造,这两个齿轮能否改用同一把铣刀加工？

15. 现有一标准直齿轮轮齿折断,修配时没有图纸,你如何通过测量来确定其主要参数及几何尺寸？

16. 用切削法加工齿轮,从加工原理上看可分为哪两大类？滚齿、插齿、铣齿各属于哪种加工？

17. 渐开线变位直齿轮与渐开线标准直齿轮相比,哪些参数不变？哪些参数发生变化？

18. 齿轮传动主要有哪几种失效形式？闭式软齿面齿轮传动的主要失效形式是什么？

19. 为何设计一对软齿面齿轮时,要使两齿轮的齿面有一定的硬度差？为何硬齿面齿轮不需要有硬度差？

20. 已知一对外啮合的标准直齿圆柱齿轮传动，传动比 $i=2.5$，模数 $m=3$ mm，齿数 $z_1=26$，试求大齿轮的齿数、主要几何尺寸和中心距。

21. 试问当渐开线标准直齿轮的 $\alpha=20°$，$h_a^*=1$ 的齿根与基圆重合时，其齿数应为多少？当齿数大于以上求得齿数时，问齿根圆与基圆哪个大？

22. 某镗床主轴箱中有渐开线标准齿轮，其参数为 $\alpha=20°$，$m=3$ mm，$z=50$，试计算该齿轮的齿顶高、齿根高、齿厚、分度圆直径、齿顶圆直径、齿根圆直径及基圆直径。

23. 设计铣床中一对直齿圆柱齿轮传动，已知功率 $P_1=7.5$ kW，小齿轮主动，转速 $n_1=1\ 450$ r/min，齿数 $z_1=26$，$z_2=54$，双向传动，工作寿命 $L_h=12\ 000$ h。小齿轮对轴承非对称布置，轴的刚性较大，工作中受轻微冲击，7 级制造精度。

24. 在设计闭式齿轮传动中，总要设法减小模数、增加齿数，这是为什么？而在设计开式齿轮传动中，齿数不宜取太多，而要设法增加模数，这又是为什么？

25. 齿轮传动有哪些润滑方式？如何选择润滑方式？

26. 在进行齿轮结构设计时，齿轮有几种结构形式？齿轮轴适用于什么情况？

27. 在下列各齿轮受力图中（题 27 图）标注各力的符号（齿轮 1 为主动轮）。

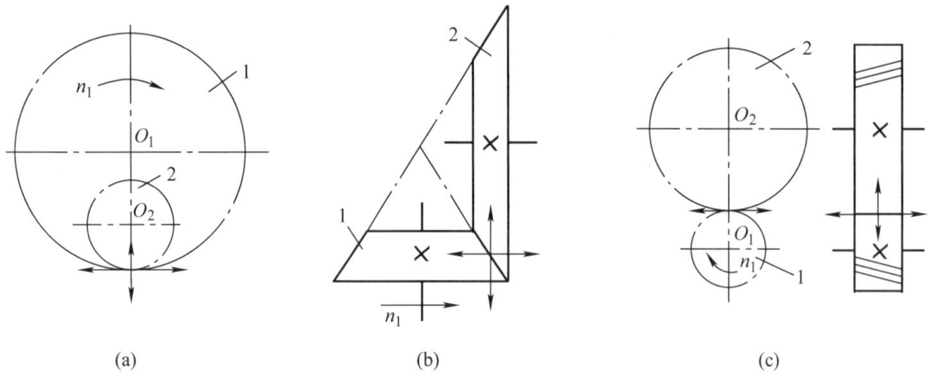

题 27 图

28. 两级展开式齿轮减速器如题 28 图所示。已知主动轮 1 为左旋，转向 n_1 如图所示，为使中间轴上两齿轮所受的轴向力相互抵消一部分，试在图中标出各齿轮的螺旋线方向，并在各齿轮分离体的啮合点处标出齿轮的轴向力 F_a、径向力 F_r 和圆周力 F_t 的方向。

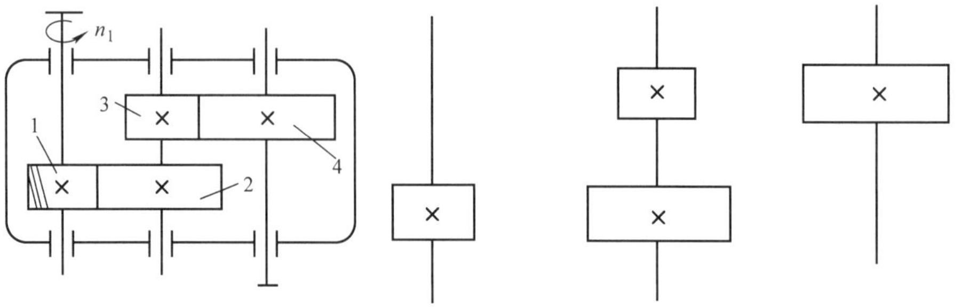

题 28 图

任务四　蜗 杆 传 动

【任务目标】

- 了解蜗杆传动的特点。
- 了解选择蜗杆传动的参数。
- 掌握蜗杆传动的正确啮合条件。
- 掌握蜗杆传动的转向、旋向判断。

【任务导入】

观察图 7.4.1,并思考以下问题。

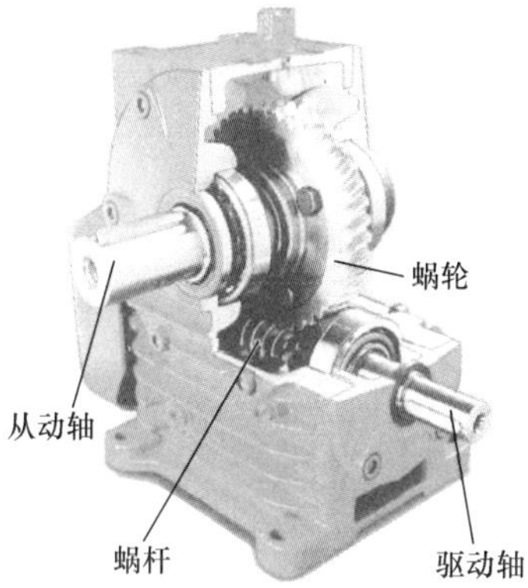

图 7.4.1　蜗杆传动及其应用

1. 什么是蜗杆传动？它有哪些类型和特点？蜗杆传动的应用范围有哪些？
2. 蜗杆传动由哪些构件组成？各构件的结构和尺寸是什么？
3. 如何判断蜗杆传动的转向或旋向？

【知识链接 1】蜗杆传动的类型和特点

1. 什么是蜗杆传动

蜗杆传动用来传递空间两交错轴之间的运动和动力，一般两轴交角为 90°，如图 7.4.2 所示。

蜗杆传动由蜗杆与蜗轮组成。一般为蜗杆主动、蜗轮从动，具有自锁性，作减速运动。蜗杆传动广泛应用于各种机械和仪器设备之中。

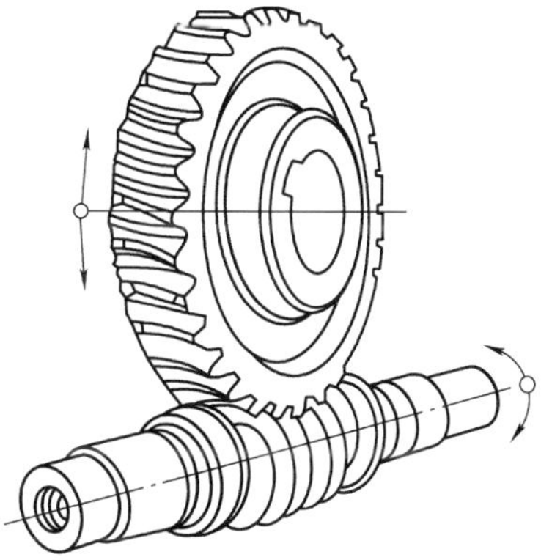

图 7.4.2　蜗杆传动

2. 蜗杆传动的特点

1)蜗杆传动的最大特点是结构紧凑、传动比大。一般传动比 $i=10\sim50$,最大可达 100。若只传递运动(如分度运动),其传动比可达 1 000。

2)传动平稳、噪声小。由于蜗杆上的齿是连续不断的螺旋齿，蜗轮轮齿和蜗杆是逐渐进入啮合并逐渐退出啮合的，同时啮合的齿数较多，所以传动平稳、噪声小。

3）可制成具有自锁性的蜗杆。当蜗杆的螺旋线升角小于啮合面的当量摩擦角时，蜗杆传动具有自锁性。

4）蜗杆传动的主要缺点是效率较低。这是由于蜗轮和蜗杆在啮合处有较大的相对滑动，因而发热量大、效率较低。传动效率一般为 0.7 ~ 0.8，当蜗杆传动具有自锁性时，效率小于 0.5。

5）蜗轮的造价较高。为减轻齿面的磨损及防止胶合，蜗轮一般多用青铜制造，因此造价较高。

3. 蜗杆传动的类型

按蜗杆形状的不同，蜗杆传动可分为圆柱蜗杆运动（图 7.4.3（a））、圆弧面蜗杆传动（图 7.4.3（b））和锥面蜗杆传动（图 7.4.3（c）），其中圆柱蜗杆传动应用最广。

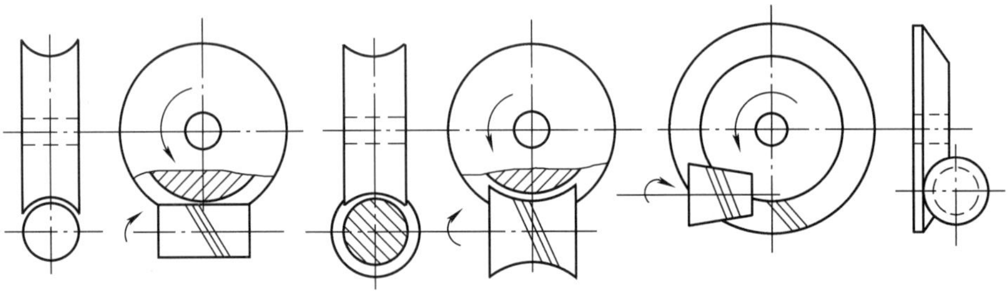

图 7.4.3　蜗杆传动的类型

（a）圆柱蜗杆传动；（b）圆弧面蜗杆传动；（c）锥面蜗杆传动

圆柱蜗杆传动可分为普通圆柱蜗杆传动和圆弧圆柱蜗杆传动两类。普通圆柱蜗杆传动的蜗杆按刀具加工位置的不同又可分为阿基米德蜗杆（ZA 型，图 7.4.4（a））、渐开线蜗杆（ZI 型，图 7.4.4（b））、法向直廓蜗杆（ZN 型，图 7.4.4（c））等。其中阿基米德蜗杆由于加工方便，其应用最为广泛。

1）阿基米德蜗杆的端面齿廓为阿基米德螺旋线，轴向齿廓为直线，加工方法与普通梯形螺纹相似，应使刀刃顶平面通过蜗杆轴线。阿基米德蜗杆较容易车削，但难以磨削，不易得到较高精度。

2）渐开线蜗杆的端面齿廓为渐开线，加工时刀具的切削刃与基圆相切，两把刀具分别切出左、右侧螺旋面。渐开线蜗杆也可以用滚刀加工，并可在专用机床上磨削，制造精度较高，利于成批生产。

3）如果蜗杆螺旋线的导程角很大，在加工时最好是使刀具的切削平面垂直于蜗杆螺旋线，这样切出的蜗杆称法向直廓蜗杆。这种蜗杆的磨削可以用小的梯形圆盘砂轮在普通螺纹磨床上进行，并能得到极接近于法向直廓蜗杆的齿廓。切制蜗轮的滚刀也用同样的方法磨削。

目前应用较广的是阿基米德蜗杆传动。

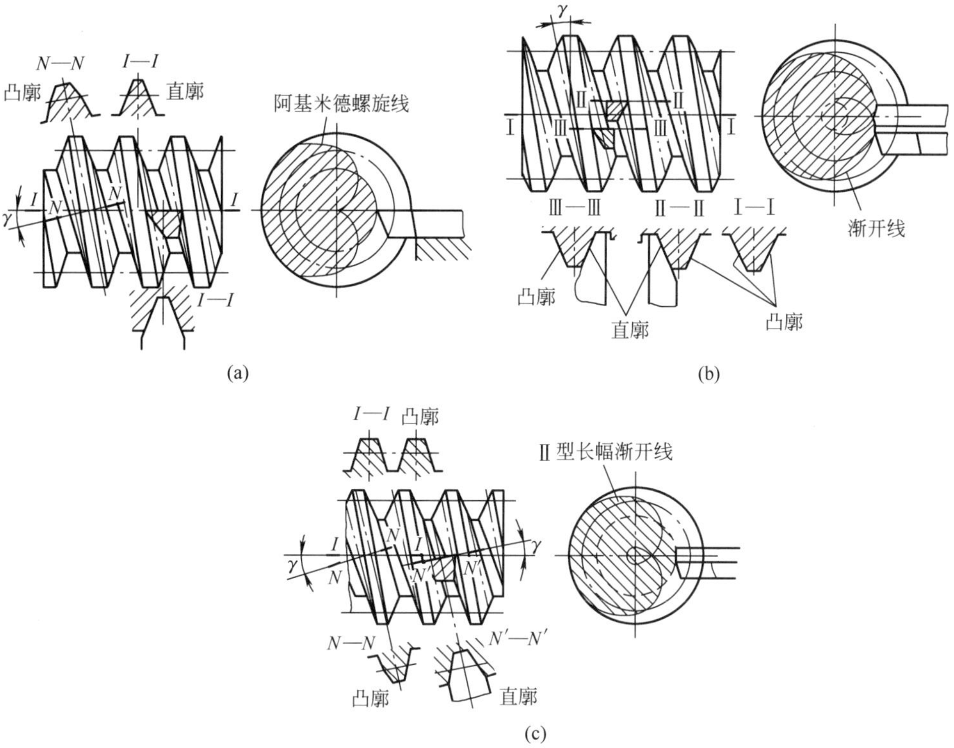

图 7.4.4　普通圆柱蜗杆的主要类型

(a)阿基米德蜗杆;(b)渐开线蜗杆;(c)法向直廓蜗杆

【知识链接 2】蜗杆传动的主要参数和几何尺寸

如图 7.4.5 所示,通过蜗杆轴线并垂直于蜗轮轴线的平面称为中间平面。在中间平面上,蜗轮与蜗杆的啮合相当于渐开线齿轮与齿条的啮合。因此,设计蜗杆传动时,其参数和尺寸均在中间平面内确定,并沿用渐开线圆柱齿轮传动的计算公式。

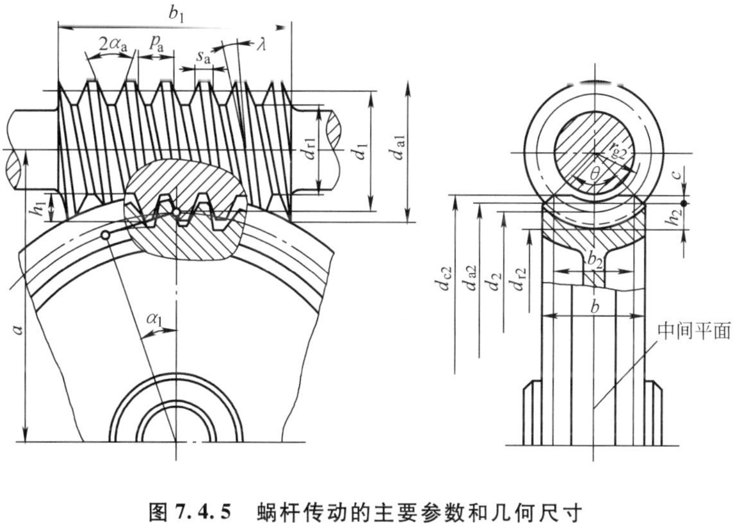

图 7.4.5　蜗杆传动的主要参数和几何尺寸

1. 蜗杆传动的主要参数及其选择

(1)蜗杆头数 z_1、蜗轮齿数 z_2 和传动比 i

蜗杆头数(齿数)z_1 即为蜗杆螺旋线的数目,一般取1、2、4。当传动比大于40或要求蜗杆自锁时,取 $z_1=1$;当传递功率较大时,为提高传动效率、减少能量损失,常取 z_1 为2、4。蜗杆头数越多,加工精度越难保证。

通常情况下取蜗轮齿数 $z_2=28\sim80$。若 $z_2<28$,会使传动的平稳性降低,且易产生根切;若 z_2 过大,蜗轮直径增大,与之相应蜗杆的长度增加,刚度减小,从而影响啮合的精度。

通常蜗杆为主动件,蜗杆传动的传动比 i 等于蜗杆与蜗轮的转速之比。当蜗杆转一周时,蜗轮转过 z_1 个齿,即转过 z_1/z_2 周,所以可得出下式:

$$i=\frac{n_1}{n_2}=\frac{1}{z_1/z_2}=\frac{z_2}{z_1} \tag{7.4.1}$$

式中:n_1、n_2 分别为蜗杆、蜗轮的转速,单位为 r/min;z_1、z_2 分别为蜗杆、蜗轮的齿数,可根据传动比 i 按表7.4.1选取。

值得提出的是蜗杆传动的传动比 i 仅与 z_1 和 z_2 有关,而不等于蜗轮与蜗杆分度圆直径之比,即 $i=z_2/z_1\neq d_2/d_1$。

表7.4.1 蜗杆头数 z_1、蜗轮齿数 z_2 推荐值

传动比	7~13	14~27	28~40	>40
蜗杆头数 z_1	4	2	2、1	1
蜗轮齿数 z_2	28~52	28~54	28~80	>40

(2)模数 m 和压力角 α

如前所述,在中间平面上蜗杆与蜗轮的啮合可看作齿条与齿轮的啮合(图7.4.5),蜗杆的轴向齿距 p_{a1} 应等于蜗轮的端面齿距 p_{t2},即蜗杆的轴向模数 m_{a1} 应等于蜗轮的端面模数 m_{t2},蜗杆的轴向压力角 α_{a1} 应等于蜗轮的端面压力角 α_{t2}。规定中间平面上的模数和压力角为标准值,则

$$\begin{aligned} m_{a1}&=m_{t2}=m \\ \alpha_{a1}&=\alpha_{t2}=20^\circ \end{aligned} \tag{7.4.2}$$

(3)蜗杆螺旋线升角 λ

蜗杆螺旋面与分度柱面的交线为螺旋线。如图7.4.6所示,将蜗杆分度圆柱展开,其螺旋线与端面的夹角即为蜗杆分度圆柱上的螺旋线升角 λ,或称蜗杆的导程角。由图可得蜗杆螺旋线的导程

$$L=z_1p_{a1}=z_1\pi m$$

蜗杆分度圆柱上螺旋线升角 λ 与导程的关系为

$$\tan\lambda=\frac{L}{\pi d_1}=\frac{z_1\pi m}{\pi d_1}=\frac{z_1m}{d_1} \tag{7.4.3}$$

与螺纹相似,蜗杆螺旋线也有左旋、右旋之分,一般情况下多为右旋。

通常蜗杆螺旋线的升角 $\lambda=3.5^\circ\sim27^\circ$,升角小时传动效率低,但可实现自锁($\lambda=3.5^\circ\sim4.5^\circ$);升角大时传动效率高,但蜗杆的车削加工较困难。

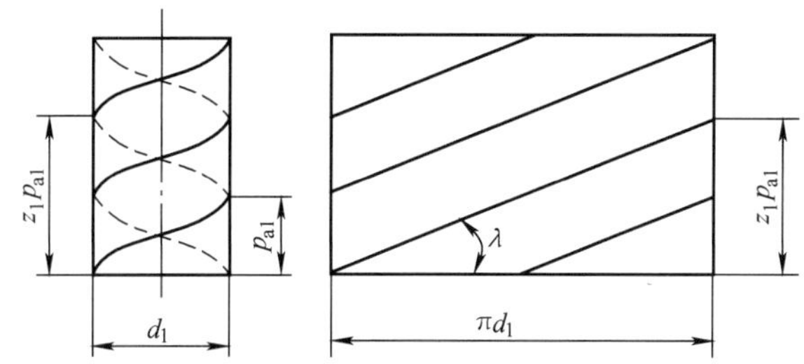

图 7.4.6　蜗杆分度圆柱展开图

(4)蜗杆分度圆直径 d_1 和蜗杆直径系数 q

加工蜗杆时,蜗杆滚刀的参数应与相啮合的蜗杆完全相同,几何尺寸基本相同。由式(7.4.3)蜗杆的分度圆直径可写为

$$d_1 = m\frac{z_1}{\tan\lambda} \tag{7.4.4}$$

蜗杆的分度圆直径 d_1 不仅与模数 m 有关,而且与 z_1 和 λ 有关。即同一模数的蜗杆,由于 z_1、λ 的不同,随之变化,致使滚刀数目较多,很不经济。为了减少滚刀的数量,有利于标准化,GB/T 10085—1988 规定,对应于每一个模数 m,规定了一至四种蜗杆分度圆直径 d_1 并已标准化,现令 $q = d_1/m$,q 称为蜗杆直径系数(q 值为导出量,不一定是整数)。即

$$\tan\lambda = \frac{z_1 m}{d_1} = \frac{z_1}{q} \tag{7.4.5}$$

(5)中心距 a

蜗杆传动的中心距

$$a = \frac{d_1 + d_2}{2} = \frac{d_1 + mz_2}{2} \tag{7.4.6}$$

(6)确定蜗杆、蜗轮的转动方向

蜗杆、蜗轮转动方向的确定可借助于螺母和螺杆的相对运动来确定,即将蜗杆看成螺杆,将与蜗杆啮合的蜗轮部分看成螺母。当螺杆转动时,看螺母是前进还是后退就可以决定蜗轮的回转方向。具体的方法是采用左右手法则来确定,即右旋蜗杆用右手、左旋蜗杆用左手,四指弯曲方向与蜗杆转向一致,此时大拇指指向的反方向即为蜗轮上节点处线速度的方向,由此就可确定蜗轮的转向,如图 7.4.3(a)所示。

2. 蜗杆传动的几何尺寸计算

标准圆柱蜗杆传动的几何尺寸计算公式见表 7.4.2。

表 7.4.2　圆柱蜗杆传动的几何尺寸计算

名　称	计算公式	
	蜗杆	蜗轮
齿顶高	$h_{a1} = m$	$h_{a2} = m$
齿根高	$h_{f1} = 1.2m$	$h_{f2} = 1.2m$
分度圆直径	$d_1 = mq$	$d_2 = mz_2$
齿顶圆直径	$d_{a1} = m(q+2)$	$d_{a2} = m(z_2+2)$
齿根圆直径	$d_{f1} = m(q-2.4)$	$d_{f2} = m(z_2-2.4)$
顶隙	$c = 0.2m$	

续表

名　称	计算公式	
	蜗杆	蜗轮
蜗杆轴向齿距 蜗轮端面齿距	$p_{a1}=p_{t2}=\pi m$	
蜗杆分度圆柱的导程角	$\lambda=\arctan\dfrac{z_1}{q}$	
蜗轮分度圆上轮齿的螺旋角		$\beta=\lambda$
中心距	$a=\dfrac{m}{2}(q+z_2)$	

3. 蜗杆传动的正确啮合条件

在图 7.4.5 所示的蜗杆蜗轮机构的中间平面内，蜗轮、蜗杆的齿距相等，即蜗轮的端面模数等于蜗杆的轴向模数，蜗轮的端面压力角等于蜗杆的轴向压力角。

此外，还应保证 $\lambda=\beta$，蜗杆与蜗轮的螺旋线方向相同。

【任务实施】蜗杆传动的失效形式、材料选择和结构

1. 蜗杆传动的失效形式

(1)齿廓间相对滑动速度 v_s

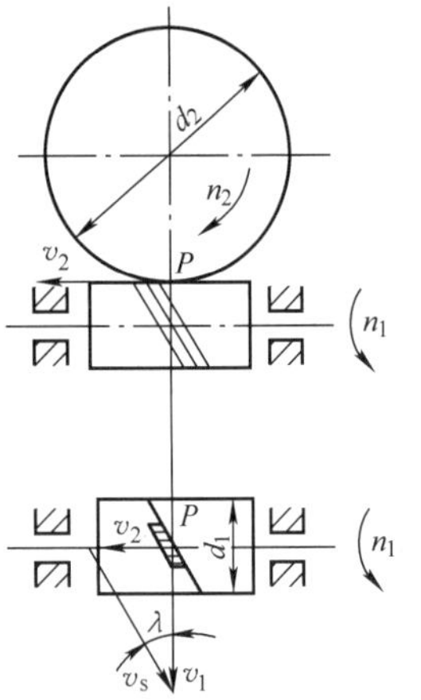

图 7.4.7　蜗杆传动的滑动速度

蜗杆传动中，齿廓间有较大的相对滑动，滑动速度 v_s 沿蜗杆螺旋线的切线方向。如图 7.4.7 所示，v_1 为蜗杆的圆周速度，v_2 为蜗轮的圆周速度，v_1 与 v_2 相互垂直，所以

$$v_s=\sqrt{v_1^2+v_2^2}=\frac{v_1}{\cos\lambda} \tag{7.4.7}$$

由于齿廓间较大的相对滑动产生热量，使润滑油温度升高而变稀，润滑条件变差，传动效率降低。

(2)轮齿的失效形式

当润滑条件差及散热不良时，闭式齿轮传动极易出现胶合。开式齿轮传动以及润滑油不清洁的闭式齿轮传动中，轮齿磨损的速度很快。

2. 蜗杆传动的材料

蜗杆一般用碳钢和合金钢制成，常用材料为 40、45 钢或 40Cr 并经淬火。高速重载蜗杆常用 15Cr 或 20Cr，并经渗碳淬火(硬度为 40～55HRC)和磨削。对于速度不高、载荷不大的蜗杆可采用 40、45 钢调质处理，硬度为 220～250HBS。

蜗轮常用材料为青铜和铸铁。锡青铜耐磨性能及抗胶合性能较好，但价格较贵，常用的有 ZCuSn10P1(铸锡磷青铜)、ZCuSn5Pb5Zn5(铸锡锌铅青铜)等，用于滑动速度较高的场合。铝铁青铜的力学性能较好，但抗胶合性能略差，常用的有 ZCuAl9Fe4Ni4Mn2(铸铝铁镍青铜)等，用于滑动速度较低的场合。灰铸铁只用于滑动速度 $v\leqslant 2$ m/s 的传动中。

常用蜗杆蜗轮的配对材料见表 7.4.3。

表 7.4.3　蜗杆蜗轮的配对材料

相对滑动速度 v_s/(m/s)	蜗轮材料	蜗杆材料
≤25	ZCuSn10P1	20CrMnTi,渗碳淬火,56～62HRC 20Cr
≤12	ZCuSn5Pb5Zn5	45,高频淬火,40～50HRC 40Cr,50～55HRC
≤10	ZCuAl9Fe4Ni4Mn2 ZCuAl9Mn2	45,高频淬火,45～50HRC 40Cr,50～55HRC
≤2	HT150 HT200	45,调质,220～250HBS

3. 蜗杆、蜗轮的结构

蜗杆的直径较小,常和轴制成一个整体(图 7.4.8)。螺旋部分常用车削加工,也可用铣削加工。车削加工时需有退刀槽,因此刚性较差。

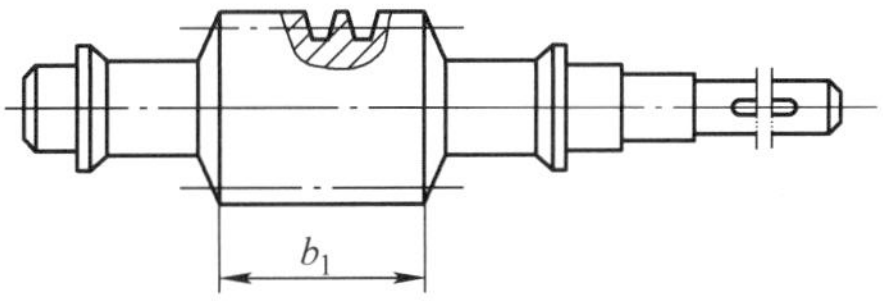

图 7.4.8　蜗杆轴

按材料和尺寸的不同蜗轮的结构有多种形式,如图 7.4.9 所示。

1)整体式蜗轮(图 7.4.9(a))主要用于直径较小的青铜蜗轮或铸铁蜗轮。

2)齿圈式蜗轮(图 7.4.9(b)):为了节约贵重金属,直径较大的蜗轮常采用组合结构,齿圈用青铜材料,轮芯用铸铁或铸钢制造。两者采用 H7/r6 配合,并用 4～6 个直径为1.2～1.5m 的螺钉加固,其中 m 为蜗轮模数。为便于钻孔,应将螺孔中心线向材料较硬的轮芯部分偏移 2～3 mm。这种结构用于尺寸不太大且工作温度变化较小的场合。

3)螺栓连接式蜗轮(图 7.4.9(c)):这种结构的齿圈与轮芯由普通螺栓或铰制孔用螺栓连接,由于装拆方便,常用于尺寸较大或磨损后需更换蜗轮齿圈的场合。

4)镶铸式蜗轮(图 7.4.9(d)):将青铜轮缘铸在铸铁轮芯上,轮芯上制出榫槽,以防轴向滑动。

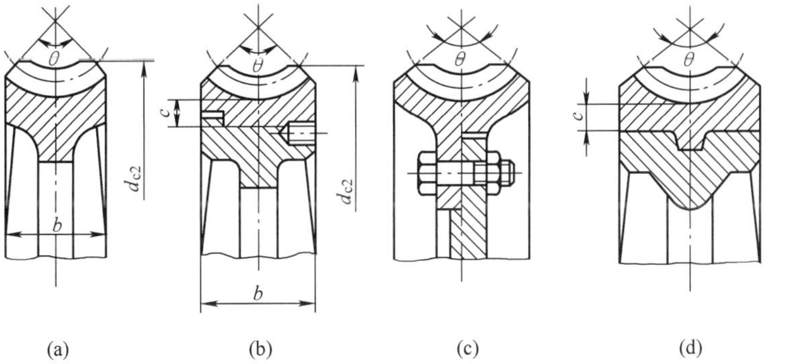

图 7.4.9　蜗轮结构

(a)整体式;(b)齿圈式;(c)螺栓连接式;(d)镶铸式

【知识拓展】蜗杆传动的受力情况

蜗杆传动的受力分析与斜齿圆柱齿轮相似。图 7.4.10 所示为下置蜗杆传动，蜗杆为主动件，旋向为右旋，按图示方向转动。假定：蜗轮轮齿和蜗杆螺旋面之间的相互作用力集中于节点 P，并按单齿对啮合考虑；暂不考虑啮合齿面间的摩擦力。图 7.4.10(a)为右侧面受力情况，图 7.4.10(b)为蜗杆、蜗轮的受力情况及转向。

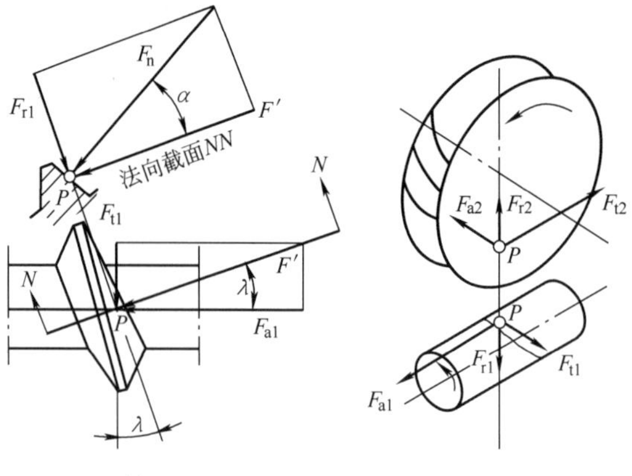

图 7.4.10 蜗杆传动的受力分析

如图 7.4.10 所示，作用在蜗杆齿面上的法向力 F_n 可分解为三个互相垂直的分力：圆周力 F_{t1}、径向力 F_{r1} 和轴向力 F_{a1}。由于蜗杆与蜗轮轴交错成 90°角，根据作用与反作用定律，蜗杆的圆周力 F_{t1} 与蜗轮的轴向力 F_{a2}、蜗杆的轴向力 F_{a1} 与蜗轮的圆周力 F_{t2}、蜗杆的径向力 F_{r1} 与蜗轮的径向力 F_{r2} 分别存在着大小相等、方向相反的关系，即

$$\left.\begin{aligned} F_{t1} &= \frac{2T_1}{d_1} = -F_{a2} \\ F_{a1} &= -F_{t2} \\ \left(F_{t2} \right.&\left.= -\frac{2T_2}{d_2}\right) \\ F_{r1} &= -F_{r2} \\ (F_{r2} &= F_{t2}\tan\alpha) \end{aligned}\right\} \tag{7.4.8}$$

式中：T_1、T_2 分别为作用在蜗杆和蜗轮上的转矩，单位为 N·mm，$T_2 = T_1 i\eta$，η 为蜗杆传动的效率；d_1、d_2 分别为蜗杆和蜗轮的分度圆直径，单位为 mm；α 为压力角，$\alpha = 20°$。

蜗杆蜗轮受力方向的判别方法与斜齿轮相同。当蜗杆为主动件时，圆周力 F_{t1} 与转向相反；径向力 F_{r1} 的方向由啮合点指向蜗杆中心；轴向力 F_{a1} 的方向取决于螺旋线的旋向和蜗杆的转向，按“主动轮左右手法则”来确定。作用于蜗轮上的力可根据作用与反作用定律来确定，并可判定出蜗轮的转向，如图 7.4.10 所示为逆时针转向。

【小结】

蜗杆传动是在空间交错的两轴间传递运动和动力的一种传动，两轴线间的夹角可为任意值，常用的为90°。了解蜗杆传动的特点，学会判断蜗杆传动的转向或旋向，分析啮合点处的受力方向，需要通过大量练习，才能熟练掌握和灵活运用。

【实战演练】蜗杆传动的装配与调整

1. 实训目的

1）了解蜗轮蜗杆减速器的构造、工作原理、传动特点。

2）分析蜗轮蜗杆减速器中各零件的作用、结构及装配关系。

3）掌握蜗轮蜗杆减速器的装配方法及调整方法。

4）掌握蜗杆传动机构啮合质量的检验方法。

5）加深对轴系部件结构的了解。

2. 实训设备和工具

1）蜗轮蜗杆减速器、压力机等。

2）游标卡尺、百分表、开口扳手、改锥、尖嘴钳、拉拔器、铁锤、铜棒等。

3）油石、机油、汽油、棉纱等。

3. 实训步骤

1）仔细观察减速器外面各部分的结构及位置。

2）用改锥拆下观察孔盖板。

3）拆下蜗轮轴的挡油板。

4）拆下蜗轮轴承端盖的紧固螺钉，卸下蜗轮轴的透盖和闷盖。

5）将蜗轮轴和轴上零件随轴一起从箱座取出，按合理的顺序拆卸轴上零件。

6）拆下蜗杆轴的挡油板。

7）拆下蜗杆轴承端盖的紧固螺钉，卸下蜗杆轴的透盖和闷盖。

8）将蜗杆轴和轴上零件随轴一起从箱座取出，按合理的顺序拆卸轴上零件。

9）拆下箱体支承板上的螺钉，卸下支承板。

10）拆下放油螺塞，放出箱体内的润滑油。

11）清洗所有零件和机体内部油垢和杂物。

12）更换润滑油和润滑脂。

13）按原样将减速器装配好。

14）检测、调整蜗杆传动机构使其符合装配技术要求。

4. 注意事项

1）文明拆装、切忌盲目，拆卸前要仔细观察零部件的结构及位置，考虑好合理的拆装顺序。

2）拆下的零部件要妥善安放好，避免丢失和损坏。

3）装配轴套或滚动轴承时，应注意方向。

4）应注意滚动轴承的合理拆装方法。

5）禁止用铁器直接打击加工表面和配合表面。

6）爱护工具和设备，轻拿轻放，操作要认真，特别要注意手脚安全。

7）经指导教师检查后才能合上轴承端盖。

5. 成绩考核表

蜗杆传动的装配与调整测评表					
学生班级		学号		姓名	
实训日期				指导教师	
序号	测评项目				得分
1	考勤，遵守安全文明操作规程				
2	机器拆卸顺序、方法是否正确				
3	机器安装顺序、方法是否正确				
4	蜗轮蜗杆安装调试是否正确				
5	蜗轮蜗杆减速器运转是否顺畅				
6	齿侧间隙的调整是否满足要求				
7	是否按要求完成实验报告				
8	拆卸的零部件摆放是否整齐有序、有无破坏现象				
9	整理环境卫生、恢复原有状态				
合计：					
成绩：					

复　习　题

一、填空题

1. 蜗杆传动是用来传递两________轴之间的运动。

2. 蜗杆传动的主要特点是________大、效率低。

3. 蜗杆传动的主平面是指________蜗杆轴线并________蜗轮轴线的平面。

4. 在主平面内，普通圆柱蜗杆传动的蜗杆齿形是________齿廓。

5. 在主平面内，普通圆柱蜗杆传动的蜗轮齿形是________齿廓。

6. 在主平面内，普通圆柱蜗杆传动相当于________的啮合传动。

7. 普通圆柱蜗杆传动的正确啮合条件是蜗杆的________模数和压力角分别等于蜗轮的________模数和压力角。

8. 在垂直交错的蜗杆传动中，蜗杆中圆柱上的螺旋升角应________蜗轮分度圆柱上的螺旋角。

9. 蜗杆传动中蜗杆直径等于________与模数的乘积，不等于________与模数的乘积。

10. 蜗杆头数越多，升角________，传动效率________，自锁性能越________。

11. 蜗杆的直径系数越小，其升角________，________越高，强度和刚度________。

12. 蜗轮常用较贵重的有色金属制造是因为青铜的________和________性能好。

二、简答题

1. 何谓蜗杆传动的中间平面？

2. 试述蜗杆直径系数 q 的意义，为何要引入该系数？

3. 蜗杆传动的传动比如何计算？能否用分度圆直径之比表示，为什么？

4. 蜗杆传动的正确啮合条件是什么？

5. 对蜗杆、蜗轮材料的主要要求是什么？有哪些常用材料？

6. 为了提高蜗轮的转速，可否改用相同尺寸的双头蜗杆来代替单头蜗杆与原来的蜗轮相啮合，为什么？

7. 与齿轮传动相比，蜗杆传动有哪些优缺点？

8. 题 8 图示蜗杆传动均是以蜗杆为主动件。试在图上标出蜗轮（或蜗杆）的转向，蜗轮的螺旋线方向，蜗杆、蜗轮所受各分力的方向。

9. 蜗杆传动中为何常以蜗杆为主动件？蜗轮能否作为主动件，为什么？

10. 题 10 图示为简单手动起重装置，若按图示方向转动蜗杆，提升重物 G，试确定：(1)蜗杆和蜗轮的旋向；(2)蜗轮所受作用力的方向（画出）。

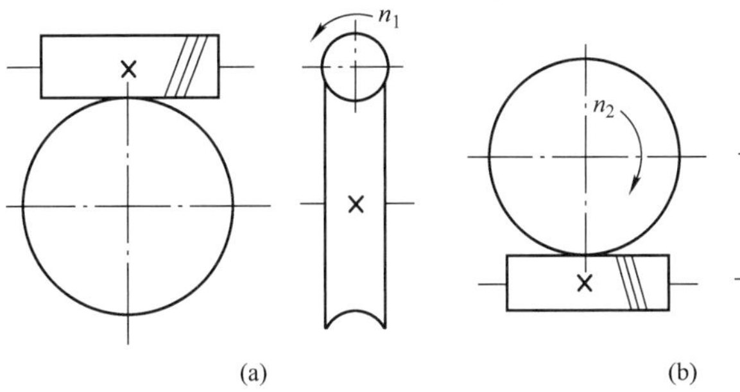

题 8 图

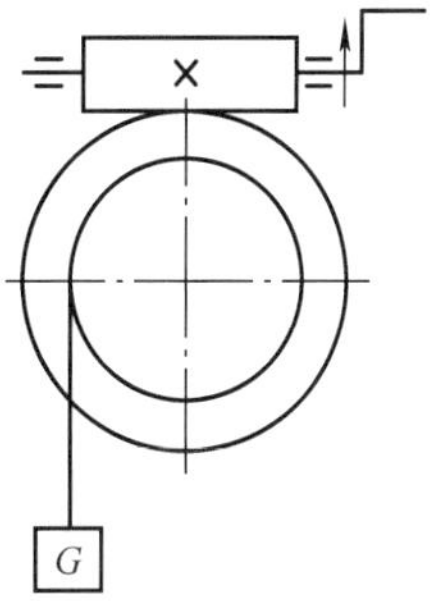

题 10 图

任务五　齿　轮　系

【任务目标】

- 了解轮系的类型、基本概念及功用。
- 掌握轮系简图的识读方法并能正确分析轮系类型。
- 熟练掌握定轴轮系传动比的计算。
- 理解行星轮系、混合轮系的含义，掌握简单的行星轮系和混合轮系传动比的计算。
- 正确理解传动比计算中的“＋”、“－”号所代表的含义及轮系中各轮转向的判断问题。

【任务导入】

观察图 7.5.1，并思考以下问题。

1. 什么是齿轮系？你了解的齿轮系都用在什么地方？它有什么作用？
2. 图 7.5.1 中的齿轮系在什么地方使用？
3. 轮系有哪些类型？定轴轮系与行星轮系有何区别？
4. 定轴轮系传动比如何计算？各轮的转向如何判断？
5. 行星轮系传动比的计算方法与定轴轮系相同吗？采用什么方法？

【知识链接】轮系的类型和功用

在任务三和任务四中了解了一对齿轮或蜗杆蜗轮的啮合原理，由一对齿轮组成的机构

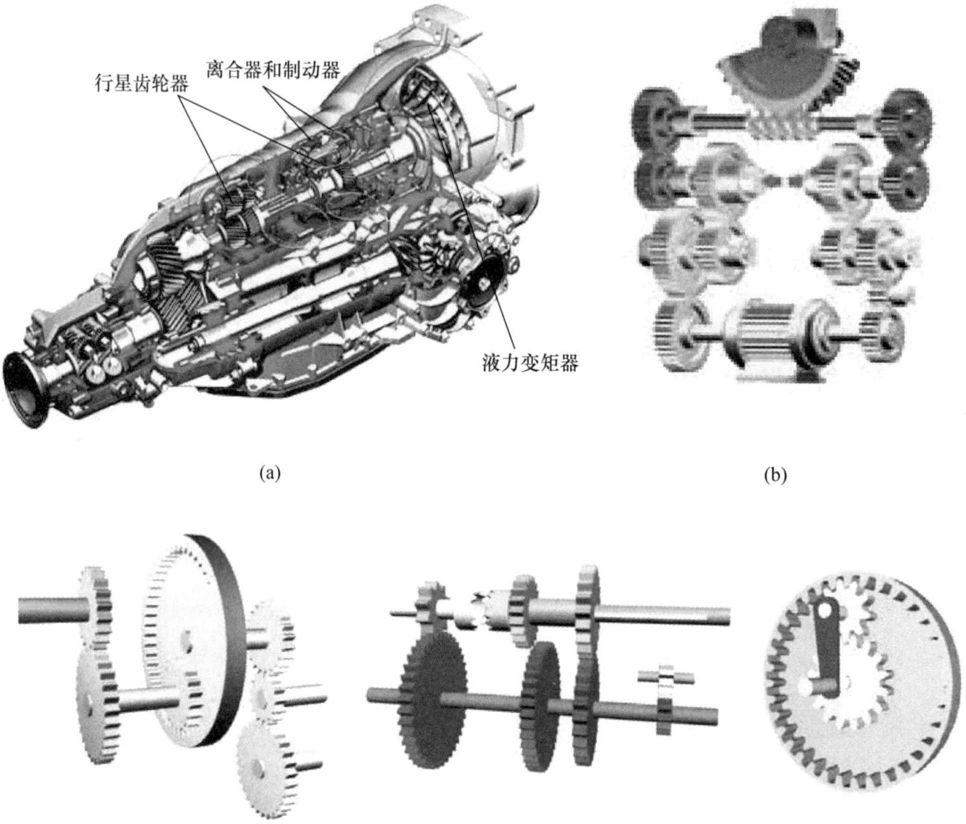

(a) (b)

(c) (d) (e)

图 7.5.1　齿轮系及其应用

是最简单的齿轮机构。实际应用中,一对齿轮传动往往不能满足工作要求,常采用若干对齿轮组成的齿轮传动系统,这种由一系列齿轮组成的传动系统称为齿轮系,简称轮系。

轮系一般由各种类型的齿轮(圆柱齿轮、锥齿轮)或蜗杆蜗轮组成。在轮系的传动中,根据各轮几何轴线的位置相对机架是否固定,将轮系分为定轴轮系、周转轮系(包括行星轮系和差动轮系)和复合轮系。

1. 定轴轮系

轮系运转时,轮系中各个齿轮的几何轴线位置均固定不动,这种轮系称为定轴轮系。定轴轮系又按照各齿轮轴线位置关系分为平面定轴轮系和空间定轴轮系。其中,平面定轴轮系是由轴线互相平行的圆柱齿轮组成,如图 7.5.2 所示;空间定轴轮系是由相交轴或交错轴的齿轮组成,如图 7.5.3 所示。

2. 周转轮系

轮系运转时,轮系中至少有一个齿轮的几何轴线相对于机架不固定,而是绕某一位置固定的齿轮几何轴线转动,这种轮系称为周转轮系,如图 7.5.4 所示。

齿轮 1、3 和构件 H 均绕同一个固定的几何轴线 $O-O$ 转动,齿轮 2 空套在构件 H 上,与齿轮 1、3 相啮合。齿轮 2 除绕其自身轴线 $O-O$ 转动(自转)外,同时又随构件 H 绕轴线 O_1-O_1 转动(公转)。齿轮 2 称为行星轮,H 称为行星架或系架,齿轮 1、3 称为太阳轮。行星架与太阳轮的几何轴线必须重合,行星轮、行星架、太阳轮是组成周转轮系的基本构件。

周转轮系又包括行星轮系和差动轮系，其中行星轮系有一个太阳轮固定不动，轮系自由度等于1（$F=3\times3-2\times3-2=1$），如图7.5.4（a）所示；差动轮系有两个太阳轮转动，机构自由度等于2（$F=3\times4-2\times4-2=2$），如图7.5.4（b）所示。

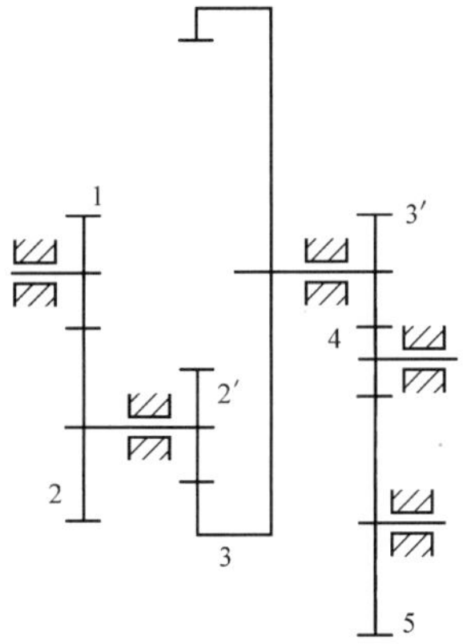

图7.5.2　平面定轴轮系

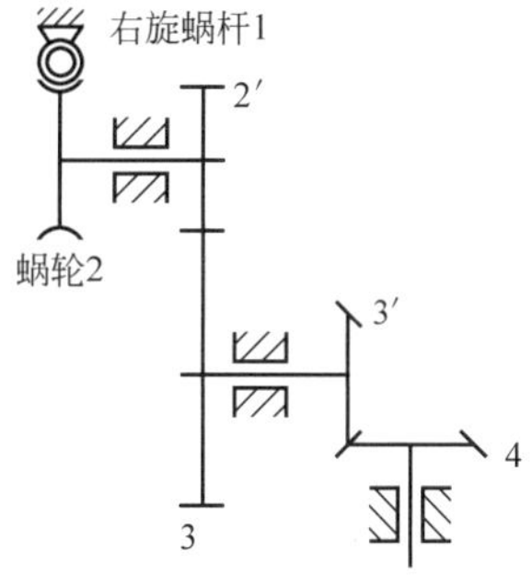

图7.5.3　空间定轴轮系

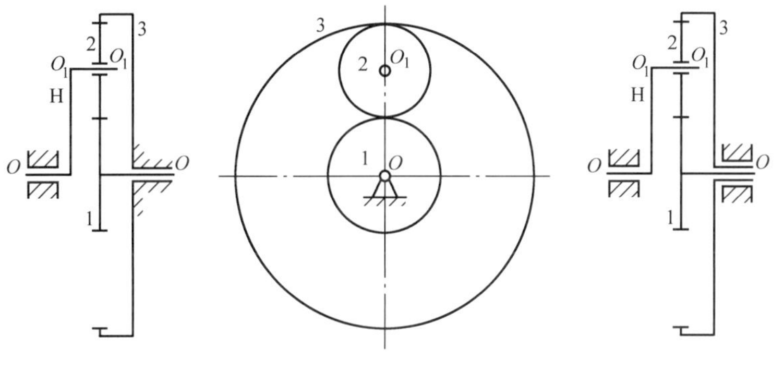

图7.5.4　周转轮系

（a）行星轮系；（b）差动轮系

另外，行星轮系按传动机构的齿轮啮合方式，可分为NGW、NW、WW、NGWN等类型；按基本构件组成情况，又可分为2Z－X（或2K－H）、3Z（或3K）等，如图7.5.5所示，其字母含义：N为内啮合，W为外啮合，G为公用齿轮，Z为中心轮（太阳轮），X为行星架。

例如NGW型表示由内啮合（N）齿轮副、外啮合（W）齿轮副和内外啮合共用的行星轮（G）组成的行星轮系。又如2Z－X型表示具有两个中心轮（太阳轮）和一个行星架的行星轮系。

3. 复合轮系

由定轴轮系和周转轮系、或几部分周转轮系组成的复杂轮称为复合轮系。图7.5.6（a）所示为定轴轮系和行星轮系组成的复合轮系，图7.5.6（b）所示为行星轮系和行星轮系组成的复合轮系。

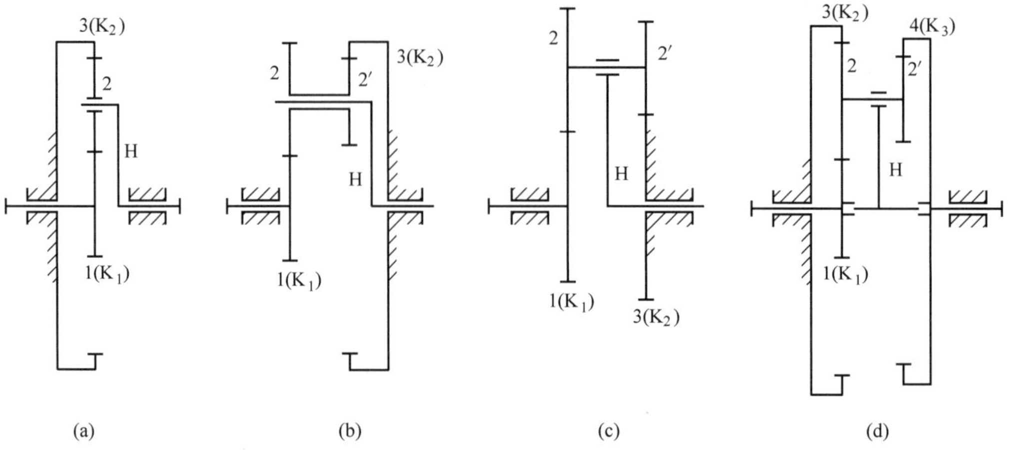

图 7.5.5　行星轮系传动类型

(a)NGW(2Z－X);(b)NW(2Z－X);(c)WW(2Z－X);(d)NGWN(3Z)

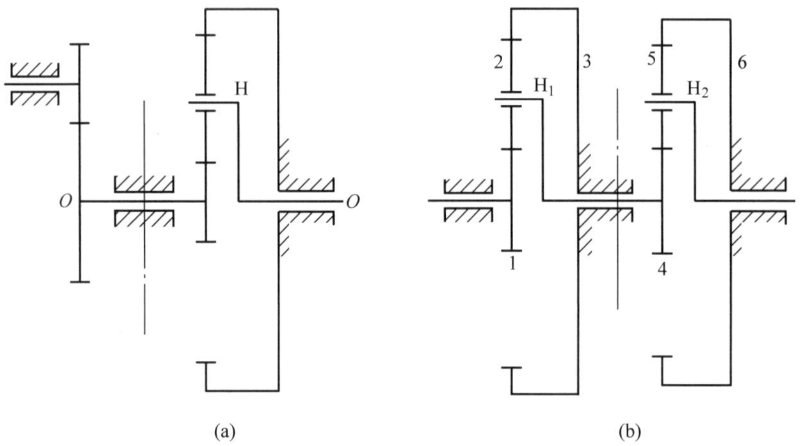

图 7.5.6　复合轮系

(a)定轴轮系和行星轮系;(b)行星轮系和行星轮系

【任务实施 1】定轴轮系传动比的计算

轮系的传动比为轮系中首、末两轮的角速度(或转速)之比。当首轮用“1”,末轮用“k”表示时,其传动比 i_{1k} 的大小计算公式为

$$i_{1k}=\frac{\omega_1}{\omega_k}=\frac{n_1}{n_k} \tag{7.5.1}$$

传动比计算包含两项内容:确定传动比的大小数值和确定首、末两轮的转向关系。

1. 定轴轮系传动比大小的计算

如图 7.5.7 所示平面定轴轮系,已知各轮齿数,且齿轮 1 为主动轮(首轮),齿轮 5 为从动轮(末轮),如何来计算该轮系的传动比呢?

分析如下:根据传动比的定义可知该轮系的总传动比

$$i_{15}=\frac{\omega_1}{\omega_5}=?$$

从首轮 1 到末轮 5 之间各对啮合齿轮传动比的大小为

$$i_{12}=\frac{\omega_1}{\omega_2}=\frac{z_2}{z_1}\qquad i_{23}=\frac{\omega_2}{\omega_3}=\frac{z_3}{z_2}$$

$$i_{3'4}=\frac{\omega_{3'}}{\omega_4}=\frac{z_4}{z_{3'}}\qquad i_{4'5}=\frac{\omega_{4'}}{\omega_5}=\frac{z_5}{z_{4'}}$$

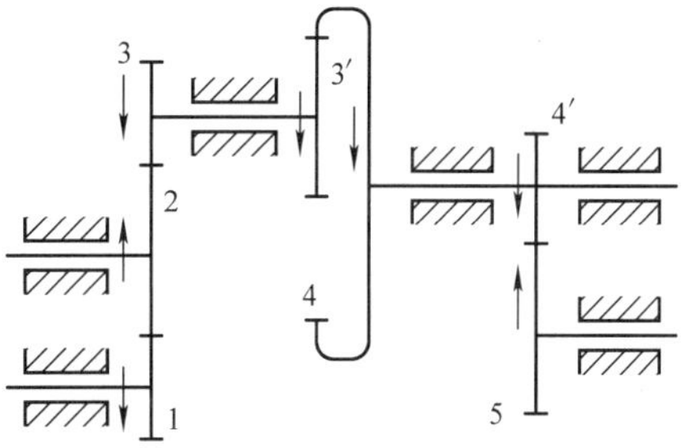

图 7.5.7　平面定轴轮系

齿轮 3 与 3′、4 与 4′各分别固定在同一根轴上，所以 $\omega_3=\omega_{3'}$、$\omega_4=\omega_{4'}$，将上述各式两边分别连乘，并整理得该轮系的总传动比

$$i_{15}=\frac{\omega_1}{\omega_5}=\frac{\omega_1}{\omega_2}\frac{\omega_2}{\omega_3}\frac{\omega_{3'}}{\omega_4}\frac{\omega_{4'}}{\omega_5}=i_{12}i_{23}i_{3'4}i_{4'5}=\frac{z_2z_3z_4z_5}{z_1z_2z_{3'}z_{4'}}$$

可得出这样的结论：定轴轮系的传动比为组成该轮系的各对啮合齿轮传动比的连乘积，其大小等于各对啮合齿轮中所有从动轮齿数的连乘积与所有主动轮齿数的连乘积之比，即

$$i_{1k}=\frac{\omega_1}{\omega_k}=\frac{\text{所有从动齿轮齿数连乘积}}{\text{所有主动齿轮齿数连乘积}}\tag{7.5.2}$$

图 7.5.7 中的齿轮 2 既是前一级的从动轮，又是后一级的主动轮，其齿数对轮系传动比的大小没有影响，但可以改变齿轮转向，这种齿轮称为惰轮。

2. 定轴轮系首、末轮转向关系的确定

定轴轮系首、末轮转向关系可分为以下三种情况分析。

(1)轮系中各轮几何轴线均互相平行(平面定轴轮系)

一般规定：外啮合时，二轮转向相反，用负号“ - ”表示；内啮合时，二轮转向相同，用正号“ + ”表示。则

$$i_{15}=\frac{\omega_1}{\omega_5}=(-1)^3\frac{z_2z_3z_4z_5}{z_1z_2z_{3'}z_{4'}}=-\frac{z_2z_3z_4z_5}{z_1z_2z_{3'}z_{4'}}$$

由此可得

$$i_{1k}=\frac{\omega_1}{\omega_k}=(-1)^m\frac{\text{所有从动齿轮齿数连乘积}}{\text{所有主动齿轮齿数连乘积}}\tag{7.5.3}$$

式中，m 表示齿轮外啮合对数。若计算结果为“ + ”，表明首、末两轮的转向相同；反之，则转向相反。

(2)轮系中所有各轮几何轴线不都平行，但首、末两轮的轴线互相平行(空间定轴轮系)

图 7.5.8 所示的含有锥齿轮的空间定轴轮系，用标注箭头法确定首、末两轮转向关系。具体步骤如下：在图上用箭头依传动顺序逐一标出各轮转向，若首、末两轮方向相反，则在传动比计算结果中加上“ - ”号。

(3)轮系中首、末两轮几何轴线不平行(空间定轴轮系)

如图 7.5.9 所示的含有蜗杆传动的空间定轴轮系，用式(7.5.1)计算出的传动比只是绝对值大小，而其相对转向只能由在运动简图上依次标箭头的方法来确定。当各轮齿数及首轮的转向已知时，可求出其传动比大小并在图上标出各轮的转向。

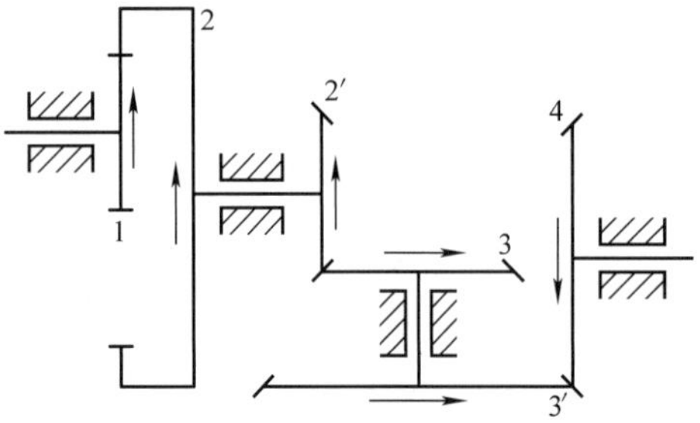

图 7.5.8　空间定轴轮系

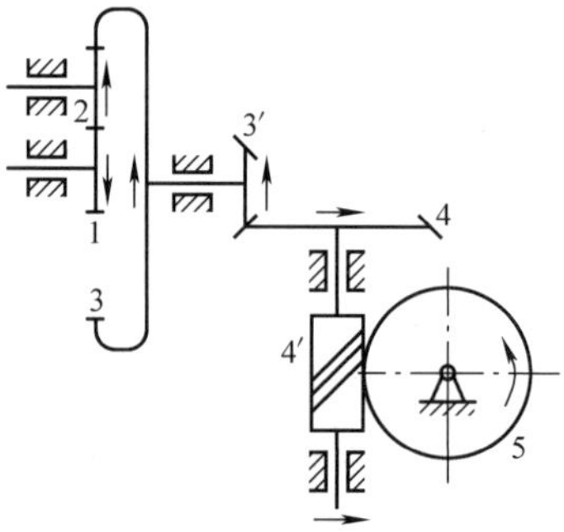

图 7.5.9　空间定轴轮系

3. 定轴轮系传动比计算举例

【例 7.5.1】　在图 7.5.10 所示的轮系中，已知各轮齿数，齿轮 1 为主动轮，求轮系的传动比。

解　因首、末两轮轴线平行，但轮系中所有各轮几何轴线不都平行，为空间定轴轮系，故可用画箭头法表示首、末两轮转向关系，然后在传动比前加“＋”或“－”号。所以，该轮系传动比

$$i_{16}=\frac{n_1}{n_6}=+\frac{z_2z_4z_5z_6}{z_1z_{2'}z_{4'}z_{5'}}$$

传动比计算结果为正，说明首、末两轮转向相同。

【例 7.5.2】　如图 7.5.11 所示的轮系中，已知 $z_1=z_2=z_3'=z_4=20$，齿轮 1、3、3′和 5 同轴线，各齿轮均为标准齿轮。若已知轮 1 的转速 $n_1=1\ 440$ r/min，求齿轮 5 的转速。

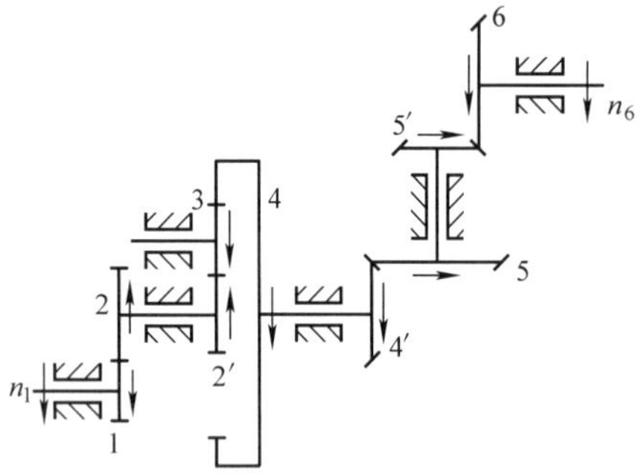

图 7.5.10　空间定轴轮系传动比计算

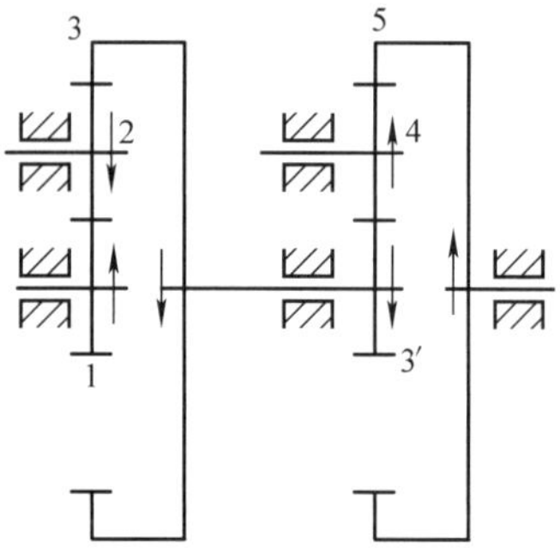

图 7.5.11　平面定轴轮系传动比计算

解　该齿轮系为一平面定轴齿轮系，齿轮 2 和 4 为惰轮，齿轮系中有两对外啮合齿轮，根据式(7.5.2)可得

$$i_{15}=\frac{n_1}{n_5}=(-1)^2\frac{z_3z_5}{z_1z_{3'}}$$

因齿轮 1、2、3 的模数相等，故它们之间的中心距关系为

$$\frac{m}{2}(z_1+z_2)=\frac{m}{2}(z_3-z_2)$$

$$z_1+z_2=z_3-z_2\quad z_3=z_1+2z_2=20+2\times20=60$$

同理
$$z_5 = z_{3'} + 2z_4 = 20 + 2 \times 20 = 60$$
所以
$$n_5 = n_1(-1)^2 \frac{z_1 z_{3'}}{z_3 z_5} = 1\,440 \times \frac{20 \times 20}{60 \times 60} \text{r/min} = 160 \text{ r/min}$$
n_5 为正值,说明齿轮 5 与齿轮 1 转向相同。

【任务实施 2】周转轮系传动比的计算

1. 周转轮系传动比计算的基本思路

在计算周转轮系传动比时,应用反转原理将系杆转化为机架,周转轮系就转化为定轴轮系,这样可直接用定轴轮系传动比的计算公式来计算周转轮系的传动比。

如图 7.5.12 所示,所谓反转原理就是假想给行星轮系中的每一个构件都加上一个附加的公共转动(转动的角速度为 $-\omega_H$)后,不会改变轮系中各构件之间的相对运动,但原行星轮系将转化成为一个假想的定轴轮系,称为周转轮系的转化机构。将轮系按 $-\omega_H$ 转后,各构件的角速度的变化如表 7.5.1 所示。

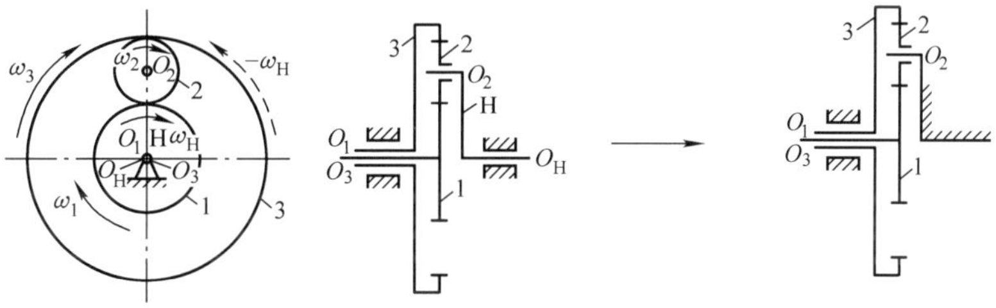

图 7.5.12　反转原理

表 7.5.1　周转轮系转化后各构件的角速度

构件	原轮系中的角速度	转化轮系后的角速度
太阳轮 1	ω_1	$\omega_1^H = \omega_1 - \omega_H$
行星轮 2	ω_2	$\omega_2^H = \omega_2 - \omega_H$
太阳轮 3	ω_3	$\omega_3^H = \omega_3 - \omega_H$
行星架 H	ω_H	$\omega_H{}^H = \omega_H - \omega_H = 0$

2. 周转轮系传动比的计算方法

图 7.5.13 所示周转轮系转化机构的传动比

$$i_{13}^H = \frac{\omega_1^H}{\omega_3^H} = \frac{\omega_1 - \omega_H}{\omega_3 - \omega_H} = (-1) \cdot \frac{z_3}{z_1}$$

式中“-”说明在转化轮系中 ω_1^H 与 ω_3^H 方向相反。

一般周转轮系转化机构的传动比

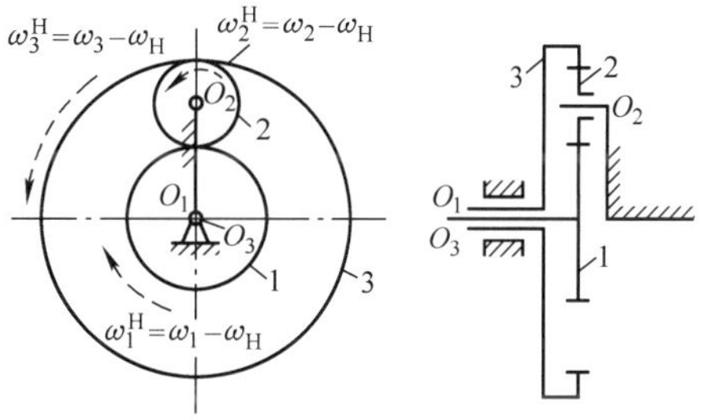

图 7.5.13　周转轮系的转化机构

$$i_{1k}^{H}=\frac{\omega_1^H}{\omega_k^H}=\frac{\omega_1-\omega_H}{\omega_k-\omega_H}=\pm\frac{z_2\cdots z_k}{z_1\cdots z_{k-1}}$$

在计算周转轮系传动比时应注意以下两点：

1）对于差动轮系，如果给定三个基本构件 ω_1、ω_k、ω_H 中的任意两个，可以计算出第三个，从而可以计算出周转轮系的传动比；

2）对于行星轮系，两个中心轮中必有一个是固定的。

如果 $\omega_k=0$，则

$$i_{1k}^{H}=\frac{\omega_1^H}{\omega_k^H}=\frac{\omega_1-\omega_H}{0-\omega_H}=1-\frac{\omega_1}{\omega_H}=1-i_{1H}=\pm\frac{z_2\cdots z_k}{z_1\cdots z_{k-1}} \tag{7.5.4}$$

$$i_{1H}=1-i_{1k}^{H} \tag{7.5.5}$$

如果给定另外两个基本构件的 ω_1、ω_H 中的任意一个，可以计算出另外一个，从而可以计算出周转轮系的传动比。

3. 使用转化轮系传动比公式时的注意事项

1）转化轮系的 1 轮、k 轮和系杆 H 的轴线需平行。

2）i_{1k}^{H}是转化机构中 1 为主动轮、k 为从动轮时的传动比，其大小和正负完全按照定轴轮系来处理。周转轮系传动比正负是计算出来的，而不是判断出来的。

3）表达式中 ω_1、ω_k、ω_H的正负号问题。若基本构件中任意两个的实际转速方向相反，则 ω 的正负号应该不同。如 ω_1与 ω_k反向，则 ω_1用正号代入，ω_k用负号代入，这样求得的第三个转速就可按正负号确定其转向。

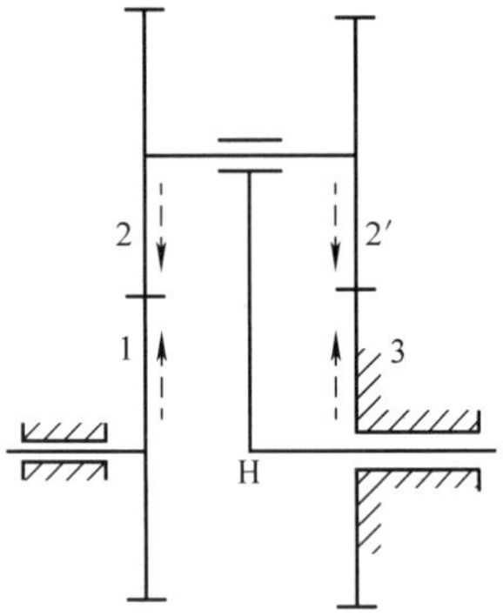

图 7.5.14　大速比行星轮系

4. 周转轮系传动比计算举例

【例 7.5.3】　如图 7.5.14 所示的周转轮系，已知 $z_1=100$，$z_2=101$，$z_{2'}=100$，$z_3=99$，试求传动比 i_{H1}。

解

$$i_{13}^{H}=\frac{\omega_1^H}{\omega_3^H}=\frac{\omega_1-\omega_H}{\omega_3-\omega_H}=+\frac{z_2z_3}{z_1z_{2'}}=+\frac{101\times 99}{100\times 100}$$

$$i_{13}^{H}=\frac{\omega_1-\omega_H}{0-\omega_H}=1-\frac{\omega_1}{\omega_H}=1-i_{1H}=+\frac{101\times 99}{100\times 100}$$

$$i_{1H}=1-i_{13}^{H}=1-\frac{z_2z_3}{z_1z_2'}=1-\frac{101\times 99}{100\times 100}=\frac{1}{10\ 000}$$

$$i_{H1}=1/i_{1H}=10\ 000$$

当系杆转 10 000 转时，轮 1 才转 1 转，二者转向相同。

此例说明周转轮系可获得很大的传动比。

【例 7.5.4】　如图 7.5.15 所示，已知 $z_1=z_2=48$，$z_{2'}=18$，$z_3=24$，$n_1=250$ r/min，$n_3=100$ r/min，方向如图所示。试求 n_H的大小和方向。

解　$i_{13}^{H}=\dfrac{n_1^H}{n_3^H}=\dfrac{n_1-n_H}{n_3-n_H}=\dfrac{z_2z_3}{z_1z_{2'}}=-\dfrac{48\times 24}{48\times 18}=-\dfrac{4}{3}$

由于 n_1与 n_3反向，所以传动比为负值，前面加“ - ”号，即

$$\frac{250-n_H}{-100-n_H}=-\frac{4}{3}\qquad n_H=+50\ \text{r/min}$$

n_H为“+”说明转向与n_1相同。

【任务实施3】复合轮系传动比的计算

在计算复合轮系传动比时，既不能将整个轮系作为定轴轮系来处理，也不能对整个机构采用转化机构的办法。

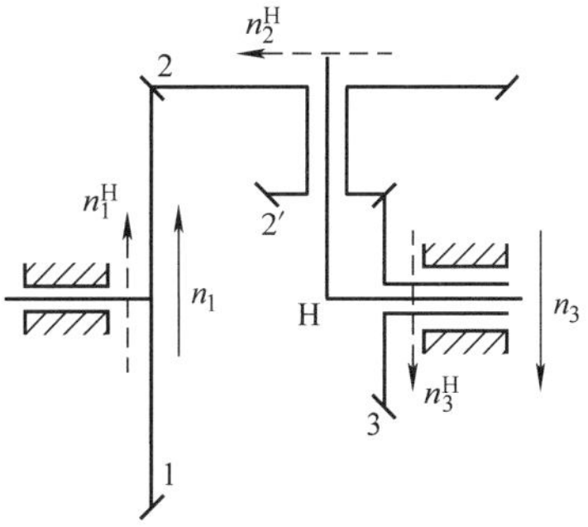

图 7.5.15　周转轮系计算

1. 复合轮系传动比的计算方法

1）首先将各个基本轮系正确地区分开来。

2）分别列出计算各基本轮系传动比的方程式。

3）找出各基本轮系之间的联系。

4）将各基本轮系传动比方程式联立求解，即可求得复合轮系的传动比。

2. 复合轮系传动比计算举例

【例 7.5.5】　图 7.5.16 所示复合轮系，已知 $z_1=20$，$z_2=40$，$z_{2'}=20$，$z_4=80$，试求传动比 i_{1H}。

解　①分析轮系的组成：1、2 为定轴轮系，2′、3、4、H 为周转轮系。

②分别写出各基本轮系的传动比。

定轴轮系　$i_{12}=\dfrac{n_1}{n_2}=-\dfrac{z_2}{z_1}=-\dfrac{40}{20}=-2$

周转轮系　$i_{2'4}^{H}=\dfrac{n_{2'}-n_H}{n_4-n_H}=1-\dfrac{n_{2'}}{n_H}=-\dfrac{z_4}{z_{2'}}=-\dfrac{80}{20}=-4$

$i_{2'H}=1-i_{2'4}^{H}=5$

③两个轮系之间的关系：$n_2=n_{2'}$。

④联立求解：$i_{1H}=\dfrac{n_1}{n_H}=i_{12}\cdot i_{2'H}=-10$，二者转向相反。

【例 7.5.6】　图 7.5.17 所示电动卷扬机减速器中，$z_1=24$，$z_2=52$，$z_{2'}=21$，$z_{3'}=18$，$z_3=72$，$z_5=78$，试求传动比 i_{1H}。

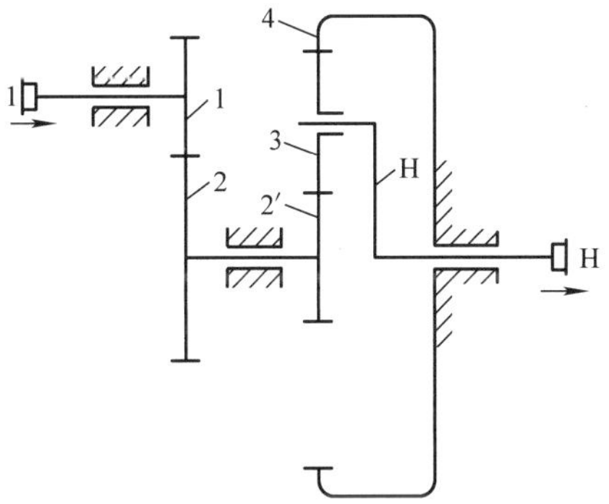

图 7.5.16　复合轮系

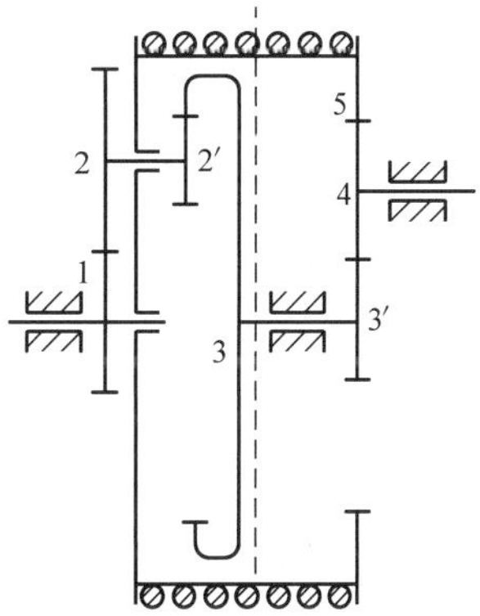

图 7.5.17　卷扬机减速器

解 ①分析轮系的组成:1、2－2′、3、5(H)为周转轮系,3′、4、5 为定轴轮系。

②分别写出各基本轮系的传动比。

周转轮系 $i_{13}^{H}=\dfrac{\omega_1-\omega_H}{\omega_3-\omega_H}=-\dfrac{z_2}{z_1}\dfrac{z_3}{z_{2'}}$

定轴轮系 $i_{35}=\dfrac{\omega_3}{\omega_5}=-\dfrac{z_4}{z_{3'}}\dfrac{z_5}{z_4}=-\dfrac{z_5}{z_{3'}}$

③两个轮系之间的关系:$\omega_5=\omega_H$。

④联立求解:$i_{15}=\dfrac{\omega_1}{\omega_5}=1+\dfrac{z_2z_3}{z_1z_{2'}}+\dfrac{z_5z_2z_3}{z_{3'}z_1z_{2'}}=40.62$,即 $i_{1H}=40.62$,传动比为“+”说明齿轮 1 与齿轮 5 的转向相同。

【知识拓展】轮系的功用

1. 实现大传动比

一对齿轮传动比 $i<8$,轮系的传动比 i 可达 10 000。

2. 实现变速和换向

利用滑移齿轮和牙嵌离合器便可以获得不同的输出转速。

在主动轴转向不变的情况下,利用惰轮或三星轮可以改变从动轴的转向。如图 7.5.18 所示车床上走刀丝杠的三星轮换向机构,扳动手柄可实现两种传动方案。

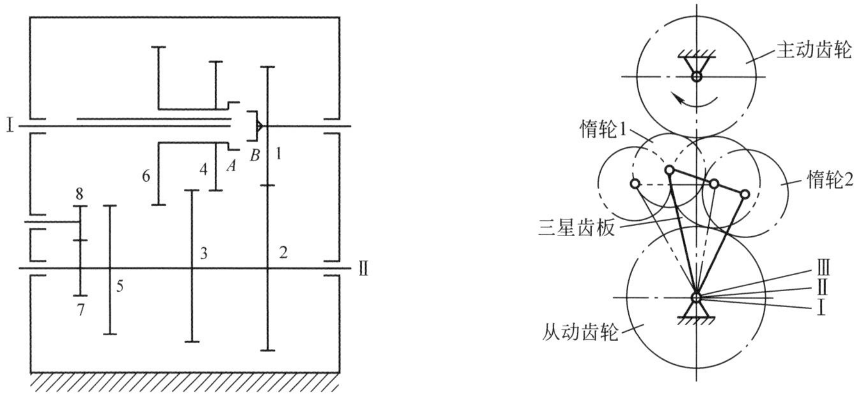

图 7.5.18 车床进给丝杠传动机构

3. 实现分路传动

图 7.5.19 所示钟表传动中,由发条 K 驱动齿轮 1 转动时,通过齿轮 1 与 2 相啮合使分针 M 转动;由齿轮 1、2、3、4、5 和 6 组成的轮系可使秒针 S 获得一种转速;由齿轮 1、2、9、10、11 和 12 组成的轮系可使时针 H 获得另一种转速。

4. 实现运动的合成与分解

在差动轮系中,当给定两个基本构件的运动后,第三个构件的运动是确定的。换言之,第三个构件的运动是另外两个构件运动的合成。同理,在差动齿轮系中,当给定一个构件的运动后,可根据附加条件按所需比例将该运动分解成另外两个构件的运动。

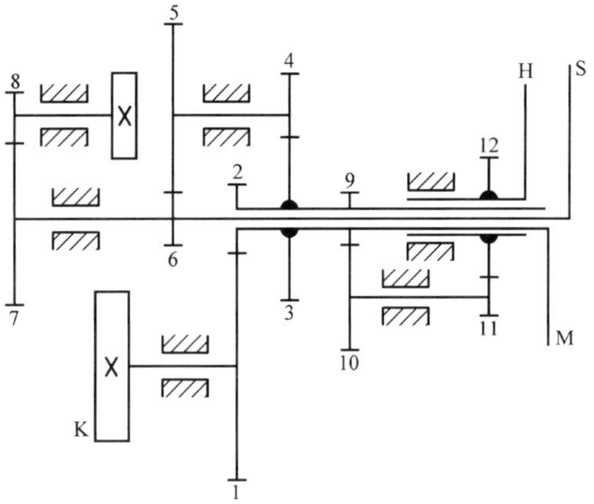

图 7.5.19　钟表分路传动机构

(1)运动合成(两个输入,一个输出)

如图 7.5.20 所示,该机构广泛用于机床、计算装置、补偿调整装置中。其传动比

$$i_{13}^{H}=-\frac{z_3}{z_1}=-1\qquad n_H=\frac{1}{2}(n_1+n_3)\qquad n_1=2n_H-n_3$$

(2)运动分解(一个输入,两个输出)

图 7.5.21 所示的汽车后桥差速器即为分解运动的齿轮系,其运动分析如图 7.5.22 所示,在汽车转弯时它可将发动机传到齿轮 5 的运动以不同的速度分别传递给左右两个车轮,以维持车轮与地面间的纯滚动,避免车轮与地面间的滑动摩擦导致车轮过度磨损。若输入转速为 n_5,两车轮外径相等,轮距为 $2l$,两轮转速分别为 n_1 和 n_3,r 为汽车行驶半径。当汽车绕图示 P 点向左转弯时,两轮行驶的距离不相等,其转速比

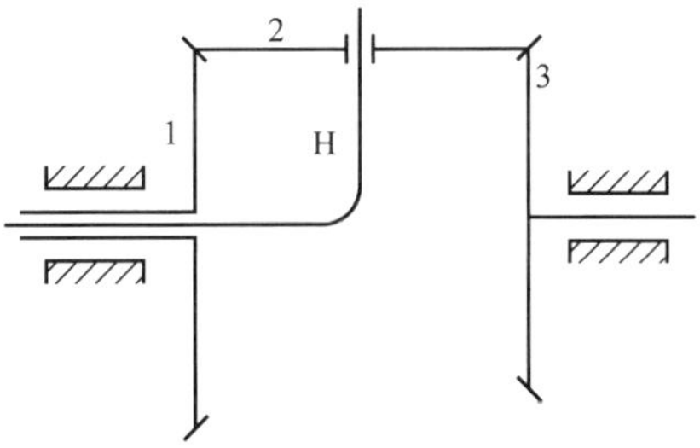

图 7.5.20　运动合成机构

图 7.5.21　汽车差速器机构

$$\frac{n_1}{n_3}=\frac{r-l}{r+l}$$

差速器中齿轮 4、5 组成定轴轮系,行星架 H 与齿轮 4 固联在一起,1－2－3－H 组成差动齿轮系。对于差动齿轮系 1－2－3－H,因 $z_1=z_2=z_3$,有

$$i_{13}^{H}=i_{13}^{4}=\frac{n_1-n_4}{n_3-n_4}=-\frac{z_3}{z_1}=-1\qquad n_4=n_H=\frac{1}{2}(n_1+n_3)$$

$$n_1 = \frac{r-l}{r}n_4 \tag{7.5.6}$$

$$n_3 = \frac{r+l}{r}n_4 \tag{7.5.7}$$

若汽车直线行驶,因 $n_1 = n_3$ 所以行星齿轮没有自转运动,此时齿轮 1、2、3 和 4 相当于一刚体作同速运动,即 $n_1 = n_3 = n_4 = n_5/i_{54} = n_5 z_5/z_4$。由此可知,差动齿轮系可将一输入转速分解为两个输出转速。

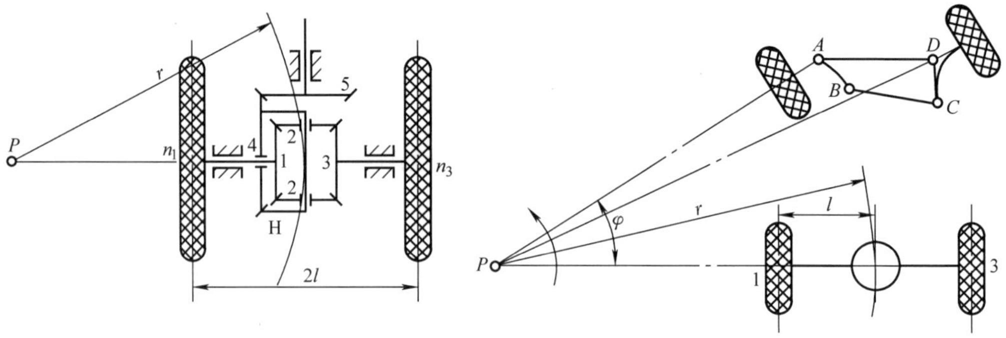

图 7.5.22 汽车差速器运动分析

此外,轮系还可实现相距较远两轴之间的传动,结构紧凑且重量较小的大功率传动,复杂的轨迹运动。

【小结】

齿轮系传动广泛用于各种机械中,通过分析轮系的类型和传动比的计算,进一步了解轮系的功用,理解轮系设计和选用的规律,掌握轮系传动比计算公式和方法技能,锻炼分析问题、解决问题的实际能力,为正确识别和处理定轴轮系、周转轮系和复合轮系打下一定的基础,并在实际应用中加以巩固和提高。

复 习 题

一、填空题

1. 对基本轮系,根据其运动时各轮轴线位置是否固定可将它分为________和________两大类。

2. 行星轮系是由________、________和________组成。

3. 惰轮对________没有影响,但可以改变从动轮的________。

4. 周转轮系中 i_{13}^{H} 表示的含义是________,i_{13} 表示的含义是________。

5. 行星轮系转化后轮系传动比 i_{AB}^{H} 为负值,说明齿轮 A 与齿轮 B 的转向________。

二、判断题

1. 利用定轴轮系可以实现运动的合成。 (   )

2. 差动轮系可以将一个构件的转动按所需比例分解成另两个构件的转动。 (   )

3. 自由度为 1 的轮系称为行星轮系。 (   )

4. 不影响传动比大小,只起传动的中间过渡和改变从动轮转向作用的齿轮,称为惰轮。 (   )

5. 定轴轮系的传动比大小等于所有主动轮齿数的连乘积与所有从动轮齿数的连乘积之比。 （ ）

三、分析计算题

1. 何为轮系？何为定轴轮系？何为周转轮系？何为复合轮系？

2. 何为周转轮系的转化机构？为什么要采用转化原理？

3. 轮系的主要功用是什么？

4. 在题 4 图示的定轴轮系中，已知各齿轮的齿数分别为 z_1、z_2、$z_{2'}$、z_3、z_4、$z_{4'}$、z_5、$z_{5'}$、z_6，求传动比 i_{16}。

5. 在题 5 图示的轮系中，已知各齿轮的齿数分别为 $z_1=18$、$z_2=20$、$z_{2'}=25$，$z_3=45$，$z_{3'}=2$（右旋）、$z_4=40$，且已知 $n_1=1\ 000$ r/min（A 向看为逆时针），求轮 4 的转速及其转向。

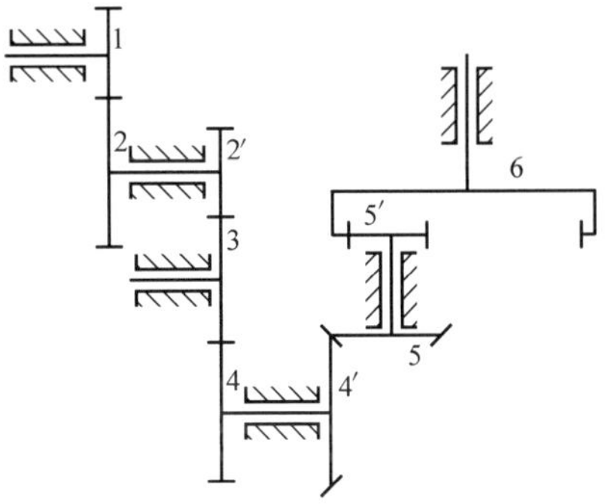

题 4 图

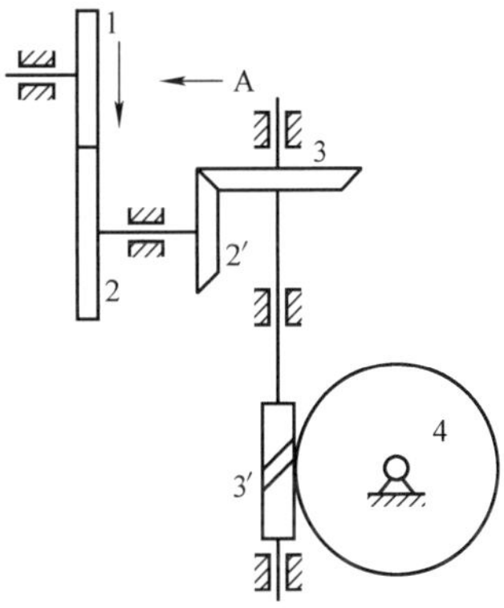

题 5 图

6. 在题 6 图示的轮系中，已知各齿轮的齿数 $z_1=20$、$z_2=40$、$z_{2'}=15$、$z_3=60$、$z_{3'}=18$、$z_4=18$，$z_7=20$，齿轮 7 的模数 $m=3$ mm，蜗杆头数为 1（左旋），蜗轮齿数 $z_6=40$。齿轮 1 为主动轮，转向如图所示，转速 $n_1=1000$ r/min，试求齿条 8 的速度和移动方向。

7. 题 7 图所示轮系中各齿轮的齿数分别为 $z_1=20$、$z_2=18$、$z_3=56$，求传动比 i_{1H}。

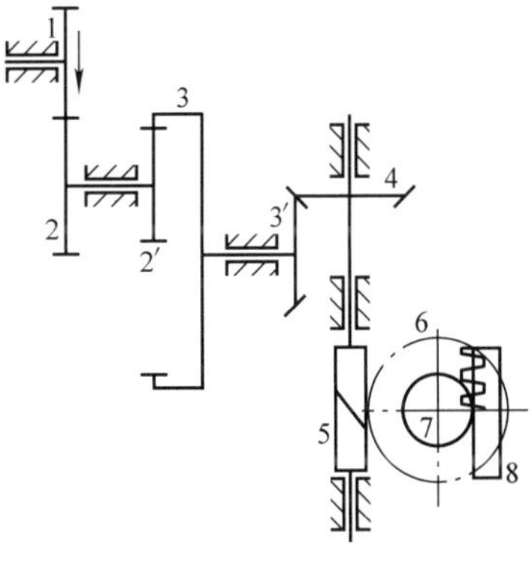

题 6 图

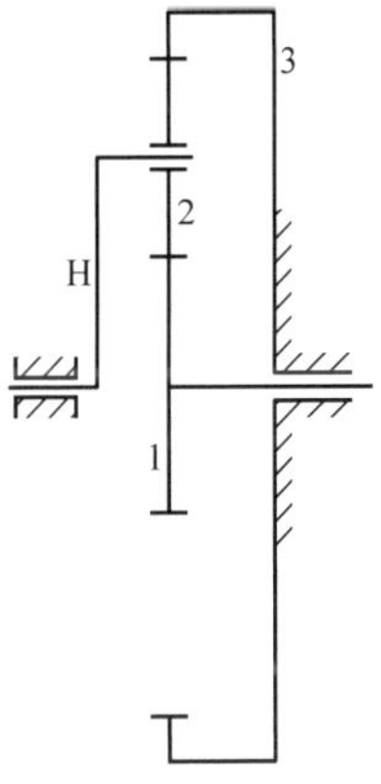

题 7 图

8. 题 8 图示的轮系中,各齿轮均为标准齿轮,且其模数均相等,若已知各齿轮的齿数分别为 $z_1=20$、$z_2=48$、$z_{2'}=20$,试求齿数 z_3 及传动比 i_{1H}。

9. 在题 9 图示轮系中 $z_1=15$、$z_2=25$、$z_3=20$、$z_4=60$,$n_1=200$ r/min(顺时针),$n_4=50$ r/min(顺时针),试求 H 的转速。

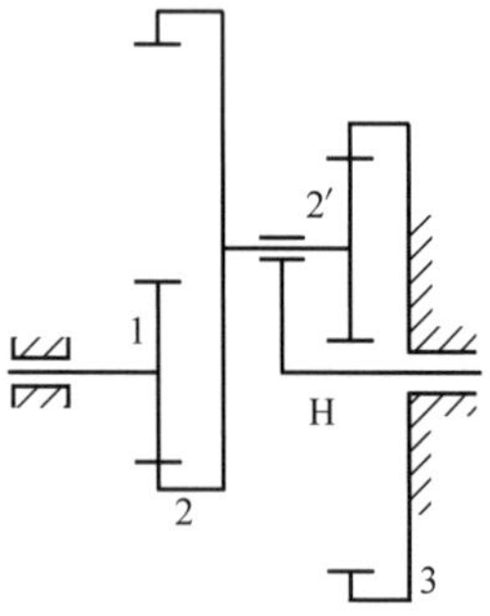

题 8 图

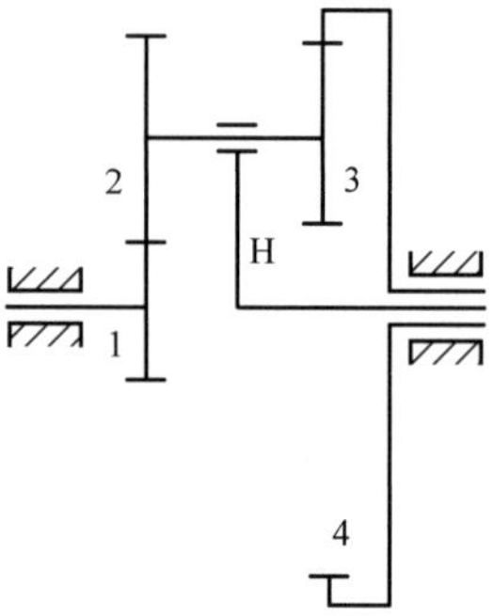

题 9 图

10. 题 10 图示是由圆锥齿轮组成的行星轮系。已知 $z_1=60$,$z_2=40$,$z_{2'}=z_3=20$,$n_1=n_3=120$ r/min。设中心轮 1、3 的转向相反,试求 n_H 的大小与方向。

11. 题 11 图示的输送带行星轮系中,已知各齿轮的齿数分别为 $z_1=12$,$z_2=33$,$z_{2'}=30$,$z_3=78$,$z_4=75$,电动机的转速 $n_1=1\ 450$ r/min。试求输出轴转速 n_4 的大小与方向。

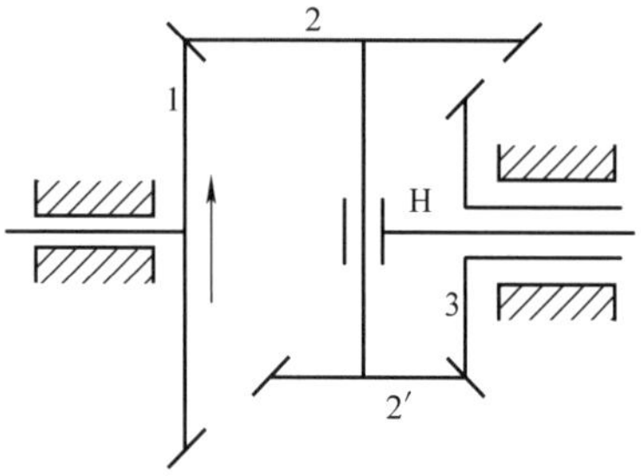

题 10 图

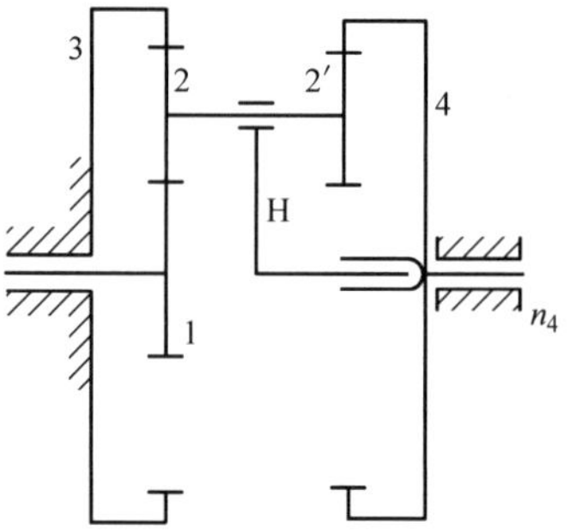

题 11 图

任务六　减　速　器

【任务目标】

- 了解减速器的类型、特点及应用。
- 掌握减速器的结构。
- 正确识读含有锥齿轮和蜗杆蜗轮传动的减速器简图。
- 能够正确设计、选用和装拆各种类型的减速器。

【任务导入】

观察图 7.6.1,并思考下列问题。

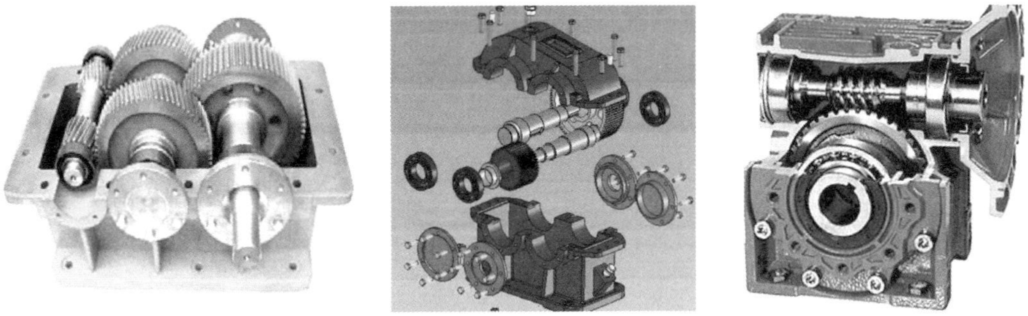

图 7.6.1　减速器

1. 什么是减速器？减速器有哪些类型？

2. 图 7.6.1 中的减速器分别是什么类型？它们是几级传动？

【知识链接】减速器概述

减速器是由封闭在刚性箱体内的齿轮传动、蜗杆传动、齿轮蜗杆传动所组成的独立部件，是一种在原动机与工作机之间的减速传动装置，其作用是改变轴的转速和转矩，以适应工作需要。

1. 减速器的类型

1）齿轮减速器：包括圆柱齿轮减速器、圆锥齿轮减速器、圆柱－圆锥齿轮减速器等。

2）蜗杆减速器：包括普通蜗杆减速器、弧面蜗杆减速器、锥蜗杆减速器及齿轮－蜗杆减速器等。

3）行星减速器：包括渐开线齿轮行星减速器、摆线齿轮行星减速器、谐波齿轮减速器等。

2. 常见减速器的特点及应用

（1）齿轮减速器

齿轮减速器按减速齿轮的级数分为单级、二级、三级和多级；按轴在空间的相对位置分为立式和卧式；按运动简图的特点分为展开式、同轴式和分流式减速器等，如图 7.6.2 所示。

单级圆柱齿轮减速器的最大传动比一般为 $i_{max}=8\sim10$，以避免轮廓尺寸过大。当要求 $i>10$ 时，就应采用二级圆柱齿轮减速器。

齿轮减速器的特点是效率高、寿命长、维护简便，因而应用极为广泛。

（2）蜗杆减速器

蜗杆减速器具有结构紧凑、传动比大、工作平稳、噪声较小等优点，但传动效率较低，如图 7.6.3 所示。蜗杆减速器中应用最广泛的是单级蜗杆减速器。单级蜗杆减速器根据蜗杆的位置分为上置蜗杆、下置蜗杆及侧置蜗杆三种，其传动比范围一般为 $i=10\sim70$。设计时应尽量选用下置蜗杆的结构，以保证良好的润滑和冷却。

（3）齿轮－蜗杆减速器

齿轮－蜗杆减速器通常把蜗杆传动作为高速级，因为高速传动时，蜗杆传动的效率较高，传动比范围 $i=50\sim130$，如图 7.6.4 所示。

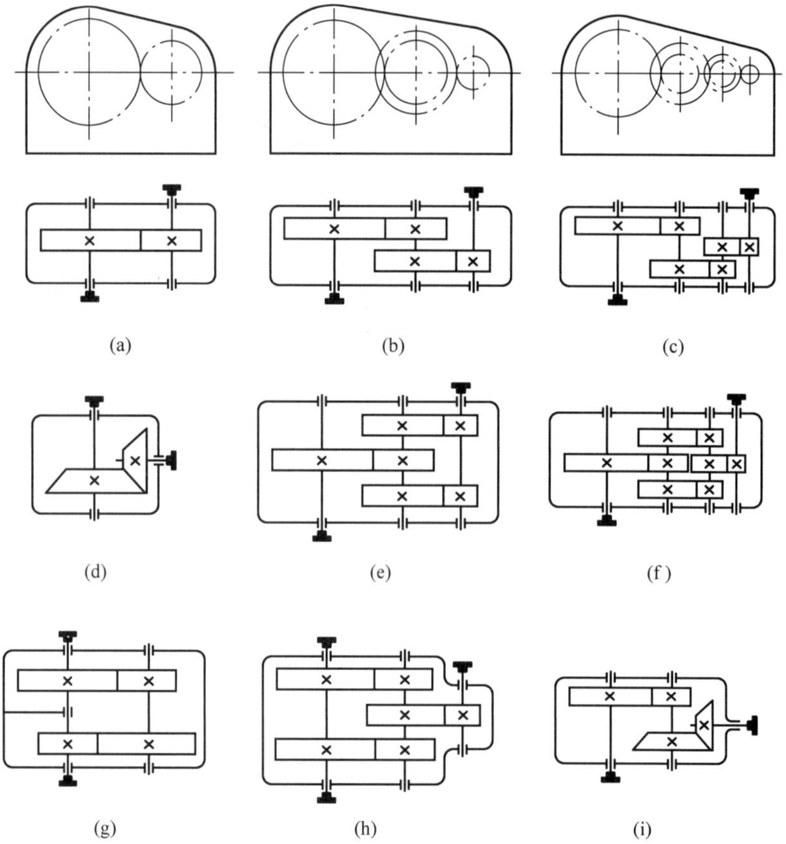

图 7.6.2 齿轮减速器

(a)单级圆柱齿轮减速器;(b)展开式双级圆柱齿轮减速器;(c)展开式三级圆柱齿轮减速器;
(d)单级圆锥齿轮减速器;(e)分流式双级圆柱齿轮减速器;(f)分流式三级圆柱齿轮减速器;
(g)同轴式双级圆柱齿轮减速器;(h)分流式双级圆柱齿轮减速器;(i)两级圆锥-圆柱齿轮减速器

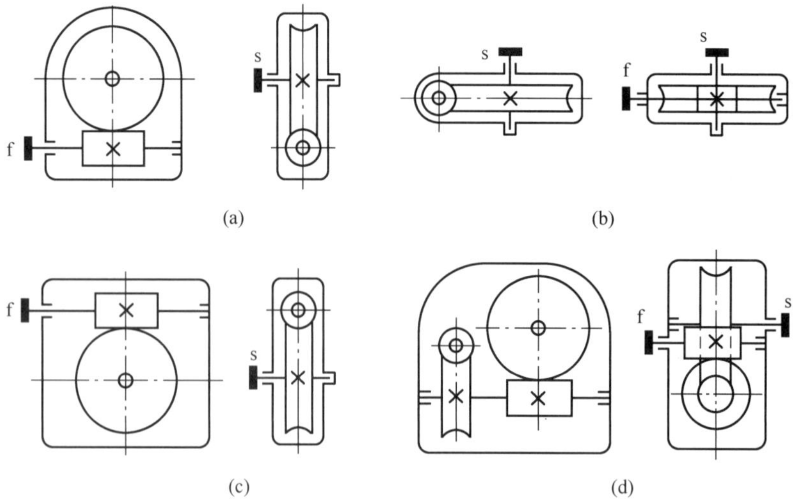

图 7.6.3 蜗杆减速器

(a)下蜗杆式;(b)侧蜗杆式;(c)上蜗杆式;(d)双级蜗杆减速器
s—低速级;f—高速级

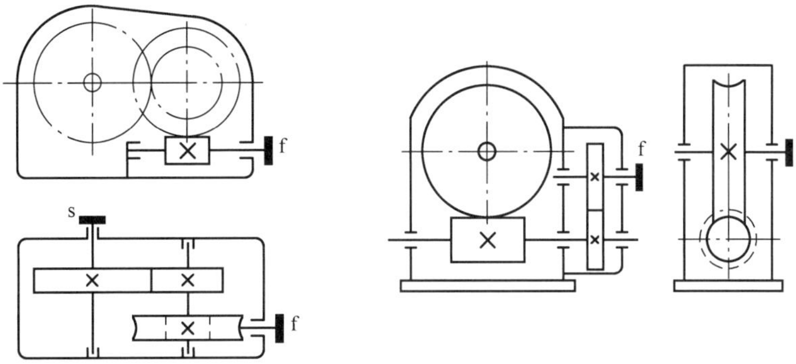

图 7.6.4　齿轮－蜗杆减速器

3. 减速器的结构

图 7.6.5 所示单级圆柱齿轮减速器，主要由箱体、齿轮、轴、轴承和一些附属零件组成。上下箱体的分界面与齿轮轴线重合。为保证齿轮轴线有正确的相对位置，对齿轮孔的加工精度应有严格要求。另外，轴承座附近应适当加厚，并设加强筋，以保证箱体有足够的刚度。

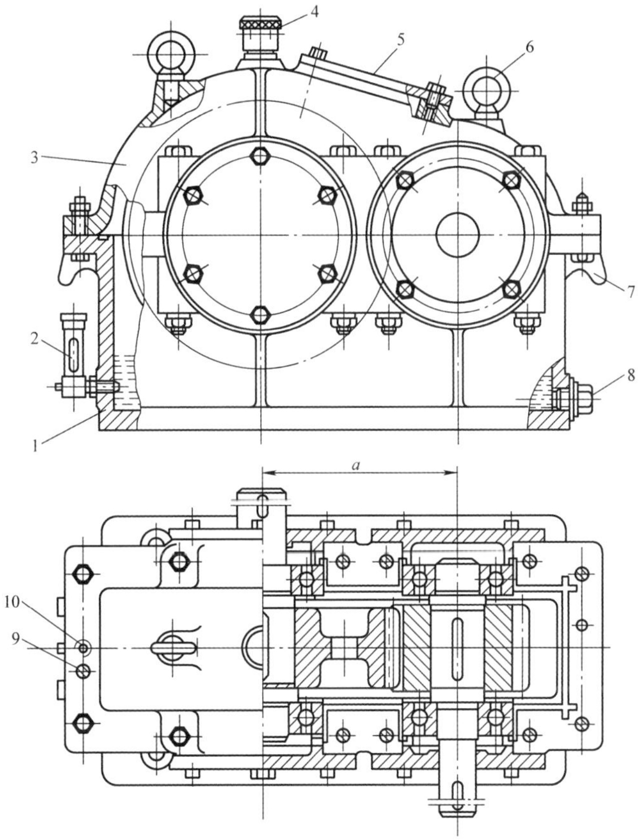

图 7.6.5　单级圆柱齿轮减速器

1—下箱体；2—油标指示器；3—上箱体；4—透气孔；5—检查孔盖

6—吊环螺钉；7—吊钩；8—油塞；9—定位销钉；10—起盖螺钉孔

减速器中多采用滚动轴承。为便于观察和注油，在上箱体上开有检查孔，平时用检查孔盖盖住；为便于装拆，上箱体上有吊环螺钉；为便于搬运，箱体上应有吊钩；为排出箱体内多余的气体，上箱体应有透气孔；为检查润滑油，箱体上应有油标指示器；为更换润滑油，箱体底部应有放油孔，平时用油塞塞住。

减速器部件及爆炸图如图 7.6.6 所示。

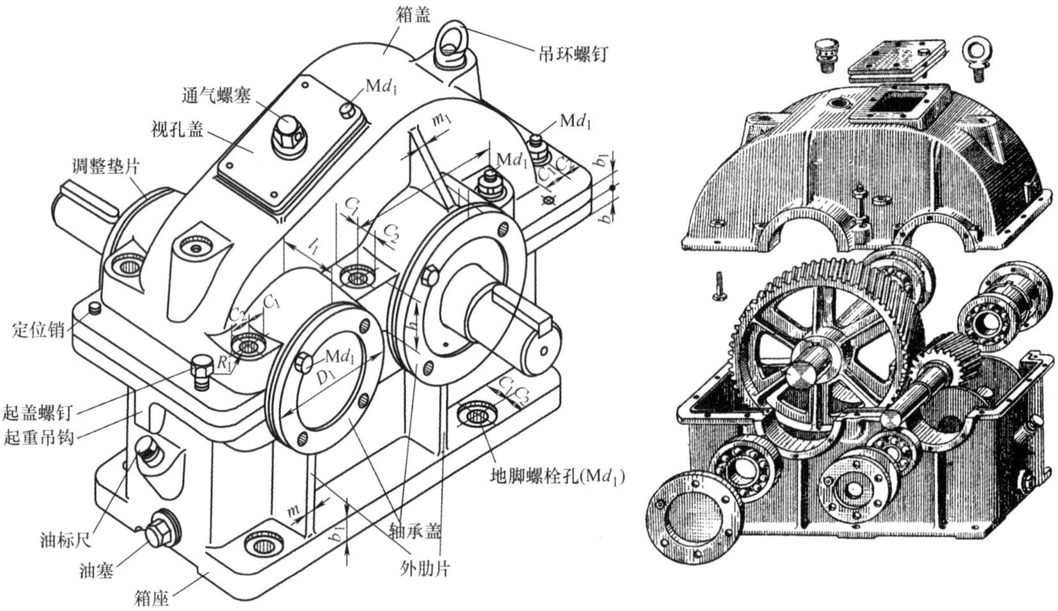

图 7.6.6　减速器部件及爆炸图

【知识拓展】其他减速器

1. 摆线针轮减速器

摆线针轮减速器由针轮 1、摆线行星轮 2、系杆 H、输出机构 3 组成，如图 7.6.7 所示。摆线针轮减速器广泛用于国防、冶金、矿山等领域。

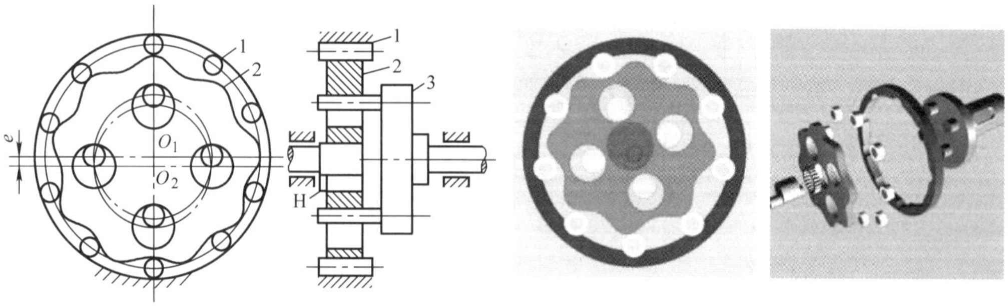

图 7.6.7　摆线针轮行星传动

2. 谐波齿轮减速器

谐波齿轮减速器是利用行星齿轮传动原理发展起来的一种新型减速器。谐波齿轮传动（简称谐波传动）是依靠柔性零件产生弹性机械波来传递动力和运动的一种行星齿轮传动，如图 7.6.8 所示。

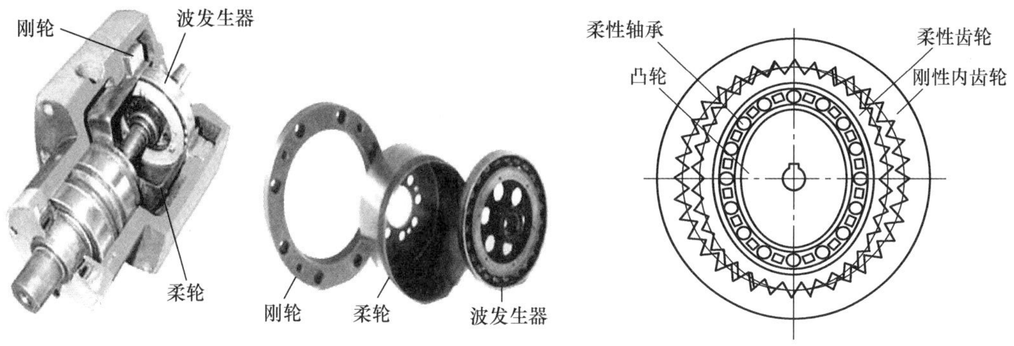

图 7.6.8　谐波齿轮减速器

谐波齿轮减速器广泛应用于能源、造船、电子、航天航空、机器人等领域，由于它的独特优点，在化工行业的应用也逐渐增多。

【小结】

减速器结构紧凑，传动效率较高，可以进行标准化、系列化设计和生产，而且使用维修较方便，因此在工程中应用非常广泛。掌握减速器的类型和结构、特点和应用，了解新型减速器的工作原理和特点，对于设计、选用和维护各种减速器，拓宽知识领域，显得尤为重要。

【实战演练】减速器的拆装与测绘

1. 实训目的

1）了解减速器的构造、工作原理、传动特点。

2）分析减速器中各零件的作用、结构及装配关系。

3）熟悉减速器的拆装和调整过程。

4）测定减速器的主要参数和精度，培养和提高机械结构的设计能力。

2. 实训设备和工具

1）单级或二级减速器，压力机等。

2）游标卡尺、千分尺、百分表、角度规、螺纹规、塞尺、开口扳手、拉拔器、铁锤、铜棒等。

3）油石、机油、汽油、棉纱等。

3. 实训步骤

1）仔细观察减速器外面各部分的结构及位置。

2）用扳手拆下观察孔的盖板。

3）用扳手拆卸上、下箱体之间的连接螺栓。

4）拔出定位销，借助起盖螺钉打开并卸下箱盖。

5）仔细观察箱体内各零部件的结构和位置。

6)卸下轴承盖,将轴和轴上零件一起从箱内取出,按合理顺序拆卸轴上零件。

7)测量实训内容所要求的数据。

8)测绘高速轴及其支承部件结构草图。

9)按原样将减速器装配好,装配时按先内部后外部的合理顺序进行。

4. 注意事项

1)文明拆装、切忌盲目,拆卸前要仔细观察零部件的结构及位置,考虑好合理的拆装顺序。

2)拆下的零部件要妥善安放好,避免丢失和损坏。

3)装配轴套或滚动轴承时,应注意方向。

4)应注意滚动轴承的合理拆装方法。

5)禁止用铁器直接打击加工表面和配合表面,避免损坏。

6)爱护工具和设备,轻拿轻放,操作要认真,特别要注意手脚安全。

7)经指导教师检查后才能合上箱盖。

5. 成绩考核表

减速器的拆装与测绘测评表

学生班级		学号		姓名	
实训日期				指导教师	
序号	测　评　项　目				得分
1	考勤,遵守安全文明操作规程				
2	机器拆卸顺序、方法是否正确				
3	机器安装顺序、方法是否正确				
4	减速器安装调试是否正确				
5	减速器运转是否顺畅				
6	是否按要求完成实验报告				
7	拆卸的零部件摆放是否整齐有序、无破坏现象				
8	整理环境卫生、恢复原有状态				
				合计:	
				成绩:	

复　习　题

1. 减速器的主要作用是什么? 减速器由哪些主要零件组成?
2. 减速器主要有哪些类型? 如何区分单级和多级齿轮减速器?
3. 蜗杆减速器有何主要特点?
4. 摆线针轮传动和谐波齿轮传动的主要特点和应用是什么?

模块八　轴系零部件

任务一　轴　承

【任务目标】

- 了解滑动轴承的类型、特点及应用。
- 掌握滚动轴承的结构、特点、类型和应用。
- 掌握滚动轴承的代号、含义和轴承的选用原则。
- 能够正确分析滚动轴承的组合结构、轴系的调整、配合和装拆以及润滑、密封等问题。
- 了解滚动轴承的设计计算准则。

【任务导入】

观察图 8.1.1,并思考下列问题。

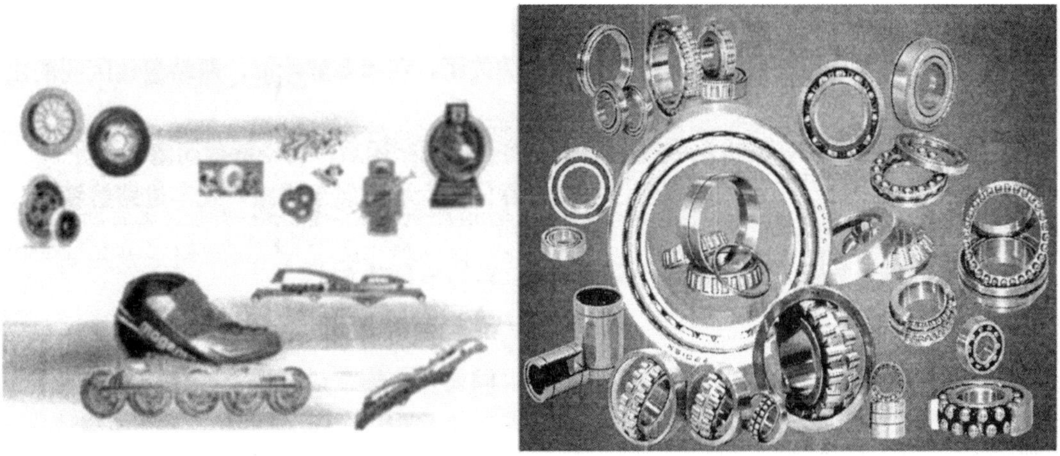

图 8.1.1　轴承及其应用

1. 轴承的作用是什么？轴承有哪些类型？
2. 图 8.1.1 中的轴承分别是什么类型？用在什么地方？
3. 滚动轴承套圈上标注的代号代表什么含义？
4. 滚动轴承的组合设计需要考虑哪些方面的问题？
5. 滚动轴承装拆时要注意什么问题？
6. 实际使用中如何选择滑动轴承和滚动轴承？

【知识链接 1】滑动轴承概述

轴承的功用是支承轴及轴上零件,保持轴的回转精度,减少转轴与支承之间的摩擦和磨损。根据支承处相对运动表面的摩擦性质,轴承分为滑动摩擦轴承(简称滑动轴承)和滚动摩擦轴承(简称滚动轴承)。工作时轴承和轴颈的支承面间形成直接或间接滑动摩擦的轴承,称为滑动轴承。滚动轴承的摩擦小于滑动摩擦,故应用十分广泛,但滑动轴承的承载能力较大,在有些场合首先选用滑动轴承。滑动轴承主要在以下地方广泛应用:

1)工作转速很高,如汽轮发电机上的滑动轴承;

2)要求对轴的支承位置特别精确,如精密磨床上使用的滑动轴承;

3)承受巨大的冲击与振动载荷,如轧钢机上的滑动轴承;

4)特重型的载荷,如水轮发电机;

5)根据装配要求必须制成剖分式的轴承,如曲轴的轴承;

6)在特殊条件下工作的轴承,水中、泥浆中、腐蚀性介质中等,如军舰推进器的轴承;

7)径向尺寸受限制时,如多辊轧钢机上的滑动轴承。

1. 滑动轴承的类型

1)根据所承受载荷的方向,滑动轴承可分为向心(径向)轴承、推力轴承和向心推力轴承三类。向心轴承主要承受径向载荷,其方向与轴承的轴线相垂直;推力轴承主要承受轴向载荷,其方向与轴线一致;向心推力轴承同时承受径向和轴向双向载荷。

2)根据轴系和拆装的需要,滑动轴承可分为整体式和剖分式两类。

3)根据轴颈和轴瓦间的摩擦状态,滑动轴承可分为液体摩擦滑动轴承和非液体摩擦滑动轴承。根据工作时相对运动表面间油膜形成原理的不同,液体摩擦滑动轴承又分为液体动压润滑轴承和液体静压润滑轴承,简称动压轴承和静压轴承。

2. 滑动轴承的特点

1)优点:承载能力高;工作平稳可靠、噪声低;径向尺寸小;精度高;液体润滑时,摩擦、磨损较小;油膜有一定的吸振能力。

2)缺点:非液体摩擦滑动轴承,摩擦较大,磨损严重;液体摩擦滑动轴承在启动、行车、载荷和转速较大的情况下难于实现液体摩擦;液体摩擦滑动轴承设计、制造及维护费用较高。

3. 滑动轴承的结构

滑动轴承主要由滑动轴承座、轴瓦或轴套组成。装有轴瓦或轴套的壳体称为滑动轴承座,径向滑动轴承中与支承轴颈相配合的筒形零件称为轴套,与轴颈相配的对开形零件称为轴瓦,为承受轴向载荷而通常与径向滑动轴承一起使用的环形板或两个半圆形板称为止推垫圈。

(1)径向滑动轴承

Ⅰ. 整体式滑动轴承

如图 8.1.2 所示,在机架或箱体上直接制出轴承孔,再装上轴套成为整体式滑动轴承,其结构简单、成本低廉,但轴套磨损而造成的间隙无法调整,装配时只能沿轴向装入或拆出,故应用于低速、轻载或间歇性工作的机器中,如小型齿轮油泵、减速箱等。

Ⅱ. 剖分式滑动轴承

如图 8.1.3 所示,由上轴瓦、轴承盖、螺栓、轴承座、下轴瓦等组成,为提高安装的定心精度,在剖分面上设置有阶梯形定位止口。剖分式滑动轴承结构复杂、装拆方便,轴套磨损后可以方便地更换和调整间隙,因而应用广泛。

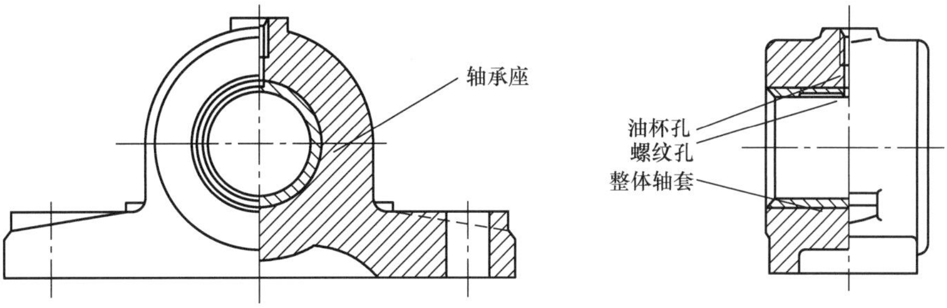

图 8.1.2　整体式滑动轴承

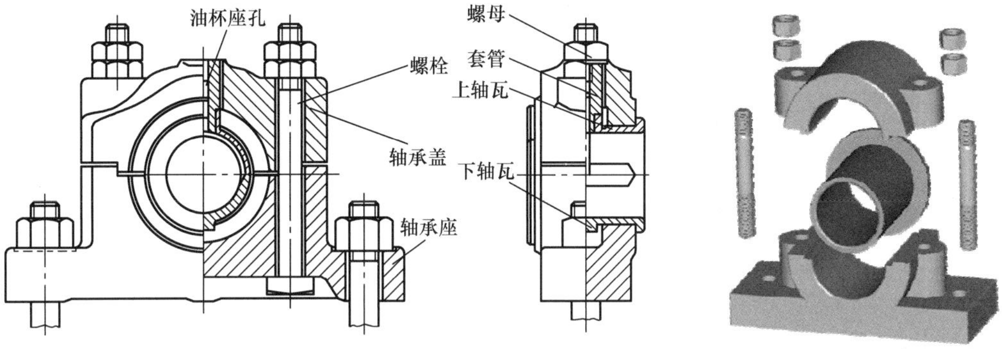

图 8.1.3　剖分式滑动轴承

(2)推力滑动轴承

推力滑动轴承由轴承座和止推轴颈组成。按轴颈支承面的形式不同,其结构形式有以下四种。

1)实心式:当轴旋转时,芯部磨损小,边缘磨损大,轴颈端面中心应力集中较大,目前很少使用,如图 8.1.4(a)所示。

2)空心式:轴颈接触面上压力分布较均匀,润滑条件较实心式明显改善,如图 8.1.4(b)所示。

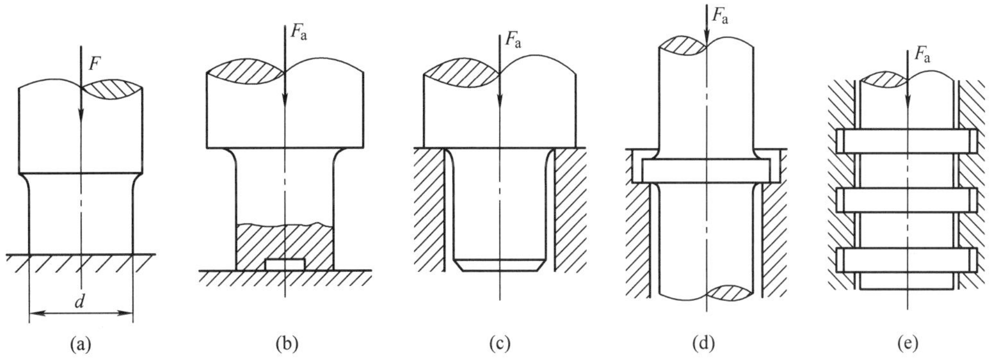

图 8.1.4　推力滑动轴承

(a)实心式;(b)空心式;(c)、(d)单环式;(e)多环式

3)单环式:利用轴颈的环形端面止推,结构简单,润滑方便,广泛用于低速、轻载的场合,如图 8.1.4(c)、(d)所示。

4)多环式:由带有轴环的轴和轴瓦组成,它不仅能承受较大的轴向载荷,而且还可承受双向轴向载荷。由于各环间载荷分布不均,其单位面积的承载能力比单环式低 50%,一般多用于低速轻载的场合,如图 8.1.4(e)所示。

4. 轴瓦的结构

按照轴承结构不同,轴瓦有整体式和剖分式两种。

(1)整体式轴瓦

整体式轴承采用整体式轴瓦,整体式轴瓦又称轴套,分为光滑轴套(图 8.1.5(a)、(c))和带纵向油槽轴套(图 8.1.5(b)、(d))。

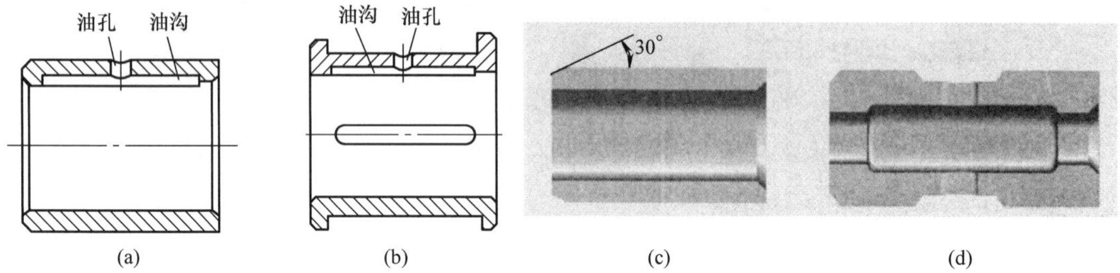

图 8.1.5　整体式轴瓦

(a)、(c)光滑轴套;(b)、(d)带纵向油槽轴套

(2)剖分式

剖分式轴承采用剖分式轴瓦,为了改善轴瓦表面的摩擦性能,可在轴瓦内表面浇铸一层轴承合金等减摩材料(称为轴承衬),厚度为 0.6 ~ 6 mm。为了使轴承衬与轴瓦结合牢固,可在轴瓦基体内壁制出沟槽,如图 8.1.6 所示。

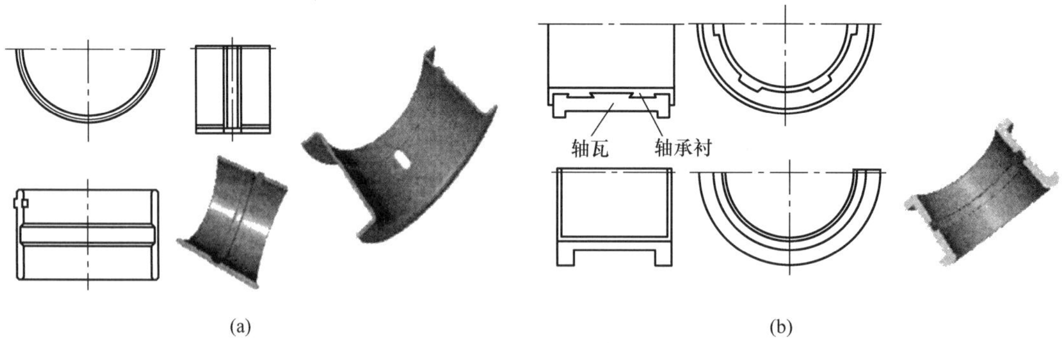

图 8.1.6　剖分式轴瓦

(a)薄壁轴瓦;(b)厚壁轴瓦

为了使润滑油能均匀流到整个工作表面上,轴瓦上要开出油沟,油沟和油孔应开在非承载区,以保证承载区油膜的连续性,如图 8.1.7 所示。

5. 滑动轴承的材料

轴承材料是指在轴承结构中直接参与摩擦部分的材料,如轴瓦和轴承衬的材料。

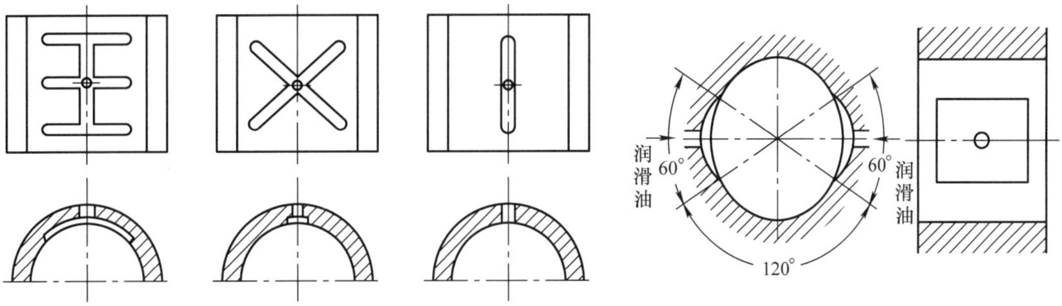

图 8.1.7　油孔、油槽和油沟

各种轴瓦材料的使用性能见表 8.1.1，常用轴瓦和轴承衬材料的牌号和性能见表 8.1.2。

表 8.1.1　各种轴瓦材料的使用性能

	金属材料				非金属材料				（含油）粉末冶金材料
	锡（铅）基轴承合金	铜基轴承合金	铜铅合金	铸铁	塑料	木材	橡胶	炭石墨	
承载能力	尚可	良	良	良	尚可	差	差	差	尚可
减摩性	优	中等	良	中等	中等	优	优	良	中等
耐磨性	尚可	优	中等	优	中等	尚可	差	尚可	中等
顺应性	优	尚可	差	差	优	良	优	中等	差

表 8.1.2　常用轴瓦和轴承衬材料的牌号和性能

轴瓦材料		最大许用值			最高工作温度/℃	性能比较	应　用
		[p]/MPa	[v]/(m/s)	[pv]/(MPa·m/s)			
铸造锡锑轴承合金	ZSnSb11Cu6	平稳载荷			150	摩擦系数小，抗胶合性良好，耐腐蚀，易磨合，变载荷下易疲劳	用于高速、重载下工作的重要轴承，如石油钻机
		25	80	20			
	ZSnSb8Cu4	冲击载荷					
		20	60	15			
铸造铅锑轴承合金	ZPbSb16Sn16Cu2	15	12	10	150	各方面性能与锡锑轴承合金相近，但材料较脆，可作为锡锑轴承合金的替代品	用于中速、中载轴承，不宜受较大的冲击载荷，如机床、内燃机等
	ZPbSb15Sn4Cu3Cd2	5	6	5			
铸造锡青铜	ZCuSn10P1	15	10	15	280	熔点高，硬度高，承载能力、耐磨性、导热性均高于轴承合金，但可塑性差，不易磨合	用于中速重载及受变载荷的轴承，如破碎机
	ZCuSn5Pb5Zn5	8	3	15			用于中速、中载的轴承
铸造铝青铜	ZCuAl10Fe3	15	4	12	280	硬度较高，抗胶合性能较差	用于润滑充分的低速、重载轴承，如重型机床

【知识链接 2】滚动轴承的结构和类型

滚动轴承(图 8.1.8)由于摩擦小于滑动轴承,而且绝大多数都已标准化,故得到广泛的应用。

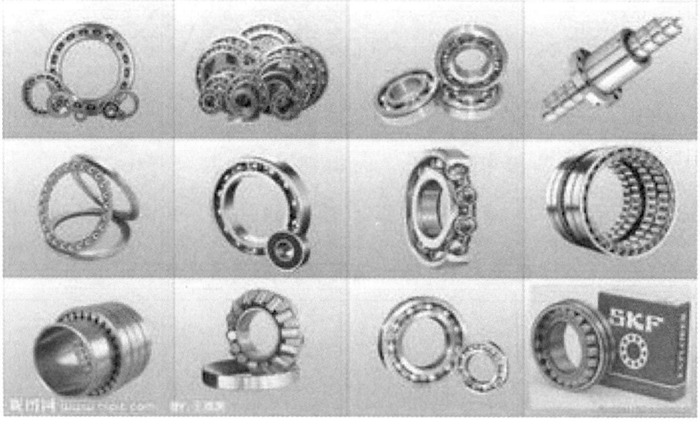

图 8.1.8　滚动轴承

1. 滚动轴承的结构

滚动轴承由内圈 1、外圈 2、滚动体 3 和保持架 4 组成,如图 8.1.9 所示。其中,内圈装在轴颈上,与轴一起转动;外圈装在机座的轴承孔内,一般不转动;内外圈上设置有滚道,滚动体借助保持架均匀地排列在内外圈之间,当内外圈相对旋转时,滚动体沿着滚道滚动,它的形状、大小和数量直接决定轴承的承载能力;保持架使滚动体均匀分布在滚道上,减少滚动体之间的碰撞和磨损。

推力轴承的套圈不分内外圈,而分轴圈和座圈(统称垫圈)。轴圈和轴紧密配合并一起旋转,座圈的内径与轴保持一定的间隙,置于机座中,轴圈和座圈与滚动体是分离的,如图 8.1.10 所示。

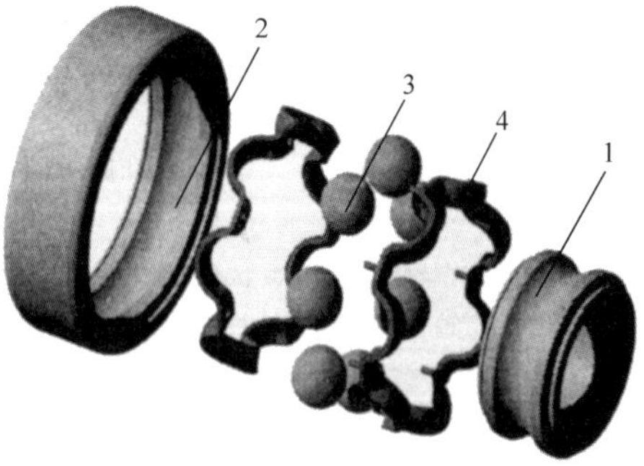

图 8.1.9　滚动轴承的组成

1—内圈;2—外圈;3—滚动体;4—保持架

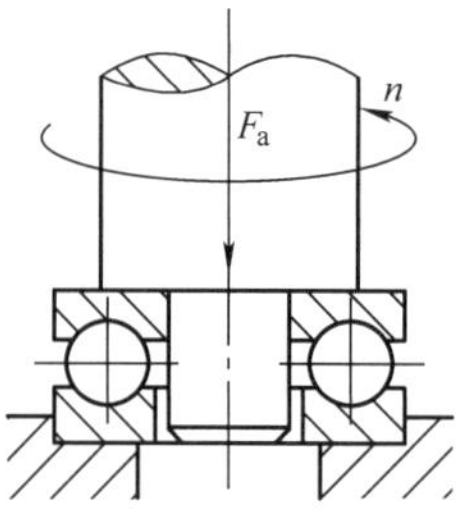

图 8.1.10　推力轴承的套圈

为适应某些特殊要求,有些滚动轴承还要附加其他特殊元件或采用特殊结构,如轴承无内圈或外圈、带有防尘密封结构,或在外圈上加止动环等,如图 8.1.11 所示。

2. 滚动轴承的特点

1)优点:摩擦系数小,能耗少,机械效率高;外形尺寸已标准化,具有互换性,安装、拆卸

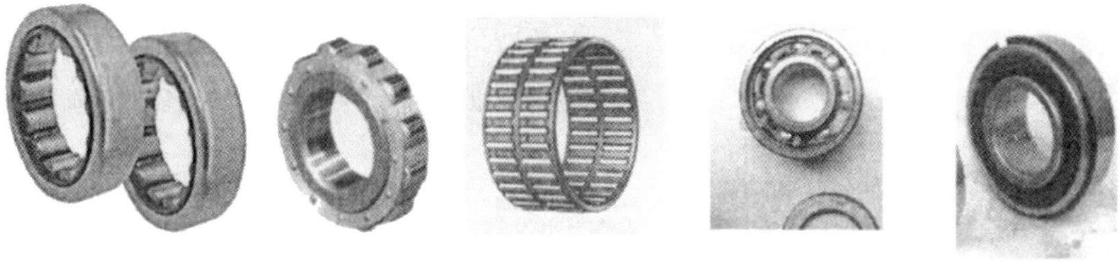

(a)　(b)　(c)　(d)　(e)

图 8.1.11　特殊结构轴承

(a)无内圈轴承;(b)无外圈轴承;(c)既无外圈也无内圈轴承;(d)带油脂密封轴承;(e)外圈带止动环轴承

和维修都很方便;轴向结构紧凑,使机器的轴向尺寸大为减少;精度高、磨损小、寿命长,且能在较长的时间内保持轴的安装精度;具有自动调心特性的轴承,当主轴有轻微挠曲或配合部件不同心时仍能正常工作;适宜于专业化大批量生产,质量稳定、可靠,生产效率高,成本低。

2)缺点:抗冲击能力较差,高速时有噪声,径向尺寸较大,工作寿命也不及液体摩擦的滑动轴承。

3. 滚动轴承的材料

滚动轴承的内、外圈和滚动体应具有较高的硬度和接触疲劳强度、良好的耐磨性和冲击韧性。滚动轴承用含铬轴承钢制造,常用材料有 GCr15、GCr15SiMn、GCr6、GCr9 等。热处理后硬度应达 60 ~ 65HRC,而且滚动轴承的工作表面必须经磨削抛光,以提高其接触疲劳强度。保持架多用低碳钢板通过冲压成型方法制造,也可采用有色金属(如黄铜)或塑料等材料。

4. 滚动轴承的类型

1)按滚动体形状分,有球轴承和滚子(圆柱、圆锥、鼓形、滚针)轴承,如图 8.1.12 所示。在外廓尺寸相同的条件下,滚子轴承比球轴承的承载能力和耐冲击能力都好,但球轴承摩擦小、高速性能好。

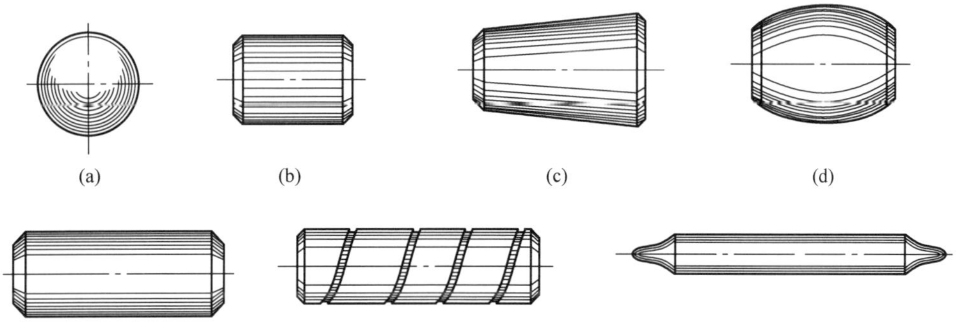

(a)　(b)　(c)　(d)

(e)　(f)　(g)

图 8.1.12　常用滚动体

(a)球;(b)短圆柱滚子;(c)圆锥滚子;(d)鼓形(调心)滚子;(e)长圆柱滚子;(f)螺旋滚子;(g)滚针

2)按承受的载荷或公称接触角不同分,有向心轴承和推力轴承,如图 8.1.13 所示。滚动轴承的公称接触角 α 指轴承的径向平面(垂直于轴线)与滚动体和滚道接触点的公法线之间的夹角。

①向心轴承主要承受径向载荷，$0° \leq \alpha \leq 45°$，可分为径向接触轴承和向心角接触轴承。径向接触轴承（图 8.1.13(a)）的公称接触角 $\alpha = 0°$，主要承受径向载荷，可承受较小的轴向载荷。向心角接触轴承（图 8.1.13(b)）的公称接触角 $\alpha = 0° \sim 45°$，同时承受径向载荷和轴向载荷。

②推力轴承主要承受轴向载荷，$45° < \alpha \leq 90°$，可分为推力角接触轴承和轴向接触轴承。推力角接触轴承（图 8.1.13(c)）的公称接触角 $\alpha = 45° \sim 90°$，主要承受轴向载荷，可承受较小的径向载荷。轴向接触轴承（图 8.1.13(d)）的公称接触角 $\alpha = 90°$，只能承受轴向载荷。

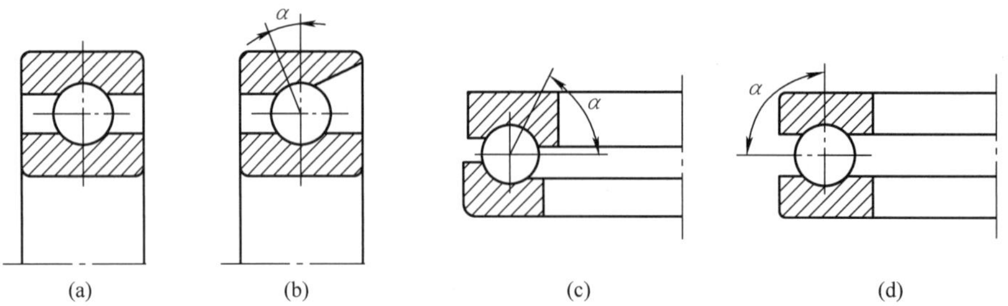

图 8.1.13　向心轴承和推力轴承

(a)径向；(b)向心角；(c)推力角；(d)轴向

3)按工作时能否调心分，有调心轴承和刚性轴承（非调心轴承），如图 8.1.14 所示。

4)按安装轴承时其内、外圈可否分别安装分，有可分离轴承和不可分离轴承，如图 8.1.15所示。

5)按公差等级分，有 0、6、5、4、2 级滚动轴承，其中 2 级精度最高，0 级为普通级。另外还只有用于圆锥滚子轴承的 6x 公差等级。

6)按滚动体的列数分，有单列轴承和双列轴承，如图 8.1.16 所示。

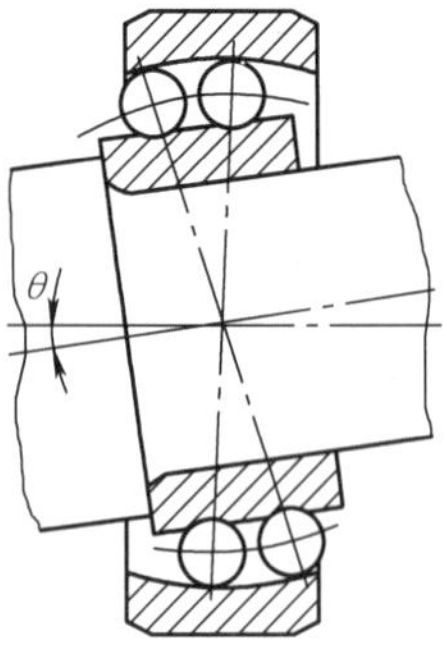

图 8.1.14　调心轴承

图 8.1.15　可分离轴承

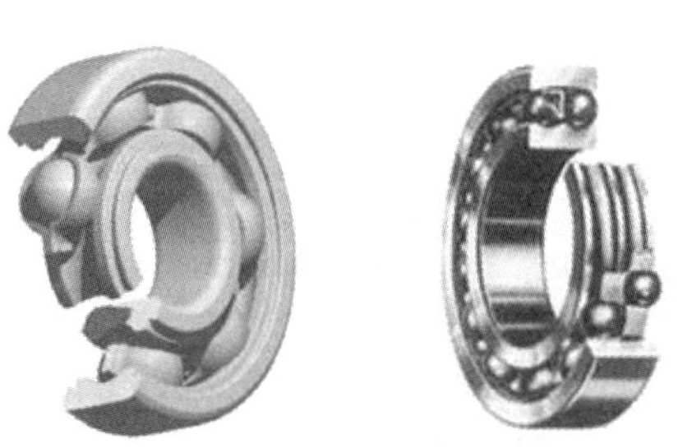

图 8.1.16　单列和双列轴承

7)按照运动方式分，有回转运动轴承和直线运动轴承（图 8.1.17）。

8)根据滚动轴承外形尺寸大小分，有微型轴承、小型轴承、中小型轴承、中大型轴承、大型轴承、特大型轴承和重大型轴承，见表 8.1.3。

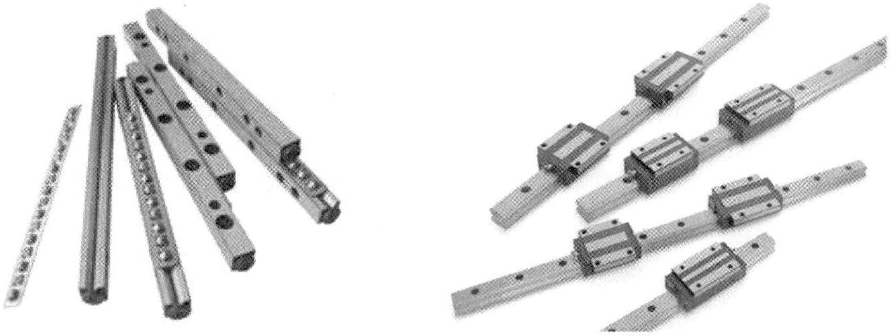

图 8.1.17　直线运动轴承

表 8.1.3　滚动轴承按外形尺寸分类

轴承	微型	小型	中小型	中大型	大型	特大型	重大型
公称外径尺寸/mm	$D<26$	$26\leqslant D<60$	$60\leqslant D<120$	$120\leqslant D<200$	$200\leqslant D<400$	$400\leqslant D<2\ 000$	$D\geqslant 2\ 000$

5. 滚动轴承的特性及应用

滚动轴承的特性及应用见表 8.1.4。

表 8.1.4　滚动轴承的特性及应用

轴承名称	类型代号	结构形式	结构简图	极限转速 n_c	偏位角 θ	特性及应用
双列角接触球轴承	0		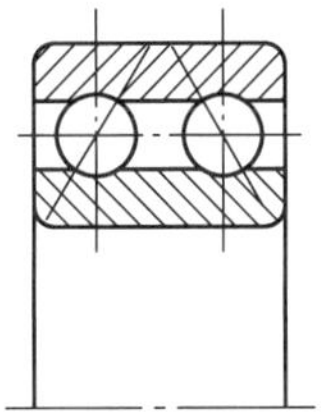	中	0°	滚动体为双列球，主要承受径向为主和双向轴向载荷的复合载荷，不宜承受纯轴向载荷。适用于承受径向和轴向复合载荷的场合
调心球轴承	1		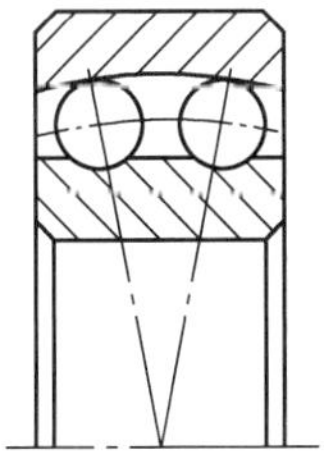	中	2°~3°	滚动体为双列球，外圈滚道为球面，能自动调心。主要承受径向载荷，也能承受较小的双向轴向载荷。适用于多支点传动轴，刚性较小的轴和难以精确对中的轴
调心滚子轴承	2		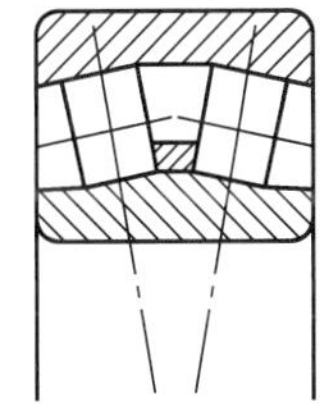	低	0.5°~2°	滚动体为双列鼓形滚子，外圈滚道为球面，自动调心；价格贵，承受径向和少量双向轴向载荷；抗振动、冲击。常用于其他轴承不能胜任的场合，如轧钢机、大功率减速器、吊车车轮等

续表

轴承名称	类型代号	结构形式	结构简图	极限转速 n_c	偏位角 θ	特性及应用
圆锥滚子轴承	3		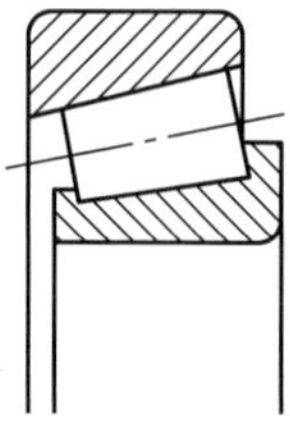	中	2′	承受以径向载荷为主的径向、轴向复合载荷；比角接触球轴承承载能力高，但极限转速低；价格较贵；外圈可分离，便于调整轴承游隙，装拆方便，通常成对使用。适用于转速不太高，刚性较好的轴，如斜齿轮轴、蜗杆减速器等
双列深沟球轴承	4		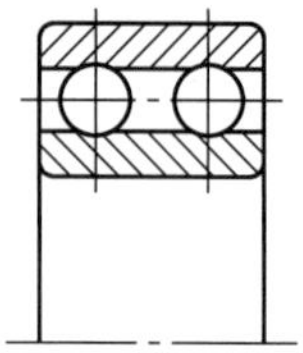	中	2′～10′	主要承受径向载荷，也能承受一定的双向轴向复合载荷。比深沟球轴承具有较大的承载能力
单列推力球轴承	51		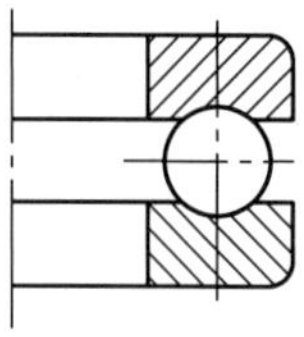	低	0°	只能承受轴向载荷，不能承受径向载荷；极限转速较低（高速时常被6、7等代替）。常用于轴向载荷大、转速不高的场合，如起重机吊钩、蜗杆轴和立式车床主轴等
双列推力球轴承	52		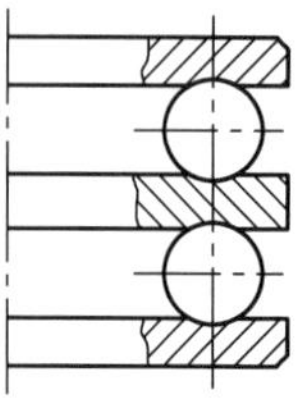			
深沟球轴承	6		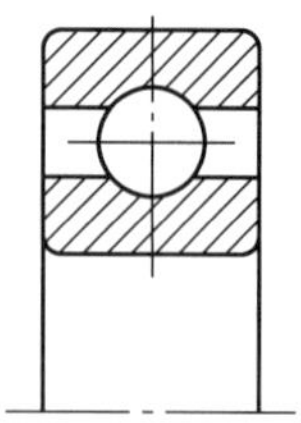	高	8′～16′	主要承受径向载荷，也能承受一定的双向轴向复合载荷；结构紧凑，质量轻，价格便宜，供货方便，应用广泛；承载和抗冲击的能力较差。适用于刚性较大的轴，如机床齿轮箱、小功率电机等
角接触球轴承（内部结构代号：C、AC、B代表 α 为15°、25°、40°）	7		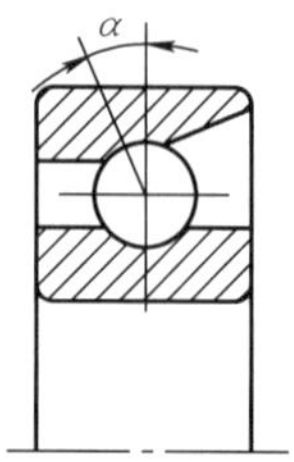	高	2′～10′	α 越大承受轴向负荷的能力越大，通常成对使用；各种性能均较好，应用广泛，较深沟球轴承贵；高速时代替推力球轴承。适用于刚性较大、跨距较小的轴，如斜齿轮减速器和蜗杆减速器中的轴

续表

轴承名称	类型代号	结构形式	结构简图	极限转速 n_c	偏位角 θ	特性及应用
推力圆柱滚子轴承	8		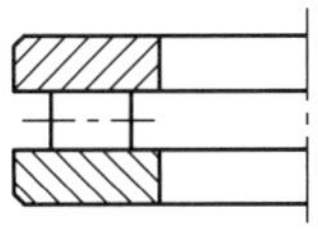	低	0°	承受很大的单向轴向载荷，但不能承受径向载荷，比推力球轴承承载能力大，适用于低速重载的场合
外圈无挡边圆柱滚子轴承	N		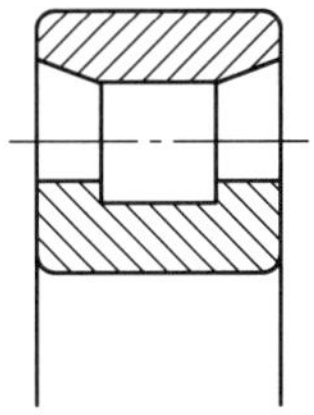	高	2′～4′	滚动体是圆柱滚子，径向承载能力是深沟球轴承的1.5～3倍；能承受较大的径向载荷；抗冲击能力好，偏位角很小，故只宜用于轴的刚度较高，轴和孔对中良好，而要求径向尺寸小的地方。常用于大功率电机、人字齿轮减速器 对于外圈无挡边（N）和内圈无挡边（NU）的形式，外圈（内圈）可以分离，因此不允许承受轴向载荷，但当要求轴能作轴向游动时是一种理想的支承结构
内圈无挡边圆柱滚子轴承	NU		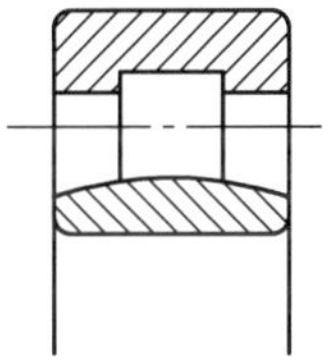			
外圈无挡边双列圆柱滚子轴承	NN		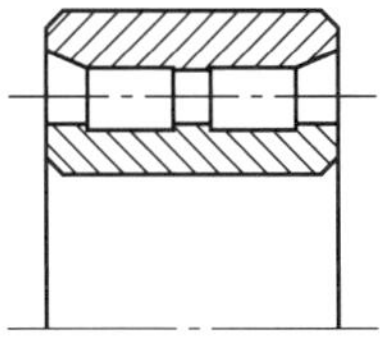	中	2′～4′	同N、NU类相似，承载能力较大
内圈无挡边双列圆柱滚子轴承	NNU		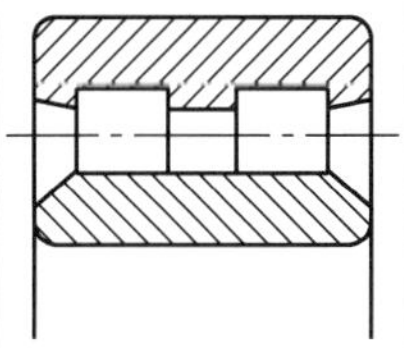			
滚针轴承	NA	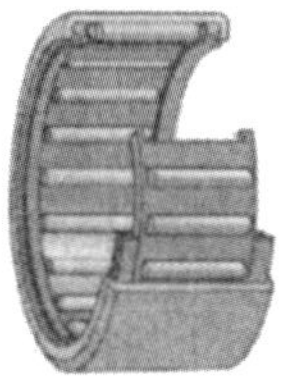	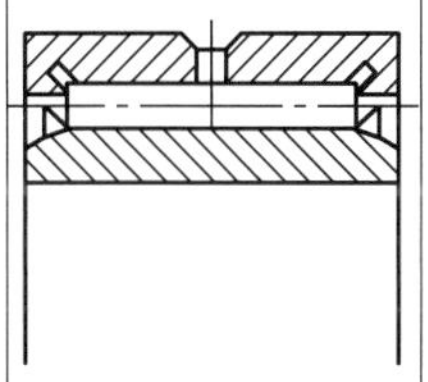	低	0°	在内径相同情况下，与其他轴承相比，外径最小，不能承受轴向载荷，不允许有轴向偏位角，极限转速低，外圈或内圈可以分离，一般无保持架，摩擦系数大，特别适用径向尺寸受限制的场合

6. 滑动轴承与滚动轴承性能比较

滑动轴承和滚动轴承性能比较见表 8.1.5。

表 8.1.5　滑动轴承与滚动轴承性能比较

性　　能		滑动轴承		滚动轴承
		非液体摩擦轴承	液体摩擦轴承	
摩擦特性		边界摩擦或混合摩擦	液体摩擦	滚动摩擦
一对轴承的效率 η		$\eta\approx0.97$	$\eta\approx0.995$	$\eta\approx0.99$
承载能力与转速的关系		随转速增高而降低	在一定转速下，随转速增高而增大	一般无关，但极高转速时承载能力降低
适应转速		低速	中、高速	低、中速
承受冲击载荷能力		较高	高	不高
功率损失		较大	较小	较小
启动阻力		大	大	小
噪声		较小	极小	高速时较大
旋转精度		一般	较高	较高，预紧后更高
安装精度要求		剖分结构，容易拆装		安装精度要求高
		安装精度要求不高	安装精度要求高	
外廓尺寸	径向	小	小	大
	轴向	较大	较大	中
润滑剂		润滑油、润滑脂或固体	润滑油	润滑油或润滑脂
润滑剂用量		较少	较多	中
维护		较简单	较复杂，油质要洁净	维护方便，润滑简单
经济性		批量生产价格低	造价高	中

【知识链接 3】滚动轴承的代号和选型

滚动轴承的种类很多，为了便于选用，国家标准规定用代号来表示滚动轴承。

1. 轴承代号

轴承代号能表示出滚动轴承的结构、尺寸、公差等级和技术性能等特性。滚动轴承代号用字母加数字组成。完整的代号包括前置代号、基本代号和后置代号三部分。基本代号表示轴承的基本类型、结构和尺寸，是轴承代号的基础；前置代号和后置代号是轴承的补充代号，具体见表 8.1.6。

表 8.1.6　滚动轴承代号

<table>
<tr><td colspan="13">轴承代号的排列顺序（CB/T 272—1993，JB/T 2974—1993）</td></tr>
<tr><td>示例</td><td colspan="12">KIW 51108</td></tr>
<tr><td>分段</td><td>前置代号</td><td colspan="3">基本代号</td><td colspan="8">后置代号</td></tr>
<tr><td rowspan="3">符号意义</td><td rowspan="3">成套轴承分部件</td><td rowspan="3">类型代号</td><td rowspan="2">尺寸系列代号</td><td rowspan="2">内径代号</td><td>1</td><td>2</td><td>3</td><td>4</td><td>5</td><td>6</td><td>7</td><td>8</td></tr>
<tr><td rowspan="2">内部结构</td><td rowspan="2">密封与防尘套圈变型</td><td rowspan="2">保持架及其材料</td><td rowspan="2">轴承材料</td><td rowspan="2">公差等级</td><td rowspan="2">游隙</td><td rowspan="2">配置</td><td rowspan="2">其他</td></tr>
<tr><td colspan="2">配合安装特征尺寸表示</td></tr>
</table>

(1)基本代号

基本代号表示轴承的基本类型、结构和尺寸,是轴承代号的基础,基本代号由轴承类型代号、尺寸系列代号及内径代号三部分组成。

1)类型代号表示轴承的基本类型,用数字或字母表示,见表 8.1.7。

表 8.1.7　类型代号

代号	轴承类型
0	双列角接触球轴承
1	调心球轴承
2	调心滚子轴承和推力调心滚子轴承
3	圆锥滚子轴承
4	双列深沟球轴承
5	推力球轴承
6	深沟球轴承
7	角接触球轴承
8	推力圆柱滚子轴承轴
N NN	圆柱滚子轴承 双列或多列圆柱滚子轴承
U	外球面球轴承
QJ	四点接触球轴承
NA	滚针轴承
注:在表中代号后或前加字母或数字表示该类型轴承中的不同结构	

2)尺寸系列代号由轴承的宽(高)度系列代号(一位数字)和直径系列代号(一位数字)左右排列组成,见表 8.1.8。它反映了同种轴承在内圈孔径相同时内、外圈的宽度、厚度的不同及滚动体大小不同,如图 8.1.18 所示。显然,尺寸系列代号不同的轴承其外廓尺寸不同,承载能力也不同。尺寸系列代号有时可以省略:除圆锥滚子轴承外,其余各类轴承宽度系列代号“0”均省略;深沟球轴承和角接触球轴承的 10 尺寸系列代号中的“1”可以省略;双列深沟球轴承的宽度系列代号“2”可以省略。

3)内径代号表示轴承的内径尺寸,用两位数字表示,见表 8.1.9。

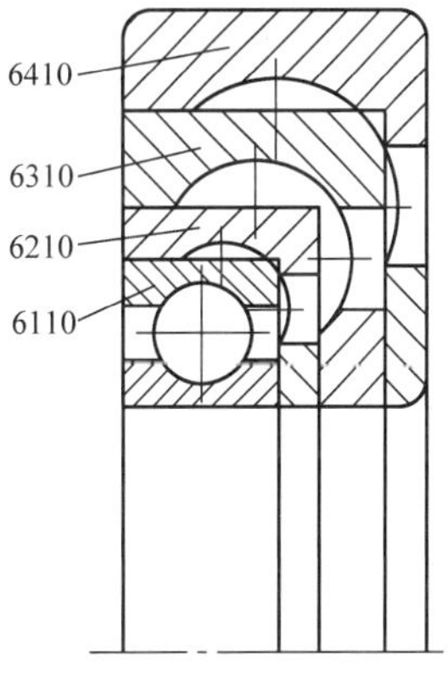

图 8.1.18　直径系列对比

(2)前置代号和后置代号

前置代号和后置代号是当轴承的结构形状、公差、技术要求等有改变时,在轴承基本代号左右添加的补充代号,前置代号一般用字母表示,后置代号用字母或字母加数字表示。

Ⅰ. 前置代号

前置代号表示轴承的分部件,如 K 代表滚子轴承的滚子和保持架组件,L 代表可分离轴承的可分离套圈等,见表 8.1.10。

表 8.1.8　轴承尺寸系列代号

直径系列代号	向心轴承								推力轴承			
	宽度系列代号								高度系列代号			
	8	0	1	2	3	4	5	6	7	9	1	2
	尺寸系列代号											
7	—	—	17	—	37	—	—	—	—	—	—	—
8	—	08	18	28	38	48	58	68	—	—	—	—
9	—	09	19	29	39	49	59	69	—	—	—	—
0	—	00	10	20	30	40	50	60	70	90	10	—
1	—	01	11	21	31	41	51	61	71	91	11	—
2	82	02	12	22	32	42	52	62	72	92	12	22
3	83	03	13	23	33	—	—	—	73	93	13	23
4	—	04	—	24	—	—	—	—	74	94	14	24
5	—	—	—	—	—	—	—	—	—	95	—	—

表 8.1.9　内径代号

公称内径/mm		内径代号	示　例
0.6～10(非整数)		用公称内径(mm)直接表示,在其与尺寸系列代号之间用“/”分开	深沟球轴承 618/2.5　$d=2.5$ mm
1～9(整数)		用公称内径毫米直接表示,对深沟球轴承及角接触球轴承 7、8、9 直径系列内径与尺寸系列代号之间用“/”分开	深沟球轴承 628 618/5　$d=5$ mm
10～17	10 、12 15 、17	00、01、02、03	深沟轴承 6200　$d=10$ mm
20～480 (22、28、32 除外)		公称内径除以 5 的商数,商数为个位数,在商数左边加 0	调心滚子轴承 23208 $d=40$ mm
大于和等于 500 以上及 22、28、32		用公称内径(mm)直接表示,在其与尺寸系列代号之间用“/”分开	调心滚子轴承 230/500, $d=500$ mm 深沟轴承 62/22　$d=22$ mm

表 8.1.10　前置代号

代号	含　义	示　例
F	凸缘外圈的向心球轴承(仅适用 $d\leqslant 10$mm)	F 618/4
L	可分离轴承的可分离内圈或外圈	LN 207
R	不带可分离内圈或外圈的轴承(滚针轴承仅适用于 NA 型)	RNU 207 RNA 6904
WS	推力圆柱滚子轴承轴圈	WS 81107
GS	推力圆柱滚子轴承座圈	GS 81107
KOW	无轴圈推力轴承	KOW—51108
KIW	无座圈推力轴承	KIW—51108
LR	带可分离的内圈或外圈与滚动体组件轴承	
K	滚子和保持架组件	K 81107

Ⅱ. 后置代号

1) 内部结构代号表示同一类型轴承不同的内部结构，用字母表示且紧跟在基本代号之后，如 C、AC 和 B 分别代表公称接触角为 15°、25°和 40°的角接触球轴承，见表 8.1.11。

表 8.1.11　内部结构代号

代号	含　义	示　例
A、B、 C、D、 E	①表示内部结构改变 ②表示标准设计其含义随不同类型、结构而异	B①角接触球轴承公称接触角 $\alpha=40°$，7210B ②圆锥滚子轴承，接触角加大，32310B C①角接触球轴承公称接触角 $\alpha=15°$，7005C ③调心滚子轴承，C 型，23122C CA 型 23024 CA/W33 CC 型 22205CC E 加强型　NU207E
AC D ZW	角接触轴承公称接触角 $\alpha=25°$ 剖分式轴承滚针保持架组件双列	7210AC K50×55×200 K20×25×40ZW

2) 公差等级代号：轴承的公差等级分为 2、4、5、6、0 和 6x 级，依次由高级到低级，其代号分别为/P2、/P4、/P5、/P6、/P0 和/P6x 。其中 0 级是普通级，在轴承代号中省略不标，见表 8.1.12。

表 8.1.12　公差等级代号

代号	含　义		示例
/P0	公差等级符合标准规定的	0 级，代号中省略，不表示	6203
/P6		6 级	6230/P6
/P6x		6x 级	30210/P6x
/P5		5 级	6203/P5
/P4		4 级	5203/P4
/P2		2 级	6203/P2
/SP	尺寸精度相当于/旋转精度相当于	P5 级/P4 级	234420/SP
/UP		P4 级/P4 级	234730/UP

3) 游隙代号：常用的轴承径向游隙系列分别为 1 组、2 组、0 组、3 组、4 组和 5 组，共 6 个组别，径向游隙依次由小到大。其中 0 组是常用的游隙组别，在轴承代号中不标出，其余的游隙组别分别用/C1、/C2、/C3、/C4、/C5 等表示，见表 8.1.13。

表 8.1.13　游隙代号

代号	含　义	示　例
/C1	游隙符合标准规定的 1 组	NN3006K/C1
/C2	游隙符合标准规定的 2 组	6210/C2
—	游隙符合标准规定的 0 组	6210
/C3	游隙符合标准规定的 3 组	6210/C3
/C4	游隙符合标准规定的 4 组	NN3006K/C4
/C5	游隙符合标准规定的 5 组	NNU4920K/C5

4)配置代号：常用的轴承配置代号分别为成对背对背安装、成对面对面安装、成对串联安装，如图 8.1.19 所示，分别用/DB、/DF、/DT 表示。例如 7210C/DB、32208/DF、7210C/DT。

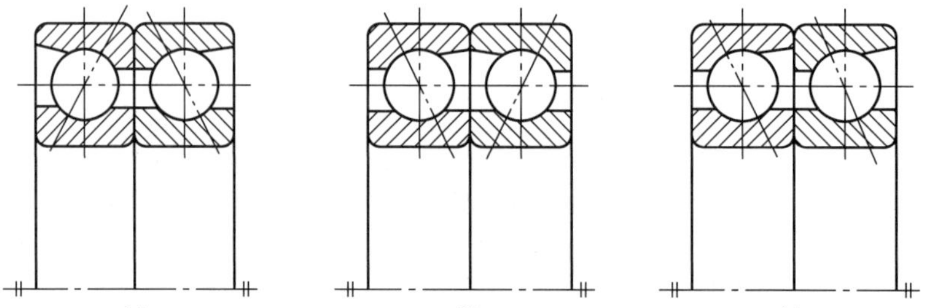

图 8.1.19　轴承的配置代号

(a)成对背对背安装；(b)成对面对面安装；(c)成对串联安装

2. 轴承代号举例

1)30210/P6x：表示圆锥滚子轴承，宽度系列代号为 0；直径系列代号为 2；内径为 50 mm；公差等级为 6x 级；游隙为 0 组，省略不标。

2)7208AC：表示角接触球轴承，宽度系列代号为 0，省略；直径系列代号为 2；内径为 40 mm；公称接触角 AC 为 25°；公差等级为 0 级，省略不标。

3)12203：表示调心球轴承，宽度系列代号为 2；直径系列代号为 2；内径为 17 mm；公差等级为 0 级，省略。

3. 滚动轴承类型的选择原则

1)根据载荷的大小及性质：滚子轴承比球轴承的承载能力大。

2)根据载荷的方向：向心轴承主要承受径向载荷，推力轴承主要承受轴向载荷，角接触轴承承受径向和轴向的复合载荷。

3)根据转速的高低：球轴承比滚子轴承的极限转速高，但推力轴承的极限转速低。

4)根据回转精度：球轴承比滚子轴承的回转精度高。

5)根据调心性能：1 类和 2 类调心性能好。

6)根据安调性能：3 类和 N 类的内外圈可分离，便于拆装。

7)根据经济性能：在满足使用条件的情况下，优先选用价格低廉的轴承，6 类轴承性价比较好。

【任务实施】滚动轴承的组合设计

为了保证滚动轴承在预期内正常工作，除了正确选择滚动轴承的类型和尺寸外，还应进行固定轴承的组合设计，保证轴与轴上零件在工作中有确定的工作位置，防止轴向窜动，处理好轴承与轴上其他零件的关系，即要解决轴承组合的轴向固定，轴承与相关零件的配合，间隙调整、装拆、润滑、密封等一系列问题。

1. 轴承的轴向固定

1)轴承内圈常用的固定方法如图 8.1.20 所示。

①轴承内圈一端用轴肩定位固定，另一端用轴用弹性挡圈定位固定，如图 8.1.20(a)

所示。

②轴承内圈一端用轴肩定位固定，另一端用轴端挡圈定位固定，如图 8.1.20(b)所示。

③轴承内圈一端用轴肩定位固定，另一端用圆螺母和止动垫片定位固定，如图 8.1.20(c)所示。

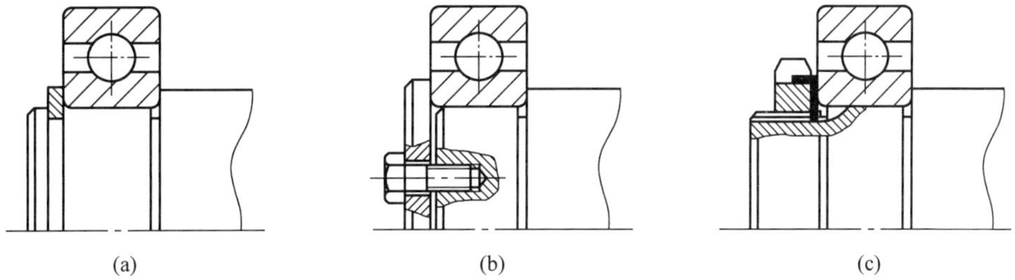

图 8.1.20　轴承内圈的固定方法

2)轴承外圈常用的固定方法如图 8.1.21 所示。

①轴承外圈一端用轴承座孔台肩定位固定，另一端用孔用弹性挡圈定位固定，如图 8.1.21(a)所示。

②轴承内圈固定，外圈用轴承盖定位固定，如图 8.1.21(b)所示。

③轴承外圈一端用轴承座孔台肩定位固定，另一端用螺纹环定位固定，如图 8.1.21(c)所示。

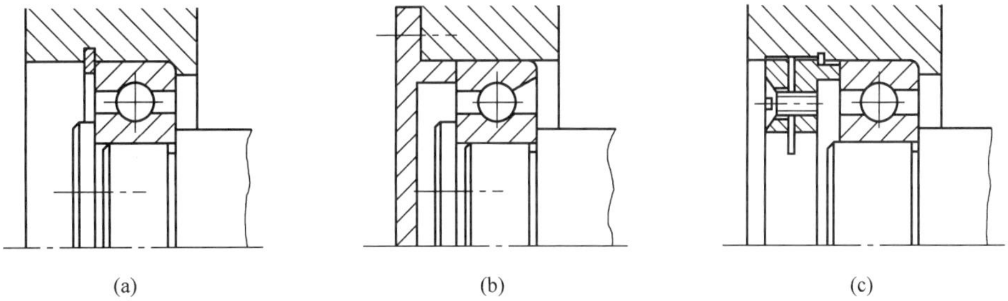

图 8.1.21　轴承外圈的固定方法

2. 轴系的轴向固定

(1)两端单向固定

两端轴承各限制一个方向的轴向位移，合起来限制轴的双向移动，如图 8.1.22 所示。这种结构形式简单，适用于工作温度变化不大的短轴(跨距≤350 mm)，考虑到轴受热后的伸长，一般在轴承端盖与外圈端面上留有补偿间隙 $c=0.2\sim0.3$ mm，也可由轴承游隙补偿，间隙量的大小，通常用一组垫片来调整。

(2)一端双向固定、一端游动

一端支承的轴承内、外圈双向固定，另一端支承的轴承可以轴向游动。双向固定端的轴承可承受双向轴向载荷，游动端的轴承端面与轴承盖之间留有较大的间隙，以适应轴的伸缩量，这种支承结构适用于轴的温度变化大和跨距较大(跨距 >350 mm)的场合，如图 8.1.23(a)所示。图 8.1.23(b)采用圆柱滚子轴承，其滚子和轴承外圈之间可以发生轴向游动。

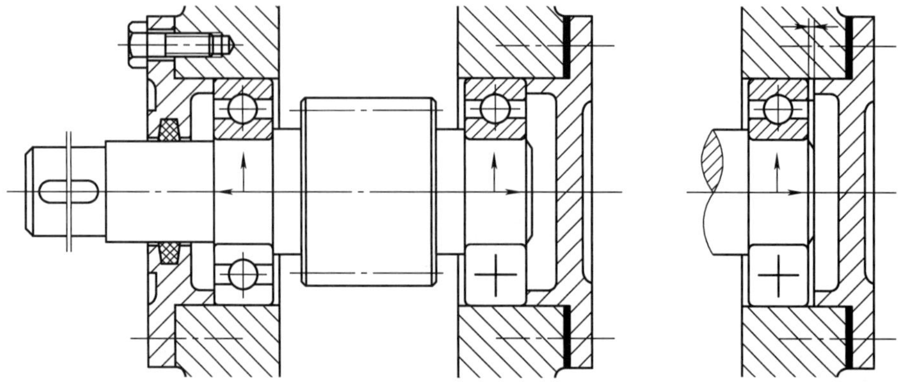

图 8.1.22 两端单向固定

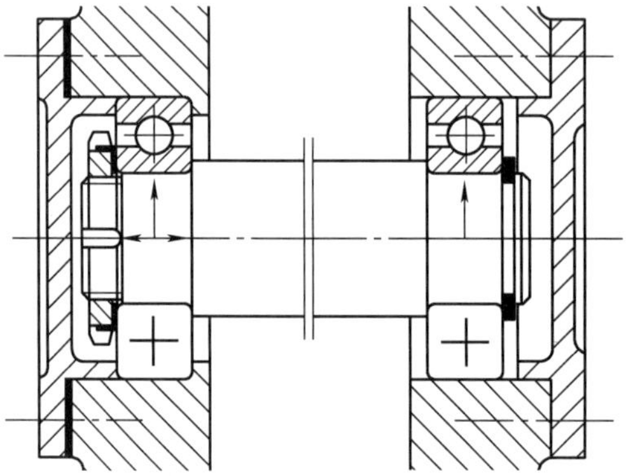

(a)

(b)

图 8.1.23 一端双向固定、一端游动

(3)两端游动

如图 8.1.24 所示,人字齿轮传动中,小齿轮轴的两端支承可以轴向游动,利用圆柱滚子轴承外圈可分离的特性,实现两端支点的双向游动。大齿轮两端支承采用两端单向固定的结构形式。

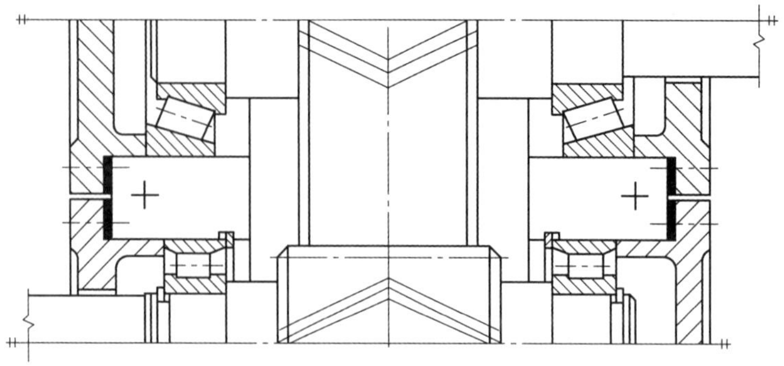

图 8.1.24 两端游动

3. 轴承组合的调整

(1)轴承间隙的调整

为保证轴承的正常运转,在装配轴承时一般都要留有适当的间隙,常用的轴承间隙调整方法有调整垫片(图 8.1.25(a))和调节压盖(图 8.1.25(b))等。

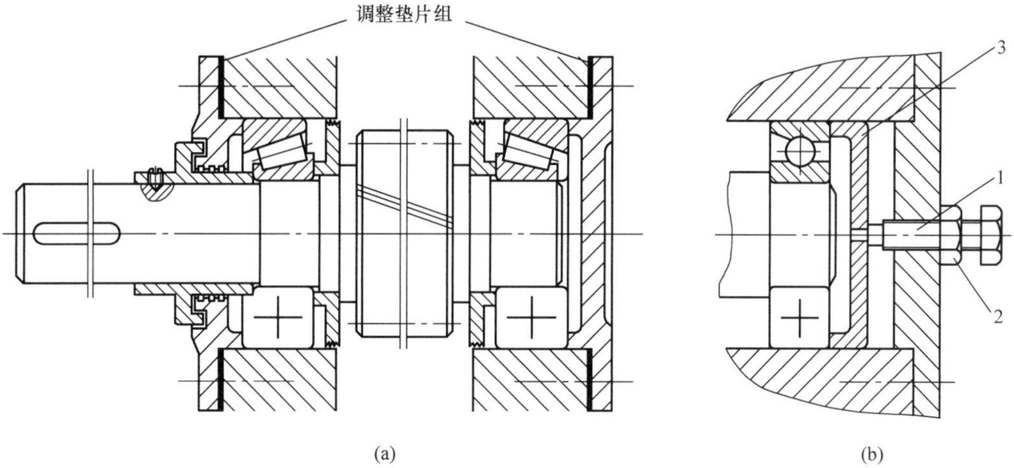

图 8.1.25　轴承间隙的调整

(a)调整垫片;(b)调整压盖

(2)轴系位置的调整

轴系位置调整的目的是使轴上零件具有准确的工作位置,如圆锥齿轮传动,要求两个节锥顶点重合,方能保证啮合;又如蜗杆传动,要求蜗轮主平面通过蜗杆轴线等。图 8.1.26 所示为锥齿轮轴系的支承结构,套圈与箱体之间的垫片 1 用来调整锥齿轮的轴向位移,垫片 2 用来调整轴承游隙。

4. 轴承的预紧

轴承的预紧就是在安装轴承时使其受到一定的轴向力,以消除轴承的游隙并使滚动体和内、外圈接触处产生弹性预变形。预紧的目的在于提高轴承的刚度和旋转精度。常用的方法有加金属垫片(图 8.1.27(a))和磨窄套圈(图 8.1.27(b))等。

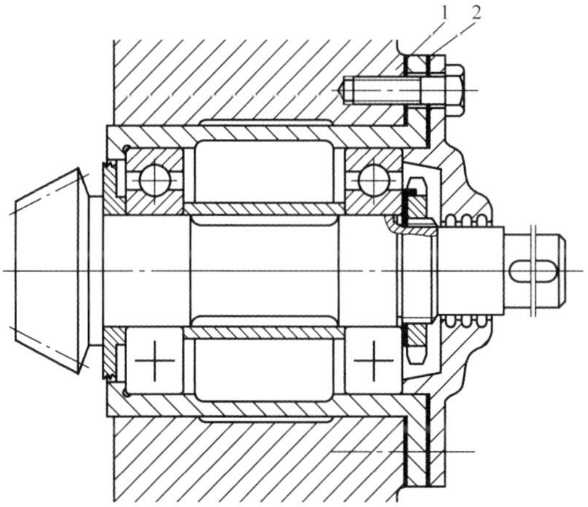

图 8.1.26　轴系位置的调整

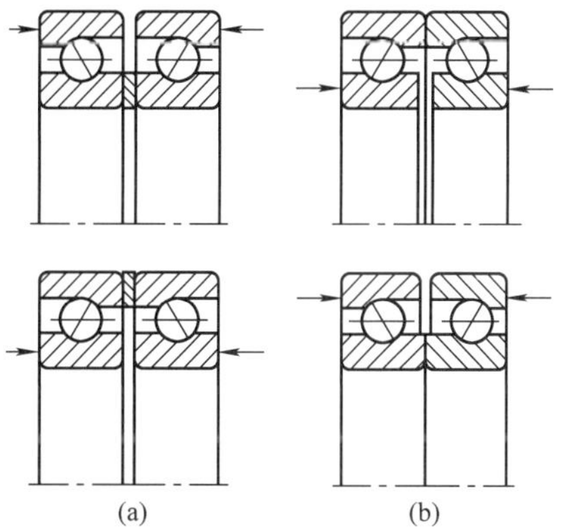

图 8.1.27　轴承的预紧

(a)加金属垫片;(b)磨窄套圈

5. 滚动轴承的公差与配合(GB/T 307.1—1994 、 GB/T 307.4—1994 、 GB/T 275—1993)

1)滚动轴承的公差等级见表 8.1.14。

表 8.1.14 滚动轴承的公差等级

级别		向心轴承	圆锥滚子轴承	推力轴承	应用	说明
		产品现有级别				
0	普通级	√	√	√	一般轴承用	(1)一般轴承为 0 级,凡属 0 级的在轴承型号上不标注公差等级 (2)使用精密轴承时,只有轴和外壳的形位公差精度和表面结构同轴承精度协调一致时,才能充分发挥其效能
6 5 4 2	高级 精密级 超精密级 最精密级	√ √ √ √	6x √ √	√ √ √	机床主轴、精密机械、测量仪和高速机械等要求特别高的工作精度和运转平稳性的支承	

注:(1)滚动轴承按尺寸公差与旋转角度(均为产品的制造精度)分级。

(2)调心球轴承、调心滚子轴承和滚针轴承只生产 0 级公差;圆锥滚子轴承一般只生产 0 级公差,有特殊要求时也可生产其他公差等级。

2)滚动轴承的配合:滚动轴承是标准件,轴承内圈孔与轴的配合采用基孔制,轴承外圈与轴承座孔的配合则采用基轴制。选择配合时,应考虑载荷的方向、大小和性质以及轴承类型、转速和使用条件等因素。当外载荷方向不变时,转动套圈应比固定套圈的配合紧一些。一般情况下是内圈随轴一起转动,外圈固定不转。内圈常采用具有过盈的过渡配合,外圈常采用较松的配合。如轴的公差采用 k6、m6、n6,座孔的公差采用 G7、H7、J7 或 K7。

6. 滚动轴承的润滑

1)润滑的目的:减少摩擦与磨损、吸收振动、降低工作温度和噪声等 。

2)常用的润滑剂: 润滑脂和润滑油,具体选用可按轴承的 dn 值来定。

7. 滚动轴承的密封

1)密封目的:防止灰尘、水分等进入轴承,并阻止润滑剂的流失。

2)密封方法:接触式密封和非接触式密封,密封方法的选择与润滑剂的种类、工作环境、温度、密封表面的圆周速度有关。

①非接触式密封:缝隙密封、迷宫密封、甩油密封,如图 8.1.28 所示。

②接触式密封:毛毡圈密封、唇形密封圈密封,如图 8.1.29 所示。

8. 滚动轴承的装拆

轴承的内圈与轴颈的配合较紧,安装时可以用压力机配专用压套在套圈上施加压力,将轴承压在轴颈上,如图 8.1.30(a)所示;也可在内圈上加压套后用力均匀地敲击装在轴颈上,如图 8.1.30(b)所示,不允许直接敲击外圈,以免损坏轴承。

轴承的拆卸应使用专用的拆卸工具(图 8.1.31(a))或压力机拆卸轴承(图 8.1.31(b)), 图 8.1.31(c)采用对开垫板拆卸轴承,注意轴肩高度应小于轴承内圈的厚度,同样轴承外圈在套筒内应留有足够的高度和拆卸空间,或在箱体上制出拆卸的螺纹孔,如图8.1.32 所示。

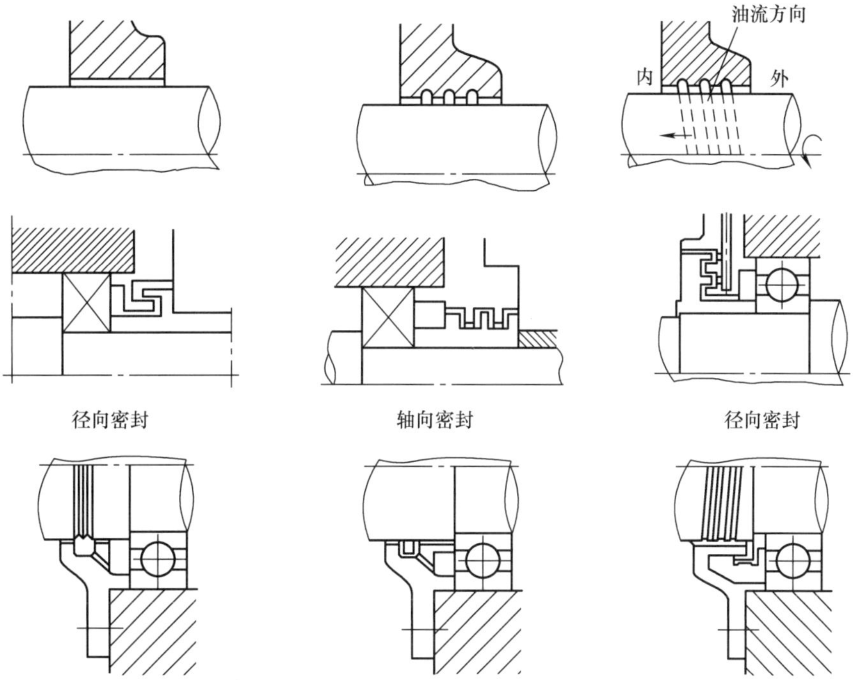

图 8.1.28　滚动轴承的非接触式密封

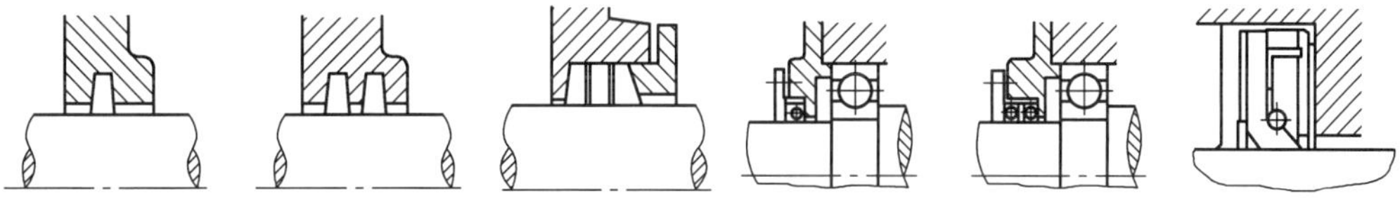

图 8.1.29　滚动轴承的接触式密封

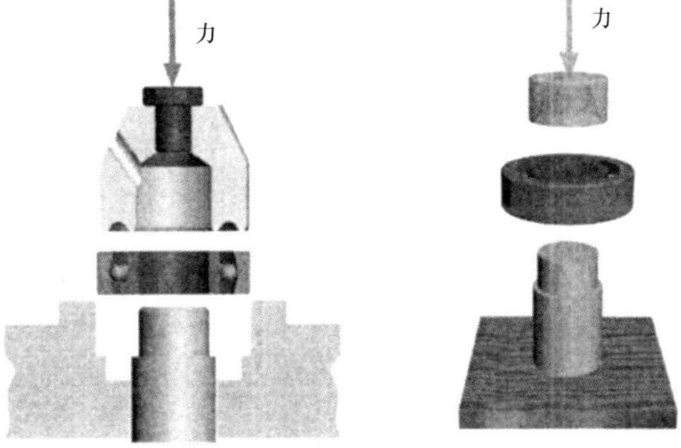

(a)　(b)

图 8.1.30　滚动轴承的装拆

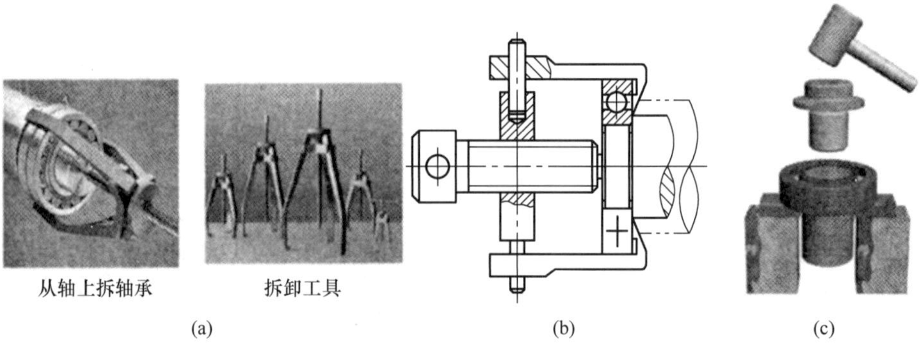

图 8.1.31　滚动轴承的装拆工具

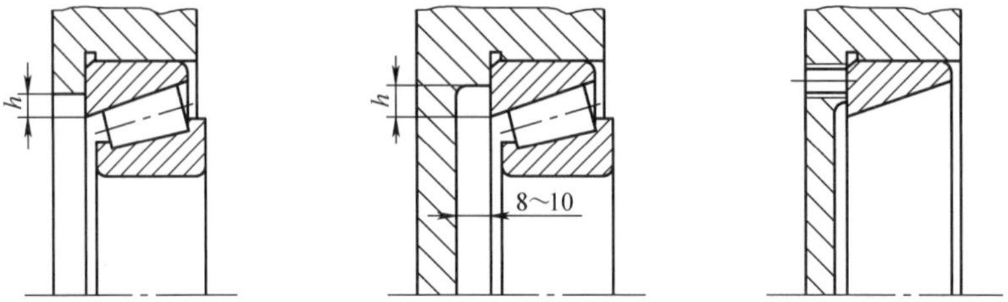

图 8.1.32　滚动轴承外圈的装拆

【知识拓展】滚动轴承的计算

1. 滚动轴承的失效形式

(1)疲劳点蚀

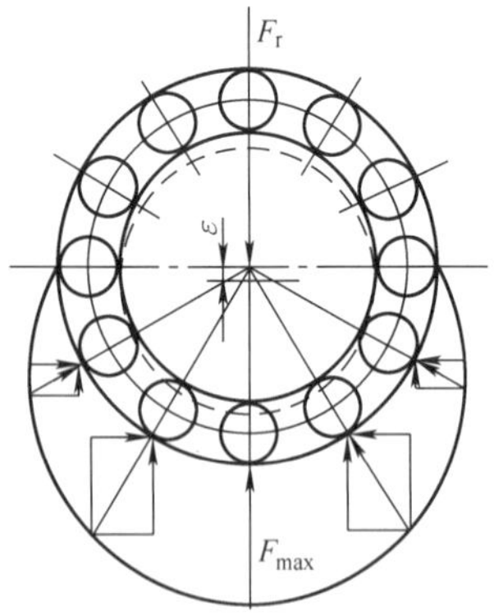

图 8.1.33　疲劳点蚀

如图 8.1.33 所示,深沟球轴承转动时,承受径向载荷 F_r,外圈固定。当内圈随轴转动时,滚动体滚动,内、外圈与滚动体的接触点不断发生变化,其表面接触应力随着位置的不同作脉动循环变化。滚动体在上面位置时不受载荷,滚到下面位置受载荷最大,两侧所受载荷逐渐减小。所以轴承元件受到脉动循环的接触应力。该应力反复作用,使滚动体和套圈滚道表面发生疲劳点蚀。轴承工作中出现振动、噪声,回转精度下降,温度升高,丧失正常工作能力。

(2)塑性变形

过大的静载荷或冲击载荷作用,使滚动体和套圈滚道出现凹坑,轴承工作时摩擦增大,精度下降,产生剧烈振动和噪声,不能正常工作,如图 8.1.34 所示。

(3)裂纹和断裂

轴承外圈裂纹或崩裂,保持架断裂,如图 8.1.35 所示。

(4)磨损

磨损的种类有磨粒磨损(多尘、密封不好)、黏着磨损(润滑不良)、胶合(高速重载)等。另外由于配合和拆装不好等原因,也会使轴承产生磨损,如图 8.1.36 所示。

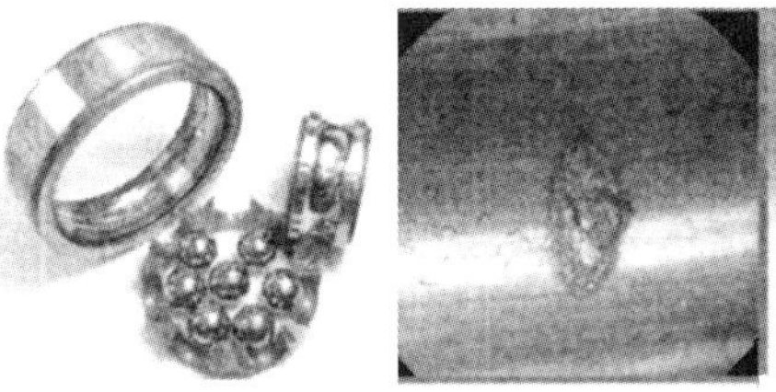

图 8.1.34　塑性变形

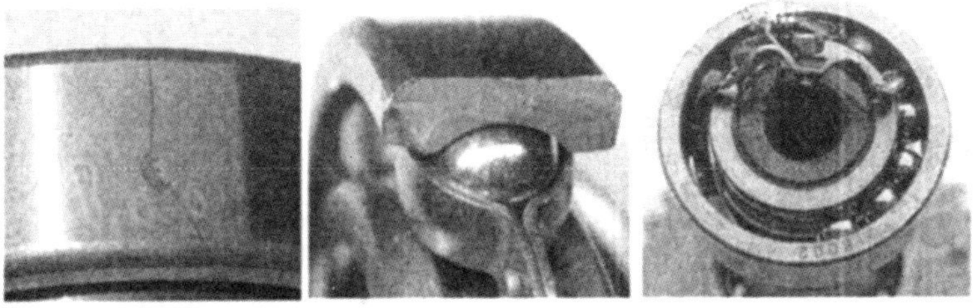

图 8.1.35　裂纹和断裂

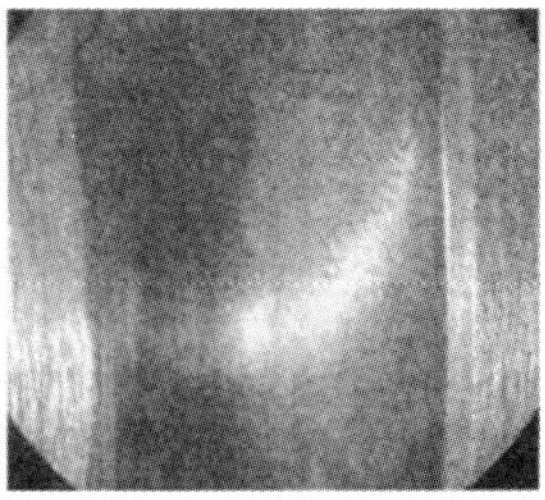

图 8.1.36　磨损

2. 滚动轴承的计算准则

1)正常工作条件下作回转运动的滚动轴承,主要发生点蚀,故应进行接触疲劳寿命计算;当载荷变化较大或有较大冲击载荷时,还应增加静强度校核。

2)转速很低($n<10$ r/min)或摆动的轴承,只需作静强度计算。

3)高速轴承,为防止发生黏着磨损,除进行接触疲劳寿命计算外,还应校验极限转速。

3. 滚动轴承的寿命

1)寿命:指轴承的滚动体或套圈首次出现点蚀之前,轴承的转数或相应的运转小时数。通常所说的滚动轴承寿命是指滚动轴承的疲劳寿命。

2)可靠度:在同一工作条件下运转的一组近于相同的轴承能达到或超过某一规定寿命的百分率。

3)基本额定寿命:一批相同的轴承在相同的条件下运转,其中 90% 以上的轴承在疲劳点蚀前能达到的总转数或一定转速下工作的小时数,以 L_{10}(10^6r 为单位)或 L_{10h}(小时)表示。

4)基本额定动载荷:基本额定寿命为 10^6 转时,轴承所能承受的最大载荷,以 C 表示。显然,轴承在基本额定动载荷作用下,运转 10^6 转而不发生疲劳点蚀的可靠度为 90%。C 越大,表示轴承的承载能力越强。基本额定动载荷的方向:向心轴承为径向方向(径向接触轴承为径向载荷,角接触轴承为使套圈产生径向位移的载荷径向分量),用 C_r 表示;推力轴承为中心轴向载荷,用 C_a 表示。各种轴承的基本额定动载荷值可在轴承标准中查到。

5)当量动载荷:假想载荷(为了与基本额定动载荷在相同条件下进行比较),在这个假想载荷作用下,轴承的寿命和实际载荷下的寿命相同,用 P 表示。其计算公式为

$$P = f_p(XF_r + YF_a) \tag{8.1.1}$$

式中：F_r 为轴承的实际径向载荷；F_a 为轴承的实际轴向载荷；f_p 为冲击载荷因数（见表 8.1.15）；X 为轴承的径向动载荷系数；Y 为轴承的轴向动载荷系数（见表 8.1.16）。对于深沟球轴承和角接触球轴承，先根据 F_a/C_{or} 的 e 值，然后再得出相应的 X、Y 值，对于表中未列出的 F_a/C_{or} 值，可用线性插入法求出相应的 e、X、Y 值。

表 8.1.15　冲击载荷因数 f_p

载荷性质	载荷因数 f_p	举　例
无冲击或轻微冲击	1.0～1.2	电机、汽轮机、通风机、水泵等
中等冲击或中等惯性力	1.2～1.8	机床、车辆、动力机械、起重机、造纸机、选矿机、冶金机械、卷扬机械等
强大冲击	1.8～3.0	碎石机、轧钢机、钻探机、振动筛等

对于只承受纯径向载荷的向心轴承，$P = f_pF_r$；对于只承受纯轴向载荷的推力轴承，$P = f_pF_a$。

表 8.1.16　滚动轴承的当量动载荷 X、Y 值

轴承类型		F_a/C_{or}	e	$F_a/F_r > e$		$F_a/F_r \leq e$	
				X	Y	X	Y
深沟球轴承	60000	0.014	0.19	0.56	2.30	1	0
		0.028	0.22		1.99		
		0.056	0.26		1.71		
		0.084	0.28		1.55		
		0.11	0.30		1.45		
		0.17	0.34		1.31		
		0.28	0.38		1.15		
		0.42	0.42		1.04		
		0.56	0.44		1.00		
角接触球轴承	70000C（$\alpha = 15°$）	0.015	0.38	0.44	1.47	1	0
		0.029	0.40		1.40		
		0.058	0.43		1.30		
		0.087	0.46		1.23		
		0.12	0.47		1.19		
		0.17	0.50		1.12		
		0.29	0.55		1.02		
		0.44	0.56		1.00		
		0.58	0.56		1.00		
	70000AC（$\alpha = 25°$）		0.68	0.41	0.87	1	0
	70000B（$\alpha = 40°$）		1.14	0.35	0.57	1	0
圆锥滚子轴承 30000			1.5tan α	0.4	0.4cot α	1	0
调心球轴承 10000			1.5tan α	0.65	0.65cot α	1	0

注：（1）C_{or} 为径向额定静载荷，由产品目录或轴承标准中查到。

（2）e 为轴向载荷影响系数，用以判别轴向载荷 F_a 对当量动载荷 P 影响的程度。

6）基本额定寿命计算：大量试验表明，寿命 $L(10^6 r)$、额定动载荷 $C(N)$、当量动载荷 $P(N)$之间的关系为

$$L_{10}=\left(\frac{C}{P}\right)^{\varepsilon} \tag{8.1.2}$$

$$L_{10h}=\frac{10^6}{60n}\left(\frac{C}{P}\right)^{\varepsilon} \tag{8.1.3}$$

式中：球轴承 $\varepsilon=3$；滚子轴承 $\varepsilon=10/3$；n 为轴承的工作转速（r/min）。

若轴承工作温度高于 100 ℃时，基本额定动载荷 C 的值将降低，故引入温度系数 f_t 对 C 进行修正，$C_f=f_t C$（表 8.1.17）；考虑机器冲击与振动使实际载荷比名义载荷大，故引入载荷系数 f_p 对 P 进行修正，$P_f=f_p P$（表 8.1.18）。

表 8.1.17　温度系数 f_t

轴承工作温度/℃	100	125	150	175	200	225	250	300
温度系数 f_t	1	0.95	0.90	0.85	0.80	0.75	0.70	0.60

表 8.1.18　载荷系数 f_p

载荷性质	无冲击或轻微冲击	中等冲击	剧烈冲击
载荷系数 f_p	1.0～1.2	1.2～1.8	1.8～3.0

4. 滚动轴承的静强度计算

1）额定静载荷 C_0：滚动轴承受载后，使受载最大的滚动体与滚道接触中心处的接触应力达到一定值（调心球轴承为 4 600 MPa，其他球轴承为 4 200 MPa，滚子轴承为 4 000 MPa），这个载荷称为额定静载荷，用 C_0 表示。对于径向接触和轴向接触轴承，C_0 分别是径向载荷和中心轴向载荷；对于向心角接触轴承，C_0 是载荷的径向分量。

2）当量静载荷 P_0：当轴承同时承受径向载荷和轴向载荷时，应将实际载荷转化成假想的当量静载荷，在该载荷作用下，滚动体与滚道上的接触应力与实际载荷作用相同。当量静载荷

$$P_0=X_0F_r+Y_0F_a \tag{8.1.4}$$

式中：X_0 为径向载荷系数，Y_0 为轴向载荷系数（表 8.1.19）。

表 8.1.19　滚动轴承的静载荷系数 X_0、Y_0 值

轴承类型	轴承代号	单列		双列	
		X_0	Y_0	X_0	Y_0
深沟球轴承	60000	0.6	0.5	0.6	0.5
调心球轴承	10000	0.5	$0.22\cot\alpha$	1	$0.44\cot\alpha$
调心滚子轴承	20000	0.5	$0.22\cot\alpha$	1	$0.44\cot\alpha$
角接触球轴承	70000	0.5	0.46	1	0.92
	70000	0.5	0.38	1	0.76
	70000	0.5	0.26	1	0.52
圆锥滚子轴承	30000	0.5	$0.22\cot\alpha$	1	$0.44\cot\alpha$

3）静强度条件：

$$C_0/P_0\geqslant S_0 \tag{8.1.5}$$

式中：S_0 为静强度安全因数（表 8.1.20）。

表 8.1.20　滚动轴承静强度安全因数 S_0

旋转条件	载荷条件	S_0	使用条件	S_0
连续旋转轴承	普通载荷	1～2	高精度旋转场合	1.5～2.5
	冲击载荷	2～3	振动冲击场合	1.2～2.5
不常旋转及作摆动运动的轴承	普通载荷	0.5	普通旋转精度场合	1.0～1.2
	冲击及不均匀载荷	1～1.5	允许有变形量	0.3～1.0

【小结】

轴承类型很多，大都已经标准化，因此应用非常广泛。掌握轴承的类型和结构、代号、特性和应用，滚动轴承的组合设计，轴承的调整、配合以及轴承的拆装，对于设计、选用和维护各类轴承，进行轴系结构的分析计算，是非常必要的。

复　习　题

一、填空题

1. 说明下列型号滚动轴承的类型、内径、公差等级、直径系列和结构特点：6306、51316、N316/P6、30306、6306/P5、30206，并指出其中具有下列特征的轴承。

（1）径向承载能力最高和最低的轴承分别是________和________；

（2）轴向承载能力最高和最低的轴承分别是________和________；

（3）极限转速最高和最低的轴承分别是________和________；

（4）公差等级最高的轴承是________；

（5）承受轴向径向联合载荷的能力最高的轴承是________。

2. 滚动轴承的内径和外径的公差带均为________，而且统一采用上偏差为________，下偏差为________的分布。

3. 轴承按摩擦性质可分为________和________两种。

4. 滚动轴承一般由________、________、________和________四部分组成。

5. 滚动轴承的公称接触角实质上是承受轴向载荷能力的标志，公称接触角越大，轴承承受轴向载荷的能力________。

6. 选择滚动轴承时，在载荷较大或有冲击时，宜用________轴承。

7. 选择滚动轴承时，在速度较高，轴向载荷不大时，宜用________轴承。

8. 代号为 6318 的滚动轴承内径为________ mm，代号中 3 表示________，6 表示________。

9. 代号为 108、208、308 的滚动轴承，它们的________和________不相同。

10. 代号为 7107、7207、7307 的滚动轴承，它们的________、________和________相同。

11. 代号为 2216、36216 及 7216 的滚动轴承中极限转速最高的轴承是________。

12. 当滚动轴承作游动支承时，外圆与基座之间的配合关系为________。

13. 在一般情况下，滚动轴承的内圈与轴一起转动，内圈与轴颈的配合常用________，而外圈与机座的配合常用________。

14. 向心推力滚动轴承通过预紧可以提高轴承的________和________。滚动轴承的额定寿命是指可靠性为________的寿命。

15. 滚动轴承的主要失效形式是________和________。

16. 非液体摩擦滑动轴承常见的失效形式为________和________。

二、选择题

1. 若一滚动轴承的基本额定寿命为 537 000 转，则该轴承所受的当量动载荷________基本额定动载荷。

A. 大于　B. 等于　C. 小于

2. 在保证轴承工作能力的条件下，调心轴承内、外圈轴线间可倾斜的最大角度为________，而深沟球轴承内、外圈轴线间可倾斜的最大角度为________。

A. 3′～4′　B. 8′～16′　C. 1°～2°　D. 2°～3°

3. 采用滚动轴承轴向预紧措施的主要目的是________。

A. 提高轴承的旋转精度　B. 提高轴承的承载能力

C. 降低轴承的运转噪声　D. 提高轴承的使用寿命

4. 各类滚动轴承的润滑方式，通常可根据轴承的________来选择。

A. 转速 n　B. 当量动载荷 P　C. 轴颈圆周速度 v　D. 内径与转速的乘积 dn

5. 轴承合金通常用于做滑动轴承的________。

A. 轴套　B. 轴承衬　C. 含油轴瓦　D. 轴承座

6. 径向尺寸最小的滚动轴承是________。

A. 深沟球轴承　B. 滚针轴承　C. 圆锥滚子轴承　D. 双列深沟滚子轴承

7. 在下列滚动轴承中，________能承受一定的轴向力。

A. 2000　B. 4000　C. 5000　D. 9000

8. 代号为 6107、6207、D6307 的滚动轴承中，________是相同的。

A. 外径　B. 内径　C. 精度　D. 类型

9. 下列滚动轴承中极限转速最高的轴承是________。

A. 215　B. 2215　C. 36215　D. 7215

10. 下列滚动轴承中承受径向载荷能力最大的是________。

A. 215　B. 2 215　C. 36 215　D. 7 215

11. 下列滚动轴承中承受轴向载荷能力最大的是________。

A. 215　B. 2215　C. 36215　D. 7215

三、判断题

1. 滚动轴承中没有保持架不影响其承载能力和极限转速。（　）

2. 滚动轴承的公称接触角越大，轴承承受径向载荷的能力就越大。（　）

3. 滚子轴承较适合于载荷较大或有冲击的场合。（　）

4. 在速度较高，轴向载荷不大时宜用深沟球轴承。（　）

5. 代号为 107、207、307 的滚动轴承的内径都是相同的。（　）

6. 代号为 1108、1208、1308 的滚动轴承的承载能力不相同，其中 1108 最大。（　）

7. 代号为 6216 的滚动轴承比代号为 7216 的滚动轴承的极限转速高。（　）

8. 在承受径向载荷方面，代号为 2214 的滚动轴承比代号为 6214 的滚动轴承大。（　）

9. 在承受轴向载荷方面,代号为 36000 的滚动轴承比代号为 7000 的滚动轴承大。 (　　)

10. 选择滚动轴承的润滑剂主要是根据轴承的圆周速度。 (　　)

11. 滚动轴承的接触密封方式只适用于速度较低的场合。 (　　)

12. 某轴用圆柱滚子轴承作游动端支承,该轴承的外圈与端盖之间应留有一定的间隙,保证轴向游动量。 (　　)

13. 用滚动轴承作游动支承时,外圈与基座及端盖之间应留有一定的间隙。 (　　)

14. 当滚动轴承作游动支承时,外圈与基座之间应是间隙配合。 (　　)

15. 在一般情况下,滚动轴承的内圈与轴一起转动,其配合关系是较紧的过渡配合,而外圈与基座的配合是较松的过渡配合。 (　　)

16. 圆柱滚子轴承通过预紧可以提高轴承的转动精度和刚度。 (　　)

四、简答题

1. 指出代号为 7206AC、30203 的滚动轴承的类型和内径尺寸,说明字母 AC 代表什么。

2. 指出代号为 30310、6200 的滚动轴承的类型和内径尺寸。

3. 从载荷的性质和大小、转速、经济性等方面,说明如何选用球轴承与滚子轴承。

4. 指出代号为 7211C、6202 的滚动轴承的类型和内径尺寸,说明字母 C 代表什么。

5. 滚动轴承失效的主要形式是哪两种？与之相对应,选用时各应进行什么计算？

6. 与滚动轴承相比,滑动轴承的主要优点是什么？

7. 滚动轴承共分几大类型？写出它们的类型代号及名称,并说明各类轴承能承受何种载荷(径向或轴向)。

8. 如题 8 图所示,为什么 30000 型和 70000 型轴承常成对使用？成对使用时,什么叫正装及反装？什么叫“面对面”及“背靠背”安装？试比较正装与反装的特点。

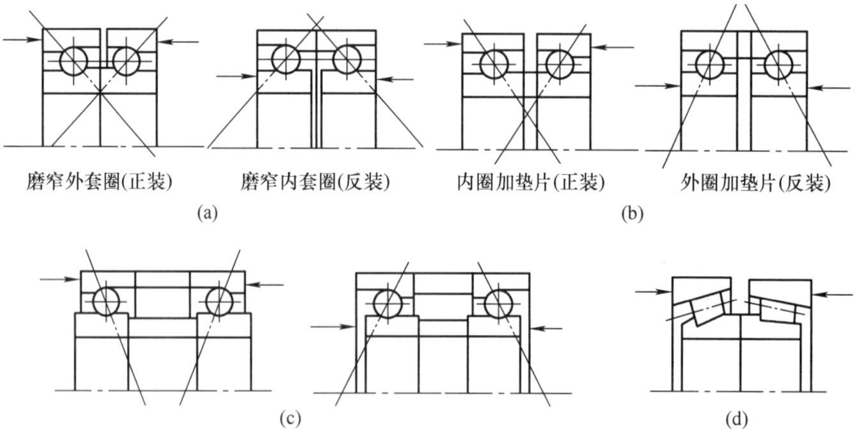

题 8 图　轴承组安装方式示意图

9. 滚动轴承的寿命与基本额定寿命有何区别？按公式 $L=(C/P)^{\varepsilon}$ 计算出的 L 是什么含义？

10. 滚动轴承基本额定动载荷 C 的含义是什么？当滚动轴承上作用的当量动载荷不超过 C 值时,轴承是否就不会发生点蚀破坏？为什么？

11. 对于同一型号的滚动轴承，在某一工况条件下的基本额定寿命为 L_{10}。若其他条件不变，仅将轴承所受的当量动载荷增加一倍，轴承的基本额定寿命将为多少？

12. 滚动轴承常见的失效形式有哪些？公式 $L=(C/P)^{\varepsilon}$ 是针对哪种失效形式建立起来的？

13. 你所学过的滚动轴承中，哪几类滚动轴承是内、外圈可分离的？

14. 什么类型的滚动轴承在安装时要调整轴承游隙？常用哪些方法调整轴承游隙？

15. 滚动轴承支承的轴系，其轴向固定的典型结构形式有三类：(1)两支点各单向固定；(2)一支点双向固定，另一支点游动；(3)两支点游动。试问这三种类型各适用于什么场合？

16. 为什么滑动轴承要分成轴承座和轴瓦，有时又在轴瓦上敷上一层轴承衬？

17. 在滑动轴承上开设油孔和油槽时应注意哪些问题？

18. 滑动轴承常见的失效形式有哪些？

19. 对滑动轴承材料的性能有哪几方面的要求？

20. 滚动轴承最常见的失效形式是什么？什么是滚动轴承的额定动载荷？

21. 滚动轴承的主要失效形式有疲劳点蚀、塑性变形、磨粒磨损，试分析上述失效各在什么情况下产生。

22. 增加滚动轴承支承刚度的办法有哪些？

23. 滚动轴承寿命计算公式中的当量载荷 P 的含义是什么？

24. 滚动轴承的接触角 α 指的是什么？接触角 α 大小说明轴承的什么性能？

任务二　轴

【任务目标】

- 了解轴的类型、特点及应用。
- 掌握转轴的结构设计分析方法及注意事项。
- 正确分析轴系结构简图中出现的错误。
- 能够正确设计轴的结构。

【任务导入】

观察图 8.2.1，并思考下列问题。

1. 轴的用途是什么？轴有哪些类型？
2. 图 8.2.1 中的轴分别承受什么载荷？轴上各部分名称是什么？
3. 设计轴时要考虑哪些方面的问题？如何避免设计中出现的错误结构？

【知识链接 1】轴的概述

轴是组成机器的重要零件之一，它是旋转体零件，其长度大于直径，一般由同心轴的外圆柱面、圆锥面、内孔和螺纹及相应的端面所组成。轴的长径比（L/D 为长度与直径的比值）小于 5 的称为短轴，大于 20 的称为细长轴，大多数轴介于两者之间。各种作回转（或摆动）运动的零件（如齿轮、带轮等）都必须安装在轴上才能进行运动及动力的传递。因此，轴的主要功用是支承回转零件并传递运动和动力。

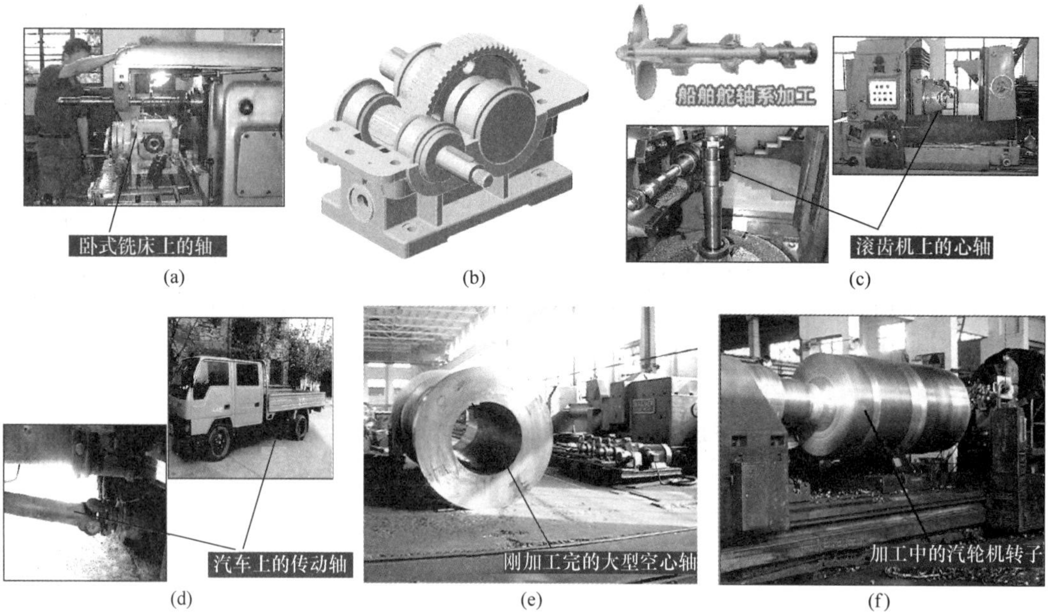

图 8.2.1 轴类零件的应用

1. 轴的分类和用途

1)根据轴的结构形状不同分,有直轴、异形轴和钢丝软轴,如图 8.2.2 所示。

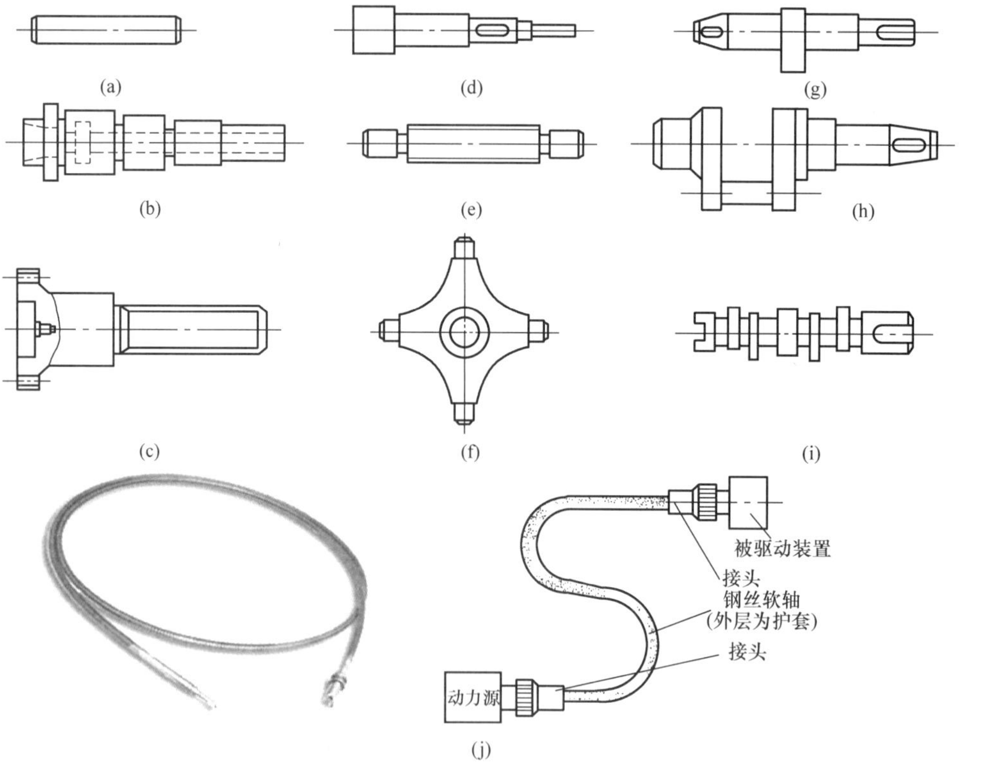

图 8.2.2 直轴、异形轴和钢丝软轴

(a)光轴;(b)空心轴;(c)半轴;(d)阶梯轴;(e)花键轴;(f)十字轴;(g)偏心轴;(h)曲轴;(i)凸轮轴;(j)钢丝软轴

①直轴分为光轴和阶梯轴，一般是实心轴，有特殊要求时也可制成空心轴，如航空发动机的主轴。

②异形轴包括曲轴、凸轮轴和偏心轴等，如内燃机的曲轴。

③钢丝软轴具有挠性，可以穿过曲路传递运动和动力。

2）根据轴承受载荷不同分，有转轴、心轴和传动轴。

①转轴：机器中最常见的轴，通常简称为轴，工作时既承受弯矩又承受转矩，如减速器中的轴，如图 8.2.3 所示。

②心轴：用来支承转动零件，只承受弯矩而不承受转矩。按其是否回转可分为转动心轴（图 8.2.4（a），如铁路机车轮轴）和固定心轴（图 8.2.4（b），如自行车前轮轴）。

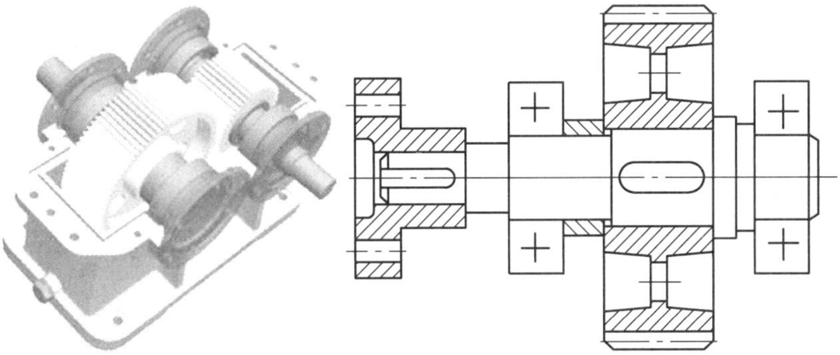

图 8.2.3　转轴

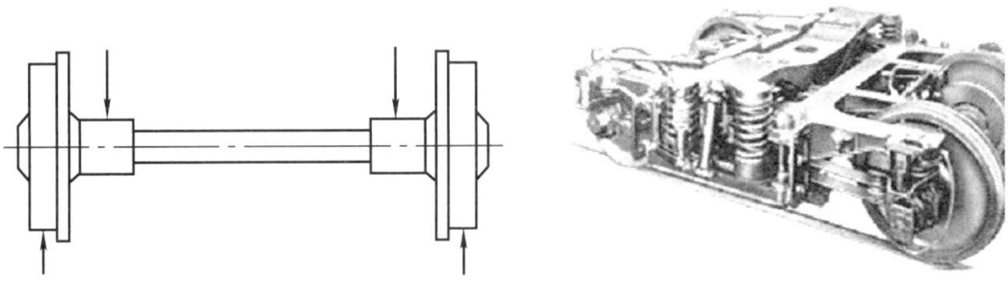

(a)

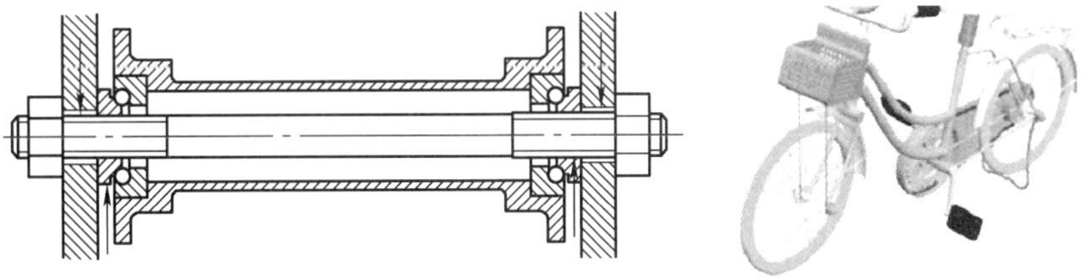

(b)

图 8.2.4　心轴

（a）转动心轴；（b）固定心轴

③传动轴：只承受转矩而不承受弯矩，或承受很小的弯矩，如汽车的传动轴，如图 8.2.5 所示。

2. 轴类零件的工作条件

1）轴主要承受交变的弯曲、扭转或弯曲、扭转应力的复合作用。

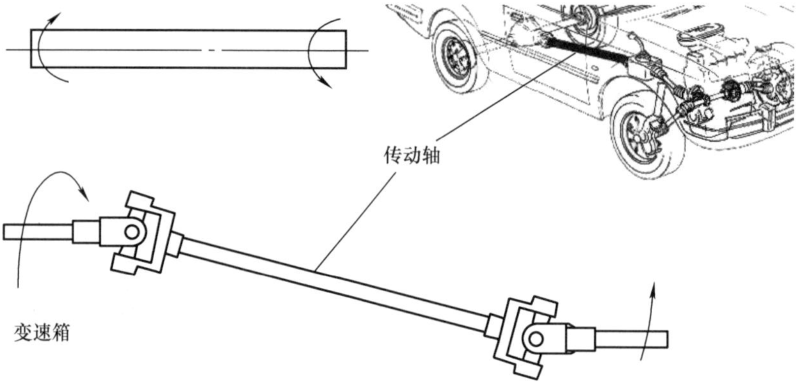

图 8.2.5　传动轴

2)轴与轴上零件有相对运动时相互间存在摩擦和磨损。

3)轴在高速运转过程中会产生振动,使轴承受冲击载荷。

4)多数轴会承受一定的过载载荷。

3. 轴类零件的失效方式

轴类零件在不同的工作条件下会产生疲劳断裂、过量变形甚至断裂、表面过度磨损等失效,因此轴在工作中应满足一定的性能要求。

4. 轴类零件的性能要求

1)良好的综合力学性能。

2)高的疲劳强度。

3)足够的淬透性。

4)良好的切削加工性能。

【知识链接 2】轴类零件的毛坯和材料

1. 轴类零件的毛坯

棒料毛坯:一般用于尺寸较小的直轴。

锻造毛坯:一般用于尺寸较大或强度要求较高的轴。

铸造毛坯:一般用于形状复杂、尺寸较大的异形轴或空心轴等。

焊接毛坯:一般用于锻造比较困难的大型轴等。

2. 轴类零件的材料

轴类零件应根据不同的工作条件和使用要求选用不同的材料并采用不同的热处理方法(如调质、正火、淬火等),以获得一定的强度、韧性和耐磨性。

(1)碳素钢

常用的优质碳素钢有 35、40、45、50 钢,其中以 45 钢使用最广,它价格便宜,经过调质(或正火)后,可得到较好的切削性能,而且能获得较高的强度和韧性等综合力学性能,淬火后表面硬度可达 45 ~ 52HRC。对于受力较小或不太重要的轴,可以使用普通碳素钢如 Q235、Q275 等。

(2)合金钢

对于要求强度较高、尺寸较小或有其他特殊要求的轴,可以采用合金钢材料。耐磨性要求较高的可以采用20Cr、20CrMnTi等低碳合金钢；中等精度而转速较高的轴可以使用40Cr（或用35SiMn、40MnB代替）、40CrNi（或用38SiMnMo代替）等，这类钢经调质和淬火后，具有较好的综合力学性能。

轴承钢GCr15和弹簧钢65Mn，经调质和表面高频淬火后，表面硬度可达50～58HRC，并具有较高的耐疲劳性能和较好的耐磨性能，可制造较高精度的轴。

精密机床的主轴（如磨床砂轮轴、坐标镗床主轴）可选用38CrMoAlA。这种钢经调质和表面氮化后，不仅能获得很高的表面硬度，而且能保持较软的芯部，因此耐冲击韧性好。与渗碳淬火钢比较，它有热处理变形很小、硬度更高的特性。

（3）铸铁

对于形状复杂的轴，如曲轴、凸轮轴等，采用球墨铸铁或高强度铸造材料来进行铸造加工，易得到所需形状，而且具有较好的吸振性能和耐磨性，对应力集中的敏感性也较低，如QT600—3、QT700—2、KTZ450—5、KTZ500—4等。

轴的常用材料及主要力学性能见表8.2.1。

表8.2.1　轴的常用材料及主要力学性能

材料及热处理	毛坯直径/mm	硬度HBS	强度极限σ_b	屈服极限σ_s	弯曲疲劳极限σ_{-1}	应用说明
			/MPa			
Q235	≤100		440	240	200	用于不重要或载荷不大的轴
Q275	≤100		580	280	230	
45正火	≤100	170～217	600	300	275	用于较重要的轴，应用最为广泛
45调质	≤200	217～255	650	360	300	
40Cr调质	25	241～286	1000	800	500	用于载荷较大，而无很大冲击的重要的轴
	≤100		750	550	350	
	>100～300		700	550	340	
40MnB调质	25	241～286	1000	800	485	性能接近于40Cr，用于重要的轴
	≥200		750	500	335	
35CrMo调质	≤100	207～269	750	550	390	用于重载荷的轴
38CrMoAlA调质	≤60	293～321	930	785	440	用于要求高耐磨性、高强度且热处理（氮化）变形很小的轴
	>60～100	277～302	835	685	410	
	>100～160	241～277	785	590	375	
20Cr渗碳淬火回火	15	表面渗碳HRC56～62	850	550	375	用于要求强度、韧性及耐磨性均较高的轴
	≤60		650	400	580	
QT600－3		190～270	600	370	215	结构复杂的轴

【知识链接3】轴的设计

1.轴的设计包括两个方面的内容

1）轴的结构设计：即根据轴上零件的安装、定位及轴的制造工艺等方面的要求，合理确定轴的结构形状和尺寸。

2)轴的工作能力设计:即从强度、刚度和振动稳定性等方面来保证轴具有足够的工作能力和可靠性。对于不同机械的轴,其工作能力的要求是不同的,必须针对不同的要求进行设计。

设计轴时主要应该满足轴的强度要求和结构要求;对于刚度要求较高的轴(例如机床主轴),主要应该满足刚度要求;对于一些高速旋转的轴(例如高速磨床主轴、汽轮机主轴等),要考虑满足振动稳定性的要求;另外,要根据装配、加工、受力等具体要求,合理确定轴的形状和各部分的尺寸,即进行轴的结构设计。

2. 轴的设计程序

1)根据轴的工作条件选择材料,确定许用应力。

2)按扭转强度估算出轴的最小直径。

3)设计轴的结构,绘制出轴的结构草图,包括根据工作要求确定轴上零件的位置和固定方式;确定各轴段的直径和长度;根据设计手册确定轴的结构细节,如圆角、倒角等尺寸。

4)按弯扭合成进行轴的强度校核。

5)修改轴的结构后再进行校核计算。

6)绘制轴的零件图。

轴的设计区别于其他零件设计过程的显著特点是:必须先进行结构设计,然后才能进行工作能力的核算。

【任务实施1】轴的结构设计

1. 轴的结构设计原则

1)满足强度、刚度、稳定性的要求,并通过结构设计提高这些方面的性能。

2)保证轴上零件定位和固定可靠。

3)便于轴上零件装拆和调整。

4)轴的加工工艺性好。

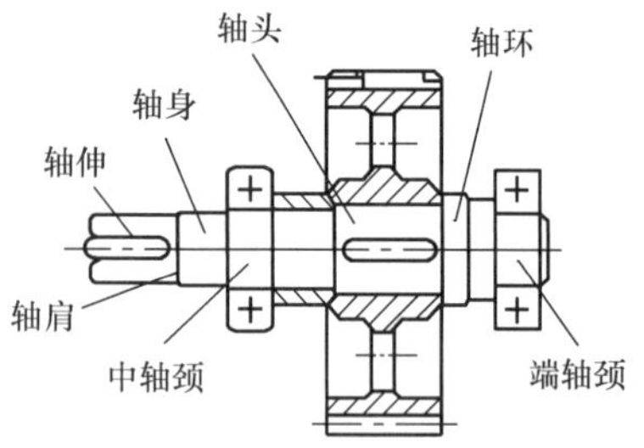

图8.2.6 轴的组成结构

2. 轴的主要组成

轴主要由轴颈、轴头、轴伸、轴身、轴肩和轴环等部分组成。其中,轴颈为轴上被支承的部分,轴头为安装轮毂部分,轴伸为外伸的轴头,轴身为连接轴颈和轴头的部分,轴肩或轴环为阶梯轴上截面尺寸变化的部位,如图8.2.6所示。

为了便于安装和拆卸,一般的转轴均为中间粗、两头细的阶梯轴。轴的结构和形状取决于:轴的毛坯种类、轴上作用力的大小及分布情况,轴上零件的位置、配合性质以及连接固定的方法,轴承的类型、尺寸和位置,轴的加工方法、装配方法以及其他特殊要求。

3. 轴的结构设计

(1)拟订轴上主要零件的装配

原则:轴的结构简单,零件装配方便。

在进行结构设计时,首先应按传动时各主要零件的相互位置关系拟订轴上零件的装配方案。装配方案不同,轴的结构形状也不同。在实际设计过程中,往往拟订几种不同的装配方案进行比较,从中选出一种最佳方案。如图 8.2.7 所示为一单级圆柱齿轮减速器简图,其输入轴上装有齿轮、带轮和滚动轴承。可以采用如下的装配方案:将左端轴承和带轮从轴的左端装配,齿轮、右端轴承从轴的右端装配。考虑齿轮轮齿受力均匀,应布置在两轴承支点的中间,为了便于轴的加工及轴上零件的定位、装配与调整要求,确定轴的结构形式如图 8.2.7 所示。

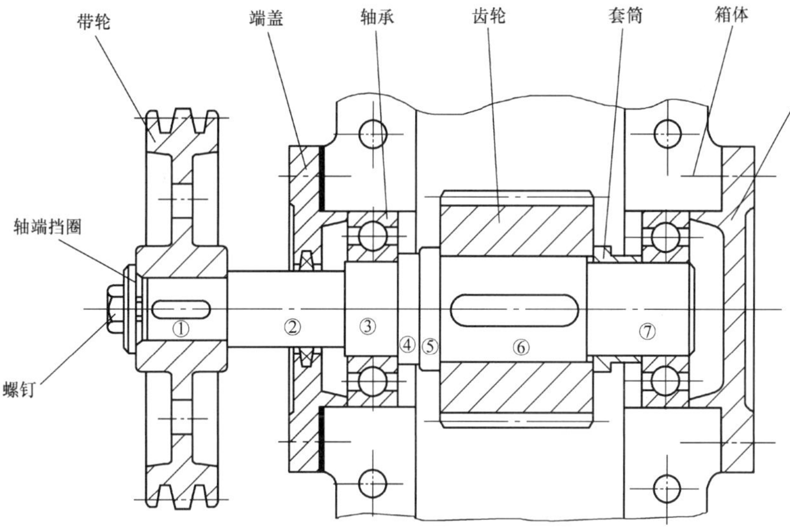

图 8.2.7 轴的结构图

(2)零件在轴上的定位和固定方法

1)零件在轴上的周向定位和固定方法见表 8.2.2。

表 8.2.2 零件在轴上的周向定位和固定方法

周向定位和固定方法	图例	应用说明
平键	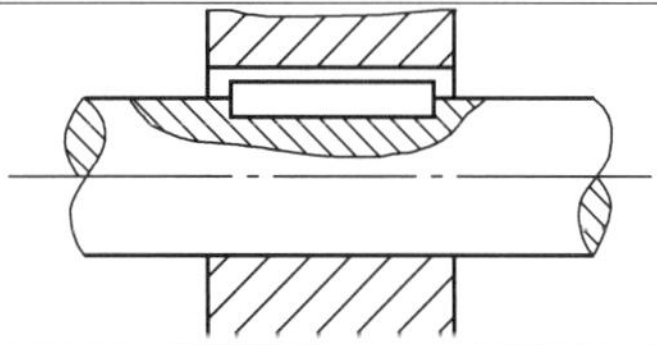	制造简单、装拆方便。用于传递转矩较大、对中性要求一般的场合,应用最为广泛
花键	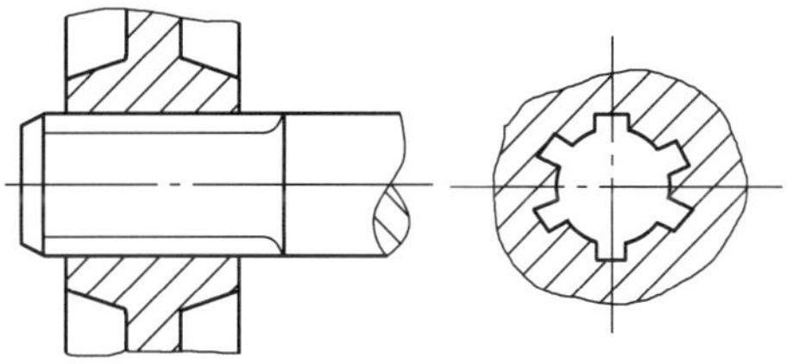	承载能力高、定心好、导向性好,但制造较困难,成本较高。适用于传递转矩较大,对中性要求较高或零件在轴上移动时要求导向性良好的场合
过盈配合	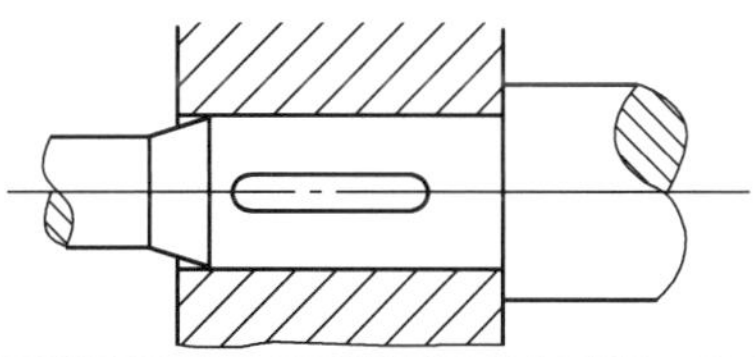	结构简单、定心好、承载能力高、耐振动。但装配困难,且对配合尺寸的精度要求较高。常与平键联合使用,以承受大的交变、振动和冲击载荷

续表

周向定位和固定方法	图　　例	应用说明
销	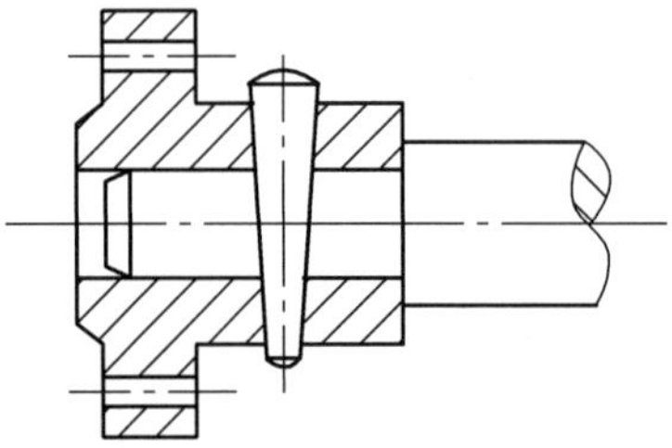	用于固定不太重要、受力不大，但同时需要周向和轴向固定的零件

2)零件在轴上的轴向定位和固定方法见表 8.2.3。

表 8.2.3　零件在轴上的轴向定位和固定方法

轴向定位和固定方法	图　　例	应用说明
轴肩、轴环	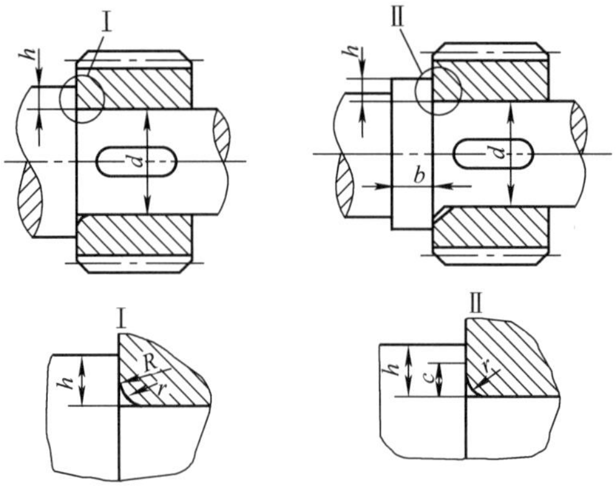 (a) 轴肩　　(b) 轴环	方便可靠、不需要附加零件，能承受较大的轴向力，广泛用于各种轴上零件的定位 设计注意要点：为了保证零件与定位面靠紧，轴上过渡圆角半径应小于零件圆角半径或倒角，一般定位高度取为(0.07～0.1)d，轴环宽度 $b = 1.4h$
套筒	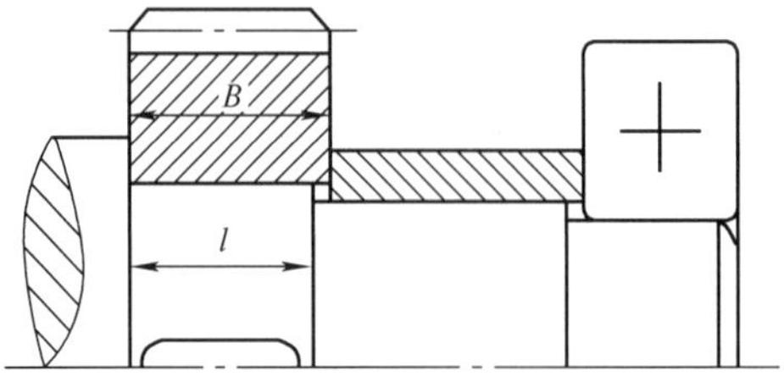	简化轴的结构，减小应力集中，结构简单、定位可靠。多用于轴上零件间距离较小的场合，但由于套筒与轴之间存在间隙，所以在高速情况下不宜使用 设计注意要点：为了防止过定位，应使 L 比 B 小 2～3 mm

续表

<table>
<tr><th>轴向定位和
固定方法</th><th>图　　例</th><th>应用说明</th></tr>
<tr><td>圆锥面</td><td>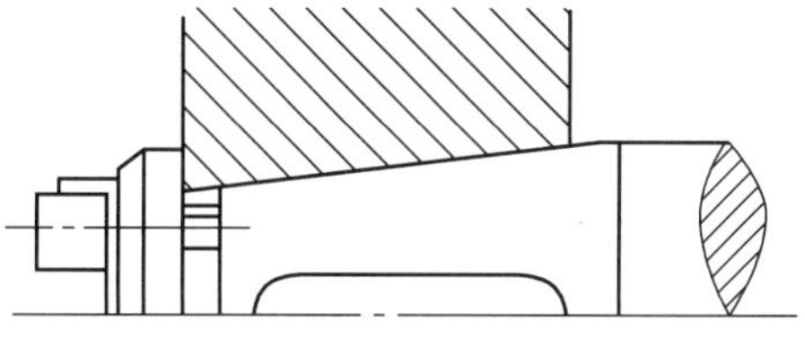</td><td>装拆方便，兼作周向定位。适用于高速、冲击以及对中性要求较高的场合</td></tr>
<tr><td>圆螺母与
止动垫圈</td><td>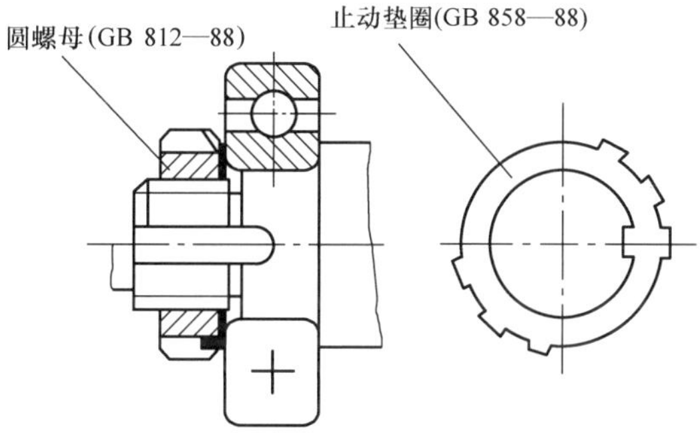</td><td rowspan="2">固定可靠，可以承受较大的轴向力，能实现轴上零件的间隙调整。但切制螺纹将会产生较大的应力集中，降低轴的疲劳强度。多用于固定轴端零件
设计注意要点：为了减小对轴强度的削弱，常采用细牙螺纹；为了防松，需加止动垫片或者使用双圆螺母</td></tr>
<tr><td>双圆螺母</td><td>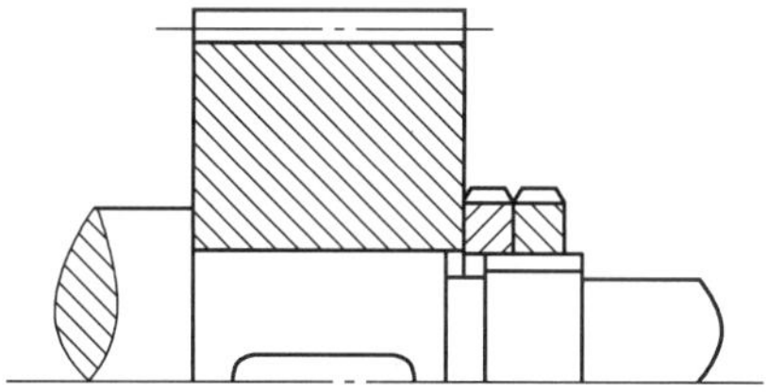</td></tr>
<tr><td>轴端挡圈</td><td>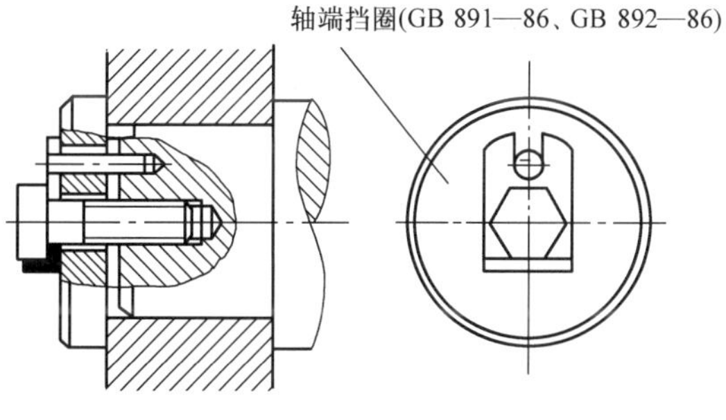</td><td>工作可靠，能够承受较大的轴向力，应用广泛
设计注意要点：只用于轴端零件轴向定位，需要采用止动垫片等防松措施，轴的外伸端长度比轮毂宽度小 2 ~ 3 mm</td></tr>
</table>

续表

轴向定位和固定方法	图　　例	应用说明
弹性挡圈	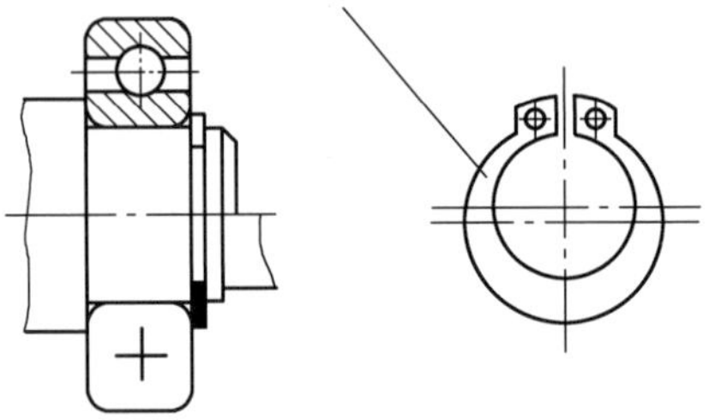	结构紧凑、简单、装拆方便,但受力较小,且轴上切槽会引起应力集中,常用于轴承的定位 设计注意要点:轴上切槽尺寸见 GB 894.1—86
紧定螺钉	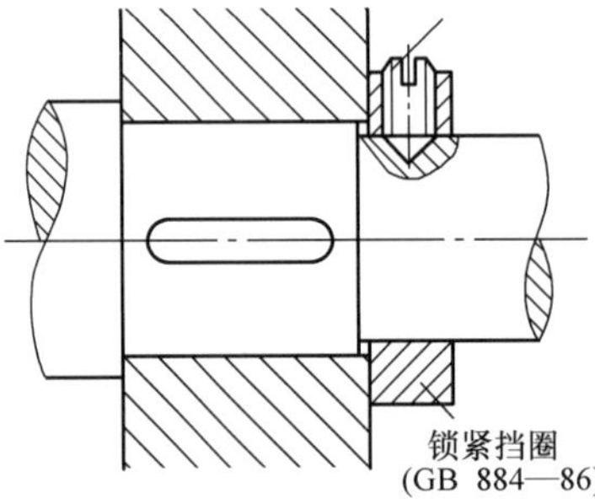	紧定螺钉、弹簧挡圈、锁紧挡圈等定位,多用于轴向力不大的场合,且不适宜高速场合

(3)轴的结构工艺性

轴的结构工艺性包括加工工艺(图 8.2.8)和装配工艺(8.2.9)两方面,良好的工艺性应包括以下几方面。

1)轴的形状要力求简单,阶梯轴的级数应尽可能少,轴上各段的键槽、圆角半径、倒角、中心孔等尺寸应尽可能统一,以利于加工和检验。

2)轴上需磨削的轴段应设计出砂轮越程槽,需车制螺纹的轴段应有退刀槽。

3)当轴上有多处键槽时,应使各键槽位于轴的同一母线上。

4)为使轴便于装配,轴端应有倒角。

5)对于阶梯轴常设计成两端小、中间大的形状,以便于零件从两端装拆。

6)轴的结构设计应使各零件在装配时尽量不接触其他零件的配合表面,轴肩高度不能妨碍零件的拆卸,如图 8.2.9 所示。

(4)确定各轴段的直径和长度

轴上零件的装配方案和定位方法确定之后,轴的基本形状就确定了。轴的直径应该根据轴所承受的载荷来确定。在实际设计中,通常是按扭矩强度条件来初步估算轴的直径,并将这一估算值作为轴受扭段的最小直径(也可以凭经验和参考同类机械用类比的方法确定),然后按照轴上零件的装配方案和定位要求,逐步确定各轴段的直径,并根据轴上零件的轴向尺寸、各零件的相互位置关系以及零件装配所需的装配和调整空间,确定轴的各段长度。具体工作时,需要注意以下几个问题。

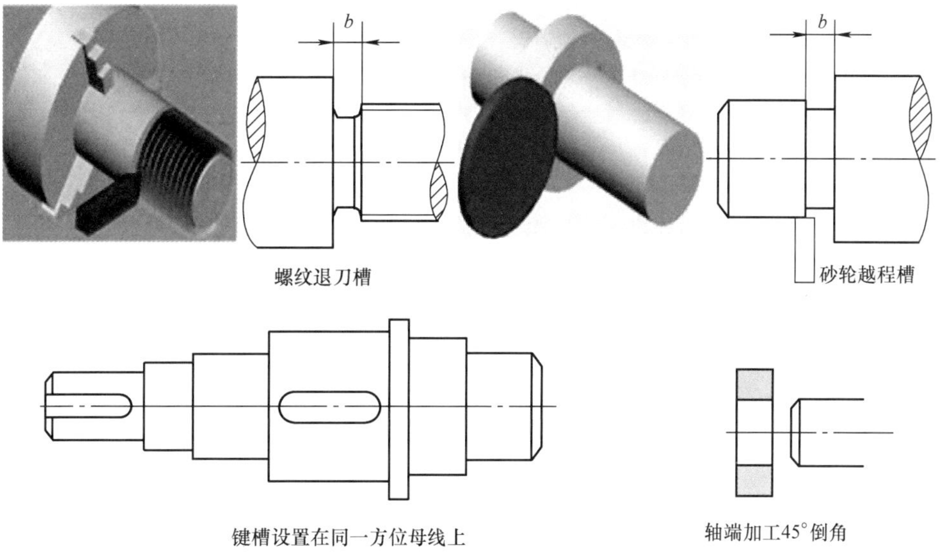

图 8.2.8　加工工艺

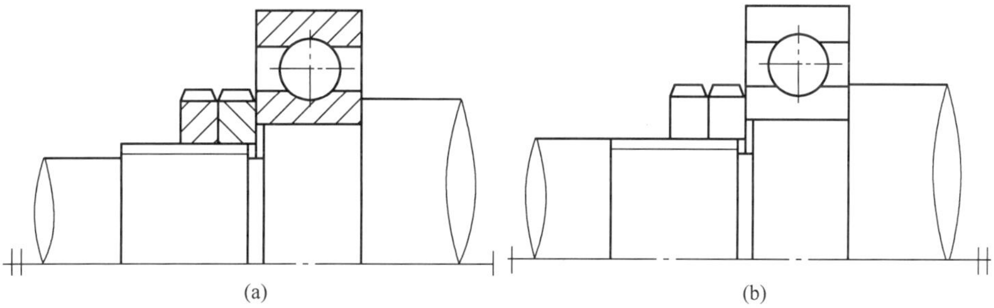

图 8.2.9　装配工艺

(a)正确;(b)错误

1)轴上与零件相配合的直径应取成标准值,非配合轴段允许为非标准值,但最好取为整数。

2)与滚动轴承相配合的直径,必须符合滚动轴承的内径标准。

3)安装联轴器的轴径应与联轴器的孔径范围相适应。

4)轴上的螺纹直径应符合标准。

5)与轮毂配合的轴段长度,应比轮毂长度略短 2 ~ 3 mm,以保证零件轴向定位可靠。

6)若轴上装有滑移的零件,应该考虑零件的滑移距离。

7)轴上各零件之间应该留有适当的间隙,以防止运转时相碰。

(5)提高轴强度和刚度的结构措施

轴的强度与工作应力的大小和性质有关,因此在选择轴的结构和形状时应注意以下几个问题。

1)使轴的形状接近于等强度条件,以充分利用材料的承载能力,如图 8.2.10 所示。

2)尽量避免各轴段剖面突然改变以降低局部应力集中,提高轴的疲劳强度,如图8.2.11所示。

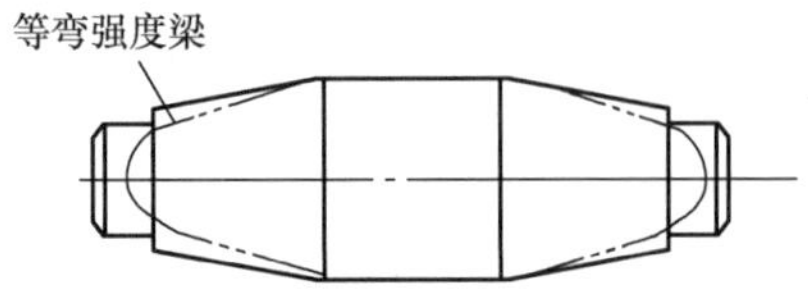

图 8.2.10 等强度梁

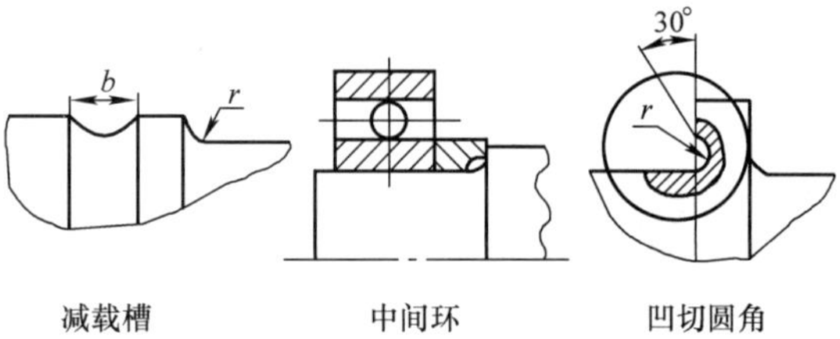

图 8.2.11 减小应力集中

3)改变轴上零件的布置,可以减小轴的载荷,如图 8.2.12 所示 。

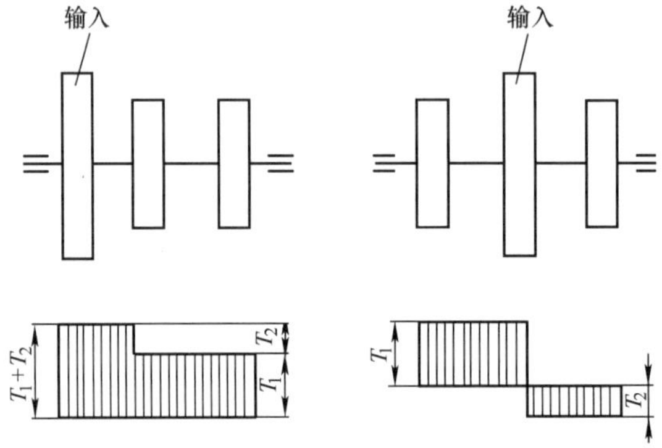

图 8.2.12 改变轴上零件的布置

4)改进轴上零件的结构,也可以减小轴的载荷,如图 8.2.13 所示 。

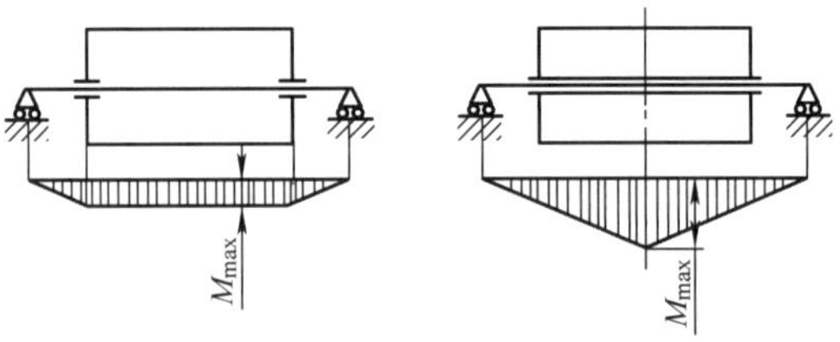

图 8.2.13 改进轴上零件的结构

5)改善表面质量(表面强化处理的方法;表面高频淬火等热处理;表面渗碳、氮化、氰化等化学热处理;碾压、喷丸等强化处理),提高轴的疲劳强度。

6)用空心轴,增大轴的刚度。

【任务实施 2】轴系的结构设计案例分析

【案例 1】 轴上零件的定位错误分析,见图 8.2.14。

解 图中错误是轴上的零件没有靠紧轴肩,零件的轴向定位不可靠。

应使轴阶梯处的圆角半径小于零件孔的圆角半径或倒角宽度，才能使零件靠紧轴肩，实现零件轴向定位和固定。

【案例 2】　轴系的结构设计错误分析，见图 8.2.15。

解　图中有三处错误：左侧平键太长，两处平键没在同一方位的母线上，右侧齿轮无法装入。

改进：左侧平键长度应比其上齿轮宽度小 5 ~ 10 mm，两处平键应在同一方位的母线上，右侧齿轮应加工为通键槽。

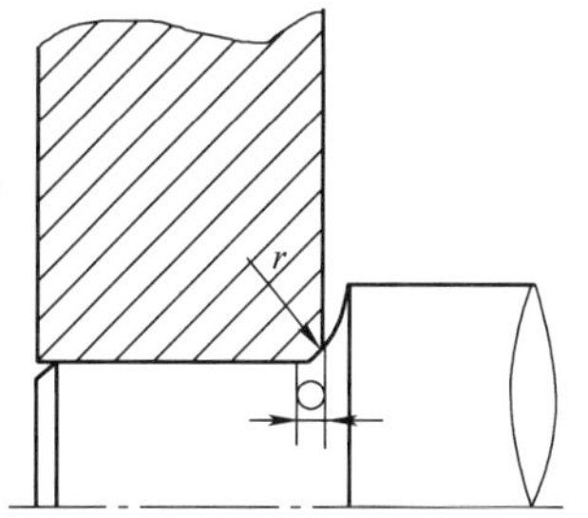

图 8.2.14　定位错误

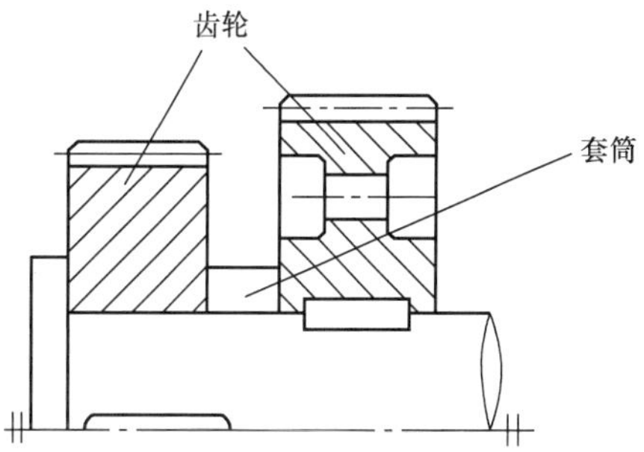

图 8.2.15　结构设计错误

【案例 3】　轴系的结构设计错误分析，见图 8.2.16。

解　1 处动件轴与静件轴承盖（透盖）间应留有间隙；2 处套筒高度应低于轴承内圈厚度，否则影响拆轴承；3 处轴头长度应小于齿轮轮毂宽度 2 ~ 3 mm；4 处应有轴肩使联轴器轴向定位；5 处应设有平键；6 处轴用弹性挡圈可省略；7 处应设有轴肩以方便拆轴承；8 处联轴器应为通孔；9 处轴承盖与箱体间应设有调整垫片；10 处轴肩过高无法拆轴承；11 处键过长；12 处铸造箱体应有凸台连接轴承盖；13 处箱体应做成上下分体式，方便装拆零件；14 处应加毛毡圈密封；15 处动静之间应留有间隙。

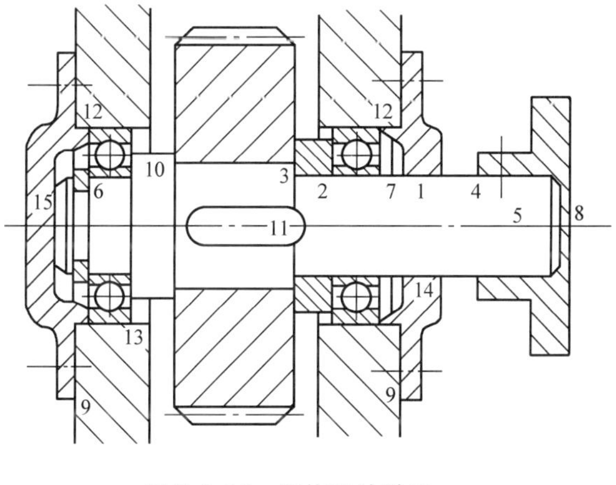

图 8.2.16　结构设计错误

【案例 4】　轴系的结构设计分析。

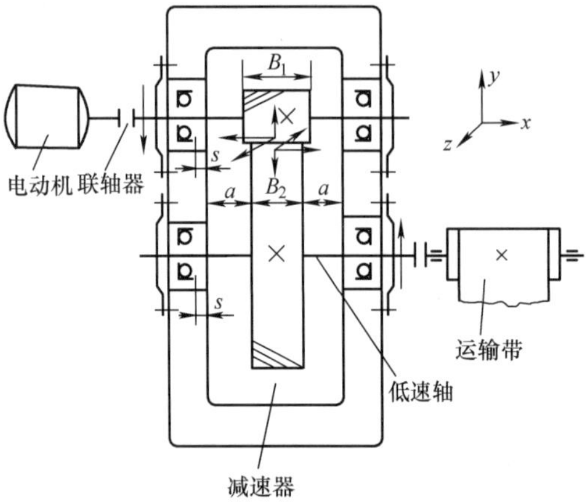

图 8.2.17　齿轮减速器的简图

设计如图 8.2.17 所示一带式输送机中单级斜齿轮减速器的低速轴结构。已知电动机的功率 $P=25$ kW，转速 $n_1=970$ r/min，传动零件（齿轮）的主要参数及尺寸为：法面模数 $m_n=4$ mm，传动比 $i=3.95$，小齿轮齿数 $z_1=20$，大齿轮齿数 $z_2=79$，分度圆上的螺旋角 $\beta=8°6'34''$，小齿轮分度圆直径 $d_1=80.81$ mm，大齿轮分度圆直径 $d_2=319.19$ mm，中心距 $a=200$ mm，齿宽 $B_1=85$ mm、$B_2=80$ mm。

解　(1)选择轴的材料

该轴没有特殊的要求，因而选用调质处理的 45 钢，可以查得其强度极限 $\delta_b=650$ MPa。

(2)初步估算轴径

按扭转强度估算输出端联轴器处的最小直径，根据表 8.2.4 中查 45 钢，取 $C=110$；输出轴的功率 $P_2=P\eta_1\eta_2\eta_3$（η_1 为联轴器的效率，取 0.99；η_2 为滚动轴承的效率，取 0.99；η_3 为齿轮传动效率，取 0.98），所以 $P_2=25\times0.99\times0.99\times0.98=24$ kW；输出轴转速 $n_2=970/3.95=245.6$ r/min。根据公式有

$$d_{\min}=C\sqrt[3]{\frac{P_2}{n_2}}=110\sqrt[3]{\frac{24}{245.6}}=50.7\ \text{mm}$$

由于在联轴器处有一个键槽，轴径应增加 5%；为了使所选轴径与联轴器孔径相适应，需要同时选取联轴器。从手册查得，选用 HL4 弹性联轴器 J55 × 84/Y55 × 112GB5014—85。故取与联轴器连接的轴径为 55 mm。

(3)轴的结构设计

根据齿轮减速器的简图确定轴上主要零件的布置图（图 8.2.18）和轴的初步估算定出轴径进行轴的结构设计。

Ⅰ. 轴上零件的轴向定位

齿轮的一端靠轴肩定位，另一端靠套筒定位，装拆、传力均较为方便；两段端承常用同一尺寸，以便于购买、加工、安装和维修；为了便于拆装轴承，轴承处轴肩不宜过高（其高度最大值可从轴承标准中查得），故左端轴承与齿轮间设置两个轴肩，如图 8.2.19 所示。

Ⅱ. 轴上零件的周向定位

齿轮与轴、半联轴器与轴的周向定位均采用平键连接及过盈配合。根据设计手册，在齿轮、半联轴器处的键剖面尺寸为 $b\times h=20$ mm × 12 mm，16 mm × 10 mm，配合均采用 H7/k6；滚动轴承内圈与轴的配合采用基孔制，轴的尺寸公差为 k6。

Ⅲ. 确定各段轴径直径和长度（图 8.2.20）

轴肩高度：可根据手册查得，或按照经验选取，一般取 3 ~ 5 mm，就可以确定出各轴段的直径。

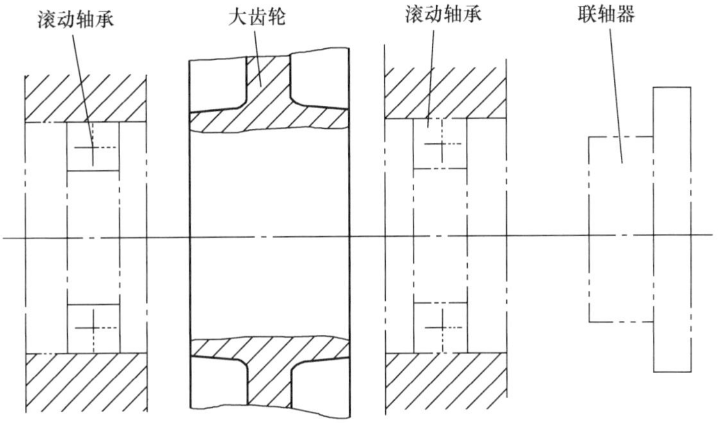

图 8.2.18　轴上主要零件的布置图

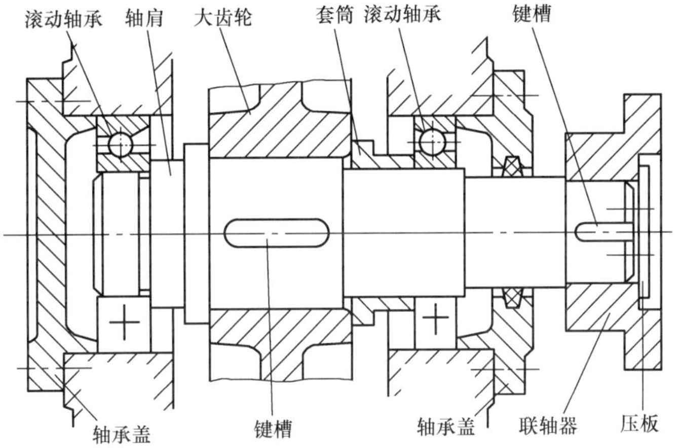

图 8.2.19　轴上零件的装配方案

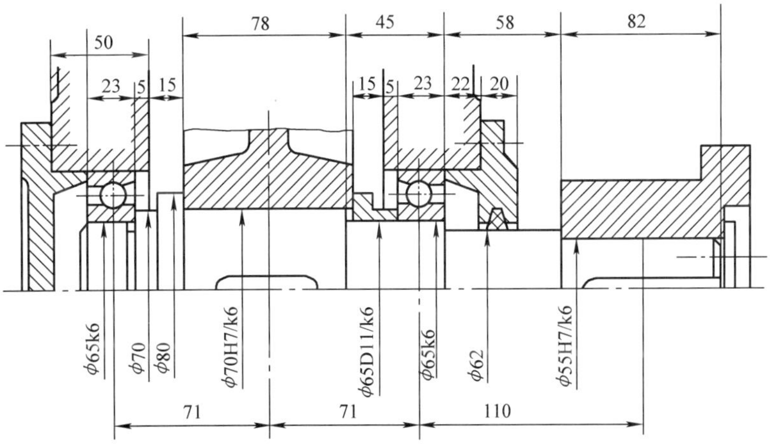

图 8.2.20　轴的结构设计

轴径：从联轴器开始向左取 $\phi55\to\phi62\to\phi65\to\phi70\to\phi80\to\phi70\to\phi65$。

轴长：取决于轴上零件的宽度及它们的相对位置。选用 7213C 轴承，其宽度为 23 mm；齿轮端面至箱体壁间的距离取 $a=15$ mm；考虑到箱体的铸造误差，装配时留有余地，取滚动轴承与箱体内边距 $s=5$ mm；轴承处箱体凸缘宽度，应按箱盖与箱座连接螺栓尺寸及结构要求确定，初定该宽度 = 轴承宽 + $(0.08\sim0.1)a+(10\sim20)$ mm，取 50 mm；轴承盖厚度取 20 mm；轴承盖与联轴器之间的距离取 15 mm；半联轴器与轴配合长度为 84 mm，为使压板压住半联轴器，取其相应轴长为 82 mm；已知齿轮宽度 $B_2=80$ mm，为使套筒压住齿轮端面，取其相应轴长为 78 mm。

根据以上考虑可确定每段轴长，并可以计算出轴承与齿轮、联轴器间的跨度。

Ⅳ. 考虑轴的结构工艺性

考虑轴的结构工艺性，在轴的左端与右端均制成 $2\times45°$ 倒角；左端支承轴承的轴径未磨削加工到位，留有砂轮越程槽；为便于加工，齿轮、半联轴器处的键槽布置在同一母线上。

(4)强度核算

轴的结构设计基本完成，还需进行轴的强度计算，计算结果若不满足强度要求，需改进轴的结构，重新设计。

【知识拓展】轴的强度计算

1. 按扭转强度计算(估算轴径)

这种方法用于只受扭矩或主要受扭矩的不太重要的轴的强度计算。在作轴的结构设计时，通常用这种方法初步估算轴径。

轴的扭转强度条件为

$$\tau=\frac{T}{W_T}\approx\frac{9.55\times10^6P}{0.2d^3n}\leqslant[\tau] \tag{8.2.1}$$

实心轴的直径

$$d\geqslant\sqrt[3]{\frac{T}{0.2[\tau]}}=\sqrt[3]{\frac{9.55\times10^6P}{0.2[\tau_T]n}}=C\sqrt[3]{\frac{P}{n}} \tag{8.2.2}$$

式中：d 为轴的直径(mm)；τ 为轴的扭剪应力(MPa)；P 为轴传递的功率(kW)；n 为轴的转速(r/min)；C 为计算常数，取决于轴的材料和受载情况。当作用在轴上的弯矩比扭矩小，或轴只受扭矩时，$[\tau]$ 取较大值，C 取较小值，否则相反，见表 8.2.4。

表 8.2.4 常用材料的 $[\tau]$ 值和 C 值

材料	Q235A,20	35	45	40C35,SiMn
$[\tau]$/MPa	12 ~ 20	20 ~ 30	30 ~ 40	40 ~ 52
C	135 ~ 160	118 ~ 135	107 ~ 118	98 ~ 107

为了减少键槽对轴的削弱，可按表 8.2.5 修正轴径。

表 8.2.5 轴径的修正

	有一个键槽	有两个键槽
轴径 $d>100$ mm	轴径增大 3%	轴径增大 7%
轴径 $d\leqslant100$ mm	轴径增大 5% ~7%	轴径增大 10% ~15%

2. 按弯扭合成强度计算（一般轴）

1）画出轴的空间力系图。将轴上作用力分解为水平面分力和垂直面分力，并求出水平面和垂直面的支点反力。

2）分别作出水平面的弯矩图和垂直面上的弯矩图。

3）计算出合成弯矩 $M=\sqrt{M_{\mathrm{H}}^2+M_{\mathrm{V}}^2}$，绘出合成弯矩图。

4）作出转矩（T）图 。

5）计算当量弯矩 $M_{\mathrm{e}}=\sqrt{M^2+(\alpha T)^2}$，绘出当量弯矩图。

6）校核危险截面的强度。

$$\sigma_{\mathrm{e}}=\frac{M_{\mathrm{e}}}{W}=\frac{\sqrt{M^2+(\alpha T)^2}}{0.1d^3}\leqslant[\sigma_{-1\mathrm{b}}] \qquad (8.2.3)$$

式中：α 为折算系数，静应力 $\alpha=\frac{[\sigma_{-1}]_0}{[\sigma_{+1}]_\delta}\approx 0.3$，脉动循环应力 $\alpha=\frac{[\sigma_{-1}]_\delta}{[\sigma_0]_\delta}\approx 0.6$，对称循环应力 $\alpha=\frac{[\sigma_{-1}]_\delta}{[\sigma_{-1}]_\delta}=1$。

3. 按安全系数校核计算（重要轴）

略。

4. 轴的刚度计算

（1）轴的弯曲刚度校核计算

挠度 $y\leqslant[y]$，偏转角 $\theta\leqslant[\theta]$，其中 $[y]$ 和 $[\theta]$ 分别为轴的许用挠度及许用偏转角。

（2）轴的扭转刚度校核计算

轴的扭转刚度以扭转角 φ 来度量。轴的扭转刚度条件为 $\varphi\leqslant[\varphi]$，其中 $[\varphi]$ 为许用扭转角。

【小结】

轴是机械中的重要零件，传动零件必须被轴支承起来才能工作，轴又被轴承支承，与轴承配合的轴段称为轴颈。轴、轴承、联轴器等组成轴系结构，通过学习掌握轴的作用和类型，合理选择轴的材料，正确进行轴系结构设计在工程中是非常重要的。在设计时应注意轴上零件的定位和固定问题、动静零件之间的关系问题、零件间隙的调整问题、轴上零件的拆卸问题等，只有多练习勤思考，才能掌握基本的思路和方法，培养设计理念，避免出现设计错误。

复　习　题

一、填空题

1. 按载荷分类，轴可以分为________、________和________。

2. 根据承载情况，自行车前轴为________轴，中轴为________轴，后轴为________轴。

3. 转轴所受的载荷类型是________，心轴所受载荷类型是________，传动轴所受载荷类型是________。

4. 为了便于安装轴上零件，轴端及各个轴段的端部应有________。

5. 轴上需要磨削的轴段应有________，轴上需要车削螺纹的轴段应有________。

6. 为了便于轴上零件的轴向固定，轴一般应设计出________。

7. 轴一般应是阶梯形，一定要使中间轴段________，两边轴段________。

8. 用弹性挡圈或紧定螺钉作轴向固定时，只能承受________轴向力。

9. 用套筒、圆螺母或轴端挡圈作轴向固定时，应使轴段的长度________轮毂的宽度。

10. 轴肩根部圆角半径应________轴上零件的轮毂孔的倒角或圆角半径。

二、简答题

1. 轴上零件的轴向固定方法主要有哪些种类？各有什么特点？

2. 轴上零件的周向固定方法主要有哪些种类？各有什么特点？

3. 如何提高轴的疲劳强度？如何提高轴的刚度？

4. 试说明下面几种轴材料的适用场合：0235—A，45，1Cr18Ni9Ti，QT600—2，40CrNi。

5. 轴的强度计算方法有哪几种？各适用于何种情况？

6. 经校核发现轴的疲劳强度不符合要求时，在不增大轴径的条件下，可采取哪些措施来提高轴的疲劳强度？

7. 试分析题7图示轴系结构中局部放大图Ⅰ、Ⅱ、Ⅲ处应注意什么？在进行轴系结构设计时要考虑哪些问题？

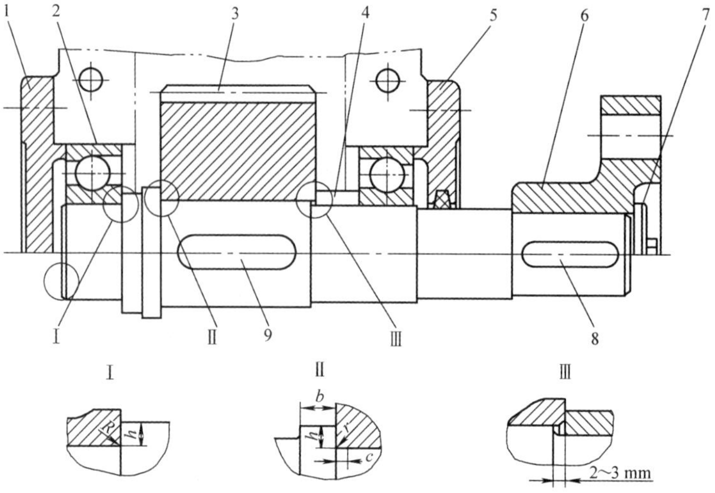

题7图

1，5—左、右轴承端盖；2—滚动轴承；3—齿轮；4—套筒；6—半联轴器；7—轴端挡圈；8，9—平键

8. 试指出题8图示斜齿圆柱齿轮轴系中的错误结构，并画出正确结构图。

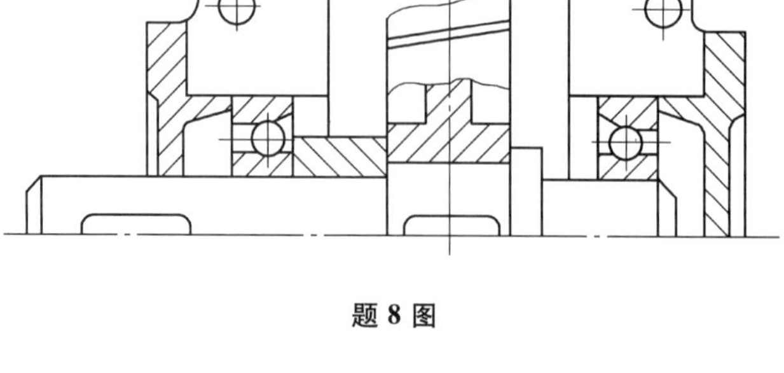

题8图

9. 试分析题 9 图中的结构错误，分别说明理由，并画出正确的结构图。

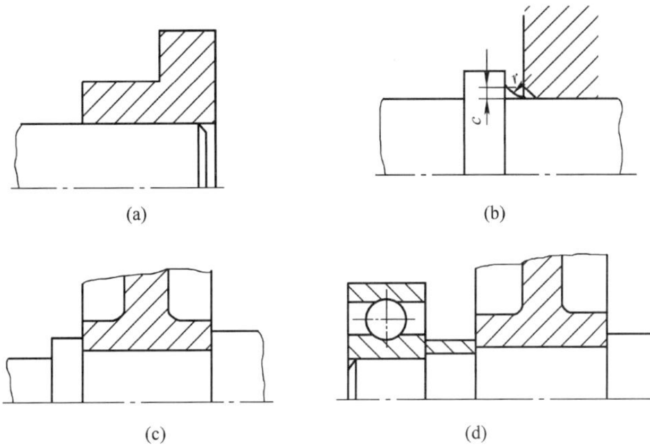

题 9 图

10. 分析题 10 图示齿轮轴系上的错误结构，说明原因并画出正确结构

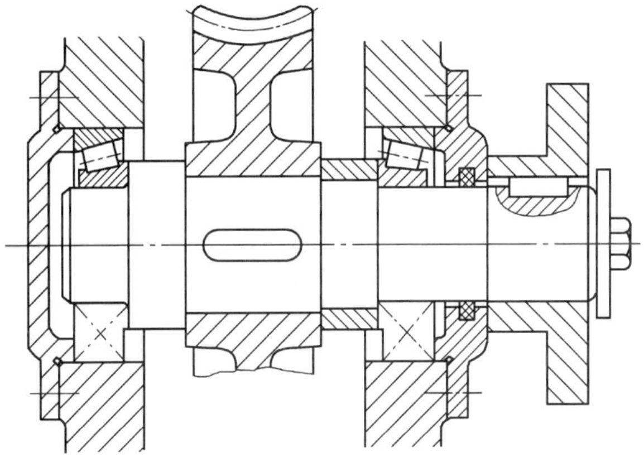

题 10 图

11. 齿轮轴系上各零件的结构及位置如题 11 图所示。试设计该轴的外形并定出各轴段的直径。

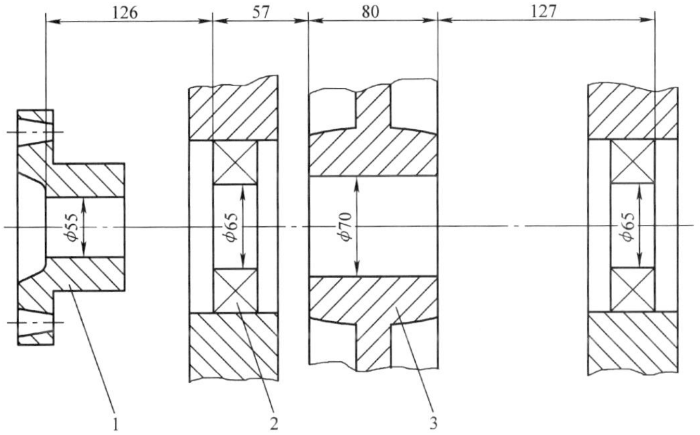

题 11 图

任务三　联轴器、离合器和弹簧

联轴器和离合器都是用来连接两轴，使两轴一起转动并传递转矩的装置。在工作过程中，使两轴始终处于连接状态的称为联轴器，可使两轴随时分离或接合的称为离合器。弹簧在机器中的应用非常广泛，了解弹簧的功用及结构也是十分必要的。

【任务目标】

- 了解联轴器、离合器和弹簧的类型、特点及应用。
- 掌握联轴器和离合器的工作原理和区别。
- 正确地选用弹簧。

【任务导入】

观察图 8.3.1，并思考下列问题。

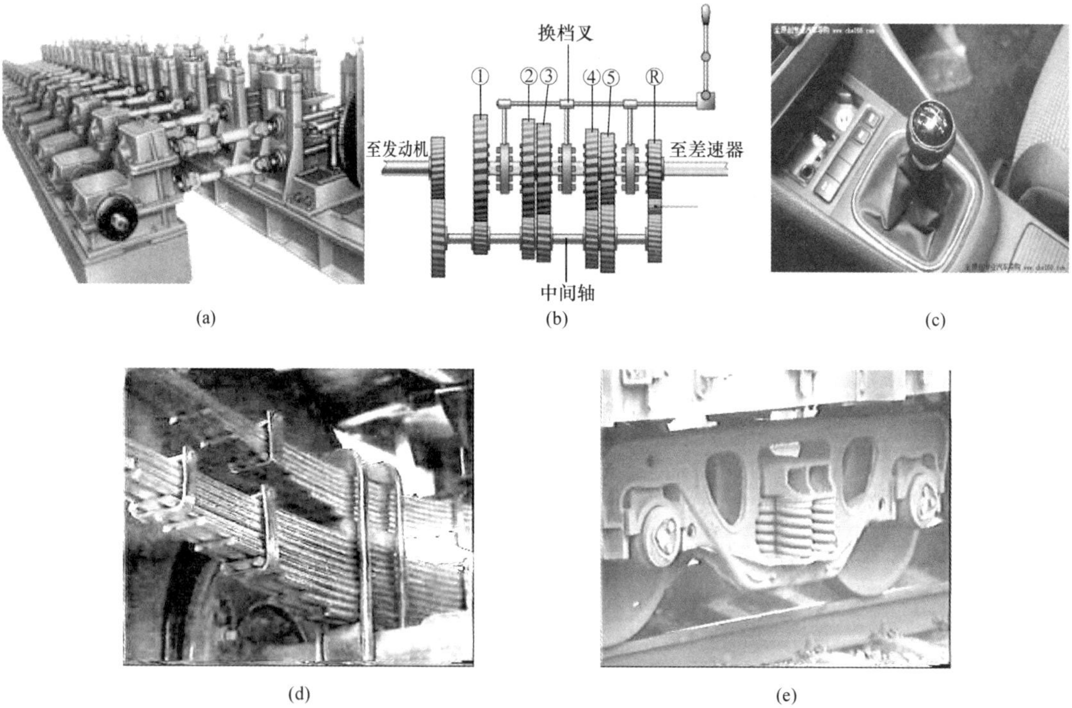

图 8.3.1　联轴器、离合器和弹簧的应用

1. 联轴器和离合器用途是什么？它们有哪些类型？
2. 图 8.3.1 中的联轴器是什么类型？离合器用在什么地方？
3. 图中的弹簧是哪类弹簧？用在什么地方？有什么作用？

【知识链接 1】联轴器

联轴器通常用来连接两轴并在其间传递运动和转矩。联轴器所连接的两轴，由于制造及安装误差，往往存在着某种程度的相对位移与偏斜，如图 8.3.2 所示。

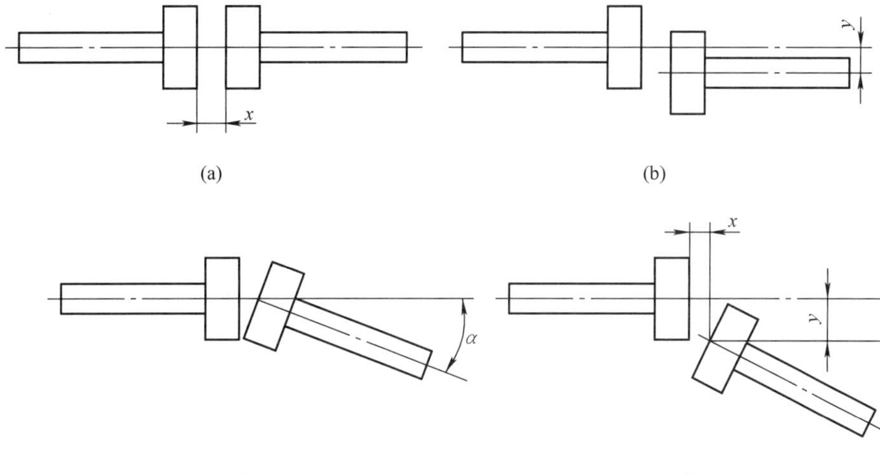

图 8.3.2　联轴器所连接两轴的偏移形式

(a)轴向位移;(b)径向位移;(c)角位移;(d)综合位移

联轴器的种类很多,按可移性,联轴器分为固定式和可移式两种。按缓冲性,联轴器分为刚性和弹性两种。刚性联轴器中,又可分为固定式刚性联轴器和可移式刚性联轴器,而弹性联轴器具有一定的可移性。

1. 固定式刚性联轴器

被连接两轴间的各种相对位移无补偿能力,故对两轴对中性的要求高。当两轴有相对位移时,会在结构内引起附加载荷。这类联轴器的结构比较简单。常用的固定式刚性联轴器有套筒联轴器和凸缘联轴器等。

(1)套筒联轴器

套筒联轴器是用键或销将套筒和两轴连接起来,以传递转矩,如图 8.3.3 所示。该联轴器结构简单、加工容易、径向尺寸小,但装拆时需要轴作轴向移动。一般用于两轴直径小、同轴度要求较高、载荷不大和工作平稳的场合。

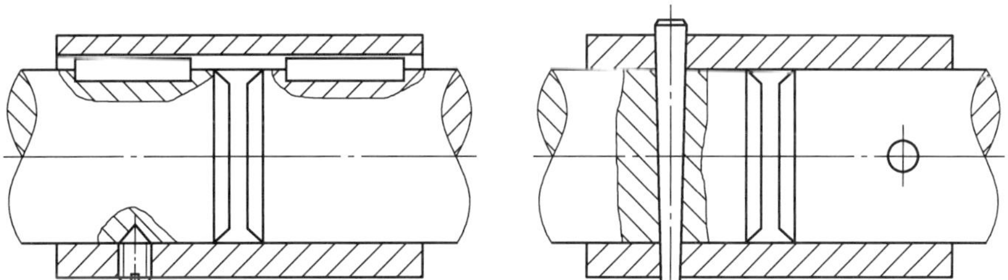

图 8.3.3　套筒联轴器

(2)凸缘联轴器

如图 8.3.4 所示,凸缘联轴器由两个带凸缘的半联轴器分别用键与两轴连接,并用一组螺栓将两个半联轴器组成一体。这种联轴器有两种对中方式:一种是通过分别具有凸槽和凹槽的两个半联轴器的相互嵌合来对中,半联轴器采用普通螺栓连接;另一种是通过铰制孔用螺栓与孔的紧配合对中,当尺寸相同时后者传递的转矩较大,且装拆时轴不必作轴向移

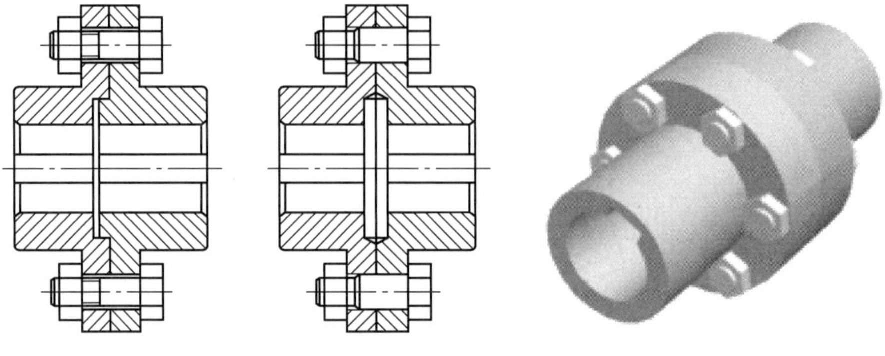

图 8.3.4　刚性凸缘联轴器

(a)普通螺栓连接;(b)铰制孔螺栓连接;(c)凸缘联轴器外形

动。该联轴器构造简单、成本低,可传递较大转矩;不允许两轴有相对位移,无缓冲;在转速低,无冲击,轴的刚性大,对中性较好的场合应用较广。

2. 可移式刚性联轴器

可移式刚性联轴器具有挠性,可补偿两轴的相对位移。但因无弹性元件,故不能缓冲减振。常用的可移式刚性联轴器有十字滑块联轴器、万向联轴器和齿式联轴器等。

(1)十字滑块联轴器

十字滑块联轴器上的半联轴器左、右凹槽与中间滑块的凸榫构成移动副,可补偿两轴偏移,如图 8.3.5 所示。十字滑块联轴器无缓冲,移动副应加润滑,一般用于低速传动。

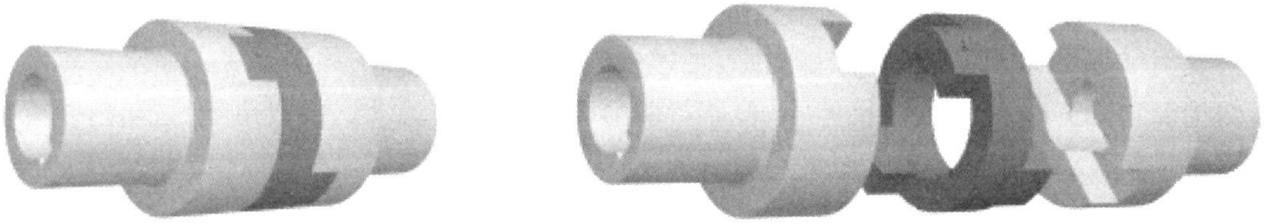

图 8.3.5　十字滑块联轴器

(2)万向联轴器

万向联轴器是由两个叉形接头和一个十字元件组成,如图 8.3.6 所示。两个叉形接头和一个十字元件之间分别组成活动铰链,两个叉形接头(两半联轴器)均能绕十字形元件的

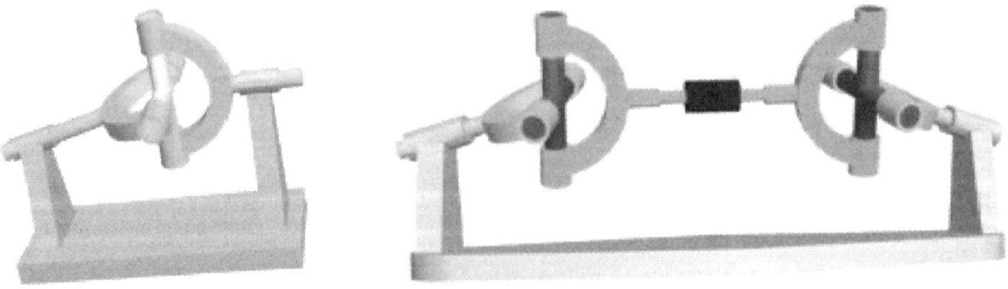

图 8.3.6　万向联轴器

轴线转动，从而使联轴器两轴的轴线夹角可达35°～45°。因此万向联轴器即使两轴不在同一轴线，存在轴线夹角的情况下也能实现所连接的两轴连续回转，并可靠地传递转矩和运动。其最大的特点是具有较大的角向补偿能力，结构紧凑，传动效率高。

万向联轴器使用时，为避免主动轴以等角速度转动而引起附加动载荷，常将万向联轴器成对使用，双万向联轴器安装时应满足：主、从动轴与中间轴的夹角必须相等；中间轴两端的叉形平面必须位于同一平面内。

(3)齿式联轴器

齿式联轴器结构如图8.3.7所示，安装时两个内齿圈用一组螺栓连接，两个外齿轮轴套用过盈配合和键与轴连接，并通过内外齿的啮合传递转矩。

图8.3.7 齿式联轴器

3. 弹性联轴器

常用的弹性联轴器有弹性套柱销联轴器、弹性柱销联轴器等。

(1)弹性套柱销联轴器

弹性套柱销联轴器构造如图8.3.8所示，与凸缘联轴器相似，只是用套有弹性套的柱销代替了连接螺纹，利用弹性套的弹性变形来补偿两轴的相对位移。这种联轴器质量轻、结构简单，但弹性套易磨损、寿命较短，用于冲击载荷小、启动频繁的中小功率传动中。弹性套柱销联轴器已标准化(GB 4323—84)。

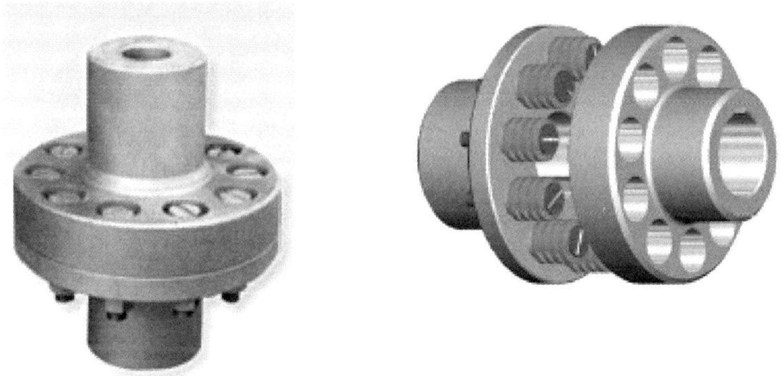

图8.3.8 弹性套柱销联轴器

(2)弹性柱销联轴器

弹性柱销联轴器构造如图8.3.9所示。弹性柱销联轴器主要由两个半联轴器和尼龙弹性柱销组成，为了防止弹性柱销滑出，在弹性柱销孔外侧设置了挡板。这种联轴器与弹性套柱销联轴器类似，但传递转矩的能力较大，结构更加简单，安装制造方便，耐久性好，适用于轴向窜动量较大的场合。

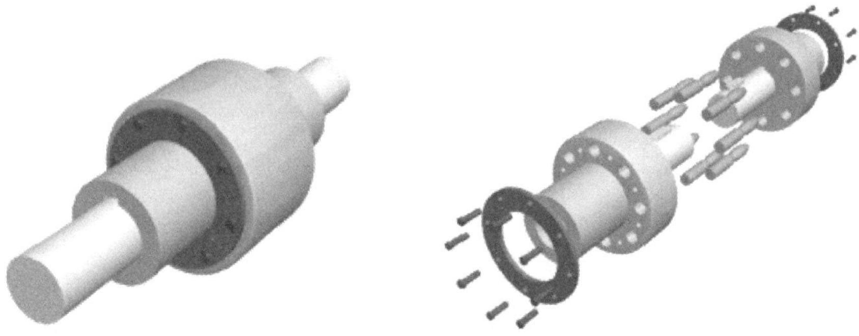

图 8.3.9 弹性柱销联轴器

4. 联轴器的选择

选择时要注意下列几个要求：

1）计算转矩不超过所选型号的规定值；

2）工作转速不大于所选型号的规定值；

3）两轴轴径在所选型号的孔径范围内。

【知识链接 2】离合器

离合器应使机器不论在停车或运转中都能随时接合或分离，而且迅速可靠。离合器按其工作原理可分为牙嵌式、摩擦式和电磁式三类。

1. 牙嵌式离合器

牙嵌式离合器结构如图 8.3.10 所示，由两个端面带牙的半离合器 1、3 组成。从动半离合器 3 用导向平键或花键与轴连接，另一半离合器 1 用平键与轴连接，对中环 2 用来使两轴对中，滑环 4 可操纵离合器的分离或接合。

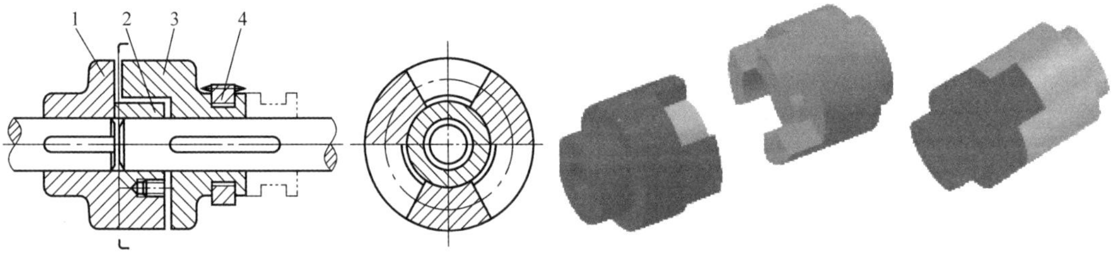

图 8.3.10 牙嵌式离合器

2. 摩擦式离合器

摩擦式离合器利用主、从动半离合器摩擦片接触面间的摩擦力传递扭矩，其型号很多，以圆盘摩擦离合器应用最广，如图 8.3.11 所示。工作时它可以在任何不同转速条件下进行离合，能减小接合时的振动和冲击，实现较平稳的接合。

为提高传递转矩的能力，多采用多片摩擦离合器，如图 8.3.12 所示。它能在不停车或两轴有较大转速差时进行平稳接合，且可在过载时因摩擦片间打滑而起到过载保护作用。

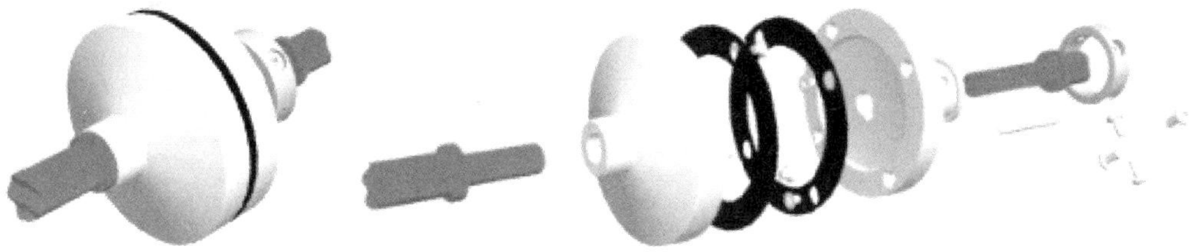

图 8.3.11　圆盘摩擦离合器

图 8.3.12　多片摩擦离合器

因此对于需要经常启动、制动或频繁变速和变向的机械，如汽车、拖拉机等，摩擦离合器是其中的重要部件。

3. 特殊功用离合器

超越离合器是一种具有利用主、从部分的旋转方向或转速大小的变化而自行实现离合功能的离合器。其结构如图 8.3.13 所示，在星轮 1 和外壳 2 之间的楔形槽中，放置滚柱 3，并用弹簧将滚柱 3 压向楔形槽的窄处，以保证滚柱与外壳、星轮之间的接触。当星轮沿顺时针方向旋转时，滚柱被楔紧在槽内，因而外壳随星轮一起转动，离合器处于接合状态。当星轮逆时针方向旋转时，滚柱滚到楔槽的宽阔处，外壳与星轮脱开，离合器即处于分离状态。

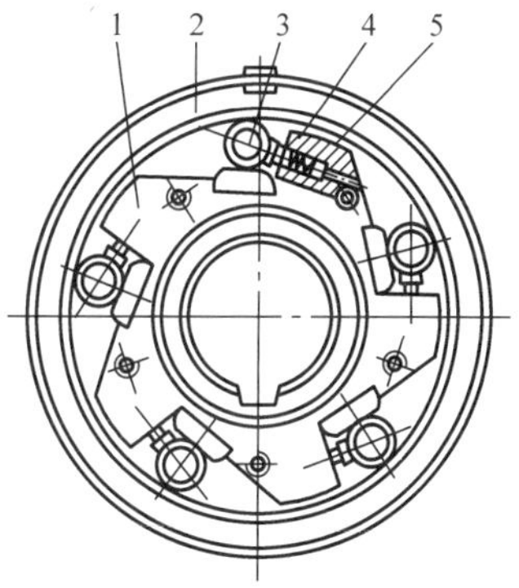

图 8.3.13　超越离合器

【知识链接 3】弹簧

弹簧是一种重要的弹性元件，承载后会产生弹性变形并且吸收能量，卸载后又能恢复原状并释放能量，在各类机械中应用十分广泛。

1. 弹簧的作用

1）缓冲或减振作用。如汽车、拖拉机、火车中使用的悬挂弹簧。

2）定位作用。如机床及其夹具中利用弹簧将定位销（或滚珠）压在定位孔（或槽）中。

3）复位作用。外力去除后自动恢复到原来位置，如汽车发动机中的气门弹簧。

4）储存和释放能量作用。如钟表、玩具中的发条。

5）测力作用。如弹簧秤、测力计中使用的弹簧等。

2. 弹簧的类型

弹簧的主要类型和特性见表 8.3.1。

表 8.3.1　弹簧的主要类型和特性

类　型	简　　图	说　　明
拉伸弹簧	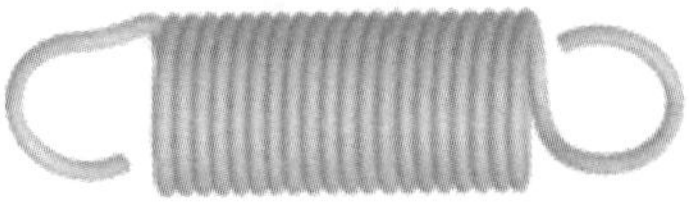	结构简单,制造方便,工作时承受拉力,能承受载荷的变化范围较大,应用最广
压缩弹簧	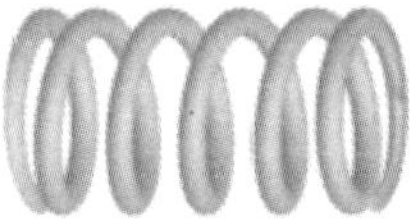	工作时承受压力,特点和应用与拉伸弹簧相同
圆锥螺旋弹簧		结构紧凑,稳定性好,刚度随载荷的变化而变化,防振能力强。多用于承受较大压力和需减振的场合
扭转弹簧		工作时承受扭矩,主要用于压紧、储能或传递扭矩
碟形弹簧		结构简单,制造维修方便,刚度大,可承受较大压力,缓冲吸振能力强,常用于重型机械的缓冲和减振装置
环形弹簧		可承受较大的压力,有很强的减振能力。常用于重型设备,如机车车辆、锻压设备和起重机械中的缓冲装置
板弹簧	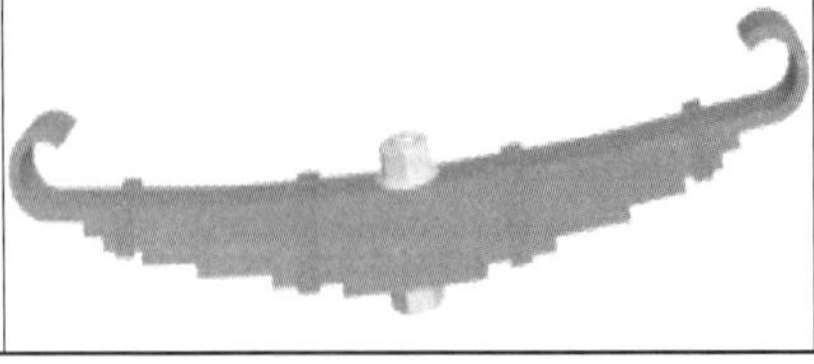	工作时承受弯矩,变形大,吸振能力强,主要用于各种车辆的缓冲和减振装置

【小结】

联轴器、离合器和弹簧是机械结构中广泛使用的零部件,熟悉它们的作用、特点和类型,对于在工程机械中正确合理的使用是非常重要的。

【实战演练】联轴器的装配与调整

1. 实训目的

1)熟悉联轴器的类型、作用、应用场合及选择原则。

2)参照不同类型联轴器的实物,分析其结构特点及装配关系。

3)掌握联轴器的拆装方法及调整方法。

4)加深对轴系部件结构的了解。

2. 实训设备和工具

1)联轴器。

2)游标卡尺、百分表、开口扳手、改锥、尖嘴钳、铁锤、铜棒等。

3)油石、机油、汽油、棉纱等。

3. 实训步骤

1)将联轴器从两根轴上拆卸下来,熟悉凸缘联轴器的构造。

2)安装时,先将两个凸缘盘用平键分别装在两根轴上,并固定机械部分。

3)用百分表找正两凸缘盘的同轴度并做好标记,尽量保证两轴的同轴度误差值最小。

4)移动电动机,使电动机轴上的凸缘盘的凸台少许插进机械轴上凸缘盘的凹孔内。

5)转动机械轴,测量两凸缘盘端面间的间隙,若间隙均匀则移动电动机使两凸缘盘端面靠近,固定电动机,最后用螺栓紧固两凸缘盘;若间隙不均匀则需要继续调整以最终达到装配的技术要求。

4. 注意事项

1)文明拆装、切忌盲目,拆卸前要仔细观察零部件的结构及位置,考虑好合理的拆装顺序。

2)凸缘联轴器对两轴线相对位置的准确性要求严格,应严格保证两轴的同轴度,否则两轴不能正常传动,严重时会使联轴器或轴变形和损坏。

3)拆下的零部件要妥善安放好,避免丢失和损坏。

4)保证各紧固件(螺母、螺栓、键、圆锥销)连接可靠、受力均匀,不允许有自动松脱现象。

5)禁止用铁器直接打击加工表面和配合表面。

6)爱护工具和设备,轻拿轻放,操作要认真,特别要注意手脚安全。

5. 成绩考核表

联轴器的装配与调整测评表

学生班级		学号		姓名	
实训日期				指导教师	
序号	测评项目				得分
1	考勤,遵守安全文明操作规程				
2	联轴器的拆卸顺序、方法是否正确				
3	拆卸的零部件摆放是否整齐有序、无破坏现象				
4	联轴器的安装检查方法是否正确				
5	两轴的对中性的调试方法是否正确				
6	是否按要求完成实验报告				
7	整理环境卫生、恢复原有状态				
				合计:	
				成绩:	

复　习　题

一、填空题

1. 联轴器和离合器的功能都是用来________两轴且传递转矩。

2. 离合器常用于两轴需要经常连接、分离和________的地方，它可在工作中就很方便地使两轴接合或分离。

3. 用联轴器连接的轴只能是停车后________才能使它们分离。

4. 联轴器按缓冲性分为________联轴器和________联轴器两大类。

5. 在不能保证被连接轴线对中的场合，不宜使用________联轴器。

6. 万向联轴器适用于轴线有交角或距离________的场合。

7. 弹性联轴器是靠弹性元件________补偿轴的相对位移，弹性元件兼有________和________作用。

8. 牙嵌离合器只能在________或________时进行接合，若在运动中接合冲击________。

9. 圆盘摩擦离合器________保证两轴严格同步，外廓尺寸________。

10. 离合器分为________离合器和________离合器两大类。

11. 刚性联轴器可分为________和________两种。

12. 齿式联轴器适合于传递________的载荷，两轴综合位移________的场合，其速度较平稳。

13. 十字滑块联轴器使用于________，其转速有变动，磨损也________。

14. 在类型上，万向联轴器属于________联轴器，凸缘联轴器属于________联轴器。

15. 设计中，应根据被连接轴的转速、________和________选择联轴器的型号。

二、简答题

1. 指出各种联轴器与离合器的名称与工作特点。

2. 联轴器和离合器的功用是什么？两者的功用有何异同？

3. 能补偿两轴间偏移的联轴器试举三个实例说明。

4. 十字轴万向联轴器在工作中要消除从动轴转速不均匀现象应该怎样做？

5. 在选用联轴器时，主要考虑哪些因素？

6. 牙嵌式离合器和摩擦式离合器各有何优缺点？各适用于什么场合？

7. 弹簧的功用有哪些？它有哪些类型？举出3个弹簧实例说明。

模块九　机械的摩擦、磨损、润滑与密封

随着现代科学技术的发展，对摩擦、磨损的研究已经形成一门新的学科领域——摩擦学(tribology)。为了节约能源、提高效率及延长机械零件的寿命，润滑是必不可少的。

任务一　摩擦和磨损

【任务目标】

- 了解摩擦、磨损的概念、类型和特点。
- 掌握磨损的机理、产生的原因和减小的措施。

【任务导入】

观察图 9.1.1，并思考下列问题。

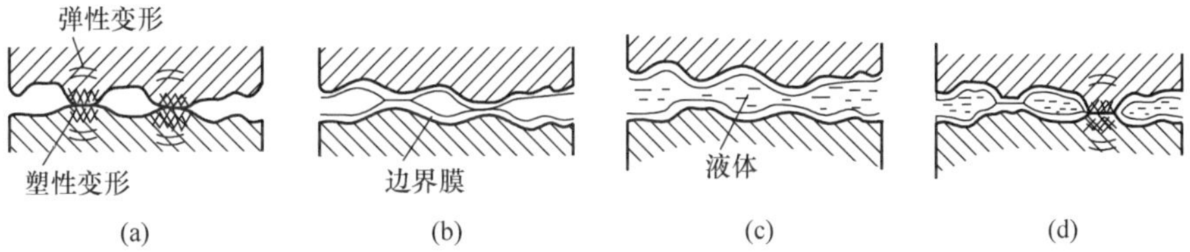

图 9.1.1　摩擦副的表面润滑状态

1. 什么是摩擦？摩擦有何利弊？
2. 图 9.1.1 分别是什么摩擦状态？有什么特点？
3. 机器正常运转时会产生何种磨损？如何减小？

【知识链接 1】摩擦

各类机器在工作时，零件相对运动的接触部分存在着摩擦。摩擦是机器运转过程中不可避免的物理现象。摩擦不仅消耗能量，而且使零件发生磨损，甚至导致零件失效。据统计，世界上每年使用的能源中 1/3 ~ 1/2 消耗在摩擦上，而各种机械零件因磨损失效的也占全部失效零件的一半以上。磨损是摩擦的结果，润滑则是减少摩擦和磨损的有力措施，这三者是相互联系、不可分割的。

在外力作用下，一物体相对于另一物体运动或有运动趋势时，两物体接触面间产生的阻碍物体运动的切向阻力称为摩擦力。这种在两物体接触区产生阻碍运动并消耗能量的现象，称为摩擦。摩擦会造成能量损耗和零件磨损，在一般情况下是有害的，因此应尽量减少摩擦。但在有些情况下却要利用摩擦工作，如带传动、摩擦制动器等。

根据摩擦副表面间的润滑状态将摩擦状态分为干摩擦、边界摩擦、液体摩擦和混合摩擦，如图 9.1.1 所示。

1. 干摩擦

如果两物体的滑动表面为无任何润滑剂或保护膜的纯金属,这两个物体直接接触时的摩擦称为干摩擦,如图 9.1.1(a)所示。干摩擦状态产生较大的摩擦功耗及严重的磨损,因此应严禁出现这种摩擦。

2. 边界摩擦

两摩擦表面被吸附在表面的边界膜(油膜厚度小于 1 μm)隔开,使其处于干摩擦与液体摩擦之间的状态,这种摩擦称为边界摩擦,如图 9.1.1(b)所示。

3. 液体摩擦

两摩擦表面不直接接触,被油膜(油膜厚度一般在 1.5 ~2 μm)隔开的摩擦称为液体摩擦,如图 9.1.1(c)所示。

4. 混合摩擦

实践中有很多摩擦副处于干摩擦、液体摩擦与边界摩擦的混合状态,称为混合摩擦,如图 9.1.1(d)所示。

由于边界摩擦、液体摩擦、混合摩擦都必须在一定的润滑条件下才能实现,因此这三种摩擦又分别称为边界润滑、液体润滑和混合润滑。

【知识链接 2】磨损过程与分类

运动副之间的摩擦将导致零件表面材料的逐渐损失,这种现象称为磨损。单位时间内材料的磨损量称为磨损率。磨损量可以用体积、质量或厚度来衡量。

1. 磨损过程

在机械的正常运转中,磨损过程大致可分为磨合磨损、稳定磨损和剧烈磨损三个阶段。

(1)跑合(磨合)磨损阶段

在这一阶段中,磨损速度由快变慢,而后逐渐减小到一稳定值。这是由于新加工的零件表面呈凹凸不平状态,运转初期摩擦副的实际接触面积较小,单位接触面积上的压力较大,因而磨损速度较快,如图 9.1.2 中磨损曲线的 Oa 段所示。跑合磨损到一定程度后,尖峰逐渐趋于平坦,磨损速度逐渐减慢。

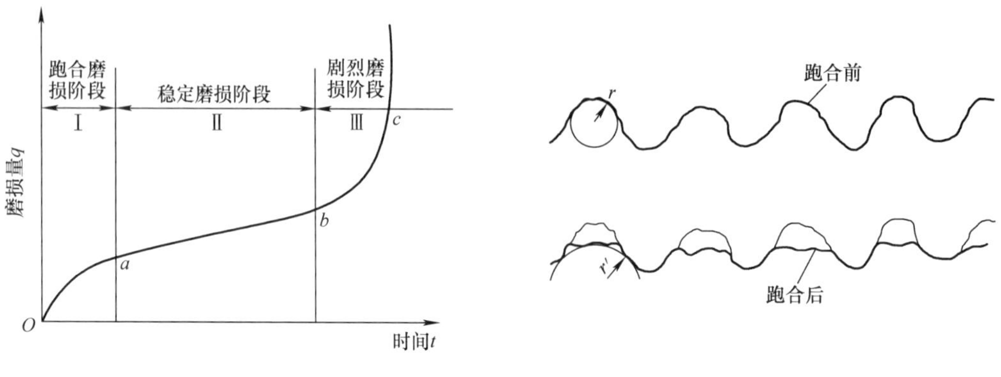

图 9.1.2　零件的磨损过程

(2)稳定磨损阶段

在这一阶段中磨损缓慢、磨损率稳定,零件以平稳而缓慢的磨损速度进入正常工作阶段，如图 9.1.2 中的 *ab* 段所示。这个阶段的长短即代表零件使用寿命的长短，磨损曲线的斜率即为磨损率，斜率越小磨损率越低，零件的使用寿命越长。经此磨损阶段后零件进入剧烈磨损阶段。

(3) 剧烈磨损阶段

此阶段的特征是磨损速度及磨损率都急剧增大。当工作表面的总磨损量超过机械正常运转要求的某一允许值后，摩擦副的间隙增大，零件的磨损加剧，精度下降，润滑状态恶化，温度升高，从而产生振动、冲击和噪声，导致零件迅速失效，如图 9.1.2 中的 *bc* 段所示。

上述磨损过程中的三个阶段，是一般机械设备运转过程中都存在的。必须指出的是，在跑合阶段结束后应清洗零件、更换润滑油，这样才能正常地进入稳定磨损阶段。

2. 磨损分类

按照磨损的机理以及零件表面磨损状态的不同，一般工况下把磨损分为磨粒磨损、黏着磨损、疲劳磨损、腐蚀磨损等。

(1) 磨粒磨损

由于摩擦表面上的硬质突出物或从外部进入摩擦表面的硬质颗粒，对摩擦表面起到切削或刮擦作用，从而引起表层材料脱落的现象，称为磨粒磨损。这种磨损是最常见的磨损形式，应设法减轻。为减轻磨粒磨损，除应注意满足润滑条件外，还应合理地选择摩擦副的材料、降低表面结构值以及加装防护密封装置等。

(2) 黏着磨损

当摩擦副受到较大正压力作用时，由于表面不平，其顶峰接触点受到高压力作用而产生弹性、塑性变形，附在摩擦表面的吸附膜破裂，温升后使金属的顶峰塑性面牢固地黏着并熔焊在一起，形成冷焊结点。在两摩擦表面相对滑动时，材料便从一个表面转移到另一个表面，成为表面凸起，促使摩擦表面进一步磨损。这种由于黏着作用引起的磨损，称为黏着磨损。

黏着磨损按程度不同可分为 5 级：轻微磨损、涂抹、擦伤、撕脱和咬死。如气缸套与活塞环、曲轴与轴瓦、轮齿啮合表面等，皆可能出现不同黏着程度的磨损。涂抹、擦伤、撕脱又称为胶合，往往发生于高速、重载的场合。

合理地选择配对材料（如选择异种金属），采用表面处理（如表面热处理、喷镀、化学处理等）限制摩擦表面的温度，控制压强及采用含有油性极压添加剂的润滑剂等，都可减轻黏着磨损。

(3) 疲劳磨损（点蚀）

两摩擦表面为点或线接触时，局部的弹性变形会形成小的接触区。这些小的接触区形成的摩擦副如果受变化接触应力的反复作用，表层将产生裂纹。随着裂纹的扩展与相互连接，表层金属脱落，形成许多月牙形的浅坑，这种现象称为疲劳磨损，也称点蚀。

合理地选择材料及其硬度（硬度高则抗疲劳磨损能力强），选择黏度高的润滑油，加入极压添加剂或 MoS_2 及减小摩擦面的表面结构值等，均可以提高抗疲劳磨损的能力。

(4) 腐蚀磨损

在摩擦过程中，摩擦面与周围介质发生化学或电化学反应而产生物质损失的现象，称为腐蚀磨损。腐蚀磨损可分为氧化磨损、特殊介质腐蚀磨损、气蚀磨损等。腐蚀也可以在没有摩擦的条件下形成，这种情况常发生于钢铁类零件，如化工管道、泵类零件、柴油机缸套等。

应该指出的是，由于工作条件的复杂性，实际上大多数磨损是以上述 4 种磨损形式的复合形式出现的。表 9.1.1 列出了某些零件可能发生的磨损类型。

表 9.1.1　某些零件可能发生的磨损类型

零件名称	磨粒磨损	黏着磨损	疲劳磨损	腐蚀磨损
液体润滑滑动轴承			A	B
混合摩擦或固体摩擦滑动轴承	A	A	B	B
滚动轴承	B	B	A	B
齿轮传动	B	A	A	B
蜗杆传动	B	A	A	B
摩擦离合器	B	A	B	B
制动器	A	B	B	B
磨粒摩擦零件	A		B	B

注:A—起主要作用;B—起部分作用。

【小结】

机械零件严重磨损后,会降低机器的工作效率和可靠性,使机器提前报废。因此,预先考虑如何避免或减轻磨损,是设计、使用、维护机器的一项重要内容。但磨损也并非全都是有害的,工程上常利用磨损的原理来减小零件表面的表面结构值,如磨削、研磨、抛光以及跑合等。磨损是摩擦的结果,润滑则是减少摩擦和磨损的有力措施,这三者是相互联系、不可分割的。

复　习　题

一、填空题

1. 根据摩擦副表面间的润滑状态将摩擦状态分为________摩擦、________摩擦、________摩擦和________摩擦。

2. 按照磨损的机理以及零件表面磨损状态的不同,一般工况下把磨损分为________磨损、________磨损、________磨损和________磨损。

3. 磨损是摩擦的结果,________则是减少摩擦和磨损的有力措施。

二、简答题

1. 按摩擦副表面间的润滑状态,摩擦可分为哪几类?各有何特点?
2. 磨损过程分几个阶段?各阶段的特点是什么?
3. 按磨损机理的不同,磨损有哪几种类型?
4. 哪种磨损对传动件来说是有益的?为什么?

任务二　润　滑

【任务目标】

- 了解润滑的目的、润滑剂的类型。
- 掌握润滑油和润滑脂的主要性能。
- 掌握常用的润滑方法和润滑装置。

【任务导入】

1. 机械设备哪些部位需要润滑？常用哪些润滑剂？

2. 滑动轴承和滚动轴承常用什么润滑剂？分别采用什么润滑方法和润滑装置？

【知识链接1】润滑的目的及对润滑剂的要求

在摩擦副间加入润滑剂，以降低摩擦、减轻磨损，这种措施称为润滑。

1. 润滑的主要目的

1）降摩减磨：降低摩擦阻力以节约能源，提高效率，减少磨损以延长机械寿命，提高经济效益。

2）降温冷却：采用液体润滑剂循环润滑系统，可以将摩擦时产生的热量带走，降低机械发热。

3）密封：防泄漏、防尘、防串气。

4）抗腐蚀防锈：要求保护摩擦表面不受外来物质的侵蚀。

5）清净冲洗：随着润滑剂的流动，可将摩擦表面上污染物、磨屑等冲洗带走。

6）缓冲减振：分散负荷、缓和冲击及减振。

7）传递动力。

2. 对润滑剂的基本要求

1）具有较强的黏附能力，并具有良好的耐压性能。

2）要有适当的黏度。

3）润滑剂的成分和性质要稳定。

4）要有适当的闪点及燃点，避免挥发或燃烧。

5）保证有较好的冷却性能。

6）成本低，资源丰富。

【知识链接2】润滑剂的类型及主要性能

常用的润滑剂除了润滑油和润滑脂外，还有固体润滑剂（如石墨、二硫化钼等）、气体润滑剂（如空气、氢气、水蒸气等）。

1. 润滑油

润滑油是目前使用最多的润滑剂，主要有矿物油、合成油、有机油等，其中应用最广泛的为矿物油。

润滑油最重要的一项物理性能指标为黏度，它是选择润滑油的主要依据。黏度的大小表示了液体流动时其内摩擦阻力的大小，黏度越大，内摩擦阻力就越大，液体的流动性就越差。

黏度可用动力黏度、运动黏度、条件黏度（恩氏黏度）等表示。我国的石油产品常用运动黏度来标定。

（1）动力黏度 η

对于 1 m^3 的液体，如果其上下表面发生相对速度为 1 m/s 的相对运动时所需切向力为 1 N，则称该液体的黏度为 1 Pa · s（=1 N · s/m^2）。

(2)运动黏度 ν

液体的动力黏度与液体在相同温度下密度 ρ 的比值称为该液体的运动黏度。有

$$\nu=\frac{\eta}{\rho} \tag{9.2.1}$$

式中:η 为动力黏度,单位为 Pa·s;ρ 为密度,单位为 kg/m^3;ν 为运动黏度,单位为 m^2/s,常用单位为 mm^2/s。

一般润滑油的牌号就是该润滑油在 40 ℃(或 100 ℃)时运动黏度(以 mm^2/s 为单位)的平均值,如 L—AN46 全损耗系统用油在 40 ℃时的运动黏度为 41.4 ~ 50.6 mm^2/s。牌号越大的润滑油,其黏度值也越大,润滑油越稠。

(3)条件黏度 η_E

在规定的温度下从恩氏黏度计流出 200 ml 样品所需的时间与同体积蒸馏水在 20 ℃ 时流出所需的时间的比值称为该液体的条件黏度,单位为°E$_t$。国际上有许多国家采用恩氏黏度(即为条件黏度)。

运动黏度和恩氏黏度之间可通过下式进行换算:

当 $1.35\leqslant\eta_E\leqslant3.2$ 时

$$\nu=8.0\eta_E-\frac{8.64}{\eta_E} \tag{9.2.2}$$

当 $\eta_E>3.2$ 时

$$\nu=7.6\eta_E-\frac{4.0}{\eta_E} \tag{9.2.3}$$

润滑油的主要物理性能指标还有凝点、闪点、燃点和油性等。润滑油的黏度并不是固定不变的,而是随着温度和压强而变化。黏度随温度的升高而降低,而且变化很大。因此,在注明某种润滑油的黏度时,必须同时标明它的测试温度,否则便毫无意义。黏度随压强的升高而加大,但压强小于 20 MPa 时,其影响甚小,可不予考虑。

常用润滑油的性能和用途列于表 9.2.1 中。

表 9.2.1 常用润滑油的主要性能和用途

名 称	代号	运动黏度/(mm^2/s)		倾点/℃	闪点/℃	主要用途
		40℃时	100℃时			
全损耗系统用油(GB 443—1989)	L—AN5	4.14 ~ 5.06	—	-5	80	用于各种高速轻载机械轴承的润滑和冷却(循环式或油箱式),如转速在 10 000 r/min 以上的精密机械、机床及纺织纱锭的润滑和冷却
	L—AN7	6.12 ~ 7.48			100	
	L—AN10	9.00 ~ 11.0			130	
	L—AN15	13.5 ~ 16.5			150	用于小型机床齿轮箱、传动装置轴承、中小型电动机、风动工具等
	L—AN22	19.8 ~ 24.2				
	L—AN32	28.8 ~ 35.2				用于一般机床齿轮变速箱、中小型机床导轨及 100 kW 以上电动机轴承
	L—AN46	41.4 ~ 50.6			160	主要用在大型机床、大型刨床上
	L—AN68	61.2 ~ 74.8				
	L—AN100	90.0 ~ 110			180	主要用在低速重载的纺织机械及重型机床、锻压、铸工设备上
	L—AN150	135 ~ 165				

续表

名称	代号	运动黏度/(mm²/s)		倾点/℃	闪点/℃	主要用途
		40℃时	100℃时			
工业闭式齿轮油(GB 5903—1995)	L—CKC68	61.2 ~ 74.8	—	-8	180	用于煤炭、水泥、冶金工业部门大型封闭式齿轮传动装置的润滑
	L—CKC100	90.0 ~ 110				
	L—CKC150	135 ~ 165			200	
	L—CKC220	198 ~ 242				
	L—CKC320	288 ~ 352				
	L—CKC460	414 ~ 506				
	L—CKC680	612 ~ 748		-5	220	
液压油(GB 11118.1—1994)	L—HL15	13.5 ~ 16.5	—	-12	140	用于机床和其他设备的低压齿轮泵,也可用于使用其他抗氧防锈型润滑油的机械设备(如轴承和齿轮等)
	L—HL22	19.8 ~ 24.2		-9		
	L—HL32	28.8 ~ 35.2		-6	160	
	L—HL46	41.4 ~ 50.6			180	
	L—HL68	61.2 ~ 74.8				
	L—HI100	90.0 ~ 110				
汽轮机油(GB 11120—1989)	L—TSA32	28.8 ~ 35.2	—	-7	180	用于电力、工业、船舶及其他工业汽轮机组、水轮机组的润滑和密封
	L—TSA46	41.4 ~ 50.6				
	L—TSA68	61.2 ~ 74.8			195	
	L—TSA100	90.0 ~ 110				
EQB 汽油机润滑油(GB 11121—1995)(1988 年确认)	20 号		6 ~ 9.3	-20	185	用于汽车、拖拉机汽化器、发动机气缸活塞的润滑以及各种中、小型柴油机等动力设备的润滑
	30 号		10 ~ < 12.5	-15	200	
	40 号		12.5 ~ < 16.3	-5	210	
L—CKE/P 蜗轮蜗杆油(SH 0094—1991)	220	198 ~ 242		-12		用于铜—钢配对的圆柱形、承受重负荷、传动中有振动和冲击的蜗轮蜗杆副
	320	288 ~ 352				
	460	414 ~ 506				
	680	612 ~ 748				
	1 000	900 ~ 1 100				
仪表油(SH 0318—1992)		12 ~ 14		-60(凝点)	125	用于各种仪表(包括低温下操作)的润滑

2. 润滑脂

润滑脂是在润滑油中加入稠化剂(如钙、钠、锂等金属皂基)而形成的脂状润滑剂,又称为黄油或干油。

润滑脂的主要物理性能指标为滴点、锥入度和耐水性等。润滑脂的流动性小，不易流失，所以密封简单，不需经常补充。润滑脂对载荷和速度变化不是很敏感，有较大的适应范围，但因其摩擦损耗较大，机械效率较低，故不宜用于高速传动的场合。润滑脂多半用在低速、受冲击或间歇运动处。

1）滴点是指润滑脂受热后从标准测量杯的孔口滴下第一滴油时的温度。滴点标志着润滑脂的耐高温能力，润滑脂的工作温度应比滴点低 20 ~ 30 ℃。润滑脂的号数越大，表明滴点越高。

2）锥入度即润滑脂的稠度。将重 1.5 N 的标准锥体在 25 ℃恒温下，由润滑脂表面自由沉下，经 5 s 后该锥体可沉入的深度值（以 0.1 mm 为单位）即为润滑脂的锥入度。锥入度表明润滑脂内阻力的大小和流动性的强弱。锥入度越小，表明润滑脂越稠，承载能力越强，密封性越好，但摩擦阻力也越大，流动性越差，因而不宜填充较小的摩擦间隙。

目前使用最多的是钙基润滑脂，其耐水性强，但耐热性差，常用于在 60 ℃以下工作的各种轴承的润滑，尤其适用于在露天条件下工作的机械轴承的润滑。钠基润滑脂的耐热性好，可用于 115 ~ 145 ℃以下工作的情况，但是耐水性差。锂基润滑脂的性能优良，耐水耐热性均好，可以在 -20 ~ 150 ℃的范围内广泛使用。

常用润滑脂的主要性能和用途列于表 9.2.2。

表 9.2.2　常用润滑脂的主要性能和用途

名称	代号	滴点/℃不低于	工作锥入度(25℃,150g)/(1/10mm)	主要用途
钙基润滑脂（GB 491—1987）	L—XAAMHA1	80	310 ~ 340	有耐水性能。用于工作温度低于 55 ~ 60 ℃的各种工业、农业、交通运输机械设备的轴承润滑，特别是有水或潮湿处
	L—XAAMHA2	85	265 ~ 295	
	L—XAAMHA3	90	220 ~ 250	
	L—XAAMHA4	95	175 ~ 205	
钠基润滑脂（GB 492 - 1989）	L—XACMGA2	160	265 ~ 295	不耐水（或潮湿）。用于工作温度在 -10 ~ 110 ℃的一般中负荷机械设备的轴承润滑
	L—XACMGA3		220 ~ 250	
通用锂基润滑脂（GB 7324 - 1994）	ZL—1	170	310 ~ 340	有良好的耐水性和耐热性。适用于温度在 -20 ~ 120 ℃范围内各种机械的滚动轴承、滑动轴承及其他摩擦部位的润滑
	ZL—2	175	265 ~ 295	
	ZL—3	180	220 ~ 250	
钙钠基润滑脂（SH/T 0386—1992）	ZGN—1	120	250 ~ 290	用于工作温度在 80 ~ 100 ℃、有水分或较潮湿环境中工作的机械润滑，多用于铁路机车、列车、小电动机、发电机滚动轴承（温度较高者）的润滑。不适于低温工作
	ZGN—2	135	200 ~ 240	
石墨钙基润滑脂（ZBE SH/T 0369—1992）	ZG—S	80	—	人字齿轮，起重机、挖掘机的底盘齿轮，矿山机械、绞车钢丝绳等高负荷、高压力、低速度的粗糙机械润滑及一般开式齿轮润滑。能耐潮湿

续表

名称	代号	滴点 /℃ 不低于	工作锥入度 (25℃,150g)/ (1/10mm)	主要用途
滚珠轴承润滑脂 (SH/T 0386—1992)	ZGN69—2	120	250~290 (-40℃时为30)	用于机车、汽车、电动机及其他机械的滚动轴承润滑
7407号齿轮润滑脂 (SH/T 0469—1994)		160	75~90	用于各种低速,中、重载荷齿轮、链和联轴器等的润滑,使用温度≤120 ℃,可承受冲击载荷
高温润滑脂 (GB 11124—1989)	7014—1号	280	62~75	用于高温下各种滚动轴承的润滑,也可用于一般滑动轴承和齿轮的润滑。使用温度为-40~200 ℃
工业凡士林 (SH 0039—1990)		54	—	用于金属零件、机器的防锈,在机械的温度不高和负荷不大时,可用作减摩润滑脂

3. 固体润滑剂

摩擦面间的固体润滑剂呈粉末或薄膜状态,隔离摩擦表面以达到降低摩擦、减少磨损的目的。常用的固体润滑剂有石墨、二硫化钼、聚四氟乙烯、尼龙、软金属(铅、铟、镉)及复合材料。

粉末状润滑剂是将石墨和二硫化钼利用气流输送到摩擦表面上,充填不平表面的波谷,增大了接触面积,减小了压强,层间抗剪强度低,易于滑动。

摩擦面间的润滑剂薄膜是将固体润滑粉末用黏结剂(如环氧树脂、酚醛树脂等)经喷镀、烧结或化学反应使它在摩擦表面上形成一层薄膜,膜的牢固性不好。振动涂膜和物理溅射法可形成牢固薄膜。

复合材料是将固体润滑剂粉末和其他固体粉末(如塑料粉、金属粉)混合、压制、烧结制成自润滑复合材料,具有低摩擦、少磨损的特性。

固体润滑剂还可用作添加剂,以改善润滑油、润滑脂的性能。

4. 气体润滑剂

空气、氢气、氦气、水蒸气及液态金属蒸气等都可作为气体润滑剂。常用的为空气,它价廉、无污染,适用于高速、高温、低温等场合。

【知识链接3】润滑方法及润滑装置

机械设备的润滑,主要集中在传动件和支承件上,常用的润滑方法有分散润滑和集中润滑两大类。分散润滑是各个润滑点各自单独润滑,这种润滑可以是间断的或连续的,压力润滑或无压力润滑。集中润滑是一台机器的许多润滑点由一个润滑系统同时润滑。

1. 油润滑装置

油润滑方法的优点是油的流动性较好、冷却效果好,易于过滤去除杂质,可用于所有速度范围的润滑,使用寿命较长,容易更换,油可以循环使用,其缺点是密封比较困难。

现将油润滑方法的常用装置分述如下。

(1)手工给油润滑装置

这种润滑装置是最简单的,只要在需要润滑的部位上开个加油孔即可用油壶、油枪进行加油。这种方法一般只能用于低速、轻负荷的简易小型机械,如各种小型电动机和缝纫机等。

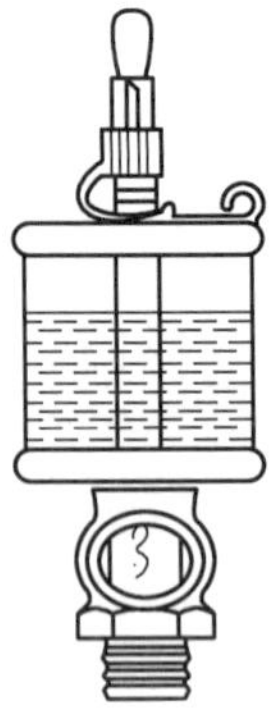

图 9.2.1 滴油式油杯

(2)滴油润滑装置

滴油润滑装置主要是滴油式油杯,图 9.2.1 所示为依靠油的自重向润滑部位滴油。这种润滑装置构造简单、使用方便,其缺点是给油量不易控制,机械的振动、温度的变化和液面的高低都会改变滴油量。

(3)油浴润滑装置

油浴润滑是将需要润滑的部件设置在密封的箱体中,使需要润滑零件的一部分浸在油池中。采用油浴润滑的零件有齿轮、滚动轴承和止推滑动轴承、链轮、凸轮、钢丝绳等。

油浴润滑的优点是自动可靠、给油充足;缺点是油的内摩擦损失较大,且易引起发热,油池中可能积聚冷凝水。

(4)飞溅润滑装置

当回转件的圆周速度较大($5\ m/s < v < 12\ m/s$)时,润滑油飞溅雾化成小油滴飞起,直接散落到需要润滑的零件上,或先溅到集油器中,然后经油沟流入润滑部位,这种润滑方法称为飞溅润滑。齿轮减速器中的轴承常采用这种润滑方法。这种润滑装置简单,工作可靠。

(5)油绳、油垫润滑装置

这种润滑装置是用油绳、毡垫或泡沫塑料等浸在油中,利用毛细管的虹吸作用进行供油。图 9.2.2 所示为油绳式油杯;图 9.2.3 所示为采用油绳润滑的推力轴承;图 9.2.4 所示为采用毡垫润滑的滑动轴承,毡垫靠弹簧压力或自身弹性紧靠所润滑的表面。

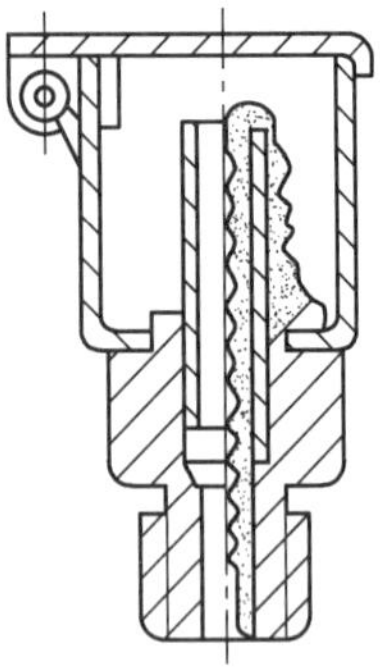

图 9.2.2 油绳式油杯

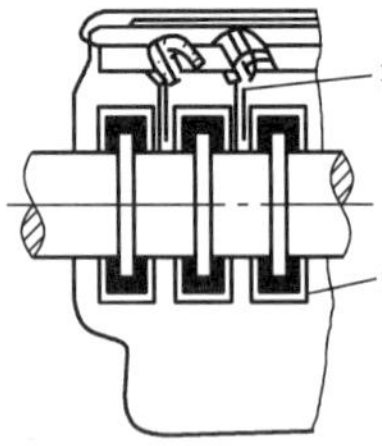

图 9.2.3 用油绳润滑的推力轴承

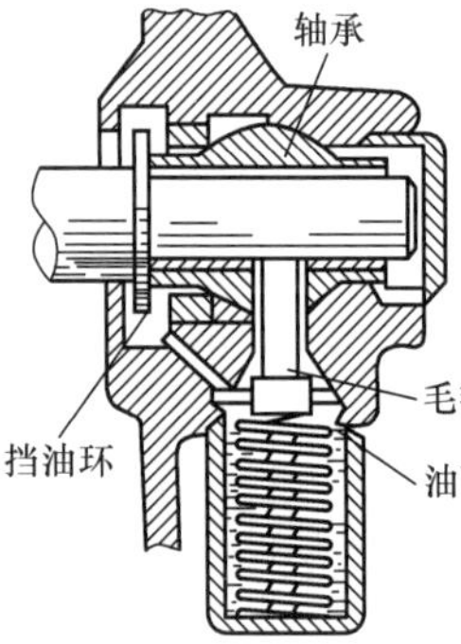

图 9.2.4 用毡垫润滑的滑动轴承

油绳和油垫本身可起到过滤作用,因此能使油保持清洁,而且是连续均匀的。其缺点是油量不易调节,另外当油中的水分超过 0.5% 时,油绳就会停止供油。

油绳不能与运动表面接触,以免被卷入摩擦面间。为了使给油量比较均匀,油杯中的油位应保持在油绳全高的 3/4,最低也要在 1/3 以上。这种装置多用在低、中速的机械上。

(6)油环、油链润滑装置

油环或油链润滑是依靠套在轴上的环或链把油从油池中带到轴上再流向润滑部位。如果能在油池中保持一定的油位,这种方法是非常简单和可靠的。其示意图如图 9.2.5 和图 9.2.6 所示。

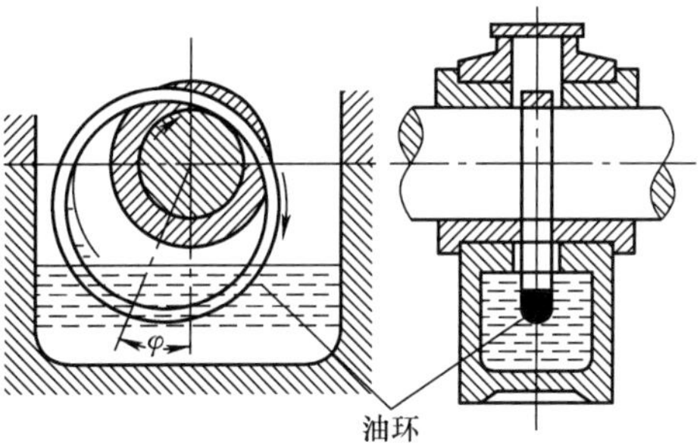

图 9.2.5　油环润滑

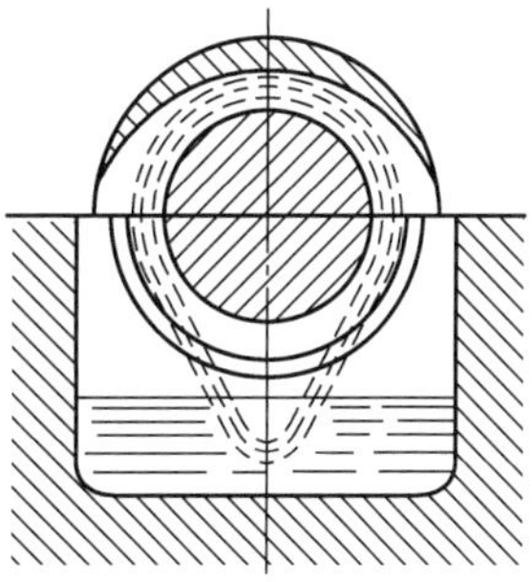

图 9.2.6　油链润滑

油环最好做成整体,为了便于装配也可做成拼凑式的,但接头处一定要平滑以免妨碍转动。油环的直径一般比轴大 1.5 ~ 2 倍,通常采用矩形断面,如果想增大给油量可以在内表面车几个圆槽,需油量较少的情况下也可以采用圆形断面。

油环润滑适合于转速为 50 ~ 3 000 r/min 的水平轴,如转速过高,环将在轴上激烈地跳动;而转速过低时,油环所带的油量将不足,甚至油环将不能随轴转动。

由于链子与轴、油的接触面积都较大,所以在低速时也能随轴转动和带起较多的油,因此油链润滑最适于低速机械。但在高速运转时油被激烈地搅拌,内摩擦增大,且链易脱节,所以不适于高速机械。

(7)喷油润滑装置

当回转件的圆周速度超过 12 m/s 时,采用喷油润滑装置。它是用喷嘴将压力油喷到摩擦副上,靠油泵以一定的压力供油。

(8)油雾润滑装置

油雾润滑是利用压缩空气将油雾化,再经喷嘴(缩喉管)喷射到要润滑表面。由于压缩空气和油雾一起被送到润滑部位,因此有较好的冷却效果。而且由于压缩空气具有一定的压力,可以防止摩擦表面被灰尘所污染。其缺点是排出的空气中含有油雾粒子,造成污染。油雾润滑主要用于高速(速度因素 $dn > 60\ 000$)滚动轴承及封闭的齿轮、链条等。

2. 脂润滑装置

与润滑油相比较,润滑脂的流动性、冷却效果都较差,杂质也不易除去,因此脂润滑多用于低、中速机械。但如果密封装置或罩的设计比较合理并采用高速型润滑脂,也可以用于高速部位的润滑。

(1)手工润滑装置

手工润滑主要是利用脂枪把脂从注油孔注入或者直接用手工填入润滑部位。这种润滑方法也属于压力润滑方法,可用于高速运转而又不需要经常补充润滑脂的部位。

(2)滴下润滑装置

滴下润滑是将脂装在脂杯里向润滑部位滴下润滑脂进行润滑。脂杯可分为受热式和压力式两种形式。

(3)集中润滑装置

集中润滑是由脂泵将脂罐里的脂输送到各管道,再经过分配阀将脂定时定量地分送到各润滑点去。这种润滑方法主要用于润滑点很多的车间或工厂。

3. 固体润滑装置

通常固体润滑剂有4种类型:整体润滑,覆盖膜润滑,组合、复合材料润滑,粉末润滑。

如果固体润滑剂以粉末形式混在油或脂中,则其所采用的润滑装置可选用相应的油、脂润滑装置。如果采用覆盖膜、组合材料、复合材料或整体零部件润滑剂,则不需要借助任何润滑装置来实现其润滑作用。

4. 气体润滑装置

气体润滑一般是一种强制供气润滑系统,例如气体轴承系统,其整个润滑系统是由空气压缩机、减压阀、空气过滤器和管道等组成。供气系统必须保证空气中所有会影响轴承性能的任何固体、液体和气体杂质去除干净,因此常常要装设油水分离器和排泄液体杂质的阀门以及冷却器等。此外,还要设置防止供气故障的安全设备,因为一旦中断供气或气压过低,都会引起轴承的损坏。

在润滑工作中对润滑方法及其装置的选择必须从机械设备的实际情况出发,即设备的结构、摩擦副的运动形式、速度、载荷、精密程度和工作环境等条件来综合考虑。

【任务实施1】滑动轴承的润滑

滑动轴承的润滑主要目的是为了减少工作表面间的摩擦和磨损,以提高轴承的工作能力和使用寿命,同时还可以起到冷却、吸振、防尘和防锈等作用。设计滑动轴承时,必须恰当地选择润滑剂和润滑装置。

1. 润滑剂及其选择

滑动轴承中常用的润滑剂为润滑油和润滑脂,其中润滑油应用最广。在某些特殊场合也可使用石墨、二硫化钼、水或气体等作润滑剂。

(1)润滑油

润滑油的选择应考虑轴承的载荷、速度、工作情况以及摩擦表面的状况等条件。对于载荷大、温度高的轴承,宜选用黏度大的油;反之宜选用黏度小的油。对于非液体摩擦滑动轴承,可参考表9.2.3选用润滑油。

表9.2.3 滑动轴承润滑油的选择(工作温度10~60 ℃)

轴颈圆周速度 v/(m/s)	轻载 $p<3$ MPa		中载 $p=3\sim7.5$ MPa		重载 $p>7.5\sim30$ MPa	
	运动黏度 $v_{40℃}$/(mm²/s)	适用油代号(或牌号)	运动黏度 $v_{40℃}$/(mm²/s)	适用油代号(或牌号)	运动黏度 $v_{100℃}$/(mm²/s)	适用油代号(或牌号)
<0.1	80~150	L—AN100、150全损耗系统用油,HG—11饱和气缸油,30号QB汽油机油,L—CKC100工业齿轮油	140~215	L—AN150全损耗系统用油,40号QB汽油机油,150号工业齿轮油	46~80	38号、52号过热气缸油,460号工业齿轮油

续表

轴颈圆周速度 $v/(\mathrm{m/s})$	轻载 $p<3$ MPa		中载 $p=3\sim7.5$ MPa		重载 $p>7.5\sim30$ MPa	
	运动黏度 $v_{40℃}$ /($\mathrm{mm^2/s}$)	适用油代号（或牌号）	运动黏度 $v_{40℃}$ /($\mathrm{mm^2/s}$)	适用油代号（或牌号）	运动黏度 $v_{100℃}$ /($\mathrm{mm^2/s}$)	适用油代号（或牌号）
0.1～0.3	65～130	L—AN68、100 全损耗系统用油，30 号 QB 汽油机油，L—CKC68 工业齿轮油	120～170	L—AN150 全损耗系统用油，Ⅱ号饱和气缸油，40 号 QB 汽油机油，100、150 号工业齿轮油	30～60	38 号过热气缸油，220、320 号工业齿轮油
0.3～1.0	46～75	L—AN46、68 全损耗系统用油，20 号 QB 汽油机油，L—TSA46 号汽轮机油	100～130	30 号 QB 汽油机油，68、100 号工业齿轮油，Ⅱ号饱和气缸油	15～40	30 号 QB 汽油机油，40 号 QB 汽油机油，150 号工业齿轮油，13 号压缩机油
1.0～2.5	40～75	L—AN46、68 全损耗系统用油，20 号 QB 汽油机油，L—TSA46 号汽轮机油	65～90	L—AN68、100 全损耗系统用油，20 号 QB 汽油机油，68 号工业齿轮油		
2.5～5.0	40～60	L—AN32、46 全损耗系统用油，L—TSA46 号汽轮机油				
5～9	15～46	L—AN32、46 全损耗系统用油，L—TSA32 号汽轮机油				
>9	5～22	L—AN7、10 全损耗系统用油				

（2）润滑脂

对于润滑要求不高、难以经常供油或摆动工作的非液体摩擦滑动轴承，可采用润滑脂润滑。具体可根据工作条件参考表 9.2.4 选用。

2. 润滑装置及润滑方法

为了获得良好的润滑效果，除应正确地选择润滑剂外，还应选用合适的润滑方法和润滑装置。

（1）油润滑

1）间歇式供油：直接由人工用油壶向油杯（图 9.2.7（a）、（b））中注油。此种润滑方法只适用于低速、轻载和不重要的轴承。

2）连续式供油：连续供油润滑比较可靠，适用于中、高速传动。

3）飞溅润滑：利用转动件的转动使油飞溅到箱体内壁上，再通过油沟将油导入轴承中进行润滑。

4）压力循环润滑：用一套可提供较高油压的循环油压系统对重要轴承进行强迫润滑。

表 9.2.4　根据工作条件推荐选用的滑动轴承润滑脂的品种和牌号

工作条件			推荐选用的润滑脂	可代用的润滑脂	选用原则
工作温度/℃	圆周速度 v/(m/s)	单位载荷 p/MPa			
0~50	<1	<1 1~6.5 >6.5	L—XAAMHA1、L—XAAMHA2 L—XAAMHA2、L—XAAMHA3 L—XAAMHA3、L—XAAMHA4	2#合成钙基脂 2#、3#合成钙基脂 3#合成钙基脂	(1)在潮湿或接触水的条件下,不宜采用钠基或合成钠基脂 (2)温度不太高时,钙钠基脂和压延机脂可以用,但温度太高时不宜采用 (3)集中送油系统采用的润滑脂,锥入度应适当小些 (4)一般来说,同样温度、速度下,载荷大则应采用稠度较大的润滑脂。在同样温度、载荷下,速度高则应采用稠度较小的润滑脂。同样速度、载荷下,温度高则应采用滴点和稠度较高的润滑脂 (5)在同样工作条件下,应先采用价格较低的润滑脂 (6)没有表中推荐牌号的润滑脂时,可根据实际情况采用性能相近的其他品种代替
	1~5	<1 1~6.5	L—XAAMHA1、L—XAAMHA2 L—XAAMHA2、L—XAAMHA3	2#合成钙基脂 3#合成钙基脂	
0~60	<1	<1 1~6.5 >6.5	L—XAAMHA3、L—XAAMHA4 L—XAAMHA3、L—XAAMHA4 L—XAAMHA4、L—XAAMHA5	3#合成钙基脂 3#合成钙基脂	
	1~5	<1 1~6.5	L—XAAMHA3、L—XAAMHA4 L—XAAMHA3、L—XAAMHA4	3#合成钙基脂 3#合成钙基脂	
0~80	<1	<1 1~6.5 >6.5	ZGN—1、ZGN—2 ZGN—1、ZGN—2 L—XACMGA2、L—XACMGA3	1#、2#合成钠基脂 1#、2#合成钠基脂 1#、2#钙钠基脂	
	1~5	<1 1~6.5	ZGN—1、ZGN—2 ZGN—1、ZGN—2	1#、2#合成钠基脂 1#、2#合成钠基脂	
0~100	<1	<1 1~6.5 >6.5	ZGN—2 ZGN—2 L—XACMGA2、L—XACMGA3	2#钠基脂 2#钠基脂 1#、2#合成钠基脂	
	1~5	<1 1~6.5 >6.5	ZGN—1 L—XACMGA2 L—XACMGA3	2#钠基脂 2#合成钠基脂	
0~120	<5	<6.5	L—XACMGA4	3#、4#锂基脂	
0~150	<5	<6.5	ZFG—1、ZFG—2	3#、4#复合钙基脂	
0~200	<5	<6.5 >6.5	ZFG—3、ZFG—4	二硫化钼脂 3#、4#复合钙基脂	
-60~120	<5	<6.5	ZL—1	硅油复合钙基脂	

常用的几种供油装置:图 9.2.7(c)所示为针阀式油杯,用手柄控制针阀运动,使油孔关闭或开启,用调节螺母控制供油量;图 9.2.7(d)所示为芯捻油杯,利用纱线的毛细管作用把油引到轴承中,此方法油量不易控制;图 9.2.7(e)所示为油环润滑,轴颈上的油环下部浸入油池,轴颈旋转时带动油环旋转,从而把油带入轴承。

(2)脂润滑

采用脂润滑时只能间歇供油。通常将图 9.2.8 所示的油杯装于轴承的非承压区,用油脂枪向杯内油孔压注油脂。

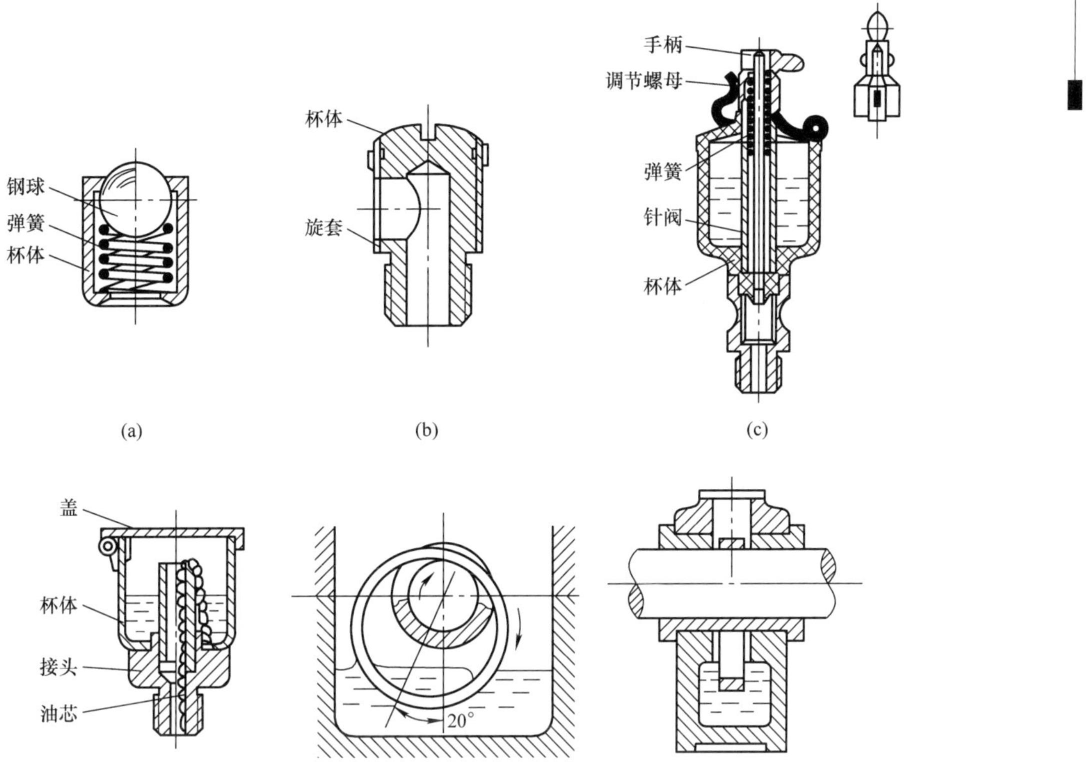

图 9.2.7　几种供油方法与装置

(a)压配式压注油杯;(b)旋套式注油油杯;(c)针阀式注油油杯;
(d)芯捻油杯;(e)油环润滑

3. 润滑方式的选择

可根据以下经验公式计算出系数 K 值,通过查表 9.2.5 确定滑动轴承的润滑方式和润滑剂类型:

$$K = \sqrt{pv^3} \tag{9.2.4}$$

式中:p 为轴颈上的平均压强,单位为 Pa,$p = F/(Ld)$(F 为轴承所受载荷,单位为 N;L 为轴瓦宽度,单位为 m;d 为轴颈直径,单位为 m);v 为轴颈的圆周速度,单位为 m/s。

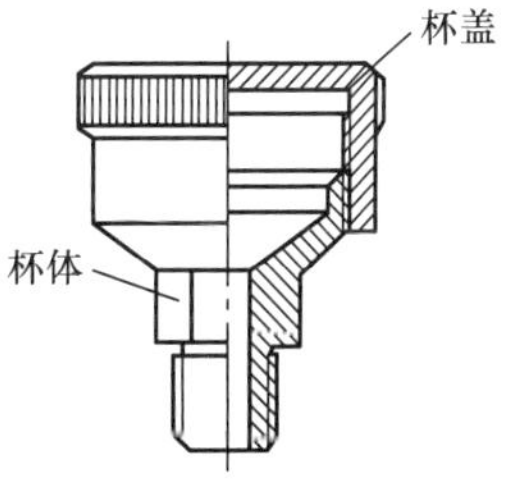

图 9.2.8　油杯

表 9.2.5　滑动轴承润滑方式的选择

K 值	≤2 000	2 000～16 000	16 000～32 000	>32 000
润滑方式	润滑脂润滑 (可用油杯)	润滑油滴油润滑 (可用针阀油杯等)	飞溅式润滑 (水或循环油冷却)	循环压力润滑

【任务实施 2】滚动轴承的润滑

根据滚动轴承的实际工作条件选择合适的润滑方式并设计可靠的密封结构,是保证滚动轴承正常工作的重要条件,对滚动轴承的使用寿命有着重要的影响。

滚动轴承润滑的主要目的是减少摩擦与磨损,同时起到冷却、吸振、防锈及降低噪声等作用。

1. 润滑剂及其选择

滚动轴承常用的润滑剂有润滑油、润滑脂及固体润滑剂。润滑方式和润滑剂的选择,可根据表征滚动轴承转速大小的速度因素 dn 值来确定。表 9.2.6 列出了各种润滑方式下轴承的允许 dn 值。

表 9.2.6 各种润滑方式下轴承的允许 dn 值 mm · r/min

轴承类型	脂润滑	油润滑			
		油浴、飞溅润滑	滴油润滑	压力循环、喷油润滑	油雾润滑
深沟球轴承	160 000	250 000	400 000	600 000	>600 000
调心球轴承	160 000	250 000	400 000		
角接触球轴承	160 000	250 000	400 000	600 000	>600 000
圆柱滚子轴承	120 000	250 000	400 000	600 000	
圆锥滚子轴承	100 000	160 000	230 000	300 000	
调心滚子轴承	80 000	120 000		250 000	
推力球轴承	40 000	60 000	120 000	150 000	

注:d 为轴承内径,mm;n 为轴承转速,r/min 。

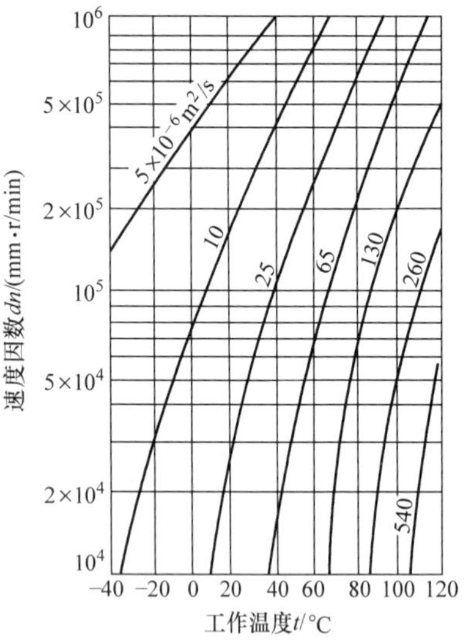

图 9.2.8 滚动轴承润滑油黏度的选择

最常用的滚动轴承润滑剂为润滑脂。脂润滑适用于 dn 值较小的场合,其特点是不易流失、便于密封和维护、油膜强度高、承载能力强,一次加脂后可以工作相当长的时间。装填润滑脂时一般不超过轴承内空隙的 1/3 ~ 1/2,以免因润滑脂过多而引起轴承发热,影响轴承的正常工作。

油润滑适用于高速、高温条件下工作的轴承。油润滑的优点是摩擦系数小、润滑可靠,且具有冷却散热和清洗的作用。缺点是对密封和供油的要求较高。

选用润滑油时,根据工作温度和 dn 值由图 9.2.8选出润滑油应具有的黏度值,然后根据黏度值从润滑油产品目录中选出相应的润滑油牌号。

2. 润滑方法

为了获得良好的润滑效果,除应正确地选择润滑剂外,还应选用合适的润滑方法和润滑装置。

(1)油浴润滑

如图 9.2.9 所示,轴承局部浸入润滑油中,油面不得高于最低滚动体中心。该方法简单易行,适用于中、低速轴承的润滑。

(2)飞溅润滑

这是一般闭式齿轮传动装置中轴承常用的润滑方法。利用转动的齿轮把润滑油甩到箱体的四周内壁上,然后通过沟槽把油引到轴承中。

(3)喷油润滑

利用油泵将润滑油增压,通过油管或油孔,经喷嘴将润滑油对准轴承内圈与滚动体间的位置喷射,从而润滑轴承。这种方法适用于转速高、载荷大、要求润滑可靠的轴承。

(4)油雾润滑

油的雾化需采用专门的油雾发生器,如图 9.2.10 所示。油雾润滑有益于轴承冷却,供油量可以精确调节,适用于高速、高温轴承部件的润滑。使用时应注意避免油雾外溢而污染环境。

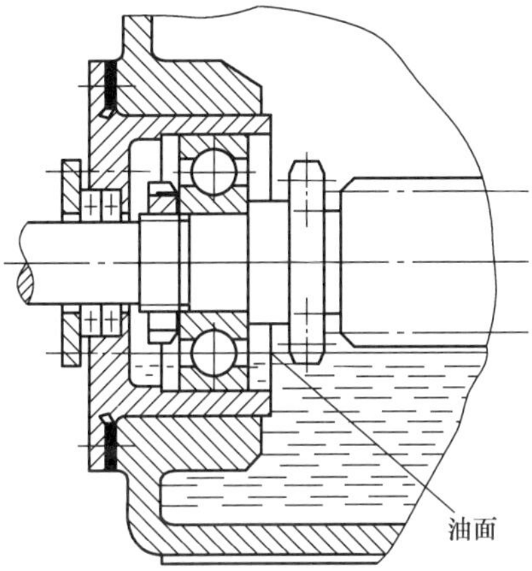

图 9.2.9　油浴润滑

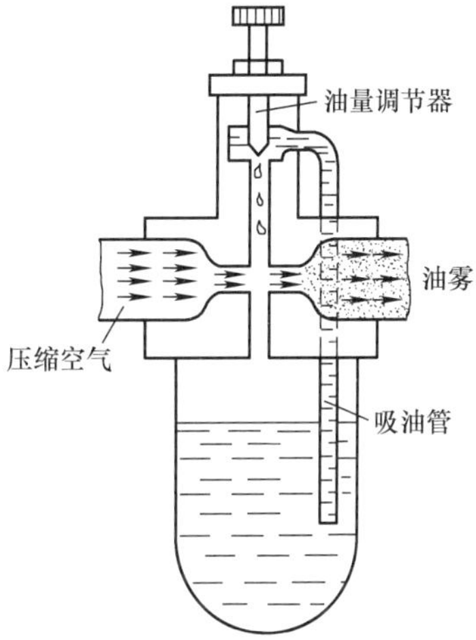

图 9.2.10　油雾发生器

【知识拓展】润滑剂的选用与换油周期的确定

1. 润滑剂的选用

据统计,机械设备事故中由于润滑不当而造成的事故占很大比重,润滑不良使机械精度降低也较严重,其中润滑剂选择不当是主要因素。应该根据摩擦副的工作情况来选择适宜的润滑剂。

润滑剂选用的基本原则是:在低速、重载、高温和间隙大的情况下,应选用黏度较大的润滑油;高速、轻载、低温和间隙小的情况下应选黏度较小的润滑油,润滑脂主要用于速度低、载荷大,不需经常加油、使用要求不高或灰尘较多的场合;气体、固体润滑剂主要用于高温、高压、防止污染等一般润滑剂不能适用的场合。润滑剂的具体选用可参阅有关手册。

2. 换油周期的确定

换油周期决定于润滑油的劣化速率。劣化速率变化极大,又不稳定。同样的润滑系统,其油的劣化速率亦不相同,故正确确定换油周期相当困难。换油过早,造成润滑油料的浪费,而换油过晚,又会引起设备损坏。因而,正确确定换油周期是十分重要的。

储油量少于 250 L 的润滑系统,适宜从经验得出换油周期。表 9.2.7 推荐的值可供参考。

储油量大于 250 L 的润滑系统,应在润滑系统中设抽样点,在系统运行中定期抽取润滑油样品,检验润滑油。

表 9.2.7　小型润滑系统的换油周期

润滑系统	油浴润滑系统	循环润滑系统		
运转温度/℃	约 70	约 50	50～70	>70
换油周期	1 年	2～3 年	1 年	3 月

确定润滑油允许的劣化程度,即报废标准,是很重要的。表 9.2.8 列出几种润滑剂控制报废的两项主要指标,供设计和维护时参考。若用肉眼观察,该报废的润滑油具有下列特征:颜色变深,甚至成黑色;流动困难;在移动零件上留下褐色胶状物;出现沉积污垢或固体颗粒;金属表面出现腐蚀痕迹;散发出难闻的气味。

表 9.2.8　润滑剂报废指标

润滑油	黏度变化/%	酸值/mgKOH/g	润滑油	黏度变化/%	酸值/mgKOH/g
机械油	±15	>0.5	压缩机油	±10	>0.5
液压油	±15	>0.3	车用汽油机油	±25	>0.2
数控液压油	±10	>0.03	车用柴油机油	-15～+25	>2.0
齿轮油	±20	>2.0	拖拉机柴油机油	-25～+35	>2.0
汽轮机油	±15	>0.5	冷冻机油	±10	>0.5
润滑脂	锥入度变化>45%,含油量<70%				

【小结】

磨损是摩擦的结果,润滑则是减少摩擦和磨损的有力措施,这三者是相互联系不可分割的。为了节约能源、提高效率及延长机械零件的寿命,润滑是必不可少的。润滑是在相对运动构件的相互作用表面上涂充润滑物,以降低摩擦、减缓磨损的有效方法。

复　习　题

一、判断题

1)润滑油的主要性能指标有黏度、凝点、闪点和燃点等。　(　　)

2)润滑脂的主要性能指标有滴点、锥入度和耐水性等。　(　　)

3)对于载荷大、温度高的轴承,宜选用黏度小的油。　(　　)

4)温度升高,润滑油的黏度随之升高。　(　　)

二、简答题

1. 如何选择适当的润滑剂?
2. 油润滑的润滑方法有哪些?

任务三　密　封

【任务目标】

- 了解密封装置的分类。
- 掌握常用的密封装置及其应用。

【任务导入】

1. 机械设备为何需要密封?常用哪些密封装置?分别用在什么场合?
2. 如何选择密封装置?

【知识链接 1】密封装置的分类

在机械设备中,为了防止润滑剂泄漏及防止灰尘、水分进入润滑部位,必须采用相应的密封装置,以保证持续、清洁的润滑,使机器正常工作,并减少对环境的污染,提高机器工作效率,降低生产成本。目前,机器密封性能的优劣已成为衡量设备质量的重要指标之一。

密封装置是一种能保证密封性的零件组合。它一般包括被密封表面(例如轴的圆柱表面)、密封件(例如 O 形密封圈、毡圈等)和辅助件(例如副密封件、受力件、加固件等)。

根据密封处的零件之间是否有相对运动,密封可分为静密封和动密封两大类。密封后密封件固定不动的称为静密封,如管道与管道连接处接合面间的密封;密封后两密封件之间有相对运动的称为动密封,如旋转轴与轴承盖之间的密封。动密封又可分为接触式动密封和非接触式动密封。其中应用较广的是接触式密封,它主要是利用各种密封圈或毡圈密封。

密封件分类列于表 9.3.1。

表 9.3.1　密封件的分类

- 密封件
  - 静密封
    - 非金属垫圈
    - 金属垫圈
    - 半金属垫圈
    - 磁流体静密封
    - 密封胶(液状密封)
    - 密封带
  - 动密封
    - 非接触密封
      - 迷宫式密封
      - 间隙密封
      - 螺旋密封
      - 磁流体密封
      - 离心式密封
    - 接触密封
      - 自封密封
        - 唇形密封
          - J 形密封圈
          - L 形密封圈
          - U 形密封圈
          - V 形密封圈
          - Y 形密封圈
          - 其他
        - 挤压密封
          - O 形密封圈
          - D 形密封圈
          - T 形密封圈
          - X 形密封圈
          - 方形密封圈
          - 三角形密封圈
      - 油封
      - 填料密封
      - 机械密封
      - 活塞环密封
      - 其他

各种密封件都已标准化,可查阅有关手册选取适当的形式。

【知识链接 2】常用的密封装置

1. 回转运动密封装置

回转轴与固定件之间的密封，既要保证密封效果，又要减少相对运动元件间的摩擦、磨损，其密封件有接触式和非接触式两类。

(1) 密封圈密封装置

密封圈用耐油橡胶、皮革或塑料制成。它是靠材料本身的弹力或弹簧的作用以一定的压力紧压在轴上起密封作用的。密封圈已标准化、系列化，有不同的剖面形状，常用的有以下几种。

Ⅰ. O 形密封圈(图 9.3.1、图 9.3.2)

它靠材料本身的弹力起密封作用，一般用于转速不高的旋转运动($v<2\sim4$ m/s)中。

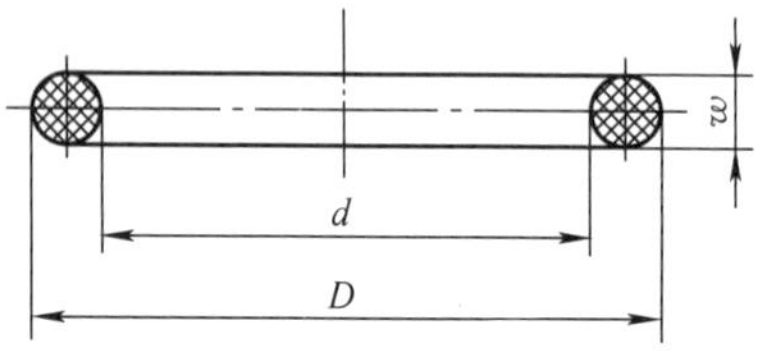

图 9.3.1　O 形密封圈

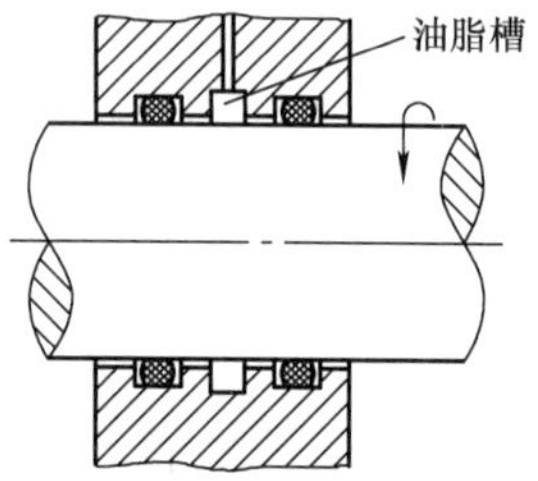

图 9.3.2　O 形密封圈的润滑

Ⅱ. J 形、U 形密封圈

J 形、U 形密封圈具有唇形开口，并带有弹簧箍以增大密封压力，使用时将开口面向密封介质。有的圈带有金属骨架，可与机座较精确地配装，可单独使用，如成对使用，则密封效果更好。如图 9.3.3 和图 9.3.4 所示，可用于较高转速时的密封。

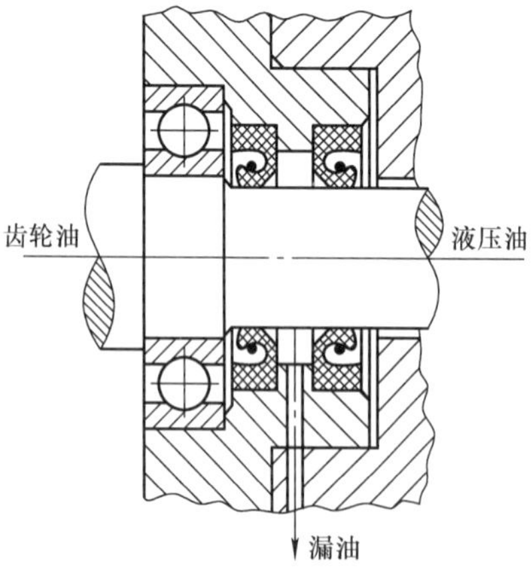

图 9.3.3　J 形密封圈

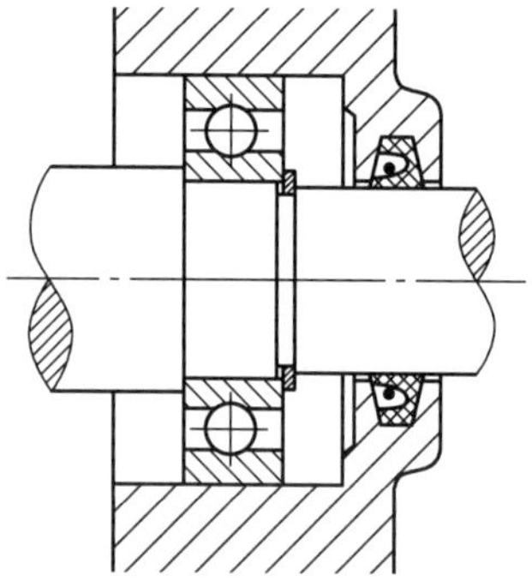

图 9.3.4　U 形密封圈

密封圈与其相配的轴颈应有较低的表面结构值($Ra0.32\sim1.25$ μm)，表面应硬化(表面硬度 40HRC 以上)或镀铬。

Ⅲ. 毡圈密封圈

毡圈密封属填料密封的一种,毡圈的断面为矩形,使用时在端盖上开梯形槽。应按标准尺寸开槽,使毡圈填满槽并产生径向压紧力。毡圈密封圈密封效果较差,主要起防尘作用。一般只用在低速脂润滑处,如图 9.3.5 所示。

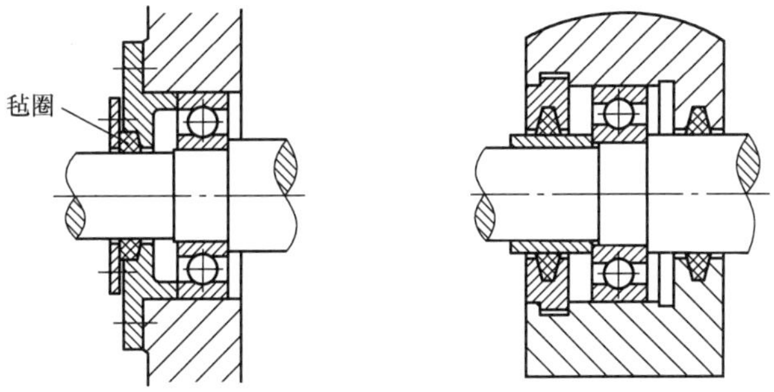

图 9.3.5　毡圈密封

(2)端面密封(机械密封)装置

它常用在高速、高压、高温、低温或腐蚀介质工作条件下的回转轴以及要求密封性能可靠、对轴无损伤、寿命长、功率损耗小的机器设备之中。

端面密封的形式很多,最简单的端面密封如图 9.3.6 所示,它由塑料、强化石墨等摩擦系数小的材料制成的密封环 1、2 及弹簧 3 等组成。1 是动环,随轴转动;2 是静环,固定于机座端盖。弹簧使动环和静环压紧,起到很好的密封作用,故称端面密封。其特点是对轴无损伤,密封性能可靠,使用寿命长。机械密封组件已标准化,需较高的加工精度。

(3)曲路密封(迷宫式密封)装置

曲路密封为非接触式密封,它由旋转的和固定的密封件之间拼合成的曲折隙缝所形成,隙缝中可填入润滑脂,曲路布置可以是径向的或轴向的。这种装置密封效果好,适用于环境差、转速高的轴,如图 9.3.7 所示。

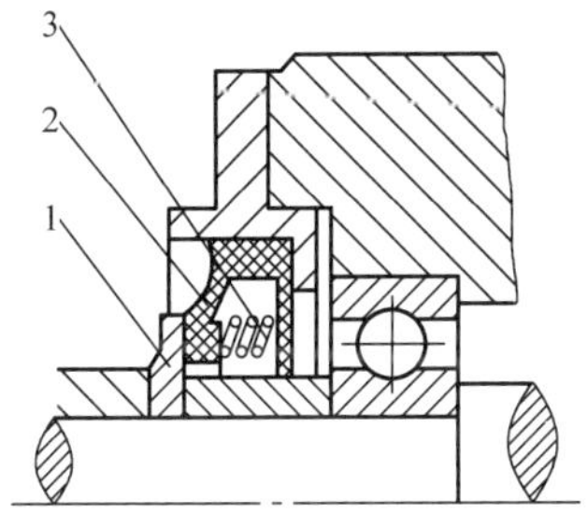

图 9.3.6　端面密封

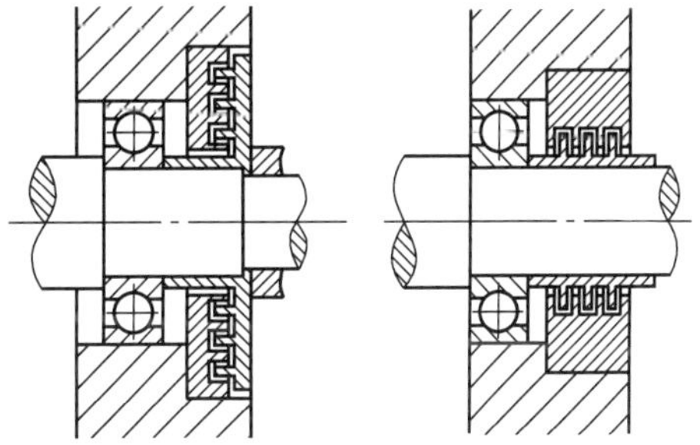

图 9.3.7　迷宫式密封

(4)隙缝密封

在轴和轴承盖之间留 0.1 ~0.3 mm 的隙缝,或在轴承盖上车出环槽(图 9.3.8),在槽中充填润滑脂,可提高密封效果。

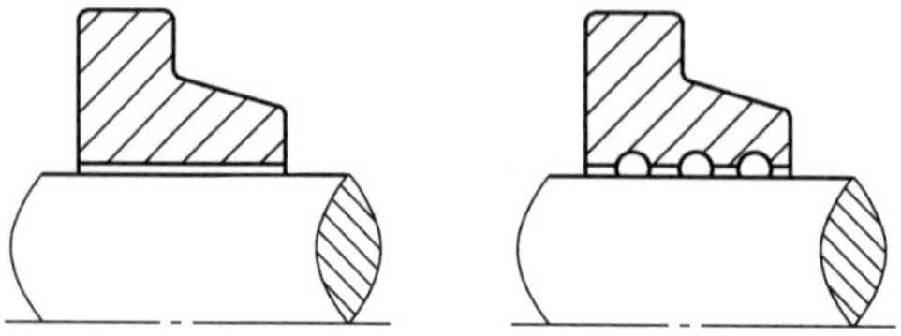

图 9.3.8　隙缝密封

2. 移动运动密封装置

机器中相对移动的零件间的密封称为移动密封。移动密封多采用密封圈密封。

(1)O 形密封圈

如用于气动、水压机等处的 O 形密封圈,如图 9.3.9 所示。在 O 形密封圈的两侧开油脂槽可提高密封效果,如图 9.3.10 所示。

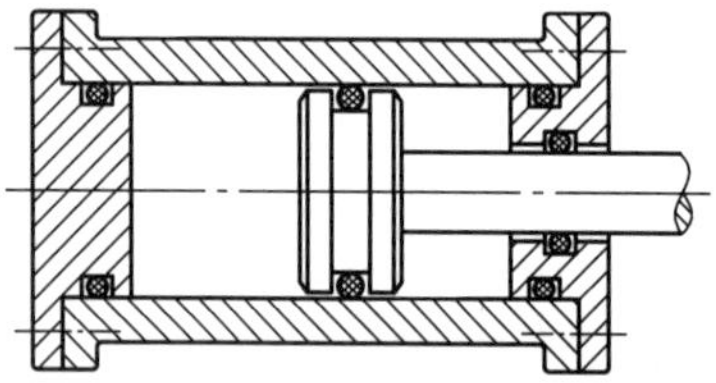

图 9.3.9　O 形密封圈的应用

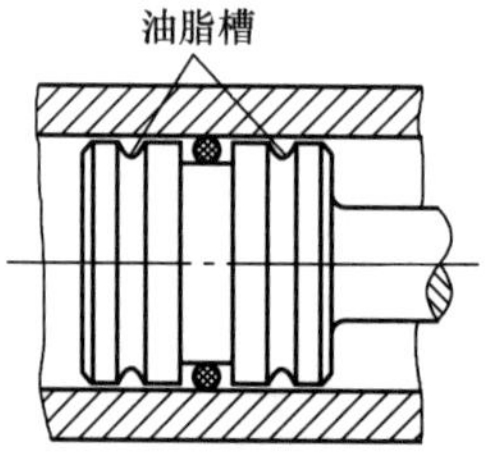

图 9.3.10　O 形密封圈的润滑

(2)V 形密封圈

V 形密封圈由支承环、密封圈及压环三部分组成,如图 9.3.11 所示。根据压力不同可重叠使用多个,如图 9.3.12 所示,其中图(a)用于单向作用的油缸中,图(b)用于双向作用的油缸中。

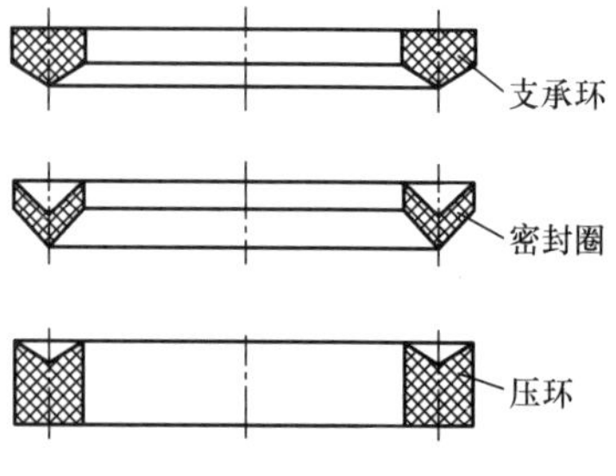

图 9.3.11　V 形密封圈的组成

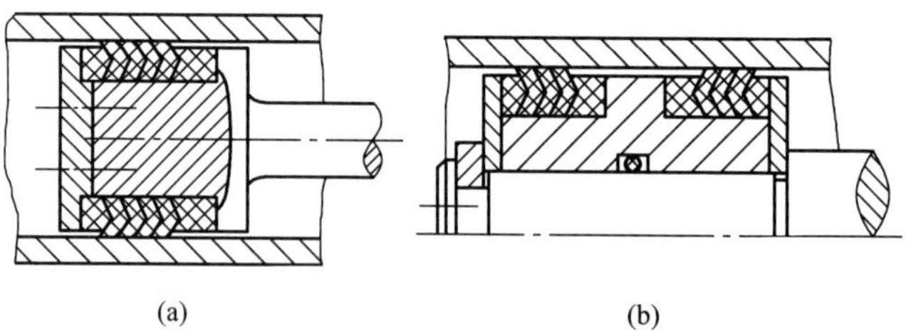

图 9.3.12　V 形密封圈的应用

(3)Y 形和 U 形密封圈

这种密封圈的密封性能较好,摩擦阻力小,可用于高、低压的液压、水压和气动机械的移动密封,也可用于内、外径密封,如图 9.3.13 和图 9.3.14 所示。

(4)L 形密封圈

安装在活塞前端以防泄漏的 L 形密封圈,可用于往复、旋转运动密封,如图 9.3.15 所示。小直径的可用于高压密封,大直径的只能用于低压密封。

(a)　(b)

图 9.3.13　U 形及 Y 形密封圈

(a) U 形；(b) Y 形

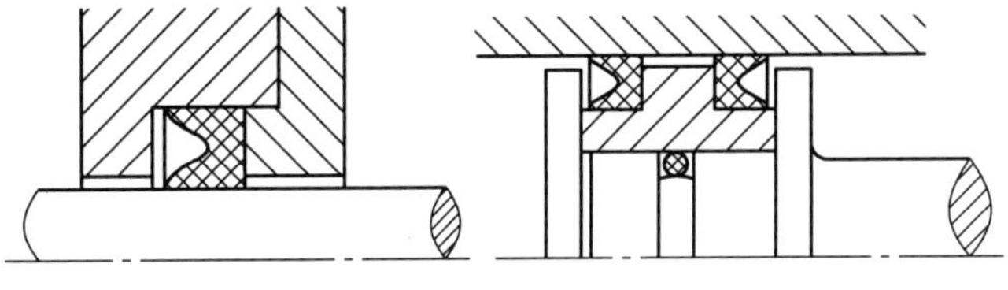
(a)　(b)

图 9.3.14　Y 形及 U 形密封圈的应用

(a) Y 形；(b) U 形

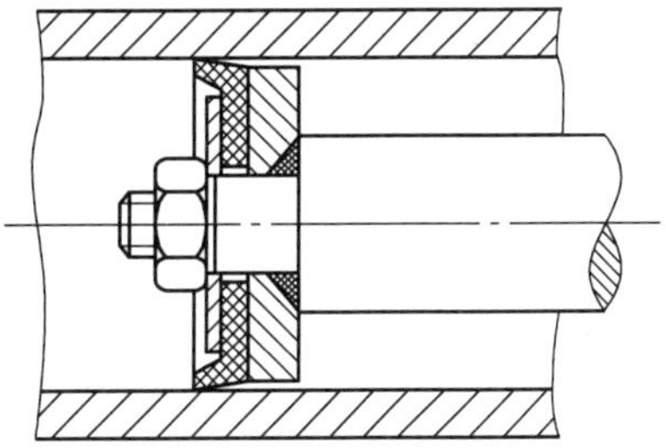
图 9.3.15　L 形密封圈的应用

3. 静密封装置

当两密封件之间无相对运动时，例如箱盖与箱体间可涂密封胶，轴承盖与箱体间可用金属垫片，放油螺塞处可选用 O 形密封圈。

【知识拓展】密封装置的选择

前已述及各种密封件的使用条件，可参考表 9.3.2 选择适用的密封装置。静密封较简单，可根据压力、温度选择不同材料的垫片、密封胶。回转运动密封装置较多，根据工作速度、压力、温度选择适当的密封形式和装置，使用较普遍的是 O 形、L 形密封圈，低速时毡圈应用较多。毡圈和密封圈使用前应浸油或涂脂，以便工作时起润滑作用。移动运动密封装置可选用适当的密封圈。

表 9.3.2　各种密封装置的性能

密封形式			工作速度 v/(m/s)	压力 /MPa	温度 /℃	备　注
动密封（回转轴）	O 形橡胶密封圈		≤2～3	35	−60～200	
	J 形橡胶密封圈		≤4～12	1	−40～100	
	毡圈		≤5	低压	≤90	常用于低速脂润滑，主要起防尘作用
	迷宫式密封		不限	低压	600	加工安装要求较高
	机械密封		≤18～30	3～8	−196～400	
静密封	垫片	橡胶	—	1.6	−70～200	不同工作条件用不同材料，如腐蚀介质用聚四氟乙烯，高温用石棉
		塑料	—	0.6	−180～250	
		金属	—	20	600	
	液态密封胶		—	1.2～1.5	140～220	接合面间隙小于 0.2 mm
	厌氧密封胶		—	5～30	100～150	同时能起连接接合面作用
	O 形橡胶密封圈		—	100	−60～200	接合面上要开密封圈槽

【小结】

综上所述,在进行机械设计时,选择适当的润滑装置和密封装置是必不可少的。使用中应注意机械的维护,润滑油的清洁、温升、密封情况。如有漏油现象,应及时更换密封件,以确保机器在良好的润滑和密封状态下工作。

复 习 题

接触式密封中常用的密封件有哪些?

参考文献

[1]陈立德.机械设计基础.北京:高等教育出版社,2007.
[2]陈立德.机械基础课程设计指导书.北京:高等教育出版社,2007.
[3]【德】约瑟夫·迪林格.机械制造工程基础.杨祖群,译.湖南:湖南科学技术出版社,2010.
[4]【德】乌尔里希·菲舍尔.简明机械手册.云忠,杨放琼,译.湖南:湖南科学技术出版社,2010.
[5]林宗良.机械设计基础.北京:人民邮电出版社,2012.
[6]陈桂芳,田子欣,王凤娟.机械设计基础.北京:人民邮电出版社,2012.
[7]孙大俊.机械基础.北京:中国劳动社会保障出版社,2008.
[8]李国斌,梁建平.机械设计基础.北京:清华大学出版社,2007.
[9]董刚,李建功,潘凤章.机械设计.北京:机械工业出版社,1998.
[10]邱宣怀.机械设计.北京:高等教育出版社,2011.
[11]钟丽萍.机械基础.北京:北京大学出版社,2005.
[12]钟建宁,朱鹏超.机械基础.北京:高等教育出版社,2003.
[13]陈海魁.机械基础.北京:中国劳动社会保障出版社,2001.
[14]卢晓春.汽车机械基础.北京:机械工业出版社,2002.
[15]成大先.机械设计手册.北京:化学工业出版社,1992.
[16]毛谦德,李振清.袖珍机械设计师手册.北京:化学工业出版社,1994.
[17]郭仁生,魏宣怀.机械设计基础.北京:清华大学出版社, 2007.
[18]将于珍.机械设计基础.北京:机械工业出版社, 2006.
[19]徐灏.机械设计手册.北京:机械工业出版社,1991.
[20]郭红星.机械设计基础.西安:西安电子科技大学出版社, 2008.
[21]孙宝钧.机械设计课程设计.北京:机械工业出版社,2006.
[22]马学友,廖建刚.机械设计基础.北京:科学出版社,2009.
[23]钟丽萍.工程力学与机械设计基础.北京:人民邮电出版社,2011.
[24]乔西铭.机械工程基础.北京:清华大学出版社,2006.
[25]刘力.机械制图.北京:高等教育出版社,2002.
[26]上官家桂.机械制图.天津:天津大学出版社,2010.